普通高等院校工程图学类规划教材

工程制图

张大庆　田风奇　赵红英　宋立琴　主编

清华大学出版社
北　京

内容简介

本书根据教育部高等学校工程图学教学指导委员会制定的《普通高等院校工程图学课程教学基本要求》和最新颁布的相关国家标准，结合华北电力大学"工程图学教学体系改革与考试方法改革"教改项目所取得的经验成果编写而成。

本书共计10章，内容包括点、直线、平面的投影，立体的投影，制图基本知识，组合体，轴测图，机件的常用表达方法，标准件与常用件，零件图，装配图，建筑工程图基础。其中建筑工程图基础是为了适应本校一些与建筑有关的专业需求专门增设的。书后还编有附录，供查阅有关标准和数据使用。

本书可作为高等院校近机械类或非机械类各专业工程制图课程的教材，也可以作为职工大学、广播电视大学、函授大学等相关专业的教材或参考书。同时出版的《工程制图习题集》与本书配套使用。

图书在版编目(CIP)数据

工程制图/张大庆等主编. --北京：清华大学出版社，2015（2025.8 重印）
普通高等院校工程图学类规划教材
ISBN 978-7-302-41595-4

Ⅰ. ①工… Ⅱ. ①张… Ⅲ. ①工程制图—高等学校—教材 Ⅳ. ①TB23

中国版本图书馆 CIP 数据核字(2015)第 218507 号

责任编辑：杨 倩
封面设计：傅瑞学
责任校对：刘玉霞
责任印制：宋 林

出版发行：清华大学出版社
网 址：https：//www. tup. com. cn，https：//www. wqxuetang. com
地 址：北京清华大学学研大厦 A 座 **邮 编**：100084
社 总 机：010-83470000 **邮 购**：010-62786544
投稿与读者服务：010-62776969，c-service@tup. tsinghua. edu. cn
质量反馈：010-62772015，zhiliang@tup. tsinghua. edu. cn

印 装 者：三河市龙大印装有限公司
经 销：全国新华书店
开 本：185mm×260mm **印 张**：21.5 **字 数**：519 千字
版 次：2015 年 9 月第 1 版 **印 次**：2025 年 8 月第 10 次印刷
定 价：59.80元

产品编号：062724-04

前　言

本书根据教育部高等学校工程图学教学指导委员会制定的《普通高等院校工程图学课程教学基本要求》和最新颁布的相关国家标准，结合华北电力大学“工程图学教学体系改革与考试方法改革”教改项目所取得的经验成果编写而成。

本书立足于“宽口径、厚基础、强实践、重创新”的人才培养模式，探索适应现代化需求的新知识、新方法。在加强学生基础知识、拓宽学生知识面的基础上，突出应用型特色，强化学生动手能力及工程意识的培养。在教材的编写过程中，对内容进行了多次的讨论和修订，注重学生立体构型能力的培养，提高学生的创新意识和创新能力。因此本书中对传统画法几何内容有较大幅度的删减，在掌握投影基本理论知识的基础上，加大对立体投影的解读。

本书文字精练流畅，通俗易懂，图例丰富，所选图例尽量结合工程实际并符合专业要求，书中全部采用我国最新颁布的技术制图与机械制图国家标准。

本书可作为高等院校近机械类或非机械类各专业工程制图课程的教材，也可以作为职工大学、广播电视大学、函授大学等相关专业的教材或参考书。书后还编有附录，供查阅有关标准和数据使用。同时出版的《工程制图习题集》与本书配套使用。

本书由张大庆、田风奇、赵红英、宋立琴主编。参加编写工作的有张大庆（前言、绪论、第5章），田风奇（第7章），赵红英（第4章），宋立琴（第10章），朱晓光（第6章），苑素玲（第8章），汤敬秋（第3章、附录），张英杰（第2章、第9章），绳晓玲（第1章）。

由于编者水平所限，书中难免存在一些错误和疏漏，敬请广大读者批评指正。

编　者

2015年7月

目　录

绪论…… 1

第1章　制图基本知识和技能…… 2

1.1　制图的基本规定…… 2
1.2　手工绘图工具和仪器的使用方法…… 13
1.3　几何作图…… 16
1.4　平面图形…… 21
1.5　绘图技能…… 24

第2章　点、直线和平面的投影…… 27

2.1　投影法…… 27
2.2　点的投影…… 29
2.3　直线的投影…… 33
2.4　平面的投影…… 43
2.5　直线与平面、平面与平面的相对位置…… 50
2.6　换面法…… 55

第3章　立体的投影…… 62

3.1　立体的投影及其表面上的点和线…… 62
3.2　截切立体的投影…… 75
3.3　立体的相贯…… 89

第4章　组合体…… 101

4.1　概述…… 101
4.2　组合体三视图的画法…… 104
4.3　组合体的尺寸注法…… 108
4.4　组合体三视图的读图方法…… 113

第5章　轴测图…… 124

5.1　轴测图的基本知识…… 124
5.2　正等轴测图…… 125
5.3　斜二轴测图…… 132
5.4　轴测图中的剖切画法…… 134

第 6 章　机件的常用表达方法 …… 136

6.1　视图 …… 136
6.2　剖视图 …… 140
6.3　断面图 …… 150
6.4　其他表达方法 …… 153
6.5　表达方法综合举例 …… 157
6.6　第三角投影简介 …… 158

第 7 章　标准件与常用件 …… 161

7.1　概述 …… 161
7.2　螺纹 …… 161
7.3　螺纹紧固件 …… 168
7.4　键 …… 174
7.5　销 …… 176
7.6　滚动轴承 …… 178
7.7　弹簧 …… 180
7.8　齿轮 …… 183

第 8 章　零件图 …… 189

8.1　零件图的作用与内容 …… 189
8.2　零件图的视图选择 …… 191
8.3　零件图的尺寸标注 …… 196
8.4　零件图的技术要求 …… 198
8.5　零件的工艺结构 …… 217
8.6　读零件图 …… 221

第 9 章　装配图 …… 224

9.1　装配图的内容 …… 224
9.2　装配图的表达方法 …… 225
9.3　装配图的尺寸标注及技术要求 …… 228
9.4　装配图中零件的序号和明细栏 …… 230
9.5　装配结构的合理性简介 …… 231
9.6　装配图的画图方法与步骤 …… 233
9.7　读装配图及拆画零件图 …… 238

第 10 章　建筑工程图基础 …… 242

10.1　建筑工程图概述 …… 242
10.2　建筑制图的国家标准及规定画法 …… 245

10.3　总平面图和施工总说明 …… 262
10.4　建筑平面图 …… 266
10.5　建筑立面图 …… 275
10.6　建筑剖面图 …… 281
10.7　建筑详图 …… 285
10.8　结构施工图简介 …… 289

附录 …… 301

附录A　螺纹 …… 301
附录B　螺纹紧固件 …… 304
附录C　螺纹连接结构 …… 310
附录D　键与销 …… 313
附录E　轴承 …… 319
附录F　一般标准 …… 322
附录G　极限与配合 …… 327

参考文献 …… 334

绪　论

1. 本课程的研究对象、性质和任务

本课程是工科各专业必修的一门专业基础课，主要研究的是投影理论以及绘制和阅读工程图样的原理和方法，培养学生的空间想象力和创造性思维能力。同时它又是学生后续课程和课程设计、毕业设计所必须掌握的基本知识。

本书介绍了投影的基本理论和方法，主要是平行投影中的正投影法的原理及应用，图示和图解空间几何问题的具体方法；技术制图的相关国家标准；机械图样的具体内容和绘制的方法和手段；从点、线、面、立体的投影，组合体的视图，机件的常用表达方法，到零件图、装配图的画法。由浅入深，逐步展开。每一章节相对独立又互有关联。

为了适应华北电力大学不同专业的需求，在本书中特意增加了一章"建筑工程图基础"。可供相关专业学习和参考。

本书的任务：

(1) 培养学生掌握投影理论，提高用二维平面图形表达三维空间立体的能力。

(2) 培养对空间立体的形象思维能力。

(3) 培养创造性构型设计能力。

(4) 培养徒手或用仪器绘制工程图样的能力。

(5) 培养工程意识，以及贯彻、执行国际标准的意识。

2. 本课程的学习方法

(1) 本课程是实践性很强的专业基础课，在学习中要坚持理论联系实际。在掌握基础知识的基础上必须通过一系列的绘图和读图的练习，在实践中来掌握本课程的基本原理和方法。

(2) 本课程系统性强，是按点、线、面、体的顺序，逐步由简到繁，由易到难。前后章节的内容联系密切，学习时必须抓住一条主线，由点带面，环环相扣，循序渐进地进行学习。

(3) 学习中，应注意空间几何元素空间位置的分析，以及投影的位置和可见性分析。完成从空间到平面，再从平面到空间的反复转换，只有这样的不断练习，才能逐渐提高空间思维能力。

(4) 认真听课，并积极主动地思考，建立起空间概念。课下应及时进行练习，独立完成作业，加深对所学内容的理解，巩固所学知识。养成实事求是的科学态度和严肃认真、耐心细致、一丝不苟的工作作风。

第1章 制图基本知识和技能

1.1 制图的基本规定

工程图样是工程界用来表达设计思想、进行技术交流和指导生产的通用语言，为了科学地进行生产和管理，必须对图样画法、尺寸注法等作统一的规定，每一个工程技术人员必须以严谨认真的态度遵守规定，这个统一的规定就是国家标准，简称国标。国家标准的编号由代号、顺序号和批准年号组成，如编号“GB/T 14690—1993”，其中代号“GB/T”表示推荐性国家标准，“14690”表示标准的顺序号，“1993”则表示该标准的批准年号。

与机械制图有关的国家标准主要有《技术制图》和《机械制图》，本节主要介绍这两个国标中关于图纸幅面和格式、标题栏、比例、字体、图线、尺寸标注等方面的规定，其他标准在本书相关章节中摘要介绍。

1.1.1 图纸幅面和格式(GB/T 14689—2008)

1. 图纸幅面尺寸和代号

图纸的基本幅面有五种，分别用A0、A1、A2、A3、A4表示。基本幅面的尺寸有一定关系，如图1-1所示。沿某一号幅面的长边对折，即为该号的下一号幅面大小。必要时，也允许选用规定的加长幅面，这些幅面的尺寸由基本幅面的短边成整数倍增加后得出。

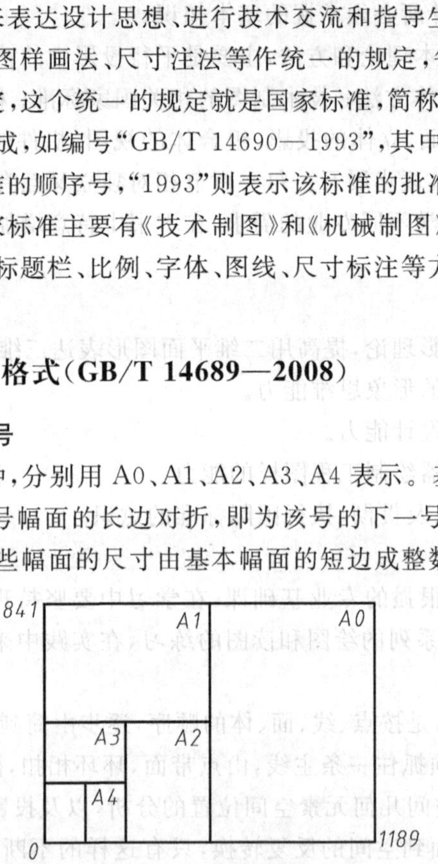

图1-1 基本幅面尺寸关系

绘制图样时，应优先采用表1-1中规定的图纸基本幅面尺寸。表中幅面代号意义见图1-2、图1-3。

表1-1 图纸基本幅面尺寸

幅面代号		A0	A1	A2	A3	A4
$B\times L$		841×1189	594×841	420×594	297×420	210×297
周边尺寸	a	25				
	c	10			5	
	e	20		10		

2. 图框格式

在图样上必须用粗实线画出图框线。图框的格式分不留装订边和留有装订边两种，但同一产品的图样只能采用一种格式。不留装订边的图纸其图框格式如图 1-2 所示，留有装订边的图纸如图 1-3 所示。加长幅面的图框尺寸，按比所选用的基本幅面大一号的图框尺寸确定。图框格式应优先采用不留装订边的形式。

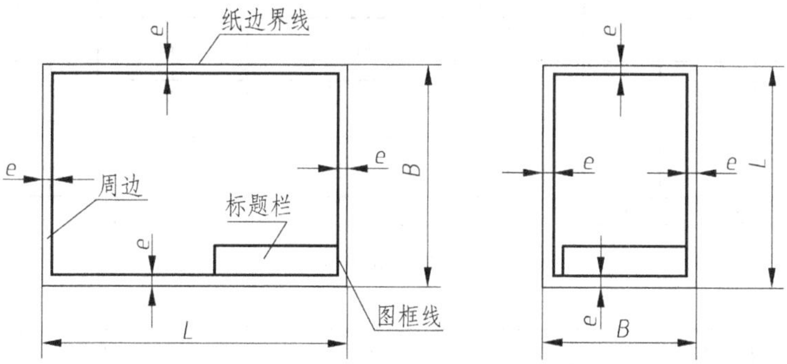

图 1-2　不留装订边的图框格式图

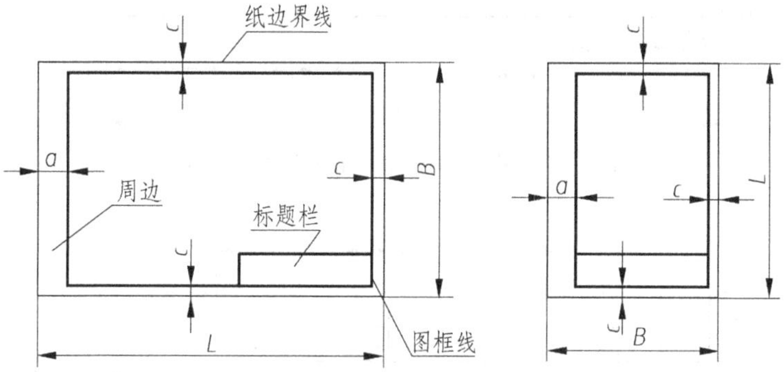

图 1-3　留有装订边的图框格式

1.1.2　标题栏(GB/T 10609.1—2008)

标题栏反映了一张图样的综合信息，是图样的一个重要组成部分。每一张图样上都必须画出标题栏。标题栏应位于图纸的右下角或下方，如图 1-2 和图 1-3 所示。当标题栏的长边置于水平方向并与图纸的长边平行时，构成 X 形图纸；若标题栏的长边与图纸的长边垂直时，构成 Y 形图纸。看图的方向应与标题栏中的文字方向一致。

GB/T 10609.1—2008 对标题栏的内容、格式与尺寸作了规定，如图 1-4 所示。学校制图作业中零件图的标题栏推荐采用图 1-5 所示的格式和尺寸。装配图的标题栏及明细栏推荐采用图 1-6 所示的格式和尺寸。作业用标题栏的外框是粗实线，内部是细实线，其右边线和底边线应与图框线重合。

1.1.3　比例(GB/T 14690—1993)

比例是指图样中图形与其实物相应要素的线性尺寸之比。比值为 1 的比例为原值比例，即 1∶1；比值大于 1 的比例为放大比例，如 2∶1；比值小于 1 的比例为缩小比例，如 1∶2。

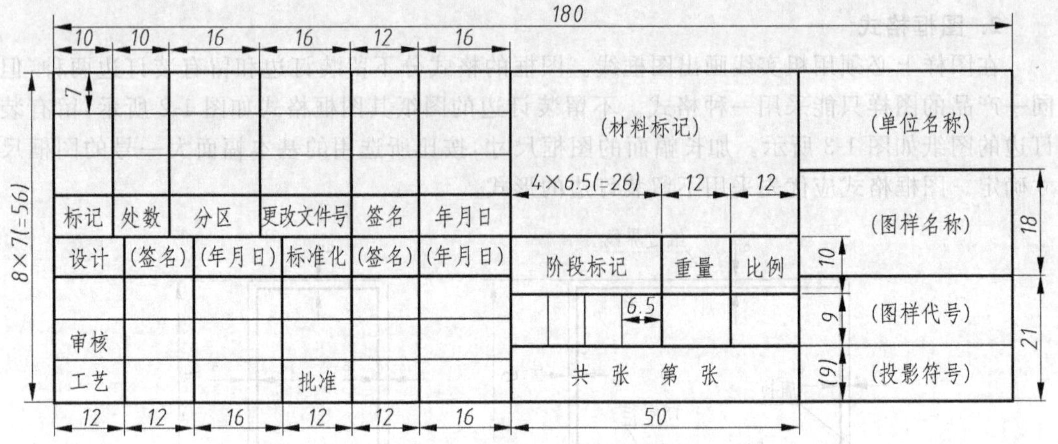

图 1-4　标题栏的尺寸与格式

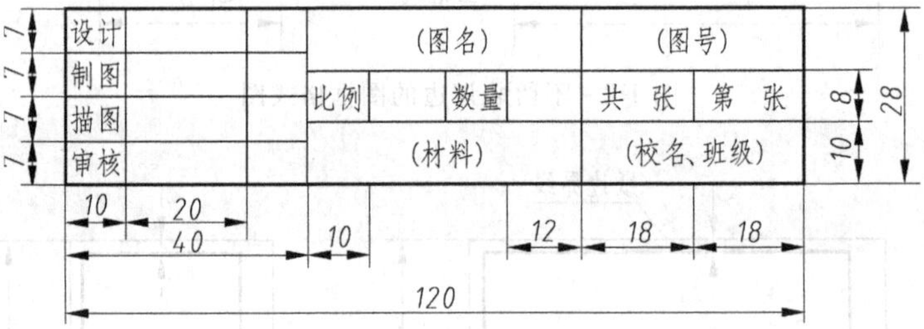

图 1-5　作业中零件图所用标题栏的尺寸与格式

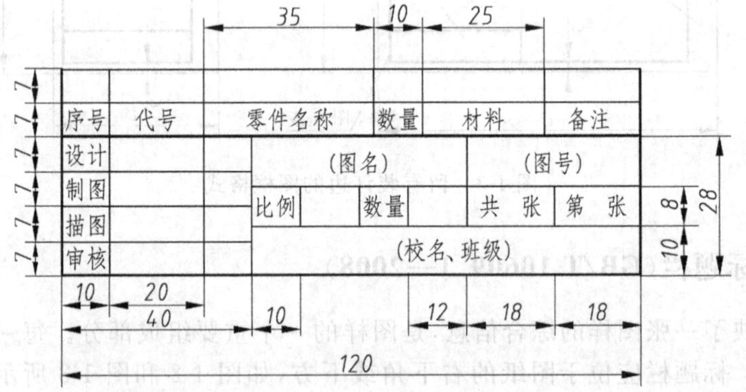

图 1-6　作业中装配图所用标题栏及明细栏的尺寸与格式

GB/T 14690—1993《技术制图　比例》中规定了比例的种类及系列，见表 1-2。

表 1-2　比例的种类及系列

种类	比例	
	优先选取	允许选取
原值比例	1∶1	
放大比例	5∶1　2∶1 5×10^n∶1　2×10^n∶1　1×10^n∶1	4∶1　2.5∶1 4×10^n∶1　2.5×10^n∶1
缩小比例	1∶2　1∶5　1∶10 1∶2×10^n　1∶5×10^n　1∶1×10^n	1∶1.5　1∶2.5　1∶3　1∶4　1∶6 1∶1.5×10^n　1∶2.5×10^n　1∶3×10^n　1∶4×10^n　1∶6×10^n

注：n 为正整数。

设计时最好选用原值比例，也可以根据机件的大小和复杂程度选取放大或缩小的比例。无论放大或缩小，标注尺寸时必须标注机件的实际尺寸，如图 1-7 所示。对同一机件的各个视图应采用相同的比例。

比例的符号应以"："表示。比例的表示方法如 1：1、1：500、20：1 等。比例一般应标注在标题栏中的比例栏内。必要时可在视图名称的下方或右侧标注比例。

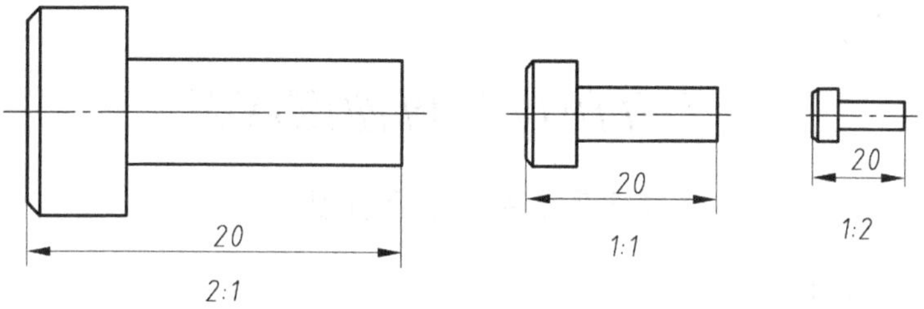

图 1-7　用不同比例画出的图形

1.1.4　字体（GB/T 14691—1993）

在绘制图样时，除了用图形表示机件的形状外，还要用数字和文字说明机件的大小、技术要求等内容。图样中书写的字体必须做到字体工整、笔画清楚、间隔均匀、排列整齐。字体的号数，即字体的高度用 h 表示，字体的公称尺寸系列为：1.8、2.5、3.5、5、7、10、14、20mm。如需要书写更大的字，其字体高度应按 $\sqrt{2}$ 的比率递增。

1. 汉字

汉字应写成长仿宋体字，并应采用中华人民共和国国务院正式公布推行的《汉字简化方案》中规定的简化字。汉字的字高不应小于 3.5mm。其字宽一般为 $h/\sqrt{2}$。长仿宋体汉字示例如图 1-8 所示。

10号字

字体工整　笔画清楚　间隔均匀　排列整齐

7号字

横平竖直　注意起落　结构均匀　填满方格

5号字

技术制图　机械电子　汽车航空船舶土木建筑矿山坑港口纺织

3.5号字

螺纹齿轮端子接线轴承键弹簧端子设备阀施工引水棉麻化工自动化

图 1-8　长仿宋体汉字示例

长仿宋字的书写要领是：横平竖直、注意起落、结构均匀、填满字格。

2. 字母及数字

字母及数字有直体和斜体、A 型和 B 型之分。斜体字字头向右倾斜，与水平基准线成 75°；A 型字体的笔画宽度为字高（h）的 1/14；B 型字体的笔画宽度为字高（h）的 1/10。常用字母和数字的字型结构示例如下：

A 型拉丁字母大写斜体示例：

ABCDEFGHIJKLMNOPQRSTUVWXYZ

A 型拉丁字母小写斜体示例：

abcdefghijklmnopqrstuvwsyz

A 型斜体数字示例：

I II III IV V VI VII VIII IX X

0 1 2 3 4 5 6 7 8 9

A 型斜体小写希腊字母示例：

$\alpha\ \beta\ \gamma\ \delta\ \varepsilon\ \zeta\ \eta\ \theta\ \iota\ \kappa\ \lambda\ \mu\ \nu$

$\xi\ o\ \pi\ \rho\ \sigma\ \tau\ \upsilon\ \phi\ \chi\ \psi\ \omega$

3. 综合应用规定

用作指数、极限偏差、分数、脚注等的字母及数字，一般应采用小一号的字体。综合应用示例如下：

$$10^3 \quad \phi 20^{+0.0010}_{-0.023} \quad 10Js(\pm 0.003) \quad \phi 25\frac{H6}{m5}$$

$$M24\text{-}6h \quad R8 \quad 460r/min \quad \frac{II}{2:1} \quad \frac{\frown A}{5:1}$$

1.1.5　图线(GB/T 17450—1998，GB/T 4457.4—2002)

1. 图线及应用

机械图样中常用的图线见表 1-3。各种线型在图样上的应用，如图 1-9 所示。

在机械图样中采用粗、细两种线宽，它们之间的比例为 2∶1。粗线所有线型的宽度(*d*)系列为：0.13、0.18、0.25、0.35、0.5、0.7、1、1.4、2(单位均为 mm)。一般粗实线宜在 0.5～2mm 之间选取，应尽量保证在图样中不出现宽度小于 0.18mm 的图线。

表 1-3　图线名称、线型及应用

名称	线　型	线宽	应用举例
粗实线		*d*	可见轮廓线
细实线		*d*/2	尺寸线、尺寸界线、剖面线、可见过渡线
波浪线			断裂处的边界线、视图和剖视图的分界线
双折线			断裂处的边界线
虚线			不可见轮廓线、不可见过渡线
点画线			轴线、对称中心线
双点画线			相邻辅助零件的轮廓线、假想投影轮廓线

注：表中除粗实线外，其他图线均为细线宽。其粗、细线的宽度比率为 2∶1。

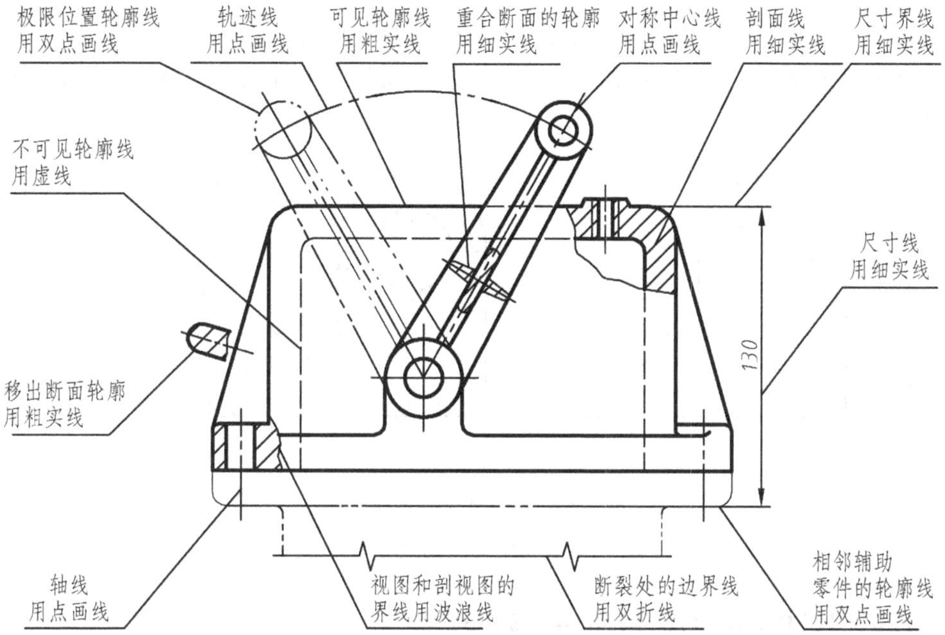

图 1-9　图线应用举例

2. 图线画法

在同一图样中，同类图线的宽度应一致。虚线、点画线、双点画线的线段长度和间隔如图 1-10 所示。

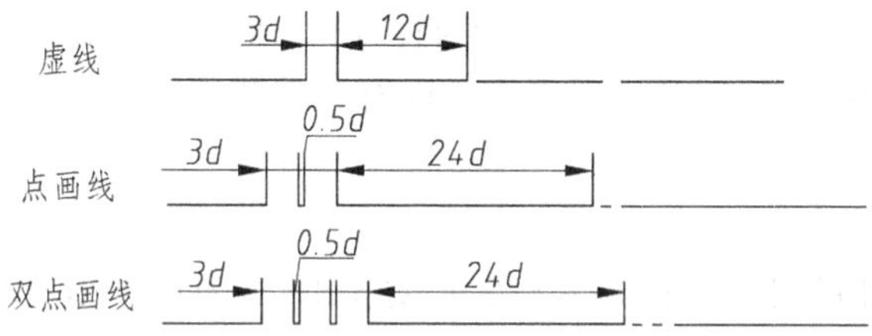

图 1-10　图线规格

两条平行线(包括剖面线)之间的距离应不小于粗实线的两倍宽度，其最小距离不得小于 0.7mm。

绘制点画线的要求是：以画为始尾，以画相交超出图形轮廓 2～5mm。在较小的图形上绘制点画线或双点画线有困难时，可用细实线代替，如图 1-11 所示。

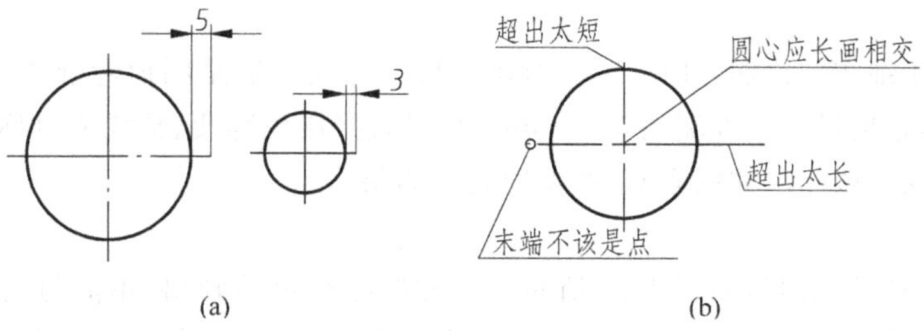

图 1-11　中心线的画法

(a) 正确；(b) 错误

当某些图线重合时，应按粗实线、虚线、点画线的顺序，只画前面的一种图线。

当图线相交时，应以画线相交，不留空隙；当虚线是粗实线的延长线时，衔接处要留出空隙，如图 1-12 所示。

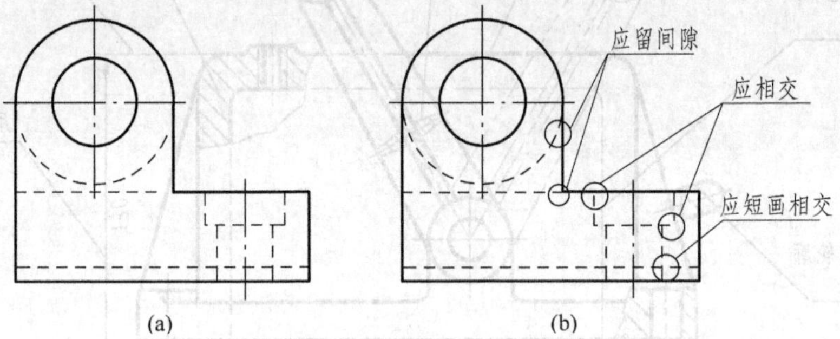

图 1-12　图线相交和衔接画法

(a) 正确；(b) 错误

1.1.6　尺寸注法(GB 4458.4—2003)

图形只能表达机件的形状，而机件的大小则由标注的尺寸确定。标注尺寸是一项极为重要的工作，必须认真细致、一丝不苟。如果尺寸有遗漏或错误，都会给生产带来困难和损失。

本节仅介绍国标 GB/T 4458.4—2003《机械制图》中如何正确标注尺寸的若干规定和示例。另外国标 GB/T 16675.2—2012《技术制图简化表示法第 2 部分：尺寸注法》对一些尺寸进行了简化标注的规定，部分内容将在后面有关章节中介绍。对不够详尽之处，需要时请查阅这两个国标。

1. 基本规则

(1) 图样上所标注的尺寸数值是零件的真实大小，与图形大小及绘制的准确度无关。

(2) 图样中的尺寸一般以 mm(毫米)为单位，当以 mm 为单位时，不需注明计量单位符号或名称。若采用其他单位则必须标注相应计量单位或名称(如 m、35°30′等)。

(3) 图样中所注尺寸是该零件最后完工时的尺寸，否则应另加说明。

(4) 零件的每一尺寸，一般只标注一次，并应标注在反映该结构最清晰的视图上。

2. 尺寸组成

一个完整的尺寸，应包含尺寸界线、尺寸线、尺寸线终端、尺寸数字 4 个尺寸要素。

1) 尺寸界线

尺寸界线用细实线绘制，如图 1-13 所示。尺寸界线一般是图形轮廓线、轴线或对称中心线的延长线，超出尺寸线终端约 2～3mm。也可直接用轮廓线、轴线或对称中心线作尺寸界线。尺寸界线一般与尺寸线垂直，必要时允许倾斜。

2) 尺寸线

尺寸线用细实线绘制，如图 1-13 所示。尺寸线必须单独画出，不能与其他图线重合或在其延长线上。标注线性尺寸时，尺寸线必须与所标注的线段平行。相同方向的各尺寸线的间距要均匀，间隔一般为 5～7mm，以便注写尺寸数字和有关符号。

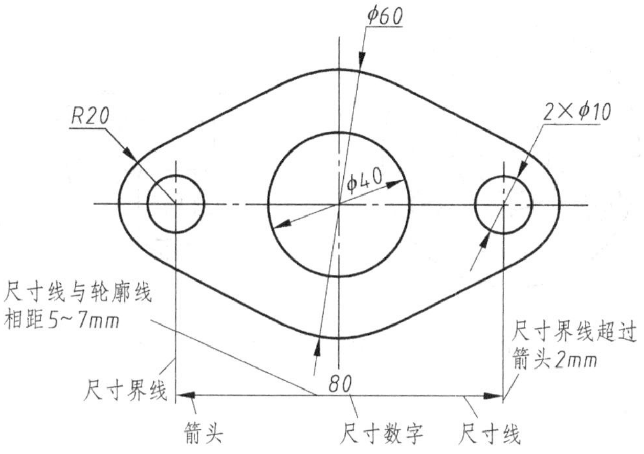

图 1-13　尺寸的组成及标注示例

3）尺寸线终端

尺寸线终端有两种常用形式，箭头或细斜线，如图 1-14 所示。箭头适用于各种类型的图形，箭头尖端与尺寸界线接触，不得超出也不得离开，如图 1-15 所示。

细斜线的方向和箭头画法如图 1-16 所示，d 为粗实线的宽度，h 为字体高度。当尺寸线终端采用斜线形式时，尺寸线与尺寸界线必须相互垂直。同一图样中只能采用一种尺寸线终端形式。

图 1-14　尺寸线终端两种形式

图 1-15　箭头常见的错误画法

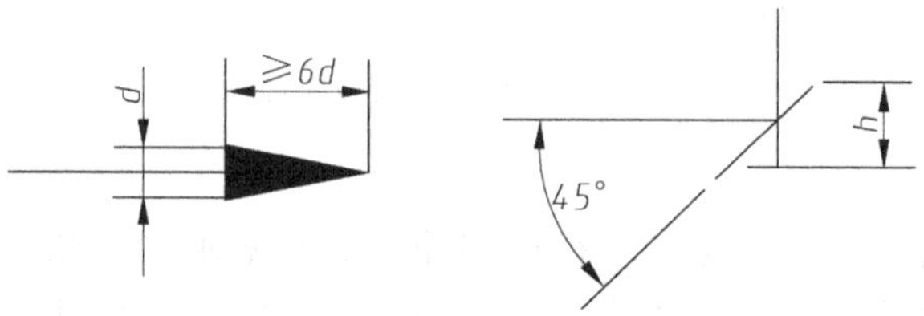

图 1-16　箭头和细斜线的画法

4）尺寸数字

线性尺寸的数字一般注写在尺寸线上方（一般采用此种方法）或尺寸线中断处。同一图样内尺寸数字的字号大小应一致，位置不够可引出标注。当尺寸线呈铅垂方向时，尺寸数字在尺寸线左侧，字头朝左，其余方向时，字头有朝上趋势，如图 1-18(a)所示。尺寸数字不可被任何图线通过。当尺寸数字不可避免被图线通过时，图线必须断开，如图 1-17 所示。

尺寸数字前的符号用来区分不同类型的尺寸：

ϕ 表示直径、R 表示半径、S 表示球面、t 表示板状零件厚度、□表示正方形、▷表示锥度、±表示正负偏差、×表示参数分隔符（如 M10×1、4×ϕ10、槽宽×槽深等）、∠表示斜度、—表示连字符（如 M10×1—6H）。

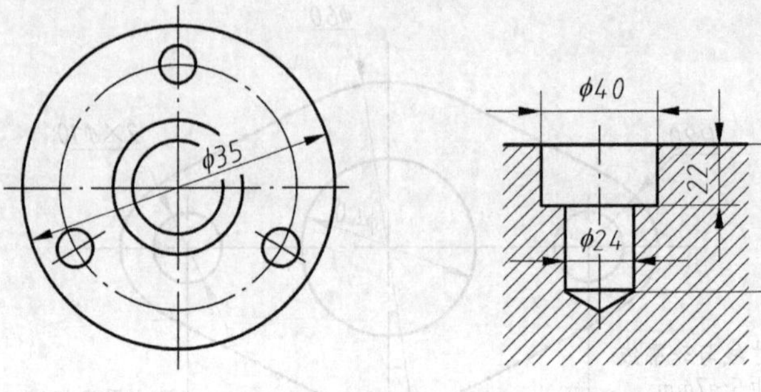

图 1-17 图线通过尺寸数字时的处理

3. 各种尺寸注法示例

1）线性尺寸的标注

标注线性尺寸时，线性尺寸的数字应按图 1-18(a)中所示的方向注写，并尽可能避免在图示 30°的范围内标注尺寸，当无法避免时，可按图 1-18(b)所示的方向进行标注。

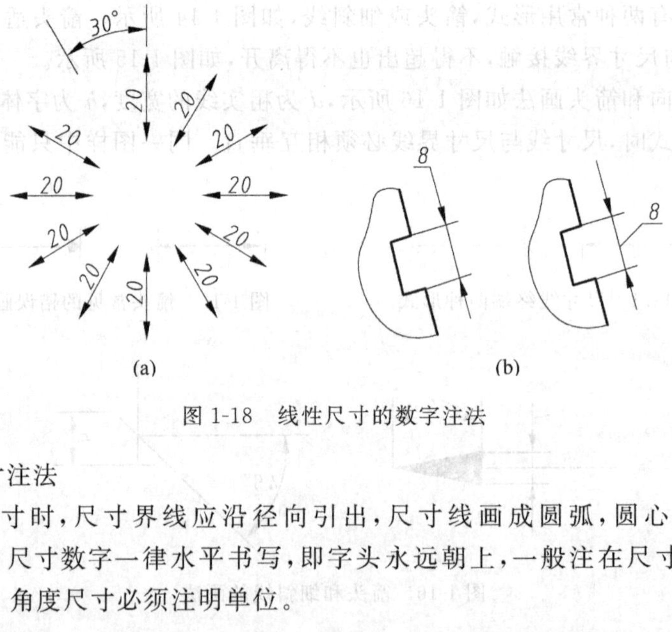

图 1-18 线性尺寸的数字注法

2）角度尺寸注法

标注角度尺寸时，尺寸界线应沿径向引出，尺寸线画成圆弧，圆心是角的顶点，如图 1-19(a)所示；尺寸数字一律水平书写，即字头永远朝上，一般注在尺寸线的中断处，如图 1-19(b)所示；角度尺寸必须注明单位。

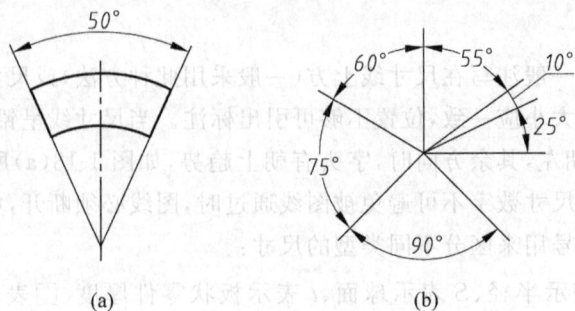

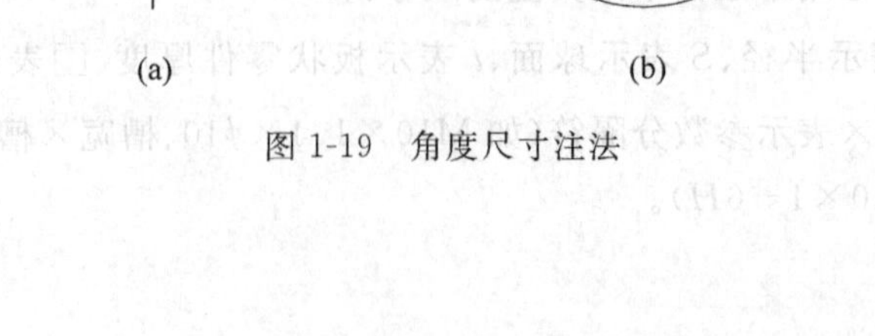

图 1-19 角度尺寸注法

3）圆、圆弧及球面尺寸的注法

（1）标注圆的直径时，应在尺寸数字前加注符号“ϕ”；标注圆弧半径时，应在尺寸数字前加注符号“R”。圆的直径和圆弧半径的尺寸线的终端应画成箭头，并按图 1-20 所示的方法标注。当圆弧的弧度大于 180°时应在尺寸数字前加注符号“ϕ”；当圆弧弧度小于或等于 180°时应在尺寸数字前加符号“R”。

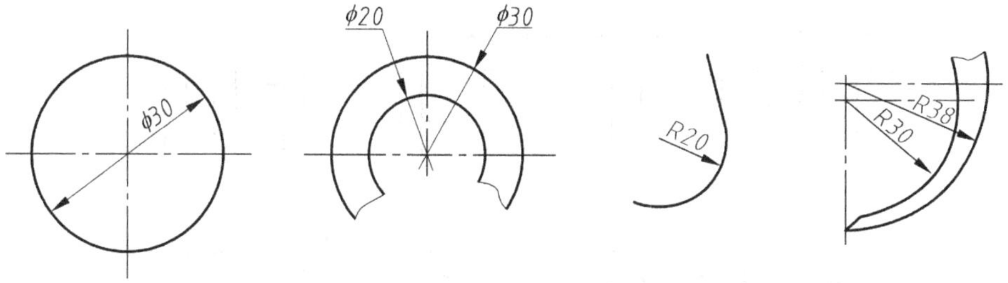

图 1-20　圆及圆弧尺寸的注法

（2）半径尺寸必须注在投影为圆弧处，且尺寸线应通过圆心，如图 1-21 所示。

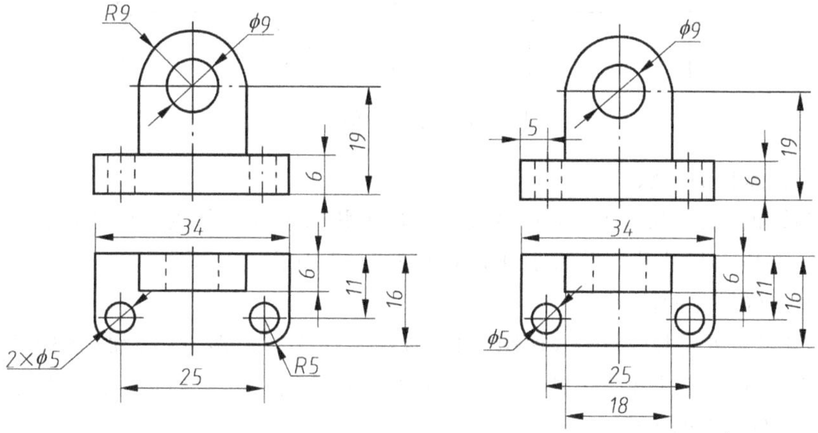

(a)　(b)

图 1-21　半径尺寸正误标注对比

(a) 正确；(b) 错误

（3）当圆弧的半径过大或在图纸范围内无法按常规标出其圆心位置时，可按图 1-22(a)的形式标注；若不需要标出其圆心位置时，可按图 1-22(b)的形式标注。

（4）注球面的直径或半径时，应在尺寸数字前分别加注符号“$S\phi$”或“SR”，如图 1-23 所示。

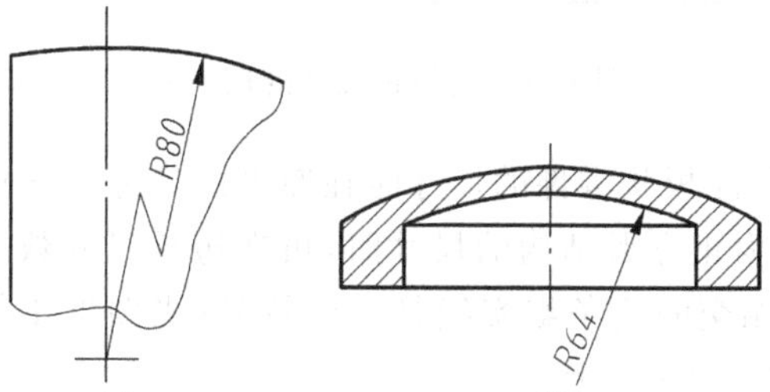

(a)　(b)

图 1-22　大圆弧尺寸的注法

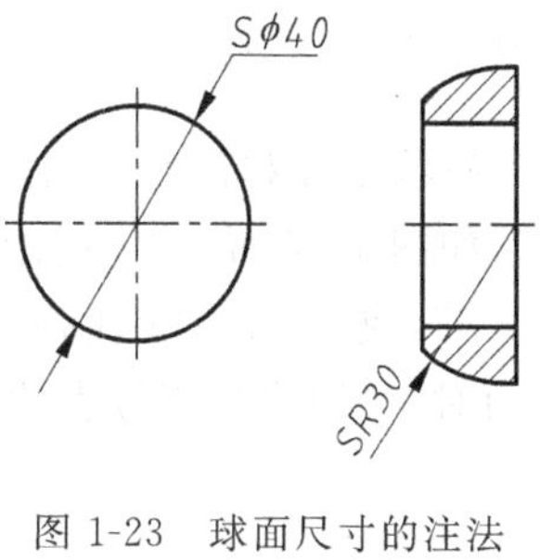

图 1-23　球面尺寸的注法

(5) 圆、圆弧以及球面的尺寸数字均按图 1-18(a)所示的方法标注。

4) 小尺寸的注法

在没有足够的位置画箭头或注写数字时，箭头可画在外面，尺寸数字也可采用旁注或引出标注；当中间的小间隔尺寸没有足够的位置画箭头时，允许用圆点或斜线代替箭头，如图 1-24 所示。

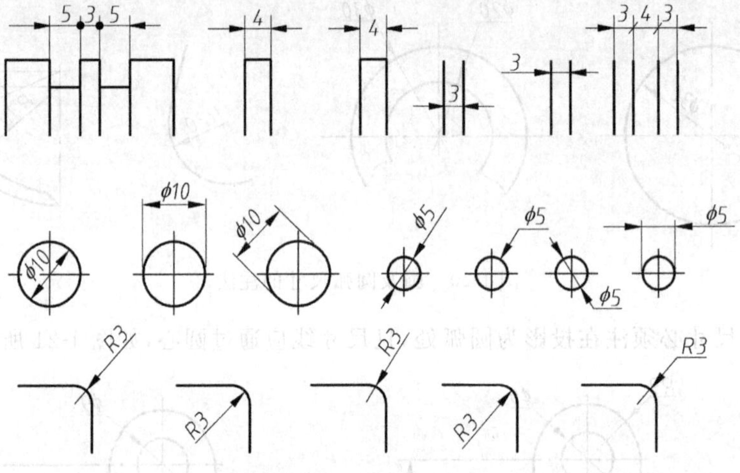

图 1-24　小尺寸的注法

5) 弦长和弧长的注法

标注弦长和弧长的尺寸时，尺寸界线应平行于弦的垂直平分线。标注弧长尺寸时，尺寸线用圆弧线，并应在尺寸数字前方加注弧长符号“⌒”，如图 1-25 所示。

6) 其他结构尺寸的注法

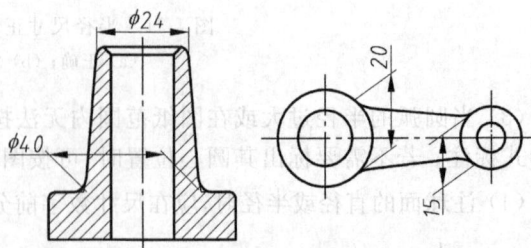

(1) 光滑过渡处的尺寸注法，如图 1-26 所示。在光滑过渡处，必须用细实线将轮廓线延长，并从它们的交点引出尺寸界线。尺寸界线一般应与尺寸线垂直，必要时允许倾斜。尺寸线应平行于两交点的连线。

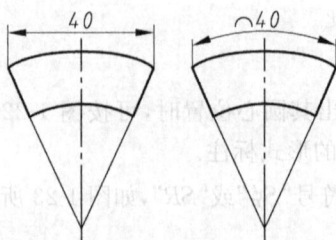

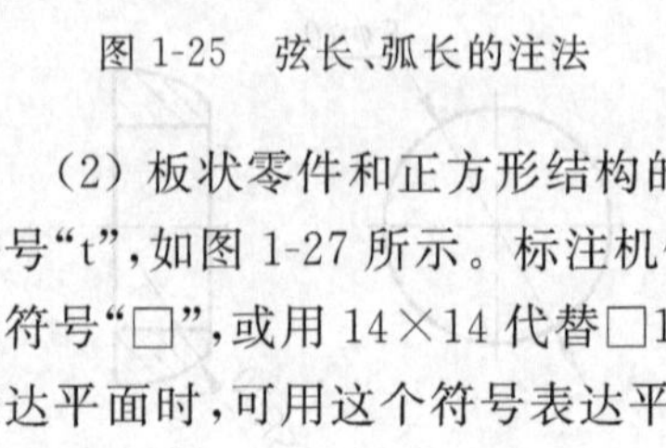

图 1-25　弦长、弧长的注法

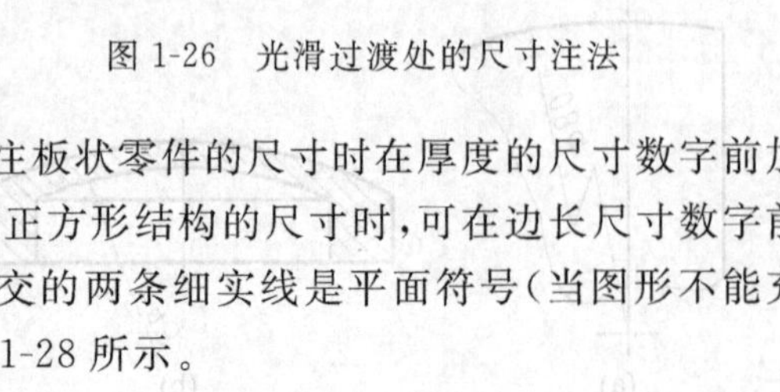

图 1-26　光滑过渡处的尺寸注法

(2) 板状零件和正方形结构的注法。标注板状零件的尺寸时在厚度的尺寸数字前加注符号“t”，如图 1-27 所示。标注机件的断面为正方形结构的尺寸时，可在边长尺寸数字前加注符号“□”，或用 14×14 代替□14。图中相交的两条细实线是平面符号(当图形不能充分表达平面时，可用这个符号表达平面)，如图 1-28 所示。

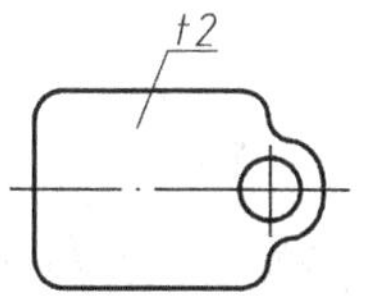

图 1-27　板状零件厚度的注法

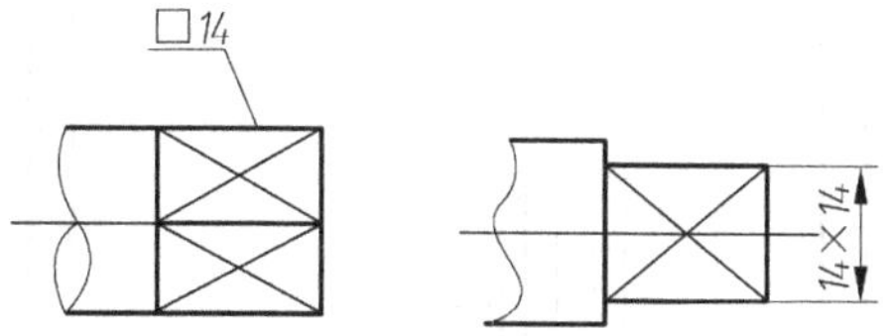

图 1-28　正方形结构尺寸注法

1.2　手工绘图工具和仪器的使用方法

正确使用绘图工具和仪器，是保证绘图质量、提高绘图速度的重要因素。本节主要介绍常用的绘图工具和仪器的使用方法。

1.2.1　图板

图板的板面应平整，工作边应平直。绘图时将图纸用胶带纸固定在图板的适当位置上，如图 1-29 所示。

1.2.2　丁字尺

丁字尺由尺头和尺身两部分组成，尺身带有刻度，便于画线时直接度量。使用时，必须将尺头靠紧图板左侧的工作边，上下移动丁字尺，并利用尺身的工作边画出水平线，如图 1-30 所示。

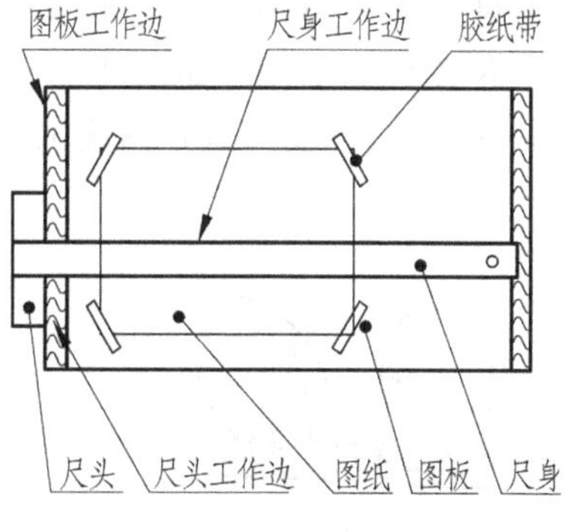

图 1-29　图板与丁字尺图

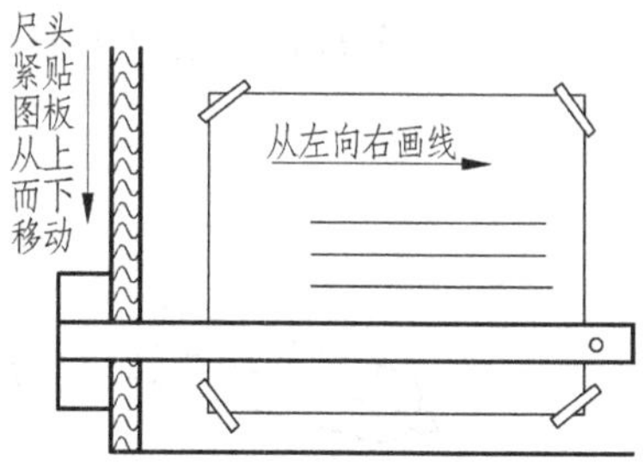

图 1-30　图板与丁字尺配合画水平线

1.2.3　三角板

一副三角板有两块，一块是 45°三角板，另一块是 30°和 60°三角板。三角板和丁字尺配合使用，可画垂直线和 30°、45°、60°以及与水平线成 15°整数倍的各种斜线，如图 1-31 所示。此外，利用一副三角板，还可以画出已知直线的平行线或垂直线，如图 1-32 所示。

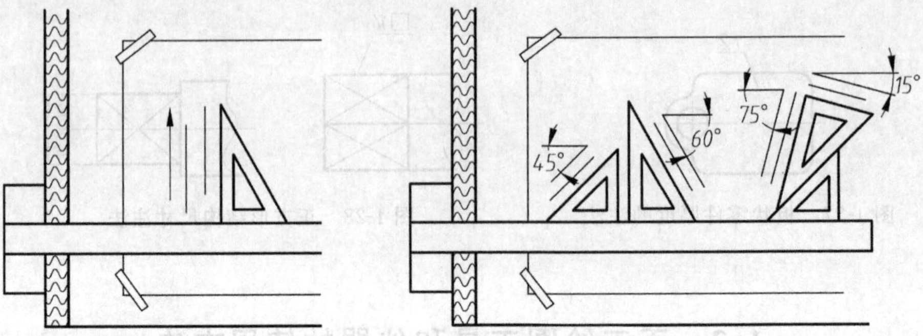

图 1-31　三角板与丁字尺配合使用画线
(a) 画铅垂线；(b) 画 15°整数倍的斜线

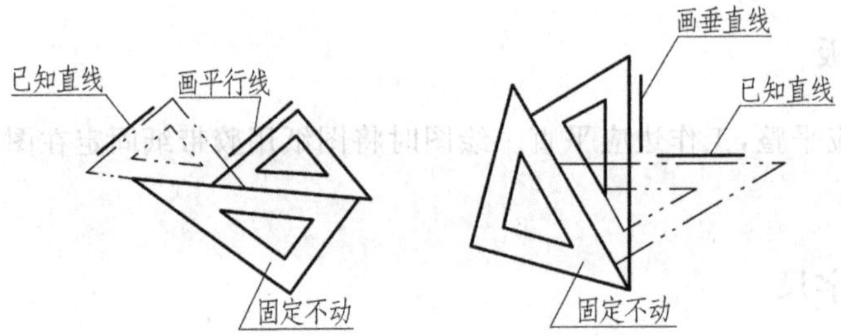

图 1-32　用一副三角板画已知直线的平行线或垂直线

1.2.4　三棱尺

三棱尺是常用的比例尺。它只用来量取尺寸，不可用来画直线。在它的三个面上刻有六种不同比例的尺度，以便按规定比例来作图，不必另行计算，如图 1-33(a)所示。图 1-33(b)表示利用分规在三棱尺上截取长度，图 1-33(c)是把三棱尺放在图线上直接量取长度。

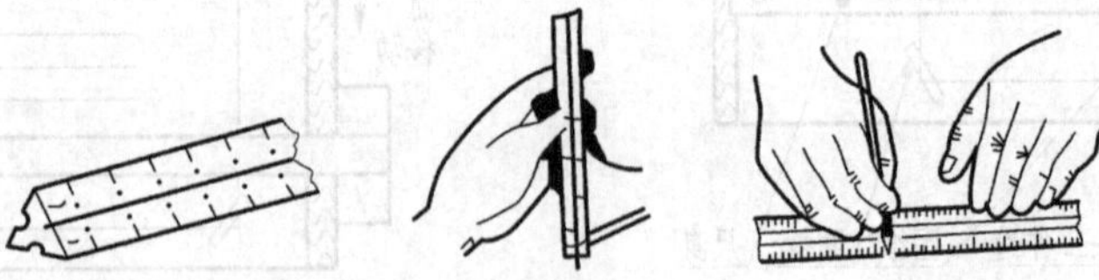

图 1-33　三棱尺的用法

1.2.5　绘图铅笔及铅芯

绘图铅笔及铅芯的软硬用字母“B”和“H”表示。B 前的数值越大，表示铅芯越软；H 前的数值越大，表示铅芯越硬。HB 表示铅芯软硬适中。绘图时，应根据不同用途，按表 1-4 选用适当的铅笔及铅芯，并将其削磨成一定的形状。

表 1-4　铅笔及笔芯的选用

	用途	软硬代号	削磨形状	示意图
铅笔	画细线	2H 或 H	圆锥	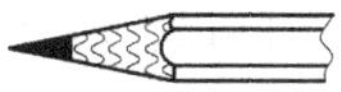
	写字	HB 或 B	钝圆锥	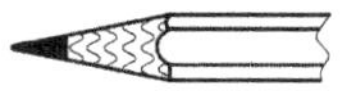
	画粗线	B 或 2B	截面为矩形的四棱柱	
圆规用铅芯	画细线	H 或 HB	楔形	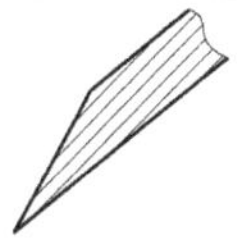
	画粗线	2B 或 3B	正四棱柱	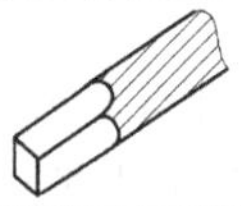

1.2.6　圆规和分规

圆规的钢针有两种不同的针尖。画圆时用带台肩的一端，并把它插入图板中，钢针应调整到比铅芯稍长一些，如图 1-34 所示。画圆时应根据圆的直径不同，尽力使钢针和铅芯插腿垂直纸面，一般按顺时针方向旋转，用力要均匀，如图 1-35 所示。若需画特大的圆或圆弧时，可接加长杆。画小圆可用弹簧圆规。若用钢针接腿替换铅芯接腿时，圆规可作分规用。

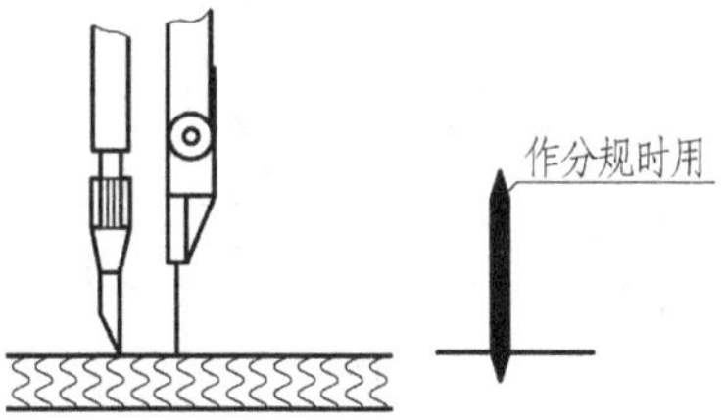

图 1-34　圆规钢针、铅芯及其位置

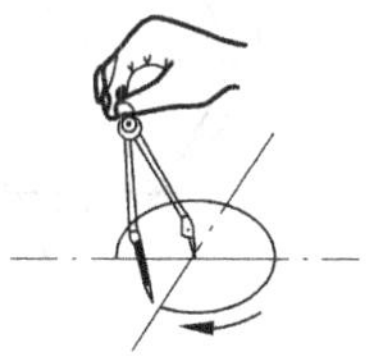

图 1-35　画圆时的手势

分规用来截取线段、等分线段和量取尺寸，如图 1-36 所示。先用分规在三棱尺上量取所需尺寸，如图 1-36(a)所示，然后再量到图纸上去，如图 1-36(b)所示。图 1-37 为用分规截取若干等分线段的作图方法。

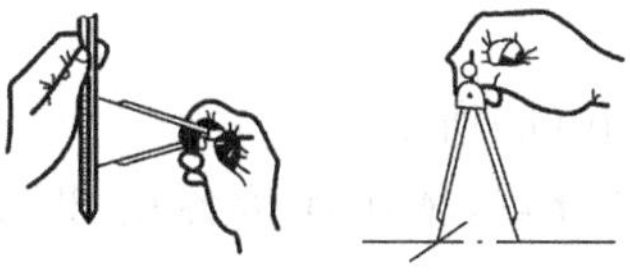

(a)　(b)

图 1-36　分规的用法

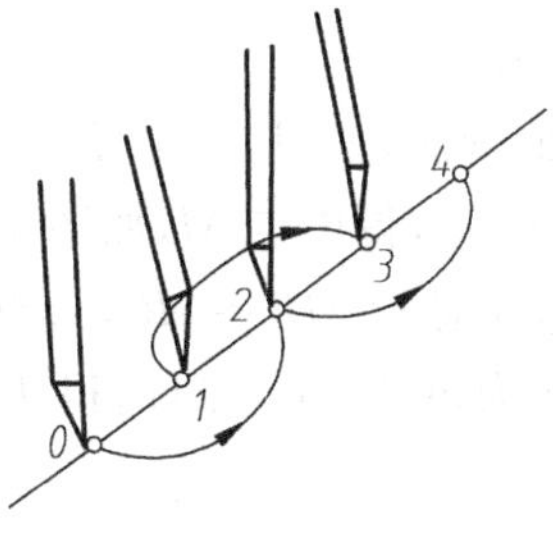

图 1-37　等分线段

1.2.7 其他制图工具

除以上所介绍的制图工具外，其他必备的制图工具还有擦图片、胶带纸、砂纸、橡皮、毛刷、小刀等，如图 1-38 所示。

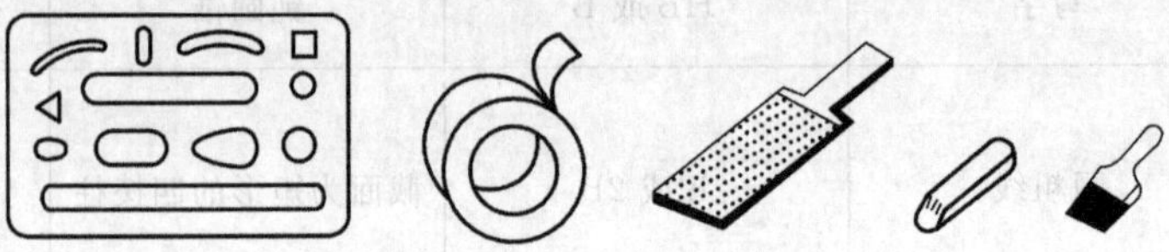

图 1-38 其他必备的制图工具

1.3 几何作图

根据图形的几何条件，用绘图工具绘制图形，称为几何作图。虽然机件的轮廓形状各不相同，但大都由基本几何图形组成。因此，熟练掌握基本几何图形的作图方法，有利于提高画图质量和速度。下面介绍几种常见几何图形的作图方法。

1.3.1 圆内接正多边形的画法

1. 正六边形

正六边形的画法，如图 1-39 所示。作图步骤如下。

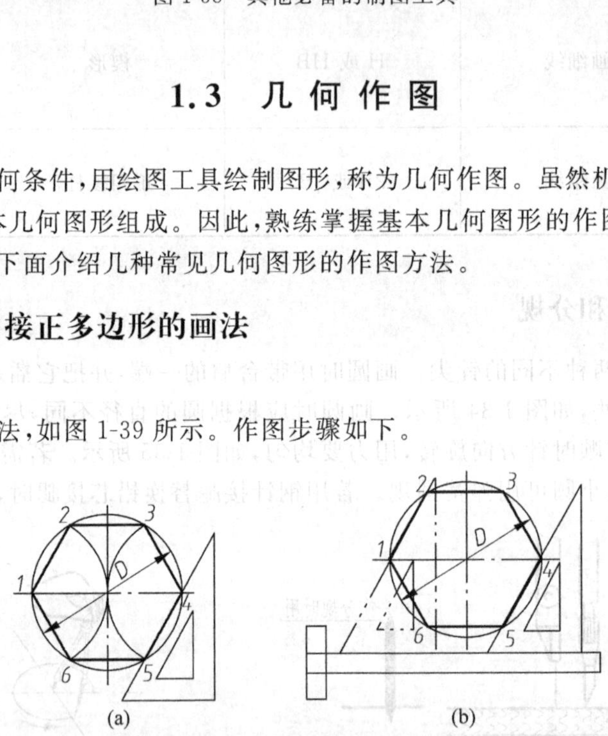

图 1-39 正六边形的作图

方法一：以对角线 D 为直径作圆，以圆的半径等分圆周，连接各等分点即得正六边形，如图 1-39(a)所示。

方法二：以对角线 D 为直径作圆，再用 30°、60°三角板与丁字尺配合，作出正六边形，如图 1-39(b)所示。

2. 正五边形

正五边形的画法，如图 1-40 所示。作图步骤如下。

(1) 二等分 OB，得中点 M，如图 1-40(a)所示。

(2) 在 AB 上截取 $MP=MC$，得点 P，如图 1-40(b)所示。

(3) 以 CP 为边长，等分圆周得 E、F、G、K 等分点，依次连接各点，即得正五边形，如图 1-40(c)所示。

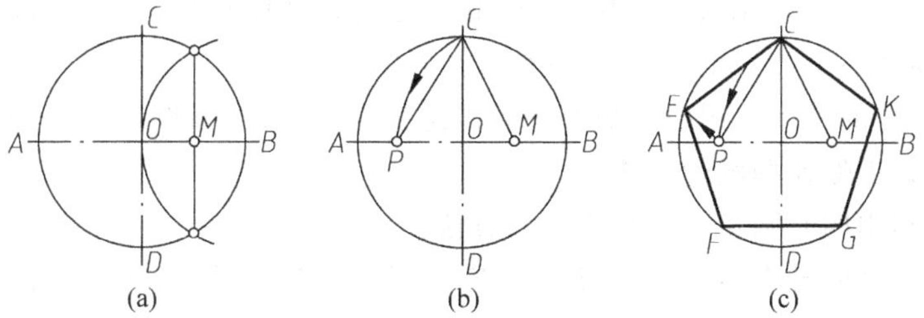

图 1-40　正五边形的作图

3. 正 *n* 边形

正 n 边形的画法，如图 1-41 所示（图中 $n=7$）。作图步骤如下。

（1）将外接圆的铅垂直径 AN 分为 n 等份，如图 1-41(a)所示。

（2）以 N 为圆心，NA 为半径作圆，与外接圆的水平中心线交于 P、Q 点，如图 1-41(b)所示。

（3）分别由 P、Q 作直线与 NA 上每间隔一分点（如偶数点 2、4、6）相连并延长至与外接圆交于 C、B、D、E、G、F 各点，然后顺序连接各顶点，即得七边形 $ABEFGDC$，如图 1-41(c)所示。

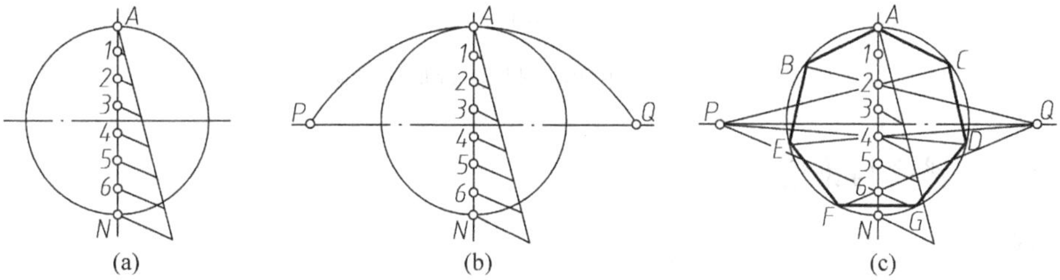

图 1-41　正七边形的作图

1.3.2　椭圆的画法

椭圆的画法很多，在此只介绍两种常用的椭圆的近似画法。

1. 同心圆作椭圆的画法

图 1-42 给出了由长、短轴作同心圆画椭圆的方法。

（1）以 O 为圆心、分别以长半轴 OA 和短半轴 OC 为半径作圆，如图 1-42(a)所示。

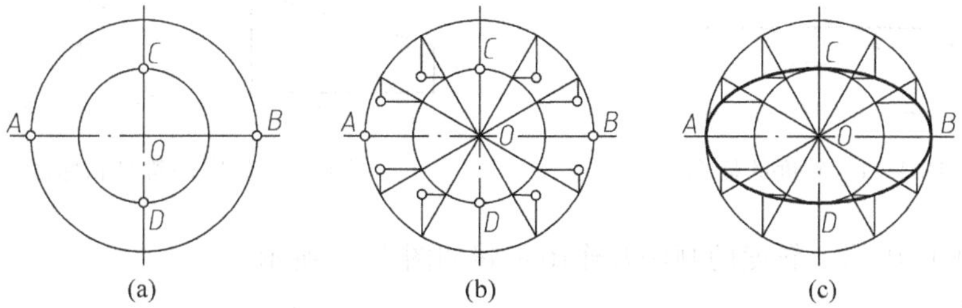

图 1-42　用同心圆法画椭圆

(2) 过圆心 O 作若干射线与两圆相交，由各交点分别作与长、短轴平行的直线，两直线的交点即为椭圆上的各点，如图 1-42(b)所示。

(3) 把椭圆上的各个点用曲线板顺序光滑地连接成椭圆，如图 1-42(c)所示。

2. 四心圆弧近似作椭圆的画法

图 1-43 是利用四心圆弧近似画椭圆的方法。

(1) 连长、短轴的端点 A、C，取 $CE_1=CE=OA-OC$，如图 1-43(a)所示。

(2) 作 AE_1 的中垂线与两轴分别交于点 1、2，分别取 1、2 对轴线的对称点 3、4，连接 12、14、23、34 并延长，如图 1-43(b)所示。

(3) 分别以点 1、2、3、4 为圆心，$1A$、$2C$、$3B$、$4D$ 为半径作圆弧，这四段圆弧就近似连接成椭圆，圆弧间的连接点为 K、N、N_1、K_1，如图 1-43(c)所示。

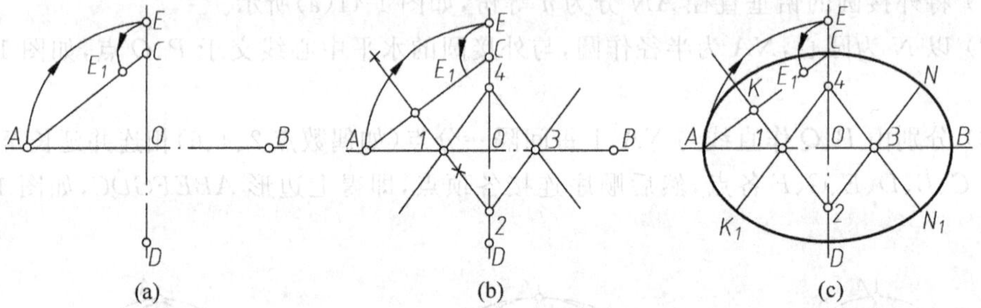

图 1-43　用四心圆弧法近似画椭圆

1.3.3　斜度与锥度

1. 斜度

一直线对另一直线或一平面对另一平面的倾斜程度称为斜度。其大小就是它们夹角的正切值。在图 1-44 中，直线 CD 对直线 AB 的斜度$=(T-t)/l=T/L=\tan\alpha$

(1) 斜度符号及其标注。斜度符号的线宽为字高 h 的 1/10，其字高 h 与尺寸数字同高。斜度的大小以 1∶n 的形式表示。标注时应注意：符号的方向应与所画的斜度方向一致，如图 1-45 所示。

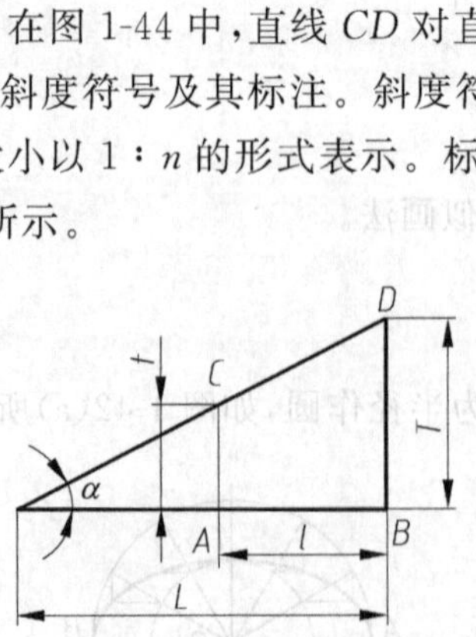

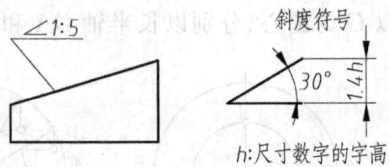

图 1-44　斜度的概念

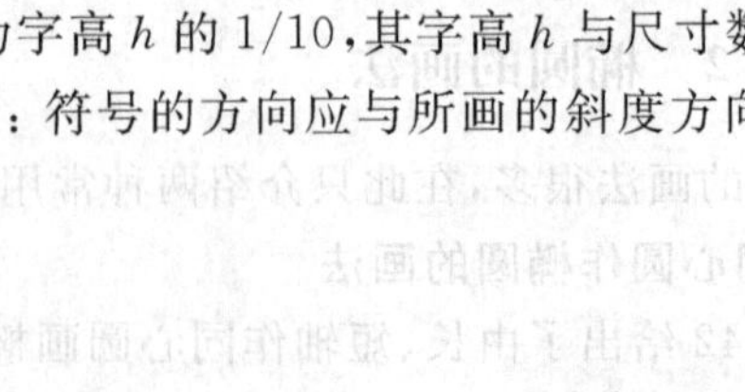

图 1-45　斜度的符号和标注

(2) 斜度的画法。斜度的画法及作图步骤如图 1-46 所示。

2. 锥度

正圆锥底圆直径与圆锥高度之比称为锥度；正圆锥台的锥度则为两底圆的直径差与其高度之比；正圆锥(台)的锥度$=2\tan\alpha$，α 为半锥角，如图 1-47 所示。

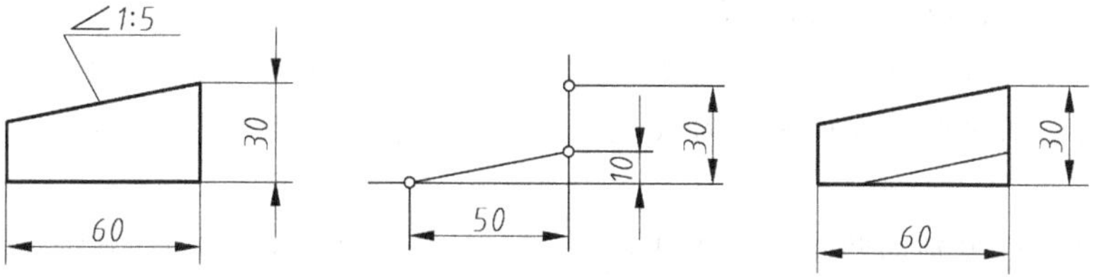

(a)　　(b)　　(c)

图 1-46　斜度的作图步骤

(a) 给出的图形；(b) 作斜度 1∶5 的辅助线；(c) 完成作图

(1) 锥度符号及其标注。锥度符号的线宽为字高 h 的 1/10，其字高 h 与尺寸数字同高。锥度的大小以 1∶n 的形式表示。标注时应注意：符号的方向应与所画的锥度方向一致，如图 1-48 所示。

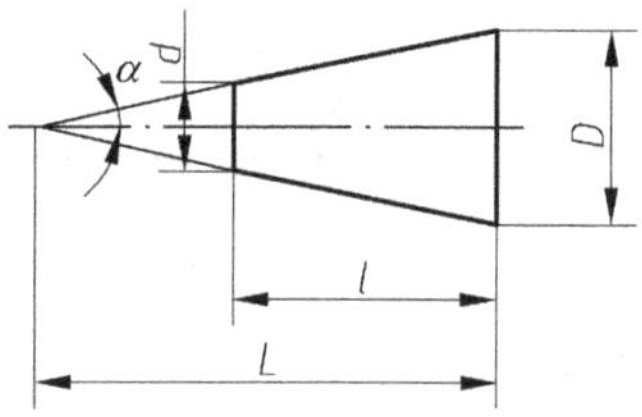

图 1-47　锥度的概念图

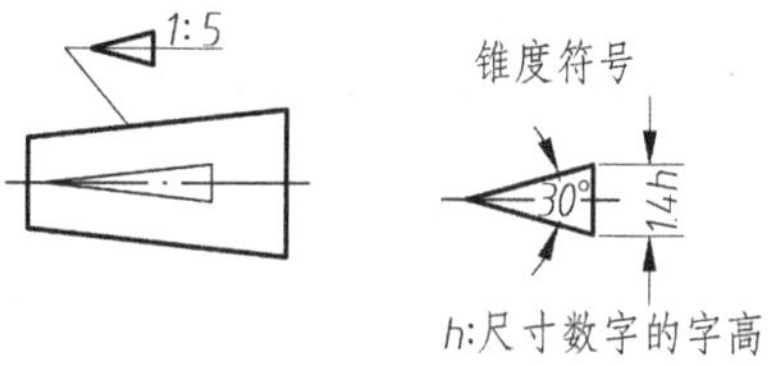

图 1-48　锥度的符号和标注

(2) 锥度的画法。锥度的画法及作图步骤如图 1-49 所示。

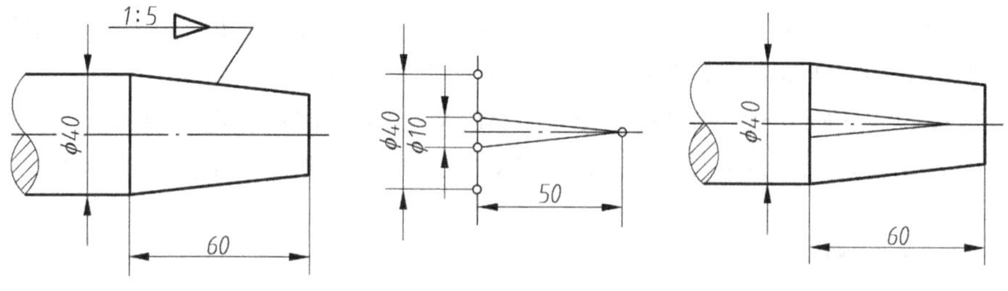

(a)　　(b)　　(c)

图 1-49　锥度的作图步骤

(a) 给出的图形；(b) 作锥度 1∶5 的辅助线；(c) 完成作图

1.3.4　圆弧连接

用已知半径的圆弧光滑连接(即相切)两已知线段(直线或圆弧)，称为圆弧连接。在绘制工程图样时，经常遇到用圆弧来光滑连接已知直线或圆弧的情况。为了保证相切，在作图时就必须准确地作出连接圆弧的圆心和切点。

圆弧连接有三种情况：用已知半径为 R 的圆弧连接两条已知直线；用已知半径为 R 的圆弧连接两已知圆弧，其中有外连接和内连接之分；用已知半径为 R 的圆弧连接一已知直线和一已知圆弧。下面就各种情况作简要的介绍。

1. 圆弧与已知直线连接的画法

已知两直线以及连接圆弧的半径 R，求作两直线的连接弧。作图过程如图 1-50 所示。

(1) 作与已知两直线分别相距为 R 的平行线，交点 O 即为连接弧的圆心，如图 1-50(a)所示。

(2) 从圆心 O 分别向两直线作垂线，垂足 M、N 即为切点，如图 1-50(b)所示。

(3) 以 O 为圆心，R 为半径，在两切点 M、N 之间画圆弧，即为所求圆弧，如图 1-50(c)所示。

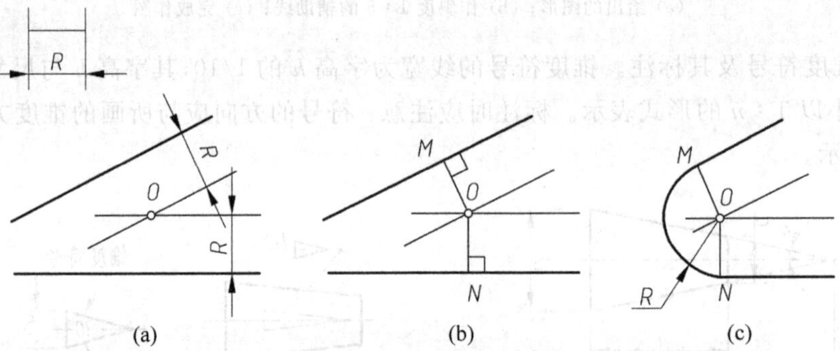

图 1-50 圆弧连接两直线的画法

2. 圆弧与已知两圆弧外连接的画法

已知圆心为 O_1、O_2 及其半径为 $R5$、$R10$ 的两圆，用半径为 $R15$ 的圆弧外连接两圆。作图过程如图 1-51 所示。

(1) 以 O_1 为圆心、$R_1=5+15=20$ 为半径画弧，以 O_2 为圆心、$R_2=10+15=25$ 为半径画弧，两圆弧的交点 O 即为连接弧的圆心，如图 1-51(a)所示。

(2) 连接 OO_1、OO_2 与两已知圆相交于点 M、N，点 M、N 即为切点，如图 1-51(b)所示。

(3) 以 O 为圆心、15 为半径画弧 MN，MN 即为所求连接弧，如图 1-51(c)所示。

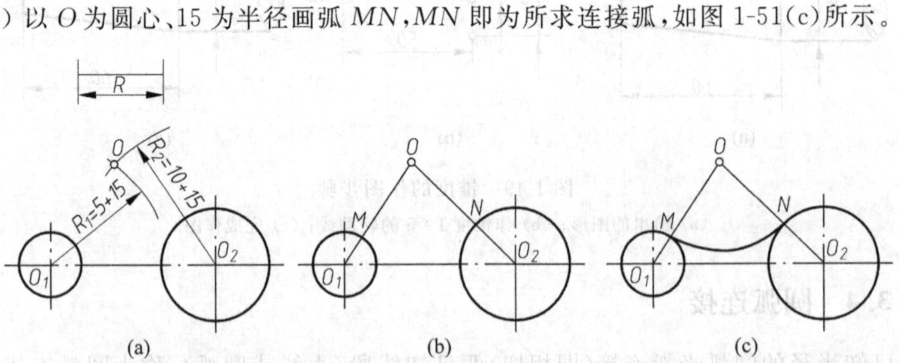

图 1-51 圆弧与已知两圆弧外连接画法

3. 圆弧与已知两圆弧内连接的画法

已知圆心为 O_1、O_2 及其半径为 $R5$、$R10$ 的两圆，用半径为 $R30$ 的圆弧内连接两圆。作图过程如图 1-52 所示。

(1) 以 O_1 为圆心、$R_1=30-5=25$ 为半径画弧，以 O_2 为圆心、$R_2=30-10=20$ 为半径画弧，两弧的交点 O 即为连接弧的圆心，如图 1-52(a)所示。

(2) 连接 OO_1、OO_2 并延长，与两已知圆相交于点 M、N，点 M、N 即为切点，如图 1-52(b) 所示。

(3) 以 O 为圆心，30 为半径画弧 MN，MN 即为所求连接弧，如图 1-52(c)所示。

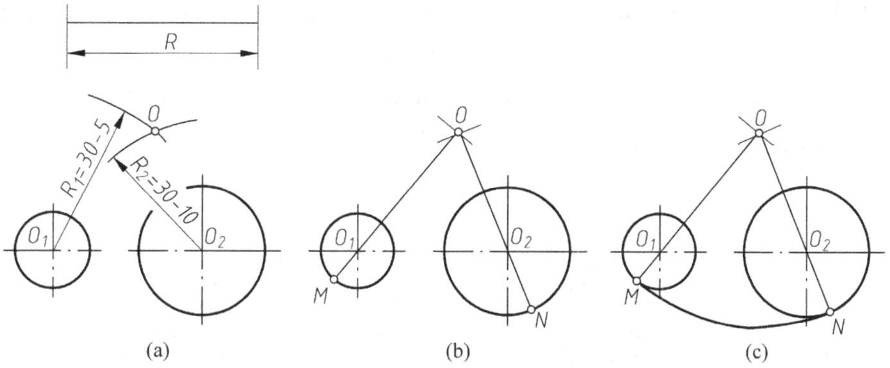

图 1-52　圆弧与已知两圆弧内连接画法

4. 圆弧与已知圆弧、直线连接的画法

已知圆心为 O_1、半径为 R_1 的圆弧和直线 L_1，用半径为 R 的圆弧连接已知圆弧和直线，图解过程如图 1-53 所示。

(1) 作直线 L_1 的平行线 L_2，两平行线之间的距离为 R；以 O_1 为圆心，$R+R_1$ 为半径画圆弧，直线 L_2 与圆弧的交点 O 即为连接弧的圆心，如图 1-53(a)所示。

(2) 从点 O 向直线 L_1 作垂线得垂足 N，连接 OO_1 与已知弧相交得交点 M，点 M 和点 N 即为切点，如图 1-53(b)所示。

(3) 以 O 为圆心，R 为半径作圆弧 MN，MN 即为所求的连接弧，如图 1-53(c)所示。

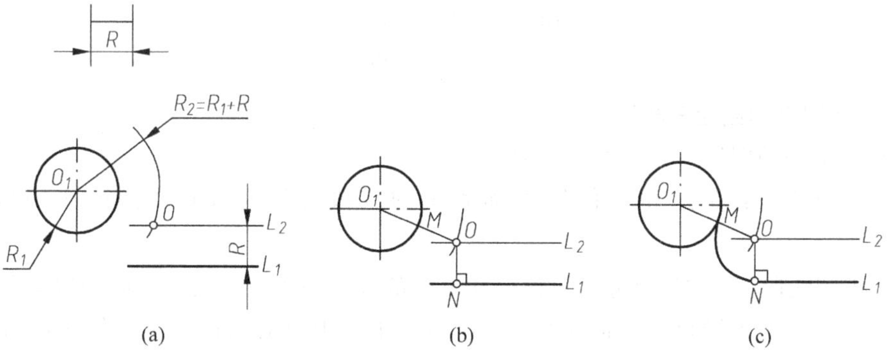

图 1-53　圆弧与圆弧、直线连接的画法

1.4　平面图形

1.4.1　平面图形分析与作图

1. 平面图形的尺寸分析

(1) 尺寸基准：确定尺寸位置的点、线或面。在标注尺寸时，要先选定一个尺寸基准，

通常以图中的对称线、较大圆的中心线、较长的直线作为尺寸基准。平面图形有水平及垂直两个方向的尺寸基准，图 1-54(a)是以最左的铅垂线和最下的水平线，或者是 $\phi20$ 和 $\phi38$ 共同的中心线作为水平和垂直方向的尺寸基准。

(2) 定形尺寸：确定平面图形上几何要素大小的尺寸。例如，直线的长短、圆或圆弧的大小等，如图 1-54(a)中的 16、90、$\phi38$、$\phi20$、$R12$、$R100$ 等尺寸。

(3) 定位尺寸：确定平面图形上几何要素相对位置的尺寸。例如圆心、线段在图样中的相对位置等，如图 1-54(a)中的 154、74、11 等尺寸。

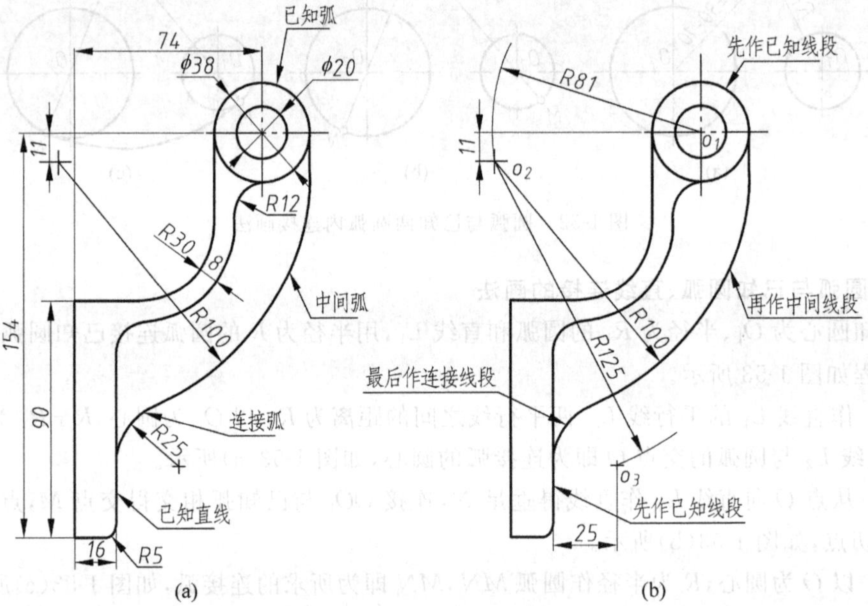

(a) (b)

图 1-54 平面图形分析

(a) 线段分析；(b) 画图步骤

2. 平面图形的线段分析

平面图形中的图线可分为以下 3 类。

(1) 已知线段：定形和定位尺寸都齐全的线段为已知线段。如图 1-54(a)中的 $\phi20$、$\phi38$。

(2) 中间线段：有定形尺寸但定位尺寸不全的线段为中间线段。中间线段必须依靠一端与另一线段相切才能画出。如图 1-54(a)中的 $R100$，其圆心定位尺寸只有一个 11。

(3) 连接线段：有定形尺寸而无定位尺寸的线段为连接线段。连接线段的位置，需利用与其两端相切的几何关系才能定出。如图 1-54(a)中的 $R25$，必须利用中间圆弧 $R100$ 以及与已知直线相切的几何关系才能画出。

3. 平面图形的作图

在画平面图形时，应根据图形中所给的各种尺寸，确定作图步骤。对于圆弧连接图形，应按已知线段、中间线段、连接线段的顺序依次画出各段。下面以图 1-54(a)中的 4 个线段($\phi38$、$R100$、$R25$ 以及距最左端 16mm 的已知直线)为例，介绍圆弧连接部分的画图步骤，如图 1-54(b)所示：

(1) 先画出已知线段：根据图 1-54(a)中的尺寸，画出 $\phi38$ 的圆以及距最左端 16mm 的已知直线。

(2) 然后画中间弧：因为 $R100$ 和 $\phi38$ 的圆弧内切，所以作图时所用的尺寸是 $R81$，是由中间弧的半径 $R100$ 减去已知弧 $R19$ 得到的。

(3) 最后根据已画出的已知直线和中间弧画连接弧：由于 $R100$ 和 $R25$ 的两圆弧外切，所以作图用的尺寸是 $R100$ 加上 $R25$，即 $R125$。

1.4.2 平面图形的尺寸标注

平面图形标注尺寸的一般步骤如下：

(1) 分析图形，选定尺寸基准。

(2) 分析各组成线段，确定已知线段、中间线段和连接线段。

(3) 注出已知线段的定形和定位尺寸。

(4) 注出中间线段的定形尺寸和一个已知的定位尺寸。

(5) 注出连接线段的定形尺寸。

常见平面图形的尺寸注法如表 1-5 所示。

表 1-5　常见平面图形的尺寸注法

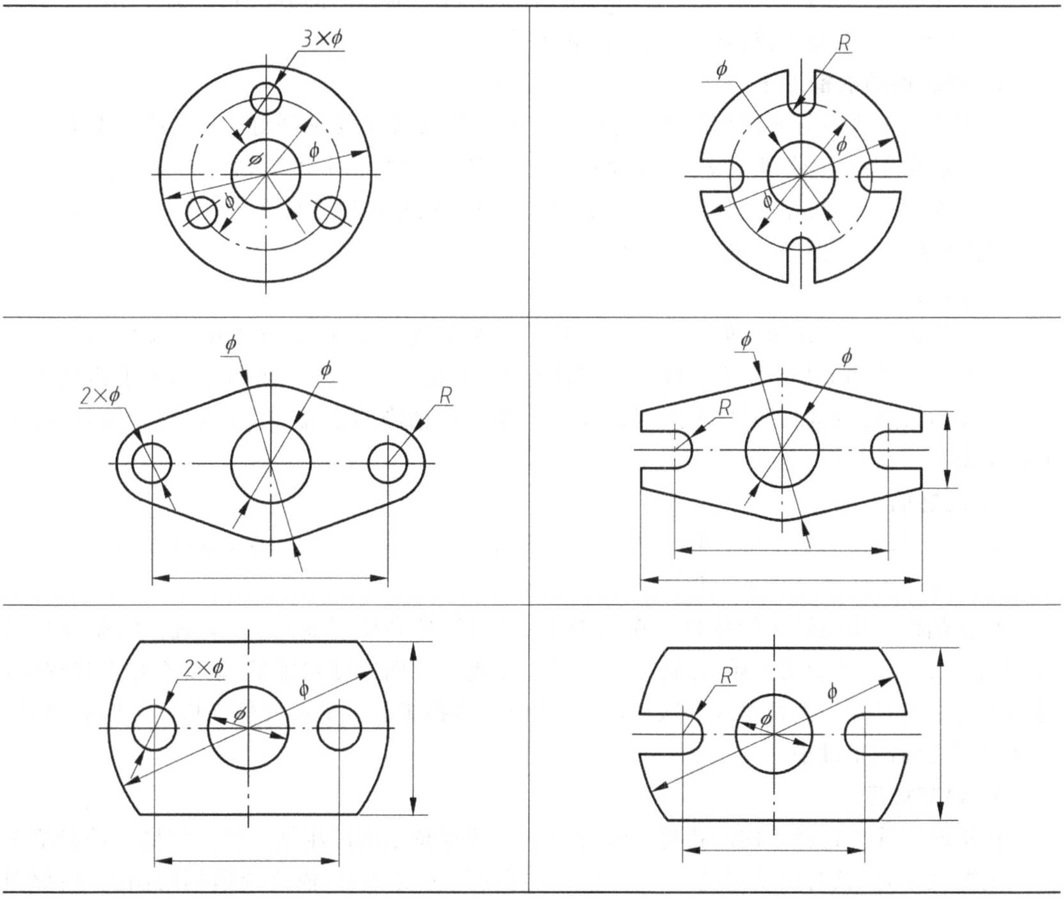

续表

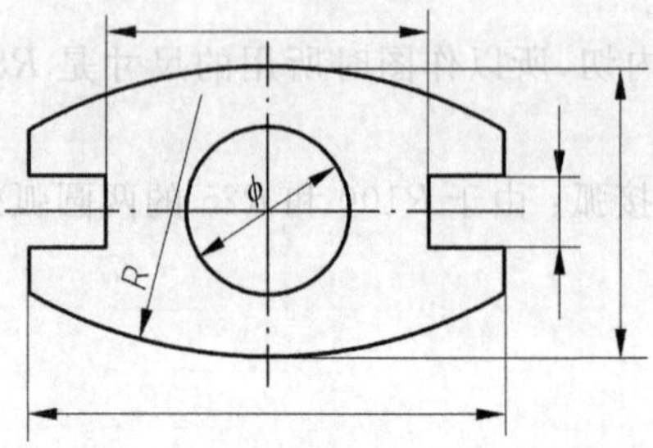	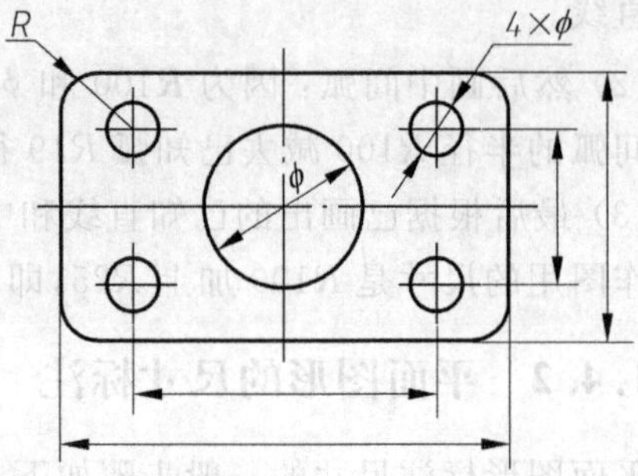

1.5 绘 图 技 能

绘图技能包括用仪器绘图和徒手绘图两种能力。

1.5.1 仪器绘图

对于工程技术人员来说，除了必须熟悉制图标准、几何作图的方法和正确使用绘图工具仪器外，还必须掌握使用仪器绘图的方法和步骤。

1. 绘图前的准备工作

绘图之前要准备好画图用的工具、仪器。把铅笔按线型要求削好(建议粗实线用 B 或 2B，按线宽削成截面为矩形；虚线、写字用 B 或 HB，按虚线和字体笔宽削成锥状、圆头；细线用 2H 或 H，按细线宽度削成尖锥状或铲状)；圆规铅芯比铅笔软 1 号。然后用软布把图板、丁字尺和三角板擦净。最后把手洗净。

2. 固定图纸

按图样的大小选择图纸幅面。先用橡皮检查图纸的正反面(易起毛的是反面)，然后把图纸铺在图板左方，使下方留有放丁字尺的地方，并用丁字尺比一比图纸的水平边是否放正。放正后，用胶带纸将图纸固定，见图 1-29。用一张洁净的纸盖在上面，只把要画图的地方露出来。

3. 画底稿

画底稿是画图的第一步，用 2H 铅笔画底稿，底稿线只要大致清晰，不可太粗太深。点画线和虚线尽量能区分出来。作图线则更应轻画。

根据幅面画出图框和标题栏。布置图形的位置，务必使图面匀称、美观。底稿应从轴线、中心线或主要轮廓线开始，以便度量尺寸。要提高绘图速度和质量，就要在作图过程中，对图形间相同尺寸一次量出或一次画出，避免时常调换工具。最后要仔细检查，把图上的错误在描深之前改正过来。

4. 铅笔描深

描深时按线型选择不同的铅笔。描深过程中要保持笔端的粗细一致。修磨过的铅笔在使用前要试描，以核对图线宽度是否合适。描深时用力要均匀，描错或描坏的图线，用擦图片来控制擦去的范围，然后用橡皮顺纸纹擦。

描深的步骤与画底稿不同，一般先描图形。图形描深时，应尽量将同一类型、同样粗细的图线成批描深。首先描圆及圆弧（当有几个圆弧相连接时，应从第一个开始，按顺序描深，才能保证相切处光滑连接）；然后，从图的左上方开始顺次向下描所有的水平粗实线；再以同样顺序描垂直的粗实线。这就是先曲后直。

其次，按画粗实线的顺序，画所有的虚线、点画线、细实线。这就是先实后虚，先粗后细。

最后是画箭头、注尺寸（若轮廓线上和剖面线内有尺寸时，应先注写尺寸或在底稿上预先留出数字和箭头的空位）、写注解、画图框线、填写标题栏。

5. 校核全图

如核对无误，应在标题栏中“制图”一格内签上制图者的姓名及日期，然后取下图纸，裁去多余的纸边。

1.5.2　徒手草图

1. 草图的概念

草图是不借助仪器，仅用铅笔以徒手、目测的方法绘制的图样。由于绘制草图迅速简便，有很大的实用价值，常用于创意设计、测绘机件和技术交流中。

草图不要求按照国家标准规定的比例绘制，但要求正确目测实物形状及大小，基本上把握住形体各部分间的比例关系。判断形体间比例要从整体到局部，再由局部返回整体，相互比较。如一个物体的长、宽、高之比为 4 : 3 : 2，画此物体时，就要保持物体自身的这种比例。

草图不是潦草的图，除比例一项外，其余必须遵守国标规定，要求做到图线清晰、粗细分明、字体工整等。

为便于控制尺寸大小，经常在网格纸上画徒手草图，网格纸不要求固定在图板上，为了作图方便可任意转动和移动。

2. 草图的绘制方法

(1) 直线的画法。水平直线应自左向右，铅垂线应自上而下画出，眼视终点，小指压住纸面，手腕随线移动。画水平线和铅垂线时，要充分利用坐标纸的方格线，画 45°斜线时，应利用方格的对角线方向（如图 1-55 所示）。

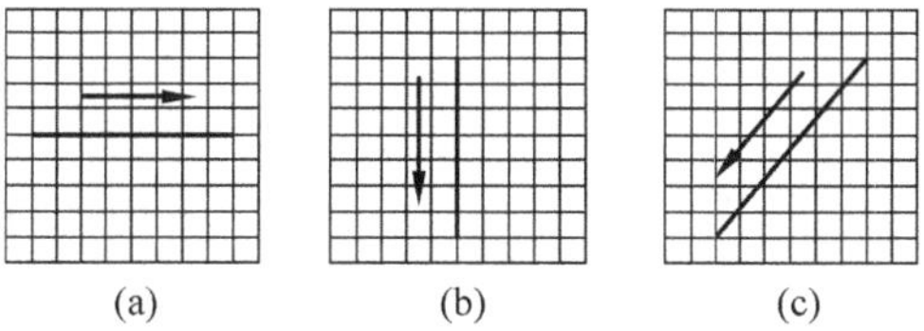

图 1-55　草图画线

(2) 圆的画法。画小圆时可如图 1-56(a)所示，按半径目测，在中心线上定出 4 点，然后徒手连线。画直径较大的圆时，则可如图 1-56(b)所示，过圆心画几条不同方向的直线，按半径目测出一些点再徒手画成圆。

画圆角、椭圆等曲线时，同样用目测定出曲线上的若干点，光滑连接即可。

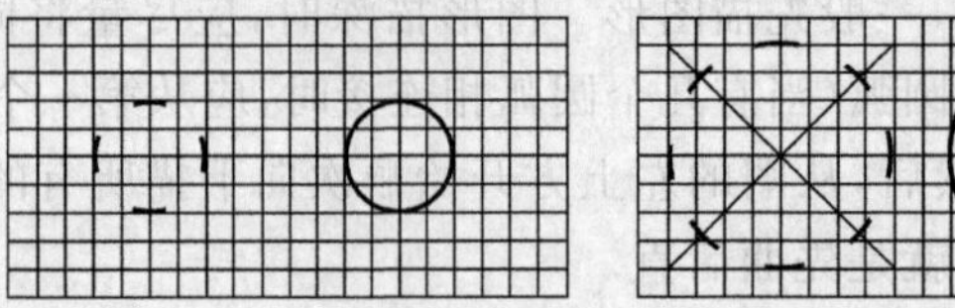

(a) (b)

图 1-56 草图圆的画法

(a) 小圆；(b) 大圆

第 2 章　点、直线和平面的投影

在工程技术中，人们常用到各种图样，如机械图样、建筑图样等，这些图样都是按照不同的投影方法绘制出来的。而机械图样是按正投影法绘制的，为此，本章将重点研究正投影法的基本原理。

2.1　投　影　法

2.1.1　投影法的基本知识

在日常生活中，我们看到太阳光或灯光照射物体时，就会在地面或墙壁上出现物体的影子，这就是一种投影现象。人们将这种现象经过科学的抽象和提炼，建立了投影法。

我们把光线称为投射线（或叫投影线），地面或墙壁称为投影面，影子称为物体在投影面上的投影。如图 2-1 所示，A、B、C 为空间点，直线 SA、SB、SC 为投射线，P 为投影面，直线 SA、SB、SC 与 P 的交点 a、b、c 分别称为点 A、B、C 的投影或投影图。$\triangle abc$ 称为 $\triangle ABC$ 的投影或投影图。那么，投射线通过物体，向选定的面投射，并在该面上得到图形的方法就称为投影法。所有投射线的起点，称为投影中心，如图 2-1 中 S。投影法是在平面上表示空间形体的基本方法，广泛应用于工程图样中。

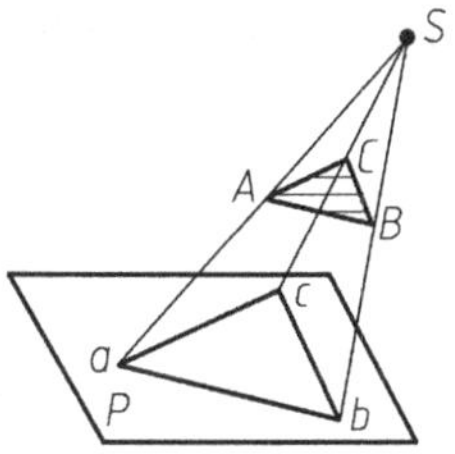

图 2-1　中心投影法

2.1.2　投影法的种类及应用

投影法分为中心投影法和平行投影法。

1. 中心投影法

投射中心位于有限远处，投射线汇交一点的投影法称为中心投影法，如图 2-1 所示。中心投影法的原理和人眼成像的原理一样，因此，用中心投影法绘制的图有立体感，经常用于绘制建筑物的透视图，如图 2-2 所示。但用中心投影法得到的物体的投影与物体对投影面所处的位置有关，投影不能反映物体表面真实形状和大小。

2. 平行投影法

若投射中心位于无限远处，则所有的投射线都相互平行，这种投射线相互平行的投影法称为平行投影法，如图 2-3 所示。

按投射线与投影面是否垂直，平行投影法又分为两种：

斜投影法——投射线与投影面倾斜的平行投影法（如图 2-3(a)所示）。

正投影法——投射线与投影面垂直的平行投影法（如图 2-3(b)所示）。

轴测投影图是按平行投影法绘制的，能同时反映出几何体长、宽、高三个方向的形状，以增强立体感，如图 2-4 所示。轴测投影图以其良好的直观性，经常用作书籍中的插图或工程图样中的辅助图样。

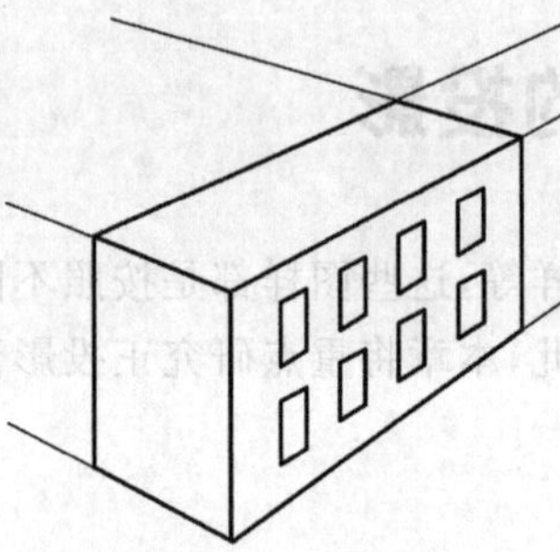

图 2-2　透视图

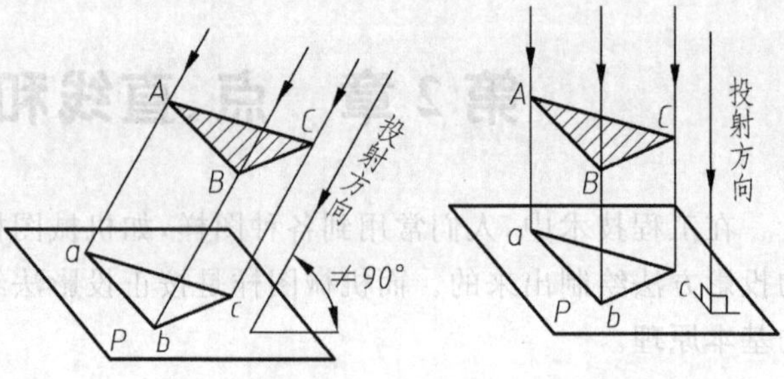

(a)　　(b)

图 2-3　平行投影法

(a) 斜投影法；(b) 正投影法

多面正投影图是用正投影法，把物体分别投影到两个以上相互垂直的投影图上，然后把几个投影图展平到同一图面上，并使相互之间形成投影关系所得到的一组图形，如图 2-5 所示。多面正投影图的立体感不足，即直观性较差，但可以准确地反映物体的形状和大小，具有度量且作图方便等突出优点，所以在机械制造行业和其他工程部门中被广泛采用。

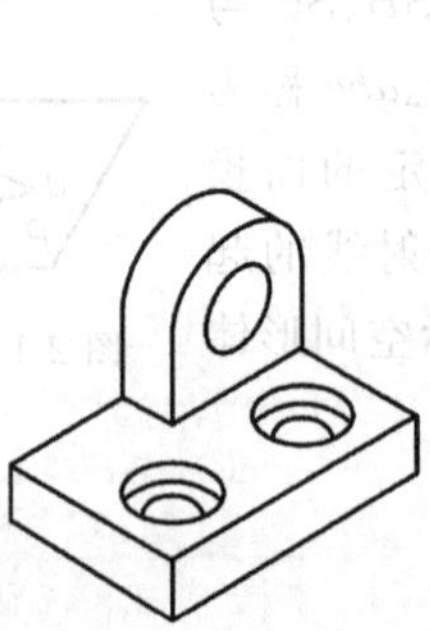

图 2-4　轴测图

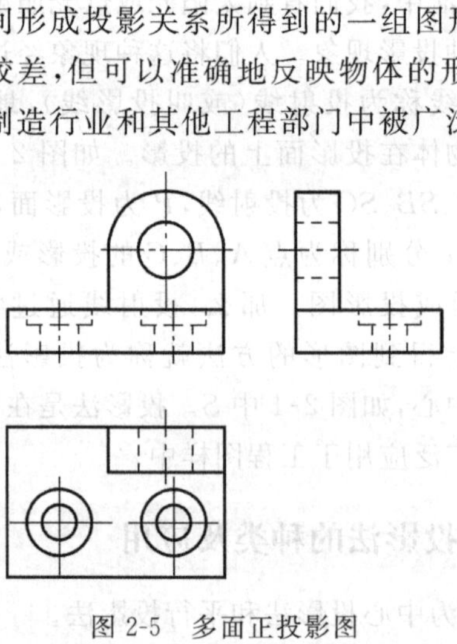

图 2-5　多面正投影图

标高投影图是用按正投影法原理绘制的单面投影图，经常用来表示不规则曲面，如船舶、飞行器、汽车曲面及地形等，如图 2-6 所示。

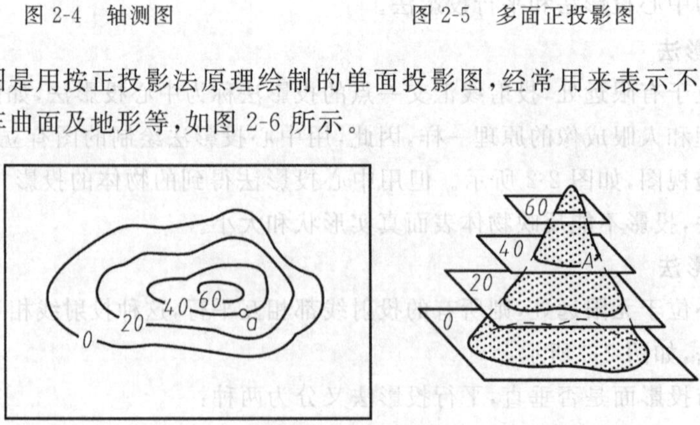

图 2-6　标高投影图

2.2　点的投影

2.2.1　点在两投影面体系中的投影

在图 2-7 中，已知空间点 A 和投影面 H ，过点 A 作 H 面的投射线，投射线与 H 面的交点 a 即为点 A 在 H 面的投影，A 点有唯一确定的投影。但当投影方向确定时，投射线上的其他点（A_1 和 A_2）的投影（a_1、a_2）都重影在点 a 上。所以点的一个投影不能确定它在空间的位置，至少需要两个投影面。

1. 两投影面体系的建立

从前文可知，想要确定空间点的位置，必须增加其他投影面。如图 2-8 所示，设立两个相互垂直的投影面，正立投影面（简称 V 面或正面）和水平投影面（简称 H 面或水平面），两个投影面的交线称为 OX 轴。这两个投影面就组成一个两投影面体系，称为 V/H 两投影面体系。两投影面将空间分为 4 个区域，每一区域叫做分角，分别称为第Ⅰ分角、第Ⅱ分角、第Ⅲ分角、第Ⅳ分角。我国采用第一分角投影。

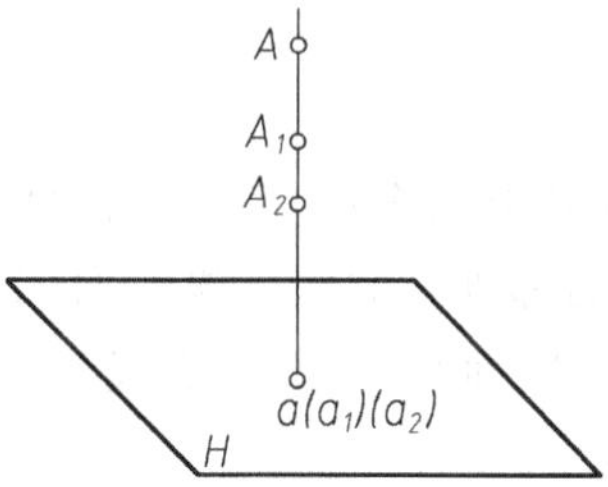

图 2-7　点的单面投影

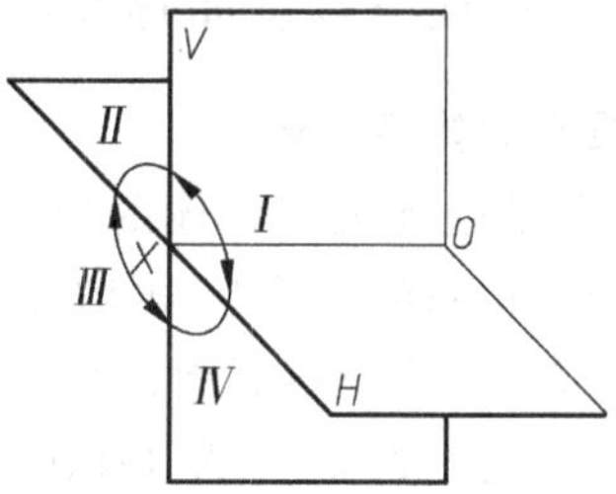

图 2-8　两投影面体系

2. 点的两面投影图

如图 2-9 所示，将空间点放在第一分角中，按正投影法分别向正立投影面和水平投影面作投影，即由点 A 分别向 V 面和 H 面作垂线，得垂足 a' 和 a，则 a' 和 a 称为空间点 A 的正面投影和水平投影。

规定：空间点用大写字母表示，如 A、B、C 等；点的水平投影用相应的小写字母表示，如 a、b、c 等，点的正面投影用相应的小写字母加一撇表示，如 a'、b'、c' 等。

为使两个投影 a' 和 a 画在同一平面上，需把相互垂直的两个投影面展开重合到一个平面内。规定 V 面保持不动，将 H 面绕 OX 轴按图 2-9 所示箭头方向旋转 90°，使之与 V 共面，此时 aa_x 随之也旋转 90°与 $a'a_x$ 在同一条直线上，如图 2-9(b) 所示。为了作图简便，可不画出投影面的外框线（图 2-9(c)），就得到了点 A 在 V/H 两投影面体系中的投影图。

$a'a$ 连线画成细线，称为投影连线。

在图 2-9(a) 中，Aa' 和 Aa 构成了一个平面，这个平面分别与 V 面、H 面和 OX 轴垂直，所以 $OX \perp a'a_x$、$OX \perp aa_x$（a_x 为平面 $a'Aa$ 与 OX 轴的交点）。此时，四边形 Aaa_xa' 是一个矩形，所以 $Aa' = aa_x$，$Aa = a'a_x$。

综上所述，点的两面投影有如下特性：

(1) 点的投影连线垂直于投影轴，即 $a'a \perp OX$。

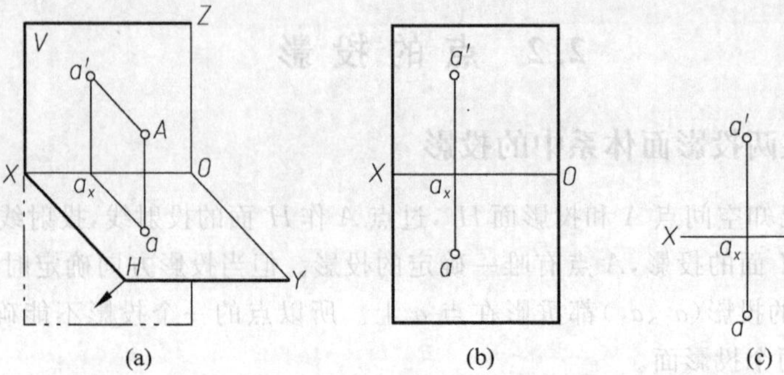

图 2-9 点的两面投影

(2) 点的投影与投影轴的距离,等于该点与相邻投影面的距离,即 $aa_x = Aa'$,$a'a_x = Aa$。

已知一点的两面投影,就能唯一确定该点的空间位置。可以想象:若将图 2-9(c)中的 OX 轴之上的 V 面保持正立位置,将 OX 轴以下的 H 面绕 OX 轴向前旋转 90°,恢复到水平位置,再分别由 a'、a 作垂直于 V 面、H 面的投射线,就唯一确定出空间点 A 的位置。

2.2.2 点在三投影面体系中的投影

1. 三投影面体系的建立

为了完整清晰地表达物体的形状和结构,有时需采用三个或三个以上的投影面。在 V/H 两投影面体系的基础上,再增加一个与 V 面、H 面都垂直的侧立投影面(简称 W 面或侧面),就构成了一个三投影面体系(图 2-10(a)),图中 V 面与 W 面的交线为 OZ 轴,H 面与 W 面的交线为 OY 轴。OX、OY、OZ 轴相交于原点 O。

实际上,三个投影面将空间分成八个分角,我国采用第一分角投影画法,而英、美等国采用第三角画法。

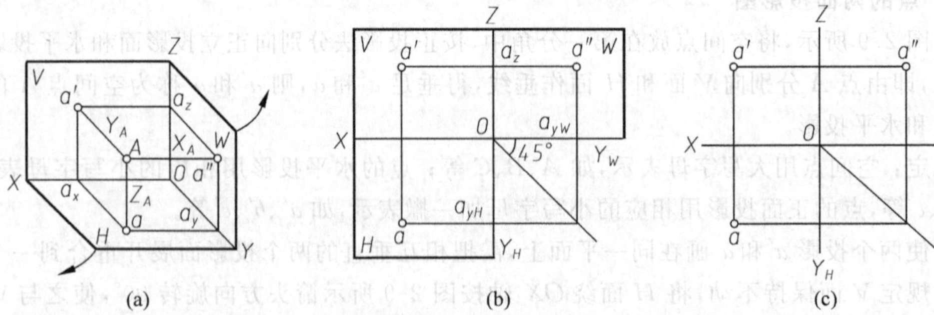

图 2-10 点的三面投影

2. 点的三面投影图

在第一分角中,将空间点 A 再向 W 面作正投影,得投影 a''(点的侧面投影用相应小写字母加两撇表示)。

为了把上述空间的三面投影表示在同一平面上,需要将投影面展平。展平方法为:V 面不动,H 面绕 OX 轴向下旋转 90°与 V 面重合;W 面绕 OZ 轴向右旋转 90°与 V 面重合,如图 2-10(b)所示。常不画投影面边框线,即得到点的三面投影图,如图 2-10(c)所示。

根据点在两投影面体系中的投影特性，可得出点在三投影面体系的投影特性：

(1) 点的两投影连线垂直于相应的投影轴，即有：$a'a \perp OX$，$a'a'' \perp OZ$。

(2) 点的投影到投影轴的距离，反映该点到相应投影面的距离，即有：$a'a_x = a''a_y = Aa$，$aa_x = a''a_z = Aa'$，$aa_y = a'a_z = Aa''$。

在投影图中，为了作图方便，一般自点 O 作 45°辅助线，以实现 $aa_x = a''a_z$ 的关系，如图 2-10(b)、(c)所示。

3. 点的投影与直角坐标

将三个投影面 H、V、W 作为直角坐标平面，投影轴作为坐标轴，O 作为坐标原点。规定 X 轴由 O 向左为正方向、Y 轴由 O 向前为正方向、Z 轴由 O 向上为正方向。点 A 到 H、V、W 的距离分别用 x、y、z 坐标值表示。则点的投影与其坐标的关系为：

A 到 W 面的距离 $Aa'' = aa_y = a'a_z = X_A$ 坐标

A 到 V 面的距离 $Aa' = aa_x = a''a_z = Y_A$ 坐标

A 到 H 面的距离 $Aa = a'a_x = a''a_y = Z_A$ 坐标

此时，空间点 A 可表示为 $A(x,y,z)$。

点 A 的水平投影 a 由 X_A、Y_A 两坐标确定；点 A 的正面投影 a' 由 X_A、Z_A 两坐标确定；点 A 的侧面投影 a'' 由 Y_A、Z_A 两坐标确定。点的任何一个投影都只包含两个坐标，因此仅有点的一个投影不能确定它的空间位置；而只要有两个投影就能唯一确定它的空间位置。

总之，根据点的坐标 (x,y,z)，可在投影图上确定该点三个投影；反之，由于点的任意两个投影均反映该点的三个坐标，若已知点的任意两个投影，通过作图可得到该点的第三个投影。

2.2.3　特殊位置点的投影

如果空间点在投影面上或投影轴上，称为特殊位置点。如图 2-11 所示，点 A 位于 V 面上，其三面投影为：a' 与 A 重合($Y_A = 0$)，a 在 OX 轴上，a'' 在 OZ 轴上；点 B 位于 H 面上，其三面投影为：b 与 B 重合($Z_B = 0$)，b' 在 OX 轴上，b'' 在 OY 轴上；点 C 在 OX 轴上，其三面投影为：c 和 c' 都与 C 重合($Y_C = 0$，$z_C = 0$)，c'' 与原点 O 重合。

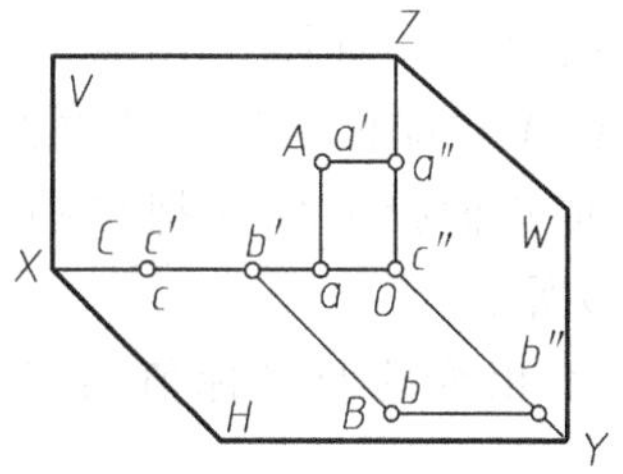

(a)

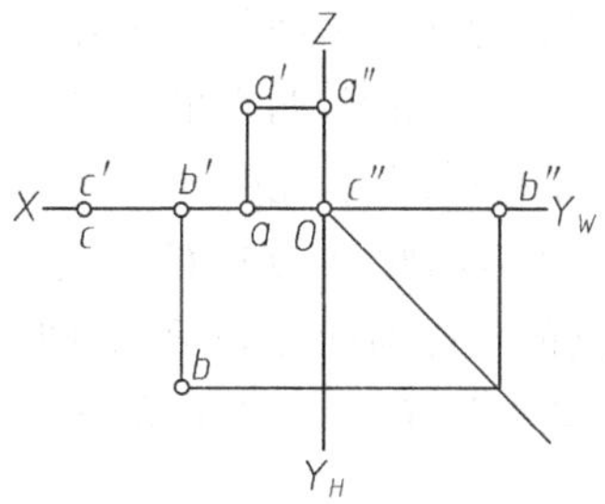

(b)

图 2-11　特殊位置点的投影

(a) 立体图；(b) 投影图

综上所述可得出特殊位置点的投影特性为：

(1) 投影面上的点必有一个坐标为零，在该投影面上的投影与该点自身重合，在另外两个投影面上的投影分别在相应的投影轴上。

(2) 投影轴上的点必有两个坐标为零，在包含这条轴的两个投影面上的投影都与该点自身重合，在另一投影面上的投影则与原点 O 重合。

2.2.4　两点的相对位置

1. 两点相对位置的判断

空间两点的相对位置是指两点的上下、左右、前后关系。在投影图中根据两点的各个同面投影(即在同一投影面上的投影)之间的坐标关系可以判断空间两点的相对位置。其中左、右由 X 坐标差判断，前、后由 Y 坐标差判断，上、下由 Z 坐标差判断。

如图 2-12 所示，若已知空间两点 A、B 的三面投影，那么用 A、B 两点的同面投影坐标差就可判断出 A、B 两点的相对位置。由于 $X_A > X_B$，表示 A 点在 B 点的左方；$Y_A > Y_B$，表示 A 点在 B 点的前方；$Z_A < Z_B$，表示 A 点在 B 点的下方。总体来说，就是 A 点在 B 点的左方、前方和下方。

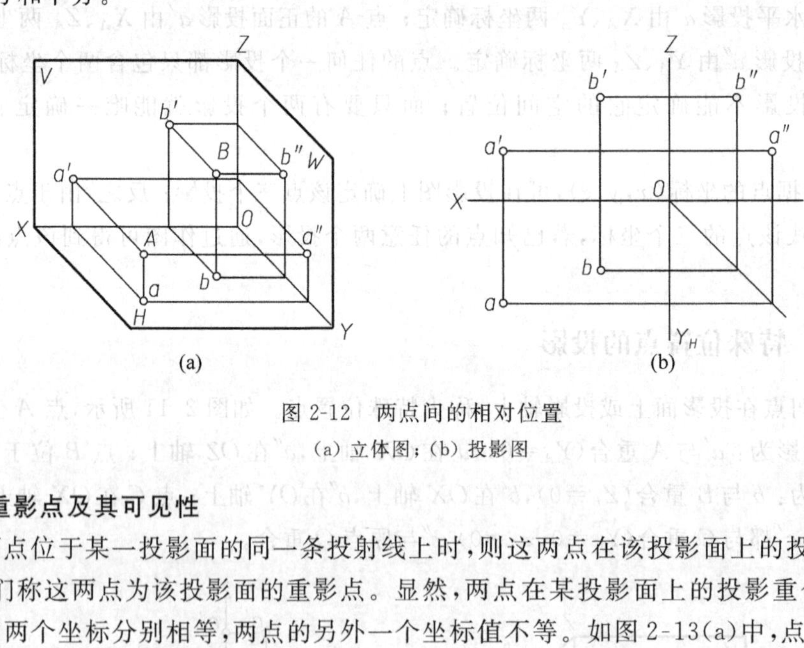

图 2-12　两点间的相对位置

(a) 立体图；(b) 投影图

2. 重影点及其可见性

当两点位于某一投影面的同一条投射线上时，则这两点在该投影面上的投影就重合为一点，我们称这两点为该投影面的重影点。显然，两点在某投影面上的投影重合时，该面投影反映的两个坐标分别相等，两点的另外一个坐标值不等。如图 2-13(a)中，点 A、C 位于垂直于 V 面的同一条投射线上，此时 a'、c' 重合在一起，A、C 即称为 V 面的重影点。此时 $X_A = X_C$，$Z_A = Z_C$，$Y_A > Y_C$，因此 A 点在 C 点的正前方，向正面投影时 A 把 C 挡住，点 A 可见，C 不可见，不可见点的投影加括号表示，如图 2-13(b)所示。

所以判别在某投影面上重影点的可见性，用不相等的两坐标值判定，坐标值大的点可见。

对 H 面的重影点，从上向下观察，Z 坐标值大者可见；对 W 面的重影点，从左向右观察，X 坐标值大者可见；对 V 面的重影点，从前向后观察，Y 坐标值大者可见。

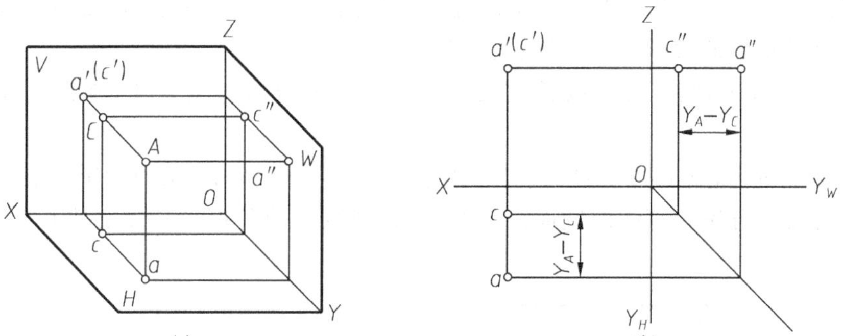

(a)　　(b)

图 2-13　重影点及其可见性

(a) 立体图；(b) 投影图

2.3　直线的投影

2.3.1　直线及其直线上点的投影

1. 直线的投影

不重合的两点决定一条直线，直线的投影可由该直线上任意两点的投影确定。直线的投影一般仍为直线，特殊情况为一点。在投影图中，各几何元素在同一投影面上的投影称为同面投影。要确定直线的投影，只要在直线上任取两点(通常取直线段两端点)，画出其投影图后，再连接各同面投影即可，如图 2-14 所示。

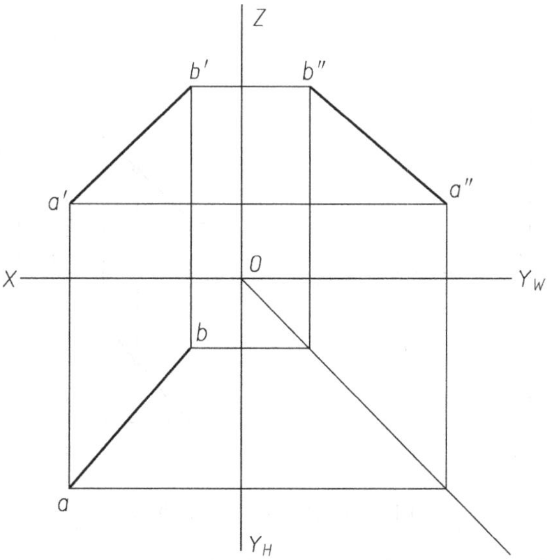

图 2-14　直线的投影

2. 直线上点的投影特性

若点在直线上，则具有以下投影特性：

(1) 点在直线上，则点的投影必在该直线的各同面投影上；反之，若点的各同面投影都在直线上，且满足点的投影特性，则该点必在直线上。

(2) 点在直线上，则点分直线长度之比等于其同面投影长度之比，称为直线投影的定比性。

如图 2-15 所示，点 K 在直线 AB 上，则水平投影 k 在 ab 上，正面投影 k' 在 $a'b'$ 上。反之，若点的各投影分别在直线的同面投影上，且分割线段的各投影长度之比相等，则该点在此直线上。

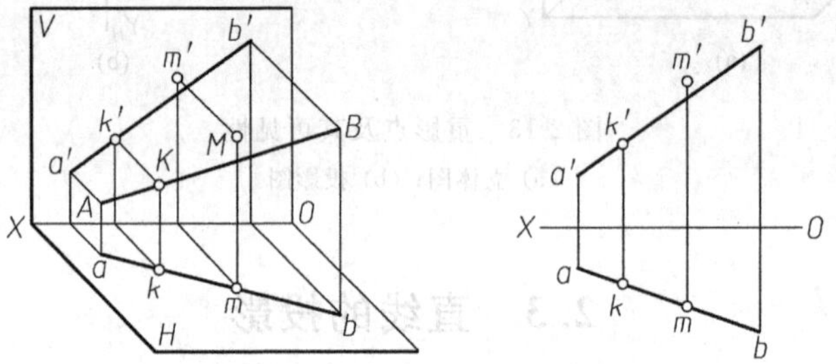

(a) (b)

图 2-15 点与直线的相对位置

如图 2-15 所示，点 K 的 k 在 ab 上，k' 在 $a'b'$ 上，且 $ak : kb = a'k' : k'b'$，则点 K 必在直线 AB 上，且 $AK : KB = ak : kb = a'k' : k'b'$。而 m' 不在 $a'b'$ 上，所以点 M 不在直线 AB 上。

一般情况下，根据两面投影即可判定点是否在直线上。当直线为投影面平行线时，可用定比关系或包括该直线所平行的投影面投影判定。

【例 2-1】 如图 2-16 所示，已知点 K 在直线 AB 上，求作它们的三面投影。

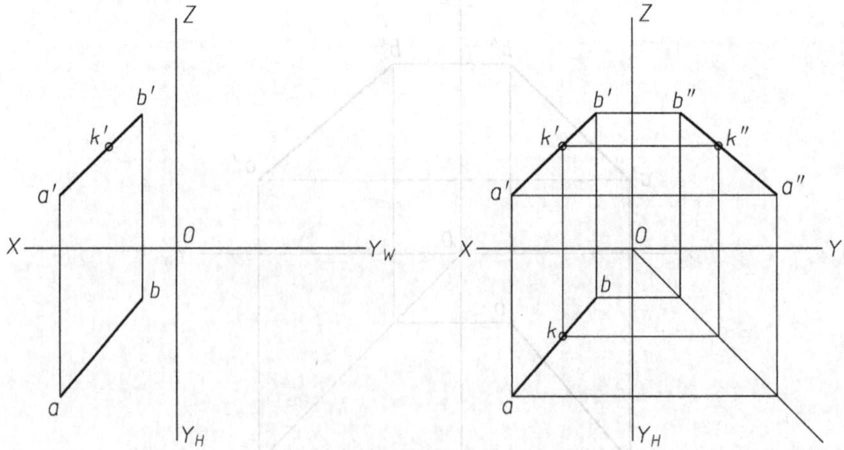

图 2-16 求直线上点的投影

分析：点 K 在直线 AB 上，所以点 K 的各个投影一定在直线 AB 的同面投影上。

作图步骤：

(1) 由点的三面投影特性，分别求出 a'' 和 b''，连接即为直线的投影 $a''b''$。

(2) 由 k' 作 Z 轴的垂线并延长，与 $a''b''$ 相交于一点，即为 k''。同理，由 k' 作 X 轴的垂线并延长，与 ab 相交于一点，即为 k。

【例 2-2】 如图 2-17 所示，已知在侧平线（只平行于 W 面的直线）AB 上点 K 的正面投影 k'，点 M 的两面投影 m、m'分别在 ab、$a'b'$上。试作点 K 的水平投影 k，并判断点 M 是否在直线 AB 上。

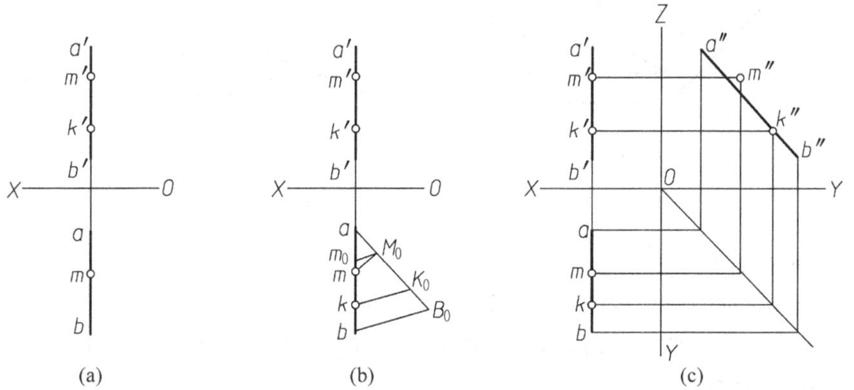

图 2-17　判断点与直线的相对位置

分析：由于点 K 在直线 AB 上，并将其分为定比，为此可以直接利用定比分段法作图。

作图步骤：

(1) 如图 2-17(b)所示，过点 a 画任一斜线 aB_0，且截取 $aK_0=a'k'$、$K_0B_0=k'b'$，连接 B_0b。

(2) 过点 K_0 作线 $K_0k // B_0b$，且交 ab 于 k，则 k 即为所求。也可如图 2-17(c)所示，作侧面投影 $a''b''$，根据点的投影规律由 k'作图得 k''，再由 k'、k''作图得 k 即为所求。

(3) 如图 2-17(b)所示，过点 a 取 $aM_0=a'm'$，由于连线 M_0m 不平行于 B_0b，判定 M 不在线段 AB 上。也可过 M_0 作 $M_0m_0 // B_0b$，若点 M 在 AB 上，其水平投影应位于点 m_0 处。另外，如图 2-17(c)所示，由 m 和 m'作图得 m''，由于 m''不在 $a''b''$上，所以也可判定点 M 不在 AB 上。

2.3.2　各种位置直线的投影特性

在三投影面体系中，根据直线对投影面的相对位置不同可把直线归纳为三类：投影面倾斜线、投影面平行线和投影面垂直线。其中投影面倾斜线又称为一般位置直线，投影面平行线和投影面垂直线又称为特殊位置直线。下面分别介绍各类位置直线的投影特性。

1. 一般位置直线

一般位置直线是指对三个投影面既不垂直又不平行的直线，如图 2-18 所示，一般位置直线 AB 对 H、V 和 W 均倾斜。直线与该线在某个投影面投影的夹角，称为直线对此投影面的倾角，对 H、V、W 面的倾角分别称为 α、β、γ。一般位置直线的倾角 α、β 和 γ 均不为 0。由图 2-18 可知，直线段 AB 的实长与投影的关系如下：

$$ab=AB\cos\alpha \quad a'b'=AB\cos\beta \quad a''b''=AB\cos\gamma$$

一般位置直线的 $\cos\alpha$、$\cos\beta$ 和 $\cos\gamma$ 均小于 1，所以它的各投影长度小于线段实长 AB。如正面投影 $a'b'$的长度小于线段实长 AB；$a'b'$倾斜于 OX 和 OZ；$a'b'$与 OX 的夹角不等于倾角 α，与 OZ 的夹角不等于倾角 γ。一般位置直线 AB 的其他两个投影 ab 和 $a''b''$也有类似的投影特性。

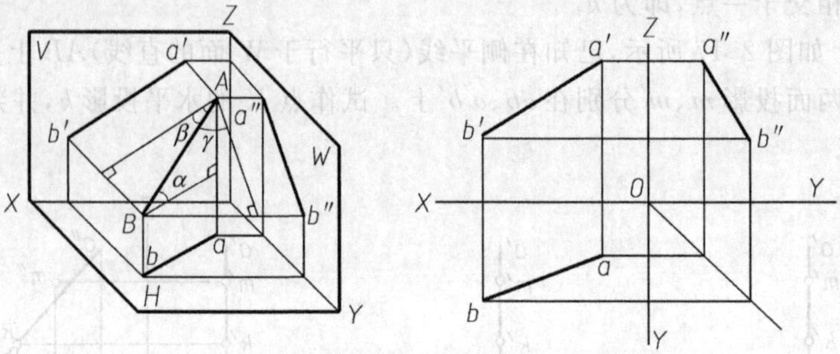

(a) (b)

图 2-18 一般位置直线的投影

总之，一般位置直线的投影特性为：

(1) 三个投影都倾斜于投影轴，且长度小于线段实长；

(2) 各投影与投影轴的夹角，均不反映空间直线与任何投影面间的倾角。

2. 投影面平行线

投影面平行线是指只平行于某一个投影面的直线，分为三种：只平行于 H 面的直线称为水平线；只平行于 V 面的直线称为正平线；只平行于 W 面的直线称为侧平线。在三投影面体系中，投影面平行线只平行于某一个投影面，它必然同时倾斜于其他两个投影面。这类直线的投影具有反映线段实长的特点。

现以水平线为例，见表 2-1，其投影特性如下。

(1) 由于水平线 $AB /\!/ H$，所以水平投影 ab 反映该线段的实长，即 $ab=AB$。

(2) 水平投影 ab 与 OX 轴的夹角为 β（即直线 AB 与 V 面的倾角），ab 与 OZ 轴的夹角为 γ（即直线 AB 与 W 面的倾角），而 $\alpha=0°$。

(3) AB 倾斜于 V 面和 W 面，所以 $a'b'$ 和 $a''b''$ 均小于 AB。

(4) 正面投影 $a'b'$ 平行于 OX 轴，侧面投影 $a''b''$ 平行 OY 轴。

同样，正平线和侧平线也有类似的投影特性。各种投影面平行线的投影特性及其图例见表 2-1。

由表 2-1 可知，投影面平行线的投影特性为：

(1) 在所平行的投影面上的投影反应实长，它与投影轴的夹角，分别等于直线对另外两个投影面的倾角；

(2) 其他两投影均小于线段的实长，且分别平行于相应的投影轴。

表 2-1 投影面的平行线

名称	水平线	正平线	侧平线
轴测图	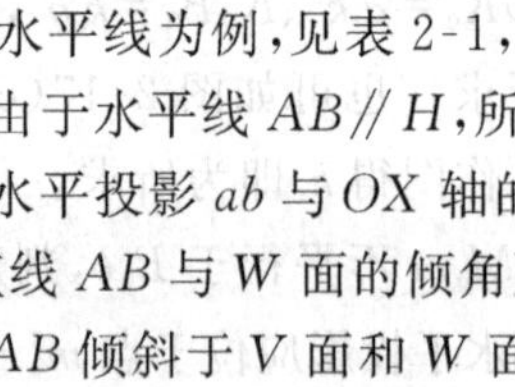	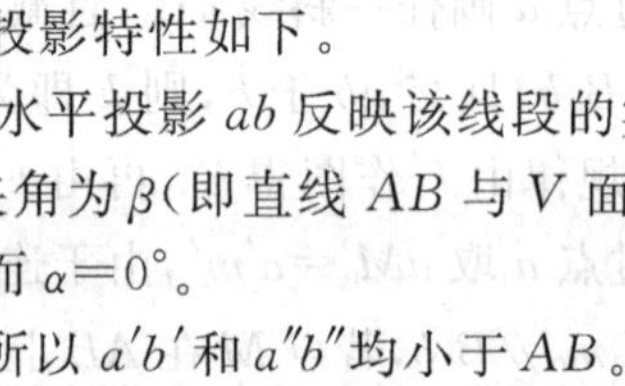	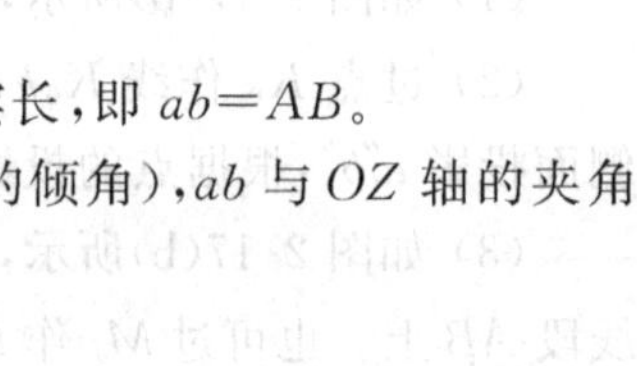

续表

名称	水平线	正平线	侧平线
投影图	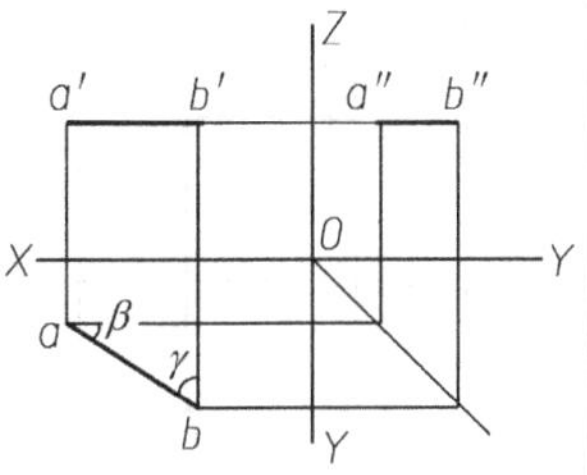	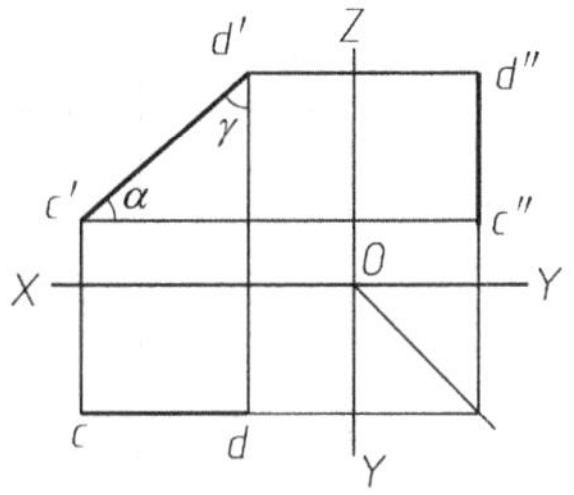	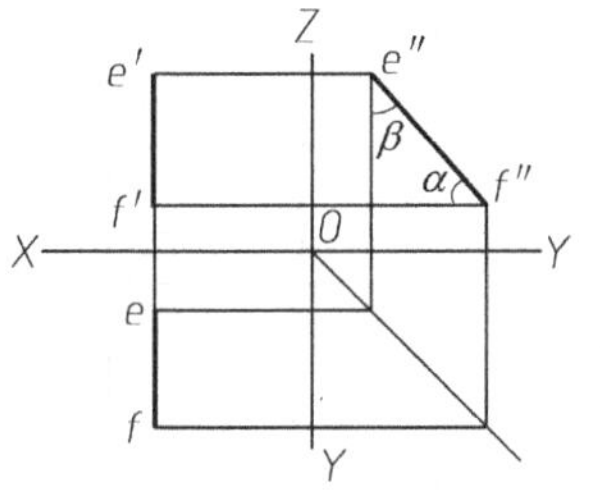
投影特性	1. 水平投影反映线段的实长 2. 正面投影平行于 OX 轴，侧面投影平行于 OY 轴 3. $\alpha=0°$，水平投影反映 β、γ	1. 正面投影反映线段的实长 2. 水平投影平行于 OX 轴，侧面投影平行于 OZ 轴 3. $\beta=0°$，正面投影反映 α、γ	1. 侧面投影反映线段的实长 2. 正面投影平行于 OZ 轴，水平投影平行于 OY 轴 3. $\gamma=0°$，侧面投影反映 α、β
	小结：1. 线段在所平行的投影面上的投影反映该线段的实长及倾角； 2. 线段的其他两个投影均平行于相应的投影轴。		

3. 投影面垂直线

投影面垂直线是指垂直于某一个投影面的直线，分别为：垂直于 H 面的直线称为铅垂线；垂直于 V 面的直线称为正垂线；垂直于 W 面的直线称为侧垂线。

在三投影面体系中，投影面垂直线垂直于某个投影面，它必然同时平行于其他两投影面，所以这类直线的投影具有反映线段实长和积聚性的特点。

现以铅垂线为例，分析其投影特性，见表 2-2。

(1) 由于 $AB\perp H$，所以其水平投影 ab 具有积聚性，积聚为一点。

(2) 正面投影 $a'b'$ 和侧面投影 $a''b''$ 均反映实长，即 $a'b'=a''b''=AB$。

(3) 正面投影 $a'b'$ 垂直于 OX 轴；侧面投影 $a''b''$ 垂直于 OY 轴。

同样，正垂线和侧垂线也有类似的投影特性，各种投影面垂直线的投影特性及其图例见表 2-2。

由表 2-2 可知，投影面平行线的投影特性为：

(1) 直线垂直于某个投影面，它在该投影面上的投影积聚为一点；

(2) 其他两投影均反映实长，且分别垂直于该投影面所包含的两个投影轴。

表 2-2　投影面的垂直线

名称	铅垂线	正垂线	侧垂线
轴测图	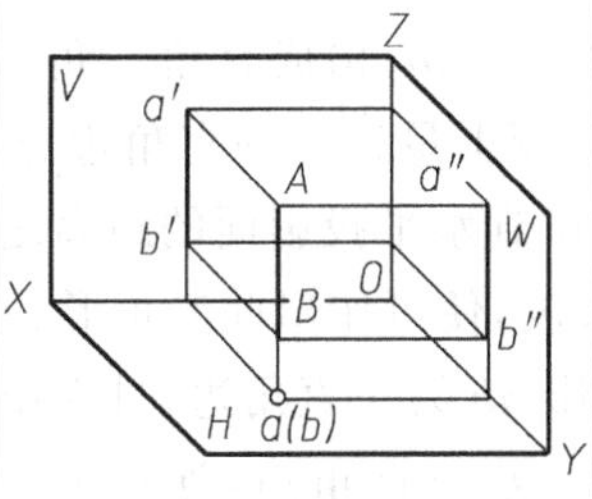	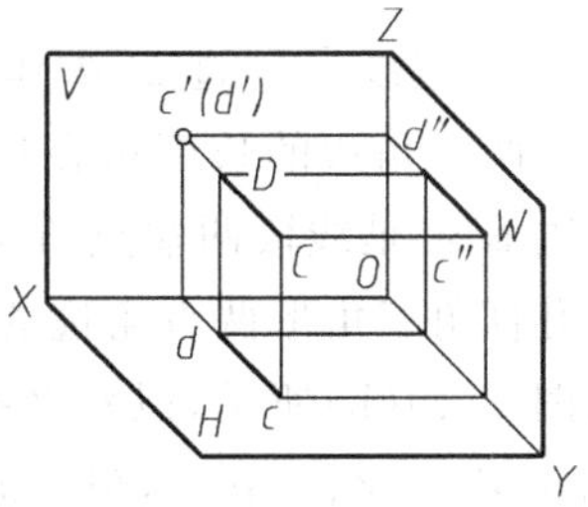	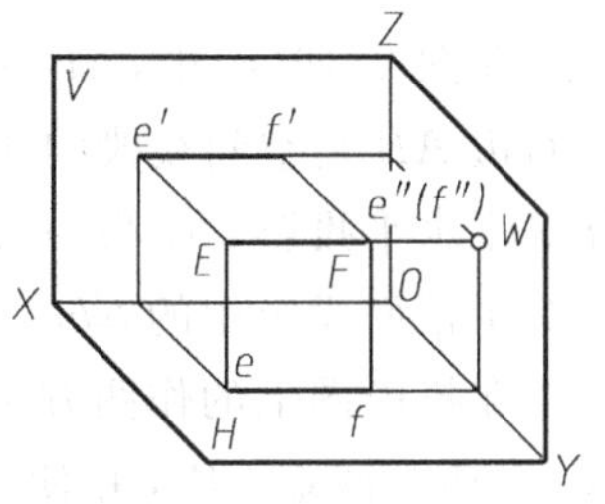

续表

名称	铅垂线	正垂线	侧垂线
投影图	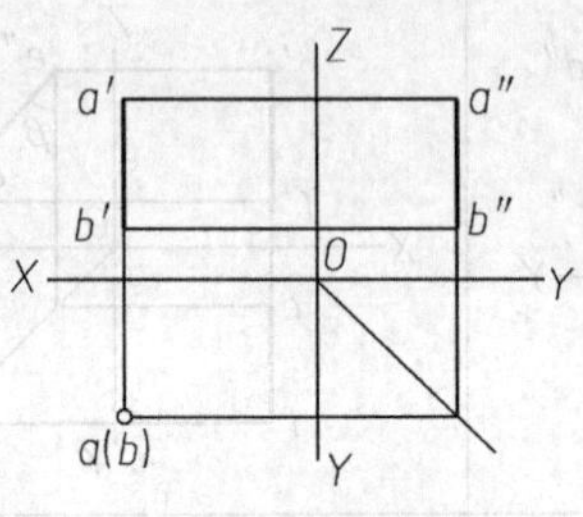	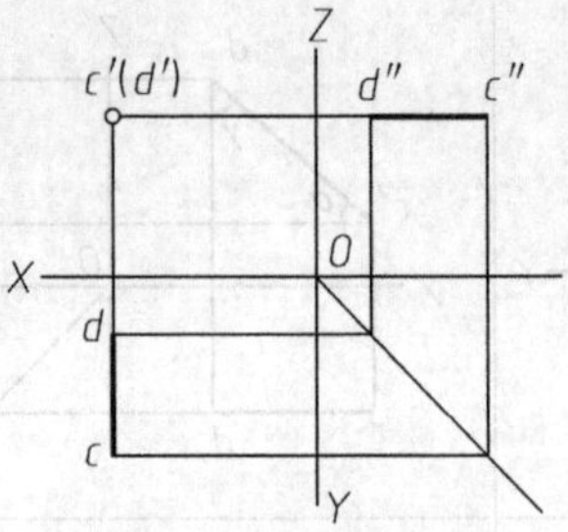	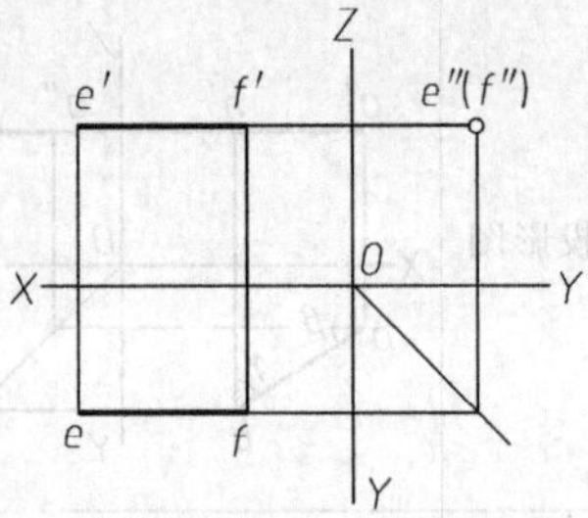
投影特性	1. 水平投影积聚成为一点 2. 正面投影和侧面投影均反映线段实长，且分别垂直于 OX、OY 轴 3. $\alpha=90°$，β、γ 均为 0°	1. 正面投影积聚成为一个点 2. 水平投影和侧面投影均反映线段实长，且分别垂直于 OX、OZ 轴 3. $\beta=90°$，α、γ 均为 0°	1. 侧面投影积聚成为一点 2. 水平投影和正面投影均反映线段实长，且分别垂直于 OY、OZ 轴 3. $\gamma=90°$，α、β 均为 0°
	小结：1. 直线在所垂直的投影面上的投影积聚成点； 2. 直线的其他两个投影均垂直于相应的投影轴，且反映线段实长。		

2.3.3 直角三角形法求一般位置直线的实长及其对投影面的倾角

由前文可知，特殊位置直线的实长及对投影面的倾角可在其投影图上反映出来，而一般位置直线的三个投影都不能反映实长。在工程问题中，经常遇到一般位置直线，需要知道其实长。解决这个问题的方法有多种，这里仅介绍常用的直角三角形法。

图 2-19　直角三角形法

在图 2-19(a)中，AB 为一般位置线段。过点 A 作 $AB_0 // ab$，构成直角三角形 ABB_0。其斜边 AB 是空间线段的实长。两直角边的长度可在投影图上量得。一直角边 AB_0 的长度等于水平投影 ab；另一直角边 BB_0 是线段两端点 A 和 B 到水平投影面的距离之差，其长度等于正面投影中的 $b'b_0$。知道直角三角形两直角边的长度，便可作出此三角形。

在投影图上的作图方法如图 2-19(b)所示，以水平投影 ab 为一直角边，过 b 作 ab 的垂线，在其上截取 bB_0，并使 $bB_0=Z_B-Z_A=b'b_0$，bB_0 即为另一直角边，连接 aB_0 得直角 $\triangle abB_0$。其中斜边 aB_0 即线段 AB 的实长，经常用 TL 表示，斜边与水平投影 ab 的夹角

$\angle baB_0$，即为 AB 对 H 面的倾角 α。

图 2-19(c)是另外一种作法，在投影图中作 $a'b_0 /\!/ OX$ 并延长，在延长线上 $b_0A = ab$，连接 $b'A$。显然，这个三角形与 2-19(b)中的三角形$\triangle abB_0$ 是全等的，同样可以求出 AB 的实长和倾角。

根据上述分析可知，在直角三角形法中，三角形包括四个要素：投影长、坐标差、实长及倾角，只要已知其中的两个要素就可以把其他两个求出来。它们之间的关系如图 2-20 所示。应该注意的是：直角三角形法不仅可以求线段实长及其对投影面的倾角，也可解决一般位置直线的其他图解问题。

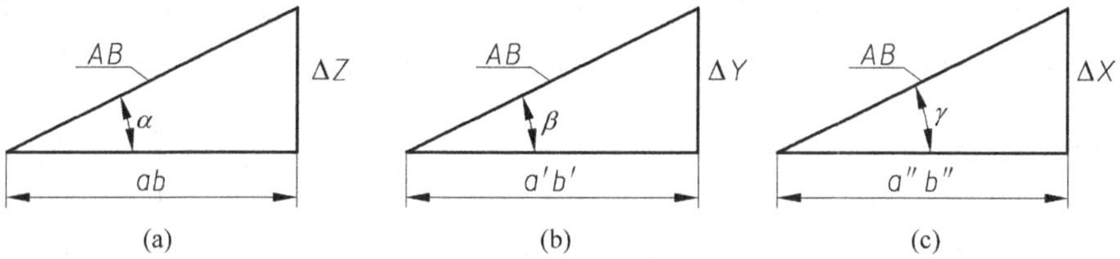

图 2-20　直角三角形法的四要素关系图

【例 2-3】　如图 2-21 所示，已知直线 AB 的长度为 30mm，A 点的两个投影 a、a' 和 B 点的水平投影 b，求 AB 的两面投影。

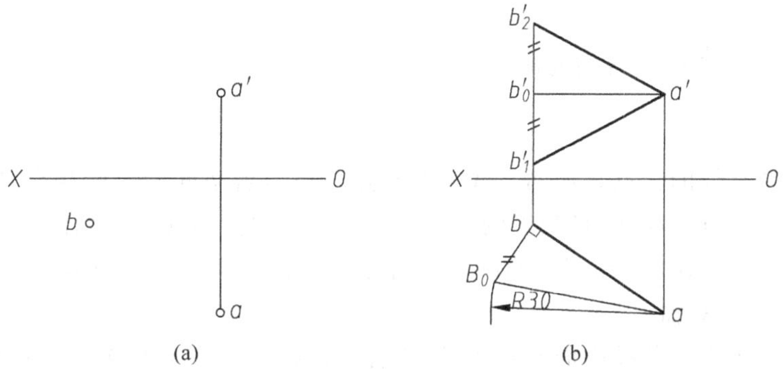

图 2-21　求直线的投影

分析：可按图 2-20(a)四元素关系作图。

作图步骤：

(1) 连接 a 和 b，由 b 作 ab 的垂线并延长。

(2) 以 a 为圆心，30mm 为半径作圆弧，与 ab 的垂线相交于一点 B_0，bB_0 即为 ΔZ。

(3) 由 b 作 X 的垂线并延长，再过 a' 作 X 的平行线，与垂线相交于一点 b'_0。

(4) 在过 b 的投影连线上，由 b'_0 分别向上、向下截取 ΔZ(本题中未表明 A、B 两点的上下关系)，分别得到 b'_1 和 b'_2，再分别连接 a'、b'_1 和 a'、b'_2，即为所求。

2.3.4　两直线的相对位置

空间两直线的相对位置有三种情况，平行、相交和交叉(既不平行，也不相交)。其中平行和相交两直线均在同一平面上，交叉两直线不在同一平面上，为异面直线。

1. 平行

平行两直线的投影特性为：

(1) 平行两直线的三个同面投影分别平行。反之，若两直线的三个同面投影都分别平行，则该两直线平行。

(2) 平行两线段之比等于其投影之比。

如图 2-22 所示，若空间两直线相互平行，则两直线的同面投影也相互平行，即若 $AB /\!/ CD$，则 $ab /\!/ cd$、$a'b' /\!/ c'd'$。如果从投影图上判别一般位置的两条直线是否平行，只要看它们的两个同面投影是否平行即可。如果两直线为投影面平行线时，则要看第三个同面投影。例如图 2-23 中，AB、CD 是两条侧平线，它们的正面投影及水平投影均相互平行，即 $a'b' /\!/ c'd'$、$ab /\!/ cd$，但它们的侧面投影并不平行，因此，AB、CD 两直线的空间位置并不平行。

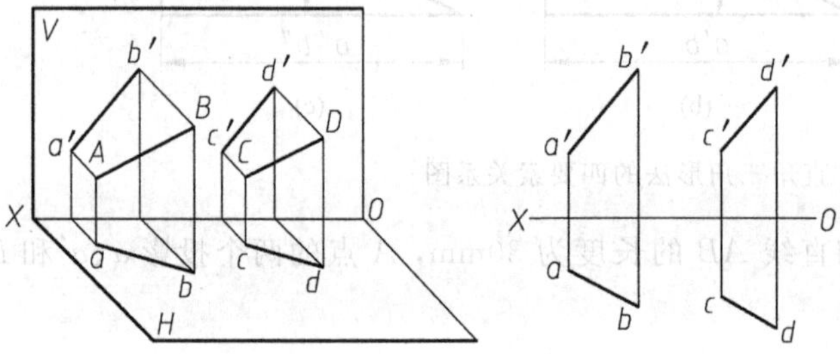

图 2-22　平行两直线

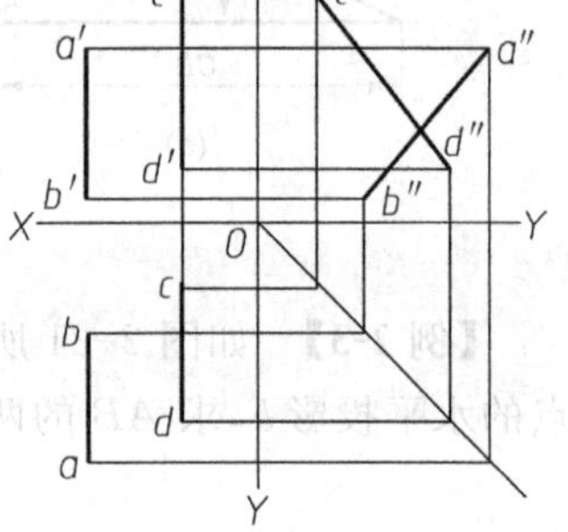

图 2-23　两直线不平行

2. 相交

空间相交两直线的交点是该两直线的共有点，所以，若空间两直线相交，则它们在投影图上的同面投影亦分别相交，且交点的投影一定符合点的投影规律。如图 2-24(b)所示，两直线 AB、CD 交于点 K，点 K 是两直线的共有点，所以 ab 与 cd 交于 k，$a'b'$ 与 $c'd'$ 交于 k'，kk' 连线必垂直于 OX 轴。

如果两直线中有一条投影面平行线，则要看同面投影的交点是否符合点在直线上的定比关系；或是看在其所平行的投影面上的两直线投影是否相交，且交点是否符合点的投影规律。如图 2-25 所示。

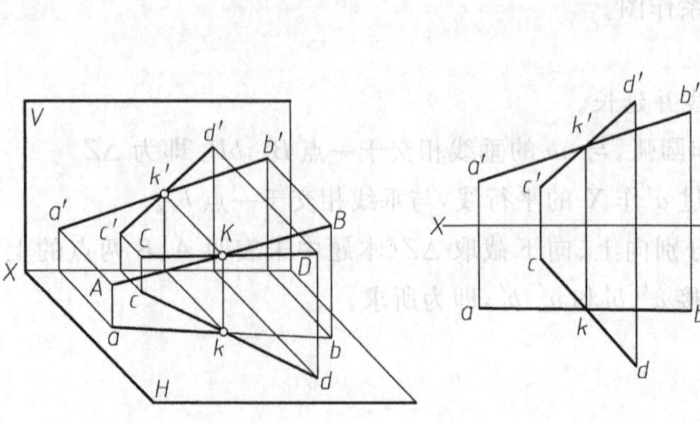

图 2-24　相交的两直线

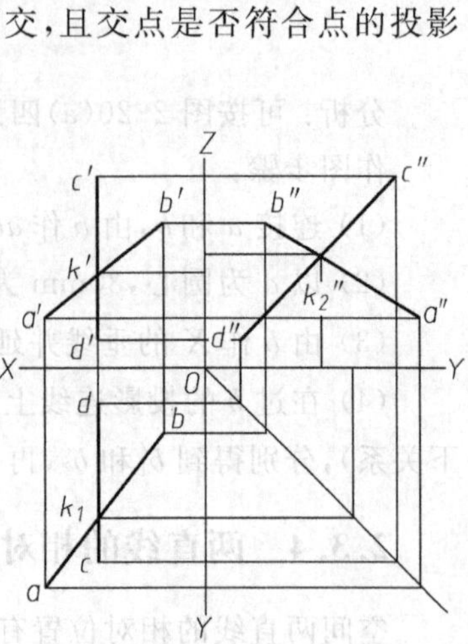

图 2-25　两直线不相交

3. 交叉

空间既不平行又不相交的两直线为交叉两直线(或称异面直线)。所以,在投影图上,既不符合两直线平行,又不符合两直线相交投影特性的两直线即为交叉两直线。交叉两直线的某一同面投影可能会有平行的情况,但该两直线的另一同面投影是不平行的,如图 2-26 所示。

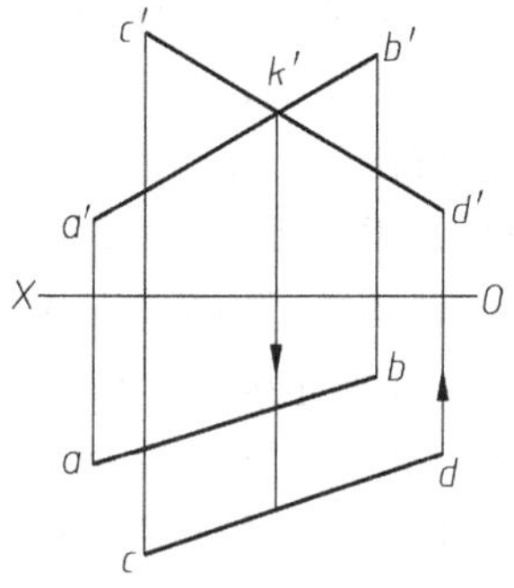

图 2-26　交叉两直线的投影

交叉两直线在空间不相交,其同面投影的交点即是对该投影面的重影点。如图 2-27 所示,分别位于直线 AB 和 CD 上的点Ⅰ和Ⅱ的正面投影 1′和 2′重合,所以点Ⅰ和Ⅱ为对 V 面的重影点,利用该重影点的不同坐标值 Y_{I} 和 Y_{II} 决定其可见性。由于 $Y_{\mathrm{I}} > Y_{\mathrm{II}}$,所以,点Ⅰ的 1′遮住了点Ⅱ的 2′,这时,1′为可见,2′为不可见,并需加注括号。

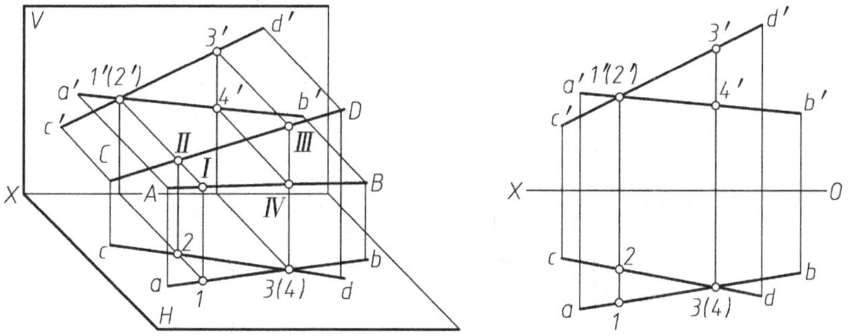

(a)　　(b)

图 2-27　交叉两直线

同理,若水平面投影有重影点需要判别其可见性,只要比较两重影点的 Z 坐标,显然 $Z_{\mathrm{III}} > Z_{\mathrm{IV}}$。对于 H 面来讲,Z 坐标大的点在上,上面的点遮住下面的点,所以,3 为可见,4 为不可见,不可见需加括号。

【例 2-4】　如图 2-28 所示,判断两侧平线的相对位置。

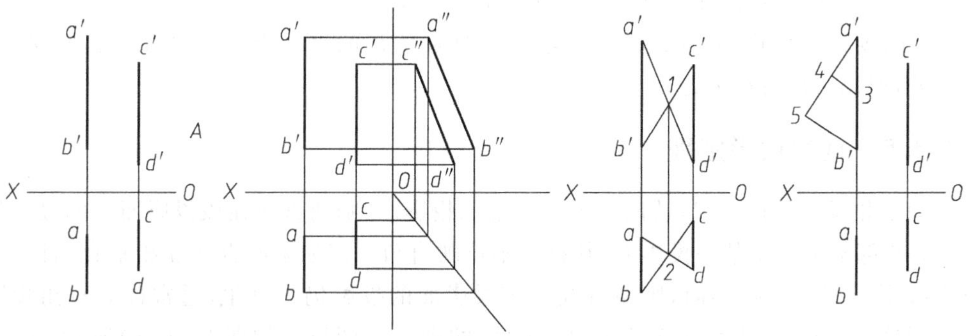

(a)　　(b)　　(c)　　(d)

图 2-28　判断 AB、CD 的相对位置

分析：先检查 AB 和 CD 向前或向后、向上或向下的指向是否一致？若不一致，则 AB 和 CD 交叉；若一致，则继续以下步骤。本书列举了三种解法，可任选其一。

作题步骤：

解法一：若三个同面投影平行，则两直线必平行。如图 2-28(b)所示，添加 W 面，将两面投影添加成三面投影，作出 $a''b''$ 和 $c''d''$。而 $a''b''/\!/c''d''$，因此 $AB/\!/CD$。

解法二：判断直线 AD 和 BC 在空间是否相交，相交即共面，则 $AB/\!/CD$。如图 2-28(c)所示，分别连接 $a'd'$ 和 $b'c'$ 交于 1、ad 和 bc 交于 2，再连接 1 和 2，连线垂直于 X 轴，,可判断 AD 和 BC 相交，即共面，因此 $AB/\!/CD$。

解法三：利用两平行线段之比等于其同面投影之比作题。如图 2-28(d)所示，①在 $a'b'$ 上量取 $a'3=ab$；②过 a' 任作一条直线，在其上量取 $a'4=cd$、$a'5=c'd'$；③分别连接 3 和 4、b' 和 5，而 $34/\!/b'5$，也就是 $a'b':ab=c'd':cd$，因此 $AB/\!/CD$。

【例 2-5】 如图 2-29 所示，判断直线 AB、CD 的相对位置。

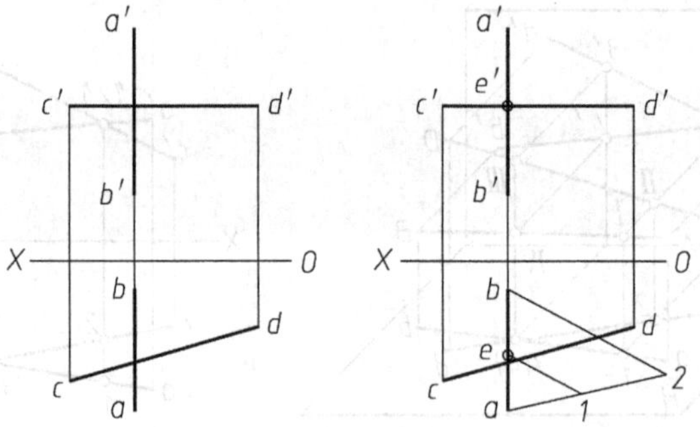

图 2-29 判断两直线的相对位置

分析：由于两直线的同面投影不平行，所以 AB、CD 不平行。在两面投影中，若两直线的投影都不与投影连线相重合，就可直接判定。但本题中 AB 为侧平线，所以不可直接判定。可以按例 2-4 的方法求第三面投影加以判别，也可按直线上点的定比性加以判别。

作题步骤：

(1) 在 $a'b'$ 和 $c'd'$ 的相交处，定出 AB 上的点 E 的正面投影 e'。

(2) 再由 a 任作一条直线，在其上量取 $a1=a'e'$，$a2=a'b'$。

(3) 连接 2 和 b，作 $1e/\!/b2$，与 ab 交于 e，即为点 E 的水平投影。因为 e 不在 ab 和 cd 的交点处，所以 AB 与 CD 交叉。

2.3.5 直角投影定理

空间互相垂直的两直线，若同时平行于某一投影面，则两直线在该投影面上的投影仍反映直角；若都不平行于某一投影面，其投影不反映直角。但如果两直线互相垂直，且其中有一条直线平行于某一投影面，则两直线在该投影面的投影仍为直角，通常称为直角投影定理。利用这一定理，可进行有关空间几何问题的图示与图解。如图 2-30(a)所示，AB、BC 为相交成直角的两直线，其中 BC 平行于 H 面(即水平线)，AB 为一般位置直线。现证明两直线的水平投影 ab 和 bc 仍相互垂直，即 $bc\perp ab$。

证明：因 $BC\perp Bb$，$BC\perp AB$，所以 BC 垂直于平面 $ABba$；又因 $BC/\!/bc$，所以 bc 也垂直

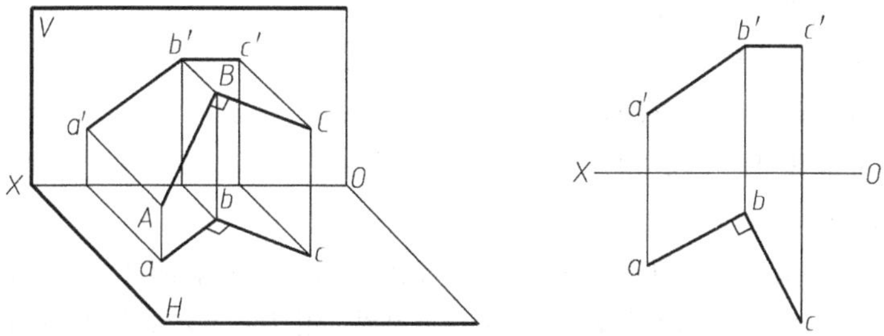

(a)　　(b)

图 2-30　直角投影定理

于平面 $ABba$。根据立体几何定理可知 bc 垂直于平面上 $ABba$ 的所有直线，故 $bc \perp ab$，如图 2-30(a)所示。

反之，若相交两直线在某投影面上的投影互相垂直，且其中一直线平行于该投影面，则此两直线在空间必互相垂直。如图 2-30(b)所示，相交两直线 AB 与 BC 的正面投影 $b'c' /\!/ OX$ 轴，所以 BC 为水平线；又 $\angle abc=90°$，则空间两直线 $AB \perp BC$。

该定理同样适用于交叉垂直的两直线，在图 2-30 中 AB 位置不变，使水平线 BC 平行上移或下移，则两直线的水平投影仍相互垂直。

【例 2-6】 如图 2-31 所示，求 A 点到直线 CD 的距离。

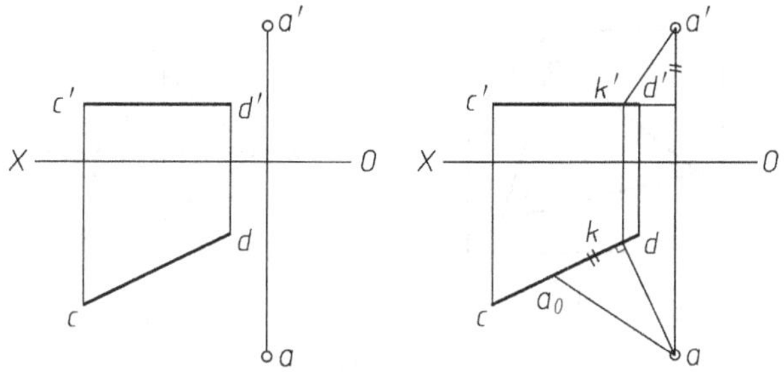

图 2-31　求点到直线的距离

分析：已知 CD 为水平线，根据直角定理，过 A 作 CD 的垂线，其水平投影为直角。

作题步骤：

(1) 过 a 作 cd 的垂线，得交点 k，即垂足 K 的水平投影；

(2) 过 k 作 X 轴的垂线，与 $c'd'$ 交于 k'，即垂足 K 的正面投影；

(3) 用直角三角形法求距离实长，aa_0 即为所求。

2.4　平面的投影

2.4.1　平面的表示方法

1. 几何元素表示法

由平面的基本性质可知，确定平面的空间位置有以下几种表示法。

(1) 不在同一直线上的三点(图 2-32(a))；

(2) 一直线及线外一点(图 2-32(b));

(3) 两条相交直线(图 2-32(c));

(4) 两条平行直线(图 2-32(d));

(5) 任意的平面图形(图 2-32(e));

2. 迹线表示法

平面和投影面的交线,称为平面的迹线。如图 2-32(f)中平面 P,它与 H 面的交线称为水平迹线,用 P_H 表示;与 V 面的交线称为正面迹线,用 P_V 表示;与 W 面的交线称为侧面迹线,用 P_W 表示。由于迹线也是平面内的两条相交或平行的直线,故可用来表示平面。用迹线表示的平面称为迹线平面。迹线是投影面上的直线,它在该投影面上的投影与自身重合,用粗实线表示,并标注上述符号;它在另外两个面上的投影,分别与相应的投影轴重合,为简化起见,一般不再标记。如图 2-32(g)中的 P_H、P_V、P_W。

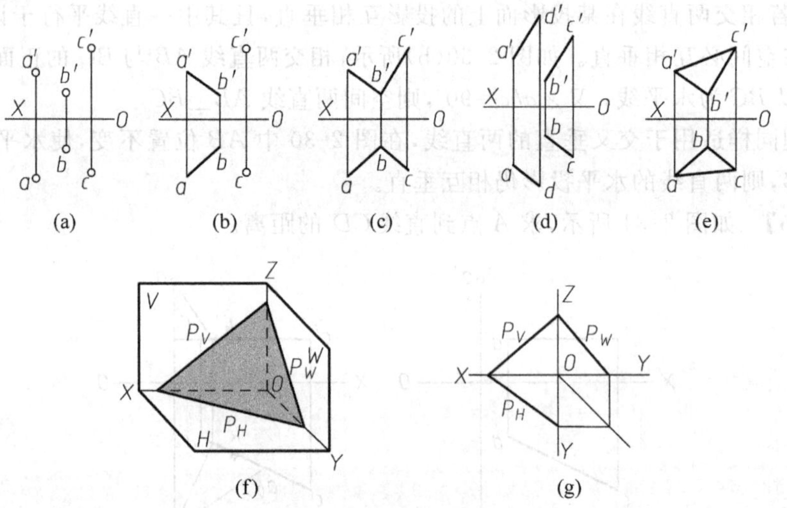

图 2-32　平面的表示法

2.4.2　各种位置平面的投影

按平面在投影体系中的相对位置不同可将其分为三类:一般位置平面、投影面平行面和投影面垂直面。后两种又统称特殊位置平面。

1. 一般位置平面

对三个投影面都倾斜的平面叫做一般位置平面。如图 2-33 中的平面 ABC,这种平面不含投影面垂直线。一般位置平面的三面投影都是和其空间形状相类似的图形,均不反映平面的实形,也不反映平面的倾角。倾角是指平面与投影面所夹的二面角。平面对 H 面的倾角用 α 表示,对 V 面的倾角用 β 表示,对 W 面的倾角用 γ 表示。

一般位置平面的迹线表示法见图 2-32(g)。一般位置平面在三个投影面上都有迹线,都与投影轴倾斜,每两条迹线分别相交于相应的投影轴上的一点,由其中的任意两条迹线即可表示这个平面。

一般位置平面的投影特性为:它的三个投影都是空间图形的类似形,且面积缩小。

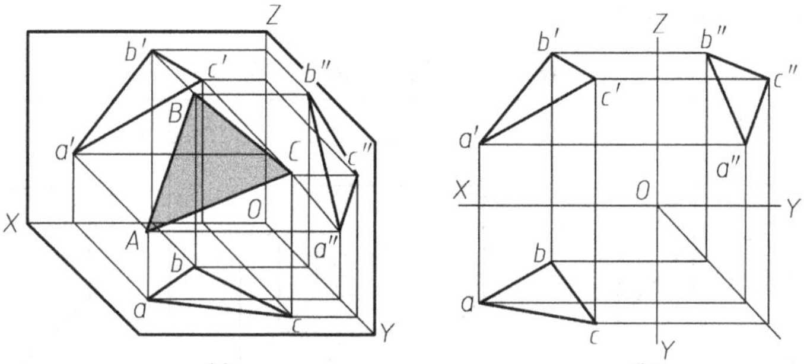

(a)　　　　(b)

图 2-33　一般位置平面投影特性

2. 投影面平行面

平行于某一投影面的平面叫做投影面平行面。平行于 *H* 面的平面叫做水平面，平行于 *V* 面的平面叫做正平面，平行于 *W* 面的平面叫做侧平面。

投影面平行面的投影特性见表 2-3。

表 2-3　投影面平行面投影特性

名称	水平面	正平面	侧平面
轴测图	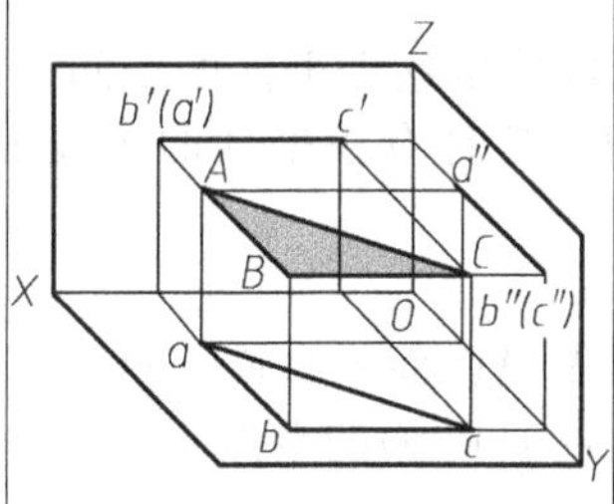	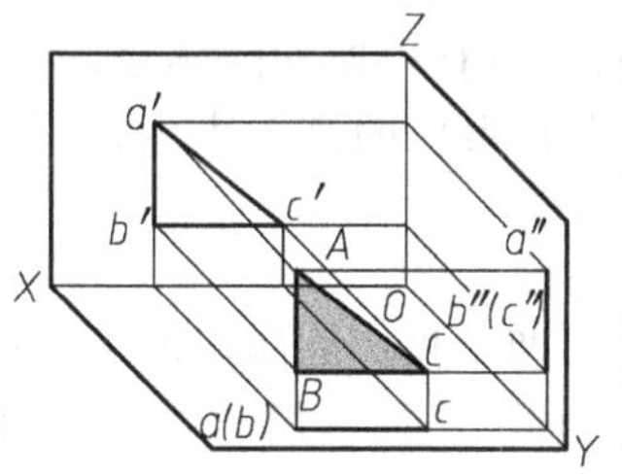	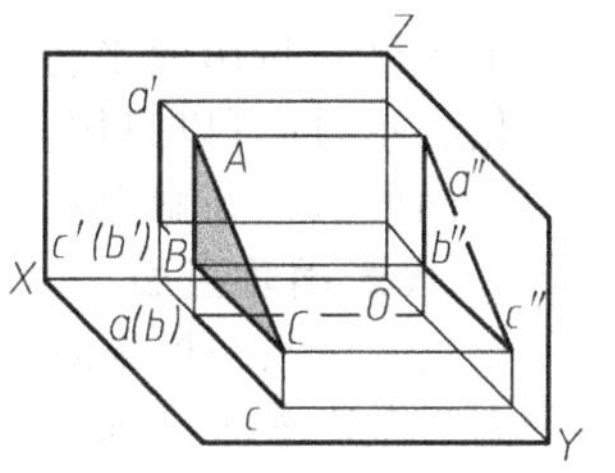
投影图	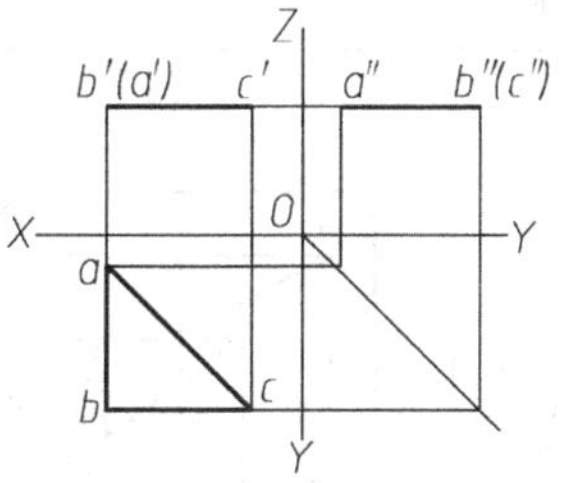	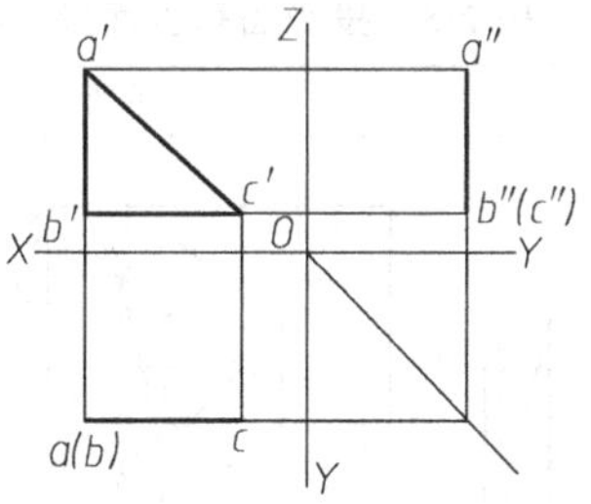	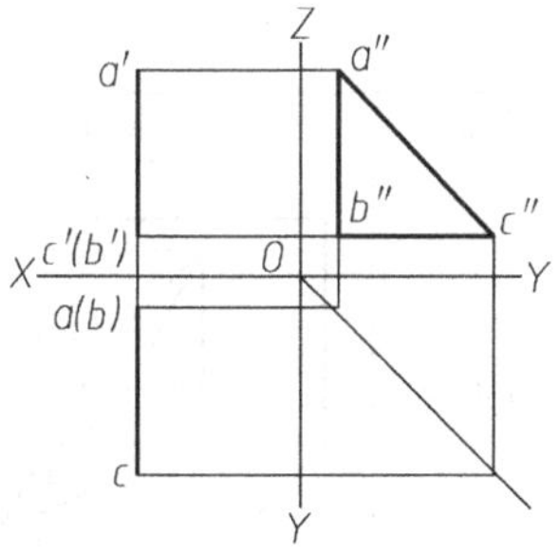
投影特性	1. 水平投影反映平面的实形 2. 正面投影积聚成为一条直线且平行于 *OX* 轴 3. 侧面投影积聚成为一条直线且平行于 *OY* 轴	1. 正面投影反映平面的实形 2. 水平投影积聚成为一条直线且平行于 *OX* 轴 3. 侧面投影积聚成为一条直线且平行于 *OZ* 轴	1. 侧面投影反映平面的实形 2. 正面投影积聚成为一条直线且平行于 *OZ* 轴 3. 水平投影积聚成为一条直线且平行于 *OY* 轴
	小结：1. 平面在所平行的投影面上的投影反映该平面图形的实形； 2. 平面的其他两个投影均积聚为直线，且平行于相应的投影轴。		

用迹线表示的平行面见表 2-4。

表 2-4 迹线表示的平行面

名称	水平面	正平面	侧平面
轴测图	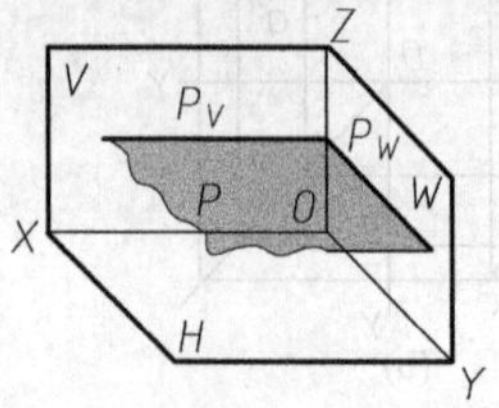	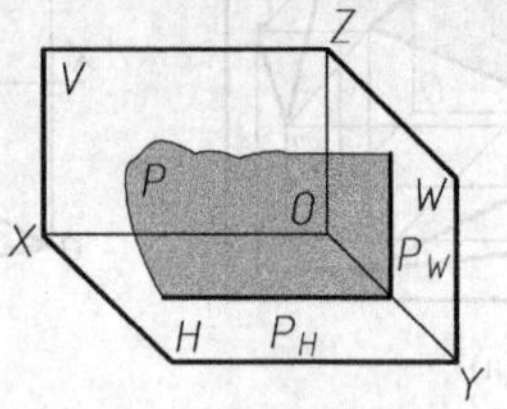	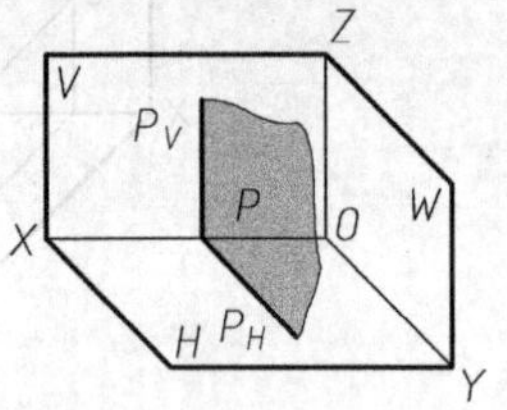
投影图	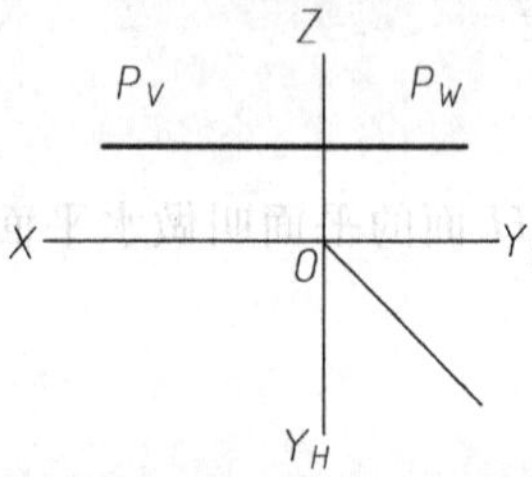	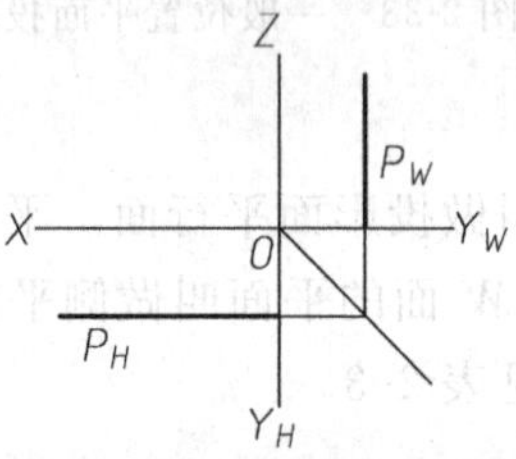	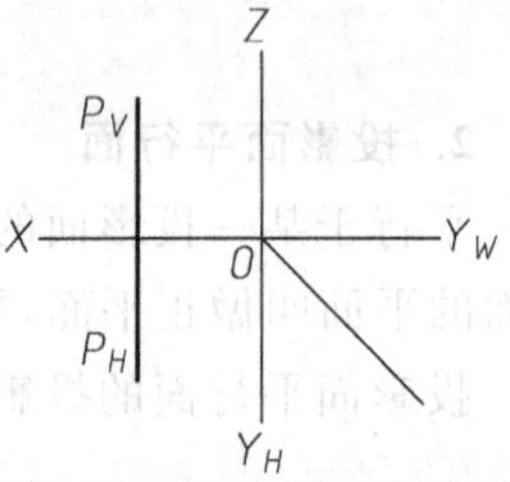
投影特性	小结：1. 在平行的投影面上无迹线； 2. 在另两个投影面上迹线有积聚性，且平行于相应的投影轴。		

由于已知投影面平行面的一条有积聚性的迹线，就可以确定这个平面的空间位置，所以可简化表示，即可以只用一条有积聚性的迹线表示该平面。这种有积聚性的迹线表示特殊位置平面的方法在解题中经常使用。

3. 投影面垂直面

只垂直于某一投影面而对另两个投影面倾斜的平面叫做投影面垂直面。只垂直于 H 面的平面叫做铅垂面，只垂直于 V 面的平面叫做正垂面，只垂直于 W 面的平面叫做侧垂面。

投影面垂直面的投影特性见表 2-5。

表 2-5 投影面垂直面投影特性

名称	铅垂面	正垂面	侧垂面
轴测图	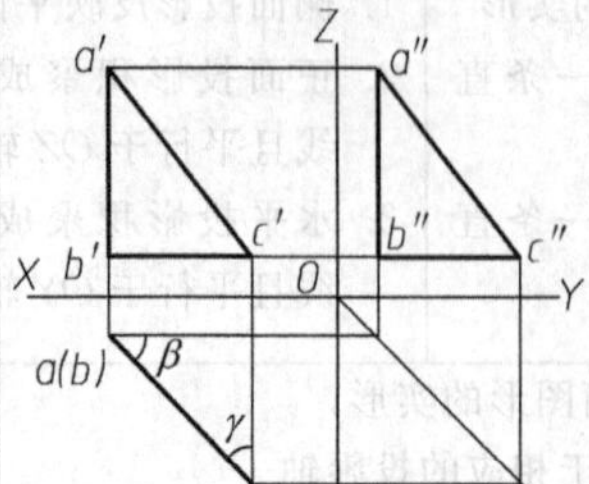	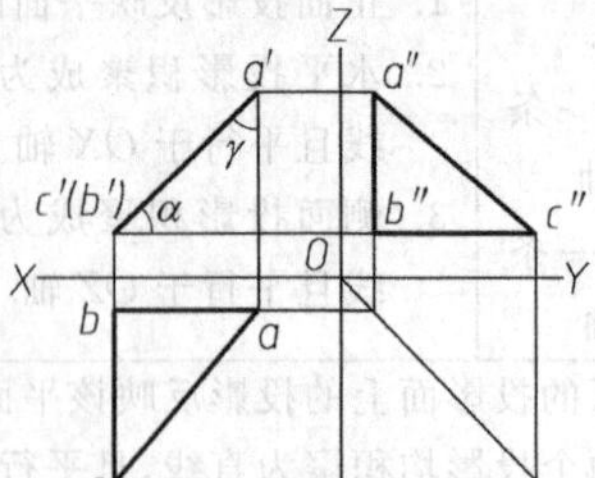	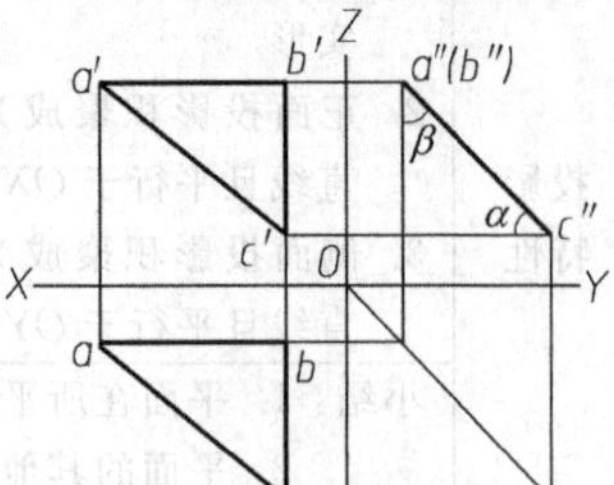
投影图	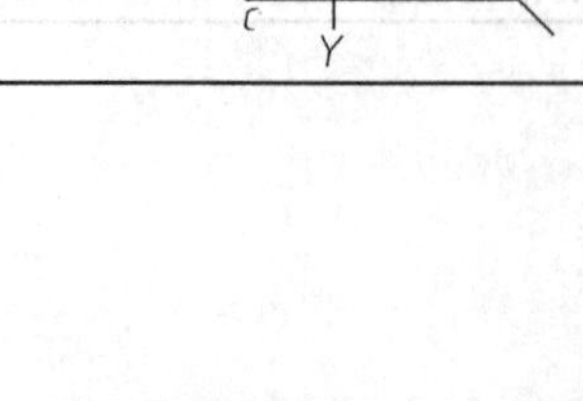	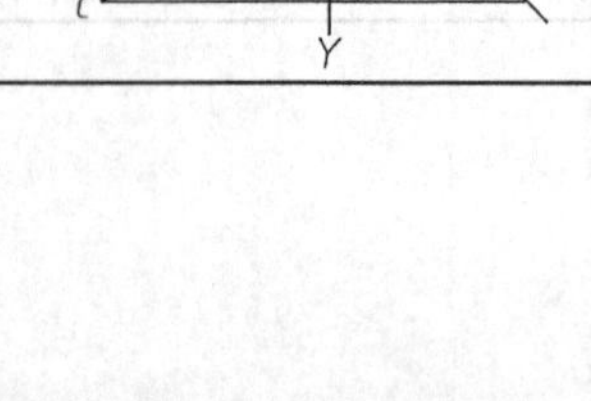	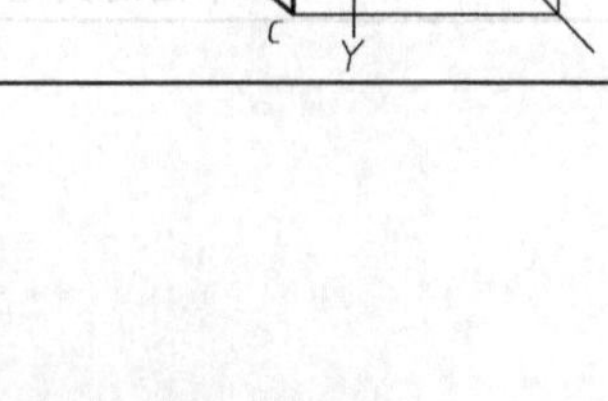

续表

平面名称	铅垂面	正垂面	侧垂面
投影特性	1. 水平投影积聚成为一条直线且倾斜于投影轴 2. 水平投影与 OX、OY 轴的夹角反映 β 角和 γ 角 3. 正面投影和侧面投影均为平面图形的类似形	1. 正面投影积聚成为一条直线且倾斜于投影轴 2. 正面投影与 OX、OZ 轴的夹角反映 α 角和 γ 角 3. 水平投影和侧面投影均为平面图形的类似形	1. 侧面投影积聚成为一条直线且倾斜于投影轴 2. 侧面投影与 OY、OZ 轴的夹角反映 α 角和 β 角 3. 水平投影和正面投影均为平面图形的类似形
	小结：1. 平面在所垂直的投影面上的投影积聚成倾斜于投影轴的直线，且反映该平面对其他两个投影面的倾角； 2. 平面的其他两个投影均为缩小了的类似形。		

用迹线表示的垂直面见表 2-6。

表 2-6　迹线表示的垂直面

名称	铅锤面	正垂面	侧垂面
轴测图	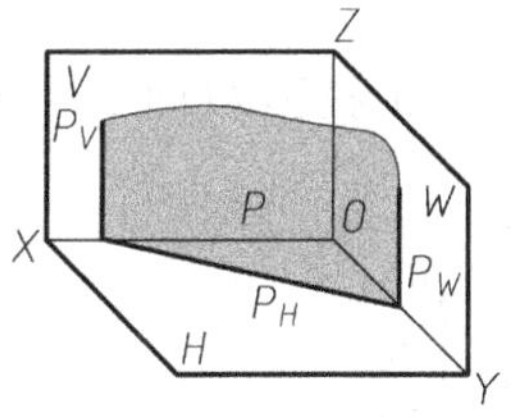	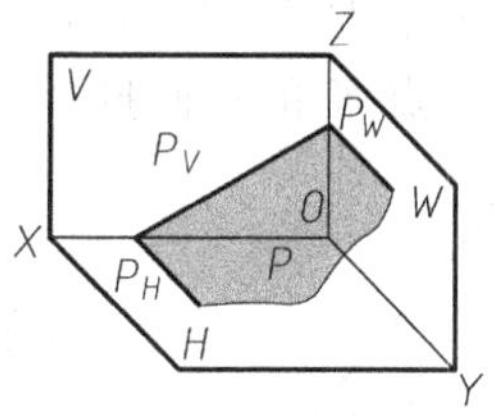	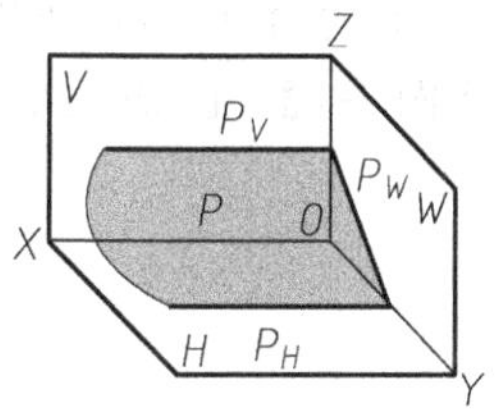
投影图	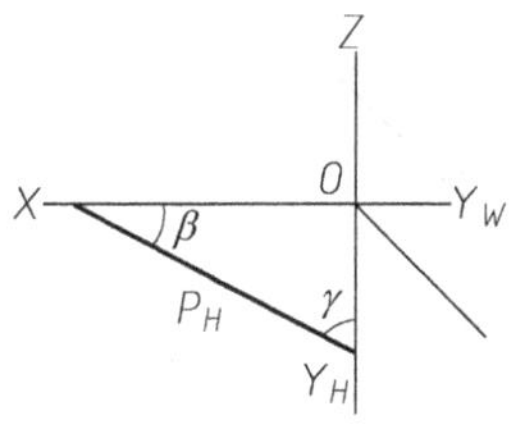	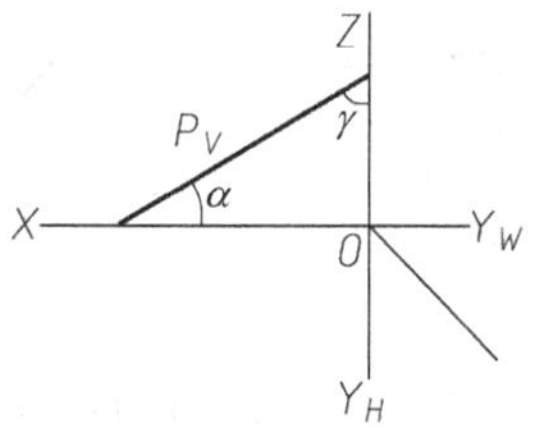	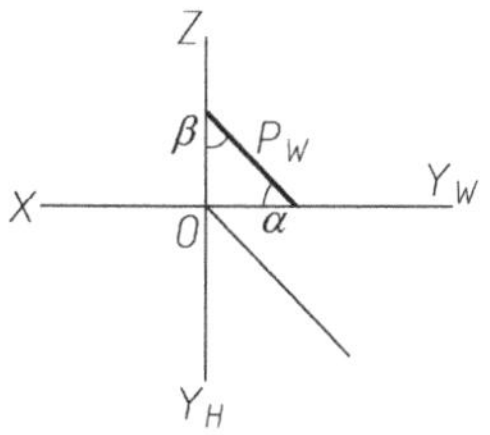
投影特性	小结：1. 在垂直的投影面上的迹线有积聚性：它与投影轴的夹角，分别反映平面对另两个投影面的真实倾角； 2. 在另两个投影面上的迹线，分别垂直于相应的投影轴。		

当投影面是垂直面时，可以采用简化表示法，即只用一条倾斜于投影轴的有积聚性的迹线表示该平面，不再画出其他两条垂直于投影轴的迹线。

2.4.3　平面上的点和直线

点和直线在平面上的几何条件是：

(1) 点在平面上，则该点必定在这个平面的一条直线上，反之亦然。平面上求点时一般是在平面内先找直线，然后在直线上求点。如图 2-34(a)所示，点 K 在平面 ABC 内的直线 AB 上，所以点 K 在平面上。

（2）直线在平面上，则直线必定通过平面内的两个点；或直线必通过平面内的一点，且平行于平面内的另一条直线。反之亦然。因此，在平面内作直线一般是在平面内先取两点，然后连线；或者是在平面内取一点作面内某已知直线的平行线。

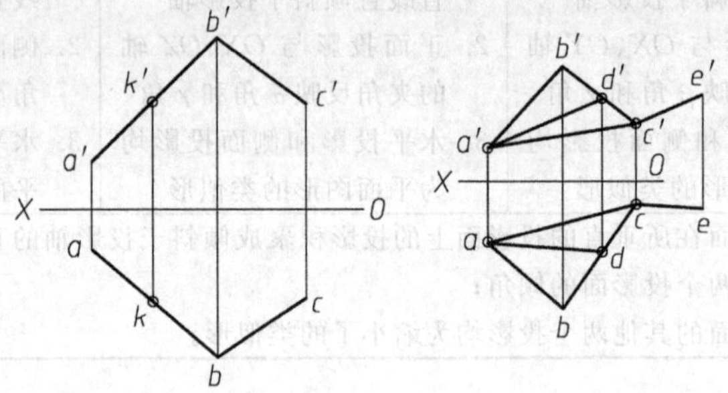

(a)　　　　(b)

图 2-34　平面上的点和线

如图 2-34(b)所示，D 点在$\triangle ABC$ 内的直线 BC 上，所以 D 点是$\triangle ABC$ 内的点，同时 A 点也是$\triangle ABC$ 内的点，所以直线 AD 是$\triangle ABC$ 内的直线。直线 CE 过$\triangle ABC$ 内一点 C 且平行于面内直线 AD，所以直线 CE 也是$\triangle ABC$ 内的直线。

【例 2-7】 已知$\triangle ABC$ 的内一点 K 的正面投影 k'，求其水平投影 k(图 2-35)。

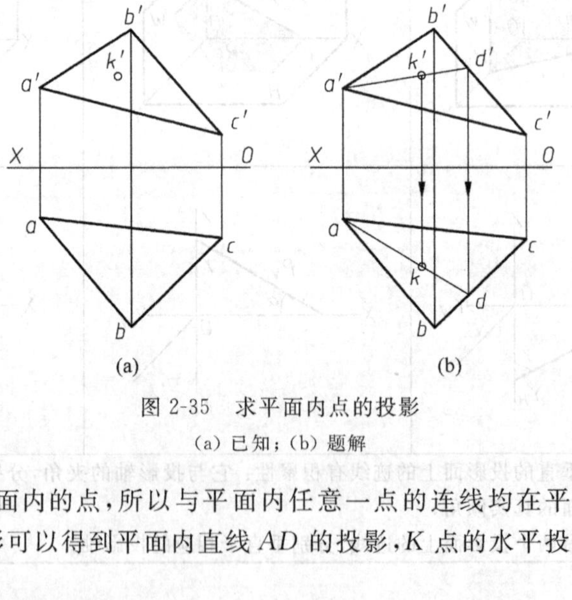

(a)　　　　(b)

图 2-35　求平面内点的投影

(a) 已知；(b) 题解

分析：K 点是平面内的点，所以与平面内任意一点的连线均在平面内。因此，连接 A 点和 K 点的正面投影可以得到平面内直线 AD 的投影，K 点的水平投影则一定在直线 AD 的水平投影上。

作图步骤：

（1）连接 $a'k'$ 并延长交 $b'c'$ 于 d'；

（2）求 D 点的水平投影 d，并连接 ad；

（3）在 ad 上求出 k。

【例 2-8】 在$\triangle ABC$ 内求一点 K，使该点距 H 面 10mm，距 V 面 15mm(图 2-36)。

分析：点 K 距离 H 面 10mm，也就在距离 H 面 10mm 的水平线上，所以可以作出$\triangle ABC$ 内距离 H 面为 10mm 的水平线；点 K 距离 V 面 15mm，也就在距离 V 面 15mm 的正平线上，所以同样可作出$\triangle ABC$ 内距离 V 面为 15mm 的正平线。该正平线和水平线在

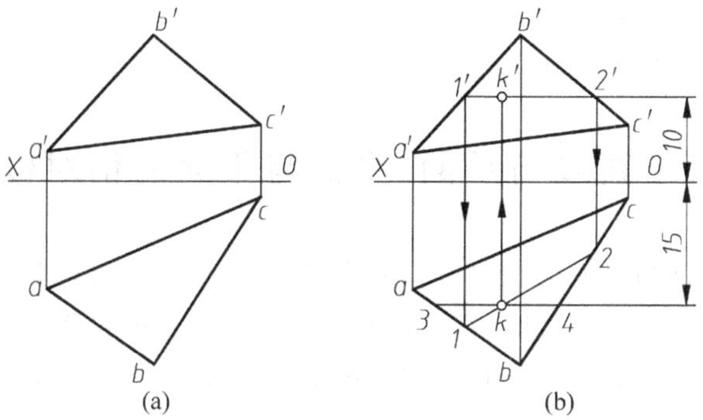

图 2-36　在平面内求作点

(a) 已知；(b) 题解

同一平面内且互不平行，所以必相交，其交点即为点 K。

作图步骤：

(1) 在正面投影上作出距离 H 面为 10 的水平线 Ⅰ Ⅱ 的正面投影 $1'2'$；

(2) 求出 Ⅰ Ⅱ 的水平投影 12；

(3) 在水平投影上作出距离 V 面为 15 的正平线 Ⅲ Ⅳ 的水平投影 34，12 与 34 的交点即为点 K 的水平投影 k；

(4) 从 k 作铅垂投影连线交 $1'2'$ 于 $'k$，k' 即为所求点 K 的正面投影。

【例 2-9】 完成平面五边形 $ABCDE$ 的正面投影(图 2-37)。

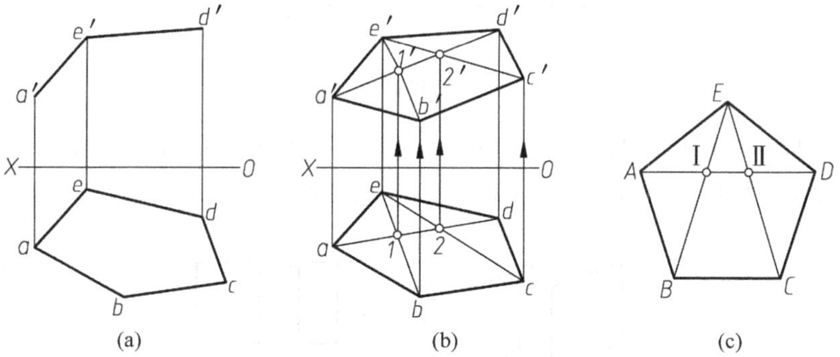

图 2-37　补全平面的投影

(a) 已知；(b) 题解；(c) 分析

分析：如图 2-37(c)所示，连接 AD，直线 AD、EB 和 EC 是平面五边形内互不平行的直线，所以 AD 和 EB 必有交点 Ⅰ，AD 和 EC 必有交点 Ⅱ。因为 EB 的水平投影 eb 和 AD 的水平投影 ad 均已知，故可以求出其交点的水平投影 1 并从而求出其正面投影 $1'$，而 B 点的正面投影必在 EⅠ 正面投影的连线上，至此可以求出 B 点的正面投影 b'。同理可以求出 C 点的正面投影 c'，然后连接各顶点即为所求。

作图步骤：

(1) 连接 ad、eb 和 ec，并求出它们的交点 1、2；

(2) 连接 $a'd'$，分别与从 1、2 作出的铅直投影连线相交即为点Ⅰ和点Ⅱ的正面投影 $1'$ 和 $2'$；

(3) 连 $e'2'$ 并延长与从 c 作出的铅直投影连线相交即为 c'，连 $e'1'$ 并延长与从 b 作出的铅直投影连线相交即为 b'；

(4) 连接 $a'b'c'd'$ 即完成平面五边形的正面投影。

2.5 直线与平面、平面与平面的相对位置

直线与平面或平面与平面的相对位置分为平行、相交和垂直，其中垂直是相交的特殊情形。当直线或平面垂直于投影面时，在它所垂直的投影面上的投影有积聚性，能较明显和简捷地图示和图解有关相交、平行、垂直问题。本书重点介绍这些特殊情况，一般情况下的相交、平行、垂直的图解问题，可参阅其他书籍。

2.5.1 平行

当直线与垂直于投影面的平面平行时，直线的投影平行于平面的有积聚性的同面投影，或者，直线、平面在同一投影面上的投影都有积聚性。反之，亦成立。如图 2-38 中的 $AB // \square CDEF$，$ab // c(d)f(e)$，而直线 MN、$\square CDEF$ 同时垂直于水平面，所以 $MN // \square CDEF$。

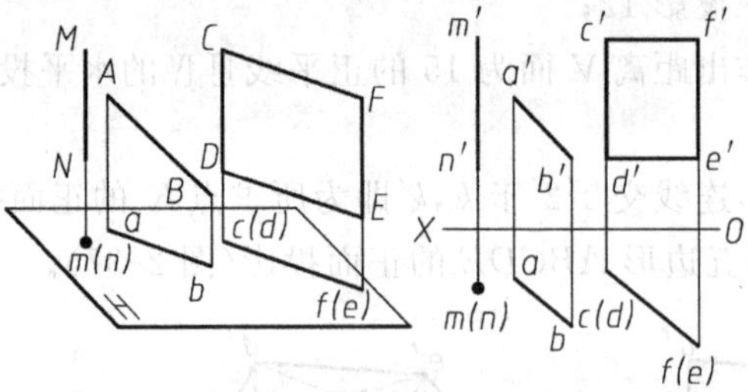

图 2-38　直线与投影面垂直面平行

当垂直于同一投影面的两平面平行时，两平面有积聚性的同面投影相互平行。反之亦然。例如图 2-39 中的 $\square ABGJ // \square CDEF$，$a(b)j(g) // c(d)f(e)$。

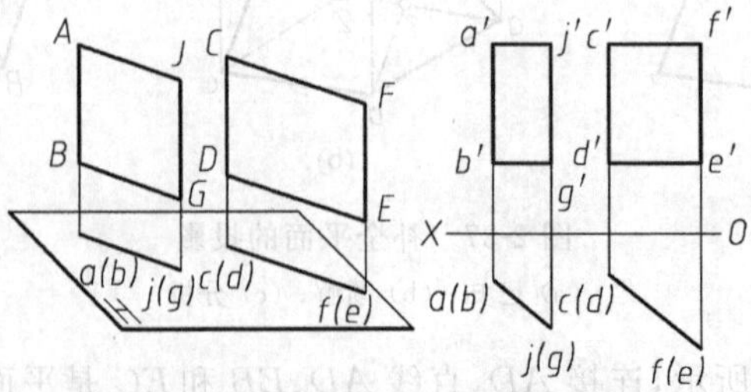

图 2-39　两投影面垂直面互相平行

【例 2-10】 已知直线 AB 和点 C 的两面投影，包含 C 点作一个正垂面平行于直线 AB（图 2-40）。

分析：正垂面的正面投影具有积聚性，因此，只要保证所作平面的正面积聚投影与直线 AB 的正面投影 $a'b'$ 平行，则该平面就与直线 AB 平行。

作图步骤：

(1) 过 c' 作 $d'f'$ 平行于 $a'b'$；

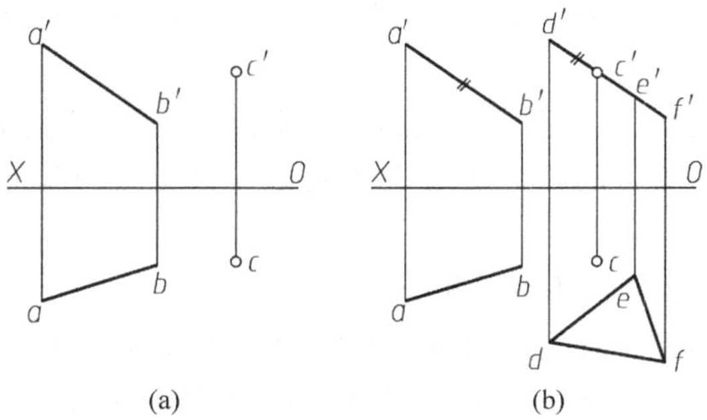

图 2-40 包含点作正垂面平行于直线
(a) 已知；(b) 题解

(2) 在水平投影上与 $d'f'$ 按长对正投影关系作任意图形，本例使用△DEF，该图形即为正垂面的水平投影。

需要注意的是，这类问题中的点 C 的水平投影 c 可在平面图形内，可在图形外，也可在图形上。

2.5.2 相交

直线与平面、平面与平面如果不平行，则必相交。

1. 直线与平面相交

直线与平面相交产生交点，该点是直线与平面的共有点，其既在直线上又在平面上。交点也是直线上可见与不可见的分界点，其自身一定可见。直线上应以交点为界，一侧可见，另一侧不可见。

1) 一般位置直线与投影面垂直面相交

如图 2-41 所示，铅垂面 $ABCD$ 与一般位置直线 EF 相交时，由于铅垂面的水平投影积聚为直线，所以该直线与已知直线的水平投影的交点即为直线与平面交点 K 的水平投影 k。同时根据交点是直线与平面的共有点，可知 K 点的正面投影一定在直线的正面投影 $e'f'$ 上，至此即可求出 K 点的正面投影 k'。

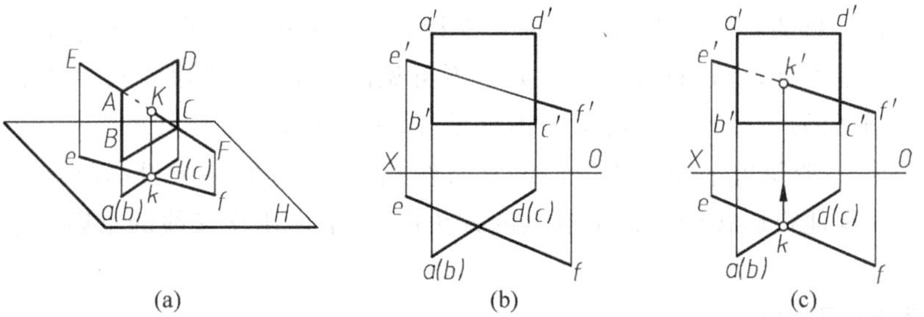

图 2-41 一般位置直线与铅垂面相交求交点
(a) 直线与铅垂面相交；(b) 已知；(c) 求交点

为了图形的清晰，最后还要判断直线段投影的可见性，被平面遮挡的部分要用虚线表示。在图 2-41 中，由于平面的水平投影具有积聚性，所以直线的水平投影不用判别可见性，只有同面投影重叠的部分才要判别可见性。其正面投影的可见性可以直观地利用水平投影来判断：以 k 为界，ek 段在 $abcd$ 之后，kf 段在 $abcd$ 之前，所以正面投影上 $e'k'$ 段不可见，$k'f'$ 段可见。

由此可知：一般位置直线与垂直于投影面的平面相交，平面的有积聚性的投影与直线的同面投影的交点，就是交点的一个投影，从而可以作出交点的其他投影，最后可直接从投影图中判断出直线投影的可见性。

2）一般位置平面与投影面垂直线相交

如图 2-42 所示，铅垂线 AB 与一般面△CDE 相交时，由于 AB 的水平投影积聚成为一个点，同时直线与平面的交点 K 一定在直线 AB 上，所以 K 点的水平投影与直线的积聚投影重合。K 点的正面投影需要按照面内取点的方法作辅助线求得，图中是用辅助线 CN 求得 K 点得正面投影，即连接 ck 并延长与 de 相交于一点 n，求出正面投影 n'，连接 $c'n'$，与 $a'b'$ 相交于一点，即为正面投影 k'。

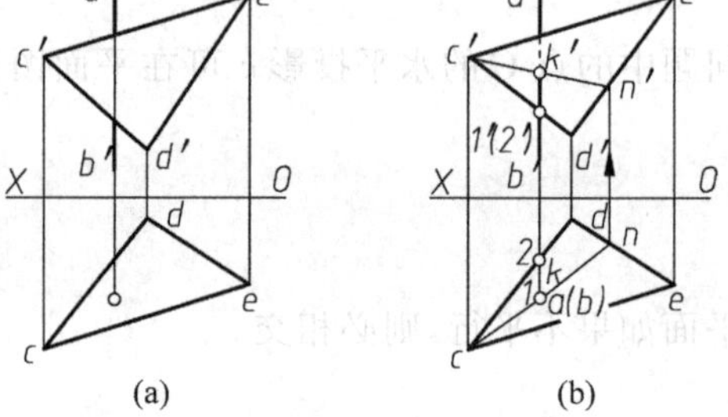

图 2-42　一般位置平面与铅垂线相交求交点

（a）已知；（b）题解

在图 2-42 中，水平投影不需要判别可见性，正面投影中由于直线与平面有重叠部分，所以需要判别直线的可见性。

判别可见性时使用重影点的方法。要判别正面投影的可见性，需要选取一条和已知直线在正面投影有重影点的直线，如图 2-42 中所示，选取直线 CD，先判断直线 CD 和已知直线 AB 在正面投影重影点 Ⅰ、Ⅱ 的可见性。由水平投影可以看出，AB 上的点 Ⅰ 在前，CD 上的点 Ⅱ 在后，所以正面投影重影点处 Ⅰ 可见，Ⅱ 不可见。由此断定，在该重影点处直线 AB 可见，CD 不可见，即直线 AB 上 AK 段的正面投影 $k'b'$ 可见。K 点是直线 AB 和△ABC 的共有点，自身一定可见，且是直线 AB 可见与不可见的分界点，所以直线 AB 上 AK 段的正面投影 $a'k'$ 和平面的正面投影重叠部分不可见，用虚线表示。

由此可知：一般位置平面与投影面的垂直线相交，交点的一个投影就在该直线积聚性的同面投影上，其他投影按照平面上取点的方法作出，最后用交叉线的重影点来判断直线投影的可见性。

2. 平面与平面相交

两平面相交产生交线，该交线是一条直线，是两平面的共有线。交线是平面可见与不可见的分界线，其自身一定可见。

1）一般位置平面与投影面垂直面相交

如图 2-43 所示，一般面△ABC 与铅垂面 $DEFG$ 相交。用图 2-41 中求一般位置直线与铅垂面的交点的方法可分别求出△ABC 中的两条边 AB 和 AC 与平面 $DEFG$ 的交点 K

和 L。K、L 是两平面的共有点，所以其连线即为两平面的交线。

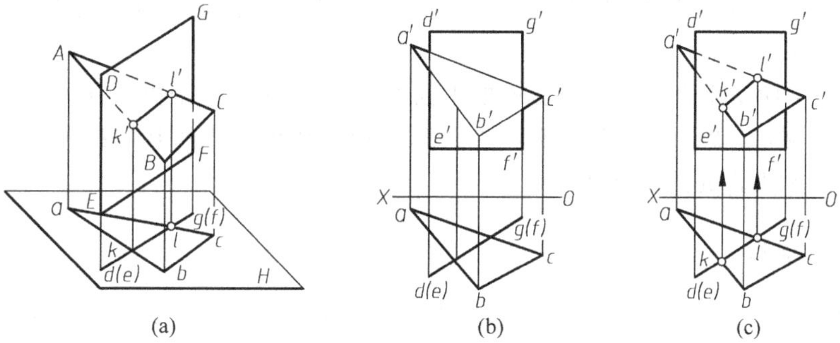

图 2-43　一般位置平面与铅垂面相交求交线

(a) 一般面与铅垂面相交；(b) 已知；(c) 求交线

一般位置平面与投影面垂直面相交判别可见性时，积聚投影不需要判别，即图中水平投影不需要判别可见性。正面投影可以由水平投影直观判断。

首先，交线是两平面的共有线，其自身一定可见，因此将交线的正面投影 $k'l'$ 用粗实线画出。同时交线还是平面可见与不可见部分的分界线。在图 2-43 中，由水平投影可以看出，$\triangle ABC$ 的 $k'l'c'b''$ 部分可见，用粗实线画出，$k'l'a'$ 部分不可见，用虚线画出。而平面 $DEFG$ 的正面投影被 $k'l'c'b'$ 遮挡住的部分为不可见，其余部分可见。

需要注意的是，两平面相交判别可见性时，只需判别在图上几何图形有限范围内的可见性，图上几何图形有限范围内不重叠的部分不需要判别可见性，均用粗实线表示。

由此可见：一般位置平面与投影面的垂直面相交，可以作出前者的任两直线与后者的交点，然后连成交线，并在投影图中直接判断投影重合处的可见性。

2）两特殊位置平面相交

如图 2-44 所示，水平面 $\triangle ABC$ 和正垂面 $\triangle DEF$ 相交。因为这两个平面都垂直于正面，那么交线 MN 就是正垂线，因此正面投影 $a'b'c'$ 和 $d'e'f'$ 的交点，就是交线的有积聚性的正面投影 $m'n'$，再在两个平面水平投影的重合部分作出 mn，就求得了交线 MN 的两面投影。

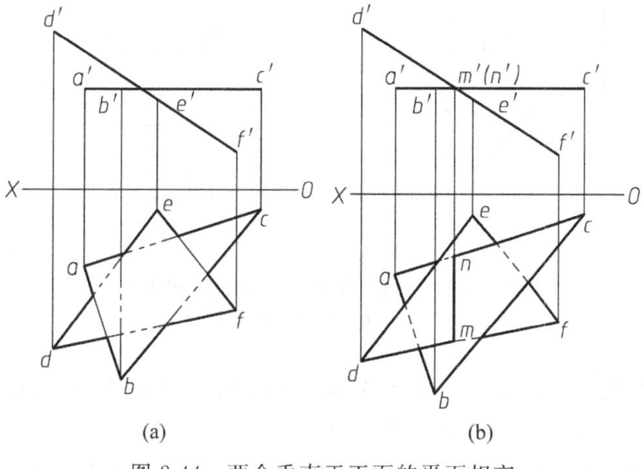

图 2-44　两个垂直于正面的平面相交

(a) 已知；(b) 求交线

由于两个平面正面投影都有积聚性，所以只需判别水平投影的可见性。从图 2-44 可看出，在交线 MN 左侧，$\triangle DEF$ 高于 $\triangle ABC$，而在右侧相反，于是可判断出水平投影的可见性，如图 2-44(b)所示。

由此可见：两个垂直于同一投影面的平面的交线，一定是这个投影面的垂直线，两平面积聚性投影的交点，就是交线的积聚性的投影，从而再作出交线的其他投影，最后在投影图中直接判断投影重合处的可见性即可。

2.5.3 垂直

当直线与垂直于投影面的平面相垂直时，直线一定平行于该平面所垂直的平面，而且直线的投影垂直于平面的有积聚性的同面投影，反之亦成立。如图 2-45 所示，直线 AB 垂直于铅垂面 $\square CDEF$，所以 AB 必是水平线，且 $ab \perp cdef$。

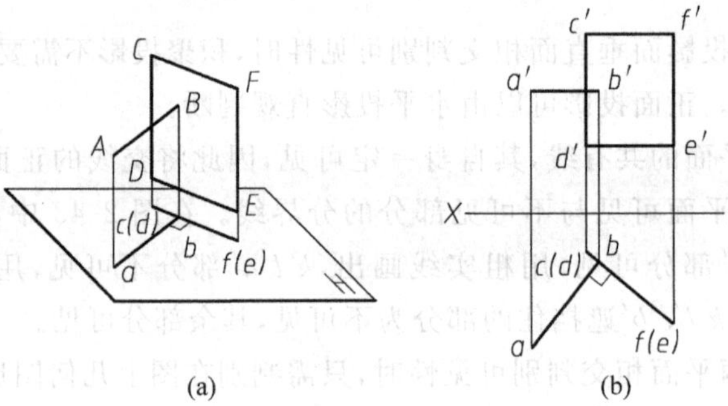

图 2-45　直线与垂直于投影面的平面相垂直

(a) 立体图；(b) 投影图

当平面与投影面垂直线相垂直时，平面一定平行于该直线所垂直的投影面，而且直线的投影垂直于平面的有积聚性的同面投影，反之亦成立。如图 2-46 所示，$\square STUV$ 垂直于铅垂线 MN，所以 $STUV$ 必是水平面，且 $m'n' \perp s't'u'v'$。

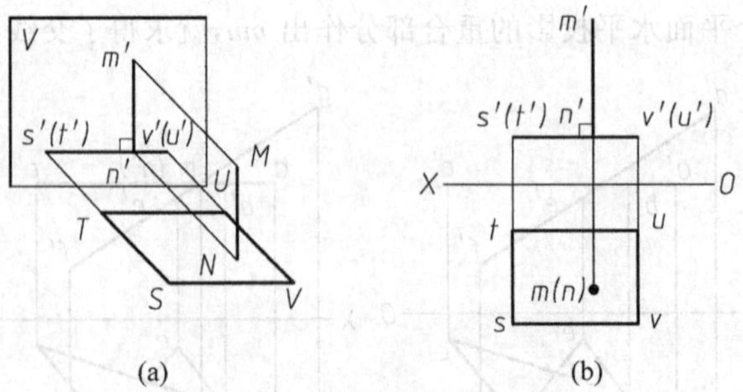

图 2-46　平面与投影面的垂直线相垂直

(a) 立体图；(b) 投影图

【例 2-11】 如图 2-47 所示，已知点 A 和 $\square BCDE$。过点 A 向 $\square BCDE$ 作垂线 AF，并作出垂足 F 以及点 A 与 $\square BCDE$ 的真实距离。

分析：由于 $\square BCDE$ 是正垂面，过点 A 作该平面的垂线即为正平线，而且正面投影相互垂直。

作图步骤：

(1) 由 a' 作 $a'f' \perp b'c'd'e'$，与 $b'c'd'e'$ 交于 f'。

(2) 由 a 作 OX 的平行线，再过 f' 作投影连线，与过 a 的 OX 的平行线交于一点 f。af 和 $a'f'$ 就是垂线 AF 的两面投影。

(3) $a'f'$ 反映点 A 与□$BCDE$ 的真实距离。

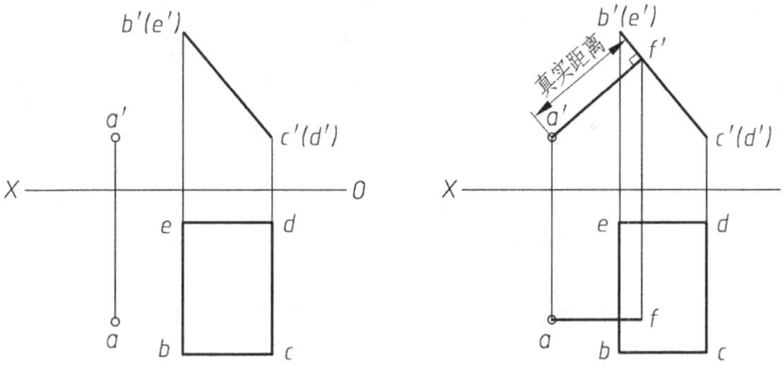

(a)　(b)

图 2-47　由点 A 作□$BCDE$ 的垂线并求真实距离

如图 2-48 所示，当垂直于同一投影面的两平面相垂直时，它们的积聚性的同面投影也相互垂直。

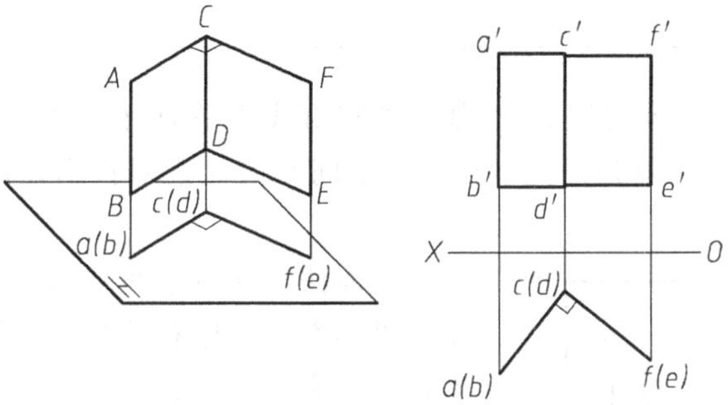

(a)　(b)

图 2-48　垂直于同一投影面的两平面相垂直

(a) 立体图；(b) 投影图

2.6　换　面　法

2.6.1　基本概念

通过前面各节的讨论可知：当直线或平面与投影面处于特殊位置时，在投影图上可以反映出某些真实情况，如实长、实形或倾角等，而一般位置的直线或平面则没有这种投影特性。此外，在求直线与平面的交点、两平面的交线、点到平面的距离等问题时，若直线或平面处于特殊位置，也有利于解题，参见表 2-7。

表 2-7　在投影图中直接反映点、直线、平面之间距离和夹角的一些情况

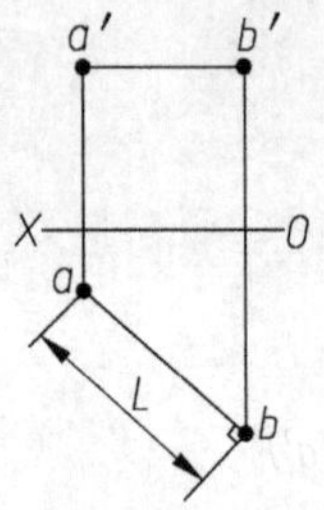 (a) 两点间的距离	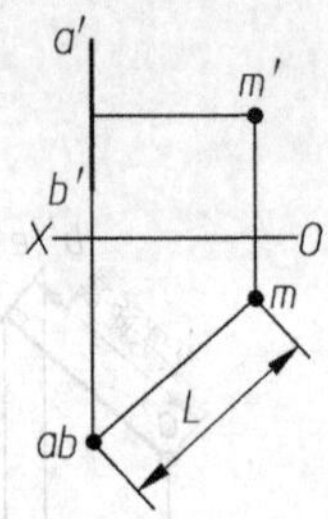 (b) 点与直线的距离	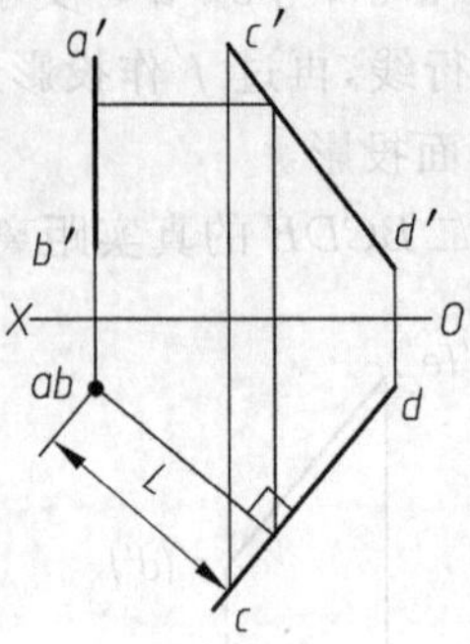 (c) 两交叉直线的距离	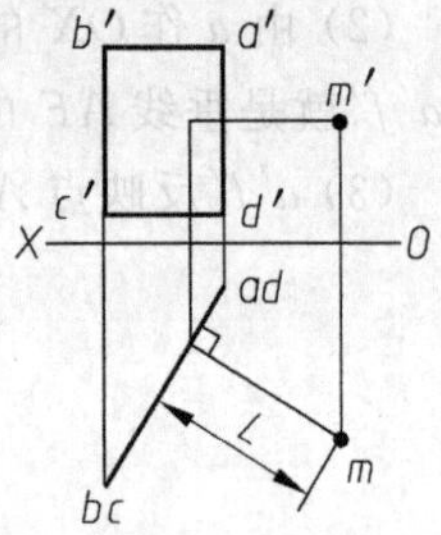 (d) 点与平面的距离
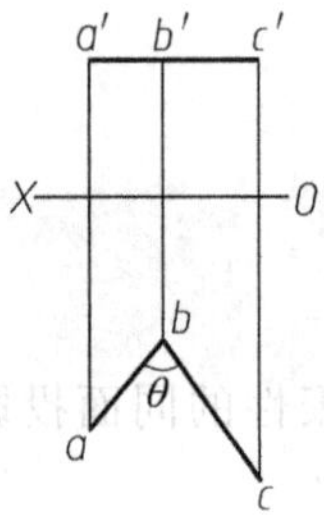 (e) 两相交直线的夹角	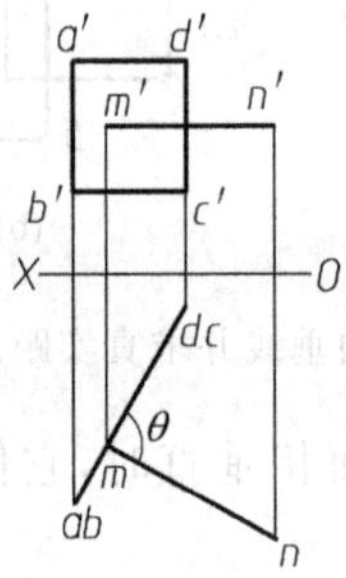 (f) 直线与平面的夹角	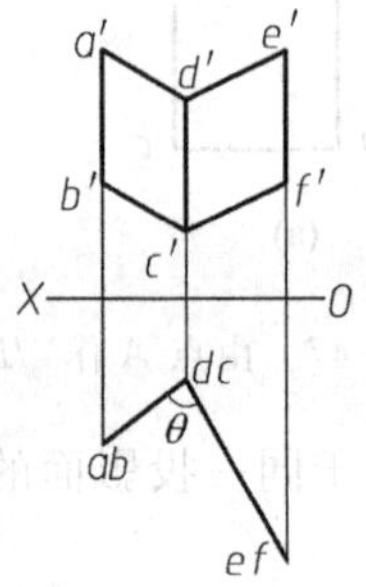 (g) 两相交平面的夹角	当点、直线、平面不处于特殊位置时，可以先用换面法将这些几何元素变换成在新投影面体系中处于有利于解题的位置，然后按本表图例作图

从表 2-7 所列几种情况可以看出，如果能将直线或平面由一般位置变换成特殊位置，即可简化解题过程。换面法就是研究如何改变空间几何元素对投影面的相对位置，以达到有利于解题的目的。

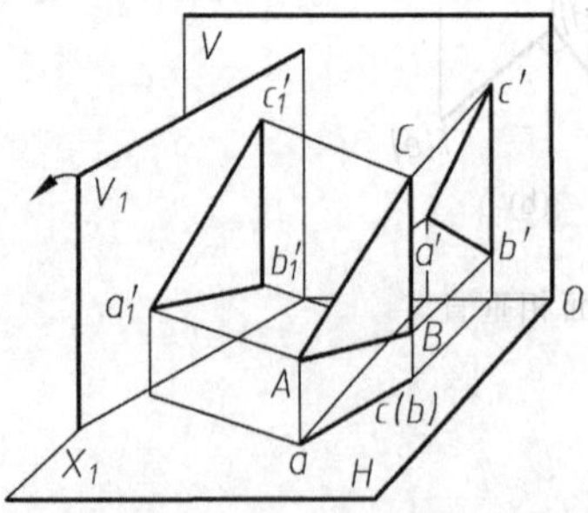

图 2-49　V/H 体系变为 V_1/H 体系

换面法是保持空间几何元素的位置不动，用一个新的投影面替换原有的某一个投影面，使空间几何元素在新投影面上的投影能满足解题要求。如图 2-49 所示，铅垂面△ABC 在 V 面和 H 面构成的投影面体系（简称 V/H 体系）中的两个投影都不反映实形。若取一平行△ABC 且垂直于 H 面的 V_1 面来替换 V 面，则 V_1 面和 H 面构成新的投影面体系 V_1/H。在新体系中，△ABC 对 V_1 面的投影 $a_1'b_1'c_1'$ 反映△ABC 的实形。

在上述变换过程中，原 V 面称为旧投影面；H 面称为不变换投影面；V_1 面称为新投影面。原投影轴 X 称为旧轴；V_1 面和 H 面的交线 X_1 称为新轴，$a'b'c'$ 称为旧投影；abc 称为不变投影；$a_1'b_1'c_1'$ 称为新投影。

由上可知，换面法的关键是如何选择新的投影面。新投影面的选择必须符合两个基本条件：

(1) 新投影面必须垂直于任一原投影面，并与它组成新的两投影面体系。必要时可连续变换。

(2) 新投影面必须对空间几何元素处在最利于解题的位置。

2.6.2　点的换面

点是构成一切几何形体的最基本元素。因此，必须首先研究换面法中点的投影变换规律。

1. 点的一次变换

如图 2-50(a)中，点 A 在 V/H 体系中的两个投影为 a、a'，现在如要变换点 A 的正面投影，可根据需要选取一铅垂面 V_1 来替换 V 面，作为新的正立投影面，它与 H 面形成新的两投影面体系 V_1/H。

由点 A 向 V_1 面作垂线，其垂足 a_1' 即为点 A 的新正面投影。令 V_1 面绕新轴 X_1 旋转到与 H 面重合，则 a 和 a_1' 两点一定在 X_1 轴的同一垂线上，即 $aa_1' \perp X_1$。

由于 V/H 体系和 V_1/H 体系具有公共的 H 面，即在变换过程中，点 A 与 H 面的相对位置仍保持不变，因此点 A 到 H 面的距离(即点 A 的 z 坐标)在变换前后两个体系中都是相同的，即 $a'a_x = a_1'a_{x1}$。

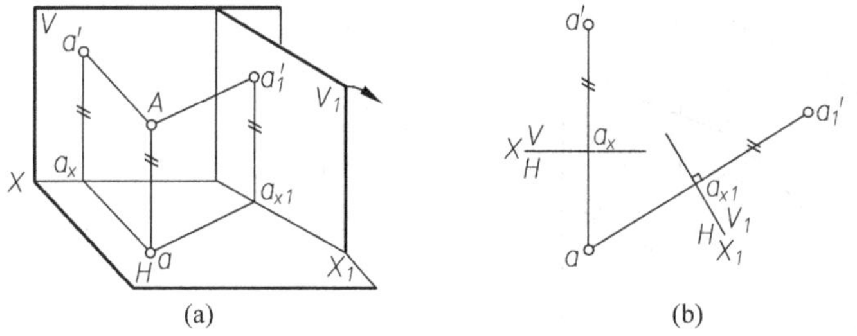

图 2-50　点的一次换面(V 面)

根据上述分析，在投影图上，可按下述步骤作图(图 2-50(b))：

(1) 在适当位置作新轴 X_1；

(2) 由点 a 向 X_1 轴作垂线，交 X_1 轴于点 a_{x1}；

(3) 在此垂线上取一点 a_1'，使 $a_1'a_{x1} = a'a_x$，点 a_1' 即为点 A 的新投影。

同理也可将 V/H 体系变换成 V/H_1 体系，即用新的投影面 H_1 来替换 H 面。其作图方法如图 2-51 所示。由于 a 和 a_1 的 y 坐标相同，即 $a_1a_{x1} = aa_x$，据此便可确定点 A 的新投影 a_1。

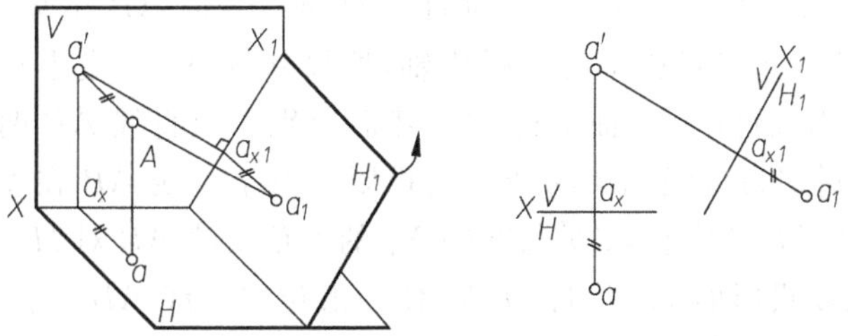

图 2-51　点的一次换面(H 面)

综上所述，点的投影变换如下：

(1) 新投影与不变投影之间的连线始终垂直于新轴(如 $a_1'a \perp X_1$、$a_1a' \perp X_1$)；

(2) 新投影到新轴的距离等于旧投影到旧轴的距离(如 $a_1'a_{x1}=a'a_x$、$a_1a_{x1}=aa_x$)。

在上述变换 V 面和 H 面时，只是用一个新投影面来替换原来两个投影面中的一个即完成解题，因此称为一次变换投影面(简称一次换面)。根据几何要素所处的空间位置和解题要求，有时只需变换一次投影面，有时却需要变换两次或多次投影面。

2. 点的二次变换

点在换面时的两条投影规律，不仅适用于一次换面，而且对于二次或多次换面也同样适用。如图 2-52 所示，在进行第二次换面时，新投影面 H_2 应垂直于 V_1，形成 V_1/H_2 体系。此时，X_2 为新轴，X_1 为旧轴，H_2 为新投影面，H 为旧投影面，V 为不变投影面，a_2 为新投影，a 为旧投影，a_1'为不变投影。由于在第二次变换过程中，点 A 相对于 V 面的位置不变，故 $a_2a_{x2}=aa_{x1}$，仍然反映新投影到新轴的距离等于旧投影到旧轴的距离这一变换规律。

图 2-52 所示为点在 V/H 体系中经过两次换面的投影情况，其变换次序是：$V/H \to V_1/H \to V_1/H_2$。显然，变换次序也可按 $V/H \to V/H_1 \to V_2/H_1$ 的方式进行。但应注意，V 面和 H 面必须交替进行变换。

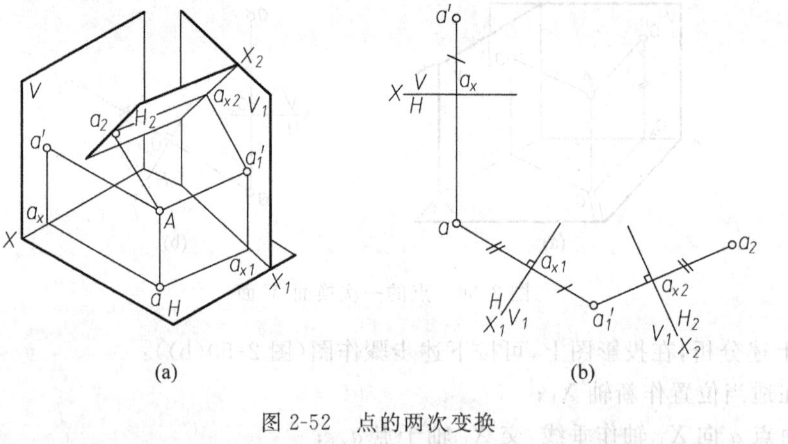

图 2-52 点的两次变换

2.6.3 四个基本问题

1. 将一般位置直线变换成新投影面的平行线

如图 2-53 所示，AB 为一般位置直线，若要将它变换成新投影面平行线，可选新投影面 V_1 代替 V 面，使 V_1 面既平行直线 AB 又垂直于 H 面。这时 AB 在 V_1/H 体系中成为新的正平线。由于正平线的水平投影平行于投影轴，所以新轴 X_1 一定平行于直线的水平投影 ab。作图时，可在适当位置作 X_1 轴平行 ab。然后分别求出直线 AB 两端点的新正面投影 a_1'和 b_1'。连接 a_1'和 b_1'即为直线 AB 的新正面投影。由于直线 AB 在 V_1/H 体系中平行于 V_1 面，所以 $a_1'b_1'$反映 AB 的实长，$a_1'b_1'$与新轴 X_1 的夹角反映 AB 对 H 面的倾角 α。

同理，也可以用新投影面 H_1 代替 H 面，使一般位置直线 AB 变换成 H_1 面的平行线，如图 2-54 所示，其方法与图 2-53 类似。

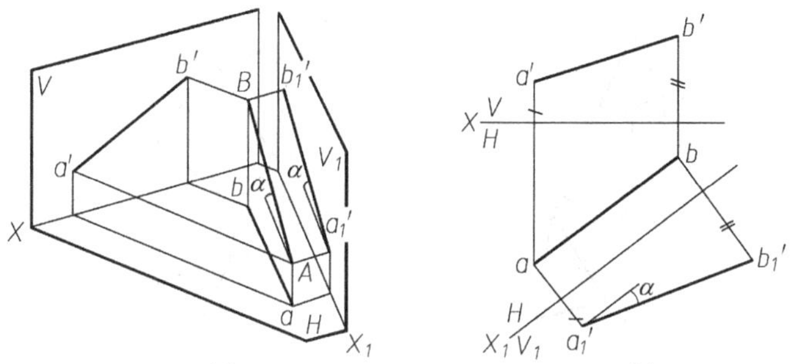

(a) (b)

图 2-53 将一般位置直线变换成正平线

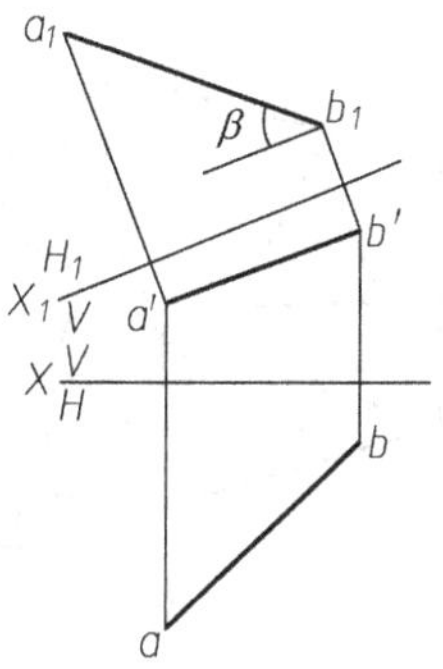

图 2-54 将一般位置直线变换成水平线

2. 将投影面平行线变换成新投影面的垂直线

如图 2-55 所示，AB 为正平线，若要将它变换成新投影面的垂直线，则新投影面必须建立在 V 面上，使 H_1 面垂直于直线 AB 和 V 面。此时在 V/H_1 体系中，直线 AB 将变换成 H_1 的垂直线。由于 AB 的正面投影垂直 H_1 面，所以新轴 X_1 必垂直于 $a'b'$。作图时，先在适当位置作新轴 X_1 垂直 $a'b'$，然后利用 a、b 到 X 轴的距离，求得 AB 在 H_1 面上的新投影 a_1b_1（积聚为一点）。

如图 2-56 所示，是将水平线 AB 变换成新投影面 V_1 的垂直线，其作图方法与图 2-55 类似。

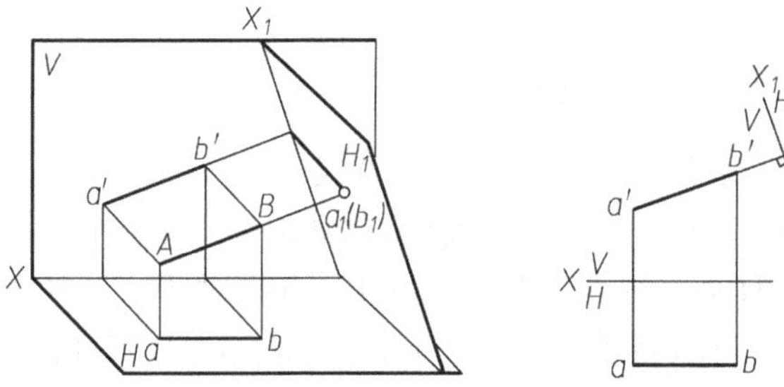

(a) (b)

图 2-55 将正平线变换为铅垂线

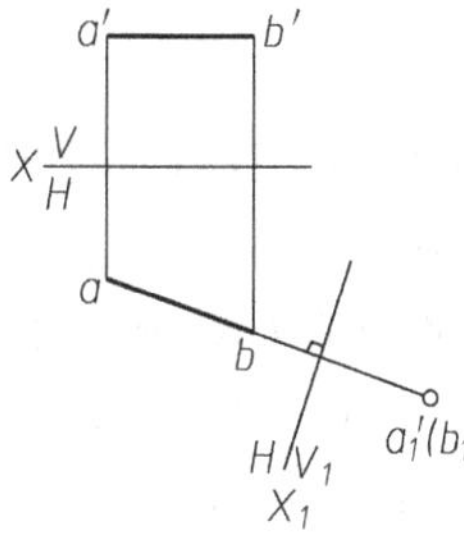

图 2-56 将水平线变换为正垂线

3. 将投影面垂直面变换成新投影面的平行面

在图 2-57(a)中，已知△ABC 为一铅垂面，若建立一新投影面 V_1 与△ABC 平行，则 V_1 面一定垂直于 H 面。这时在 V/H_1 体系中，△ABC 变成新的正平面。由于△ABC 的水平投影平行于 X_1，所以先在适当位置作新轴 X_1 平行于水平投影 abc。然后求出△ABC 的新投影 $a_1'b_1'c_1'$。此时 $a_1'b_1'c_1'$ 即反映△ABC 的实形。

如图 2-58 所示，将正垂面△ABC 变换成新投影面 H_1 的水平面，其作图方法与图 2-57(b) 类似。

4. 将一般位置平面变换成新投影面的垂直面

图 2-59(a)所示的△ABC 在 V/H 体系中为一般位置平面，欲变换成新投影面的垂直面，必须作一新投影面垂直于△ABC。

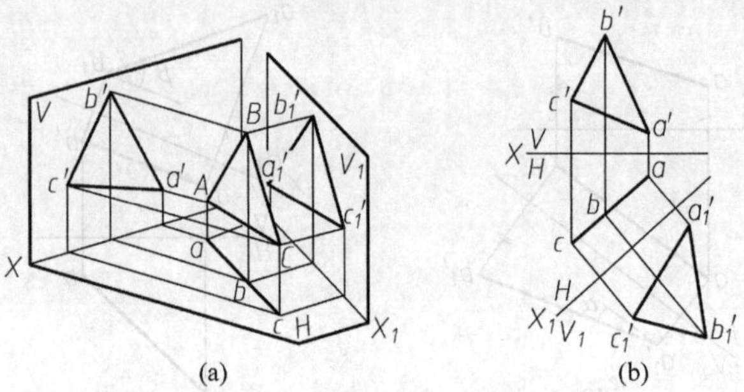

(a) (b)

图 2-57 将铅垂面变换为正平面

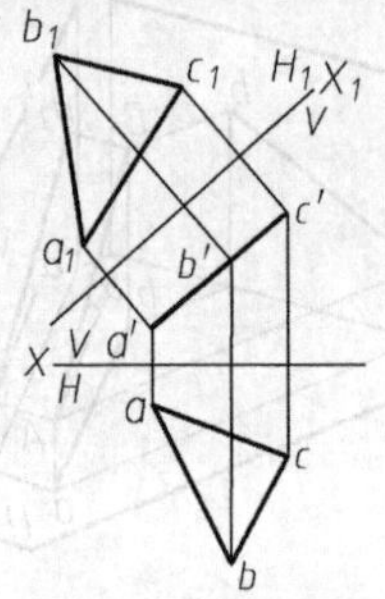

图 2-58 将正垂直面变换为水平面

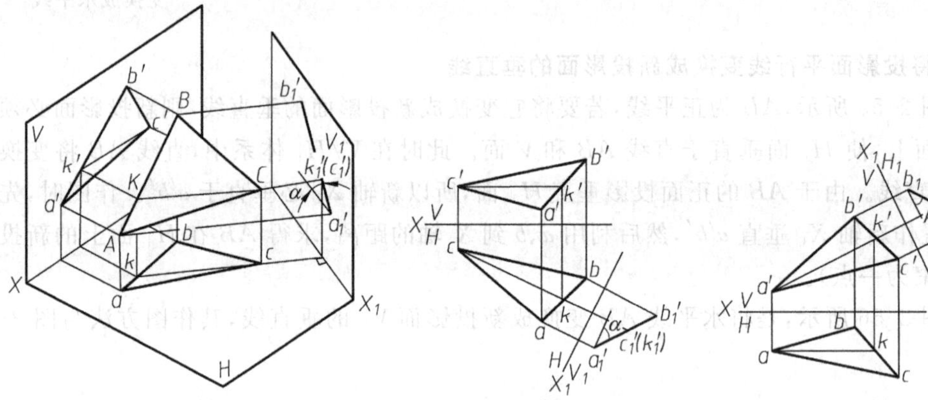

(a) (b) (c)

图 2-59 将一般位置面变换为垂直面

根据两平面垂直定理可知，新投影面只要垂直于△ABC 上一直线，则△ABC 即垂直于该投影面。为此可在△ABC 上任取一投影面平行线作为辅助线，例如取一水平线 CK；再作 V_1 面垂直 CK，则 V_1 面即可满足既垂直 H 面又垂直△ABC 的要求。作图时(图 2-60(b))，先在△ABC 上作一水平线 $CK(ck, c'k')$，然后取新轴 X_1 垂直于 ck，并求出△ABC 的新正面投影 $a_1'b_1'c_1'$。由于△ABC 在 V_1/H 体系中已成为新投影面的垂直面，所以 $a_1'b_1'c_1'$ 积聚为一直线，且该直线与新轴 X_1 的夹角反映△ABC 对 H 面的倾角 α。

同理，欲将一般位置平面变换成 H_1 的垂直面，则需要在△ABC 上作一正平线 AK，并取 H_1 面垂直于该正平线，其投影图如图 2-59(c)所示。

如需将一般位置直线转换为投影面的垂直线求距离，或将一般位置平面转换为投影面的平行面求实形，就需要进行二次换面。但篇幅有限，不在这里赘述，请参阅其他书籍。

【例 2-12】 已知点 C 及直线 AB 的两面投影，求点 C 到直线 AB 的距离及投影(图 2-60)。

分析：当直线 AB 平行某一投影面时，则在该投影面上的投影反映垂直关系。直线 AB 由一般位置变成投影面平行线，只需变换一次投影面。

作图步骤：

(1) 如图 2-60 所示将直线 AB 变为 H_1 面的平行线；

(2) 点 C 随同直线 AB 一起变换得 c_1；

(3) 根据直角投影定理，过 c_1 向 a_1b_1 作垂线，与 a_1b_1 交于 d_1。

(4) 由 d_1 求出 d 及 d'，连接 C 点和 D 点的各同面投影，即得距离 CD 的各投影。

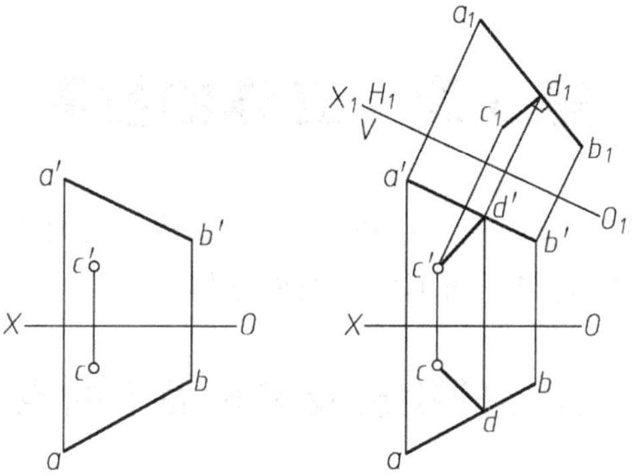

图 2-60　求点到直线距离

第 3 章　立体的投影

立体由其表面围成，根据表面几何性质的不同，立体分为两类：表面均由平面围成的平面立体和表面均由曲面或曲面与平面围成的曲面立体。

3.1　立体的投影及其表面上的点和线

图 3-1 是立体的立体图和投影图。图 3-1(a)是立体分别向三个投影面投射，得到立体的三面投影，图 3-1(b)是立体的投影图。

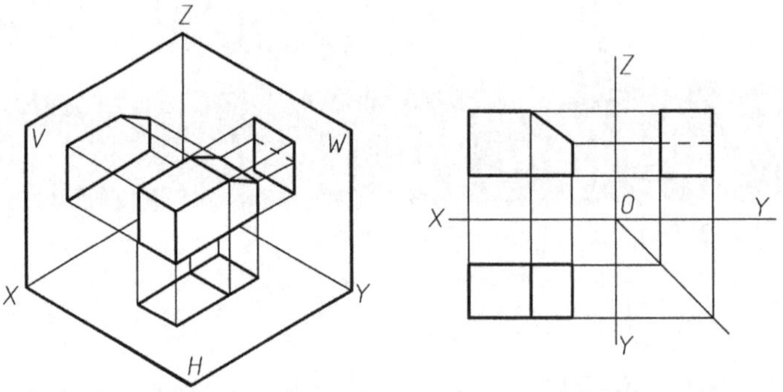

(a)　　　　(b)

图 3-1　立体的三面投影

本书从这里开始，画立体的投影图时，投影轴省略不画，在实际应用中通常也不画投影轴。如图 3-2 所示，三面投影之间按投射方向配置。正面投影反映物体上下、左右的位置关系，表示物体的长度和高度；水平投影反映物体左右、前后的位置关系，表示物体的长度和宽度；侧面投影反映物体的上下、前后的位置关系，表示物体的高度和宽度。

图 3-2 所示投影中，各点的正面投影和水平投影位于铅垂的投影连线上，正面投影和侧面投影位于水平的投影连线上，任意两点的水平投影和侧面投影保持前后方向的宽度相等和前后对应。

三面投影之间的投影规律可以总结为：

长对正——正面投影与水平投影之间；

高平齐——正面投影与侧面投影之间；

宽相等——水平投影与侧面投影之间。

画立体的三面投影时，立体的整体或局部结构的投影都必须遵循上述投影规律。在遵循“宽相等”的投影规律画图时，一定要分清立体的前后方向，即在水平投影和侧面投影中，远离正面投影的方向为物体的前面。

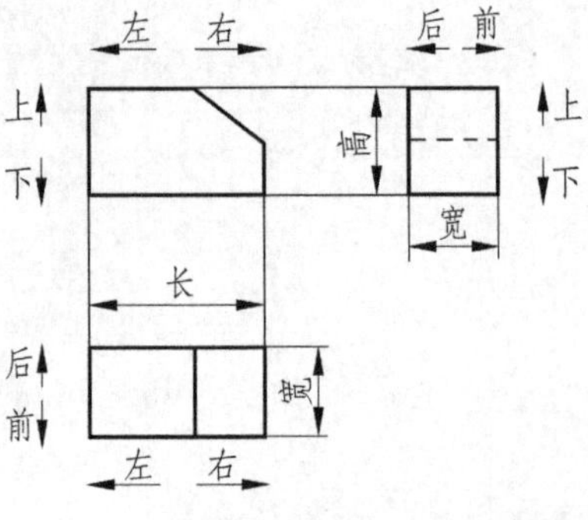

图 3-2　三面投影之间的对应关系

3.1.1　平面立体

1. 平面立体的三面投影

工程上常用的平面立体有棱柱、棱锥等，见表3-1。平面立体是由若干个多边形围成，因此，绘制平面立体的三面投影，就是绘制组成平面立体的所有多边形平面的投影，也就是绘制这些多边形平面的棱线和顶点的投影。在绘制投影时，要判别投影的可见性。棱线可见时，投影画成实线；棱线不可见时，投影画成虚线；粗实线和虚线重合时，只绘制粗实线。

绘制平面立体的三面投影可按下列过程进行：

(1) 分析形体，若有对称面，绘制对称面有积聚性的投影——用点画线表示。

(2) 对于棱柱，绘制顶面、底面的三面投影；对于棱锥，绘制底面、锥顶的三面投影。

(3) 绘制棱柱(锥)棱线的三面投影，即绘制棱面的三面投影。

(4) 整理图线。

表3-1　平面立体(棱柱、棱锥)的三面投影及投影特性

名 称	正六棱柱	正四棱锥
平面立体及其投影	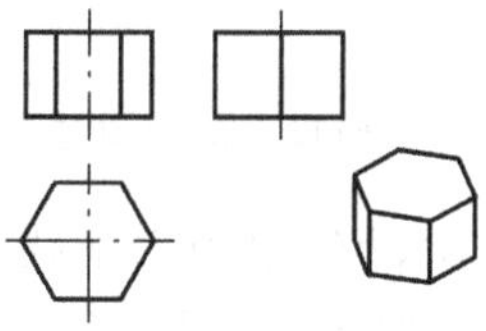	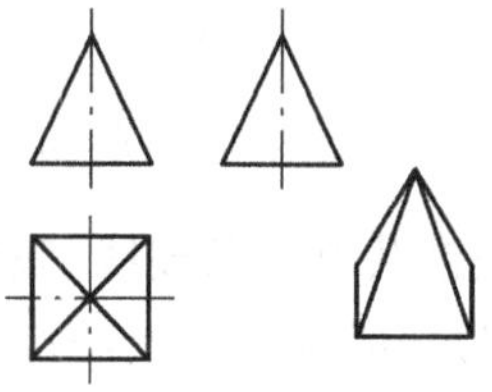

【例3-1】　画出图3-3(a)所示正六棱柱的三面投影。

在绘制投影之前，分析正六棱柱的结构特点以及各表面以及棱线的投影特性。

正六棱柱在前后、左右的方向上对称。前后的对称面为正平面，左右的对称面为侧平面，绘制投影时，应分别作出对称面的积聚性投影，用点画线表示。

正六棱柱由六个棱面和顶面、底面组成。顶面和底面为水平面，在水平投影上反映实形，正面投影和侧面投影分别积聚为直线；六个棱面中，前、后两棱面为正平面，正面投影反映实形，水平投影和侧面投影分别积聚为直线；其余四个棱面均为铅垂面，水平投影积聚为直线，其他投影为小于实形的四边形。六条棱线，均为铅垂线，水平投影积聚为点，正面投影和侧面投影为反映实长的直线。

其作图过程如图3-3(b)、(c)、(d)、(e)所示。

作图时，应注意面与面以及线与线的重影问题，各表面及棱线投影的可见性表达了立体各表面的相互位置关系。在图3-3中，顶面和底面的水平投影反映实形，两个面的水平投影重影，前棱面和后棱面的正面投影也是重影，其余棱面的重影情况请自行分析；前棱面的左右棱线和后棱面的左右棱线分别在正面投影重影，棱柱左棱线和右棱线在侧面投影重影。

【例3-2】　画出图3-4(a)所示的三棱锥的投影。

图3-4(a)为一正三棱锥，它由底面 ABC 和三个棱面 SAB、SBC、SAC 组成。底面 ABC 为一水平面，水平投影反映实形，其他两面投影积聚为直线；后棱面 SAC 为侧垂面，在侧面投影上积聚成直线，其他两投影为不反映实形的三角形；棱面 SAB 和 SBC 为一般位置平

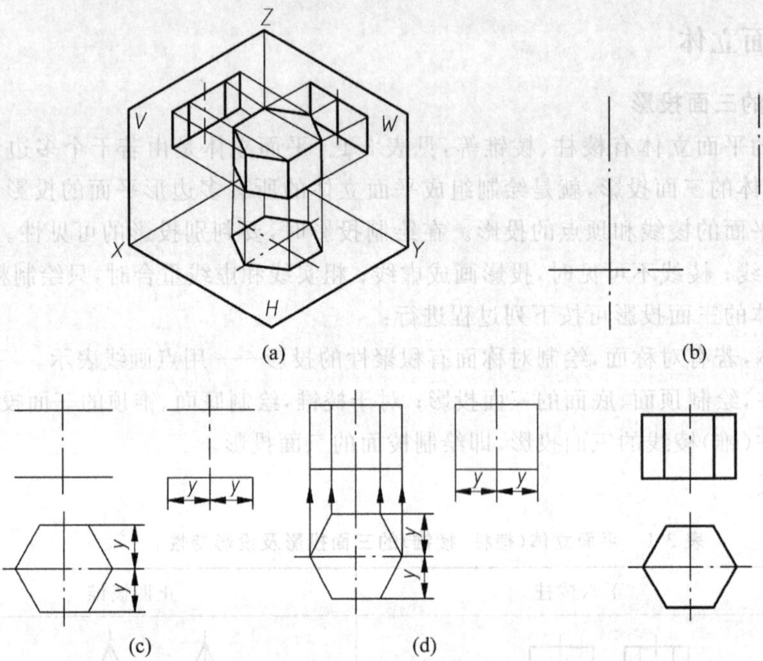

图 3-3　正六棱柱的空间分析及三面投影的作图过程

面。三棱锥共有六条棱线，底面三角形各边中 AB、BC 边为水平线，CA 边为侧垂线，棱线 SA、SC 为一般位置直线，SB 为侧平线。作图过程如图 3-4(b)、(c)、(d)、(e)所示。

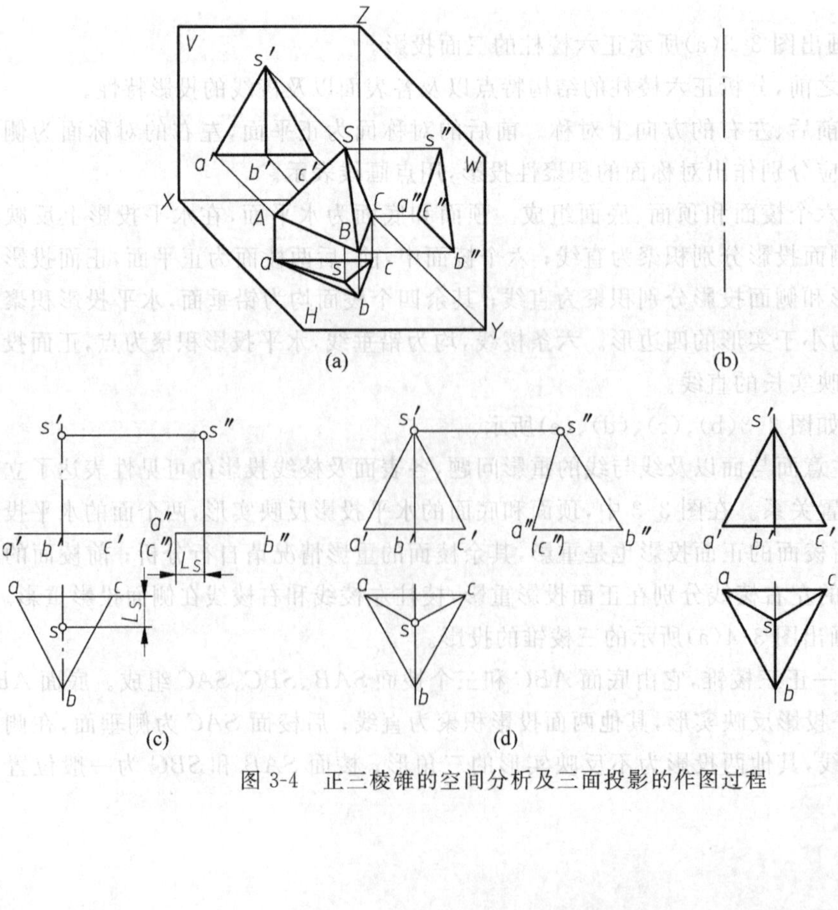

图 3-4　正三棱锥的空间分析及三面投影的作图过程

作图时要注意，正面投影中，棱面 SAB、SBC 的正面投影可见，棱面 SAC 的正面投影不可见；水平投影中，棱面 SAB、SBC、SAC 的水平投影可见，底面 ABC 的水平投影不可见；侧面投影中，棱面 SAB 的侧面投影可见，棱面 SBC 的侧面投影不可见。

2. 平面立体表面上的点

平面立体表面上的点的投影，就是绘制平面立体的多边形表面上的点的投影，即平面上的点的投影。平面立体的表面中，特殊位置平面上点的投影可利用平面积聚性作图，一般位置平面上点的投影可选取适当的辅助直线作图。

【例 3-3】 如图 3-5(a)所示，已知正六棱柱表面上 M、N 点的正面投影 m' 和 n'，P 点的水平投影 p，分别求出其另外两个投影，并判断可见性。

点 M、N、P 均在正六棱柱的表面上，即均在棱柱的棱柱面上或者顶面、底面上。

由于 m' 可见，故 M 点在棱面 $ABCD$ 上，此面为铅垂面，水平投影有积聚性，m 必在面 $ABCD$ 有积聚性的投影 $ad(b)(c)$ 上。所以按照投影规律由 m' 可求得 m，再根据 m' 和 m 求得 m''。

判断可见性的原则：若点所在面的投影可见(或有积聚性)，则点的投影也可见。

由于 M 位于左前棱面上，左前棱面的侧面投影可见，所以 m'' 可见。

同理可分析 N 点的其他两投影。

由于 p 可见，所以点 P 在顶面上，棱柱顶面为水平面，正面投影和侧面投影都有积聚性，根据 M 点的投影做法，由 p 可求得 p' 和 p''。作图过程见图 3-5(b)所示。

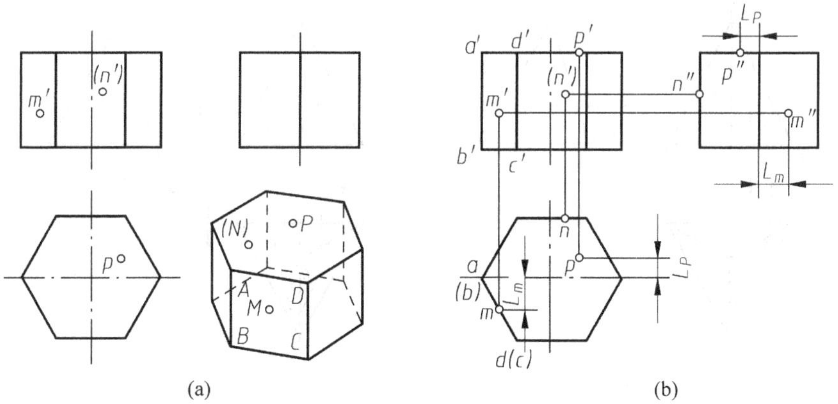

图 3-5　棱柱表面上取点

【例 3-4】 已知正三棱锥棱面上点 M 的正面投影 m' 和 N 点的水平投影 n，求出 M、N 点的其他两投影，如图 3-6(a)所示。

因为 m' 点可见，M 点在棱面 SAB 上。棱面 SAB 没有积聚性，所以不能使用积聚性作 M 点的投影，可以利用辅助直线作图。

1) 解法 1

如图 3-6(b)所示，过 S、M 点作一条直线 SM 交 AB 边于Ⅰ点，作出 SⅠ的三面投影。因 M 点在 SⅠ线上，M 点的投影必在 SⅠ的同面投影上，根据 m' 作出 m 和 m''。

2) 解法 2

如图 3-6(c)所示，过 M 点在 SAB 面上作平行于 AB 的直线ⅡⅢ，即作 $2'3' /\!/ a'b'$，

$23 /\!/ ab$，$2''3'' /\!/ a''b''$，因 M 点在ⅡⅢ线上，M 点的投影必在ⅡⅢ线的同面投影上，根据 m' 作出 m 和 m''。

点 N 位于棱面 SAC 上，SAC 为侧垂面，侧面投影 $s''a''c''$ 具有积聚性，故 n'' 必在 $s''a''c''$ 直线上，由 n 和 n'' 可求得 n'，如图 3-6(d)所示。

判断可见性：因为棱面 SAB 在 H、W 两投影面上均可见，故点 M 在其两投影面上的投影也可见。棱面 SAC 的正面投影不可见，故点 N 的正面投影亦不可见。作图过程如图 3-6 所示。

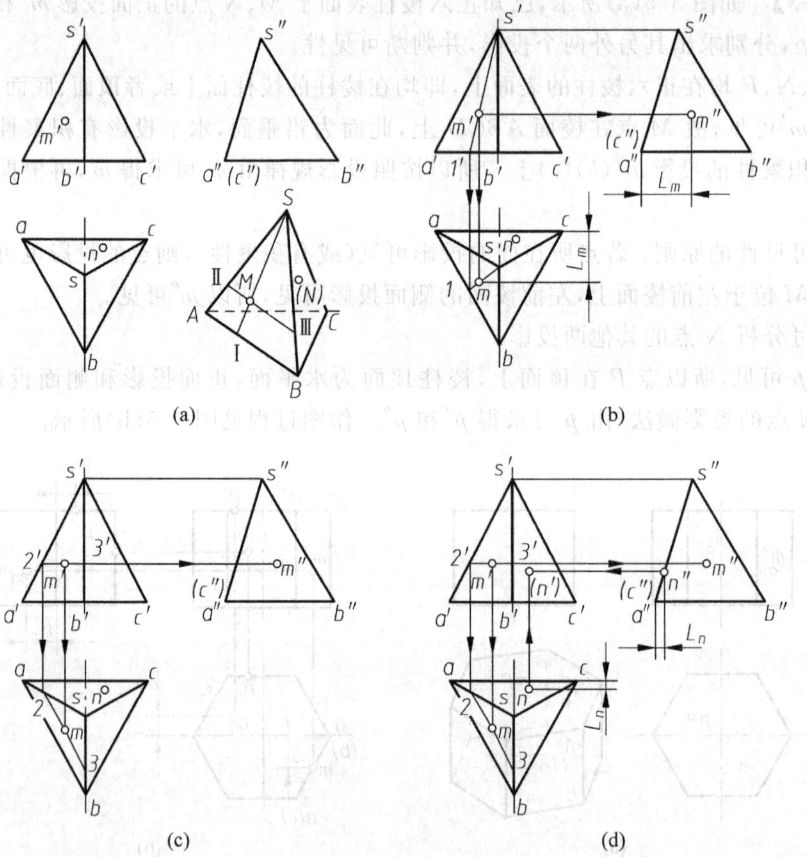

图 3-6 棱锥表面取点

3.1.2 曲面立体

曲面立体由曲面或者曲面和平面围成。曲面立体有轮廓线，即表面之间的交线，或者有尖点等结构，还有的曲面立体只有光滑的曲面。

由一条线围绕一条轴线旋转一周而形成的曲面，称为回转面。这条运动的线称为回转面的母线；母线在回转过程中的任意位置称为素线；母线上的各点绕轴线旋转，形成的垂直于轴线的圆，称为纬圆；母线围绕旋转的轴线称为回转面的轴线。

回转体是由回转面或回转面和平面围成的立体。

1. 常见回转体的投影

常见的回转体主要有圆柱、圆锥、圆球、圆环等，其形成、三面投影及投影特性见表 3-2。

表 3-2　常见回转体的形成、三面投影及投影特性

名称	形成	投　影	形成及投影特性
圆柱体	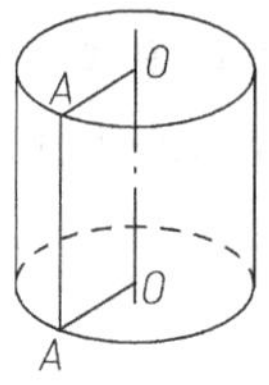	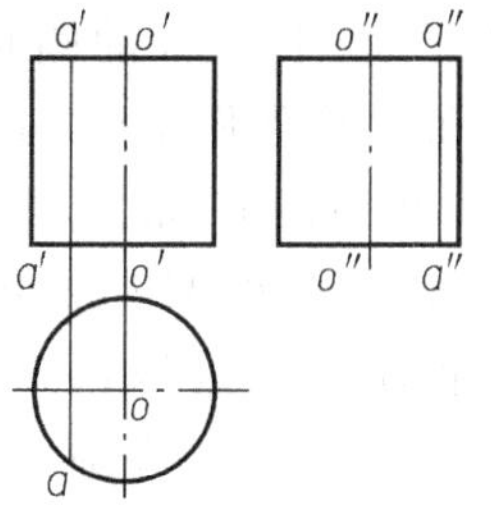	圆柱体是由圆柱面和两个底面围成。圆柱面是以直线 AA 为母线，绕与其平行的轴线 OO 旋转而成。水平投影积聚为圆；正面和侧面投影均为矩形
圆锥体	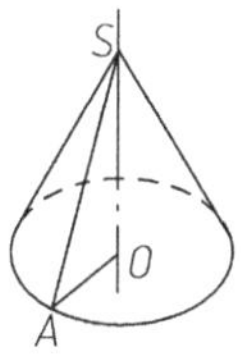	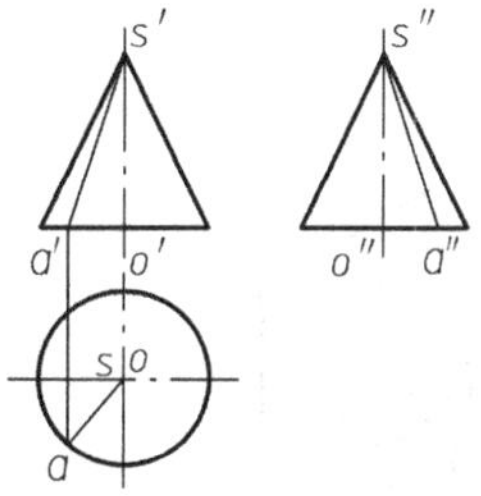	圆锥体是由圆锥面和底面围成。圆锥面是以直线 SA 为母线，绕与其相交的轴线 SO 旋转而成。水平投影为圆，即底面轮廓线，圆锥面无积聚性；正面和侧面投影均为三角形
球	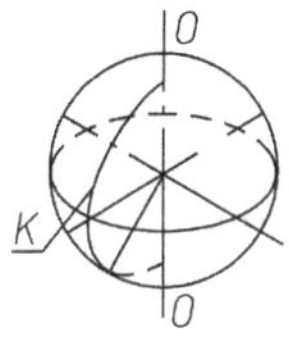	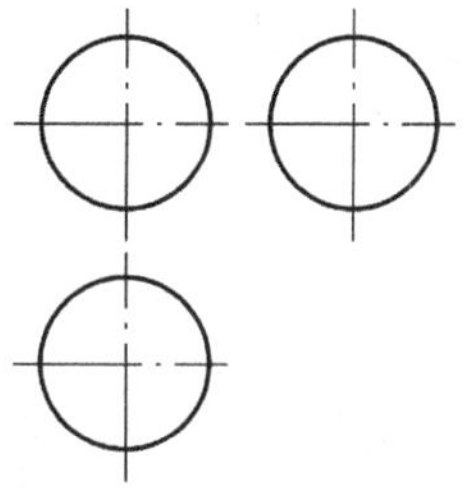	以半圆 K 为母线，以半圆的直径为轴线旋转而成。三面投影均为圆
圆环	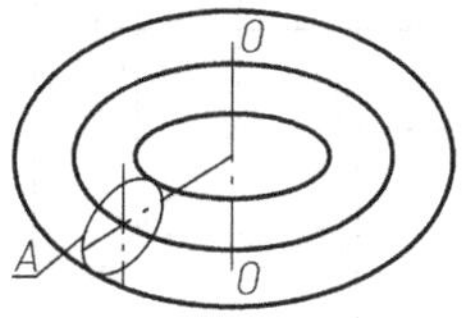	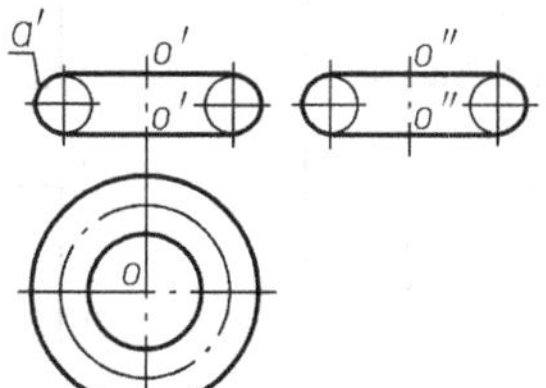	以圆 A 为母线，绕不通过圆心但与该圆在同一平面内的轴线 OO 旋转而成；母线圆 A 的外半圆回转形成外环面，内半圆回转形成内环面

组成回转体的基本面是回转面，在绘制回转面的投影时，首先用点画线画出轴线的投影，然后分别画出相对于某一投射方向转向线的投影。所谓转向线是回转面在该投射方向上可见部分与不可见部分的分界线，其投影称为轮廓线。因此，常见回转体的三面投影的作图过程如下：

(1) 分析形体，找出对称面，绘制对称面有积聚性的投影和轴线的投影——用点画线表示。

(2) 对于圆柱，绘制顶面、底面的三面投影。

（3）对于圆锥，绘制底面和锥顶的三面投影。

（4）绘制相对于投射方向的转向线的投影。

（5）整理图线。

【例 3-5】 画出图 3-7(a)所示圆柱的三面投影。

图 3-7(a)所示圆柱的轴线为侧垂线，由圆柱面及左右两底面围成。圆柱体上下、前后对称，对称面分别为水平面和正平面；圆柱面的侧面投影有积聚性，积聚为圆，两底面轮廓的侧面投影与此圆重影，在正面和水平投影面上，两底面的投影积聚成直线，其长度为圆的直径。圆柱面相对于 V 面的转向线为最上、最下素线 AA 和 BB，均为侧垂线，其正面投影 $a'a'$ 和 $b'b'$ 为圆柱正面投影的轮廓线，水平投影 aa 和 bb 与轴线的水平投影重合，不必画出；圆柱面相对于 H 面的转向线为最前、最后素线 CC 和 DD，其正面投影 $c'c'$ 和 $d'd'$ 与轴线的正面投影重合，不必画出，水平投影 cc 和 dd 为圆柱水平投影的轮廓线。按上述分析，其作图过程如图 3-7(b)、(c)、(d)所示。

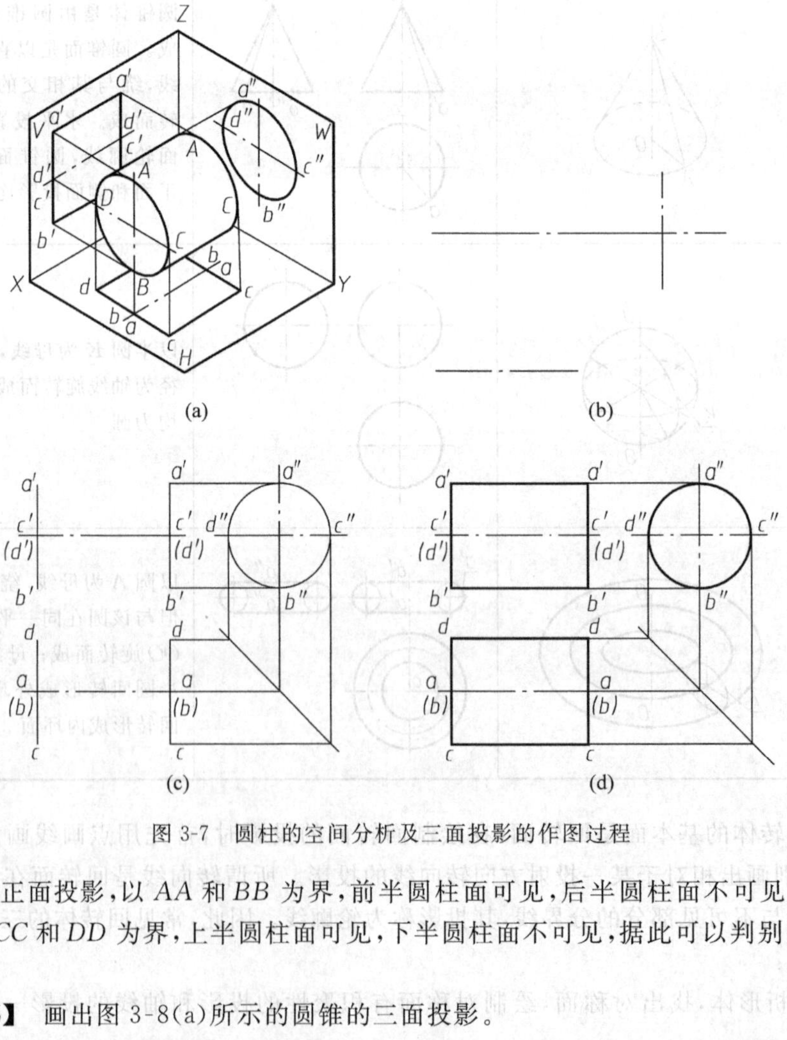

图 3-7 圆柱的空间分析及三面投影的作图过程

相对于正面投影，以 AA 和 BB 为界，前半圆柱面可见，后半圆柱面不可见；相对于水平投影，以 CC 和 DD 为界，上半圆柱面可见，下半圆柱面不可见，据此可以判别圆柱面上点的可见性。

【例 3-6】 画出图 3-8(a)所示的圆锥的三面投影。

圆锥体由圆锥面和底面围成。图 3-8(a)所示为一正圆锥，前后、左右对称，对称面分别为正平面和侧平面；其轴线为铅垂线，底面为水平面，其水平投影反映圆的实形，同时，圆锥面的水平投影也落在圆的水平投影内；圆锥面相对于 V 面的转向线为最左、最右素线 SA、SB，且为正平线，其投影 $s'a'$ 和 $s'b'$ 为圆锥面正面投影的轮廓线；圆锥面相对于 W 面的转向线为最前、最后素线 SC、SD，且为侧平线，其投影 $s''c''$ 和 $s''d''$ 为圆锥面侧面投影的轮廓线。其作图过程如图 3-8(b)、(c)、(d)所示。

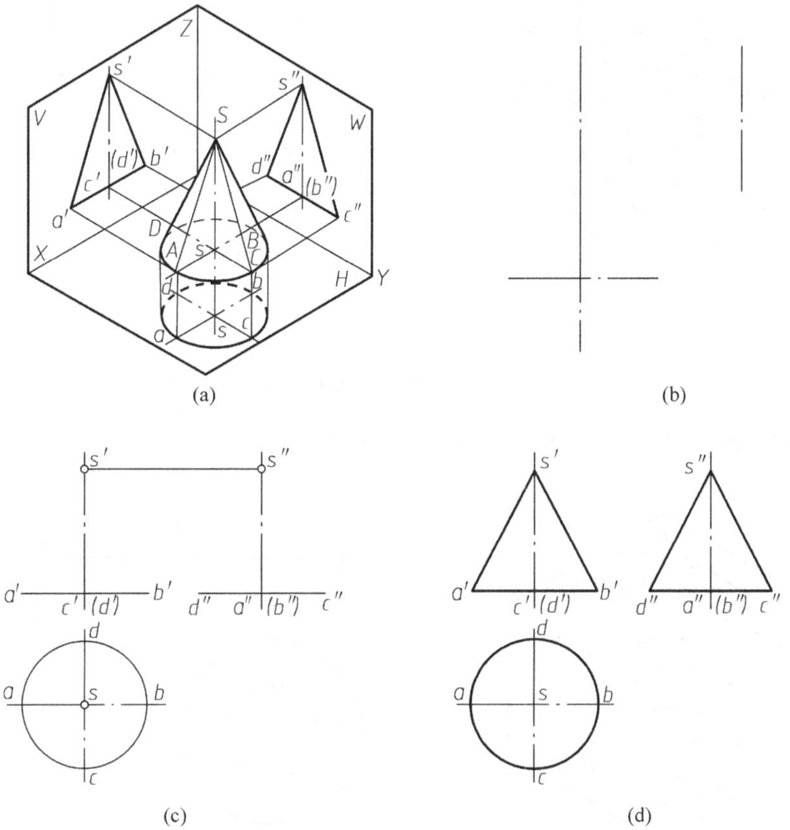

图 3-8　圆锥的空间分析及三面投影的作图过程

相对于正面投影，以 SA 和 SB 为界，前半圆锥面可见，后半圆锥面不可见；相对于侧面投影，以 SC 和 SD 为界，左半圆锥面可见，右半圆锥面不可见；相对于水平投影，圆锥面均可见。

【例 3-7】 画出图 3-9(a)所示球的三面投影。

球由单一的球面围成，上下、左右、前后均对称。球面相对于 V 面的转向线为一正平最大圆 A；相对于 H 面的转向线为一水平最大圆 B；相对于 W 面的转向线为一侧平最大圆 C。所以，球的三面投影均为圆，圆的直径与球的直径相等。作图过程如图 3-9(b)所示。

作图时注意，正平最大圆 A 的水平投影和侧面投影均与前后的对称面(点画线)重合，故其投影不必画出。同理，水平最大圆 B 的正面投影和侧面投影以及侧平最大圆 C 的正面投影和水平投影也不画出。

相对于正面投影，以 A 圆为界，前半球面可见，后半球面不可见；相对于水平投影，以 B 圆为界，上半球面可见，下半球面不可见；相对于侧面投影，以 C 圆为界，左半球面可见，右半球面不可见。

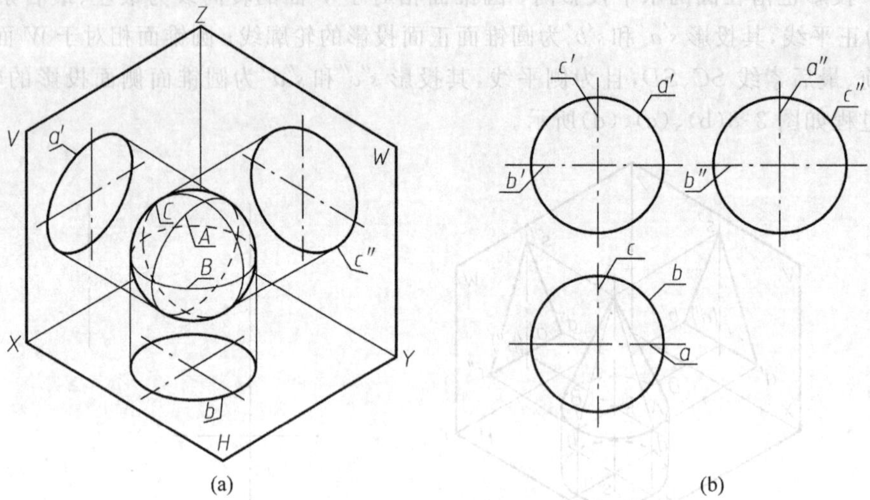

(a) (b)

图 3-9 球的空间分析及三面投影的作图过程

【例 3-8】 画出图 3-10(a)所示圆环的三面投影。

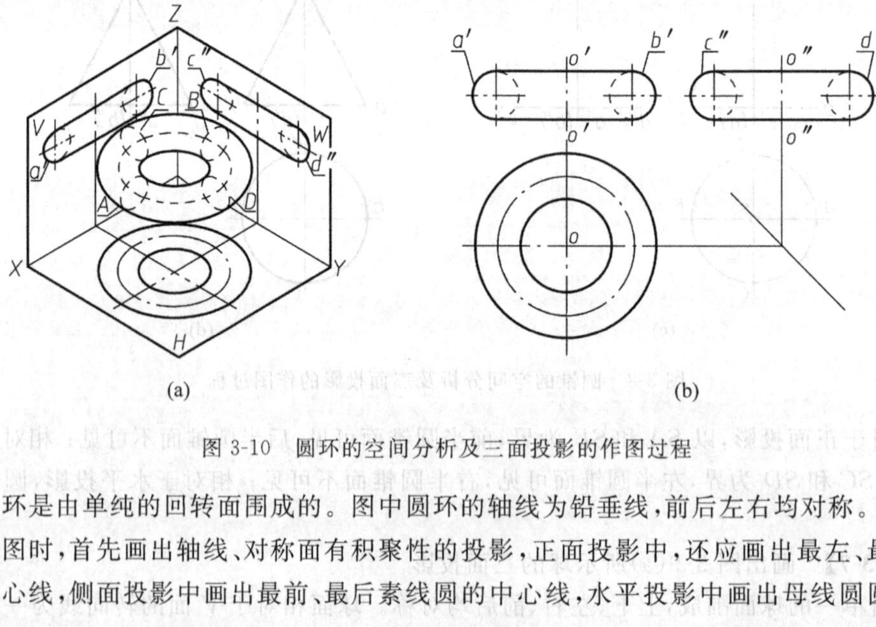

(a) (b)

图 3-10 圆环的空间分析及三面投影的作图过程

圆环是由单纯的回转面围成的。图中圆环的轴线为铅垂线，前后左右均对称。

作图时，首先画出轴线、对称面有积聚性的投影，正面投影中，还应画出最左、最右素线圆的中心线，侧面投影中画出最前、最后素线圆的中心线，水平投影中画出母线圆圆心的旋转轨迹。

在正面投影和侧面投影中，分别画出最左、最右、最前和最后的素线圆 A、B、C、D 的投影 a'、b'、c''、d''并作切线，它们的外侧半圆可见，画成粗实线；内侧半圆不可见，画成虚线。切线是圆环面上最高和最低两个水平圆的投影。

在水平投影上画出圆环面上最大和最小的水平圆的投影，完成圆环的三面投影，如图 3-10(b)所示。

A 和 B 是圆环面的正面转向线，它是可见的前外环面和不可见的后外环面的分界线。C 和 D 是圆环面的侧面转向线，它是可见的左外环面和不可见的右外环面的分界线。圆环面上最大和最小的水平圆是圆环面上的水平转向线,它也是可见的上环面和不可见的下环面的分界线。

2. 常见回转体表面上的点和线

回转体由回转面组成(如圆球),或由回转面和平面组成(如圆柱、圆锥)。当求回转面上点的投影时,应首先分析回转面的投影特性,若其投影有积聚性,可利用积聚性法求解,若回转面没有积聚性,则利用辅助素线法或辅助圆法求解。

1）积聚性法

【例 3-9】 图 3-11(a)中,已知点 M、E 的正面投影 m'、e'和点 N 的水平投影 n,求其余两投影。

图 3-11 中的圆柱,由于圆柱面上的每一条素线都垂直于侧面,圆柱的侧面投影有积聚性,故凡是在圆柱面上的点,其侧面投影一定在圆柱有积聚性的侧面投影(圆)上。已知圆柱面上点 M 的正面投影 m',其侧面投影 m''必定在圆柱的侧面投影(圆)上,再由正面投影 m'可见,点 M 必在前半个圆柱面上,可以确定侧面投影 m'',最后根据 m'和 m''可求得 m。用同样的方法可先求点 N 的侧面投影 n'',再由 n 和 n''求得 n',E 点请读者自行分析。

可见性的判断：因 m'可见,且位于轴线上方,故 M 位于前、上半圆柱面上,则 m 可见。同理,可分析出点 N 的位置和可见性,其作图过程见图 3-11(b)。

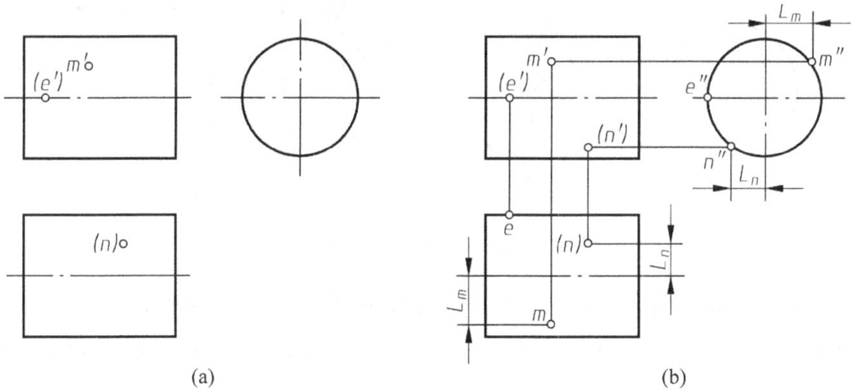

图 3-11　圆柱体表面取点的作图过程

【例 3-10】 图 3-12(a)中,已知圆柱表面上线段 AD 和 DF 的正面投影 $a'd'$、$d'f'$,求其余两投影。

由图 3-12(a)可知,线段 AD 和 DF 均处于圆柱面上,故其侧面投影必然在圆柱面有积聚性的侧面投影(圆)上。为能较准确地画出其水平投影 ad、df,可在 AD 和 DF 上的适当位置选取若干个点,分别求出各个点的投影,并判断可见性,顺序连线。

曲线 AD 和 DF 水平投影的可见性,是以上下方向的对称面为基准,上半圆柱面上的 ad 可见,加深为粗实线；下半圆柱面上的 df 不可见,画为虚线,如图 3-12(b)所示。

2）辅助线法

【例 3-11】 图 3-13(a)中,已知圆锥面上点 M、N 的正面投影 m'、n',点 P 的水平投影 p,求其余两投影。

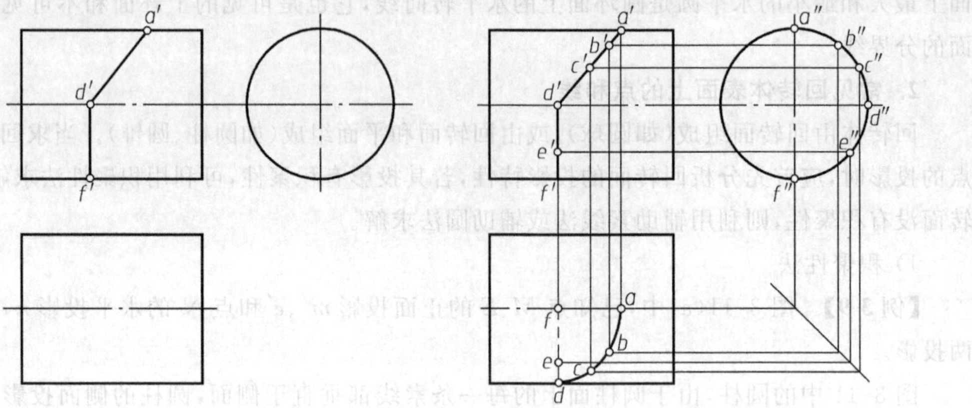

(a)　　(b)

图 3-12　圆柱体表面取线的作图过程

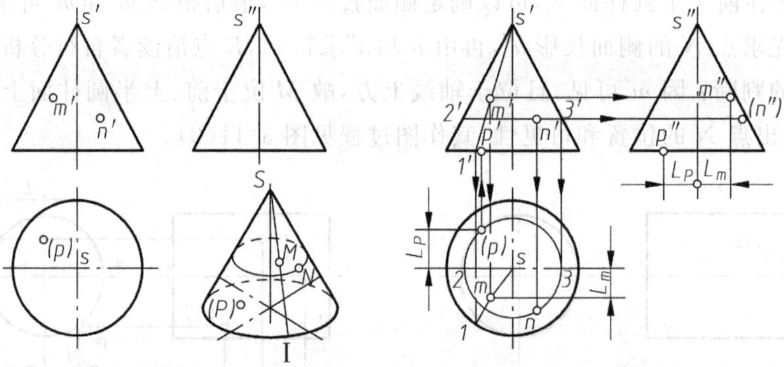

(a)　　(b)

图 3-13　圆锥表面取点的作图过程

圆锥面各投影均无积聚性，表面取点时可选取适当的辅助线作图。由于圆锥面转向线是已知的，底面的投影具有积聚性，所以其上的点的投影可直接求出，不必使用辅助线。

辅助线必须是简单易画的直线或圆，而过锥顶的每一条素线其三面投影均为直线；垂直于轴线的圆其三面投影或为圆或为直线。因此，圆锥表面上作辅助线有两种方法即素线法和辅助圆法。

(1) 素线法(求 M 点)。

过锥顶 S 和点 M 作一辅助素线 SⅠ，与底圆交于点Ⅰ，素线 SⅠ的正面投影为 $s'1'$(连 s'、m' 并延长交圆锥底圆于 $1'$)，然后求出其水平投影 $s1$。点 M 在 SⅠ线上，其投影必在 SⅠ线的同面投影上，按投影规律由 m' 可求得 m 和 m''。

可见性的判断：由于 M 点在左半圆锥面上，故 m'' 可见；按此例圆锥摆放的位置，圆锥表面上所有的点在水平投影上均可见，所以 m 点也可见。

(2) 辅助圆法(求 N 点)。

在图 3-13(b)中，过点 N 作一平行于圆锥底面的水平辅助圆，其正面投影为过 n' 且平

行于底圆的直线 $2'3'$，其水平投影为直径等于 $2'3'$ 的圆，点 N 在此圆上，点 N 的投影必在此圆的同面投影上，再由 n' 可以见，则点 N 必在前半个圆锥面上，由 n' 求出 n，再由 n 和 n' 求得 n''。

可见性的判断：N 点在右半圆锥面上，故 n'' 不可见。

(3) 因为 p 点不可见，故 P 点应在圆锥的底面上，而底面的正面、侧面投均有积聚性，按投影规律可直接求出 p'、p''。作图过程见图 3-13(b)。

【例 3-12】 图 3-14(a)中，已知圆锥面上线段 SA、AD 和 DE 的正面投影 $s'a'$、$a'd'$ 和 $d'e'$，求其余两投影。

由图 3-14(a)可知，线段均处于圆锥表面上。SA 过锥顶，故其三面投影均为直线，只要求出 A 点的三面投影，判断可见性连线即可。

AD 为一段曲线，可在线段的适当位置取若干个点，依次求出这些点的投影，判断可见性，并顺序连线。

DE 为一段水平圆弧，求出 D、E 的其他两面投影，判断可见性，并连线，ed 为一段圆弧，$e''d''$ 为直线。

可见性的判断：SA、AD 和 DE 的水平投影均可见，连成粗实线。相对于侧面投影，可见性的分界面为圆锥的左右对称面，左半锥面可见，右半锥面不可见，故直线 $s''a''$、曲线 $a''b''$ 不可见，为虚线。曲线 $b''c''d''$、直线 $d''e''$ 可见，为粗实线，如图 3-14(b)所示。

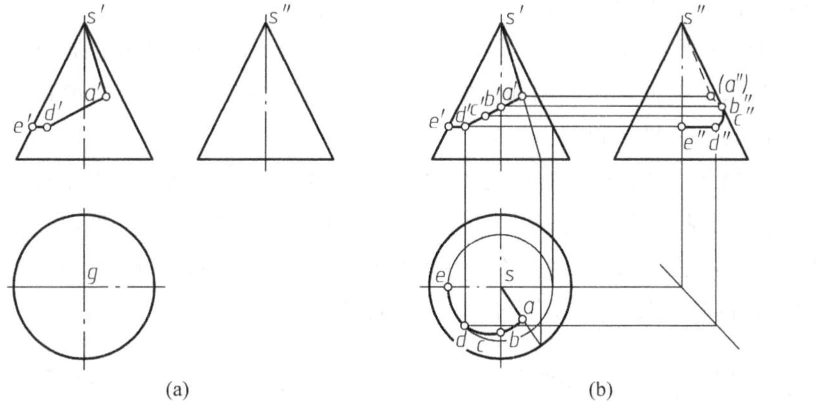

图 3-14　圆锥表面取线的作图过程

【例 3-13】 图 3-15(a)中，已知球面上点 M、N 的水平投影 m、n，求其余两投影。

圆球面没有积聚性，必须利用辅助线法求解。圆球面上没有直线，因此，在圆球面上只能作辅助圆。为了保证辅助圆的投影为圆或直线，只能作正平、水平、侧平三个方向的辅助圆。由于圆球面转向线的投影是已知的，所以转向线上的点其投影可以直接求出。

过点 M，在球面上作平行于水平面的辅助圆，其水平投影为圆的实形，其正面投影为直线 $1'2'$，m' 必在直线 $1'2'$ 上，由 m 求得 m'，再由 m 和 m' 作出 m''。当然，过点 M 也可作一侧平圆或正平圆求解。

可见性的判断：因 M 点位于球的右前方，故 m' 可见，m'' 不可见。

n 点位于前后的对称面上，故 N 点在正平最大圆上，即球面相对于 V 面的转向线上，由此可直接求出 n'、n''。作图过程见图 3-15(b)。

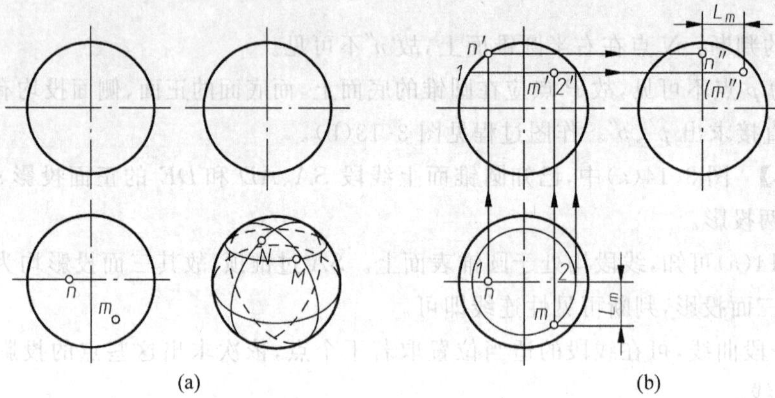

图 3-15　球表面取点的作图过程

【例 3-14】 图 3-16(a)中，已知圆球表面上线段 AE 正面投影 $a'e'$，求线段其余的投影。

线段 AE 在圆球的表面上，其正面投影为直线，水平投影和侧面投影均为一段椭圆弧。为能较准确地画出椭圆弧，可在其上的适当位置选取若干个点，依次求出这些点的其他投影，然后判断可见性，光滑连线。

如图 3-16(b)所示，在正面投影 $a'e'$ 上，取 b'、c'、d'。B、D 分别在圆球面的转向线上，可以直接求出其水平投影 b、d 和侧面投影 $b''d''$。A、C、E 均为圆球面上一般位置点，可以利用辅助圆法求出其水平投影和侧面投影。

可见性的判断：水平投影的可见性，是以上下的对称面为基准，上半球面上 $ABCD$ 的水平投影 $abcd$ 可见，为粗实线；下半球面上 DE 的水平投影 de 不可见，为虚线。侧面投影的可见性，是以左右的对称面为基准，左半球面上 AB 的侧面投影 $a''b''$ 可见，为粗实线；右半球面上 $BCDE$ 的侧面投影 $b''c''d''e''$ 不可见，为虚线。

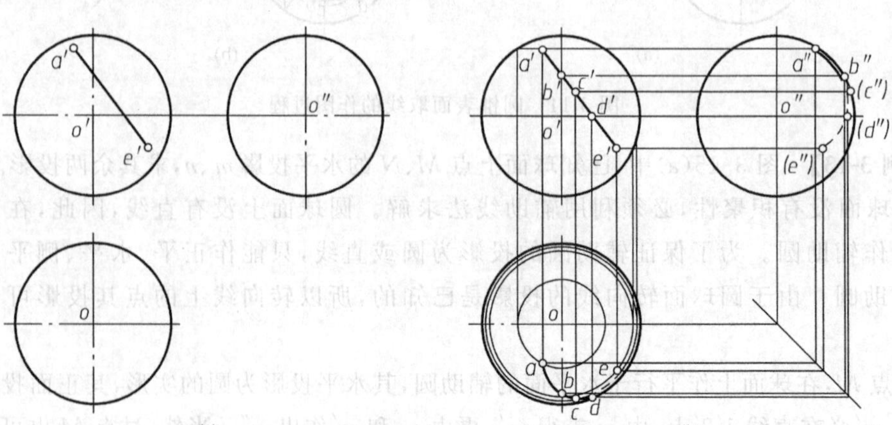

图 3-16　球表面取线的作图过程

【例 3-15】 图 3-17(a)中,已知半圆球表面上左右对称的线段 $ABCDEFA$ 的正面投影 $a'b'c'd'e'f'a'$,求线段的其余两投影。

所求线段分为四段。线段 AB、DE 为左右对称的侧平圆弧,其侧面投影反映圆弧的实形并重影,水平投影为直线段。线段 BCD 为水平圆弧,其水平投影反映圆弧的实形,侧面投影为直线段。线段 EFA 为正平圆弧,其水平投影和侧面投影均为直线段。图中各点是四段线段的端点,求出各点的其他两投影,判断可见性,并连线。

A、E 两点在半圆球正面转向线上,C 点在半圆球侧面转向线上,F 点为半圆球的顶点,可按投影规律直接求得。B、D 两点为半圆球面上一般位置点,可利用辅助圆法求得。

可见性的判断:半圆球面上的所有点在水平投影上均可见,故 $abcdefa$ 可见,为粗实线。相对于侧面投影,左半个球面上的线段可见,右半个球面上的线段不可见,且四段线段左右对称,因此它们在侧面投影上可见与不可见的线段重合,故画成粗实线,如图 3-17(b)所示。

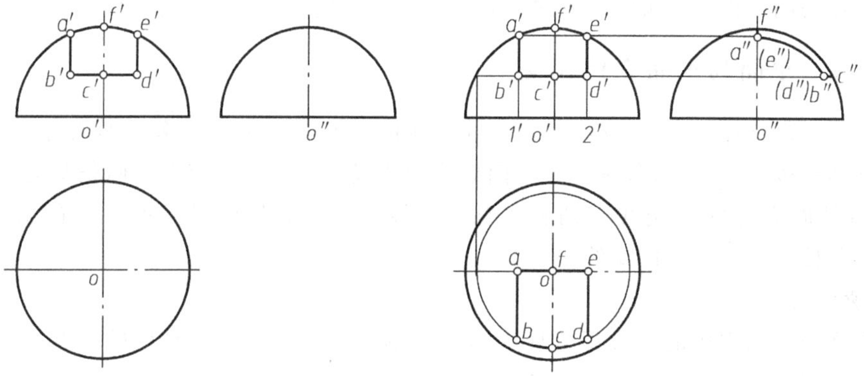

(a)　　　　　　　　　　(b)

图 3-17　半圆球表面取线的作图过程

3.2　截切立体的投影

3.2.1　基本概念

立体被平面截去一部分,叫做立体的截切。发生截切时,与立体相交的平面称为截平面,该立体称为截切体,截平面与立体表面的交线称为截交线,由截交线围成的平面图形称为断面。如图 3-18 所示。

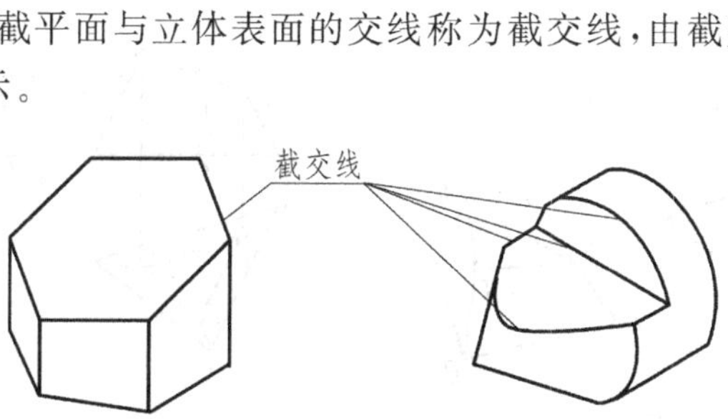

图 3-18　平面与立体相交

1. 截交线的性质

(1) 公有性：截交线是平面截切立体表面形成的，因此它是平面和立体表面的公有线，既属于截平面，又属于立体表面。截交线上的点也是它们的公有点。

(2) 封闭性：由于立体具有一定的大小和范围，所以，截交线一般都是由直线、曲线或直线和曲线围成的封闭的平面图形。

2. 求截交线的方法

根据截交线的公有性，截交线是由一系列公有点组成，求截交线的投影可以使用立体表面取点的方法和平面上取点的方法。

3. 求截交线投影的步骤

(1) 进行截交线的空间及投影的形状分析，找出截交线的已知投影。

(2) 分析截平面与投影面的相对位置，以便充分利用投影特性，如积聚性、实形性。

(3) 作图步骤：求出截平面与立体表面的一系列公有点；判断各个点的可见性；顺序连接各个点的同面投影；加深立体的轮廓线到与截交线的交点处；完成作图。

3.2.2 平面与平面立体相交

平面与平面立体相交，截交线是由直线围成的平面多边图形。多边形的各边是截平面与平面立体各表面的交线，各顶点是平面立体的棱线与截平面的交点或两条截交线的交点。求平面与平面立体的截交线有两种方法：棱线法——求各棱线与截平面的交点；棱面法——求各棱面与截平面的交线。

1. 棱线法

当平面与平面立体的棱线相交时，截交线的顶点即为截平面与棱线的交点。

【例 3-16】 求三棱锥 *S-ABC* 被正垂面 *P* 截切后的投影。

图 3-19(a)所示截平面 *P* 与三棱锥的各个棱线均相交，其截交线为三角形，三角形的三个顶点Ⅰ、Ⅱ、Ⅲ即为三棱锥的三条棱线与截平面的交点。因为截平面为正垂面，所以，截交线的正面投影积聚为直线，为已知投影；其水平投影和侧面投影均为三角形。

作图步骤(图 3-19(b))：

(1) 标出截交线ⅠⅡⅢ的正面投影 1′、2′、3′。

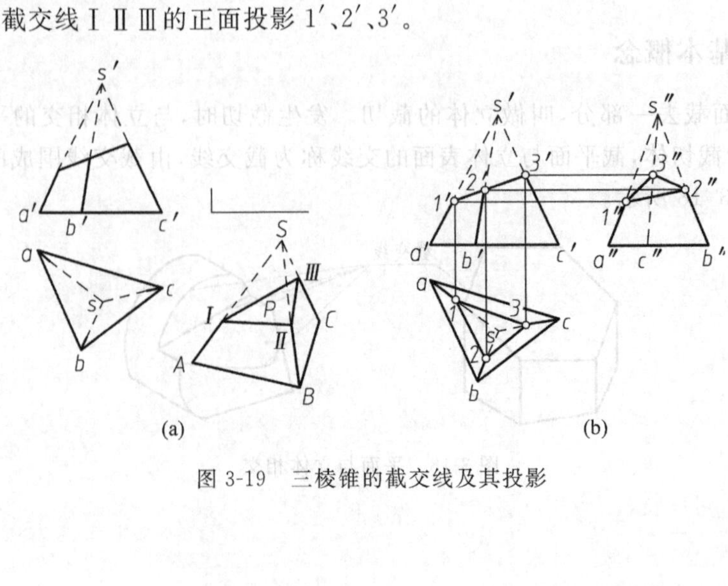

图 3-19 三棱锥的截交线及其投影

(2) 按照投影规律求出截交线的水平投影 1、2、3 和侧面投影 $1''$、$2''$、$3''$。

(3) 1、2、3 和 $1''$、$2''$、$3''$均可见，所以三角形 123 和 $1''2''3''$亦可见，连成粗实线。

(4) 整理轮廓线：将棱线的水平投影加深到与截交线水平投影的交点 1、2、3 点处；棱线的侧面投影加深到 $1''$、$2''$、$3''$点处。

2. 棱面法

当平面与平面立体的棱线不相交时，需逐步分析截平面与棱面、截平面与截平面的交线。

【例 3-17】 求作如图 3-20(a)所示带切口五棱柱的正面投影和水平投影。

五棱柱被正平面 P 和侧垂面 Q 截切，与 P 平面的交线为 $BAGF$，与 Q 平面的交线为 $BCDEF$，P 与 Q 的交线为 BF。正平面与五棱柱的各棱线均不相交，侧垂面也只与三条棱线相交，因此，截交线的各顶点不能仅用棱线法求出。

由于截交线 $BAGF$ 在正平面 P 上，故正面投影为反映实形的四边形，水平和侧面投影均积聚成直线；截交线 $BCDEF$ 既属于五棱柱的棱面，也属于侧垂面 Q，所以其水平投影积聚在五棱柱棱面有积聚性的水平投影上，侧面投影积聚成直线；P、Q 两截平面的交线是侧垂线 BF，侧面投影积聚成点。

作图步骤(图 3-20(b))：

(1) 画出五棱柱的正面投影。

(2) 在已知的侧面投影上标明截交线上各点的投影 a''、b''、c''、d''、e''、f''、g''。

(3) 由五棱柱的积聚性，求出各点的水平投影 a、b、c、d、e、f、g。

(4) 由各点的水平投影和侧面投影求出其正面投影 a'、b'、c'、d'、e'、f'、g'。

(5) 截交线的三面投影均可见，按顺序连接各点的同面投影，并画出交线 BF 的三面投影。

(6) 整理轮廓线。

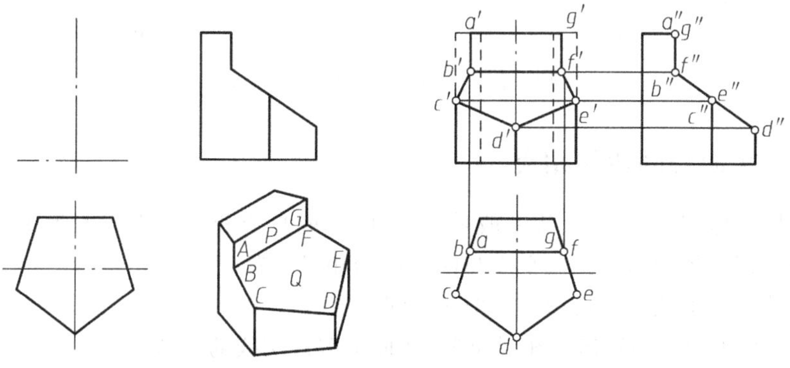

(a)　　(b)

图 3-20　带切口五棱柱的投影图

【例 3-18】 求正三棱锥被两个截平面截切后的水平投影和侧面投影。

分析：图 3-21(a)所示正三棱锥被正垂面 P 和水平面 Q 截切，正垂面与棱线交于Ⅰ点；水平面与棱线分别交于Ⅳ、Ⅴ两点；两截平面的交线为正垂线Ⅱ Ⅲ。因为两截平面都垂直于正面，所以，截交线的正面投影有积聚性；截平面 Q 与三棱锥的底面平行，故截交线是部分与底面各边平行的正三角形，其侧面投影积聚成直线。正三棱锥的后棱锥面为侧垂面，侧面投影积聚。

作图步骤(图 3-21(b))：

(1) 在已知的正面投影上标出截交线上各点的投影 1′、2′、3′、4′、5′。

(2) 作截交线的水平投影。由 1′、5′求出 1、5；过点 5 分别作与底面三角形两边平行的直线，其中一条与前棱线交于点 4，过 4 点引另一底边的平行线，由点 2′、3′向下投射，在与底边平行的两条线上求出 2、3，分别连接 2453、1 2 和 1 3，即求得截交线的水平投影；连接 2 3，即求得两截平面交线的水平投影。

(3) 作截交线的侧面投影。由 1′、5′、3′、4′可求出 1″、5″、3″、4″，根据宽相等的投影规律，由 2、2′求出 2″。连接 5″4″2″3″，即为截平面 Q 与三棱锥截交线的侧面投影；3″1″2″即为截平面 P 与三棱锥截交线的侧面投影，2″3″为两截平面交线的侧面投影。

(4) 判别可见性，整理轮廓线。截交线的三个投影均可见，画成粗实线。轮廓线应加深到三条棱线与截交线的交点 1″、4″、5″处，以上线段被截掉，不应画出它们的投影。为便于看图，可用双点画线表示它们的假想投影。

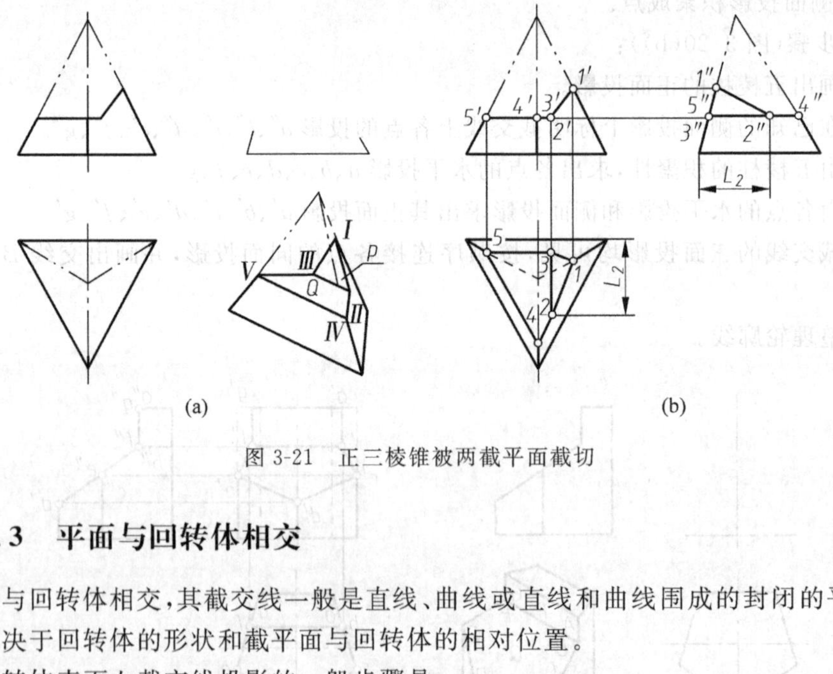

图 3-21　正三棱锥被两截平面截切

3.2.3　平面与回转体相交

平面与回转体相交，其截交线一般是直线、曲线或直线和曲线围成的封闭的平面图形，这主要取决于回转体的形状和截平面与回转体的相对位置。

求回转体表面上截交线投影的一般步骤是：

(1) 分析截平面与回转体的相对位置，从而了解截交线的形状。

(2) 分析截平面与投影面的相对位置，以便充分利用投影特性，如积聚性、实形性。

(3) 当截交线的形状为非圆曲线时，应求出一系列共有点。先求出特殊点(大多数在回转体的转向线上，是曲面立体转向线上的点以及最左、最右、最前、最后、最高和最低点等极限位置点)，再求一般点。

(4) 顺序光滑连接各点的同面投影。

(5) 完成截交线的投影。

下面研究几种常见曲面立体的截交线，并举例说明截交线投影的作图方法。

1. 平面与圆柱相交

平面与圆柱相交，由于截平面与圆柱轴线的相对位置不同，截交线有三种形状：矩形、圆以及椭圆，详见表3-3。

表3-3　平面截切圆柱的截交线

截平面位置	平行于圆柱轴线	垂直于圆柱轴线	倾斜于圆柱轴线
立体图	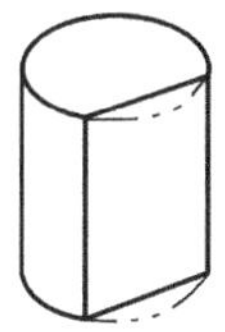	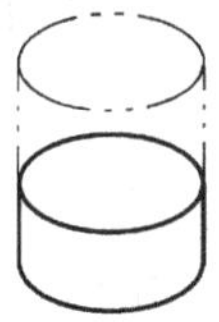	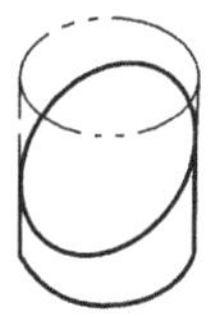
截交线	平行于轴线的矩形	垂直于轴线的圆	椭圆
投影图	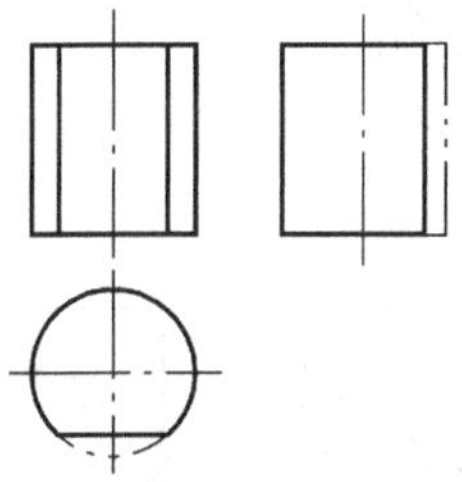	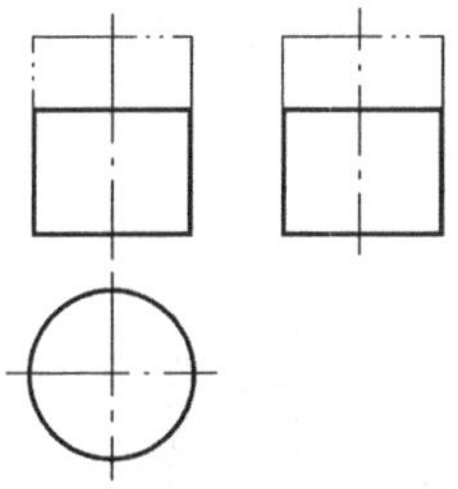	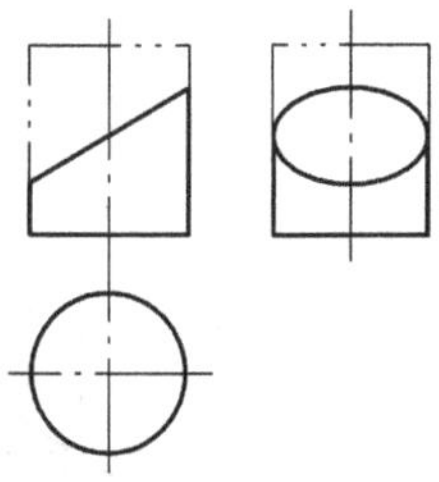

【**例3-19**】 求正垂面 P 截切圆柱的侧面投影(图3-22(a))。

图3-22(a)所示，圆柱轴线为铅垂线，截平面 P 倾斜于圆柱轴线，故截交线为椭圆，椭圆的长轴为Ⅰ Ⅱ，短轴为Ⅲ Ⅳ。因截平面 P 为正垂面，故截交线的正面投影积聚在 p' 上；又因为圆柱轴线垂直于水平面，其水平投影积聚成圆，而截交线又是圆柱表面上的线，所以，截交线的水平投影也积聚在此圆上；截交线的侧面投影为不反映实形的椭圆。

截交线上的特殊点包括确定其范围的极限点，即最高、最低、最前、最后、最左、最右各点以及位于圆柱体转向线上的点(对投影面的可见与不可见的分界点)，截交线为椭圆时还需求出其长短轴的端点。点Ⅰ、Ⅱ、Ⅲ、Ⅳ即为特殊点，其中，Ⅰ、Ⅱ为最低点(最左点)和最高点(最右点)，同时也是长轴的端点；Ⅲ、Ⅳ为最前、最后的点，也是椭圆短轴的端点。若要光滑地将椭圆画出，还需在特殊点之间选取一般位置点Ⅴ、Ⅵ、Ⅶ、Ⅷ。截交线有可见与不可见部分时，分界点一般在转向线上，其判别方法与曲面立体表面上点的可见性判别相同。

作图步骤(图3-22(b))：

(1) 画出截切前圆柱的侧面投影，再求截交线上特殊点的投影。在已知的正面投影和水平投影上标明特殊点的投影 $1'$、$2'$、$3'$、$4'$ 和1、2、3、4，然后再求出其侧面投影 $1''$、$2''$、$3''$、$4''$，它们确定了椭圆投影的范围。

(2) 求适量一般位置点的投影。选取一般位置点的正面投影和水平投影为 $5'$、$6'$、$7'$、$8'$ 和5、6、7、8，按投影规律求得侧面投影 $5''$、$6''$、$7''$、$8''$。

(3) 判别可见性，光滑连线。椭圆上所有点的侧面投影均可见，按照水平投影上各点的顺序，光滑连接 $1''$、$5''$、$3''$、$7''$、$2''$、$8''$、$4''$、$6''$、$1''$ 各点成粗实线，即为所求截交线的侧面投影。

(4) 整理轮廓线，将轮廓线加深到与截交线相交的点处，即 $3''$、$4''$ 处，轮廓线的上部分被截掉，不应画出。

当图 3-22(b)中的圆柱被截去右下部分时，成为图 3-22(c)的情况。此时，截交线的空间形状和投影的形状没有任何变化，但侧面投影的可见性发生了变化。以 3″、4″为分界点，3″5″1″6″4″连成粗实线，3″7″2″8″4″连成虚线。

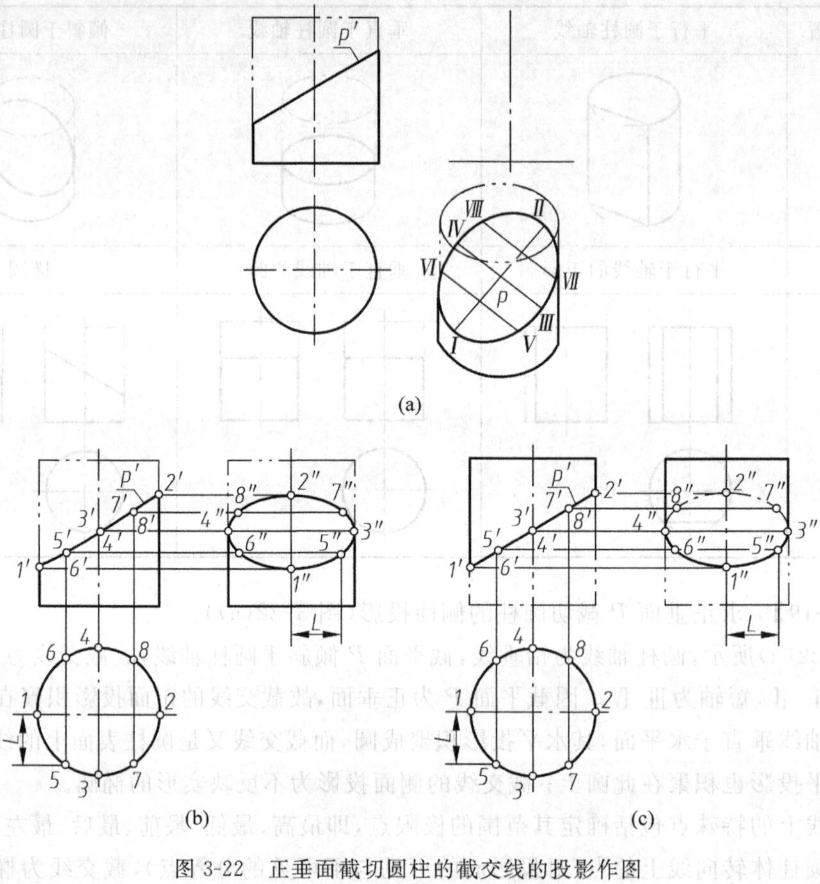

图 3-22　正垂面截切圆柱的截交线的投影作图

当截平面与圆柱轴线相交的角度发生变化时，其侧面投影上椭圆的形状也随之变化。当角度为 45°时，椭圆的侧面投影为圆，如图 3-23 所示。

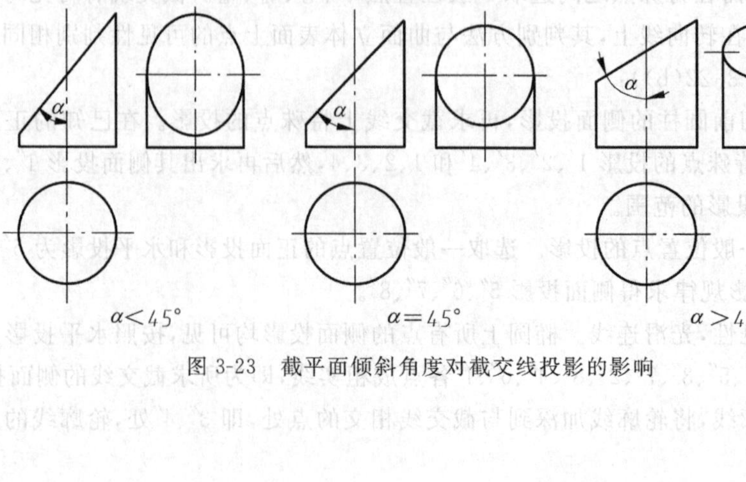

图 3-23　截平面倾斜角度对截交线投影的影响

【例 3-20】 求带切口圆柱的水平和侧面投影(图 3-24(a))。

如图 3-24(a)所示,圆柱的缺口分别由正垂面、侧平面和水平面三个截平面截切形成。正垂面倾斜于圆柱面的轴线,截交线为一段椭圆弧;侧平面平行于圆柱面的轴线,截交线为平行于轴线(铅垂线)的两条直线段;水平面垂直于轴线,截交线为一段垂直于轴线的圆弧。截平面之间的交线为两条正垂线。由于三个截平面的正面投影均有积聚性,所以截交线的正面投影积聚在截平面的正面投影上。

作图步骤(图 3-24(b)):

(1) 画出截切前圆柱的侧面投影。

(2) 求水平面所截圆弧的三面投影。在已知的正面投影上标出特殊点 1′、2′、3′、4′、5′,利用圆柱面水平投影有积聚性的特点求出特殊点的水平投影 1、2、3、4、5,再根据投影规律求出特殊点的侧面投影 1″、2″、3″、4″、5″。判断可见性连线:12345 与圆柱的水平投影重合,1″2″3″4″5″连成粗实线。

(3) 求正垂面所截椭圆弧的三面投影。在已知的正面投影上标出特殊点和适量的一般点。右上端点 6′、7′,长轴(前后)端点 8′、9′,短轴(左下)端点 10′,利用圆柱投影的积聚性,求出其余两面投影。在已知的正面投影上标出一般点 11′、12′,同理求出其余两面投影。判断可见性连线:椭圆弧的水平投影与圆重合。侧面投影中,8″、9″为相对于 W 面的转向线上的点,是圆柱面可见与不可见的分界点,6″8″、7″9″连成虚线,9″、12″、10″、11″、8″连成粗实线。

(4) 求侧平面所截两条铅垂线的三面投影。正面投影为 4′6′、5′7′,水平投影 46、57 积聚在圆上,侧面投影为 4″6″、5″7″且以椭圆弧为界,以上连成虚线,以下连成粗实线。

(5) 画截平面之间的交线。正垂面和侧平面交线的水平投影 67 和侧面投影 6″7″均不可见,画成虚线。侧平面与水平面交线的水平投影 45 不可见,与 67 重合,侧面投影 4″5″积聚在水平圆的侧面投影上。

(6) 整理轮廓线,本题主要是侧面投影。圆柱面侧面转向线的投影 8″2″、9″3″被截掉,不画,其余部分画出粗实线。

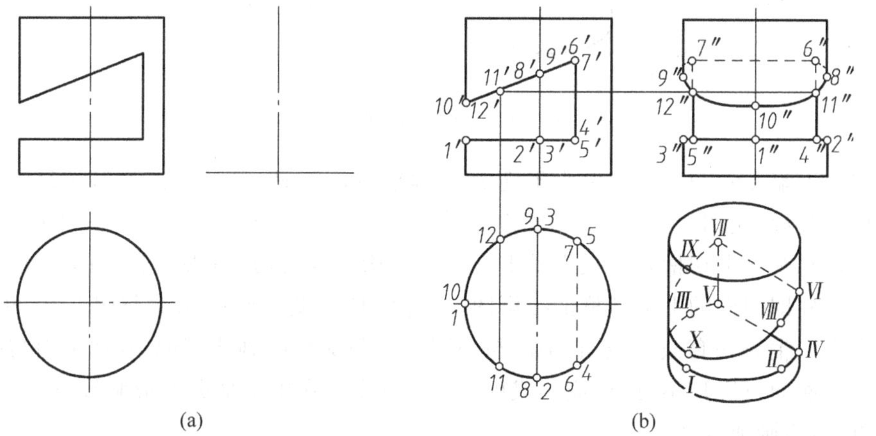

(a)　　(b)

图 3-24　带切口圆柱截交线的作图过程

【例 3-21】 补全圆柱被平面截切后的水平投影和侧面投影(图 3-25(a))。

圆柱上端开一通槽,是由两个平行于圆柱轴线的侧平面和一个垂直于圆柱轴线的水平面截切而成。两侧平面与圆柱面的截交线均为两条铅垂直素线，与圆柱顶面的交线分别是两条正垂线；水平面与圆柱的截交线是两段圆弧；截平面的交线是两条正垂线。因为三个截平面的正面投影均有积聚性，所以截交线的正面投影积聚成三条直线；又因为圆柱的水平投影有积聚性，四条与圆柱轴线平行的直线和两段圆弧的水平投影也积聚在圆上，四条正垂线的水平投影反映实长；由正面投影和水平投影即可求出截交线的侧面投影。

作图步骤(图 3-25(b))：

(1) 根据投影关系，作出截切前圆柱的侧面投影。

(2) 由于截切后的圆柱左右对称，所以只标注右半边的特殊点。在正面投影上标出特殊点的投影 1′、2′、3′、4′、5′、6′，按投影关系从水平投影的圆上找出对应点 1、2、3、4、5、6。

(3) 根据特殊点的正面投影和水平投影求出其侧面投影 1″、2″、3″、4″、5″、6″。

(4) 判断可见性按顺序连线。水平投影：连接 3、4 和 2、5，其他投影积聚在圆周上。侧面投影：圆柱表面的截交线左右对称，其侧面投影重影，所以把 1″2″3″4″5″6″连接成实线，3″4″与顶面的侧面投影重合，两截平面的交线 2″5″线的侧面投影不可见，应为虚线。

(5) 加深轮廓线到与截交线的交点处，即 1″和 6″点处，上边被截掉。圆柱左边被截切部分的侧面投影与右边重合。

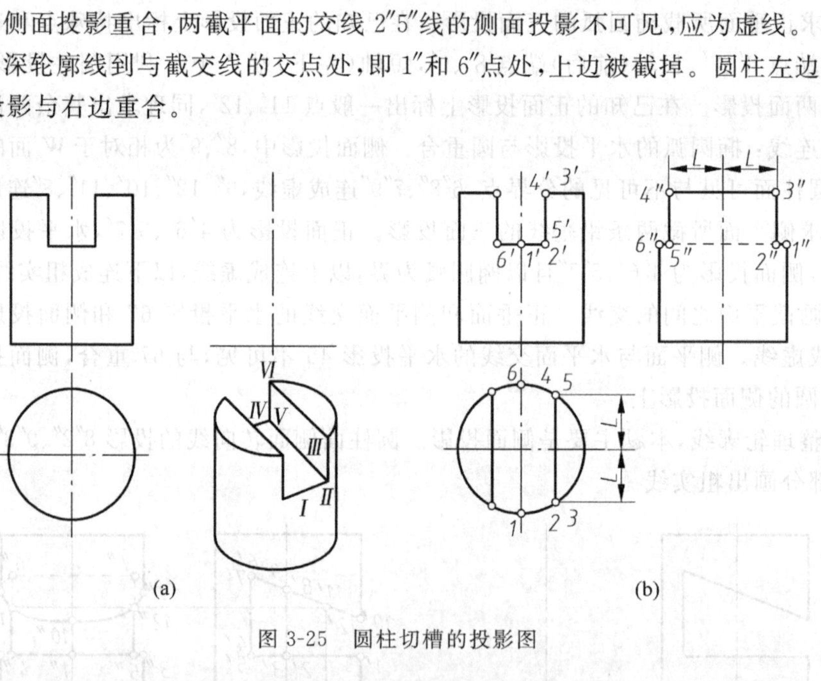

图 3-25　圆柱切槽的投影图

若圆柱上端左右两边均被一水平面 P 和侧平面 Q 所截，其截交线的形状和投影请读者自行分析，其投影见图 3-26 所示。要注意 1″到最前素线、4″到最后素线之间不应有线。

在圆柱和圆筒上切槽是机械零件上常见的结构，应熟练地掌握其投影的画法。图 3-27 是在空心圆柱即圆筒的上端开槽的投影图，其外圆柱面截交线的画法与图 3-25 相同，内圆柱表面也会产生另一套截交线，其画法与外圆柱面截交线的画法相似，各截平面与内圆柱面的截交线的侧面投影均不可见，应画成虚线；还应注意在中空部分不应画线，圆柱孔的轮廓线均不可见，应画成虚线。

2. 平面与圆锥相交

平面与圆锥相交，由于平面与圆锥轴线的相对位置不同，其截交线有五种基本形式(见表 3-4)。

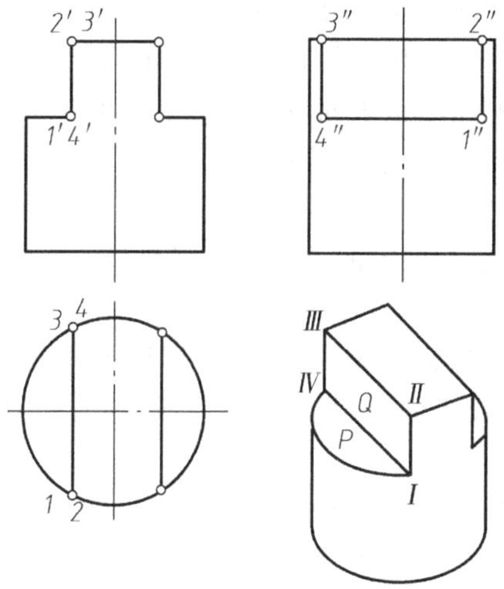

图 3-26　截切圆柱的三面投影

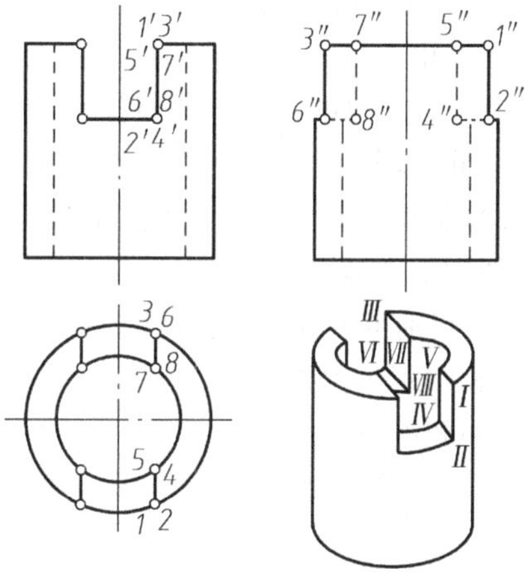

图 3-27　切槽空心圆柱的三面投影图

表 3-4　平面与圆锥相交的截交线

截平面位置	过锥顶	与轴线垂直 $\theta=90°$	与轴线倾斜 $\alpha<\theta<90°$	与一条素线平行 $\theta=\alpha$	与轴线平行或倾斜 $0°\leqslant\theta<\alpha$
立体图	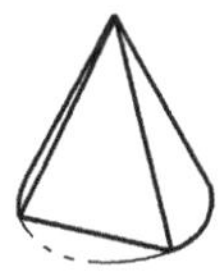	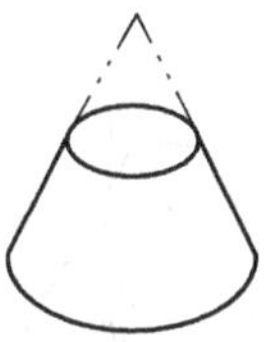		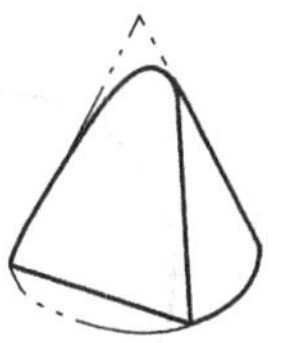	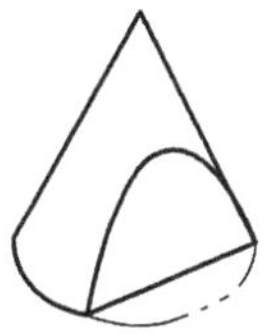
截交线	过锥顶的三角形	圆	椭圆	抛物线和直线	双曲线和直线
投影图	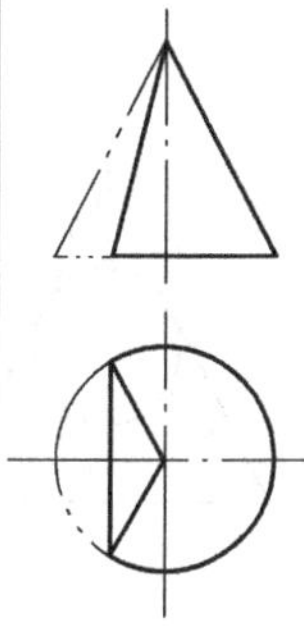	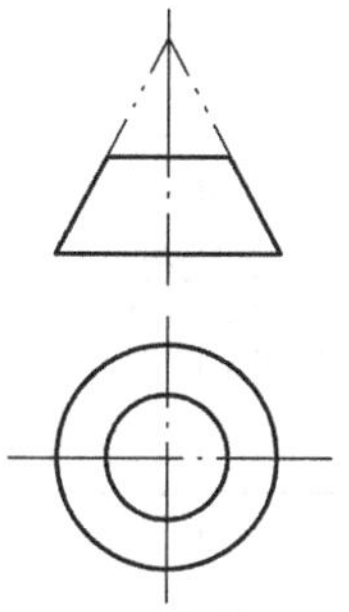	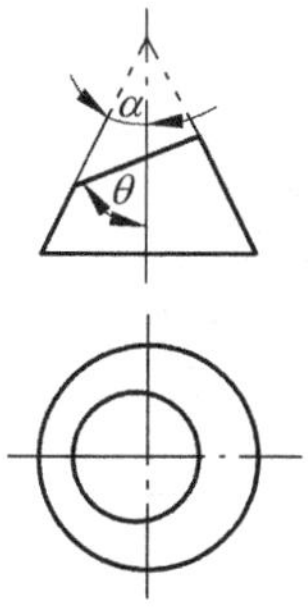	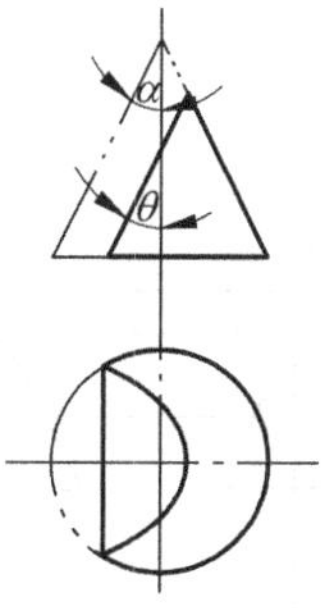	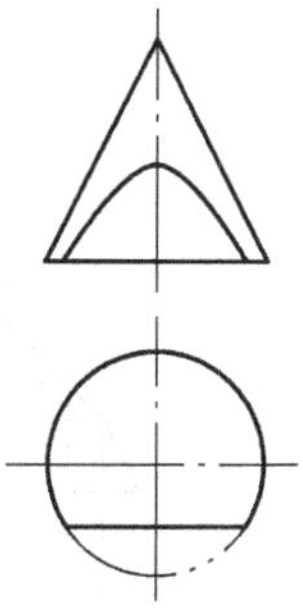

【例 3-22】 求正垂面截切圆锥的投影(图 3-28(a))。

正垂面倾斜于圆锥轴线，且 $\theta>\alpha$，截交线为椭圆，其长轴是ⅠⅡ，短轴是Ⅲ Ⅳ。截交线的正面投影有积聚性，故利用积聚性可找到截交线的正面投影；水平投影和侧面投影仍为椭圆，但不反映实形。

作图步骤(图 3-28(b)、(c))：

(1) 画出截切前圆锥的侧面投影，再求截交线上特殊点的投影。首先求椭圆长、短轴的端点：点Ⅰ、Ⅱ是椭圆长轴的端点，也是圆锥相对于正面投影的转向线上的点，其正面投影为1′、2′，利用点线从属对应关系，直接求出1、2和1″、2″；椭圆的长轴Ⅰ Ⅱ与短轴Ⅲ Ⅳ互相垂直平分，由此可求出短轴端点的正面投影3′、4′，利用圆锥表面取点的方法求出3、4和3″、4″。点Ⅴ、Ⅵ是圆锥相对于侧面投影的转向线上的点，也属于特殊点，求点Ⅴ、Ⅵ各投影的方法与Ⅰ、Ⅱ相同。

(2) 求截交线上一般位置点的投影。利用圆锥表面取点的方法求适当数量的一般位置点，如图中的点Ⅶ、Ⅷ。

(3) 判别可见性，光滑连线。椭圆的水平投影和侧面投影均可见，分别按Ⅰ Ⅶ Ⅲ Ⅴ Ⅱ Ⅵ Ⅳ Ⅷ Ⅰ的顺序将其水平投影和侧面投影光滑连接成椭圆，并画成粗实线，即为椭圆的水平投影和侧面投影。

(4) 整理轮廓线。侧面投影的轮廓线加深到与截交线的交点5″、6″处，上部被截掉不加深。

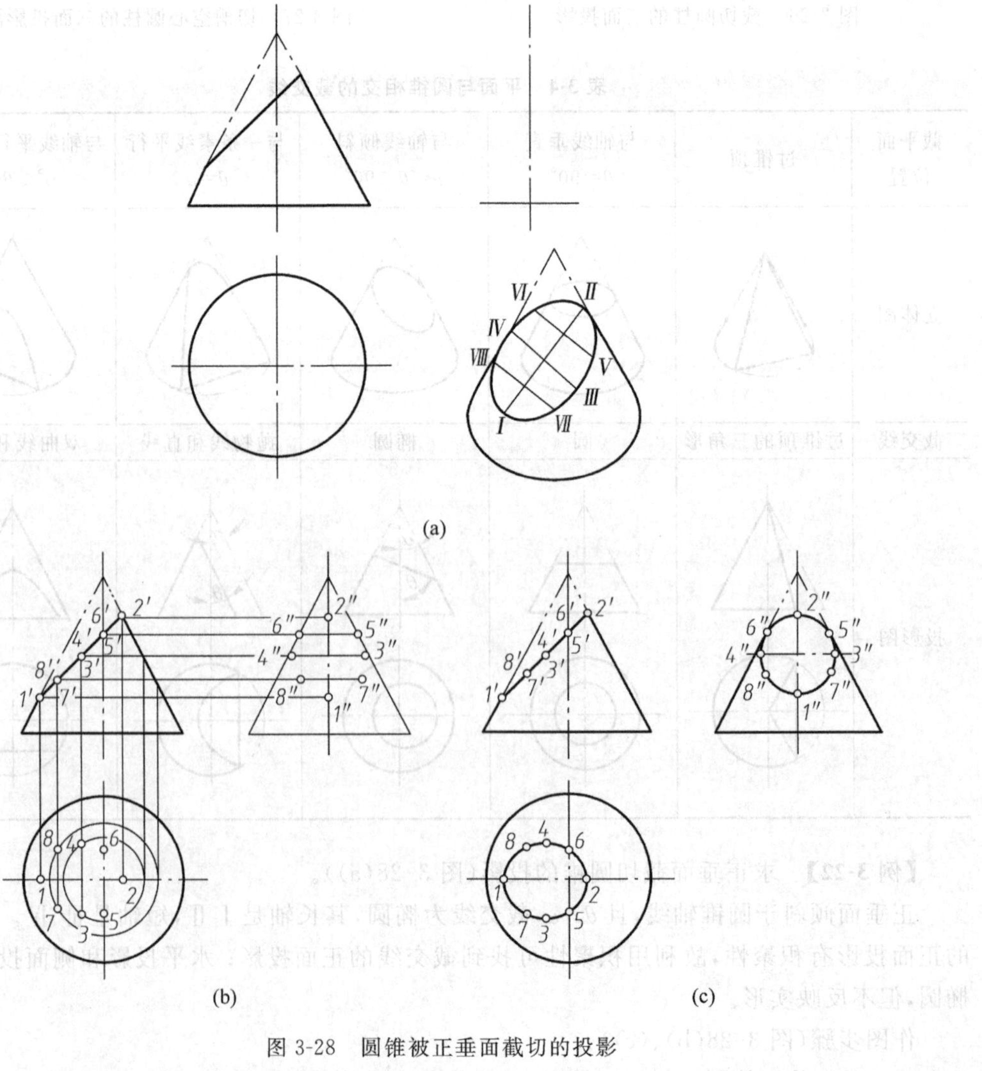

图 3-28　圆锥被正垂面截切的投影

图 3-29 是侧平面截切圆锥求截交线的作图过程。截平面平行于圆锥轴线($\theta=0°$)，截交线是双曲线。其正面投影和水平投影都有积聚性，侧面投影反映实形。作图时先求出特殊点的各投影，再求适量一般位置点的投影。

图 3-29 中 1″、2″、3″是截交线上特殊点的侧面投影，4″、5″是一般位置点的侧面投影，光滑连接 2″4″3″5″1″各点，即为截交线的侧面投影。截平面与圆锥侧面投影的轮廓线没有交点，所以圆锥侧面投影的轮廓线应完整画出。

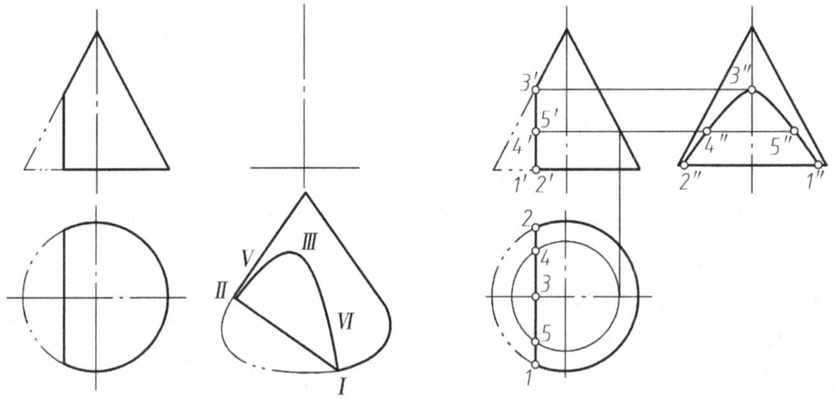

图 3-29　圆锥被侧平面截切后的投影

【例 3-23】　求圆锥切口后的投影(图 3-30(a))。

图中圆锥被三个截平面截切。其中 P 平面是垂直于圆锥轴线的水平面，其截交线为圆弧，正面和侧面投影有积聚性，水平投影反映圆弧的实形；R 平面是倾斜于圆锥轴线的正垂面，其截交线为一段椭圆弧，正面投影有积聚性，水平投影和侧面投影均为一段椭圆弧但不反映实形；Q 平面是过锥顶的正垂面，截得的截交线为过锥顶的两直线段；P 与 Q、Q 与 R 的交线均为正垂线。

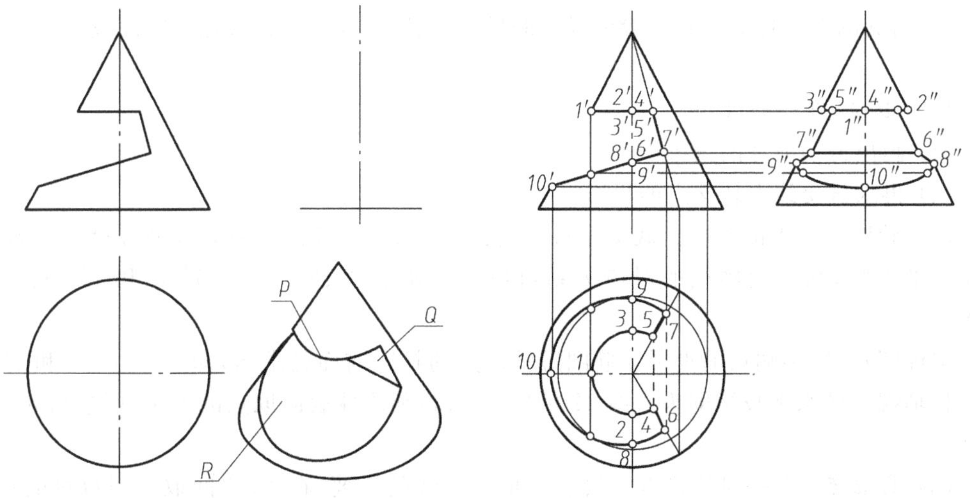

图 3-30　圆锥切口的三面投影

作图步骤(图 3-30(b))：

(1) 求水平面 P 与圆锥截交线的投影。ⅤⅢⅠⅡⅣ的水平投影反映实形，侧面投影积聚为一直线，均可直接画出，其水平投影的半径可从正面投影中确定。

(2) 求正垂面 R 与圆锥截交线的投影。ⅦⅨⅩⅧⅥ的水平投影和侧面投影的作图过程参见例 3-22 的方法画出。

(3) 求过锥顶正垂面 Q 与圆锥截交线的投影。ⅣⅥ、ⅤⅦ的水平投影和侧面投影也为过锥顶的直线段。

(4) 求三个截平面交线的投影。交线上各端点Ⅳ、Ⅴ、Ⅵ、Ⅶ的各投影前面均已求出。

(5) 判别可见性，连线。截交线的投影中除截平面交线的水平投影 45 和 67 不可见，画成虚线外，其余均可见，应画成粗实线。

(6) 整理轮廓线。圆锥被三个截平面截去部分轮廓线的投影不应画出，如侧面投影中应加深到与截交线的交点 2″、3″、8″、9″处，其中间部分被截掉，不应画出。

3. 平面与球相交

平面与球相交，不论截平面位置如何，其截交线都是圆；圆的直径随截平面距球心的距离不同而改变：当截平面通过球心时，截交线圆的直径最大，等于球的直径；截平面距球心越远，截交线圆的直径越小。截平面相对于投影面的位置不同时，截交线圆的投影可能是圆、直线或椭圆。

图 3-31 所示为一水平面截切球，截交线的水平投影反映圆的实形，正面投影和侧面投影都是直线段，且长度等于该圆的直径。

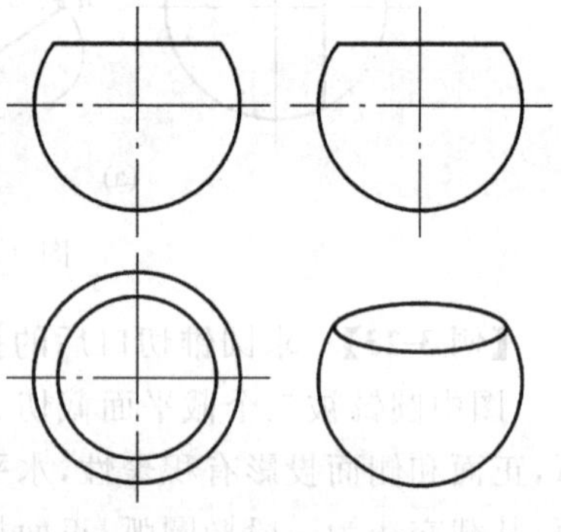

图 3-31　水平面截切球

【例 3-24】 求铅垂面截切球的投影(图 3-32(a))。

铅垂面截切球，截交线的形状为圆，其水平投影积聚成直线 12，长度等于截交线圆的直径；正面投影和侧面投影均为椭圆，利用球表面取点的方法，求出椭圆上的特殊点和一般位置点的投影，按顺序光滑连接各点的同面投影成为椭圆即可。

作图步骤(图 3-32(b))：

(1) 画出截切前球的投影。

(2) 再求截交线上特殊点的投影。

求球轮廓线上点的投影。截交线水平投影中 1、2、5、6、7、8 分别是球面各投影面廓线上点的水平投影，利用轮廓线的对应关系可以直接求出 1′、2′、5′、6′、7′、8′和 1″、2″、5″、6″、7″、8″。

求椭圆长、短轴端点的投影。椭圆短轴端点的投影前面已求出，即 1′、2′、1、2 和 1″、2″。椭圆长轴端点的水平投影即为直线 12 的中点 3、4，利用球表面取点的方法，可求出 3′、4′和 3″、4″。

(3) 求截交线上一般位置点的投影。根据连线的需要，在 12 之间取适当数量的点，再利用辅助圆法求出其正面投影和侧面投影。

(4) 判别可见性，光滑连线。截交线的正面投影以 5′、6′为界，5′、1′、6′可见，加深成粗

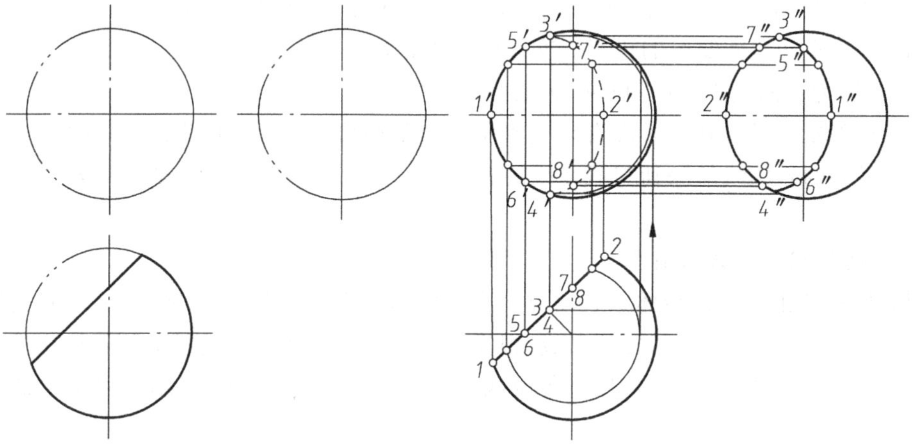

(a)　　(b)

图 3-32　铅垂面截切球的投影

实线；5′、3′、7′、2′、8′、4′、6′不可见，画成虚线。侧面投影均可见用粗实线光滑连接，即得所求。

(5) 整理轮廓线。正面投影的轮廓线加深到与截交线的交点 5′、6′处，以其左边部分被切去；侧面投影的轮廓线加深到与截交线的交点 7″、8″处，其后面部分被切去，被切去部分轮廓线的投影不应画出。

【例 3-25】 补全半球切槽的水平投影和侧面投影(图 3-33(a))。

半球被两个侧平面和一个水平面截切，其截交线的空间形状均为部分圆弧。水平面截半球其截交线的水平投影反映实形，正面投影和侧面投影积聚成直线；两侧平面与半球的交线其侧面投影反映实形，正面投影和水平投影积聚成直线。三个截平面的交线为两条正垂线。

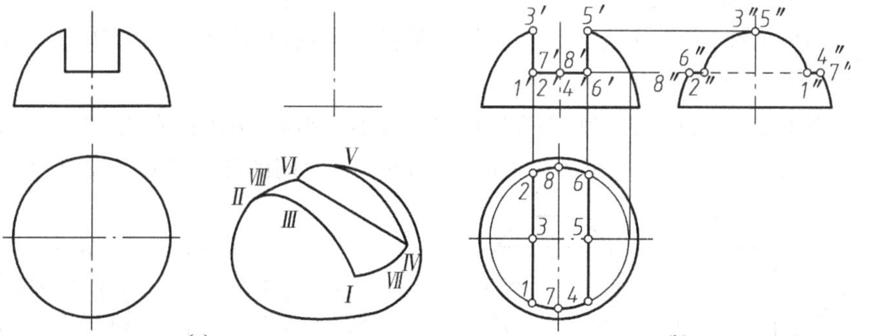

(a)　　(b)

图 3-33　开槽半球的投影

作图步骤(图 3-33(b))：

(1) 在正面投影上标出 1′、2′、3′、4′、5′、6′、7′、8′各点。

(2) 求水平面与半球截交线的投影。截交线的水平投影是圆弧 1 7 4 和圆弧 2 8 6，其半径可由正面投影上 7′(8′)至轮廓线的距离得到；侧面投影是直线 1″7″4″和 2″8″6″。

(3) 求侧平面与半球截交线的投影。截交线的侧面投影是圆弧 1″3″2″(4″5″6″与 1″3″2″

重合)，其半径可由 $3'$ 至半球底面的距离得到；水平投影是直线 1 2 和 4 6。

(4) 求截平面之间交线的投影。交线的水平投影 1 2、4 6 两直线已求出，连接 $1''2''$($4''6''$ 与其重合)即为侧面投影，且不可见，画成虚线。

(5) 整理轮廓线。开槽后没有影响水平投影的轮廓线，故水平投影的轮廓线应正常画出；侧面投影的轮廓线加深到与截交线的交点 $7''$、$8''$ 处，其上部被切去部分的轮廓线不应再画出。

4. 平面与组合回转体相交

组合回转体由几个回转体组合而成。当平面与组合回转体相交时，若求其截交线的投影，首先分析它由哪些基本回转体组成，根据截平面与各个回转体的相对位置确定截交线的形状及结合部位的连接形式，然后将各段截交线分别求出，并顺序连接，即可求出截交线的投影。

【例 3-26】 求顶尖头部的水平投影(图 3-34(a))。

顶尖头部的圆锥、圆柱为同轴回转体，且圆锥底圆的直径与圆柱的直径相等。左边的圆锥和右边圆柱同时被水平面 Q 截切，而右边的圆柱不仅被 Q 截切，还被侧平面 P 截切。Q 与圆锥面的截交线是双曲线，与圆柱的截交线是与其轴线平行的两条直线；截平面 Q 的正面、侧面投影均积聚成直线，故只需求出截交线的水平投影。侧平面 P 只截切一部分圆柱，其截交线是一段圆弧；截平面 P 的正面和水平投影积聚成直线，侧面投影积聚在圆上。两截平面的交线是正垂线。

作图步骤(图 3-34(b))：

(1) 作出截切前顶尖头部的水平投影，求截交线上特殊点的投影。在正面投影上标出 $1'$、$2'$、$3'$、$4'$、$5'$、$6'$，利用积聚性和表面取点的方法求出其侧面投影 $1''$、$2''$、$3''$、$4''$、$5''$、$6''$ 和水平投影 1、2、3、4、5、6。

(2) 求截交线上一般位置点的投影。根据连线的需要，在 $1'2'$、$1'3'$ 之间确定两个一般位置点 $7'$、$8'$，利用辅助圆法求出其侧面投影 $7''$、$8''$ 和水平投影 7、8。

(3) 判别可见性，光滑连线。截交线的水平投影可见，画成粗实线。P、Q 交线的水平投影与截平面 Q 的水平投影重影。

(4) 整理轮廓线。顶尖头部水平投影的轮廓线不受影响，画成粗实线。锥、柱的交线圆在水平投影上为直线，注意：下半个顶尖上的交线，在 2、3 之间的部分被 Q 面遮住，应画成虚线。

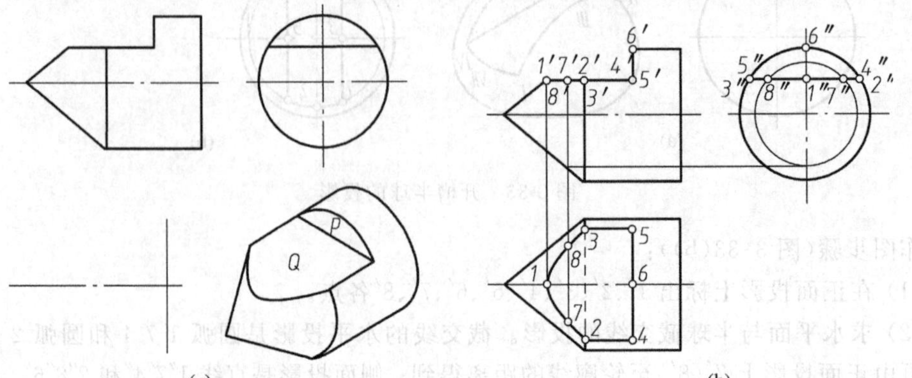

(a)　　　　(b)

图 3-34　顶尖头部截交线的投影

3.3 立体的相贯

3.3.1 概念与术语

两立体表面相交称为相贯,相贯时两立体表面相交所得的交线称为相贯线,参与相贯的立体称为相贯体,如图3-35所示。相贯线也为两立体的分界线。当两回转体相交时,相贯线的形状取决于回转体的形状、大小以及轴线的相对位置。

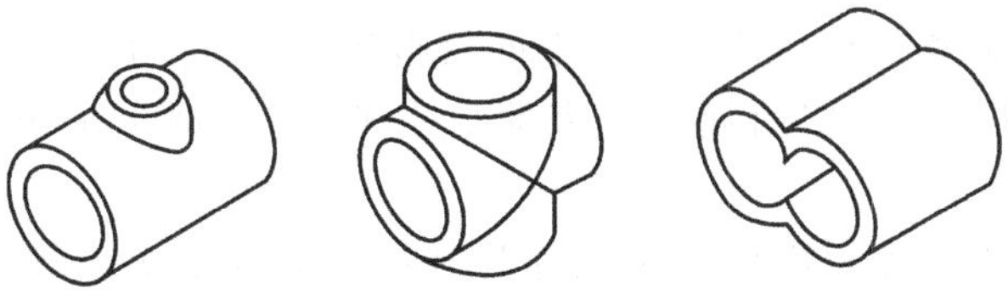

(a) (b) (c)

图3-35 立体表面的相贯线

1. 相贯的基本形式

按照立体的类型不同,立体相贯有三种情况:

(1) 平面立体与平面立体相贯。

(2) 平面立体与回转体相贯。

(3) 回转体与回转体相贯。

由于平面立体是由平面组成,故前两种情况可利用平面与立体相交求截交线的方法求出截交线,截交线连接起来即为相贯线。以下重点讨论两回转体相贯。

2. 相贯线的性质

(1) 表面性:相贯线位于两相贯立体的表面。

(2) 封闭性:由于立体具有一定的大小和范围,所以相贯线一般是封闭的空间曲线,如图3-35(a)所示;特殊情况为平面曲线或直线,如图3-35(b)、(c)所示。

(3) 公有性:相贯线是相交两立体表面的公有线,相贯线上的点是两立体表面的公有点。

3. 求相贯线的方法

求相贯线的投影,实际上就是求适当数量的两回转体表面共有点的投影,然后根据可见性,按顺序光滑连接各个点的同面投影,即得相贯线。

常见求相贯线上点的投影的方法有:

(1) 用积聚性法求相贯线。

(2) 用辅助平面法求相贯线,它是利用三面共点原理求出共有点。

4. 求相贯线投影的作图过程

(1) 进行相贯立体的空间及投影的形状分析,找出相贯线的已知投影,确定求相贯线投影的方法。

(2) 作图:求出相贯立体表面的一系列公有点,判断可见性,用相应的图线依次连接成相贯线的同面投影,并加深各立体的轮廓线到与相贯线的交点处,完成全图。

为了准确地画出相贯线，一般先作出相贯线上的一些特殊点，即确定相贯线投影的范围和变化趋势的点，如曲面立体转向线上的点，相贯线在其对称平面上的点以及最高、最低、最左、最右、最前、最后点等；然后按需要再作适量的一般位置点，从而较准确地连线，作出相贯线的投影，并表明可见性。只有同时位于两立体的可见表面上的相贯线才可见，否则不可见。

3.3.2 利用积聚性法求相贯线的投影

在相交的两立体中，如果存在轴线垂直于某一投影面的圆柱，圆柱面在这一投影面上的投影就有积聚性，因此相贯线在该投影面上的投影就在该圆柱有积聚性的投影上，即为已知。利用这个已知投影，按照曲面立体表面取点的方法，即可求出相贯线的另外两个投影。

通常把这种方法称为表面取点法或称为利用积聚性法求相贯线的投影，作图步骤如下。

(1) 首先分析回转体的轴线与投影面的垂直情况，找出回转面的积聚性投影；

(2) 作特殊点：特殊点一般是相贯线上处于极端位置的点，为最高点、最低点，最前、最后点，最左、最右点，这些点通常是曲面转向线上的点，求出相贯线上特殊点，便于确定相贯线的范围和变化趋势；

(3) 作一般点，为准确作图，需要在特殊点之间插入若干一般点；

(4) 光滑连接：顺序光滑连接各点；

(5) 判别可见性：相贯线只有同时位于两个回转体的可见表面上时，其投影才是可见的。

【例 3-27】 求两正交圆柱相贯线的投影(图 3-36(a))。

两圆柱轴线垂直相交，称为正交。其相贯线是空间封闭曲线，且前后对称。直立圆柱的轴线是铅垂线，该圆柱面的水平投影积聚成圆，相贯线的水平投影积聚在这个圆上。横圆柱的轴线是侧垂线，圆柱面的侧面投影积聚成圆，相贯线的侧面投影也一定在这个圆上，且在两圆柱侧面投影重叠区域内的一段圆弧上。因此，只需求出相贯线的正面投影。

作图步骤(图 3-36(b))：

(1) 求相贯线上特殊点的投影。在相贯线的水平投影上标出转向线上的点Ⅰ、Ⅱ、Ⅲ、Ⅳ的水平投影 1、2、3、4，找出侧面投影上相应的点 1″、2″、3″、4″，由 1、2、3、4 和 1″、2″、3″、4″作出其正面投影 1′、2′、3′、4′。可以看出，Ⅰ、Ⅱ和Ⅲ、Ⅳ既是相贯线上的最高点和最低点，也是最前、最后、最左、最右点。

(2) 求相贯线上一般位置点的投影。根据连线需要，在相贯线的水平投影上作出前后对称的四个点Ⅴ、Ⅵ、Ⅶ、Ⅷ的水平投影，利用圆柱侧面投影的积聚性，根据点的投影规律作出侧面投影 5″、6″、7″、8″，继而求出 5′、6′、7′、8′。

(3) 判别可见性，光滑连线。相贯线的正面投影中，Ⅰ、Ⅴ、Ⅲ、Ⅵ、Ⅱ位于两圆柱的可见表面上，则前半段相贯线的投影 1′5′3′6′2′可见，应光滑连接成粗实线；而后半段相贯线的投影 1′7′4′8′2′不可见，且与前半段相贯线的可见投影重合。应注意，在 1′、2′之间不应再画水平圆柱的轮廓线。

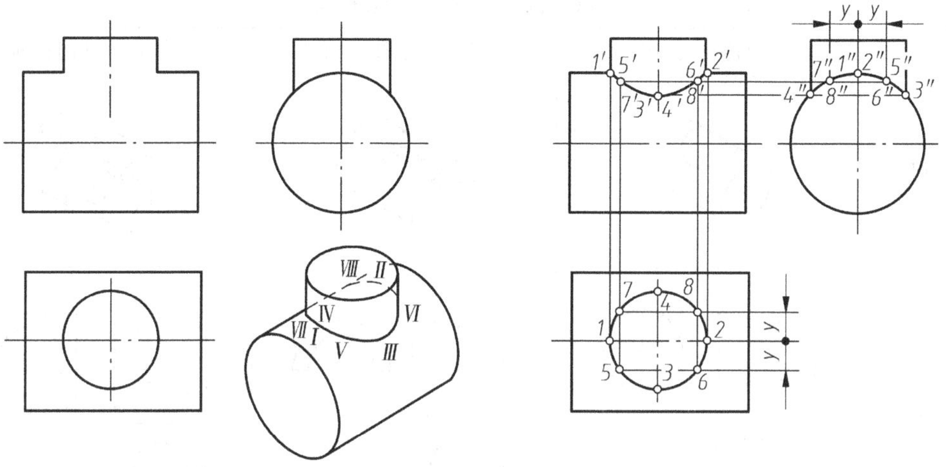

(a)　　(b)

图 3-36　两正交圆柱的相贯线

两圆柱正交，由直径变化而引起的相贯线的变化趋势如表 3-5 所示。

表 3-5　正交两圆柱相贯线的变化趋势

两圆柱直径对比	直径不等		直 径 相 等
	直立圆柱直径大	直立圆柱直径小	
立体图	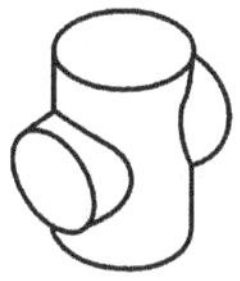	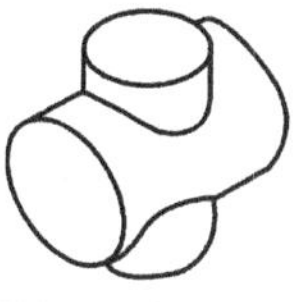	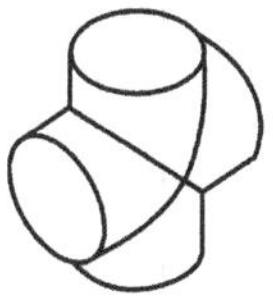
相贯线的形状	左右两条空间曲线	上下两条空间曲线	两条平面曲线——椭圆
投影图	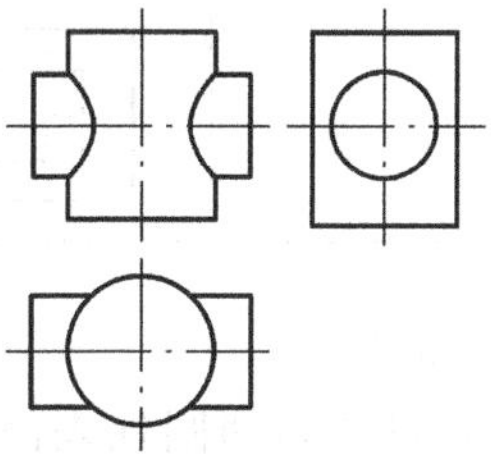	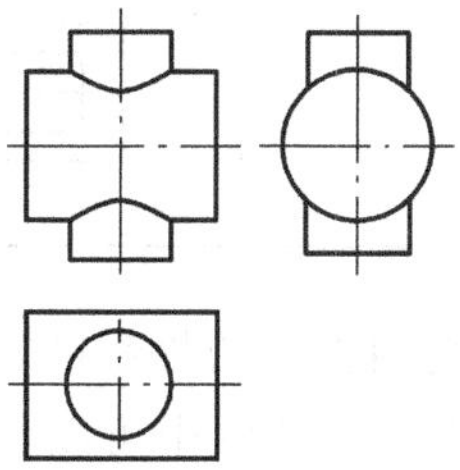	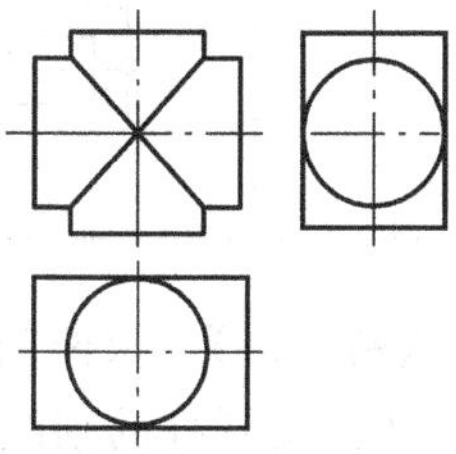
相贯线的投影	以小圆柱轴投影为实轴的双曲线		相交两直线
特征	在与两圆柱轴线平行的投影面上的投影为双曲线，其弯曲趋势总是向大圆柱投影内弯曲		在与两圆柱轴线平行的投影面上的投影为相交两直线

圆柱上钻孔及两圆柱孔相贯，都与内圆柱面形成相贯线，相贯线投影的画法与图 3-36 相同，只是可见性有些不同，如表 3-6 所示。

表 3-6 圆柱孔的正交相贯形式

形式	圆柱与圆柱孔相贯	圆柱孔与圆柱孔相贯	圆柱孔与内、外圆柱面相贯
立体图	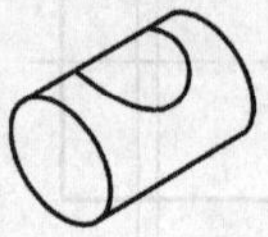		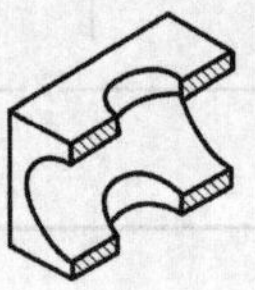
投影图	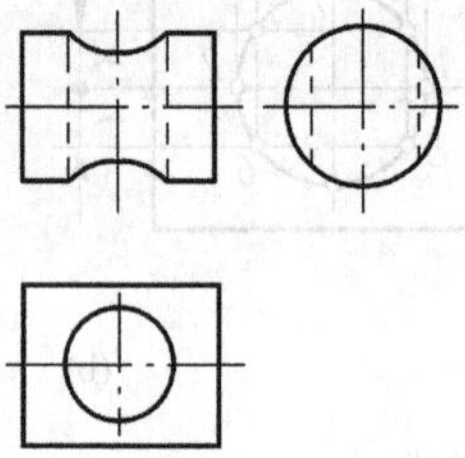	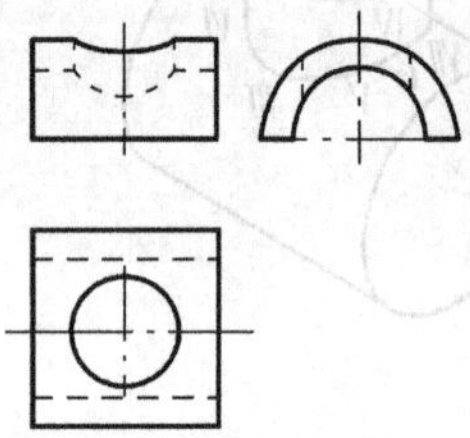	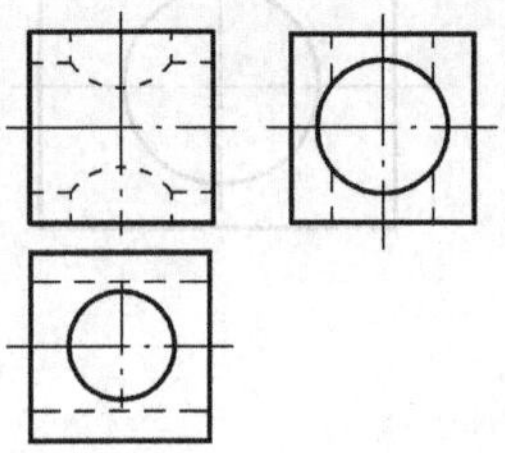

圆柱与方柱及圆柱与方孔相贯，可用求截交线的方法求出相贯线，如表 3-7 所示。

表 3-7 圆柱与方柱及圆柱与方孔相贯

形式	圆柱与方孔相贯	圆柱与方柱相贯	圆筒与方孔相贯
立体图	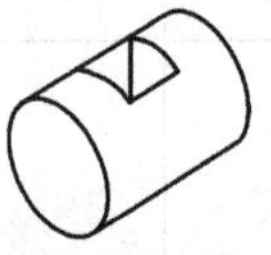	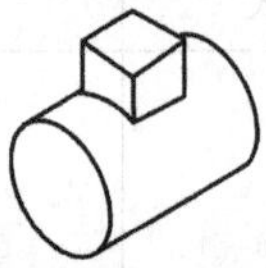	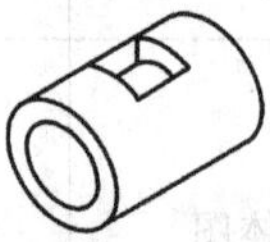
投影图	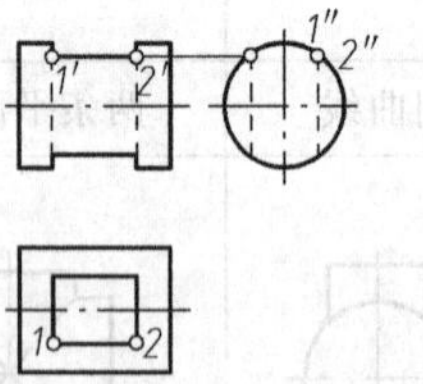	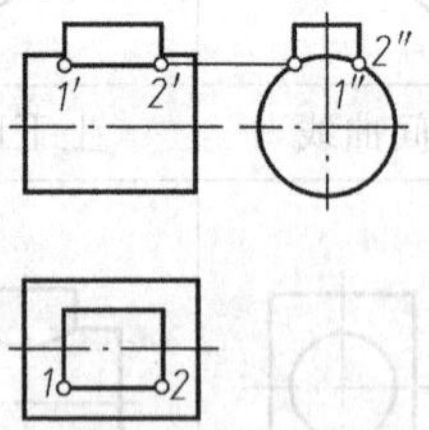	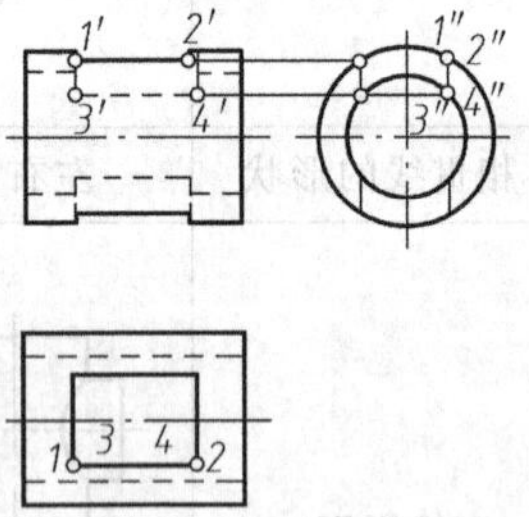

【例 3-28】 求两圆柱偏交相贯线的投影(图 3-37(a))。

两偏交圆柱的轴线垂直交叉。从图中可以看出，相贯线是两圆柱表面的公有线，为一条前后不对称、但左右对称的封闭的空间曲线。直立圆柱的轴线为铅垂线，圆柱面的水平面投影积聚成圆，故相贯线的水平投影也积聚在此圆上。水平圆柱的轴线为侧垂线，圆柱面的侧面投影积聚成圆，故相贯线的侧面投影也积聚在半圆柱面的侧面投影上，且在两圆柱侧面投影的公共区域内。根据相贯线的水平投影和侧面投影，即可求出其正面投影。

作图步骤(图 3-37(b)、(c)、(d))：

(1) 求相贯线上特殊点的投影。从相贯线的水平投影可以看出，1、2、3、4、5、6 均为特殊点，按投影规律标出其侧面投影 1″、2″、3″、4″、5″、6″，即可求出 1′、2′、3′、4′、5′、6′，如图 3-37(b)所示。

(2) 求相贯线上一般位置点的投影。根据连线需要，求出适量一般位置点的投影。如图 3-37(c)中的点Ⅶ、Ⅷ，由水平投影 7、8 求出 7″、8″，再由 7、8 和 7″、8″求出 7′、8′。

(3) 判别可见性，光滑连线。点Ⅰ、Ⅶ、Ⅲ、Ⅷ、Ⅱ在两圆柱正面投影的可见表面上，其投影 1′、7′、3′、8′、2′可见，按顺序光滑连接成曲线，并画成粗实线；而点Ⅰ、Ⅱ以后部分的相贯线的正面投影不可见，按 1′5′4′6′2′的顺序光滑连接成曲线，并画成虚线，如图 3-37(c)所示。

(4) 整理轮廓线。半圆柱正面投影轮廓线应加深至与相贯线的交点 5′、6′处，其中被直立圆柱挡住的部分不可见，应画成虚线；直立圆柱正面投影的轮廓线应加深至与相贯线的交点 1′、2′处，重影部分可见，应画成粗实线，详见局部放大图，如图 3-37(d)。

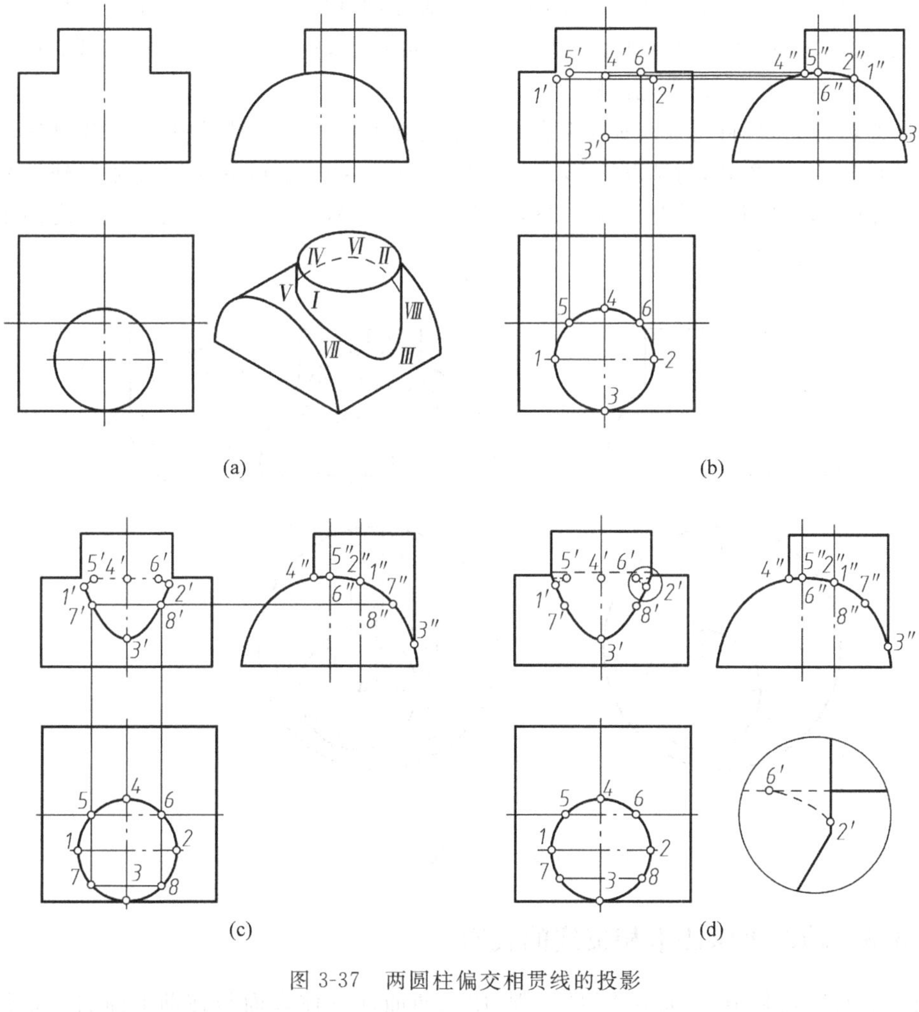

图 3-37　两圆柱偏交相贯线的投影

【例 3-29】 求圆柱与半球偏交的投影(图 3-38(a))。

图中圆柱的轴线没有通过半球的球心，为偏交立体，所以相贯线是一条没有对称性的空间曲线。圆柱的水平投影积聚为圆，因相贯线是圆柱表面上的线，所以相贯线的水平投影也在此圆上，为已知投影。又因为相贯线也是球面上的线，可以利用球表面取点的方法求出相贯线的正面投影。

作图步骤(图 3-38(b)):

(1) 求相贯线上特殊点的投影。

先求两立体转向线上的点:在相贯线的水平投影上标出圆柱转向线上的点 1、2、3、4 和半球转向线上的点 5、6、7、8。利用球表面取点的方法作水平圆,求出了这八个点的正面投影 1′、2′、3′、4′、5′、6′、7′、8′。同时Ⅰ、Ⅱ、Ⅲ、Ⅳ也是相贯线上最左、最右、最前、最后的点。

在求相贯线上最高和最低点:在水平投影上连接两个圆心 O、O_1,延长与相贯线的水平投影交于 9、10 两点。9 点距半球顶点的水平投影 O 最近,是最高点;10 点距半球顶点的水平投影 O 最远,是最低点。利用水平辅助圆求出 9′、10′。

(2) 求相贯线上一般位置点。根据连线需要,适当求出一些一般位置点,图中未表示。

(3) 判断可见性,光滑连线。由于圆柱位于前方,所以圆柱的转向线是正面投影可见与不可见的分界线。故正面投影 1′、7′、3′、10′、2′为可见点,连接成光滑的粗实线;1′、5′、9′、8′、4′、6′、2′为不可见点,连成光滑的虚线。

(4) 整理轮廓线,将轮廓线加深到与相贯线的交点处。正面投影中,圆柱轮廓线加深到与相贯线的交点 1′、2′处,与圆球重影区域可见,为粗实线;半球的轮廓线加深到与相贯线的交点 5′、6′处,与圆柱重影区域不可见,为虚线,详见局部放大图。注意 5′、6′之间不应画半球正面转向线的投影。

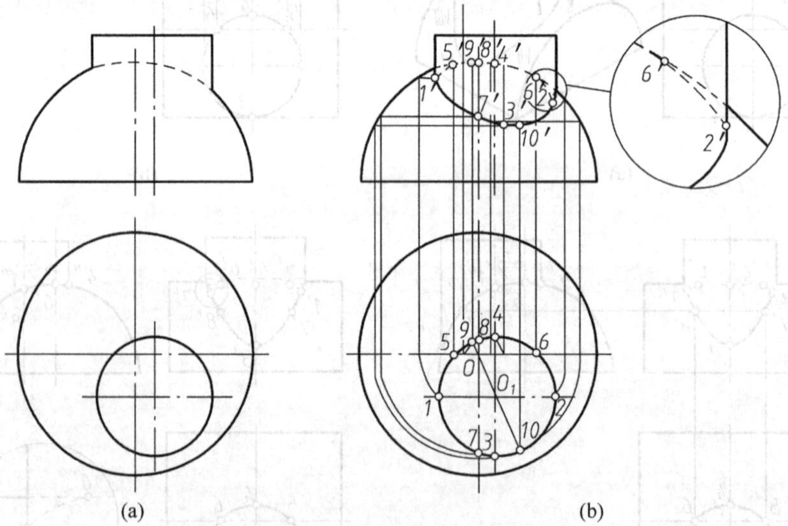

图 3-38 半球与圆柱偏交相贯线的投影

3.3.3 辅助平面法求相贯线的投影

辅助平面法是利用“三面共点”的原理,用求两曲面立体表面与辅助平面的一系列共有点来求两曲面立体表面的相贯线。具体的作图方法是:如图 3-39 所示,假想用一辅助平面同时截切相交的两立体,则在两立体的表面分别得到截交线,这两组截交线的交点是辅助平面与两立体表面的三面共有点,即相贯线上的点。按此方法作一系列辅助平面,可求出相贯线上的若干点,依次光滑连接成曲线,可得所求的相贯线。这种求相贯线的方法称为辅助平面法(或三面共点辅助平面法)。

原则：为方便作图，所选辅助平面与两曲面立体截交线的投影应该是简单易画的直线或圆（圆弧）构成的平面图形。

图 3-39　辅助平面法原理

【例 3-30】 求作圆柱与圆锥相贯线的投影（图 3-40(a)）。

圆柱与圆锥轴线正交，形体前后对称，故相贯线是一条前后对称的空间曲线。圆柱轴线为侧垂线，因此相贯线的侧面投影与圆柱的侧面投影重合，只需求出相贯线的正面及水平投影即可。

作图步骤（图 3-40(b)、(c)、(d)）：

(1) 求相贯线上特殊点的投影。过锥顶作辅助正平面 R，与圆锥的交线正是圆锥正面投影的轮廓线，与圆柱的交线为圆柱正面投影的轮廓线，由此得到相贯线上点 1′、2′的投影，也是相贯线上的最高、最低点，按投影规律求出 1、2 点；过圆柱轴线作辅助水平面 P，与圆柱的交线为圆柱水平投影的轮廓线，与圆锥的交线为水平圆，两交线的交点为 3、4，是相贯线上最前、最后点，求出 3′、4′，如图 3-40(b)所示。

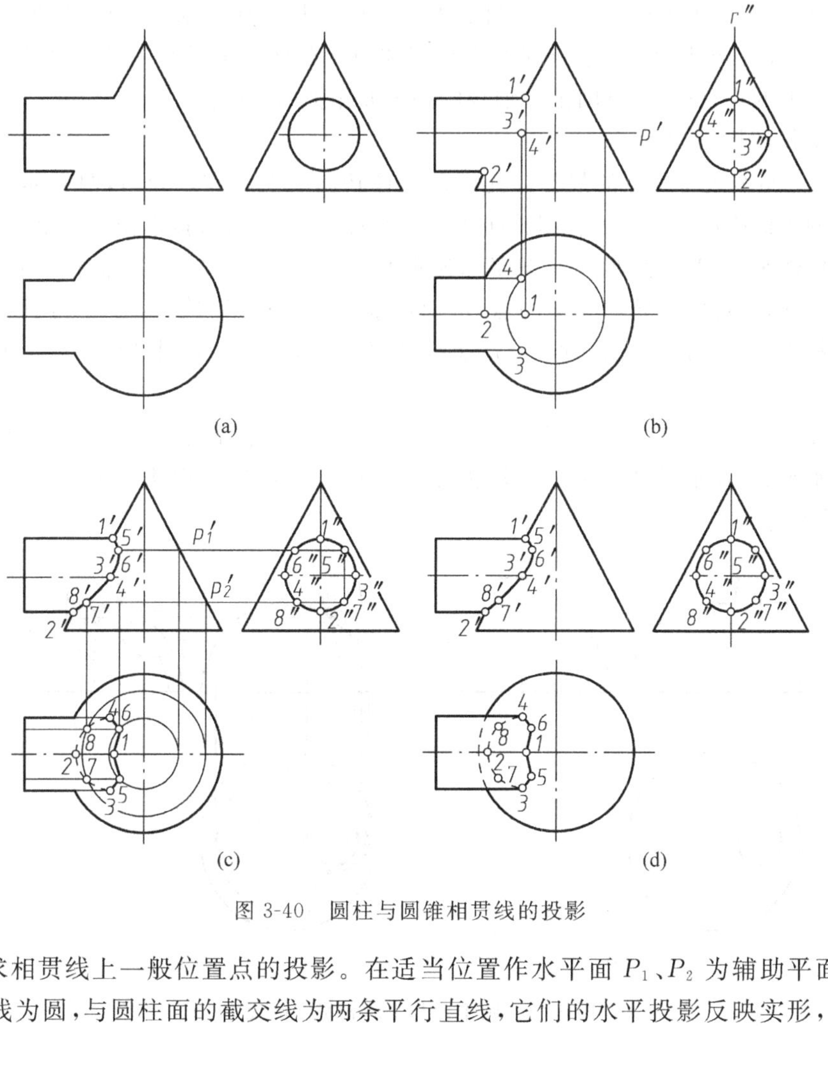

图 3-40　圆柱与圆锥相贯线的投影

(2) 求相贯线上一般位置点的投影。在适当位置作水平面 P_1、P_2 为辅助平面，它与圆锥的截交线为圆，与圆柱面的截交线为两条平行直线，它们的水平投影反映实形，两截交线交点的水平投影分别是 5、6 和 7、8，由 5、6 求出 5′、6′和 5″、6″，由 7、8 求出 7′、8′和 7″、8″，如图 3-40(c)所示。

(3) 判别可见性，光滑连线。相贯线的正面投影中，Ⅰ、Ⅱ两点是可见与不可见的分界点，Ⅰ、Ⅴ、Ⅲ、Ⅶ、Ⅱ位于前半个圆柱和前半个圆锥面上，故前半段相贯线的投影 1′5′3′7′2′可见，应光滑连接成粗实线；而后半段相贯线的投影 1′6′4′8′2′不可见，且重合在前半段相贯线的可见投影上。相贯线的水平投影中，Ⅲ、Ⅳ两点为可见性的分界点，其上边部分在水平投影上可见，故 3、5、1、6、4 光滑连接成粗实线，3、7、2、8、4 光滑连接成虚线，如图 3-40(c)所示。

(4) 整理轮廓线。正面投影中，圆柱、圆锥的轮廓线与相贯线的交点均为 1′、2′，故均加深到 1′、2′处；水平投影中，圆柱的轮廓线加深到与相贯线的交点 3、4 处，重影区域可见，应为粗实线；圆锥轮廓线(底圆)不在相贯区域，正常加深，但重影区域被圆柱遮住，应为虚线弧，如图 3-40(d)所示。

【例 3-31】 求图 3-41(a)中圆锥台与半球偏交相贯线的投影。

圆锥台与半球偏交、全贯，相贯线为封闭的空间曲线，且前后对称，左右不对称。由于圆锥面和圆球面的三面投影都没有积聚性，本题不能用积聚性法求解，只能用辅助平面法求解。选择水平面作辅助平面，它与圆锥面和圆球面的截交线都是水平圆；为了求得圆锥台侧面转向线上的点，可用通过圆锥台轴线的侧平面作辅助平面。

作图步骤(图 3-41(b))：

(1) 求相贯线上特殊点的投影。先求两立体转向线上的点。如图，两立体正面投影转向线交点的正面投影为 1′、2′，利用转向线投影的对应关系，可直接求出 1、2 和 1″、2″。过圆锥台轴线作侧平面 P 为辅助平面，截半球为侧平的半圆，截圆锥台为侧面投影转向线，其交点 3″、4″即为圆锥台侧面转向线上的点，进而可求出 3、4 和 3′、4′。从图中可以看出，Ⅰ、Ⅱ点分别是相贯线上的最高、最低点，也是最右、最左点；Ⅲ、Ⅳ点分别是相贯线上的最前和最后点。

(2) 求相贯线上一般位置点的投影。在适当位置作水平面 Q、R 为辅助平面，截两立体分别为两水平圆，在水平投影的交点分别为 5、6 和 7、8，按投影规律可求出 5′、6′和 7′、8′，5″、6″和 7″、8″。

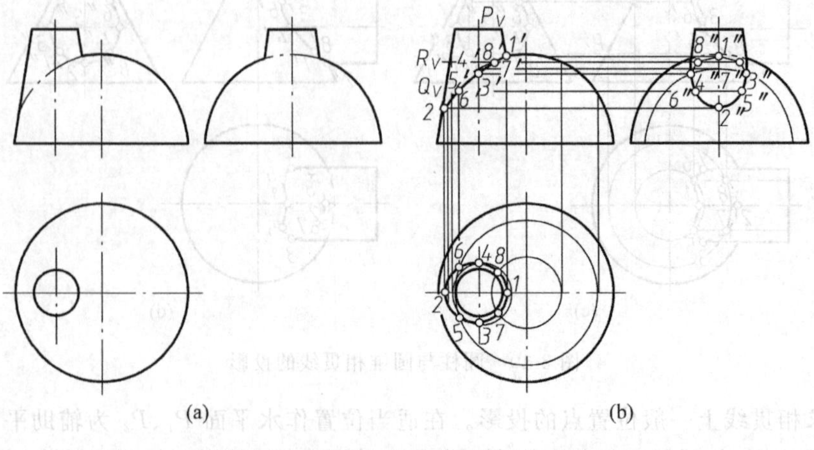

图 3-41　圆锥台与半球相贯线的投影

(3) 判别可见性，光滑连线。相贯线的正面投影中，前半段相贯线可见，后半段不可见，但它们的投影重合，画成粗实线；相贯线的水平投影均可见，画成粗实线；相贯线的侧面投影中，以 3″、4″为分界点，3″5″2″6″4″可见，画成粗实线，3″7″1″8″4″不可见，应画成虚线。

(4) 整理轮廓线。正面投影中，半球、圆锥台的轮廓线与相贯线的交点均为 1′、2′，故均加深到 1′、2′处，注意 1′、2′之间半球的轮廓线不应画出；侧面投影中，圆锥台轮廓线应加深到与相贯线的交点 3″、4″处，重影区域可见，画成粗实线。半球的侧面投影转向线仍然存在，应完整画出其侧面投影，注意，与圆锥台重影区域内应画出虚线。

在以上介绍的两种求相贯线的作图方法中，利用积聚性求相贯线是解题的基本方法，但其先决条件是参与相贯的两立体中至少有一个立体表面的投影具有积聚性。这种积聚性提供了相贯线的一个投影，然后利用相贯线的公有性，把求相贯线的问题转化为在另一个立体表面取点的问题。

利用辅助平面法求相贯线，原理简单、直观，且不受立体表面有无积聚性的限制。此方法的关键是恰当地选择辅助平面。要使辅助平面与两立体截交线的投影是简单、易画的直线或圆(圆弧)，所选的辅助平面应为投影面的平行面。

3.3.4　相贯线的特殊情况

两曲面立体相交时，其相贯线一般情况下是空间封闭曲线。在特殊情况下它们的相贯线是平面曲线或直线。

1. 两同轴回转体的相贯线是垂直于轴线的圆

两同轴回转体相交时，它们的相贯线是垂直于回转体轴线的圆，当轴线平行于某一投影面时，则这些圆在该投影面上的投影是两回转体轮廓线交点间的直线。当两回转体中有一个回转体是球面，如果另一个回转体的轴线通过球面的球心，就可以认为这两个回转体是同轴回转体。如图 3-42 所示。

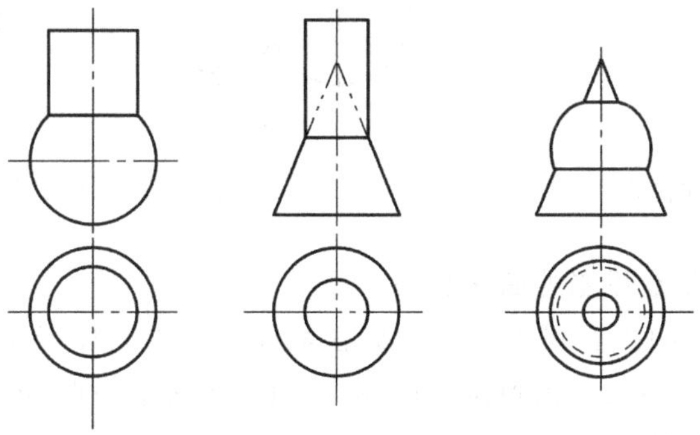

图 3-42　同轴回转体相贯线的投影

2. 两个外切于同一球面的回转体的相贯线是平面曲线

在图 3-43 中，图(a)表示两等径正交圆柱正交，两圆柱外切于同一球面，其相贯线是两个相同的椭圆，其正面投影是两回转体轮廓线交点间的连线；图(b)表示两个外切于同一球面的圆柱和圆锥正交，其相贯线也是两个相同的椭圆，正面投影也是两回转体轮廓线交点间的连线；图(c)和图(d)表示圆柱与圆柱、圆柱与圆锥斜交的情况，它们分别外切于同一球面，其交线为大小不等的椭圆，椭圆的正面投影也是两回转体轮廓线交点间的连线。

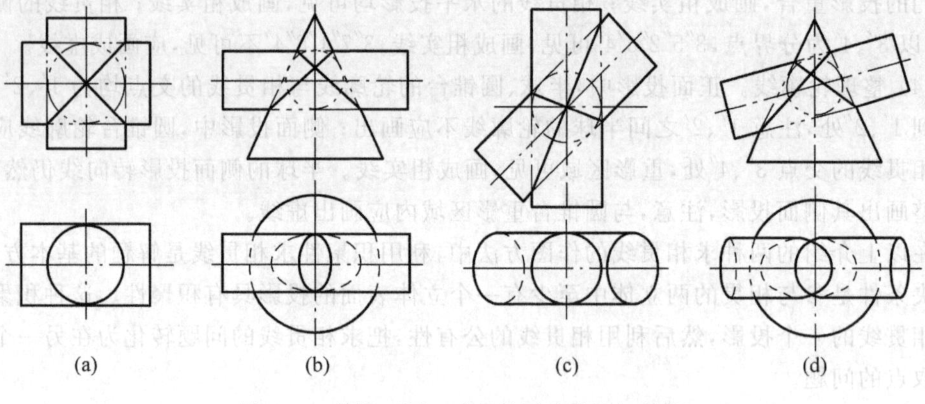

图 3-43　外切于同一球面的回转体的相贯线

图 3-44 表示工程上用圆锥过渡接头连接两个不同直径圆柱管道结构的投影图。两圆柱分别与过渡接头外切于球面，其相贯线为椭圆，相贯线的投影为直线段。

3. 两轴线平行的圆柱相交及两共锥顶的圆锥相交

两轴线平行的圆柱相交时，其相贯线为平行于轴线的直线段如图 3-45(a)所示。两共锥顶的圆锥相交时，其相贯线为过锥顶的直线段，如图 3-45(b)所示。

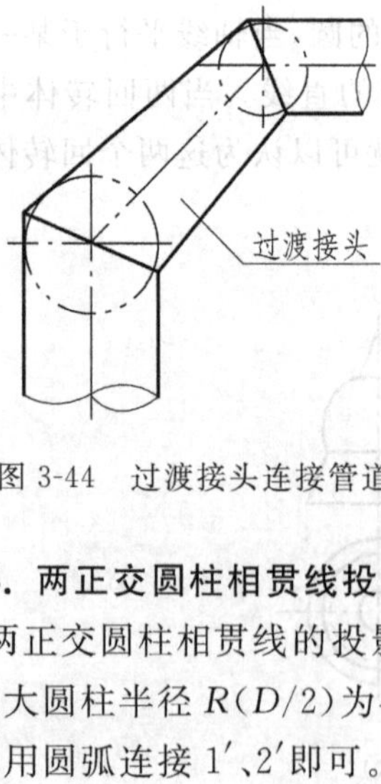

图 3-44　过渡接头连接管道

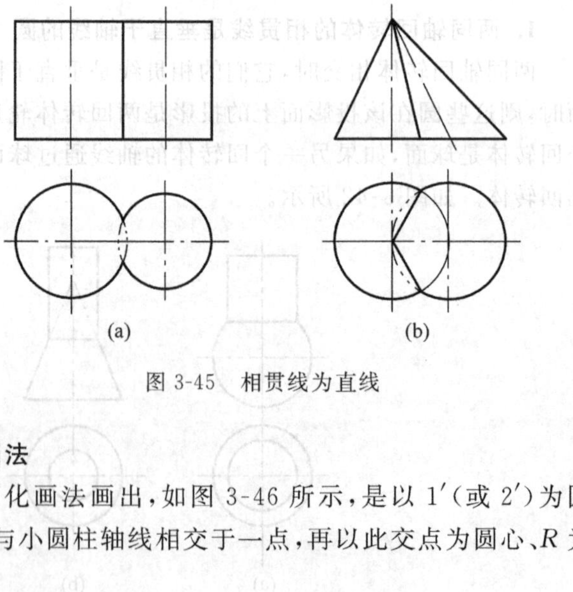

图 3-45　相贯线为直线

4. 两正交圆柱相贯线投影的简化画法

两正交圆柱相贯线的投影可以用简化画法画出，如图 3-46 所示，是以 1′(或 2′)为圆心，以大圆柱半径 $R(D/2)$ 为半径画弧，与小圆柱轴线相交于一点，再以此交点为圆心、R 为半径，用圆弧连接 1′、2′即可。

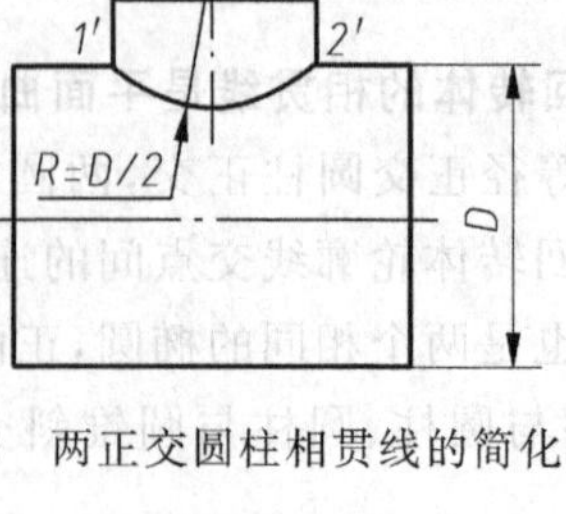

图 3-46　两正交圆柱相贯线的简化画法

3.3.5 多体相贯

有些形体的表面交线比较复杂，有时既有相贯线，又有截交线，这种情况称为组合相贯，如图 3-47 所示。在求组合相贯的相贯线时，必须注意形体分析，分析它是由哪些基本体构成及彼此间的相对位置关系，找出存在相交关系的表面，判断出每两个相交立体相贯线的形状，然后分别求出这些相贯线，逐一作出各条交线的投影，同时要注意相贯线之间的连接点。

【例 3-32】 求三个圆柱相交的相贯线的投影(图 3-47(a))。

该立体由圆柱Ⅰ、Ⅱ、Ⅲ三部分组成。直立圆柱Ⅰ和Ⅱ同轴，横圆柱Ⅲ分别与圆柱Ⅰ、Ⅱ正交，Ⅰ与Ⅲ、Ⅱ与Ⅲ的相贯线均为一段空间曲线；Ⅰ的圆柱面与Ⅱ的顶面相交，其相贯线为垂直轴线的部分圆弧；Ⅱ的上表面(平面)与Ⅲ圆柱面的截交线为平行于圆柱Ⅲ的两条直线段。综上所述，三圆柱之间的交线是由两段空间曲线和两段直线段及一条圆弧组成。

作图步骤(图 3-47(b))：

(1) 求圆柱Ⅰ与Ⅲ、Ⅱ与Ⅲ的相贯线。由于圆柱Ⅰ的水平投影和圆柱Ⅲ的侧面投影均有积聚性，故它们的相贯线 $DBACE$ 的水平投影和侧面投影分别在相应的圆弧上，按照投影规律求出正面投影 d'、b'、a'、c'、e'，$d'b'a'$ 可见，$a'c'e'$ 不可见，但两者重合，加深成粗实线；同理可求出空间曲线 FHG 的三面投影。

(2) 求圆柱Ⅱ的上端面与Ⅲ的截交线。由于圆柱Ⅲ的轴线为侧垂线，所以截交线 DF、EG 在侧面投影上积聚为点 $d''f''$、$e''g''$；水平投影和正面投影均为直线段 df、eg 和 $d'f'$、$e'g'$。其中 df、eg 在圆柱Ⅲ的下半个圆柱面上，为虚线。圆柱Ⅰ与Ⅱ的交线为圆弧 DE，正面投影和侧面投影积聚成直线，且 d''、e'' 之间对应的部分圆弧在圆柱Ⅰ的右半个圆柱面上不可见，为虚线，水平投影为反映圆弧 de 的实形。

(3) 整理轮廓线。圆柱Ⅲ的水平投影轮廓线应加深到 b、c 两点处，且可见，应为粗实线；圆柱Ⅱ的水平投影中，被圆柱Ⅲ遮住的部分应画成虚线。

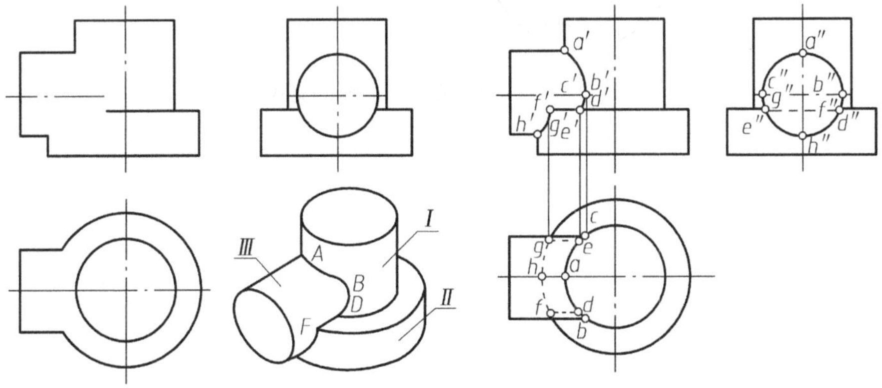

(a) (b)

图 3-47 三个圆柱相交的相贯线

【例 3-33】 分析图 3-48 中空心物体表面的交线。

(1) 分析空心物体的组成。图 3-48 所示空心立体由同轴且轴线铅垂的圆柱 A、B 和半球 D 及轴线侧垂的圆柱 C 构成。其外表面包括圆柱面 A、B、C 及半球面 D，其中 B 与 D 等径；内表面是由与圆柱面 A、B、C 及半球面 D 分别等壁厚的圆柱面和半球面组成。在空心物体的下部，前半部分开了一个拱形槽，拱形槽由半圆柱孔 E 和长方孔 F 组成，半圆柱孔 E 与长方孔 F 相切，后半部分开了一个圆柱孔 G。半圆柱孔 E 与圆柱孔 G 同轴。

(2) 分析各部分的交线。外表面的交线：圆柱面 C 的下半部分与圆柱 B 正交，其相贯线的正面投影为曲线 1；圆柱 C 的上半部分与半球 D 同轴相交，其相贯线是特殊相贯线，为侧平的半圆，半圆的正面投影为直线段 2。圆柱面 B、A 与拱形槽的交线是由半圆孔 E 与圆柱面 B 的相贯线（空间曲线）及长方孔 F 的两个侧面与圆柱面 A、B 的交线（直线）组成，它们的侧面投影分别为曲线 5、直线段 3 和 4；长方孔 F 的两个侧面与圆柱面 A 的顶面有两条交线，其正面投影积聚成两个点，水平投影与侧面投影为两条直线段。圆柱面 B 与圆柱孔 G 的相贯线为空间曲线，其侧面投影为曲线 6。空心物体内表面交线的分析与外表面类似，此处不再赘述。

以上分析了物体的组成、各部分交线的形状，其作图方法、可见性问题请读者参考图 3-48 自行分析。

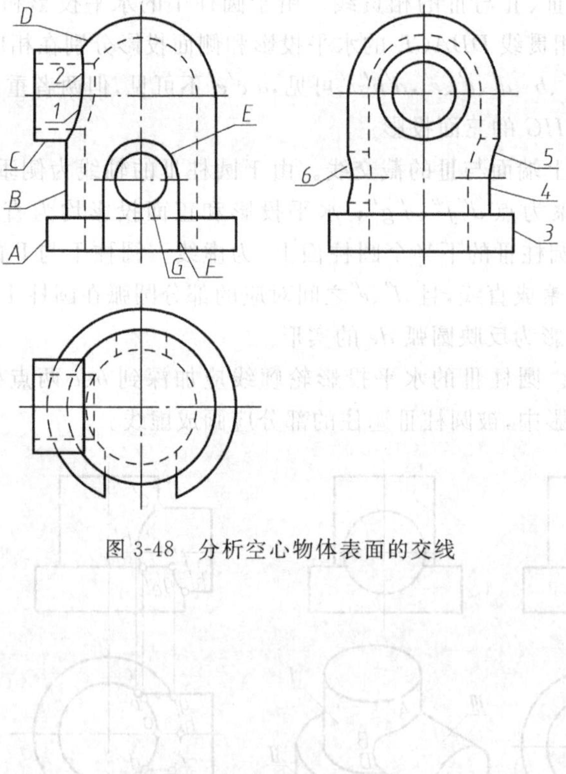

图 3-48　分析空心物体表面的交线

第4章 组 合 体

本章是在掌握制图的基本知识和正投影理论的基础上，进一步学习组合体三视图的投影特性、画和读组合体三视图的基本方法，以及组合体的尺寸标注等问题。组合体是由简单立体（称为基本体）经过叠加、切割或穿孔等方式组合而成的几何形体。熟练地掌握本章的内容，将为进一步学习零件图等本书后续章节打下坚实的基础。

4.1 概 述

4.1.1 三视图的形成和投影关系

1. 三视图的形成

一般情况下，物体的一个投影不能确定其形状，要反映物体的完整形状，必须增加由不同投射方向得到的投影图，互相补充，才能将物体表达清楚。工程上常用三投影面体系来表达简单物体的形状。根据国家标准的有关规定，将物体放在三投影面体系中的第一分角内，并使其处于观察者与投影面之间，用正投影法将物体向投影面投射所得到的图形称为视图。由前向后投射所得到的视图为主视图，由上向下投射所得到的视图为俯视图，由左向右投射所得到的视图为左视图。如图 4-1(a)所示。

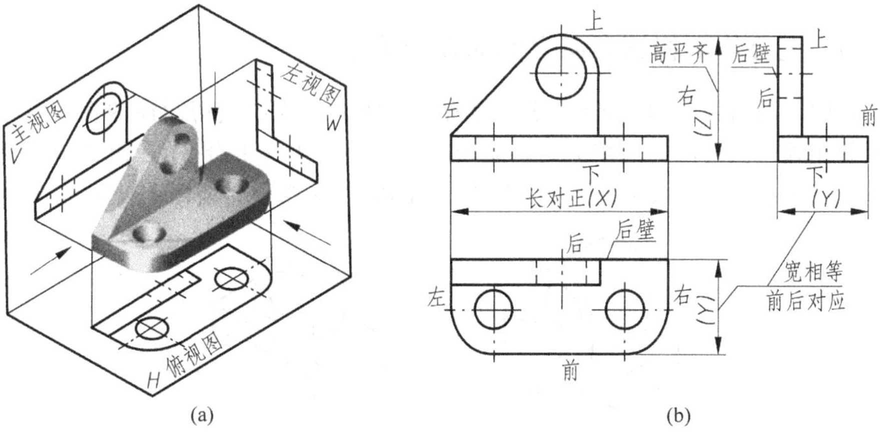

图 4-1 三视图形成及其特性
(a) 三视图形成过程；(b) 三视图的投影特性

2. 三视图的投影关系

从三视图的形成过程可看出，三视图之间的关系是俯视图在主视图的正下方，左视图在主视图的正右方。按此位置配置的三视图，不需注写其名称。

物体有长、宽、高三个方向的尺寸，通常规定：物体左右之间的距离为长(X)；前后之间的距离为宽(Y)；上下之间的距离为高(Z)。从图 4-1(b)可看出，一个视图只能反映物体两个方向的尺寸。主视图反映物体的长和高；俯视图反映物体的长和宽；左视图反映物体的宽和高。由此可归纳出三视图之间的投影对应关系：

主、俯视图长对正；

主、左视图高平齐；

俯、左视图宽相等，前后对应。

4.1.2　组合体的组合形式

由若干个基本体组合构成的整体称为组合体。组合体按其组成的方式，通常分为叠加型和切割型两种。叠加型组合体是由若干个基本体叠加而成，如图 4-2(a)所示的支座；切割型组合体可看做由基本体经过切割或穿孔后形成的，如图 4-2(b)所示的架体。

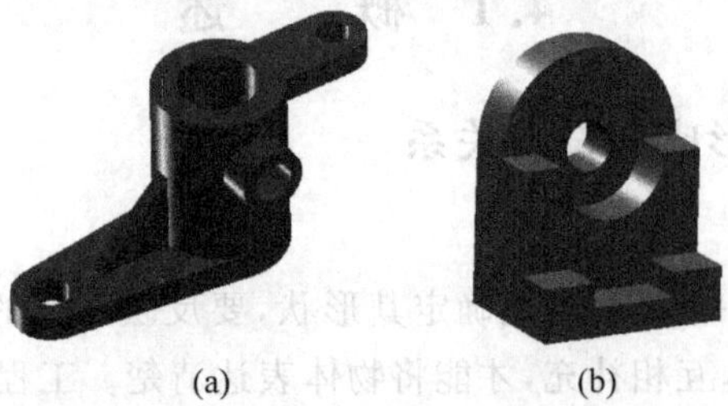

图 4-2　组合体的组合形式

(a) 叠加型；(b) 切割型

应该指出，叠加型和切割型并没有严格的界限，在多数情况下，同一个组合体可以按叠加型进行分析，也可以从切割型去理解，一般要以便于作图和容易理解为原则分类。

4.1.3　组合体上相邻表面之间的连接关系

为了正确绘制组合体的三视图，必须分析组合体上被叠加或切割掉的各基本体之间的相对位置和相邻表面之间的连接关系。无论哪种形式构成的组合体，在组合体中互相结合的两个基本体表面之间的关系有平齐、不平齐、相切、相交四种。如图 4-3 所示。

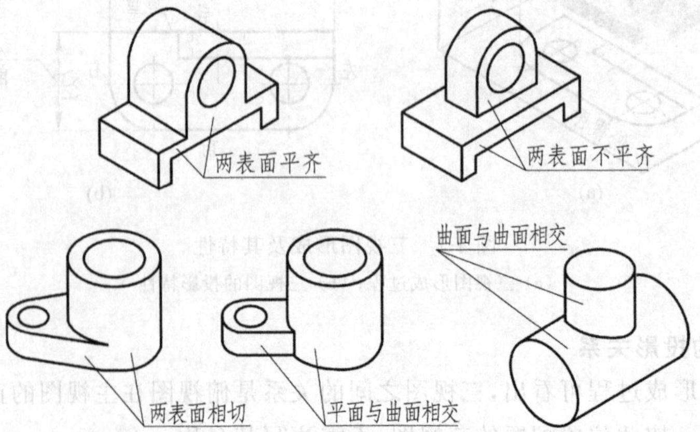

图 4-3　组合体的表面连接关系

当相邻两基本体的某些表面平齐时，说明此时两立体的这些表面共面，共面的表面在视图上没有分界线隔开，如图 4-4(a)所示。当相邻两基本体的表面在某方向不平齐时，在视图上不同表面之间应有分界线隔开，如图 4-4(b)所示。

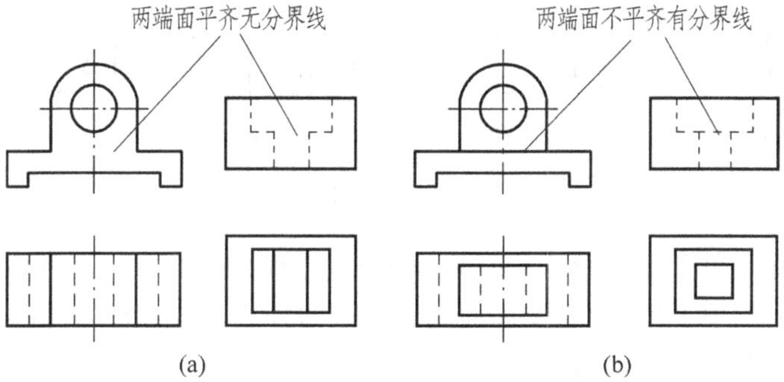

图 4-4　表面平齐

(a) 表面平齐；(b) 表面不平齐

所谓"相切"，是指两基本体表面在某处的连接是光滑过渡的，不存在明显的分界线。因此，在相切处规定不画分界线的投影，相关面的投影应画到切点处。如图 4-5(a)、(b)所示。特殊情况下，两圆柱面相切时，若它们的公切面垂直于投影面，则应画出相切的素线在该投影面上的投影，也就是两圆柱面的分界线。如图 4-6 所示。当两立体表面相交时，在两立体表面相交处产生各种各样的交线，在视图上要正确画出交线的投影。如图 4-7 所示。

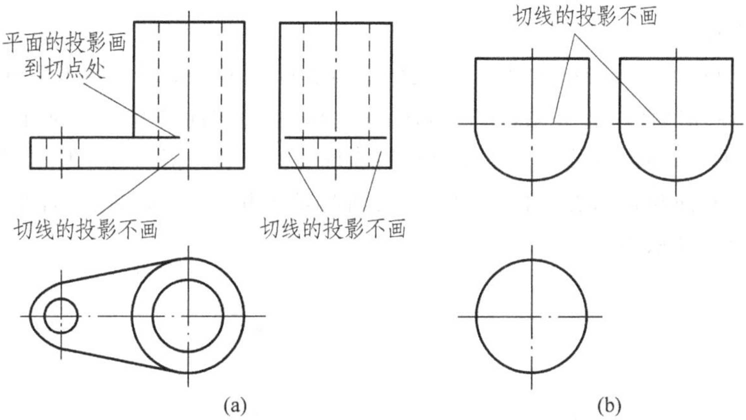

图 4-5　表面相切

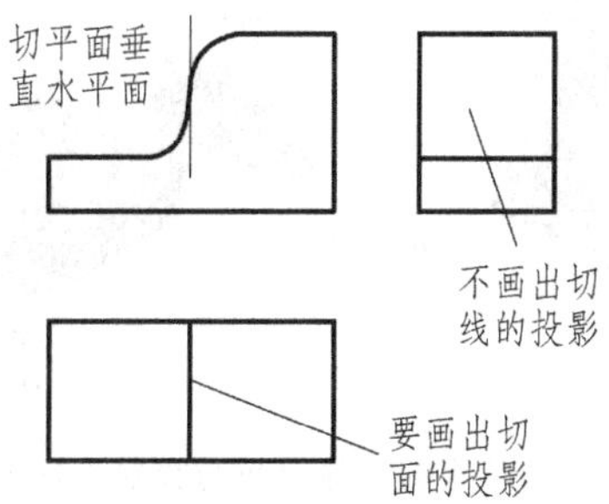

图 4-6　相切的特殊情况

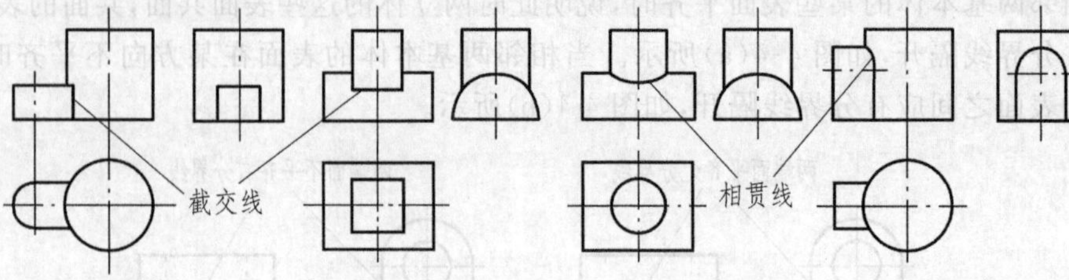

图 4-7　表面相交

以上分析了组合体的组合形式及其相邻表面之间的连接关系，这种将物体分解成若干个基本体，并分析它们的相对位置及表面连接关系的方法，叫做形体分析法，它是画、读组合体三视图和组合体尺寸标注的基本方法。

4.2　组合体三视图的画法

画组合体三视图的基本方法是形体分析法，即将组合体分解成若干个基本体，根据各基本体间的相对位置分别画出各自的三视图，然后处理好两基本体相邻表面之间的连接关系，即可完成该组合体的三视图。

4.2.1　叠加型组合体三视图的画法

1. 形体分析

图 4-8(a)所示为一叠加型组合体，首先根据其结构特点，将其分解成五部分，见图 4-8(b)；然后分析各基本体间的位置关系，如五部分沿底板的长边方向具有公共的对称面，支承板与底板的后表面平齐，轴承后端面伸出支承板后表面等；最后分析两基本体邻接面的关系，如支承板的左、右侧面与轴承表面相切，前、后表面与轴承相交，肋板的左、右及前表面与轴承相交，上方凸台与轴承相交等。

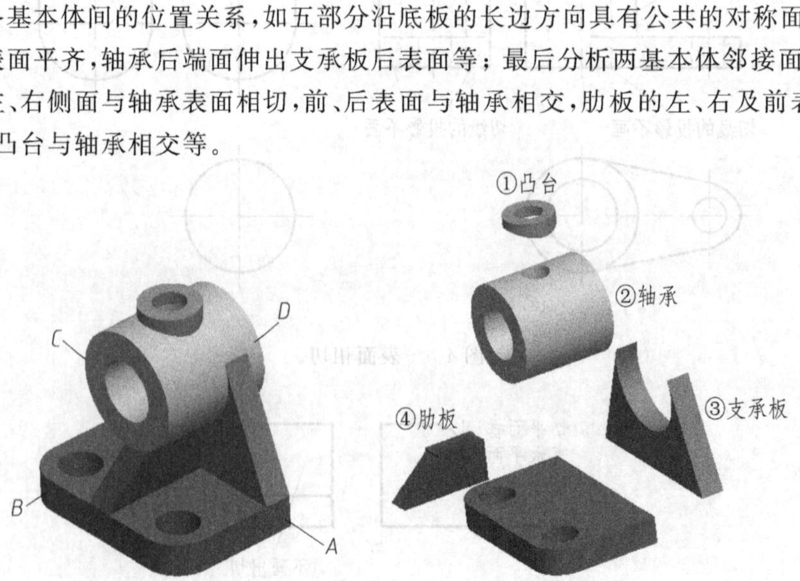

图 4-8　轴承座的形体分析与投射方向的选择

(a) 视图投射方向的选择；(b) 形体分析

2. 选择主视图

选择能完整、清晰、正确地表达物体形状的三视图，首先对主视图进行选择。选择主视图的一般原则是：通常将物体置于稳定状态，并使其主要表面、轴线等平行或垂直于投影面；通常将能较多地反映物体各组成部分形状特征及其相对位置关系的投影作为主视图；要使其余投影上的虚线较少。

如图4-8(a)所示，将轴承座按自然位置安放后，对由箭头所示的A、B、C、D四个方向投射所得的视图进行比较，确定主视图。如图4-9所示，若以D向作为主视图，虚线较多，显然没有B向清楚；如以C向作为主视图，则左视图上会出现较多虚线，没有A向好；再比较B向与A向投影，B向更能反映轴承座各部分的轮廓特征，所以确定以B向作为主视图的投射方向。主视图确定以后，俯视图和左视图也随之而定，这两个视图补充表达了主视图上未能表达清楚的部分，如底板的形状及其上小孔中心的位置在俯视图上反映出来，肋板的形状则由左视图表达。由此可知，所选三个视图能完整、清晰地表达出轴承座的形状。

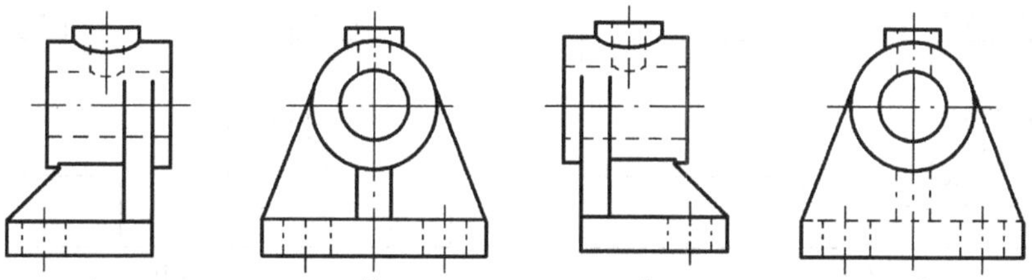

图4-9　分析主视图的投射方向

3. 选比例、定图幅

视图选定以后，便要根据实物的大小，从国家标准《制图技术》中选定比例和图幅。比例尽量选用1∶1。图幅则要依据视图所占面积及各视图之间、视图与图框之间间距的大小而定。

4. 布置视图

根据每一视图的最大轮廓尺寸，均匀地布置好三个视图的位置。画出每一视图的作图基准线，如物体上的对称面，回转面的轴线，圆的中心线以及长、宽、高三个方向上作图的起始线等，如图4-10(a)所示。并按规定的格式和尺寸画出标题栏。

5. 画底稿

依据各基本体间的位置关系，逐个画出各基本体的三个视图，处理好两基本体相邻表面的连接关系。底稿线应力求清晰、准确，具体画图步骤如下：

(1) 画轴承的轴线及后端面的定位线，见图4-10(a)；

(2) 画轴承的三视图，见图4-10(b)；

(3) 画底板的三视图，见图4-10(c)；

(4) 画支承板的三视图，见图4-10(d)；

(5) 画凸台与肋板的三视图，见图4-10(e)；

(6) 画底板上的圆角和圆柱孔，校核，加深，见图4-10(f)。

画图时还应注意以下几个问题：

(1) 画图的一般顺序是：先画主要组成部分，后画次要部分；先画反映形体特征的视

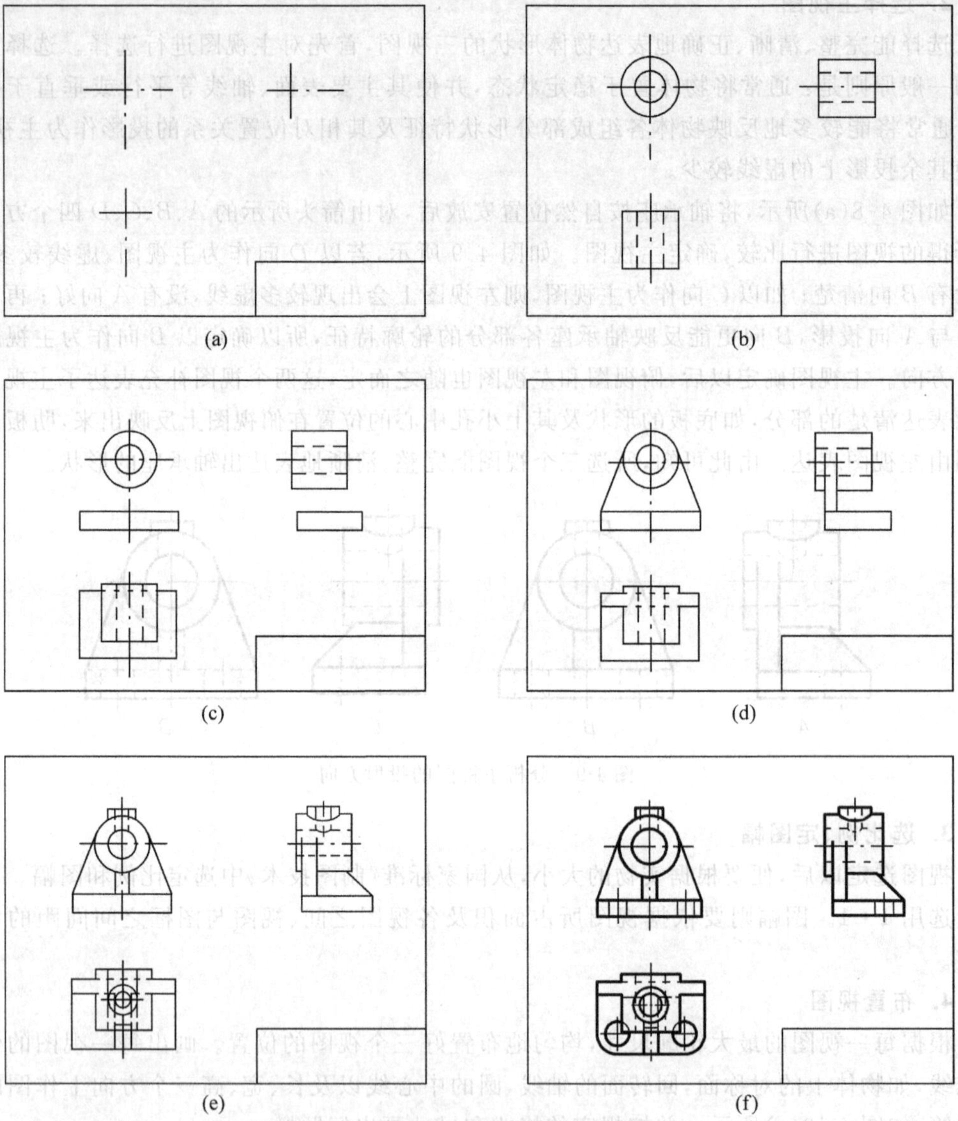

图 4-10　轴承座的作图过程

图，再画其他视图；先画外轮廓，后画内部形状。

(2) 按形体分析法将组合体分解成若干个基本体后，同一基本体的三个视图，应按投影关系同时进行。这样既能保证各基本体间的相对位置和投影关系，又能提高绘图速度。

(3) 画完各基本体的三个视图后，应检查两基本体邻接面的投影是否正确。如支承板的左右侧面与圆筒表面相切，所以支承板在俯视图和左视图上应画到切线处止；肋板与轴承表面相交处，应画出交线的投影；轴承的左右外轮廓线在俯视图上处于支承板宽度范围内的一段不画；轴承最下轮廓线在左视图上处于肋板和支承板宽度范围内的一段也不画。

6. 检查、描深

底稿完成后，应仔细检查，在确认没有错误和多余图线后再描深。描深时应先描圆或圆弧，后描直线。使所画的图线保持粗细有别，浓淡一致。

4.2.2 切割型组合体视图的画法

如图 4-11(a)所示，该组合体的主要表面是平面，且有一组互相平行的棱线，因而可看做是由一四棱柱经截切、挖切和穿孔而形成。由于该组合体的形状较复杂，因此必须在形体分析的基础上，结合线面分析，即分析组合体表面的线和面的投影特性，这种分析方法叫线面分析法。

(a)　　(b)

图 4-11　组合体的立体图及形体分析

(a) 组合体的立体图；(b) 组合体的形体分析

1. 形体分析和线面分析

该组合体主体为四棱柱，其右端被截切成部分圆柱面(也可分析成四棱柱与部分圆柱的叠加)，前后各被水平和正平截面截去一四棱柱，左端被三个大小各异且位置不同的半圆柱面各挖切去一块，中间被贯穿一圆柱形小孔，如图 4-11(b)所示。画图时必须注意分析，每当切割掉一块基本体后，在组合体表面上所产生的交线及其投影。

2. 选择主视图

按自然位置安放好组合体后，对图 4-11(a)中箭头所示的各投射方向进行分析比较，选定 A 向为主视图的投射方向。

3. 画组合体的三视图

根据上述分析，选取组合体的左端面、前后对称、底平面分别为长、宽、高三个方向的作图基准线，具体的作图步骤如图 4-12 所示。

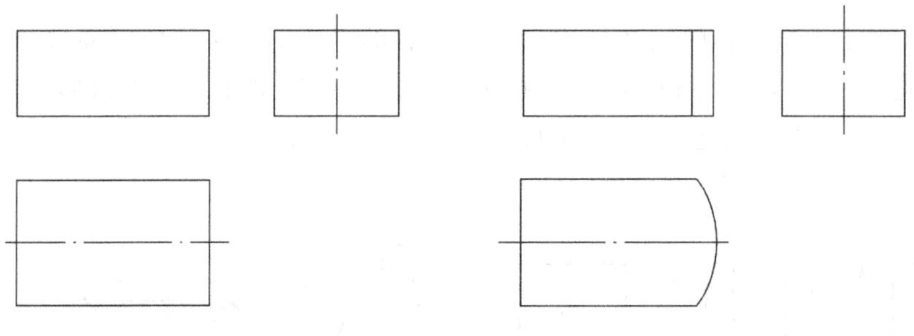

(a)　　(b)

图 4-12　画组合体的三视图

(a) 布图及画长方体；(b) 右端被圆柱面切割；(c) 前后各切去四棱柱；

(d) 左端上、中、下各切去半圆柱槽；(e) 穿孔；(f) 整理、加深

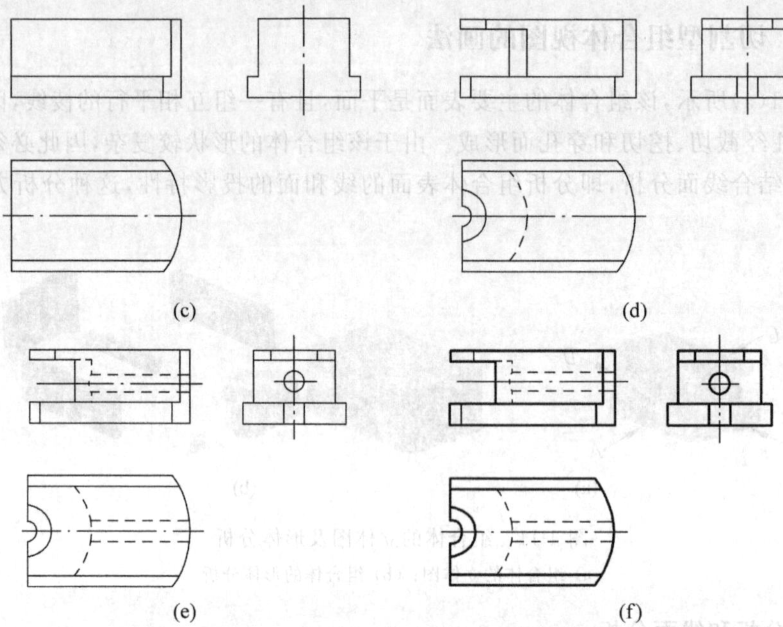

图　4-12(续)

4.3　组合体的尺寸注法

视图只能表达出组合体的形状,而组合体各部分的大小及其相对位置,还要通过标注尺寸来确定。组合体尺寸标注的要求仍是正确、完整和清晰。

为使组合体的尺寸标注完整,仍用形体分析法假想将组合体分解为若干基本体,然后注出各基本体的定形尺寸以及确定这些基本体之间相对位置的定位尺寸,最后根据组合体的结构特点注出总体尺寸。因此,在分析组合体的尺寸标注时,必须熟悉基本体的尺寸标注。

4.3.1　基本体的尺寸注法

图 4-13 列出了基本体的尺寸标注。必须注意的是：正六棱柱的底面尺寸有两种标注形式,一种是注出正六边形的对角距(外接圆直径),另一种是注出正六边形的对边距(内切圆直径),但只需注出两者之一,若两个尺寸都注上,则应将其中一个尺寸作为参考尺寸,加上括号。

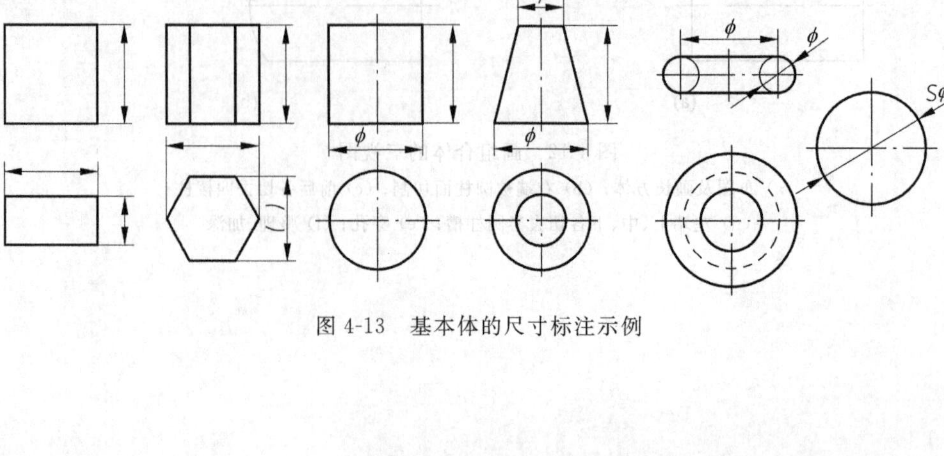

图 4-13　基本体的尺寸标注示例

4.3.2　切割体的尺寸注法

在标注图 4-14 中具有斜截面或缺口的基本体的尺寸时，首先注出基本体的形状尺寸，再注出截平面或缺口的定位尺寸，不要标注截交线的尺寸，图中画上"×"号的尺寸都是不该标注的。

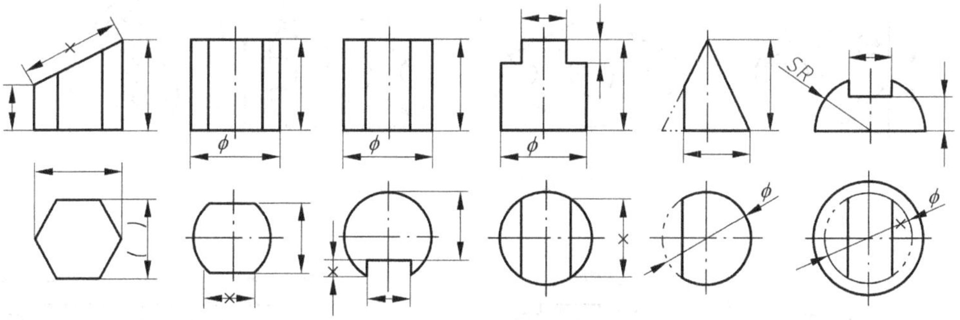

图 4-14　切割体的尺寸标注示例

4.3.3　相贯体的尺寸注法

标注相贯体的尺寸时，先注出各基本体的尺寸，再标注确定各基本体之间相对位置的尺寸。只要两基本体的大小和相对位置确定了，相贯线就自然形成了。所以相贯线的尺寸不注。如图 4-15 所示，图中画上"×"号的尺寸是不应该标注的。

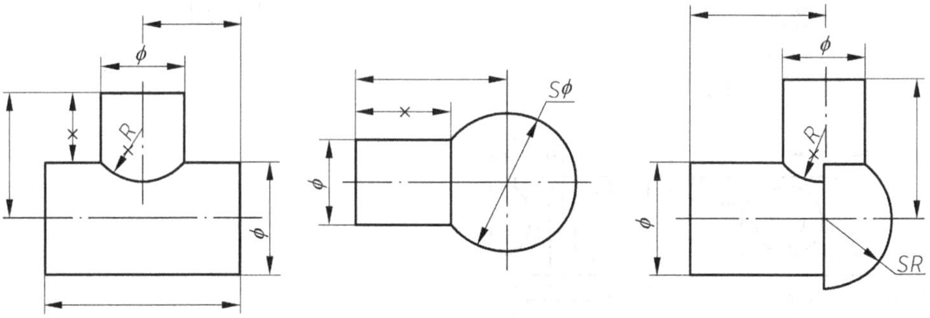

图 4-15　相贯体的尺寸标注示例

4.3.4　常见底板的尺寸注法

当组合体的一端为回转体或部分回转体时，一般应标注其轴线位置尺寸与直径(或半径)尺寸，而不标注总体尺寸，如图 4-16 所示。

4.3.5　组合体的尺寸注法

如图 4-17(c)是已标注了尺寸的组合体的三视图，由形体分析可知：这个组合体由四部分组成。下面通过这个图例来分析标注组合体的尺寸时，如何达到完整和清晰的要求。

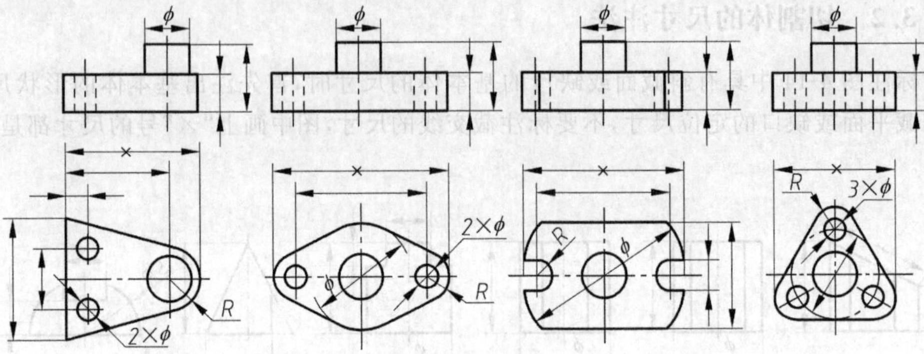

图 4-16　常见底板的尺寸标注示例

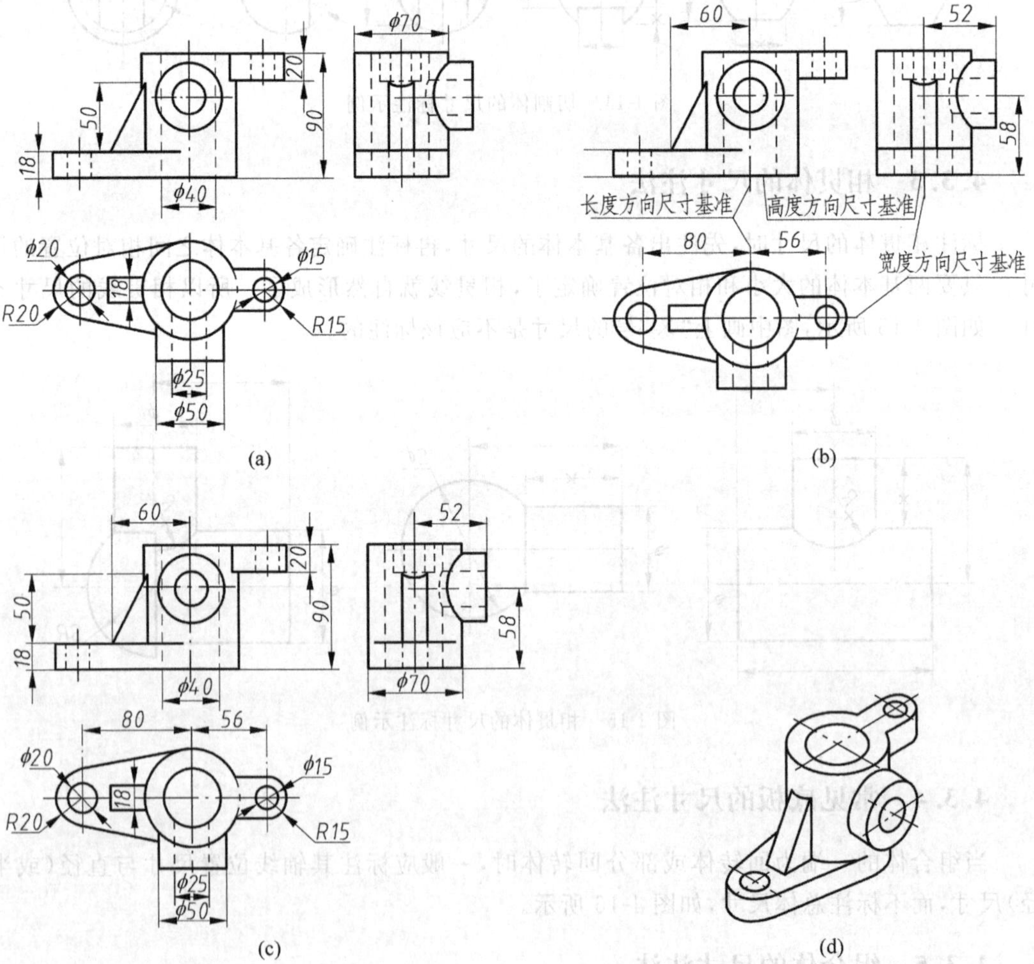

图 4-17　支座的尺寸分析

(a) 支座的定形尺寸；(b) 支座的定位尺寸和尺寸基准；(c) 支座完整的尺寸；(d) 支座的立体图

1. 标尺寸需注意有关尺寸齐全、清晰的几个问题

1) 尺寸齐全

标注组合体的尺寸时，一般要注全下列三种尺寸：

(1) 定形尺寸——确定组合体中单个基本体形状大小的尺寸，如图4-17(a)中所标的尺寸。

(2) 定位尺寸——确定各基本体间或各截平面间相互位置关系的尺寸，如图4-17(b)所示

(3) 总体尺寸——表明组合体整体形状的总长、总宽和总高等尺寸，如图4-17(c)所示。

2) 尺寸基准

尺寸基准是尺寸的起点，也是组合体中各基本体定位的基准。因此，为了完整和清晰地标注组合体的尺寸，必须在长、宽、高三个方向上分别选定尺寸基准，通常选择组合体的对称平面、端面、底面以及主要回转体的轴线等作为尺寸基准。图4-17(b)中分别选定了圆柱筒的轴线、底板的前后对称平面和底板的底面作为长、宽、高三个方向的尺寸基准。

3) 尺寸清晰

要使尺寸标注清晰，应注意以下几点：

(1) 定形尺寸尽量标注在反映该部分形状特征的视图上并尽量避免注在虚线上。表示圆弧的半径应注在投影为圆弧的视图上。

(2) 同一基本体的定形尺寸，尽量集中标注，便于读图时查找。

(3) 同方向的平行尺寸，应使小尺寸在内，大尺寸在外，避免尺寸线与尺寸界线相交。同方向的串联尺寸应排列在一条直线上。

(4) 尺寸尽量标在视图外部，配置在两视图之间。

2. 标注组合体尺寸的方法与步骤

下面以图4-18所示的轴承座为例，说明标注组合体尺寸的方法与步骤。

1) 形体分析和初步考虑各基本体的定形尺寸

当在组合体视图中标注尺寸时，应对这个组合体作形体分析，对每个基本体的定形尺寸也应进行初步考虑。如图4-18(a)所示，图中带括号的尺寸是基本体已标注或由计算可得出的重复尺寸，不应再注出。一般画图时所需要的尺寸即是所该标注的尺寸。

2) 选定尺寸基准

组合体的尺寸基准，常采用组合体的底面、端面、对称面以及主要回转体的轴线等。对于这个轴承座所选的尺寸基准如图4-18(b)所示；用轴承座的左右对称面为长度方向的尺寸基准；用轴承的后端面作为宽度方向的尺寸基准；用底板的底面作为高度方向的尺寸基准。

3) 逐个地分别标注各基本体的定位和定形尺寸

通常先标注组合体中最主要的基本体的尺寸，在这个轴承座中是轴承，然后再标注与尺寸基准有直接联系的基本体的尺寸，或标注位于已标注尺寸的基本体旁边且与它有尺寸联系的基本体。

(1) 轴承。如图4-18(b)所示，轴承的定形尺寸为$\phi 26$、$\phi 50$和50。轴承在高度方向的定位尺寸为60，由于轴承的左右对称面与长度方向的尺寸基准重合，轴承的后端面即是宽度方向的尺寸基准，所以轴承在长、宽两方向上的位置也就确定了。

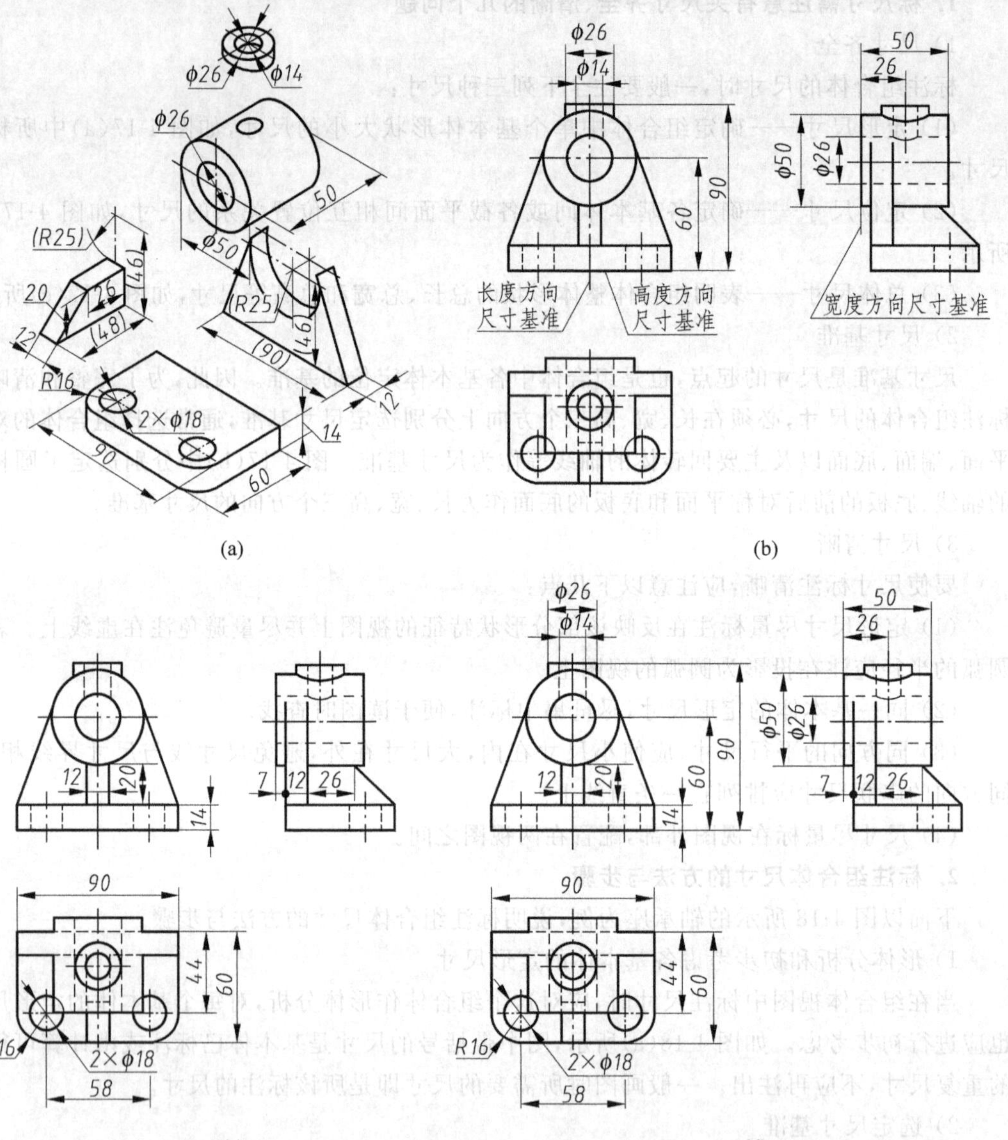

图 4-18 标注轴承座的尺寸

(a) 形体分析和初步考虑各基本体的定形尺寸；(b) 确定尺寸基准，标注轴承和凸台的尺寸；(c) 标注底板、支承板、肋的尺寸；(d) 校核后的标注结果

(2) 凸台。如图 4-18(b)所示，在长度方向上，凸台的左右对称面与基准重合，在宽度方向上凸台的定位尺寸为 26，高度方向的定位尺寸为 90。凸台的定形尺寸为 ϕ14 和 ϕ26，由于轴承和凸台都已定位，则凸台的高度也就确定了，不应再标注。这样，就完整地标注了凸台的定形和定位尺寸。

(3) 底板。如图 4-18(c)所示底板的定形尺寸为长 90、宽 60 和高 14，底板上圆柱孔和圆角的定形尺寸分别为 2×ϕ18 和 R16。底板在宽度方向上的定位尺寸为 7，底板上圆柱孔的定位尺寸分别为 58 和 44。

(4) 支承板。如图 4-18(c)所示，支承板的长度尺寸即是已注出的底板的长度尺寸 90，不应再标，支承板的左右两侧与轴承相切的斜面可直接由作图确定，不应标注任何尺寸，所以支承板的定形尺寸只需注出板厚 12。从宽度基准出发注出定位尺寸 7，确定了支承板后壁的位置，底板的厚度尺寸 14，就是支承板底面位置的定位尺寸，支承板的左、右对称面与长度基准重合。这样支承板的位置也就确定了。

(5) 肋板。如图 4-18(c)所示，肋板的定形尺寸为厚度 12、尺寸 20 和尺寸 26，肋板底面的宽度尺寸可由底板的宽度尺寸 60 减去支承板的厚度尺寸 12 得出，不应再标注；肋板两侧壁面与轴承的截交线由作图确定，不应标注高度尺寸。肋板底面的定位尺寸已由底板厚度尺寸 14 充当，肋板后壁的定位尺寸即是支承板后壁的定位尺寸 7 和支承厚度尺寸 12 之和，也不用再标注。于是便完整标注了肋板的定形尺寸和定位尺寸。

4) 标注总体尺寸

标注了组合体各基本体的定位和定形尺寸以后，对于整个轴承座还要考虑总体尺寸的标注。仍如图 4-18(b)和(c)所示，轴承座的总长和总高都是 90，在图上已经注出。总宽尺寸应为 67，但是这个尺寸以不注为宜，因为如果注出总宽尺寸，那么尺寸 7 或 60 就是不应标注的重复尺寸，然而注出上述两个尺寸 60 和 7，有利于明显表示底板的宽度以及与支承板之间的定位。如果保留了 7 和 60 这两个尺寸，还想标注总宽尺寸，则可标注总宽 67 后再加一个括号，作为参考尺寸注出。

最后，对已标注的尺寸，按正确、完整、清晰的要求，进行检查，如有不妥，应作适当修改或调整。经校核后无不妥之处，就完成了尺寸标注。如图 4-18(d)。

4.4　组合体三视图的读图方法

画组合体的视图，是将三维形体用正投影的方法表示成二维图形。而看组合体的视图，则是将多个二维图形依据它们之间的投影关系，想象出三维形体的形状。为了正确、迅速地看懂视图，必须掌握看图的基本要领和基本方法。

4.4.1　读图的基本要领

1. 将各个视图联系起来识读

组合体的形状一般是通过几个视图来表达的，每个视图只能反映物体一个方向的形状，仅由一个或两个视图不一定能唯一地确定组合体的形状。如图 4-19 所示的五组视图，它们的主视图都相同，但实际上表示了五种不同形状的物体。

又如图 4-20 所示的四组视图，它们的主视图和俯视图都相同，但也表示了四种不同形状的物体。

实际上，根据图 4-19 的主视图以及图 4-20 的主视图、俯视图还可以分别想象出更多种不同形状的物体。由此可见，读图时必须将所给出的全部视图联系起来分析识读，才能想象出组合体的完整形状。

2. 理解视图中线框和图线的含义

(1) 在叠加型组合体的视图中，一个封闭线框可看做是一个基本体的投影，依据投影关系，找出与之对应的另外两个线框，再将这三个线框联系起来，想象出该基本体的形状。如

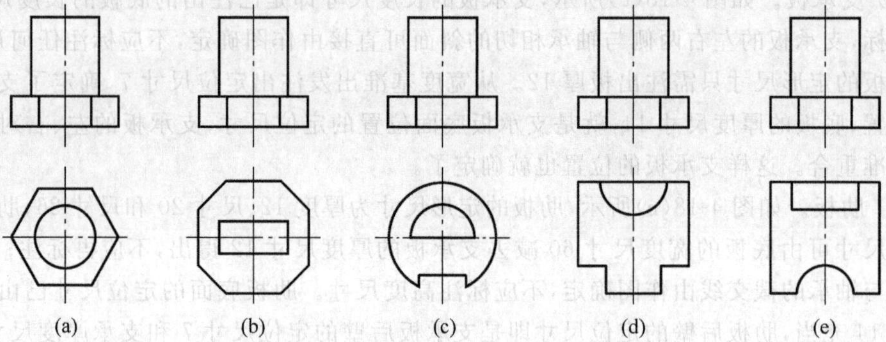

图 4-19　由一个视图不可确定各种不同形状物体示例

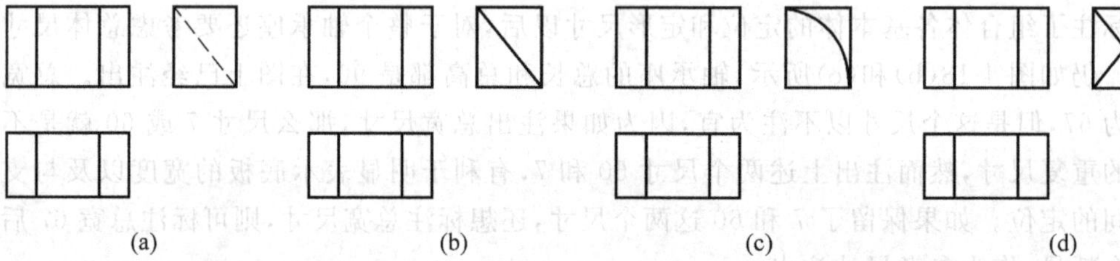

图 4-20　由两个视图不可确定各种不同形状物体示例

图 4-21 所示的主视图中有三个线框，线框 1 为圆柱与平面立体结合的柱状底板，线框 2 为一圆筒，线框 3 为一三棱柱形支承块。

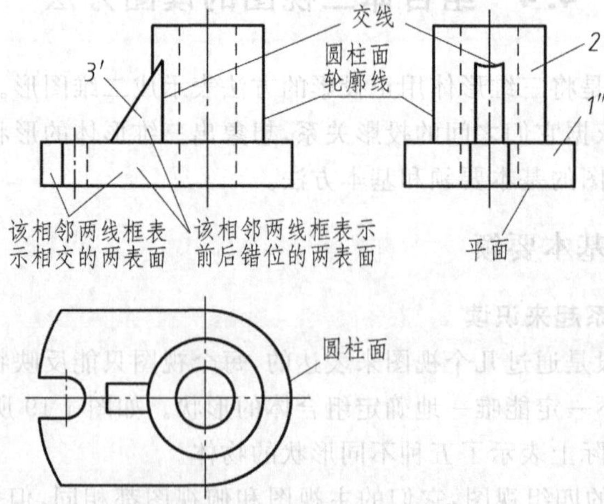

图 4-21　分析视图中线和线框的含义

（2）在切割型组合体的视图中，是将一个封闭线框看做为组合体上的一个面（平面或曲面或平面与曲面的组合）或孔洞的投影。若一个封闭线框表示平面，则它的另外两投影可能是两个与之类似的线框（一般位置平面），也可能是一类似的线框及一段直线（投影面垂直面），或是两段直线（投影面平行面）。如图 4-22(a)的主视图上的"凹"形线框，根据投影关系，在俯视图上有一类似的线框与之对应，而在左视图上对应的不是类似线框，而是一段斜

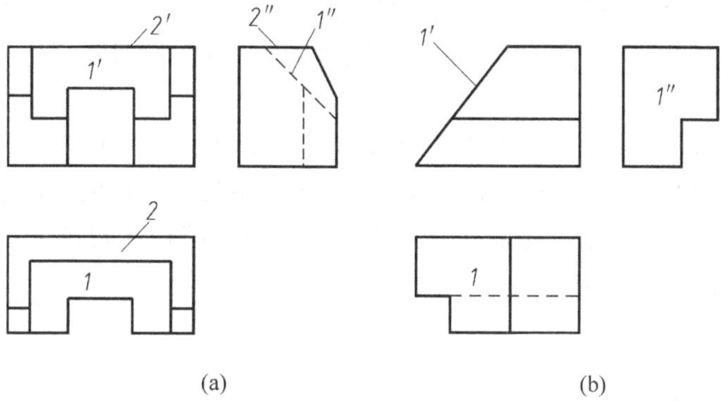

图 4-22　视图中的面形分析

线，由此可知该平面为侧垂面。再如图 4-22(b)的俯视图上的线框 1，在主视图上对应一段斜线，在左视图上有一类似线框与之对应，由此可知该平面是正垂面。

(3) 视图中相邻的两个线框，对应着物体上两个相交或错位的表面。如图 4-21 的主视图中的标记。

(4) 视图中的每条图线，表示两面的交线，或曲面的轮廓线，或有积聚性面的投影。如图 4-21 所示。

3. 抓住特征视图

(1) 形状特征视图：指反映组合体形状特征最明显的视图。因此，读图应从各形体的形状特征视图入手，并联系该形体的其他视图，才能完整构思该形体的空间形状。

如图 4-23 (a)所示：竖板的形状特征(梯形挖半圆槽)反映在主视图中，因此构思竖板形体应从主视图入手，再联系俯视图与左视图；底板的形状特征在俯视图中最明显，所以构思底板形体应着重俯视图，再联系主视图与左视图；由左视图看出竖板与底板后表面平齐。通过上述分析，能较快地想象出组合体的空间形状，如图 4-23(b)所示。

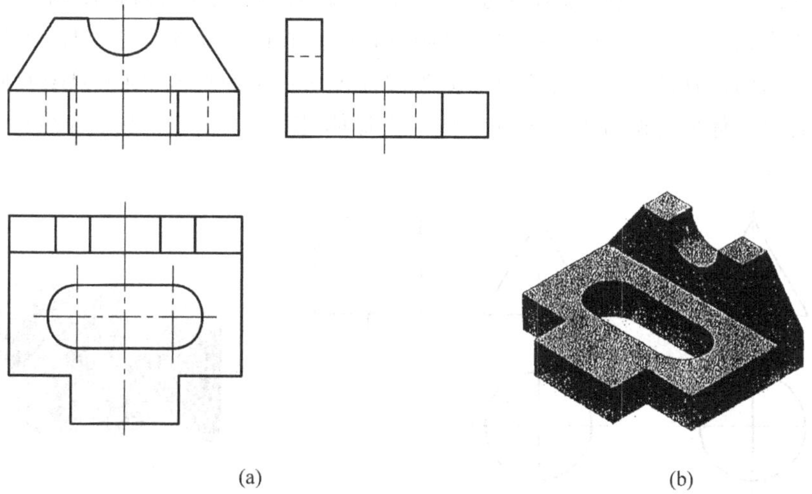

图 4-23　形状特征分析

(2) 位置特征视图：指反映组合体位置特征最明显的视图。当组合体上有两个或多个不同的结构，并且其中的两个视图中难以确定它们的位置时，则另一视图一般能确定这些结构的位置。

如图 4-24(a)所示：由主视图看出该组合体有三个结构；由俯视图看出三个结构有凸有凹，其中半圆形为凹(否则上表面平起)，但无法确定结构与结构的空间位置；由左视图看出的位置特征显著，因此由表达形状特征的主视图和位置特征左视图即可想象出整个组合体的空间形状，如图 4-24(b)所示。

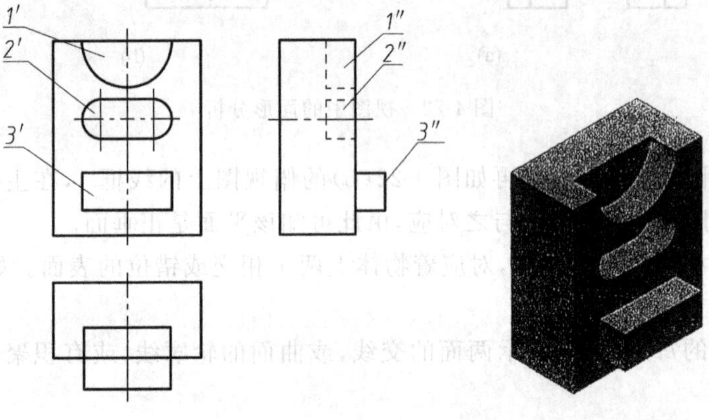

(a)　　　　(b)

图 4-24　位置特征分析

4. 善于构思物体的形状

为了提高读图能力，应注意不断培养构思物体形状的能力，丰富空间想象能力，从而能够正确和迅速地读懂视图。因此，一定要多读图，多构思物体的形状。

【例 4-1】　如图 4-25(a)所示，已知主视图和俯视图，构思物体的形状并补画出左视图。

分析：从所给出的主视图很容易想到圆锥，但如果是圆锥，则俯视图的中心应该为一点，而该俯视图的中心为一粗实线，故不是圆锥；重新假设该立体为三棱柱，则俯视图应为矩形，仍与给出的俯视图不符；再假设立体为圆柱被两正垂面切割，则主视图及俯视图都与之相符，因此该立体应是圆柱被切割而形成的楔形体(图 4-25(c))。由此可补画出左视图如图 4-25(b)所示。

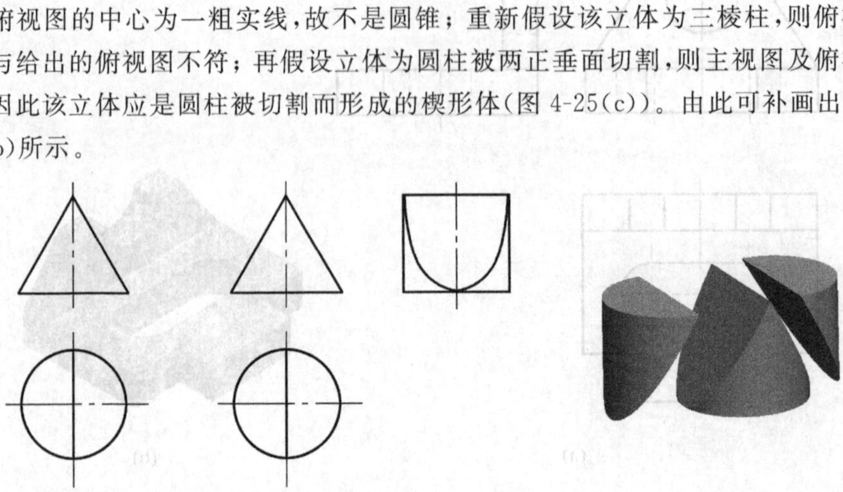

(a)　　　　(b)　　　　(c)

图 4-25　构思物体形状

4.4.2　读图的方法与步骤

1. 形体分析法

读图的基本方法与画图一样，主要也是运用形体分析法。在反映形状特征比较明显的主视图上先按线框将组合体划分为几个部分，即几个基本体，然后通过投影关系找到各线框所表示的部分在其他视图中的投影，从而分析各部分的形状以及它们之间的相对位置和表面连接关系。最后综合起来想象组合体的整体形状。

用形体分析法读图的一般步骤为：

(1) 划线框，分形体(从形状特征明显的视图入手)。

(2) 对投影，想形状(按照投影关系，将几个视图联系起来想象每一形体的形状)。

(3) 合起来，想整体(分析各形体之间的相对位置及表面连接关系，把各部分综合成整体)。

现以图 4-26 所示的组合体三视图说明运用形体分析法读组合体视图的具体方法与步骤。

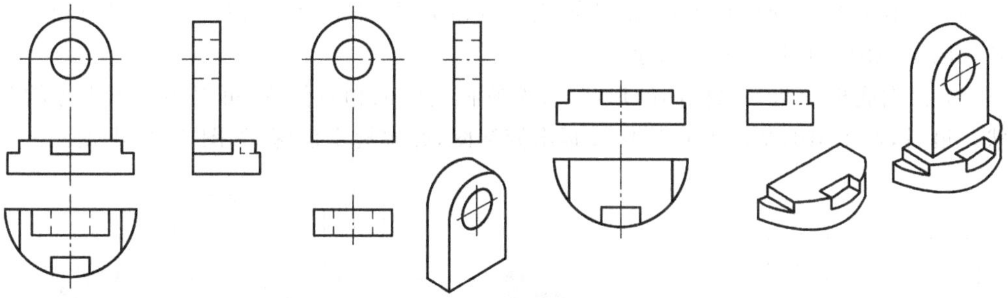

(a)　(b)　(c)　(d)

图 4-26　用形体分析法读图的方法与步骤

(1) 从主视图入手，将组合体划分为上、下两个封闭线框，由此可以认为该组合体由上、下两个基本体组成，如图 4-26(a)所示。

(2) 从主视图出发，找出上部线框与俯视图、左视图对应的矩形线框，可想象出它的形状，如图 4-26(b)所示。主视图下部线框是左右缺角的矩形，大线框中有小线框矩形，对照俯视图、左视图，想象出其外形轮廓是半圆柱，左、右各切去一块。中间矩形小线框所表达的细部可能是在半圆柱上向外凸出的形体，也可能向内凹进的槽。从俯视图、左视图对应的图形分析，可判断是半圆柱中间上方被切去一块，如图 4-26(c)所示。

(3) 在读懂上、下两部分形体的基础上，根据组合体的三视图，进一步研究它们之间的相对位置和及表面连接关系，把两部分形体综合成一个整体，就能想出这个组合体的整体形状，如图 4-26(d)所示。

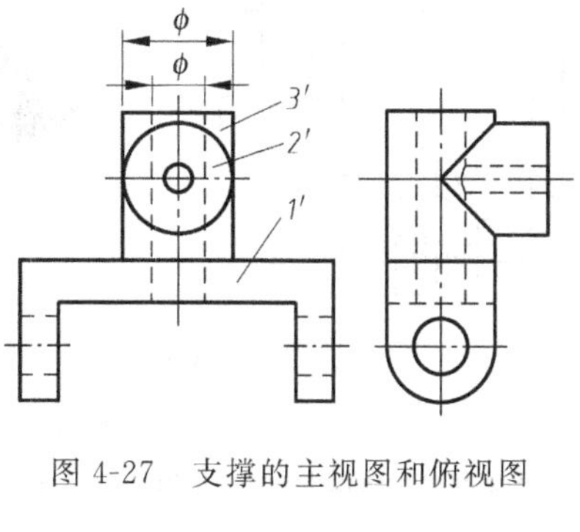

图 4-27　支撑的主视图和俯视图

【例 4-2】　如图 4-27 所示，已知支撑的主视图和左视图，想象出它的形状，补画俯视图。

分析：首先把主视图划分为三个封闭线框，分别看做是组成支撑的三部分的投影：1′是下部凹字形线框；2′是圆形线框(线框内还有小线框)；3′是上部矩形线框。对照左视图，逐个边想象形状，边补图。然后，分析它们之间的相对位置和表面连接关系，综合得出这个支撑的整体形状。最后，从整体出发，校核和加深已补出的俯视图。

作图步骤(图 4-28)：

(1) 在主视图上分离出底板的线框 1′，由主视图、左视图对投影，可看出它是一块倒凹字形底板，左右两侧是带圆孔的下端为半圆形的耳板。画出底板的俯视图，如图 4-28(a)所示。

(2) 在主视图上分离出上部矩形线框 3′，由于在 4-27 中注有直径 ϕ，对照左视图可知，它是轴线垂直于水平面的圆柱体，中间有穿通底板的圆柱孔(因而在底板上还有虚线的圆柱孔，与已知的主、左两视图相符)，圆柱与底板的前后端面相切。画出具有穿通底板的圆柱孔的铅垂圆柱体的俯视图，如图 4-28(b)所示。

(3) 在主视图上分离出圆形线框 2′(中间还有一个小圆线框)，对照左视图可知，它是一个中间有圆柱通孔、轴线垂直于正面的圆柱体，其直径与垂直于水平面的圆柱体直径相等，而孔的直径比铅垂的圆柱孔小，它们的轴线垂直相交，且都平行于侧面。画出具有通孔的正垂圆柱的俯视图，如图 4-28(c)所示。

(4) 根据底板和两个圆柱体的形状，以及它们之间的相对位置，可以想象出支撑的整体形状。最后，按想出的整体形状校核补画出俯视图，并按规定加深，如图 4-28(d)所示。

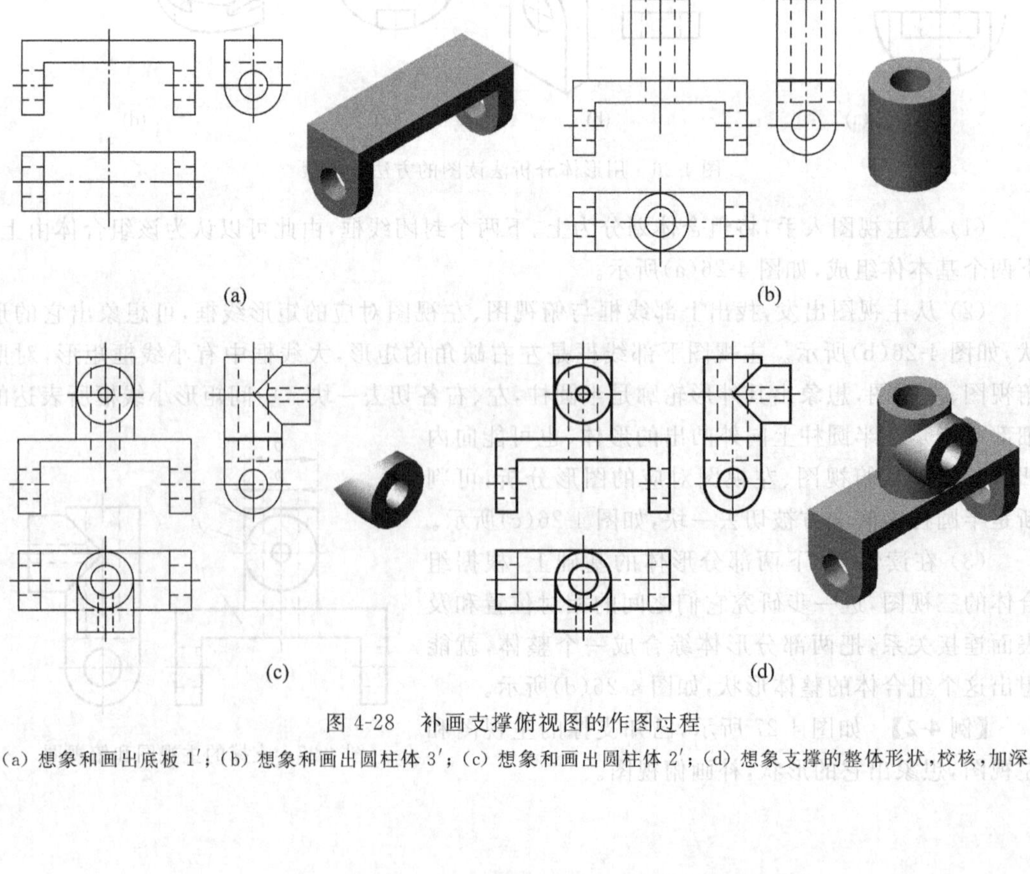

图 4-28　补画支撑俯视图的作图过程

(a) 想象和画出底板 1′；(b) 想象和画出圆柱体 3′；(c) 想象和画出圆柱体 2′；(d) 想象支撑的整体形状，校核，加深

2. 线面分析法

读形状比较复杂的组合体的视图时，在运用形体分析法的同时，对于不易读懂的部分，还常用线面分析法来帮助想象和读懂这些局部形状。线面分析法读图的特点是，逐个分析视图中的图线和线框的空间含义，即根据它们的投影特性判断它们的形状和位置，从面的角度，正确地了解物体各部分的结构形状，从而想出物体的整体形状。

用线面分析法读图的一般步骤为：

(1) 分线框，对投影（找出线、面的各面投影）。

(2) 依投影，想形状，定位置（想出各线、面的形状及其对投影面的位置）。

(3) 综合起来想象整体的形状。

下面以图 4-29(a)所示组合体为例，说明线面分析法读图的具体过程。

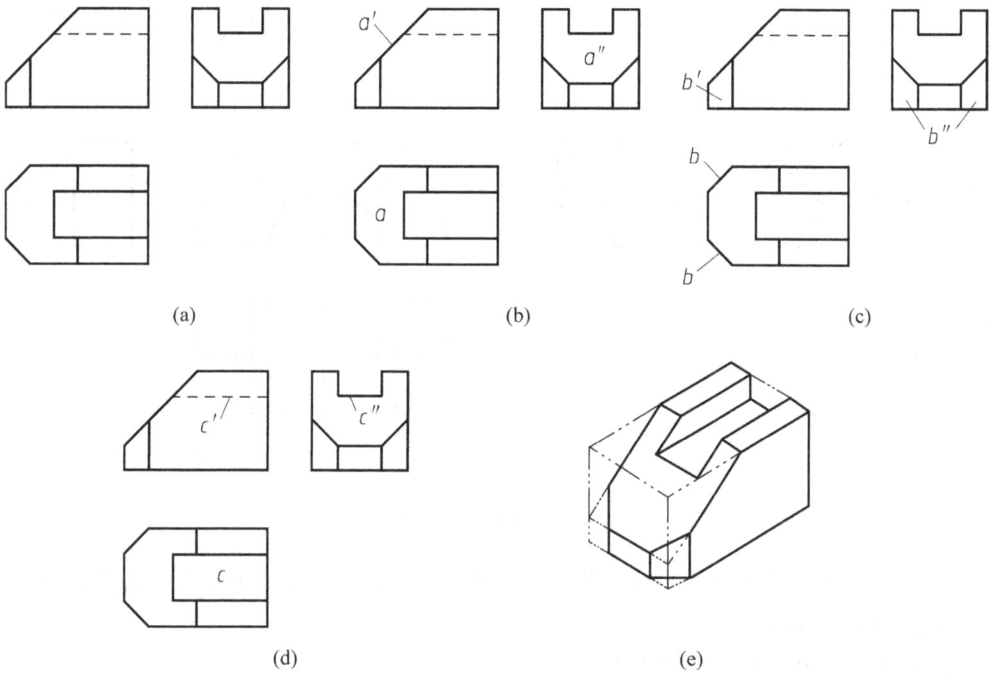

图 4-29　用线面分析法读组合体视图示例

(1) 由于图 4-29(a)所示组合体的三个视图的外形轮廓基本上都是长方形，主视图、俯视图上有缺角，左视图上有缺口，可以想象出该组合体是由一个长方体被切割掉若干部分所形成。

(2) 如图 4-29(b)所示，由俯视图左边的十边形线框 a 对投影，在主视图上找到对应的斜线 a'，在左视图上找到类似的十边形 a''。根据投影面垂直面的投影特性，就可判断 A 面是一个正垂面。

(3) 如图 4-29(c)所示，由主视图左边的四边形 b' 对投影，在俯视图上找到对应的前、后对称的两条斜线 b，在左视图上找到对应的前、后对称的两个类似的四边形 b''。可确定有前、后对称的两个铅垂面 B。

(4) 如图 4-29(d)所示，由左视图上的缺口 c'' 对投影，从主视图 c'、俯视图 c 中对应的投影对照思考，可想象出是在长方体的上部中间，用前后对称的两个正平面和一个水平面切割出一个侧垂的矩形通槽。

(5) 通过上述线面分析，可想象出该组合体是一个长方体在左端被一个正垂面和两个前后对称的铅垂面切割后，再在上部中间用两个前后对称的正平面和一个水平面切割一个侧垂的矩形槽而形成的。从而就能想出这个组合体的整体形状，如图 4-29(e)所示。

【例 4-3】 如图 4-30(a)所示，已知组合体的主视图和左视图，求此组合体的俯视图。

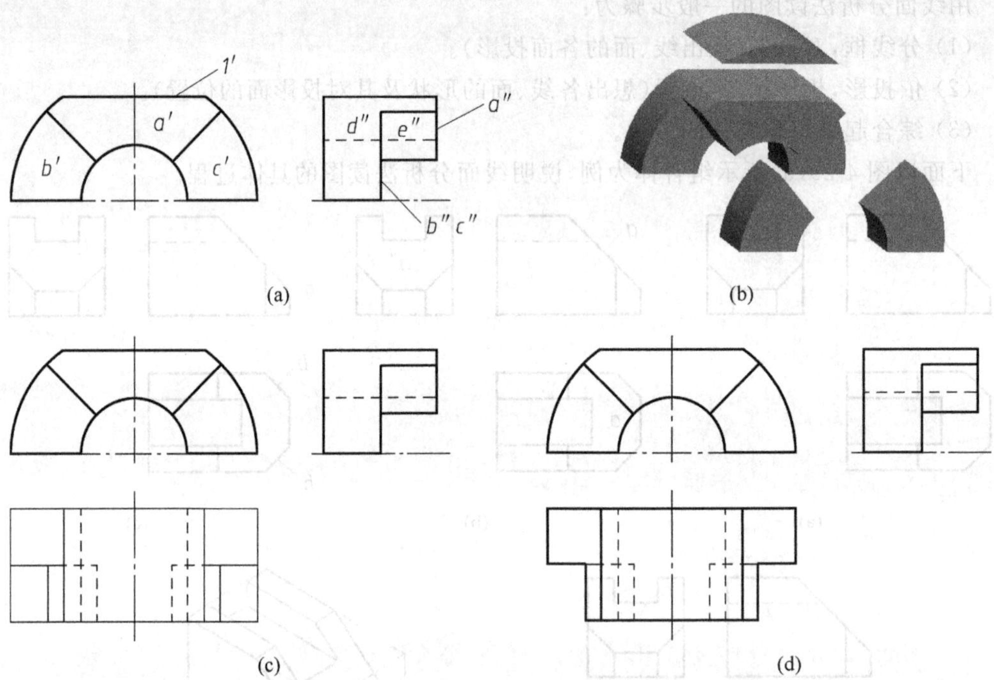

图 4-30　线面分析法读图

分析：从已知的两个视图中可判断它是一个切割型组合体，可用线面分析法读图。

读图和作图过程：

(1) 用形体分析法分析它的原形。

如图 4-30(a)所示，此组合体主视图的主要轮廓为两个半圆，根据高平齐的关系，结合左视图可知其原形是个半圆柱筒。因此可先用细线画出半圆柱筒的俯视图。如图 4-30(c)所示。

(2) 运用线面分析法分析每个表面的形状和位置。

主视图中的最上方图线 1′对应左视图中的一直线可知该组合体的上表面为一水平面。

主视图上有 a'、b'、c'三个线框。a'线框的左视图在"高平齐"的投影范围内，没有类似形对应，只能对应左视图中的最前的直线，所以 a'线框是物体上一正平面的投影，并反映该面的真实形状；同样 b'、c'两线框为物体上两正平面的投影，反映它们的真实形状。从左视图可知，A 面在前，B、C 两面在后。

左视图上有 d''、e''两粗实线线框，d''线框在"高平齐"的投影范围内，没有类似形，只能对应大圆弧，所以 d''线框为圆柱面的投影；e''线框在"高平齐"的投影范围内，也没有类似形与之对应，只能对应一斜线，所以 e''线框为一正垂面的投影，其空间形状为该线框的类似形。

左视图上的虚线，对应主视图中的小圆弧，为圆柱孔最高素线的投影。

通过上述的线面分析可知组合体各表面的空间形状和位置，从而画出各表面在俯视图上的对应投影。

(3) 通过形体分析和线面分析后，综合想象出物体的整体形状，完成俯视图。

从 b'、c'、e''三线框的空间位置可知，该半圆柱筒的左右两边各切掉一扇形块，在俯视图中半圆柱筒的外表面和内表面的最左、最右轮廓素线各被切掉一段。b'、c'两线框所表示的两个正垂面的俯视图的积聚成直线，其中部分不可见，为虚线。

【例 4-4】 如图 4-31(a)所示，补画组合体三视图中所缺的图线

分析：从三视图的轮廓来看，该组合体可以看成是由长方体经过多次切割而成，所以可以用线面分析法来读图。

首先，从主视图入手分线框。主视图先可分为 a'和 b'两个线框，如图 4-31(a)所示，线框 a'表示的是一个正平面，在俯视图和左视图的对应投影如图 4-31(b)所示；线框 b'是一个五边形，在俯视图中没有相对应的类似形线框，它所对应的是 c 和 d 两段线，这两段线分别是铅垂面 C 和正平面 D 的积聚投影，显然线框 b'包含了 C 面和 D 面的正面投影 c'和 d'，从而在主视图和左视图中补全 C 面的投影 c'和 c''，如图 4-31(c)所示。

其次，分析主视图中主要的图线。主视图中的斜线 e'是正垂面 E 的积聚投影，正垂面在俯视图和左视图中的投影应该是类似形线框，从而在俯视图和左视图中补全 E 面的投影 e 和 e''，如图 4-31(c)所示。

最后，结合三视图构思组合体的整体结构，如图 4-31(d)所示，检查细节，完成全图。

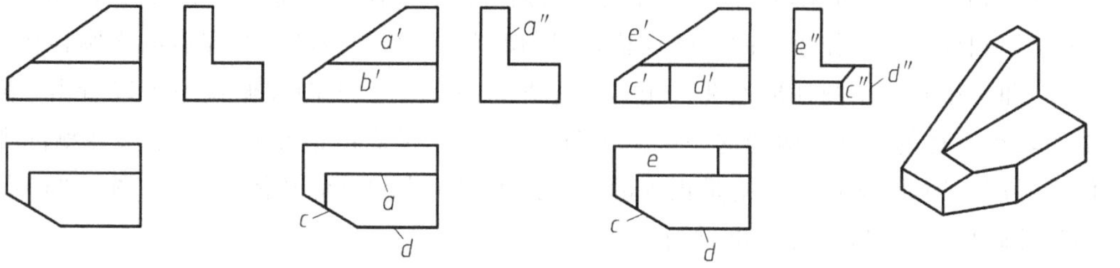

(a)　　(b)　　(c)　　(d)

图 4-31　补画组合体三视图中所缺的图线

【例 4-5】 如图 4-32(a)所示，已知组合体的主视图和左视图，补画它的俯视图。

分析：将主、左两个视图联系起来看，利用高平齐的投影规律，分别找出各线框和图线的对应投影，初步构思其为一个切割式组合体；再利用线面分析法，综合想象出完整的组合体。如图 4-32(b)所示。

作图过程：

(1) 画矩形(截切之前的原始立体为四棱柱)。

(2) 画左上切割部分(切掉部分为梯形棱柱)及左下矩形通槽。

(3) 画前后对称切割部分，注意左视图两斜线为侧垂面的积聚投影，主视图的外形轮廓正是它的类似形，故俯视图应有两个对称分布的类似形。

(4) 画右上方切割的通槽，注意主视图的虚线左端点为该通槽的边界位置。

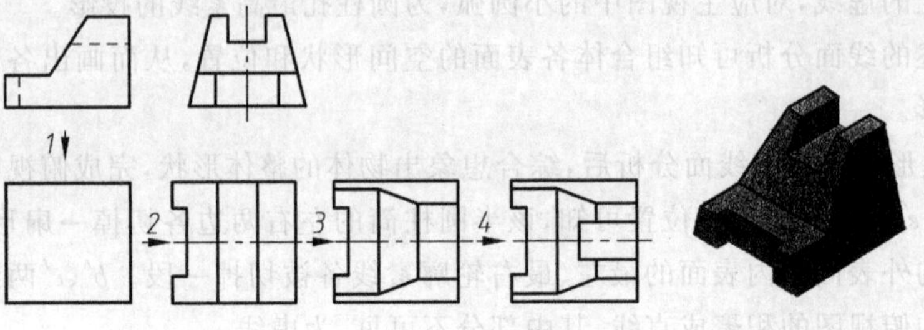

(a)　　(b)

图 4-32　补画俯视图

(5) 利用类似形检查图形：即从主视图的一个正垂面找出其他两个视图的类似形(左视图的凹多边形为已知)；从左视图的两个侧垂面找出其他两个视图的类似形(主视图多边形为已知)；再查看细节有无多、漏线，最后加深。

需要注意的是：在上述作图过程中，切割顺序(即步骤(2)～(4))可以互换，且作图过程要灵活应用投影规律和垂直面的投影特性，才可保证俯视图的准确无误。

【例 4-6】 如图 4-33 所示，已知架体的主视图和俯视图，补画它的左视图。

分析：如前所述，视图中的封闭线框表示物体上一个面的投影，而视图中两相邻的封闭线框通常是物体上相交的两个面的投影，或者是位置错开的两个面的投影。在一个视图中，要确定面与面之间的相对位置，必须通过其他视图来分析。如图 4-33 所示，主视图中的三个封闭线框 a'、b'、c'所表示的面，在俯视图中可能分别对应 a、b、c 三条水平线。按投影关系对照主视图和俯视图可见，这个架体分前、中、后三层：前层切割成一个直径较小的半圆柱槽，中层切割成一个直径较大的半圆柱槽，后层切割成一个直径最小的穿通的半圆柱槽；另外，中层和后层有一个圆柱形通孔。由这三个半圆柱槽的主视图和俯视图可以看出：位于最低的较小直径的半圆柱槽的这一层位于前层，而位于最高的最小直径的半圆柱槽的那一层位于后层。因此，前述的分析是正确的。于是就想象出架体的整体形状，如图 4-34 所示，并逐步补画出左视图，如图 4-35 所示。

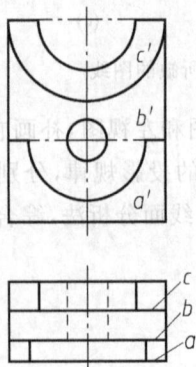

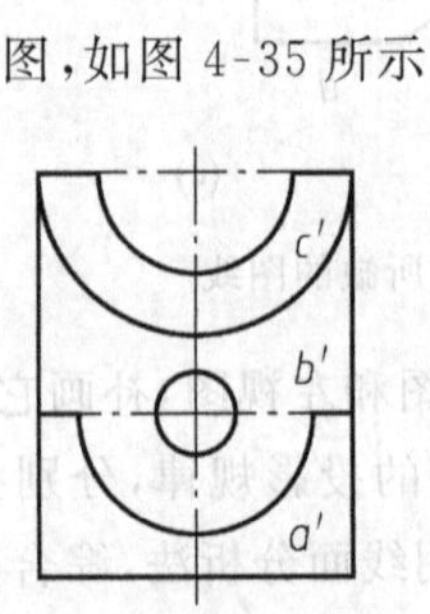

图 4-33　架体的主视图和俯视图

图 4-34　架体的立体图

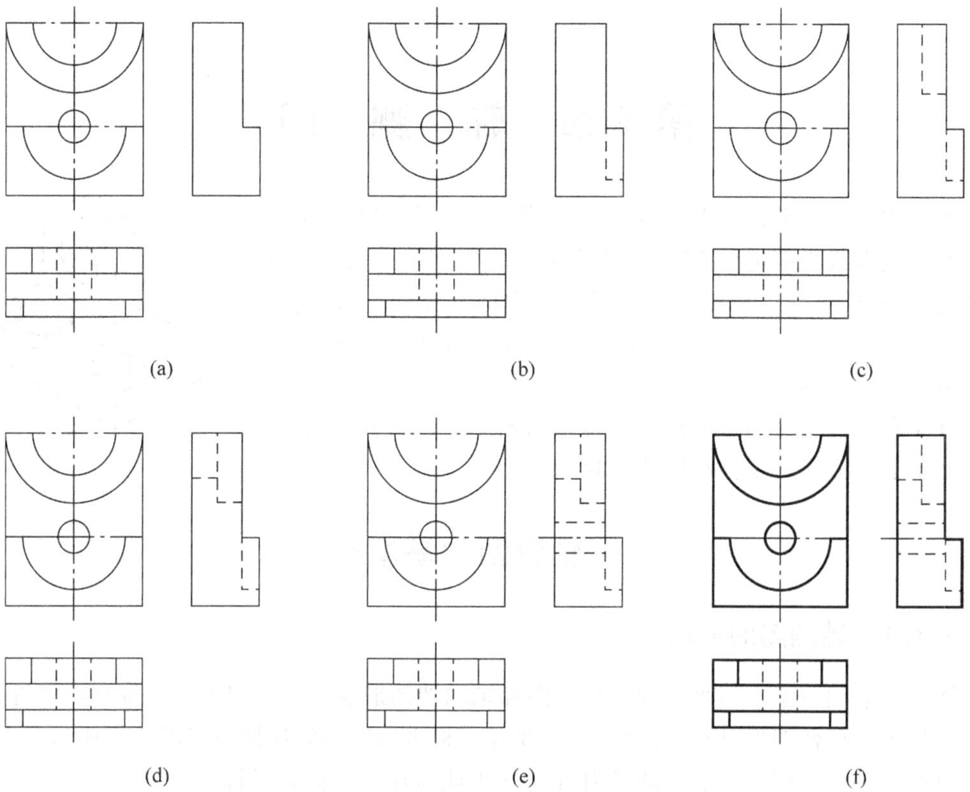

图 4-35　补画架体左视图的作图过程

(a) 画轮廓线；(b) 画前层半圆柱槽；(c) 画中层半圆柱槽；(d) 画后层半圆柱槽；
(e) 画中层、后层的圆柱通孔；(f) 最后结果

第5章 轴 测 图

轴测图是利用平行投影法，将空间物体连同与其相关联的直角坐标系一起向投影面进行投影，其投影方向一定要与三条坐标轴均保持适当角度，这样的投影就能同时反映空间立体的三维坐标，因此得到的投影也就具备了一定的立体感。这种利用平行投影得到的具有一定立体感的图形称为轴测图。

在工程上经常使用这种富有立体感的轴测图作为辅助图样，形象直观的表达立体的结构和形状，如图 5-1 所示。

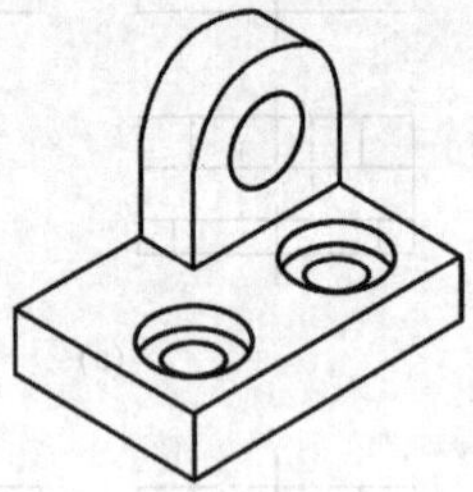

图 5-1 轴测图

5.1 轴测图的基本知识

5.1.1 轴测图的形成

图 5-2 表明一个空间物体的正投影图和轴测图的形成方法。图中所示轴测图都具有一定的立体感。要使图形具有立体感，必须避免三根坐标轴中的任何一根的投影成为一点，即要求没有积聚性。因此所选择的投射方向 S 不能与任一坐标轴平行。

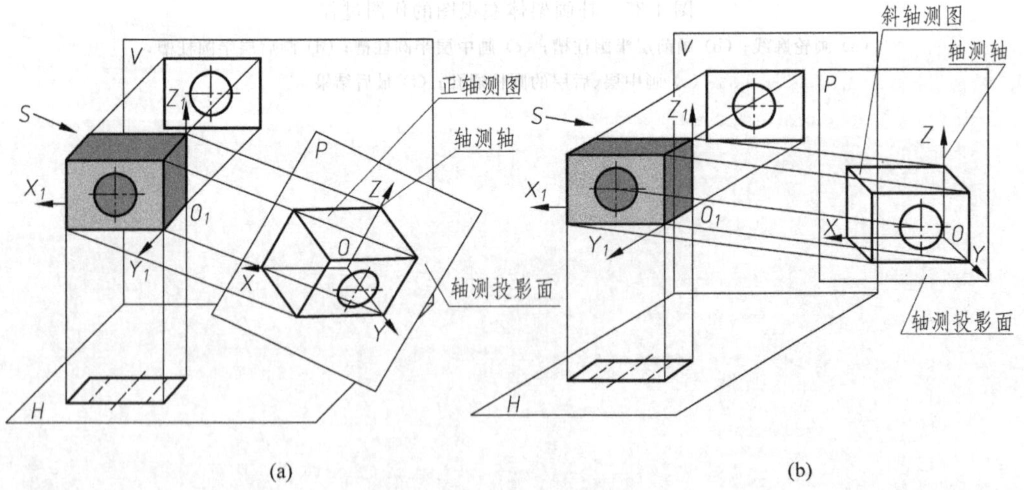

图 5-2 轴测图的形成

(a) 正轴测投影；(b) 斜轴测投影

5.1.2 轴间角及轴向伸缩系数

在图 5-2 中，投影面 P 称为轴测投影面。投射线方向 S 称轴测投影方向。直角坐标轴 O_1X_1、O_1Y_1、O_1Z_1 在轴测投影面上的投影 OX、OY、OZ 称为轴测轴。

1. 轴间角

轴间角即两根轴测轴之间的夹角。如图 5-2 所示 $\angle XOY$、$\angle XOZ$、$\angle YOZ$ 称为轴间角。随着坐标轴、投射方向与轴测投影面相对位置不同，轴间角的大小也会不同。

2. 轴向伸缩系数

轴测轴上的投影长度与相应空间坐标轴上的实际长度之比。分别称为沿 X、Y、Z 三个方向的轴向伸缩系数，并依次用 p、q、r 表示。即 OX 轴向伸缩系数：$p=ox / o_1x_1$；OY 轴向伸缩系数：$q=oy / o_1y_1$；OZ 轴向伸缩系数：$r=oz / o_1z_1$。

5.1.3　轴测图的分类

轴测图分正轴测图和斜轴测图两大类。当投射线方向垂直于轴测投影面时，得到的轴测图称为正轴测图；当投射线方向倾斜于轴测投影面时，得到的轴测图称为斜轴测图。

根据不同的轴向伸缩系数，每类又分为等测图、二测图、三测图三种。

1. 正轴测图

(1) 正等轴测图(简称正等测)：$p_1=q_1=r_1$。

(2) 正二轴测图(简称正二测)：$p_1= r_1\neq q_1$，或 $p_1= q_1\neq r_1$ 或 $r_1= q_1\neq p_1$。

(3) 正三轴测图(简称正三测)：$p_1\neq q_1\neq r_1$。

2. 斜轴测图

(1) 斜等轴测图(简称斜等测)：$p_1=q_1=r_1$。

(2) 斜二轴测图(简称斜二测)：$p_1= r_1\neq q_1$，或 $p_1= q_1\neq r_1$ 或 $r_1= q_1\neq p_1$。

(3) 斜三轴测图(简称斜三测)：$p_1\neq q_1\neq r_1$。

工程上用得较多的是正等轴测图和斜二轴测图，因此本书重点介绍这两种轴测图。

5.2　正等轴测图

5.2.1　正等轴测图的轴间角及轴向伸缩系数

当轴测投影方向垂直于轴测投影面，物体上三条坐标轴与轴测投影面倾斜角度相同时(即三坐标轴的轴向伸缩系数相等)，这样得到的投影图就是正等轴测图。正等测的轴间角 $\angle XOY=\angle XOZ=\angle YOZ=120°$ 各轴向伸缩系数相等，即 $p_1=q_1=r_1\approx 0.82$，为简化作图，通常采用轴向伸缩系数为 1，如图 5-3 所示。这样画出的正等测图三个轴向的尺寸都扩大了，为原尺寸的 1/0.82≈1.22 倍，$p=q=r=1$ 称为简化伸缩系数。

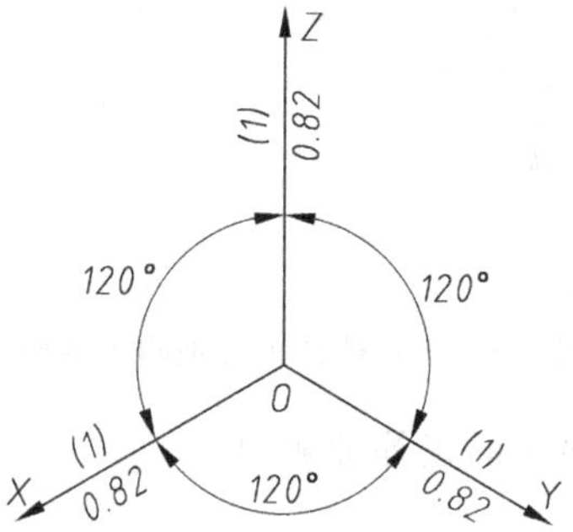

图 5-3　正等轴测图的轴间角与轴向伸缩系数(括号内为简化伸缩系数)

5.2.2　平面立体的正等轴测图

绘制平面立体轴测图的基本方法是坐标法，根据立体表面上各顶点的坐标值，画出它们的轴测投影，然后顺次连接各顶点的轴测投影。对于立体表面上平行于坐标轴的轮廓线，一定要保持平行关系，并可以在该线上直接量取尺寸。

作图步骤：

(1) 形体分析。确定空间坐标轴和坐标原点。坐标轴和坐标原点的选择应以作图简便为原则，一般选物体的对称中心线、轴线、主要轮廓线为坐标轴。

(2) 画轴测轴。

(3) 画图。一般先画上，再画下，先画前，再画后，不可见线一般不画。

(4) 检查。去掉多余线、描深。

【例 5-1】　画正六棱柱的正等轴测图（图 5-4）。

作图步骤：

(1) 形体分析，确定坐标轴。正六棱柱的顶面与底面是相同的正六边形水平面，选择顶面中心作为坐标原点 O，并确定坐标轴 OX、OY、OZ，如图 5-4(a)所示。

(2) 画出轴测轴 OX 、OY、OZ，在 OX 轴上从 O 点量取 OⅠ$=O$Ⅳ$=a/2$，在 OY 轴上量取 OⅦ$=O$Ⅷ$=b/2$，如图 5-4(b)所示。

(3) 过点Ⅶ、Ⅷ作 OX 轴的平行线，分别以其为中点、按长度 $c/2$ 量得Ⅱ、Ⅲ和Ⅵ、Ⅴ点，并连接成六边形；再过Ⅵ、Ⅰ、Ⅱ、Ⅲ各点向下作 OZ 轴的平行线，在各线上量取高 h 得到底面正六边形的可见点，如图 5-4(c)所示。

(4) 连接底面各可见点，擦去多余作图线，加深可见轮廓线，完成正六棱柱的正等轴测图，如图 5-4(d)所示。

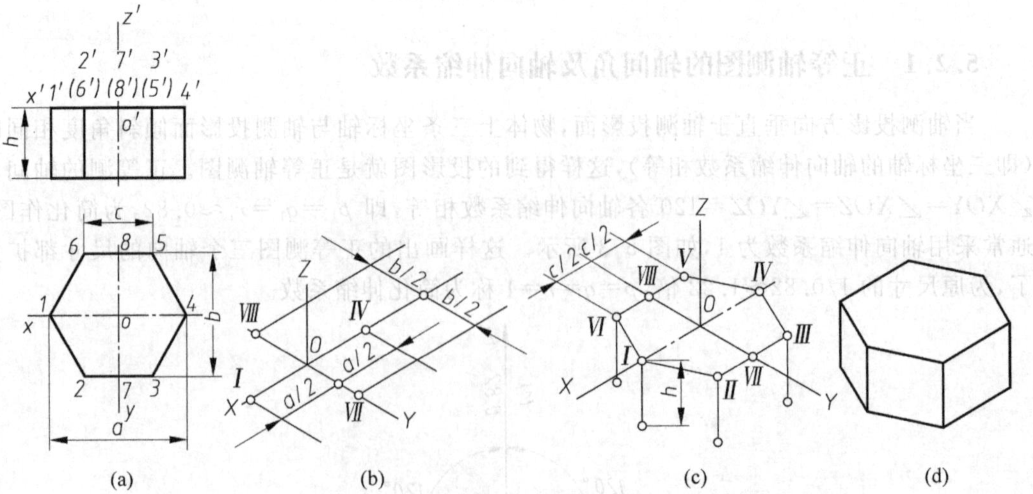

图 5-4　正六棱柱正等轴测图的画法

【例 5-2】　作图 5-5 所示垫块的正等轴测图。

作图步骤：

(1) 形体分析，确定坐标轴。由图 5-5 垫块的三面投影图分析可知，垫块是由长方体

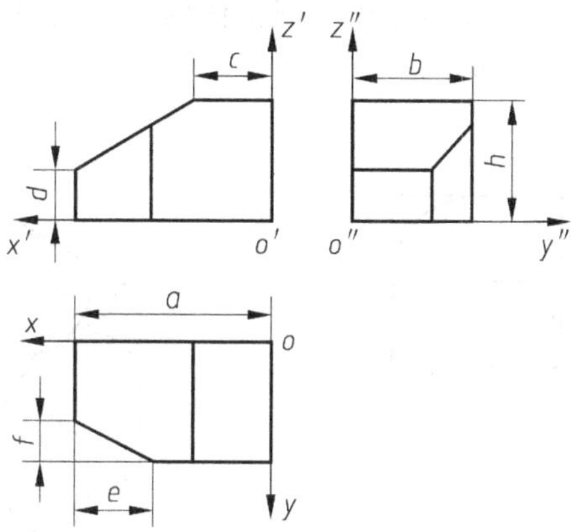

图 5-5　垫块的三面投影图

被一个正垂面和一个铅垂面切割而成。所以可先画出长方体的正等轴测图，然后按切割法，把长方体上需要切割掉的部分逐个切下去，即可完成垫块的正等轴测图。坐标轴见图 5-5。

(2) 作轴测轴。按尺寸 a、b、h 画出尚未切割时的长方体的正等轴测图，如图 5-6(a)所示。

(3) 根据三视图中尺寸 c 和 d 画出长方体左上角被正垂面切割掉一个三棱柱后的正等轴测图。如图 5-6(b)所示。

(4) 在长方体被正垂面切割后，再根据三视图中的尺寸 e 和 f 画出左前角被一个铅垂面切割掉的三棱柱后的正等轴测图。如图 5-6(c)所示。

(5) 擦去作图线，加深，作图结果如图 5-6(d)所示。

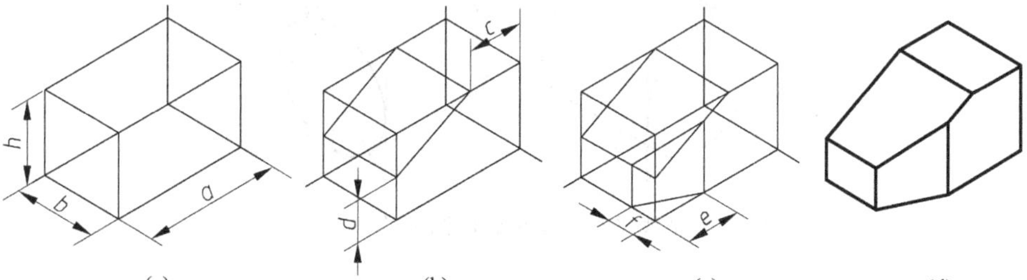

(a)　(b)　(c)　(d)

图 5-6　作垫块的正等轴测图

5.2.3　回转体的正等轴测图

1. 圆的正等轴测图

1) 投影分析

平行于坐标面的圆的正等测投影都是椭圆。图 5-7 所示为当以立方体上的三个不可见的平面为坐标面时，在其余三个平面内的内切圆的正等轴测图，从图中可以看出：①三个椭圆的形状和大小一样，但方向各不相同。②各椭圆的短轴与相应菱形(圆的外切正方形的轴测投影)的短对角线重合，其方向与相应的轴测轴一致，该轴测轴就是垂直于圆所在平面的坐标轴的投影。由此可以推出：在圆柱体和圆锥体的正等轴测图中，其上下底面椭圆的短轴与轴线在一条线上，如图 5-8 所示。

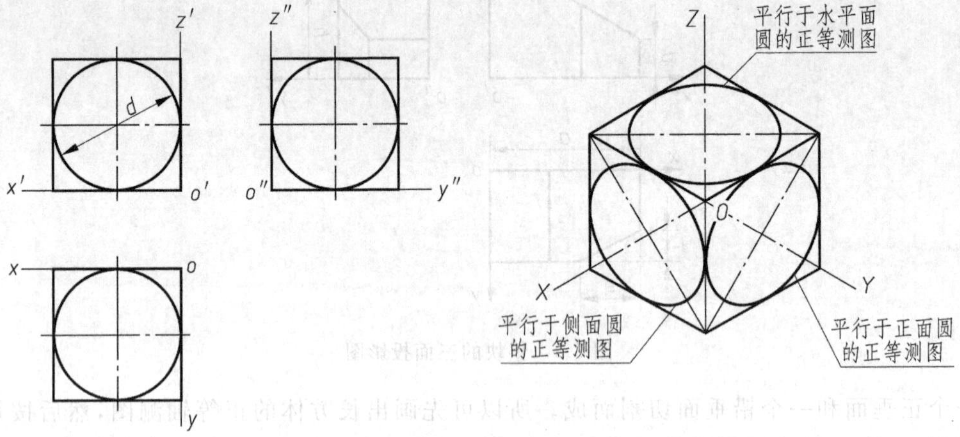

图 5-7　平行于坐标面的圆的正等轴测投影

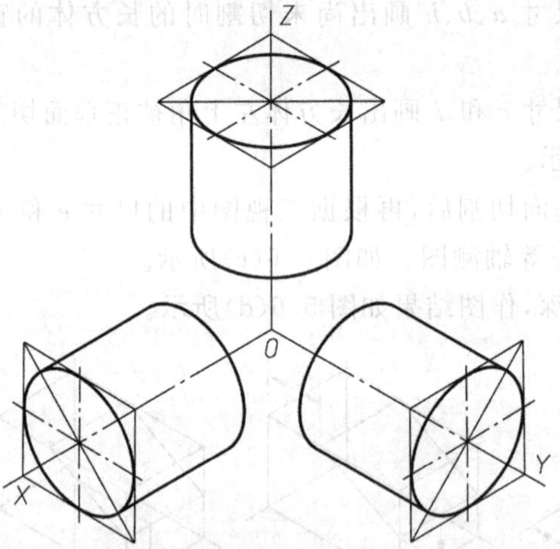

图 5-8　轴线平行于坐标轴的圆柱的正等轴测图

2）圆的正等轴测图的画法

为简化作图，椭圆一般用四段圆弧代替。由于这四段圆弧的四个圆心是根据椭圆的外切菱形求得的，因此也叫菱形四心法。如图 5-9 以平行于 *XOY* 坐标面的圆的正等测投影为例说明这种画法。

作图步骤：

(1) 以圆心 *O* 为坐标原点，两中心线为坐标轴 *OX*、*OY*。作圆的外切正方形 *efgh*，得切点 *a*、*b*、*c*、*d*，如图 5-9(a)所示。

(2) 画轴测轴 *OX*、*OY*，以圆的直径为边长，作菱形 *EFGH*，其邻边分别平行于两轴测轴。如图 5-9(b)所示。

(3) 分别作菱形两钝角的顶点 *E*、*G* 与其两对边中点的连线 *ED*、*EC* 和 *GA*、*GB*(亦为菱形各边的中垂线)，其连线交于 1、2 两点，由此得到 *E*、*G*、1、2 四点，即分别为四段圆弧的圆心。如图 5-9(c)所示。

(4) 分别以 E、G 为圆心，以 ED 长为半径，画大圆弧 CD 和 AB。分别以 1、2 为圆心，以 $1D$ 长为半径，画小圆弧 AD、BC，即完成作图。如图 5-9(d)所示。

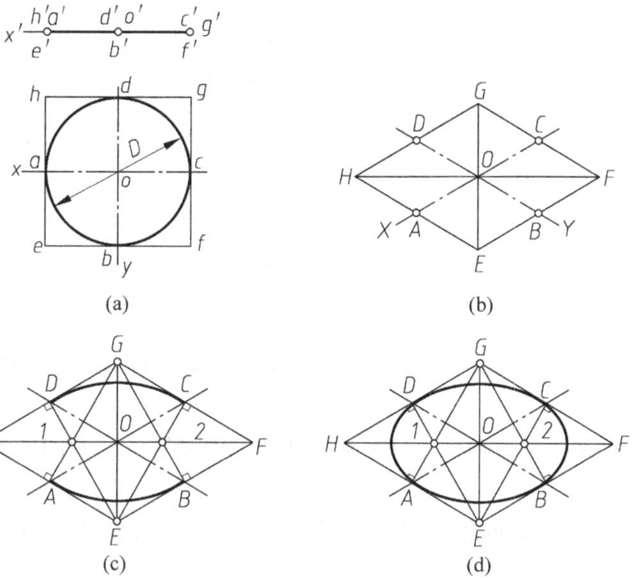

图 5-9　四心法作圆的正等测图

从图 5-9(d)中可以看出，椭圆的长、短轴与菱形的长、短对角线重合，且△OAE 为正三角形，$OE=OA=R$(圆的半径)，因此，椭圆的作图可以简化如图 5-10(a)、(b)、(c)所示。

同理可画出平行于 XOZ 面和 YOZ 面圆的等轴测图，如图 5-10(d)、(e)所示。

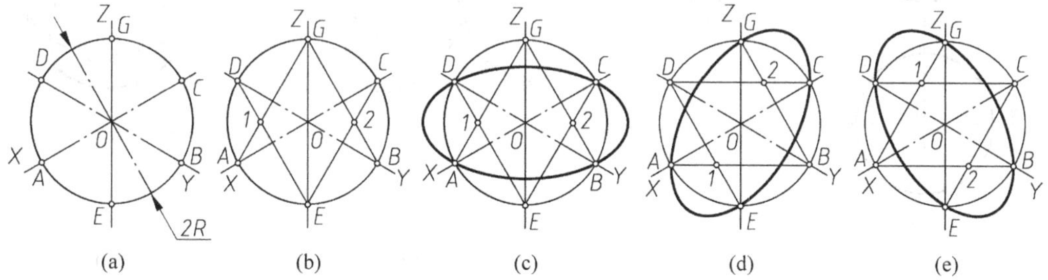

图 5-10　圆的正等轴测图的简化画法

2. 圆柱体的正等测图

【例 5-3】　画圆柱切割体的正等测图(图 5-11)。

作图步骤：

(1) 画出圆柱顶面和底面椭圆，根据切割高度尺寸画出椭圆，如图 5-11(b)所示。

(2) 根据尺寸画出切割剩余部分轴测图，如图 5-11(c)所示。

(3) 擦去多余线，描深，如图 5-11(d)所示。

3. 圆球的正等测图

【例 5-4】　画圆球的正等测图(图 5-12)。

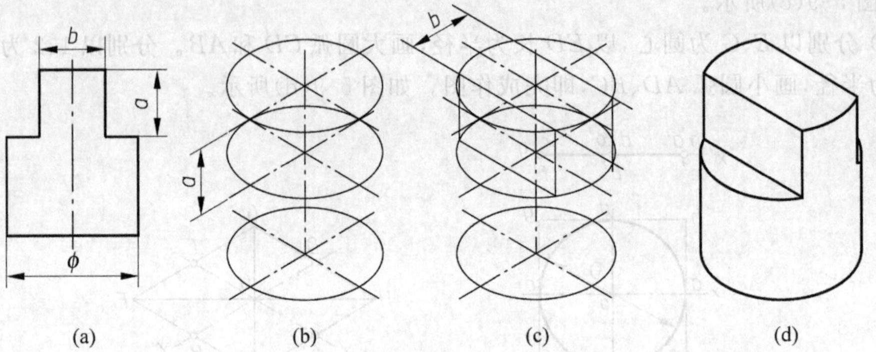

图 5-11　圆柱切割体的正等测图画法

作图步骤：

(1) 在正投影图中选择圆心为坐标原点 O，并确定坐标轴 OX、OY、OZ，如图 5-12(a) 所示。

(2) 画出投影轴 OX、OY、OZ，并分别画出球的三面投影——圆的轴测投影，如图 5-12(b) 所示。

(3) 画出球的三面投影的轴测投影的外切圆，擦去多余作图线，描深，即完成球的正等轴测图，如图 5-12(c) 所示。

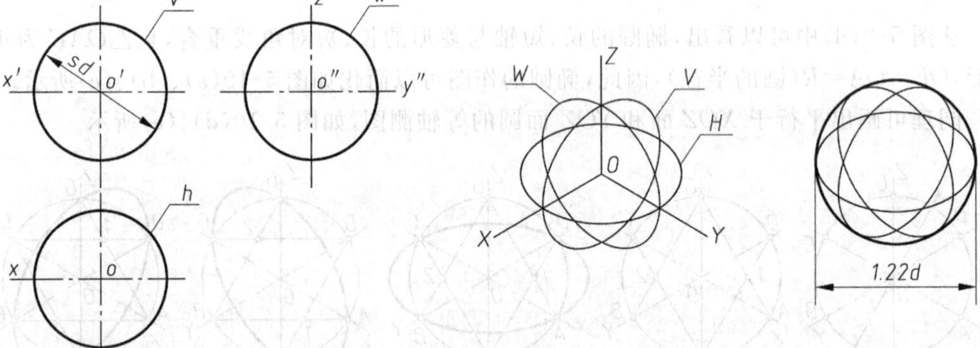

图 5-12　圆球正等测图的画法

5.2.4　组合体的正等轴测图

画组合体轴测图时，首先也要进行形体分析，弄清形体的组成情况，由哪些基本体按何种形式组合，相互位置关系如何，在结构形状上又表现出哪些特点等，然后按相对位置逐个画出各组成部分的正等轴测图，再按组合方式完成其正等轴测图。

【例 5-5】　画支架的正等测图(图 5-13)。

作图步骤：

(1) 在投影图上选取坐标原点 O，并确定坐标轴 OX、OY、OZ，如图 5-13(a) 所示。

(2) 画出投影轴 OX、OY、OZ 及底板Ⅰ，立板Ⅱ，如图 5-13(b)所示。

(3) 按四心近似画法画出立板Ⅱ的椭圆，如图 5-13(c)所示。

(4) 按四心近似画法画出底板Ⅰ圆柱孔的轴测图，如图 5-13(d)所示。

(5) 画出底板上的圆角，其作图方法如图 5-13(e)所示。

(6) 然后在立板前面按照投影图画出肋板Ⅲ，如图 5-13(f)所示。

(7) 擦去多余作图线，加深，完成轴承座的正等轴测图，如图 5-13(g)所示。

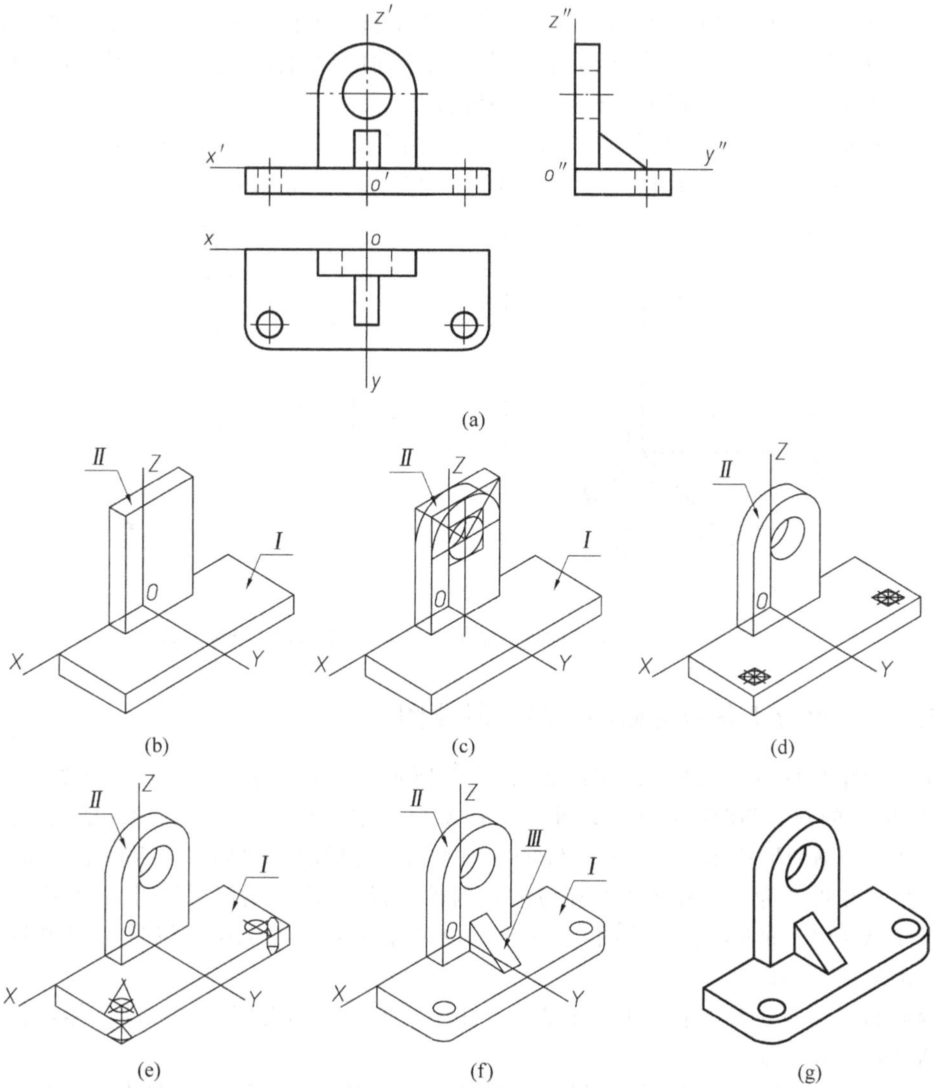

图 5-13　支架的正等测图画法

对于切割型组合体，可以认为由基本体逐步切割而成，其画图步骤体现切割的顺序。图 5-6 垫块的画法就是如此。

5.3 斜二轴测图

5.3.1 斜二轴测图的轴间角及轴向伸缩系数

如图 5-14 所示，将坐标轴 O_1Z_1 铅垂放置，并使 $X_1O_1Z_1$ 坐标面平行于轴测投影面，当投射方向与三个坐标轴都不平行时，得到的轴测图就是斜轴测图。轴测轴 X 和 Z 仍为水平方向和铅垂方向，轴向伸缩系数 $p_1=r_1=1$，物体上平行于坐标平面 $X_1O_1Z_1$ 的直线、曲线和平面图形，在轴测图上反映实形，而沿轴测轴 Y 的方向的轴向伸缩系数 q_1，可随着投射方向的变化而变化，当 $q_1\neq1$ 时即为一种斜二测轴测图。

本节只介绍一种一般常用的斜二轴测图。如图 5-14 所示，斜二轴测轴的轴间角和轴向伸缩系数，$\angle XOZ=90°$，$\angle YOZ=135°$，$\angle XOY=135°$，$p_1=r_1=1$，$q_1=0.5$。

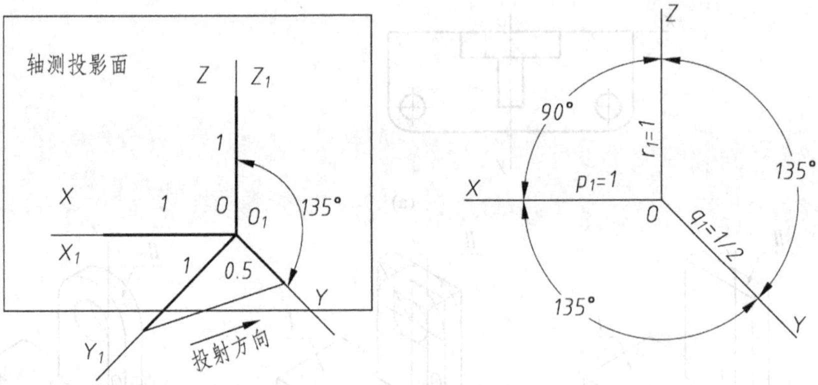

图 5-14　斜二轴测图的轴测轴的形成、轴间角和轴向伸缩系数

5.3.2 平行于各坐标面圆的斜二轴测图

平行于坐标面的圆的斜二测图，如图 5-15 所示。由斜二轴测图的特点可知：平行于 $X_1O_1Z_1$ 的圆的斜二测图反映实形；而平行于 $X_1O_1Y_1$、$Y_1O_1Z_1$ 两坐标面的圆的斜二测图为椭圆；这些椭圆的形状相同，但长、短轴的方向不同。它们的长轴都和圆所在坐标面内某一坐标轴所成角度约为 7°。短轴不与相应的轴测轴平行，且作图烦琐。如图 5-16 所示，作出了平行于 $X_1O_1Y_1$ 面圆的斜二测图，平行于 $Y_1O_1Z_1$ 面圆的斜二测画法与图 5-16 相同，只是长短轴的方向不同而已。

因此斜二测图一般用来表达只在某一互相平行的平面内有圆或圆弧的立体，通常是平行于 $X_1O_1Z_1$ 坐标面。

平行于 $X_1O_1Y_1$ 坐标面的圆的斜二轴测图画法，如图 5-16 所示，作图步骤如下：

(1) 定长、短轴方向和椭圆上四点。画圆的外切正方形的斜二测投影，与 OX、OY 相交得中点 1、2、3、4；作长轴 AB，使与 OX 轴成 7°10′；作短轴 $CD\perp AB$。如图 5-16(a)所示。

(2) 定四圆弧中心。在 CD 的延长线上取 $O5=O6=d$，5、6 即大圆弧中心；连 52、61，它们与长轴的交点 7、8 即小圆弧中心。如图 5-16(b)所示。

(3) 画大小圆弧。以 5、6 为中心，52 为半径，画大圆弧；以 7、8 为中心，71 为半径，画小圆弧。如图 5-16(c)所示。

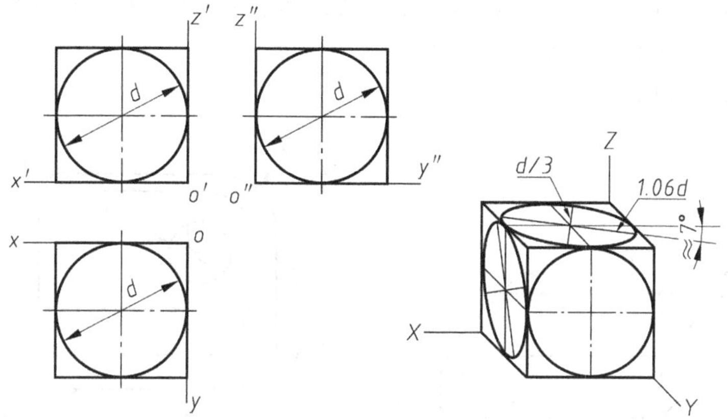

图 5-15　平行于坐标面圆的斜二测投影

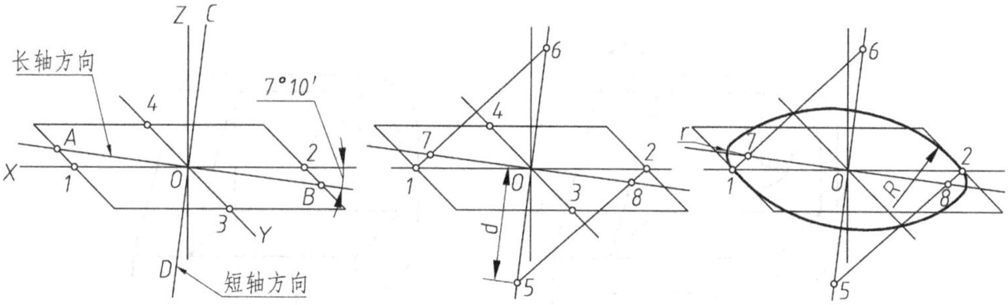

(a)　(b)　(c)

图 5-16　平行于 $X_1O_1Y_1$ 坐标面的圆的斜二轴测图画法

5.3.3　斜二轴测图画法举例

【例 5-6】　作图 5-17 所示组合体的斜二轴测图。

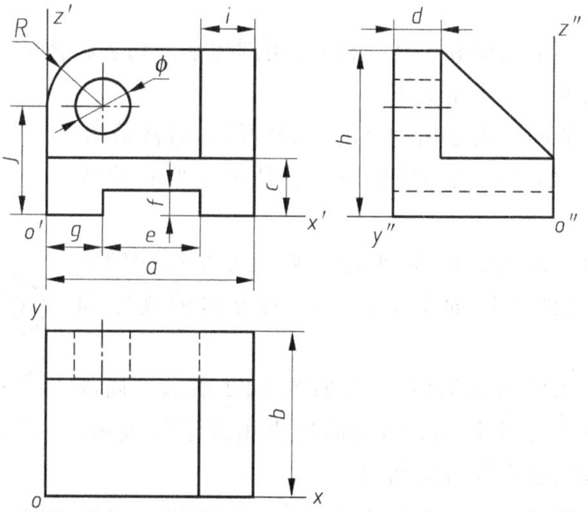

图 5-17　组合体的三面投影图

(1) 形体分析，确定坐标轴。组合体由一块底板、一块竖板和一块支撑三角板叠加而成，可先画底板，再画竖板，最后画支撑板。

(2) 作图过程如图 5-18 所示。

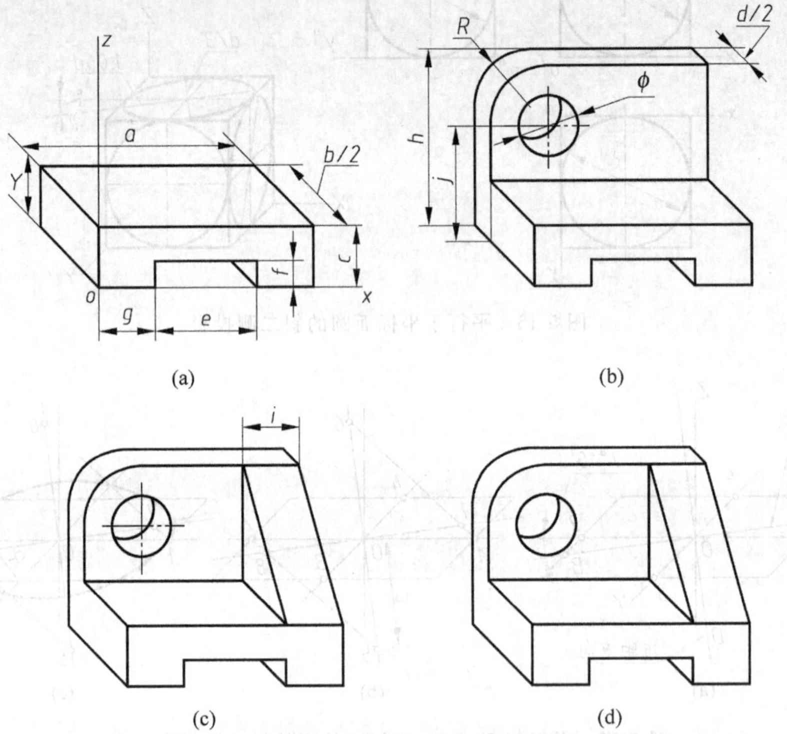

图 5-18　组合体的斜二测图

(a) 画底板；(b) 画竖板；(c) 画肋板；(d) 完成全图

5.4　轴测图中的剖切画法

为了表达物体的内部结构和形状，可假想用剖切平面切去物体的一部分，画成轴测剖视图。轴测图剖切画法的一些规定如下。

为了在轴测图上能同时表达出物体的内、外形状，通常采用平行于坐标面的两个互相垂直的平面来剖切物体，剖切平面一般应通过物体的主要轴线或对称面，如图 5-19 所示。

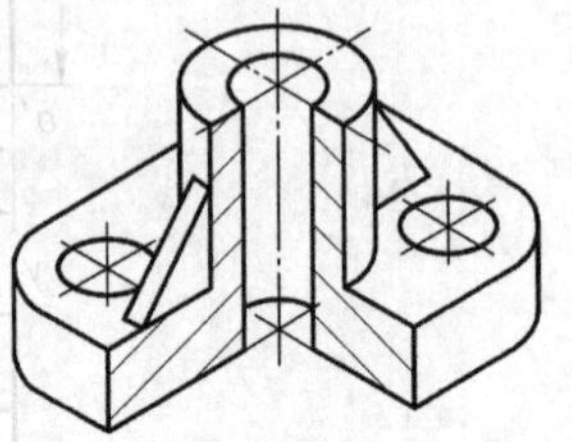

图 5-19　肋板的剖切画法

被剖切平面切出的截断面上，应画剖面线(互相平行的细实线)，平行于各坐标面的截断面上的剖面线的方向的规定如图 5-20 和 5-21 所示。

可根据表达需要采用局部剖切方法，如图 5-22 所示。局部剖的剖切平面也应平行于坐标面；断裂面边界用波浪线表示，并在可见断裂面上画出细点代替剖面线。

当剖切平面平行地通过物体的肋或薄壁等结构的纵向对称面时，这些结构上都不画剖面符号，而用粗实线将它与相邻部分分开，如图 5-23 所示。

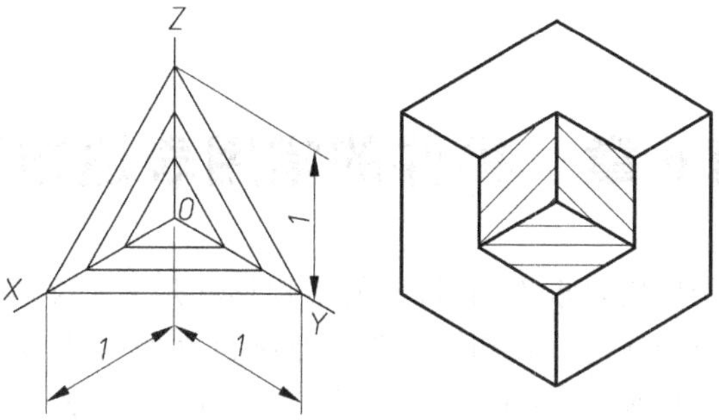

(a)　　(b)

图 5-20　正等轴测图的剖面线方向

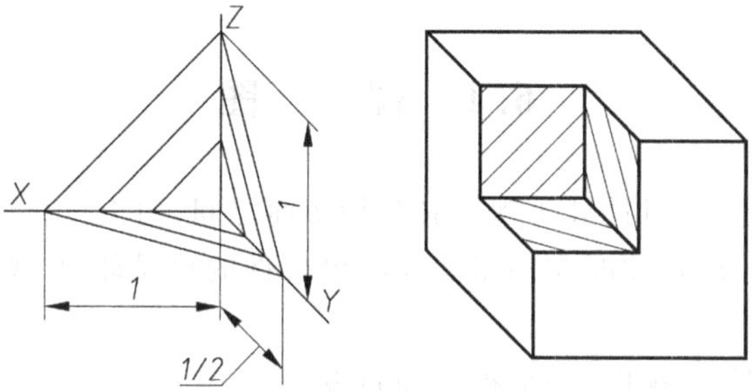

(a)　　(b)

图 5-21　斜二轴测图的剖面线方向

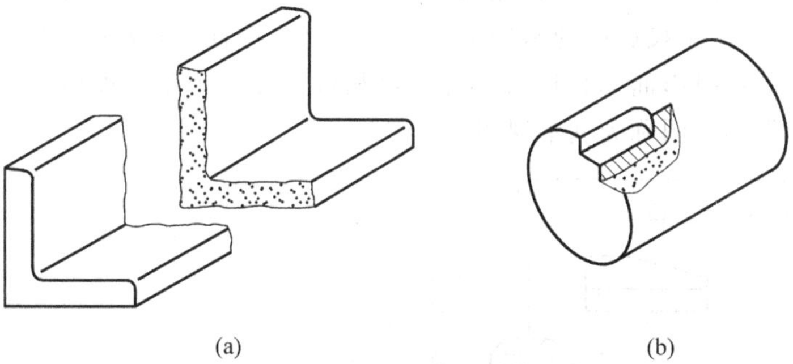

(a)　　(b)

图 5-22　轴测图中折断或局部断裂时剖面画法

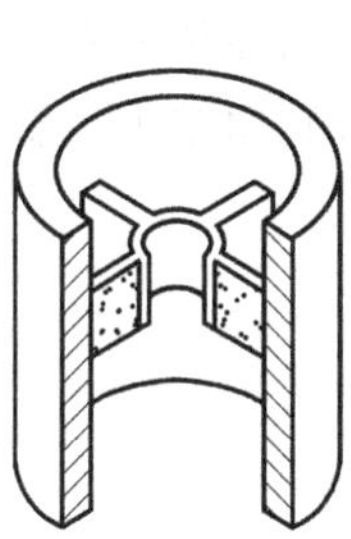

图 5-23　肋板的剖切画法

在轴测装配图中，当剖切平面通过轴、销、螺栓等实心零件的轴线时，这些零件应按未剖切绘制。

第6章　机件的常用表达方法

在生产实际中，由于使用要求不同，机件的结构形状是多种多样的，当机件的结构形状比较复杂时，仅仅采用组合体的三视图表达就很难把机件的内外形状表达清楚，为此，国家标准《机械制图》中的“图样画法”(GB/T 4458.1—2002)规定了各种画法——视图、剖视图、断面图、局部放大图、简化和规定画法等，这些方法是正确绘制和阅读机械图样的基本条件。

在绘制工程图样时，应先考虑看图方便，根据物体的结构特点，选用适当的表达方法。在完整、清晰地表示机件形状结构的前提下，力求绘图简便。

6.1　视　　图

根据国家标准规定，使机件处于观察者与投影面之间，用正投影法将机件向投影面投射所得的图形称为视图。画视图时应用粗实线画出机件的可见轮廓，必要时才用虚线画出机件的不可见轮廓。

视图分为基本视图、向视图、局部视图和斜视图。

6.1.1　基本视图

对于结构形状较为复杂的机件，用三个视图不能清楚地表达机件右面、底面和后面的形状时，则可根据国标规定，在原有三个投影面的基础上再增加三个投影面，组成一个正六面体，该六面体的六个表面称为基本投影面，如图6-1所示。将机件放在六个基本投影面体系内，分别向基本投影面投射所得的视图称为基本视图。

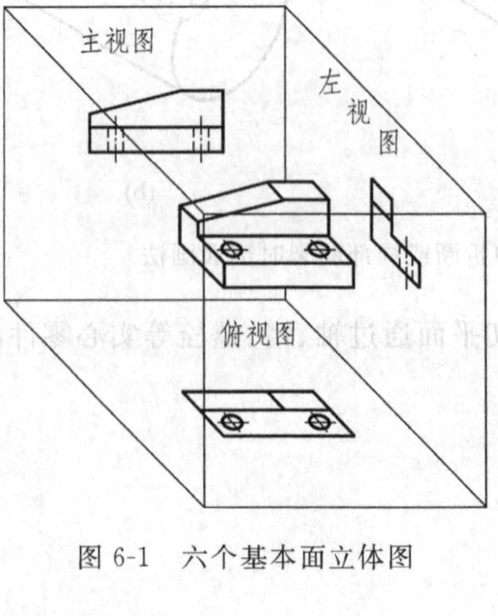

图6-1　六个基本面立体图

六个基本视图的名称及投射方向规定如下：

主视图——由前向后投射所得的视图；右视图——由右向左投射所得的视图；俯视

图——由上向下投射所得的视图；仰视图——由下向上投射所得的视图；左视图——由左向右投射所得的视图；后视图——由后向前投射所得的视图。

这六个视图为基本视图，展开方法如图 6-2 所示，投影面展开后，各视图之间仍然保持“长对正、高平齐、宽相等”的投影规律。配置关系如图 6-3 所示。

各基本视图按图 6-3 配置时，不标注各视图的名称。

实际绘图时，一般不需要将六个基本视图都绘出，而是根据机件的复杂程度和结构特点选择必要的基本视图。在完整、清晰地表达机件各部分形状和结构的前提下，使视图数量最少，力求制图简便，避免不必要的重复表达。

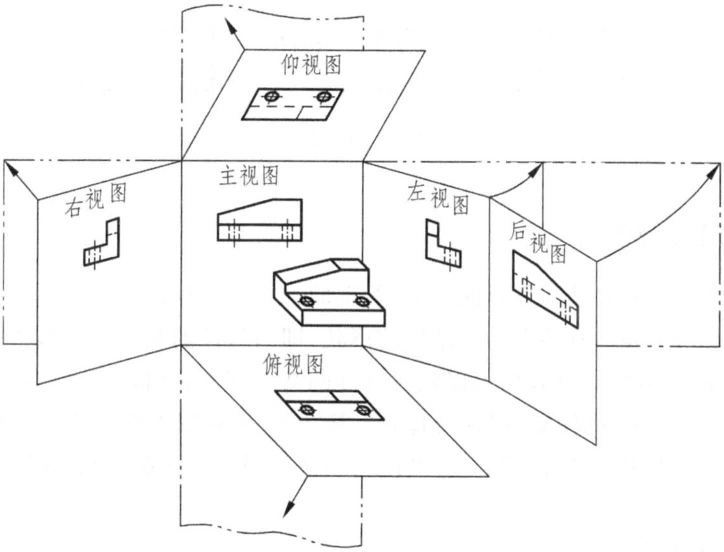

图 6-2　基本投影面及展开

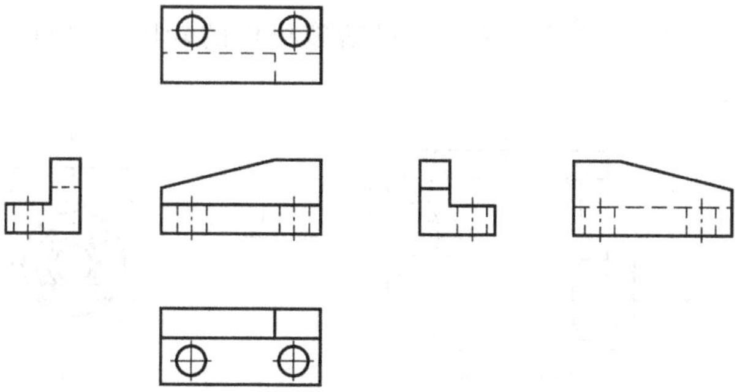

图 6-3　基本视图的配置

6.1.2　向视图

向视图是可自由配置的视图。

在实际绘图时，为了合理利用图纸，基本视图不能按规定的位置配置时，可采用向视图的表达方式。向视图必须进行标注。

(1) 在向视图的上方，用大写的拉丁字母（如 A、B、C 等）标出向视图的名称"×"，并在相应的视图附近用箭头指明投射方向，并标注相同的字母，如图 6-4 所示。

(2) 表示投射方向的箭头尽可能配置在主视图上，表示后视图的投射方向时，应将箭头配置在左视图或右视图上。

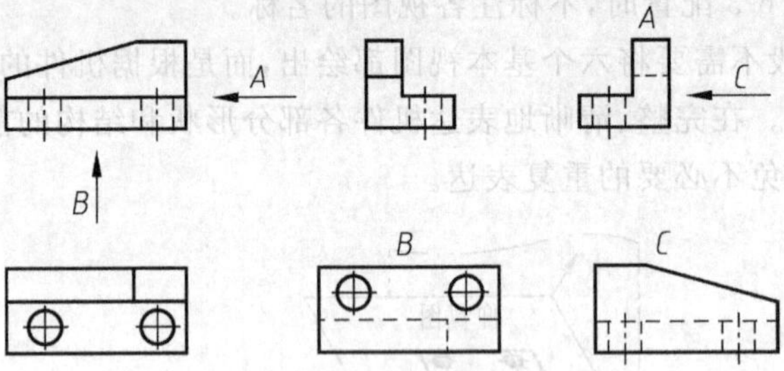

图 6-4　向视图

6.1.3　局部视图

将机件的某一部分向基本投影面投射，所得的视图称为局部视图。

局部视图常用于表达机件上局部结构的形状，即当机件的某一部分形状未表达清楚，又没有必要画出完整的基本视图时，可以只将机件的某一部分画出，已表达清楚的部分则不需要画出。如图 6-5 所示，机件左、右方凸起的形状在主、俯视图中均不反映实形，但又不必画出完整的左视图和右视图，所以用 A 向和 B 向局部视图表达凸起形状，这样图示简单明了、绘图简便。

1. 局部视图画法

画局部视图时，一般在局部视图上方标出视图的名称"×"，在相应视图附近用箭头标明投射方向，并注上同样字母。如图 6-5(a)所示。

用波浪线作为断裂线时，波浪线不应超过断裂机件的轮廓线，应画在机件的实体上，不可画在机件的中空处。

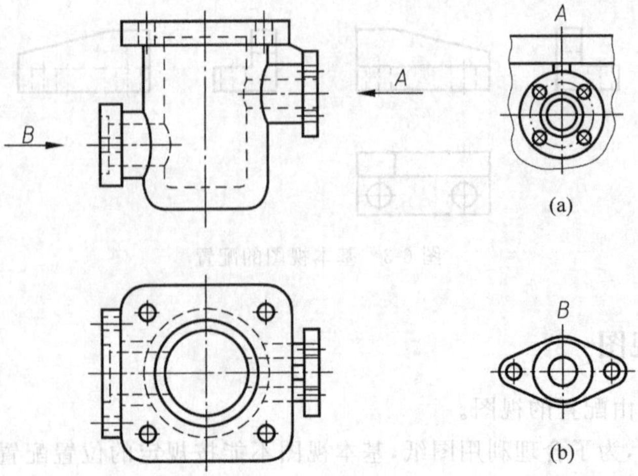

图 6-5　局部视图

当局部视图所表达的局部结构形状是完整的，且轮廓线又是封闭的图形时，则波浪线可省略不画，如图 6-5(b)所示。凸缘外轮廓是封闭图形，波浪线可以省略不画。

为看图方便，局部视图应尽量配置在箭头所指方向，并与原有视图保持投影关系。有时为了合理布图，也可把局部视图布置在其他适当位置。即局部视图可以按基本视图位置配置，也可按向视图的形式配置。

2. 局部视图标注

当局部视图按投影关系配置，中间又没有其他图形隔开时，可省略标注。如图 6-6 中的俯视图就是局部视图。

局部视图若不配置在基本视图位置上，则必须加以标注。标注的形式和向视图的标注方法一样，如图 6-5(a)、(b)所示。

6.1.4 斜视图

将机件向不平行于基本投影面的平面投射所得的视图称为斜视图。

如图 6-6 所示，主视图所示弯板右上部的倾斜部分，在主、俯视图中均不能反映该部分的实形。为了表达该部分的实形，利用换面法的原理，选择一个平行于倾斜结构部分且垂直于某基本投影面的辅助投影面，将倾斜结构部分向该辅助投影面投射得到的视图即为斜视图。

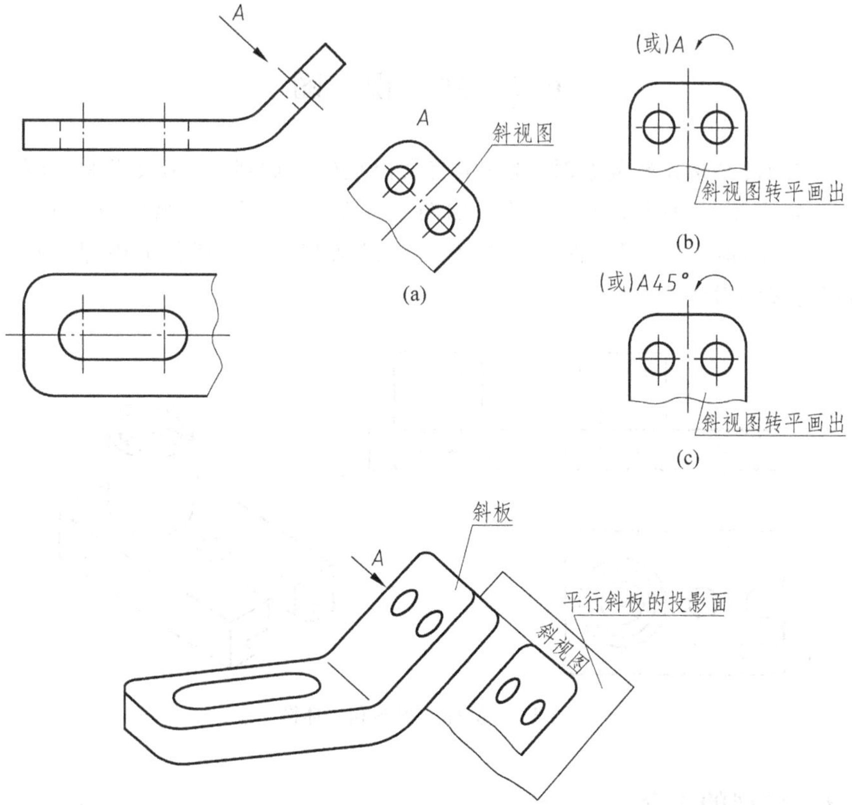

图 6-6　斜视图

1. 斜视图画法

斜视图只画出机件倾斜结构的部分，而原来平行于基本投影面的部分在斜视图中省略不画，断裂边界用波浪线表示，如图 6-6(a)所示。

斜视图一般按投射方向配置，保持投射关系。为了作图方便和合理利用图纸，也可以配置在其他适当位置，并将图形旋转，使图形的主要轮廓线或中心线成水平或垂直，如图 6-6(b)、(c)所示。

2. 斜视图标注

斜视图标注方法与向视图一样，如图 6-6(a)所示。

当图形旋转配置时必须标出旋转符号，如图 6-6(b)所示。

表示视图名称的字母应靠近旋转符号的箭头端，也允许将旋转角度值标在字母之后，如图 6-6(c)所示。

旋转符号的方向应与实际旋转方向相一致。旋转符号的尺寸和比例如图 6-7 所示。

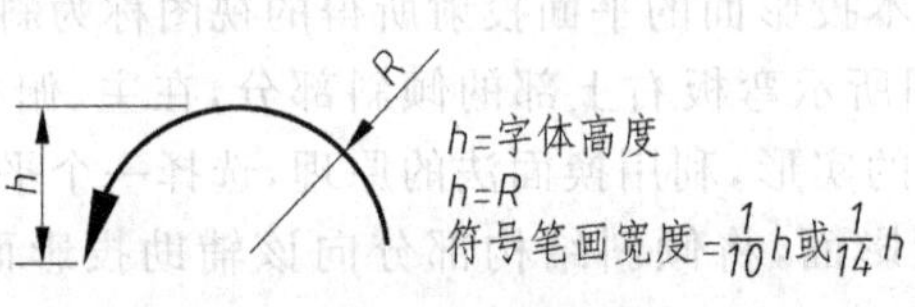

图 6-7 旋转符号的尺寸和比例

6.2 剖 视 图

当机件的内部结构比较复杂时，视图中就会出现较多虚线，这不仅影响视图清晰，给看图带来困难，也不便于画图和标注尺寸。如图 6-8 所示，为了表达物体内部的空与实的关系，机械制图国家标准规定了剖视图画法，该画法既清楚地表达机件的内部形状，又避免在视图中出现过多的虚线。

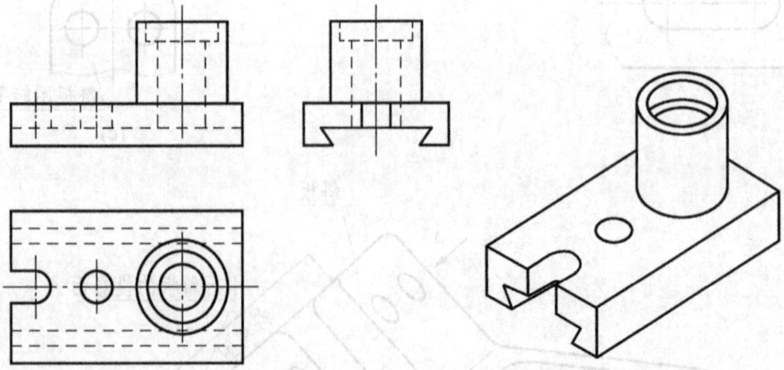

图 6-8 机件的视图和立体图

6.2.1 剖视的概念

假想用剖切面剖开机件，并将处在观察者和剖切面之间的部分移去，将剩余部分向投影面投射所得的图形称为剖视图，简称剖视，如图 6-9 所示。

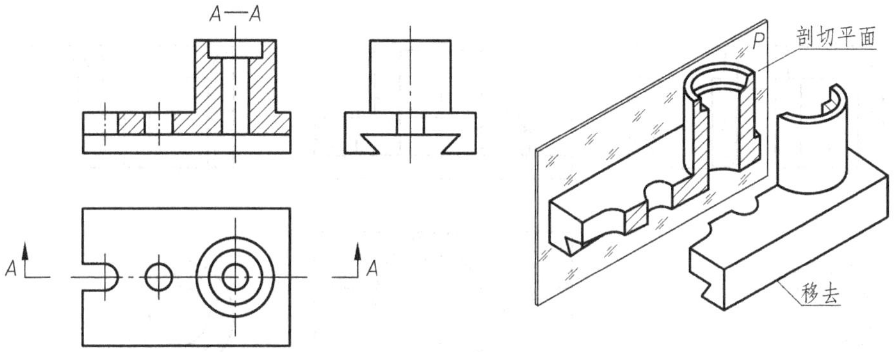

图 6-9　剖视图概念

6.2.2　剖视图的画法

为了清楚表达机件的内部形状，在选择剖切平面时，应选择平行相应投影面的平面，该剖切平面应通过机件的对称平面或回转轴线。如图 6-9 所示，剖切平面是正平面且通过机件的前后对称平面，即与俯视图的对称线重合。

由于剖切是假想的，所以当某个视图取剖视表达后，不影响其他视图，其他视图仍按完整的机件画出。如图 6-9 中主视图取剖视，俯视图和左视图完整画出。

在剖视图中，已表达清楚的结构形状在其他视图中的投影若为虚线，一般省略不画，但是未表达清楚的结构，允许画必要的虚线。

剖视图由两部分组成，一是机件和剖切面接触的部分，该部分称为剖面区域，另一部分是剖切面后边的可见部分的投影，如图 6-10 所示。

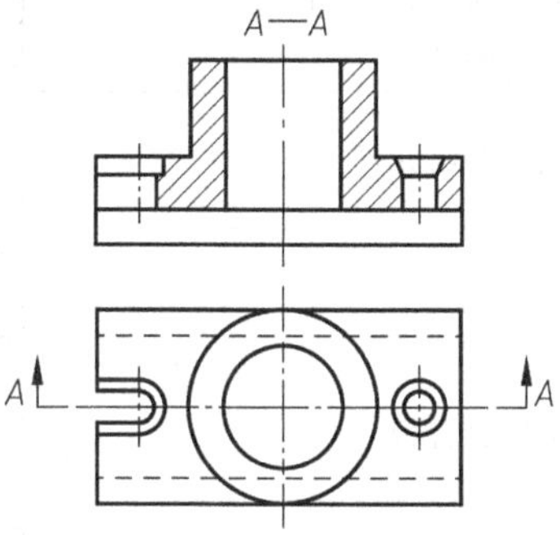

图 6-10　剖视图的画法

假想用剖切面剖开物体时，剖切面与物体的接触部分称为剖面区域。画剖视图时，为了区分机件的空心部分和实心部分，在剖面区域中要画出剖面符号。机件的材料不同，其剖面符号也不同，如表 6-1 所示。当不需在剖面区域中特别表示材料的类别时，可采用通用剖面线（金属材料）表示。通用剖面线的画法有以下几点规定：

（1）通用剖面线应以适当角度的细实线绘制，最好与主要轮廓成 45°角，当视图中的主要轮廓线与水平成 45°时，该图形的剖面线要画成与水平成 60°或 30°的平行线。

（2）同一物体的各个剖面区域，其剖面线画法应一致。相邻物体的剖面线必须以不同的方向或以不同的间隔画出。

（3）在保证最小间隔（一般为 0.9mm）要求的前提下，剖面线间隔应按剖面区域的大小选择。

（4）剖面区域内标注数字、字母等处的剖面线必须断开。

不要漏画或多画图线，如图 6-11 所示。

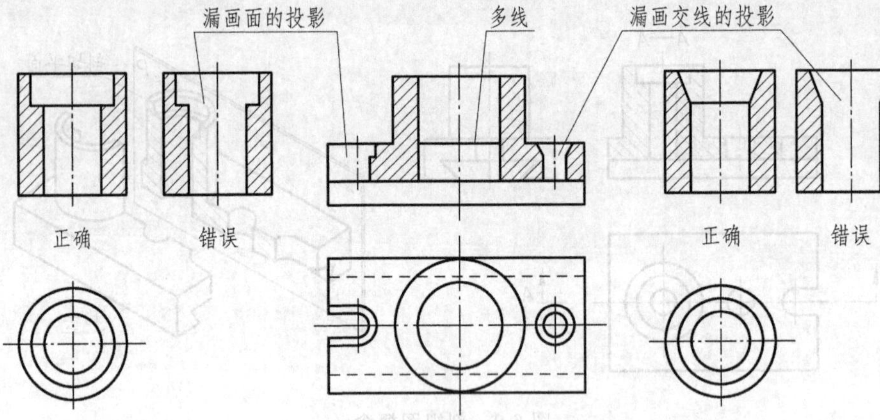

图 6-11　剖视图中漏线、多线的正误对比

表 6-1　常用剖面符号

材料名称	剖面符号	材料名称	剖面符号
金属材料(已有规定剖面符号者除外)	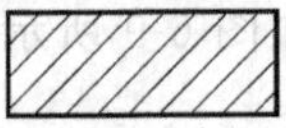	转子、电枢、变压器和电抗器等的叠钢片	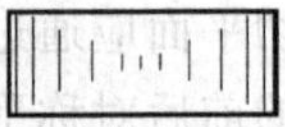
非金属材料(已有规定剖面符号者除外)	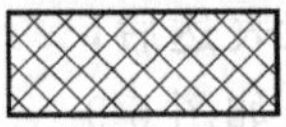	型砂、填砂、粉末冶金、砂轮、陶瓷刀片、硬质合金刀片等	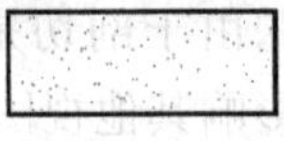
绕圈绕组元件	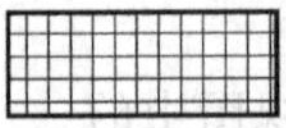	混凝土	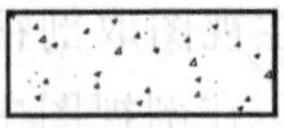
玻璃	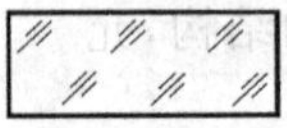	钢筋混凝土	
木质胶合板	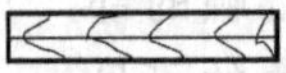	砖	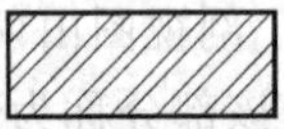
木材　纵断面		液体	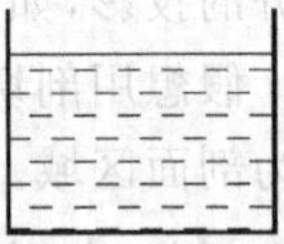
木材　横断面			

6.2.3　剖视图的标注

1. 剖切位置

在相应的视图上用剖切符号(宽 1～1.5*d*,长约 5～10mm 的断开粗实线)表示剖切位置,并注上相同的大写拉丁字母。注意:剖切符号不能与图形的轮廓线相交。

2. 投射方向

机件被剖切后应指明投射方向,表示投射方向的箭头则应画在剖切符号的起、讫处。注意箭头的方向应与看图的方向相一致。

3. 剖视图的名称

在剖视图的上方,用与表示剖切位置相同的大写拉丁字母标出视图的名称“×—×”,字母之间的短画线为细实线长度约为字母的宽度，如图 6-10 所示。

下列情况可以省略标注：

(1) 当剖视图按投影关系配置，中间又没有其他图形隔开时，则可省略箭头。如图 6-12 的俯视图。

(2) 当剖切面通过机件的对称平面，且剖视图按投影关系配置，中间没有图形隔开时，可省略标注，如图 6-12 的主视图所示。

6.2.4　剖视图的分类

剖视图按剖切机件范围的大小可分为全剖视图、半剖视图和局部剖视图。

1. 全剖视图

用剖切面完全地剖开机件所得的剖视图称为全剖视图。它主要用于外形简单，内部形状复杂且又不对称的机件，或其外部形状已在其他视图中表达清楚时可采用全剖视图来表达其内部结构。

(1) 全剖视图的画法。图 6-9 中的主视图、图 6-17 的俯视图等采用的都是全剖视图的画法。

(2) 全剖视图的标注。全剖视图的标注请参考前述 6.2.3 剖视图的标注。

2. 半剖视图

当机件具有对称平面时，向垂直于对称平面的投影面上投射所得的图形，可用对称中心线为界，一半画成剖视图，另一半画成视图，这种剖视图称为半剖视图。

1) 适用范围

机件内外结构形状都比较复杂，且具有对称结构的情况，可采用半剖视图的表达方法。

如图 6-12 所示，该机件的内外形状都比较复杂，若主视取全剖，则该机件前方的凸台将被剖掉，因此就不能完整地表达该机件的外形。由于该机件前后、左右对称，为了清楚地表达该机件顶板下的凸台及顶板形状和四个小孔的位置，将主视图和俯视图都画成半剖视图。

2) 半剖视图的画法

视图与剖视图的分界线必须是点画线，不能用粗实线，或其他类型线。

由于机件对称，如内部结构已在剖视部分表达清楚，在画视图部分时，表示内部形状的虚线一般省略不画。

画半剖视图时，剖视图部分的位置通常按以下习惯配置：主视图中位于对称线右边；俯视图位于对称线前边或右边；左视图中位于对称线右边。

3) 半剖视图的标注

半剖视图的标注与剖视图的标注相同。如图 6-12 所示，俯视图取半剖，剖视图在基本视图位置，与主视图之间无其他图形隔开，所以省略箭头。主视图取半剖视，因剖切平面通过对称平面，俯视图与主视图之间无其他图形隔开，标注省略。

特别注意：不能在中心线画出垂直相交的剖切符号，如图 6-13 所示。

3. 局部剖视图

用剖切面局部地剖开机件，所得的剖视图称为局部剖视图，如图 6-14 所示。局部剖视图的剖切位置及范围可根据实际需要而定，它是一种比较灵活的表达方法。运用得当，可使视图简明清晰。但在一个视图中过多选用局部剖视图，会给看图带来困难。选用时要考虑看图方便。

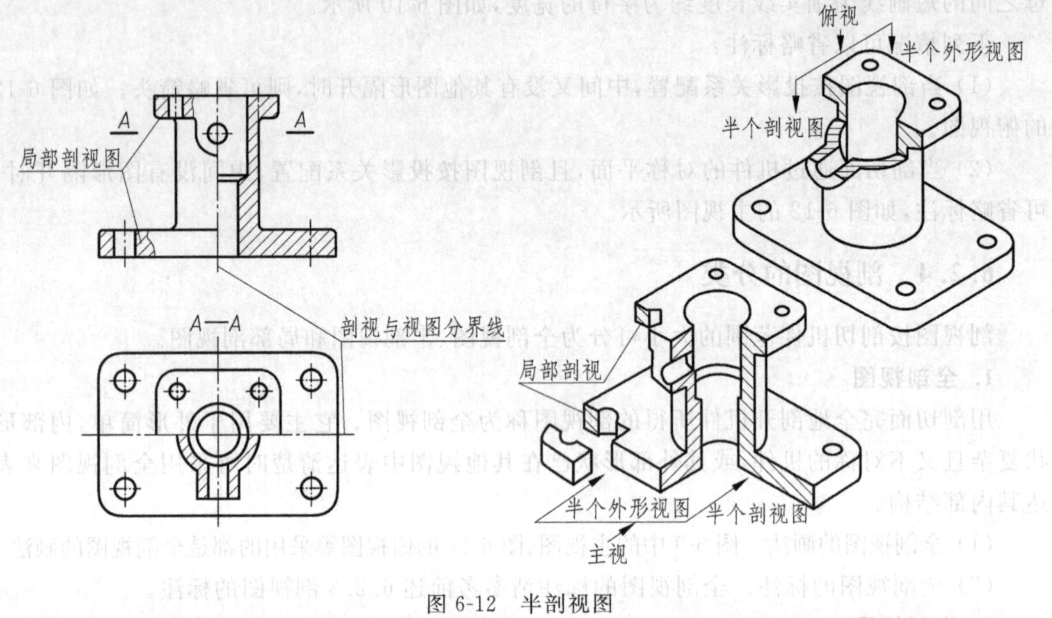

图 6-12　半剖视图

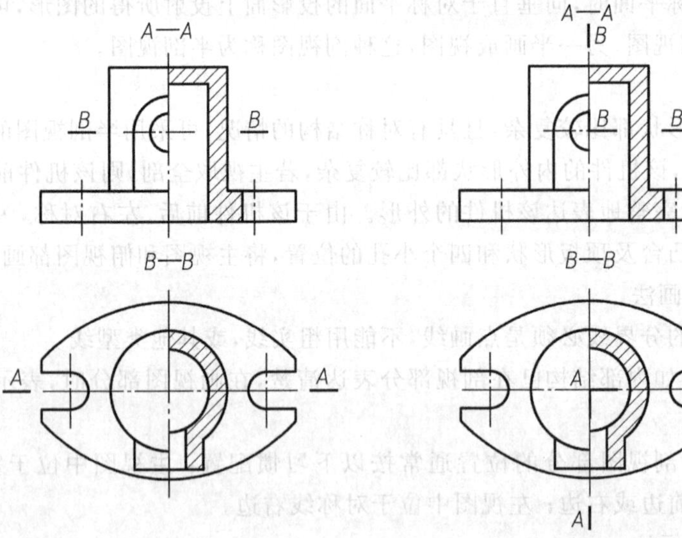

(a)　　(b)

图 6-13　半剖视图的标注

(a) 正确标注；(b) 错误标注

1) 适用范围

机件的局部内部形状或内外结构形状均需要表达，既不必采用全剖又不宜半剖时用局部剖视图。

2) 局部剖视图的画法

局部剖视图与视图之间用波浪线为界，如图 6-14 所示。波浪线不能与图样上其他图线重合或画在轮廓线的延长线上，如图 6-15(b)、(e)所示。

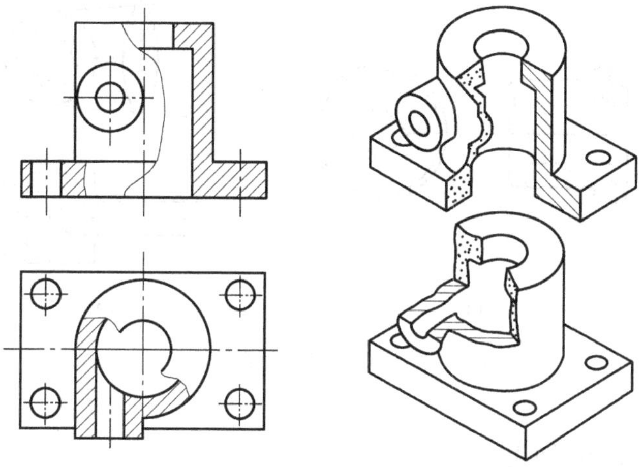

图 6-14　局部剖视图

波浪线相当于剖切部分断裂面的投影，因此波浪线不能穿越通孔、通槽或画在轮廓线以外，如图 6-15(c)、(g)。

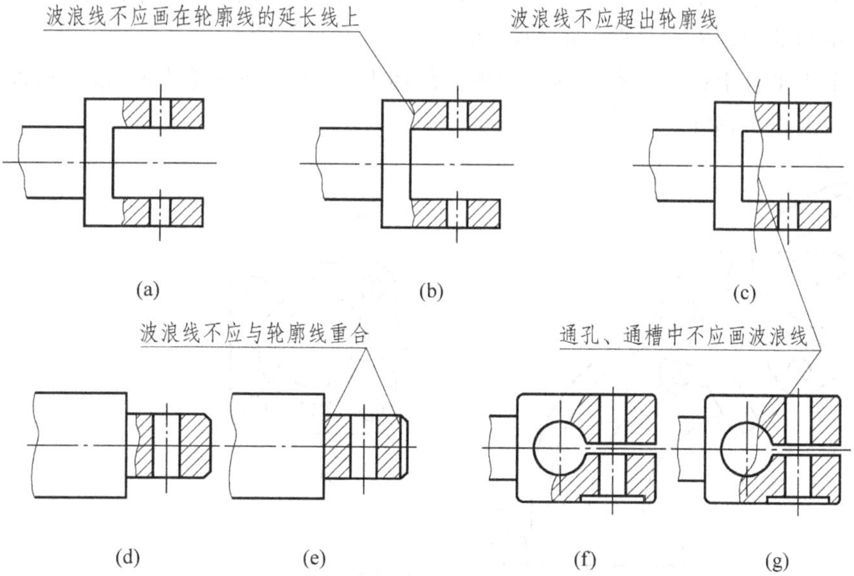

图 6-15　局部剖视图中波浪线的画法

(a) 正确；(b) 错误；(c) 错误；(d) 正确；(e) 错误；(f) 正确；(g) 错误

机件为对称图形，而视图的中心线与轮廓线重合时，不能采用半剖视图，要应采用局部剖视图表达，如图 6-16(a)所示。

当被剖切结构为回转体时，允许将该结构的中心线作为局部剖视图与视图的分界线，如图 6-16(b)所示。

3）局部剖视图的标注

局部剖视图的标注与全剖视图相同，但对剖切位置明显的局部剖视图，一般不必标注。

图 6-16　局部剖视图

6.2.5　剖切面的种类

根据机件的结构特点，剖开机件的剖切面可以有单一剖切面、几个平行的剖切面、几个相交的剖切面三种情况。

1. 单一剖切面

用一个平行于基本投影面的平面或柱面剖开机件，如前所述的全剖视图、半剖视图、局部视图所用到的剖切面都是单一的剖切面。

用一个不平行于任何基本投影面的单一剖切平面（投影面的垂直面）剖开机件得到的剖视图称为斜剖视图，如图 6-17 所示。

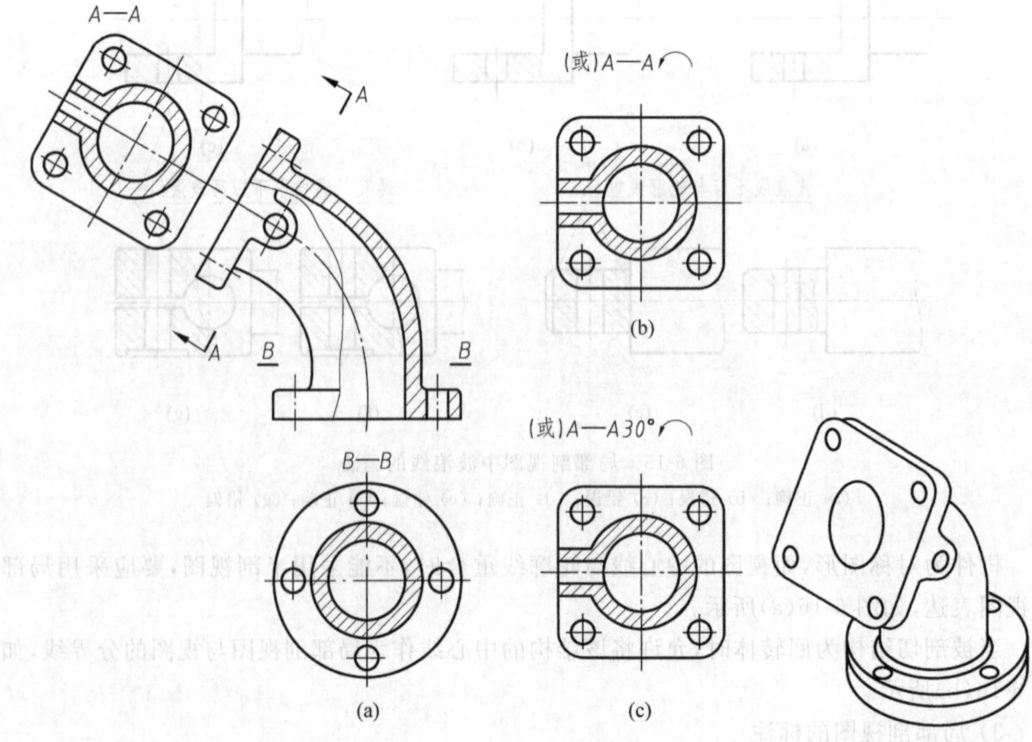

图 6-17　斜剖的全剖视图

斜剖视图一般用来表达机件上倾斜部分的内部结构形状，其原理与斜视图相同。

画斜剖视图时应注意：

(1) 用斜剖视图画图时，必须用剖切符号、箭头和字母标明剖切位置及投射方向，并在剖视图上方注明"×—×"，注意字母一律水平书写，如图 6-17 中的"A—A"所示。

(2) 斜剖视图最好按投射关系配置在箭头所指的方向上，如图 6-17(a)所示的 A—A 斜剖的全剖视图；为合理利用图纸和画图方便，也可以平移到其他适当位置并允许将图形旋转，但旋转后应在图形上方指明旋转方向并标注字母，如图 6-17(b)所示；也可将旋转角度标在字母之后，如图 6-17(c)所示。

(3) 当斜剖视图的主要轮廓线与水平线成 45°或接近 45°时，应将图形中的剖面线画成与水平线成 60°或 30°的倾斜线，倾斜方向要与该机件的其他剖视图中的剖面线方向一致。

2. 几个相交的剖切面——旋转剖视图

用几个相交的剖切平面(交线垂直于某一投影面)剖切机件的方法，称为旋转剖。

如果机件内部的结构形状仅用一个剖切面不能完全表达，且这个机件又具有较明显的主体回转轴时，可采用旋转剖。如轮盘、回转体类机件和某些叉杆类机件。

如图 6-18 所示，圆盘上分布的四个孔与左侧的凸台只用一个剖切平面不能同时剖切到。因此，用两个相交的剖切平面分别剖开孔和凸台，移去左边部分，并将倾斜的部分旋转到与侧平面平行后，再进行投射得到左视图。

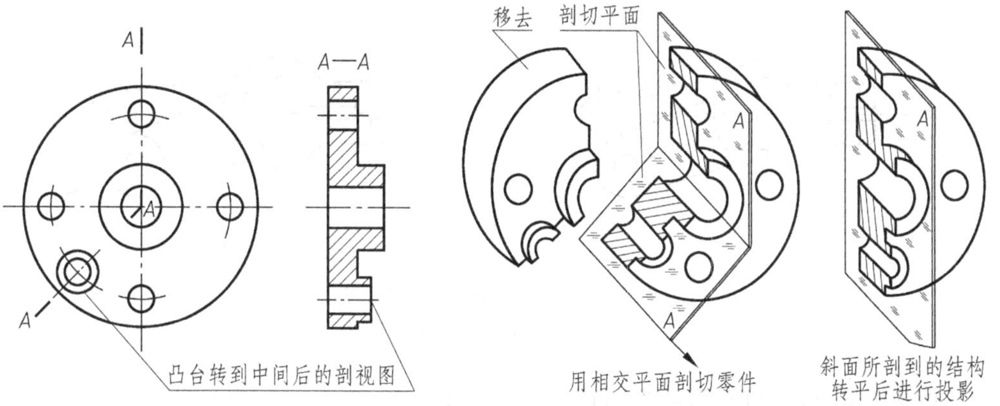

图 6-18　旋转剖的全剖视图(一)

1) 画旋转剖视图应注意的问题

(1) 剖切平面的交线应与机件上的某孔中心线重合。

(2) 倾斜剖切平面转平后，转平位置上原有结构不再画出，剖切平面后边的其他结构仍按原来的位置投射，如图 6-19 中的小孔就是按原来的位置画出的。

(3) 当剖切后产生不完整要素时，应将此部分结构按不剖绘制。如图 6-20 所示。

2) 旋转剖的标注

画旋转剖视图时，必须加以标注，即在剖切平面的起始、转折和终点处标出剖切符号及相同的字母；用箭头表示旋转和投射方向，并在旋转剖视图的上方标注相应的字母，如图 6-19 所示。

当转折处地方有限又不致引起误解时，允许省略字母。当剖视图按投射关系配置，中间

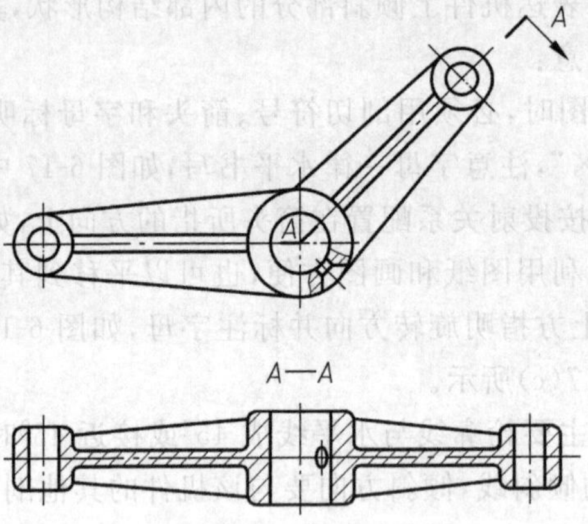

图 6-19　旋转剖的全剖视图(二)

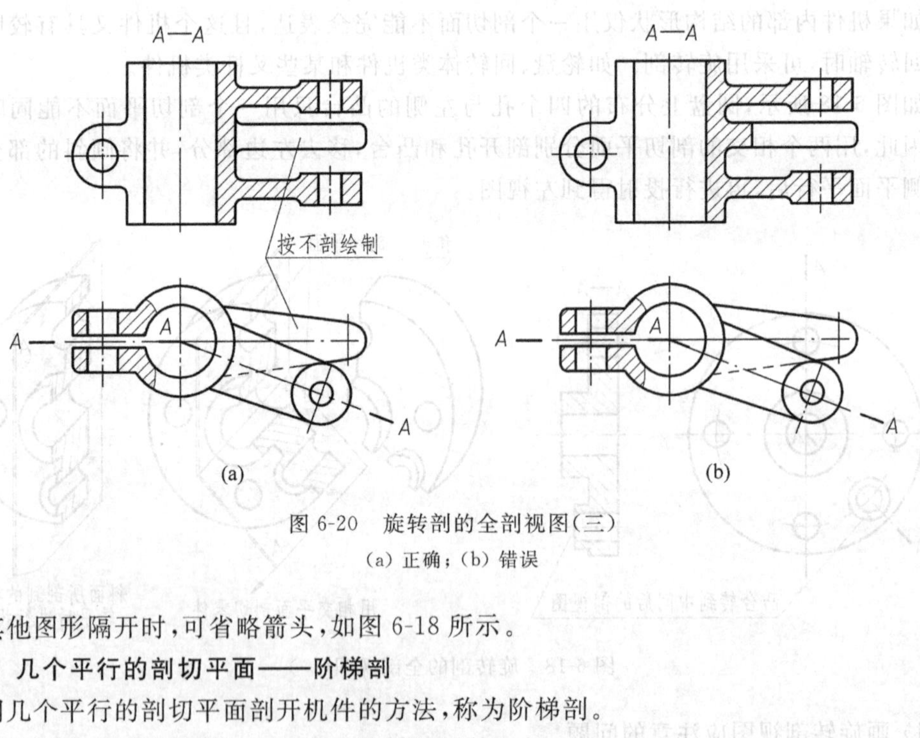

图 6-20　旋转剖的全剖视图(三)

(a) 正确；(b) 错误

又无其他图形隔开时,可省略箭头,如图 6-18 所示。

3. 几个平行的剖切平面——阶梯剖

用几个平行的剖切平面剖开机件的方法,称为阶梯剖。

阶梯剖多用于表达不具有公共回转轴的机件。

当机件上有较多孔、槽,且它们的轴线或对称面不在同一平面内,用一个剖切平面不可能把机件的内部形状完全表达清楚时,常采用阶梯剖。

如图 6-21 所示,机件上部的小孔与下部的轴孔用一个剖切平面是不能同时剖切到的。为此假想用两个互相平行的剖切平面分别剖开小孔和轴孔,移去左边部分,把所剖到的两部分合起来,向侧面投射即得到阶梯剖的全剖视图。

1) 画阶梯剖视图应注意的问题

(1) 在阶梯剖视图中剖切平面转折处不画任何图线,转折处不应与机件的轮廓线重合。

(2) 剖切平面不得互相重叠。

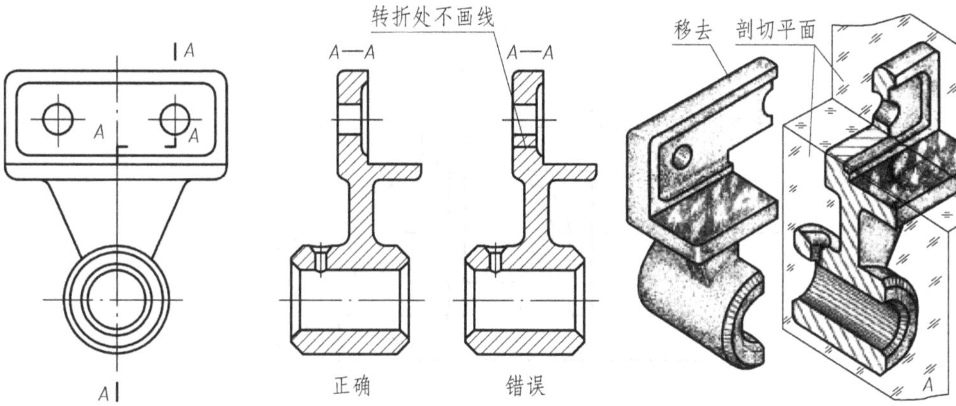

图 6-21 阶梯剖的全剖视图

(3) 剖视图中不应出现不完整的要素,只有当两个要素在图形上具有公共对称中心线或轴线时,可以各画一半,如图 6-22 所示。

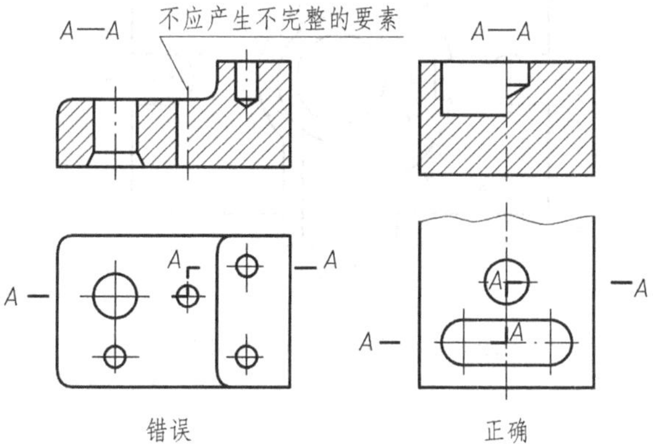

图 6-22 对称结构阶梯剖的画法

2) 阶梯剖视图的标注

画阶梯剖视图时必须标注,即在剖切平面的起讫和转折处(转折处必须是直角的剖切符号)画出剖切符号,标注相同字母,并在剖视图上方注出相应的名称"×—×",如图 6-21 所示。

6.2.6 剖视图的尺寸注法

机件采用了剖视后,其尺寸注法与组合体基本相同,但还应注意以下几点:

(1) 一般不应在虚线上标注尺寸。

(2) 在半剖或局部剖视图中,机件的结构可能只画一半或部分,这时应标注完整的形体尺寸,并且只在有尺寸界限一端画出箭头,另一端不画箭头。尺寸线应略超过对称中心线、圆心、轴线或断裂处的边界线。如图 6-23 中的 30、ϕ36、ϕ12、ϕ14 等。

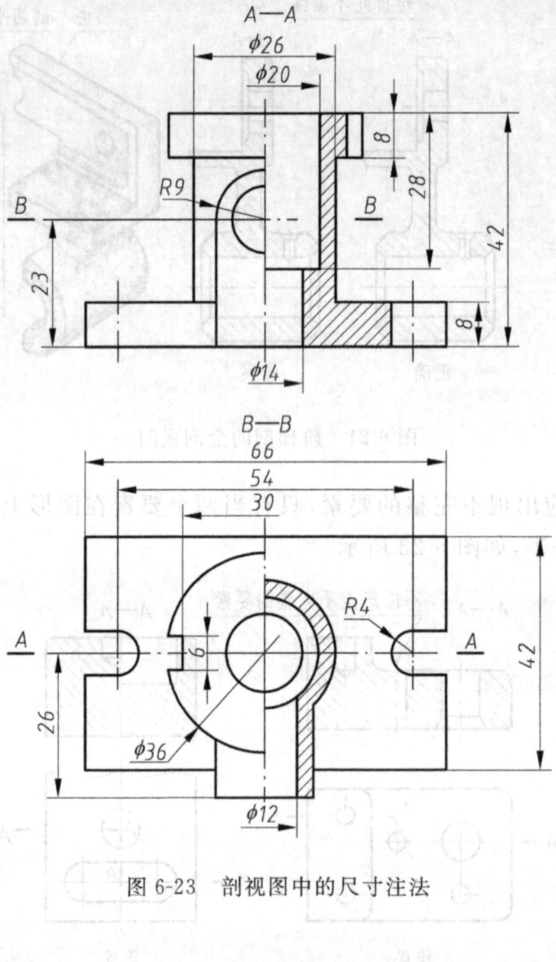

图 6-23 剖视图中的尺寸注法

6.3 断 面 图

6.3.1 基本概念

假想用剖切平面将机件某处切断，仅画出剖切平面与机件接触部分的图形，称为断面图，简称断面。为了得到断面结构的实形，剖切平面一般应垂直于机件的轴线或该处的轮廓线。

(1) 适用范围。断面图用来表达机件上的某些结构(如键槽、小孔、轮辐及型材、杆件的断面)，要比视图清晰、比剖视图简便。

(2) 断面图与剖视图的区别。断面图只画出断面的投影，而剖视图除画出断面投影外，还要画出断面后面机件留下部分的投影，如图 6-24 所示。

(3) 断面的种类。断面图分为移出断面和重合断面两种。

6.3.2 移出断面

画在视图轮廓线外的断面称为移出断面，如图 6-24 所示。

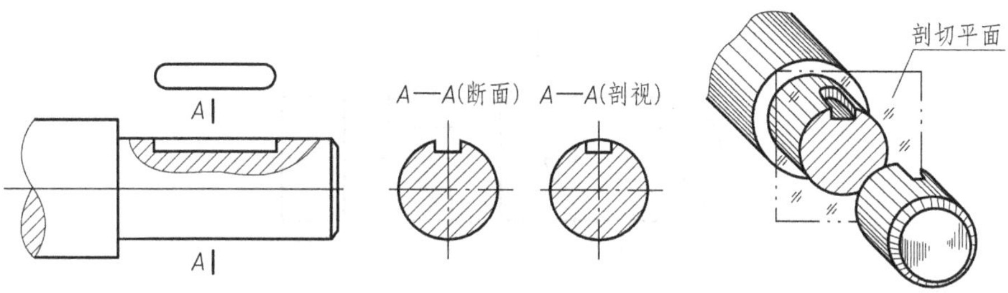

图 6-24　移出断面与剖视图的对比

1）移出断面的画法

移出断面的轮廓线用粗实线绘制，如图 6-24 所示。

移出断面图应尽量配置在剖切符号或剖切平面迹线(剖切平面与投影面的交线，也称剖切线，用细点画线表示)的延长线上，也可以按基本视图配置，或画在其他适当位置，如图 6-25 所示。

当剖切平面通过回转面形成的孔或凹坑的轴线时，这些结构应按剖视绘制，如图 6-25、图 6-26 所示。

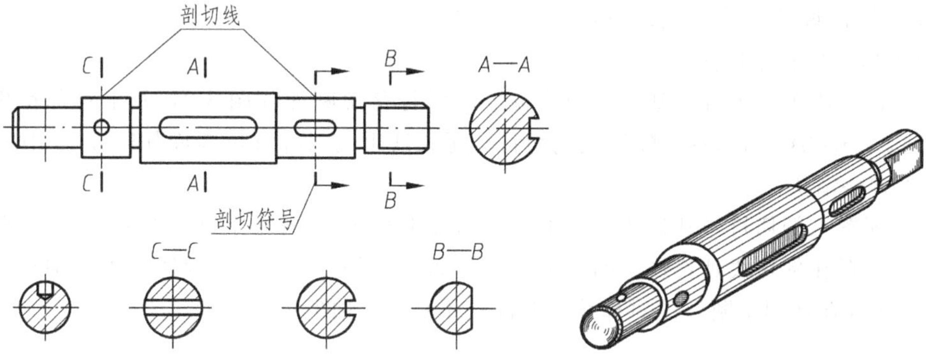

图 6-25　移出断面的配置

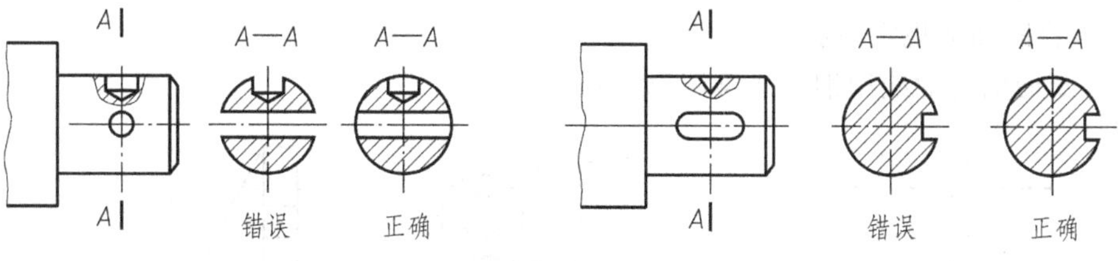

(a)　　(b)

图 6-26　剖切面通过圆孔、锥孔轴线的正误对比

当剖切平面通过非圆孔的某些结构，出现完全分离的两个断面时，则这些结构应按剖视绘制，如图 6-27 所示。

当移出断面对称时，断面可画在视图中断处，如图 6-28 所示。

移出断面由两个或多个相交的剖切平面剖切得出时，中间用断裂线断开，如图 6-29 所示。

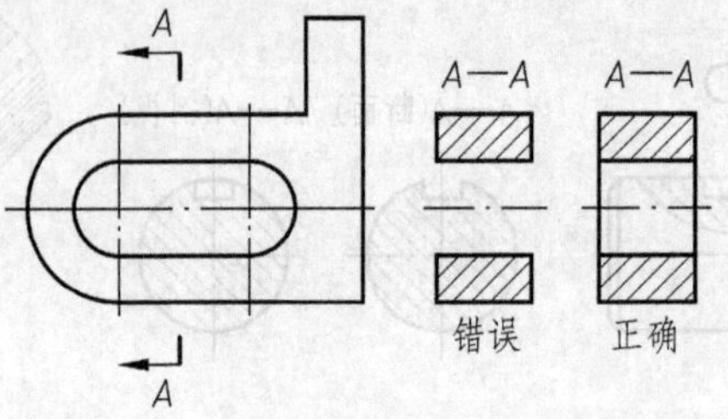

图 6-27　移出断面产生分离时的正误对比

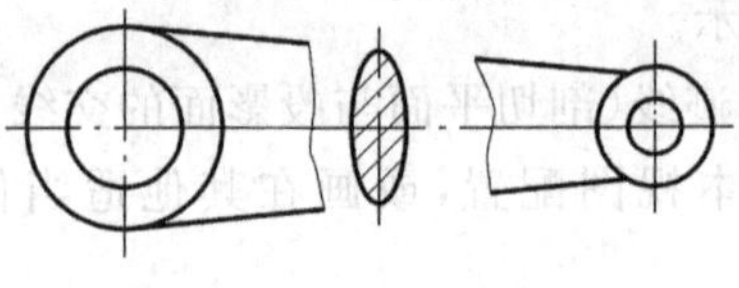

图 6-28　移出断面画在中断处

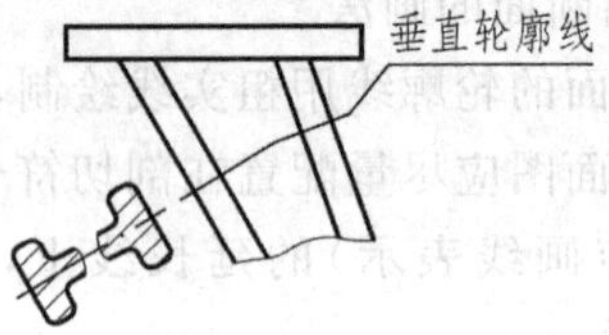

图 6-29　两相交剖切平面剖切的移出断面

2）移出断面的标注

移出断面的标注同剖视图，如图 6-25 中 *B*—*B* 断面。

以下情况可省略标注：

(1) 按投影关系配置在基本视图位置上的对称移出断面如图 6-24，及不对称移出断面如图 6-25 中的"*A*—*A*"，及不配置在剖切符号延长线上的对称移出断面如图 6-25 中的"*C*—*C*"，均可省略箭头。

(2) 配置在剖切符号延长线上的不对称的移出断面，可省略字母。如图 6-25 的键槽。

(3) 配置在剖切线延长线上的对称移出断面，如图 6-25 中剖切面通过小孔轴线的移出断面，及配置在视图中断处的对称移出断面均不标注，如图 6-28 所示。

6.3.3　重合断面

画在视图轮廓线之内的断面称为重合断面。

1）重合断面的规定画法

重合断面的轮廓线用细实线绘制，如图 6-30 所示。

(a)　(b)　(c)

图 6-30　重合断面画法

当视图的轮廓线与重合断面的轮廓线重合时，视图中的轮廓线仍应连续画出，不可间断，如图 6-30(a)所示。

当重合断面画成局部剖视图时可不画波浪线，如图 6-30(c)所示。

2) 重合断面的标注

对称的重合断面不必标注，如图 6-30(b)、(c)所示。

不对称的重合断面，用剖切符号表示剖切平面位置，用箭头表示投射方向，不必标注字母，如图 6-30(a)所示。

6.4 其他表达方法

6.4.1 局部放大图

为了清楚地表达机件上某些细小结构，将这部分结构用大于原图形的比例画出，画出的图形称为局部放大图。

局部放大图可画成视图、剖视图、断面图。它与被放大部分原来的表达方法及所采用的比例无关。局部放大图应尽量配置在被放大部位的附近。画局部放大图时，应在原图形上用细实线（圆或长圆）圈出被放大的部位。当机件上被放大的部位仅一处时，在局部放大图的上方只需注明所采用的比例，若同一机件上有几个放大的部位时，必须用罗马数字依次标明被放大的部位，并在局部放大图的上方标出相应的罗马数字和所采用的比例，如图 6-31所示。

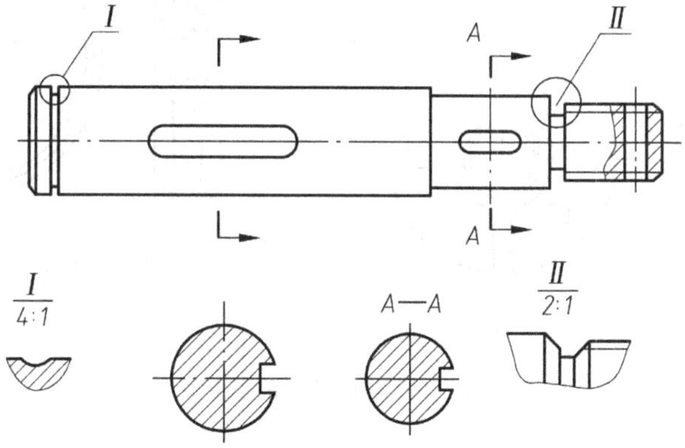

图 6-31 局部放大图

6.4.2 简化画法

若干直径相等且成规律分布的孔（圆孔、螺孔、沉孔、齿、槽等）可以画出一个或几个，其余只需用点画线表示其中心位置，但图中应注明孔及相同结构的总数，如图 6-32 所示。

当机件回转体上均匀分布的肋、轮辐、孔等结构不处于剖切平面上时，可将这些结构旋转到剖切平面上画出，如图 6-33 所示。

对于机件上的肋、轮辐及薄板等，当剖切平面通过肋板厚度的对称平面或轮辐轴线时（即按纵向剖切），这些结构在剖视图中不画剖面符号，而用粗实线与其相邻部分的结构分

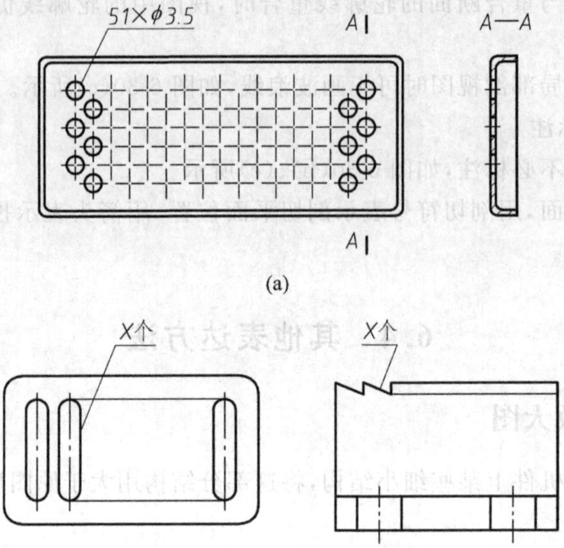

(a)

(b)

图 6-32　多孔及相同结构的简化画法

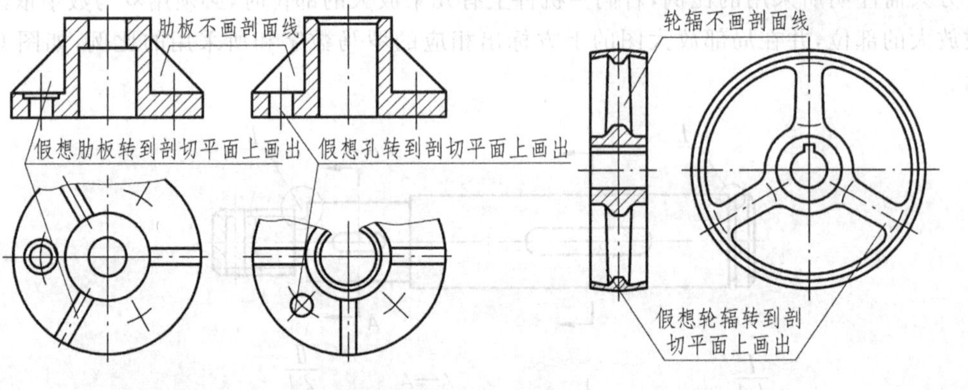

(a)　　(b)　　(c)

图 6-33　肋、轮辐及孔的简化画法

开，如图 6-33 所示。若非纵向剖切时，则画出剖面符号，如图 6-34 所示。

圆柱形法兰盘和类似机件上均匀分布的孔，可按图 6-35 所示的方法表示。

在不致引起误解时，过渡线、相贯线允许简化，如用圆弧或直线代替非圆曲线，如图 6-35、图 6-36 所示。

在不致引起误解时，对称机件的视图可只画一半或四分之一，并在中心线两端画出两条与其垂直的平行细实线，如图 6-37 所示。

平面结构在图形中不能充分表达时，可用平面符号（相交的两细实线）表示，若已有断面表达清楚可不画平面符号，如图 6-38(a)、(b)所示。

机件上较小的结构，如在一个图形中已表达清楚时，其他图形可简化或省略，如图 6-38(c)所示。

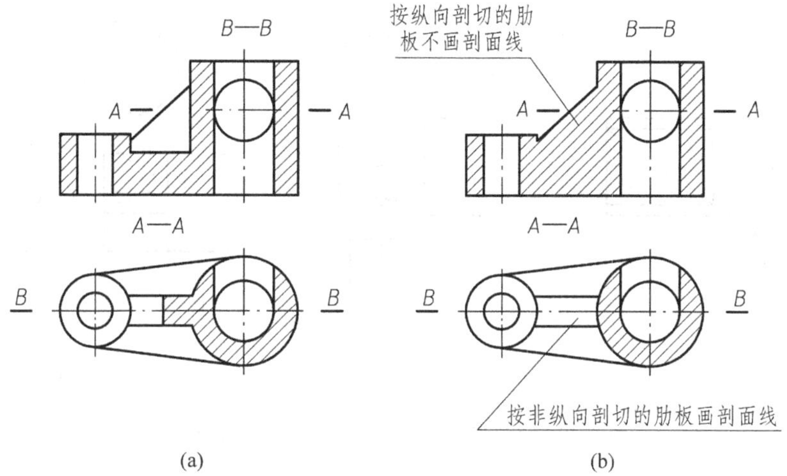

图 6-34　肋板剖切后剖面线的画法

(a) 正确；(b) 错误

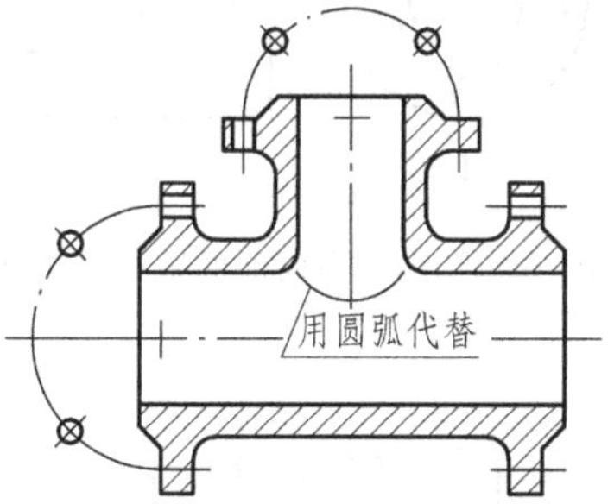

图 6-35　法兰盘上均匀分布的孔简化画法

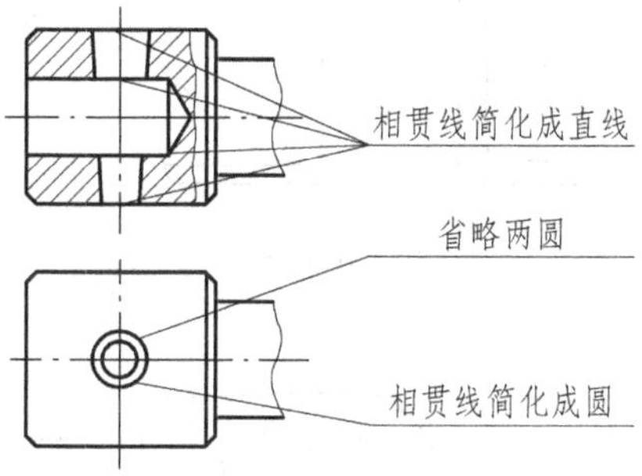

图 6-36　相贯线的简化画法

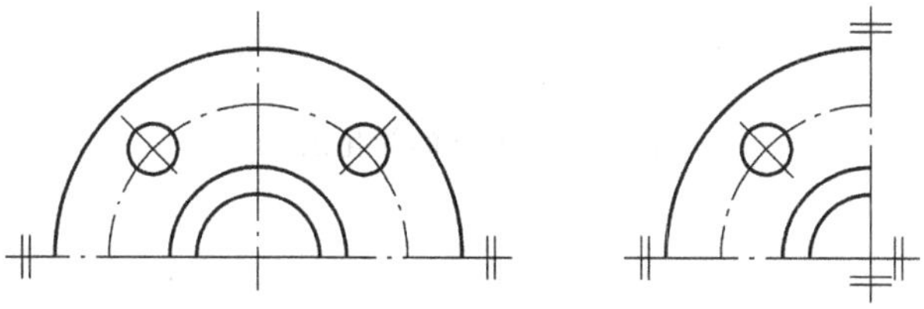

图 6-37　对称机件的简化画法

机件上斜度不大的结构如果在一个图形中已表达清楚时，其他图形可按小端画出，如图 6-39 所示。

在需要表达位于剖切平面前的结构时，应按假想画法用细双点画线绘制出轮廓线，如图 6-40 所示。

较长的机件(轴、杆、型材、连杆等)沿长度方向尺寸一致或有一定规律变化时，可断开后缩短绘制，如图 6-41 所示。但长度尺寸仍按原长注出。

机件上对称结构的局部视图可按图 6-42 所示绘制。

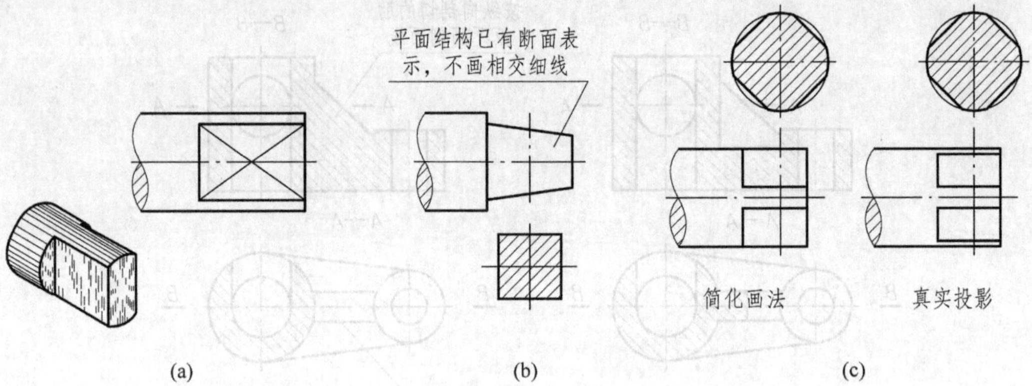

图 6-38　平面的表示法及较小结构的简化画法

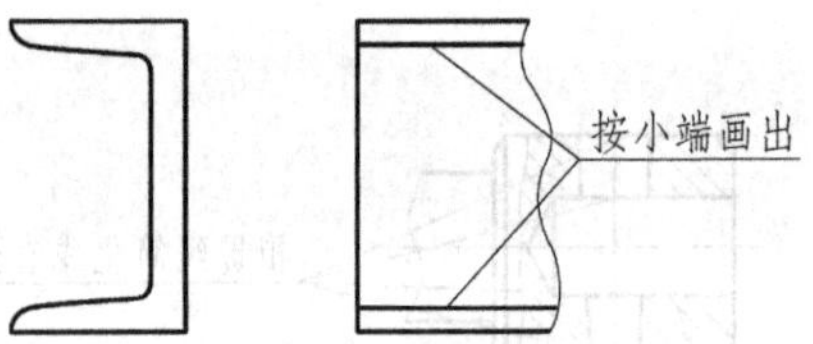

图 6-39　小斜度的简化画法

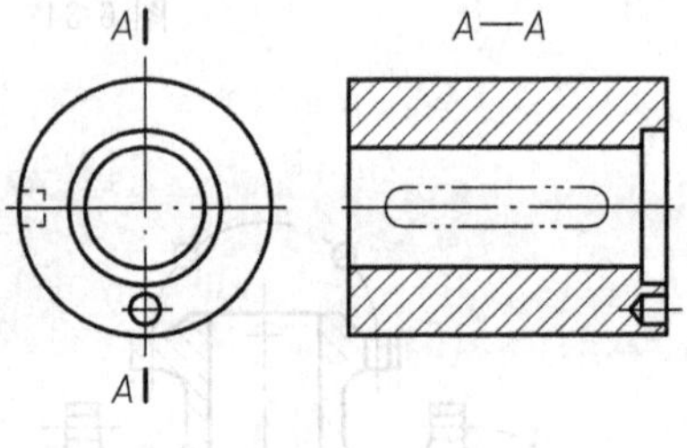

图 6-40　剖切平面前的结构简化画法

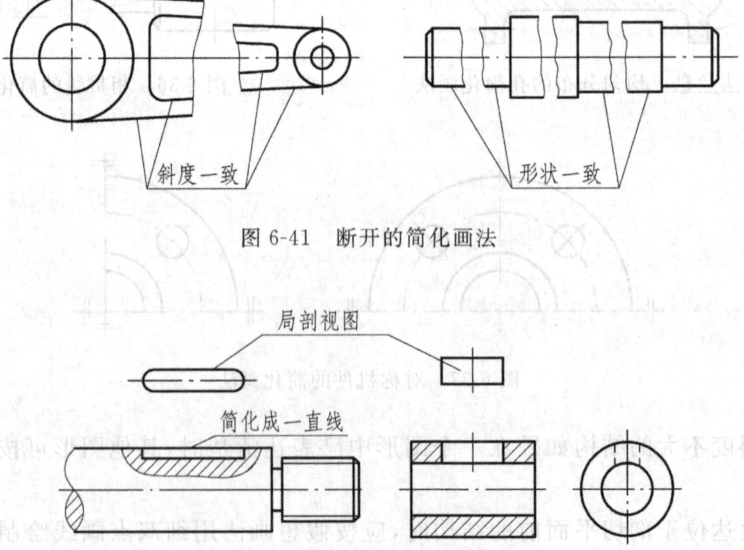

图 6-41　断开的简化画法

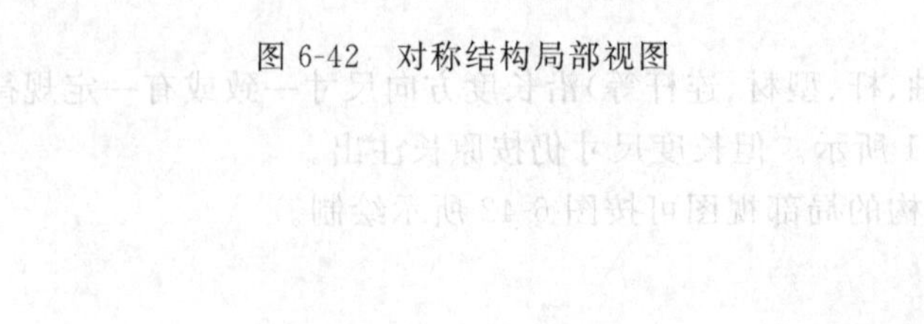

图 6-42　对称结构局部视图

6.5 表达方法综合举例

前面介绍了机件的各种表达方法—视图、剖视、断面等。在实际绘图中，选择何种表达方法，则应根据机件的结构形状、复杂程度等进行具体分析。以完整、清晰为目的，以看图方便、绘图简便为原则。同时力求减少视图数量，既要注意每个视图、剖视和断面图等具有明确的表达内容，还要注意它们之间的联系，正确选择适当的表达方法。一个机件往往可以选用几种不同的表达方案，它们之间的差异很大，通过比较，最后确定一个较好的方案。下面以图 6-43 泵体为例，说明视图表达方案如何确定。

如图 6-43 立体图所示，其内外结构形状均较复杂。为了完整、清晰地将其表达出来，首先分析它的各组成部分的形状，相对位置和组合方式。该泵体由底板、壳体、支承板和两个带圆形法兰盘的圆柱组成，从结构上看，左右对称。其次，确定表达方案。对一个较复杂的机件，需要各种表达方案进行比较，从中选出一个较好的表达方案，如图 6-44 给出了两种表达方案供选择。

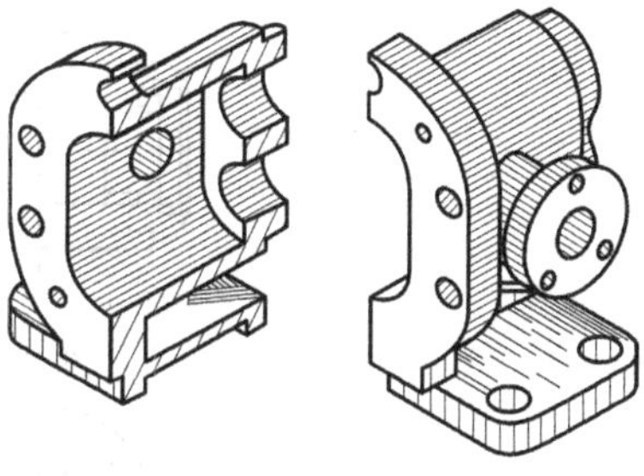

图 6-43 泵体的立体图

［**方案一**］ 如图 6-44(a)所示。

该方案采用了三个基本视图，主、俯视图和左视图，*D* 向、*E* 向两个局部视图和一个 *C*—*C* 断面图。

主视图取 *A*—*A* 半剖视图。其剖视部分主要表达泵体的内部结构形状，圆筒内孔与壳体内腔的连通情况；视图部分主要表达各部分的外形及长度，高度方向的相对位置。左视图取局部剖视图将泵体凸缘上的通孔表达出来。其视图部分主要表达泵体各组成部分在高度、宽度方向上的相对位置，圆形法兰盘上孔的分布情况及肋板形状。俯视图取 *B*—*B* 半剖视，主要表达泵体内腔的深度，底板的形状等。上述三个基本视图尚未将泵体底面凹槽及壳体后面突出部分的形状表达清楚，因此采用 *D* 向和 *E* 向两个局部视图来表达。至于肋板和支承板连接情况，则采用 *C*—*C* 断面表达。

［**方案二**］ 如图 6-44(b)所示。

该表达方案采用了三个基本视图和一个局部视图。

主视图与方案一相同。左视图取局部剖视图，剖视部分既表达凸缘上的通孔，又表达泵体内腔的深度。视图部分表达法兰盘上孔的分布情况和肋板的形状。俯视图取 *B*—*B* 全剖视图并画出一部分虚线，表达了底板及其上的凹坑形状。上述三个基本视图尚未将泵体后面突出部分的形状表达清楚，因此采用了 *C* 向局部视图。

上述两个方案均将泵体各部分结构形状完整地表达出来了。但是，方案一视图数量较多，画图较繁。方案二各视图表达较精练，重点明确、图形清晰、视图数量较少、画图简便，看图也方便。所以方案二是比较理想的表达方案。

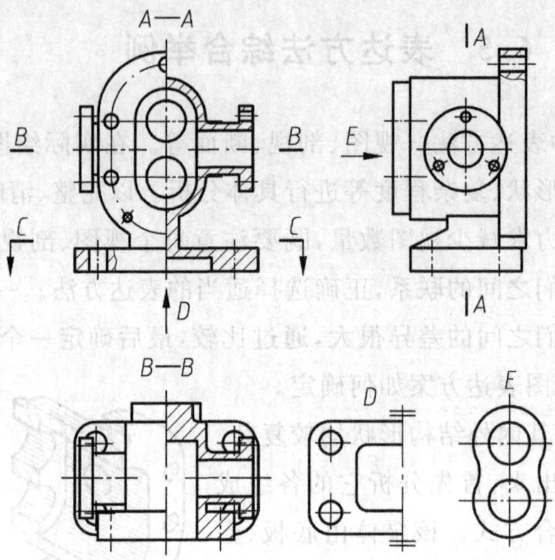

(a)

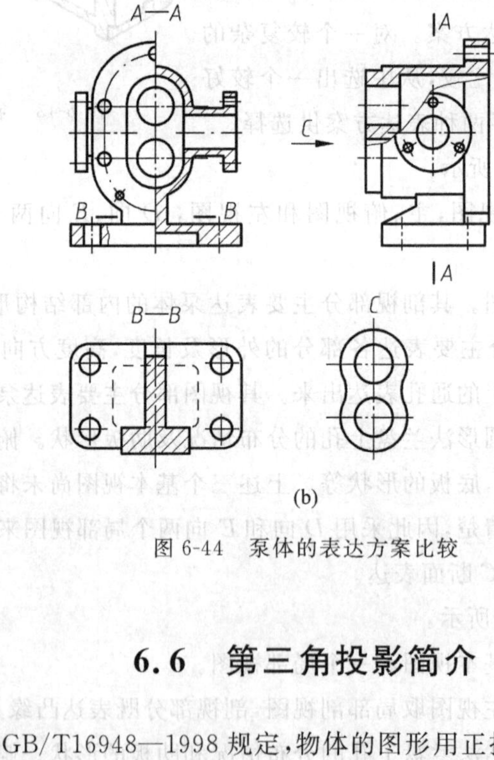

(b)

图 6-44　泵体的表达方案比较

6.6　第三角投影简介

中国国家标准 GB/T16948—1998 规定，物体的图形用正投影法绘制，并优先采用第一角投影。而有些国家如美国、加拿大、日本等采用第三角投影。为了便于国际间的技术交流，了解第三角投影，对工程技术人员是非常必要的。

6.6.1　第三角投影的形成

第三角投影是将物体置于第三分角内（H 面之下、V 面之后、W 面之左），如图 6-45(a) 所示，按“观察者—投影面—物体”的关系进行正投影。即投影面处于观察者与物体之间，所得的图形称为第三角投影图，如图 6-45(b)所示。

画第三角投影时，必须假设各投影面 H、V、W 均透明。所得的三面投影图均与人的视线所见图形一致，如图 6-45(c)所示。

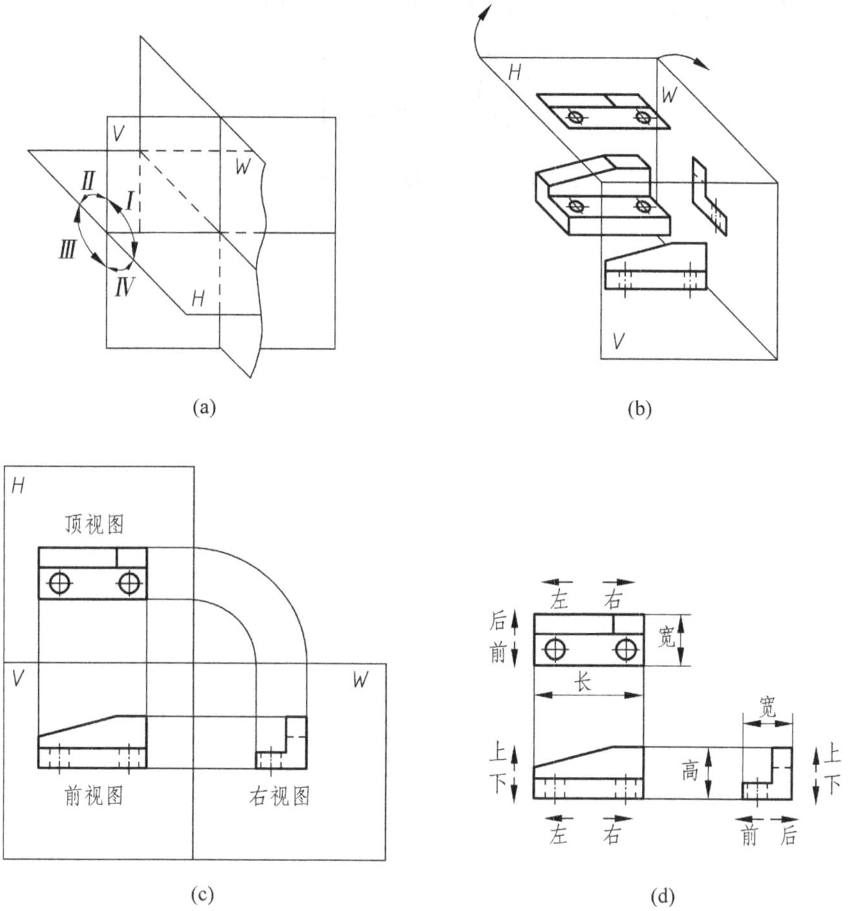

图 6-45　第三角投影

(a) 八个分角；(b) 第三角投影法；(c) 第三角三投影图；(d) 三投影图的对应关系

6.6.2　两种投影的对比

第一角投影的画法见 6.1 节。第三角投影是将物体置于第三分角内按“观察者—投影面—物体”的关系进行正投影；第一角投影是将物体置于第一分角内按“观察者—物体—投影面”的关系进行正投影。它们的区别在于观察者、物体、投影面三者的相对位置不同和视图的配置不同。但它们的投影规律是相同的，都是采用正投影法。按基本视图位置配置，各视图之间仍然保持“长对正、高平齐、宽相等”的投影规律。

6.6.3　第三角投影的画法

将投影面按图 6-45(b)箭头所示的方向展开。即保持 V 面不动，H 面绕 OX 轴向上翻转 90°，W 面绕 OZ 轴向右翻转 90°，使 H、W 面与 V 面重合。在 V 面得到的视图称为主视图(前视图)，H 面得到的视图称为俯视图(顶视图)；W 面得到的视图称为右视图。三投影图的配置及对应关系如图 6-45(c)、(d)所示。

采用第三角画法时，必须在图样中画出第三角投影的识别符号，如图 6-46 所示。该识别符号在标题栏附近(标题栏中若留出空格则画在标题栏内)。

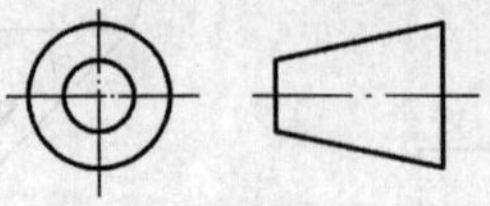

图 6-46　第三角投影的识别符号

第7章　标准件与常用件

7.1　概　　述

在机器设备中广泛使用着一些标准件和常用件。凡在结构、尺寸、画法、标记、材料、热处理等各个方面，直到成品质量均已标准化的零件和部件称为标准件，常见的标准件有螺栓、螺母、垫圈、键、销、滚动轴承等。同时，在机械的传动、减震等方面，也广泛使用齿轮、弹簧等零件，这些零件虽不属于标准件，但应用也十分广泛，其部分结构要素也均已标准化、系列化，称为常用件。

标准件和常用件的部分结构(如螺纹的牙型、齿轮的齿廓、弹簧的螺旋外形等)不需要按真实投影画出，只要根据国家标准规定的画法、代号或标记进行绘图和标注即可，由代号和标记可以从相应的国标中查出所需的全部尺寸。标准件由专业工厂按照国家标准大批量生产和供应，进行机械设计时，不必绘制标准件的零件图，只要按相应的标准进行选用，并在装配图上用规定画法表示其装配关系，同时在明细表中注出其规定标记即可，需要时可按标记采购。

本章将介绍螺纹、螺纹紧固件、键、销、滚动轴承、齿轮及弹簧的规定画法、代号(参数)及标记。

7.2　螺　　纹

7.2.1　螺纹及其形成

螺纹是在圆柱(或圆锥)表面上，沿着螺旋线所形成的具有相同断面形状的连续凸起和沟槽。在圆柱(或圆锥)外表面上所形成的螺纹称外螺纹；在圆柱(或圆锥)内表面上所形成的螺纹称内螺纹，如图7-2所示。

螺纹的加工方法很多，图7-1所示的是在车床上加工螺纹的方法，夹持在车床卡盘上的工件作等速度旋转，车刀沿轴线方向作等速移动，刀尖相对于工作表面的运动轨迹便是圆柱螺旋线。在圆柱表面上形成的螺纹称为圆柱螺纹；在圆锥表面上形成的螺纹称为圆锥螺纹。

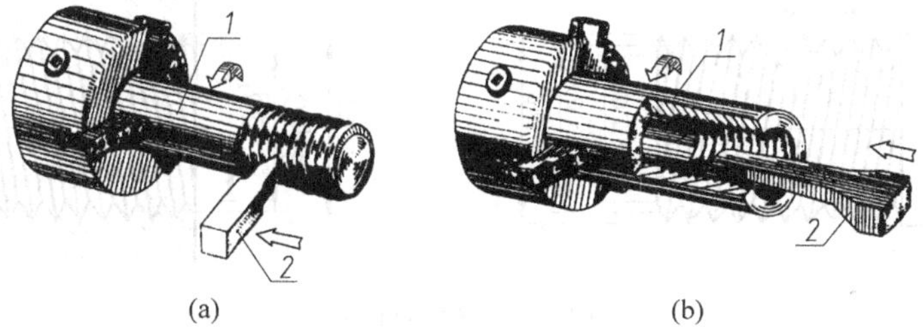

图7-1　车床上车削内、外螺纹

另外还可以用板牙套制外螺纹和用丝锥攻制内螺纹，如图 7-2 所示。

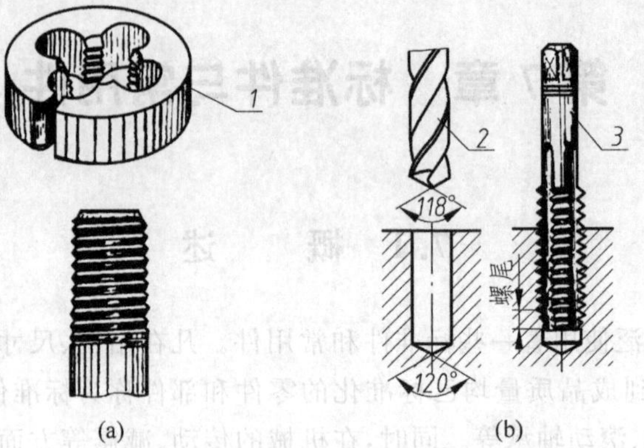

图 7-2　板牙套制外螺纹和丝锥攻制内螺纹

1—板牙；2—钻头；3—丝锥

7.2.2　螺纹的要素

1. 牙型

在通过螺纹轴线的断面上，螺纹的轮廓形状称为螺纹的牙型。不同的螺纹牙型，有不同的用途。常见的螺纹牙型有三角形、梯形、锯齿形和矩形等，如图 7-3 所示。

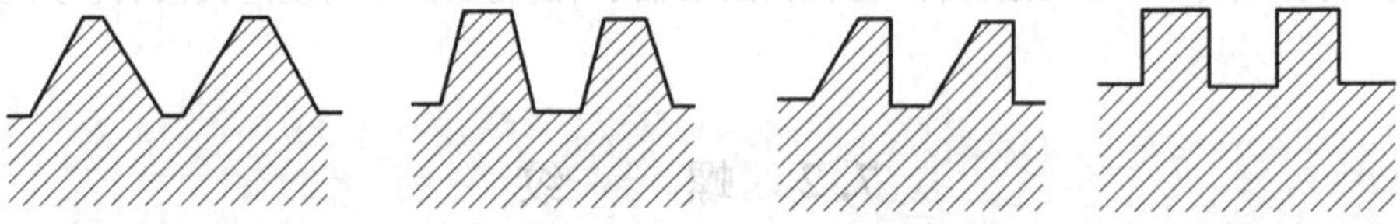

图 7-3　螺纹的牙型

2. 公称直径

公称直径是代表螺纹尺寸的直径，是指螺纹大径的基本尺寸，见图 7-4。

(1) 大径。与外螺纹牙顶或内螺纹牙底相重合的假想圆柱面的直径。代号为 d（外螺纹）、D（内螺纹）。

(2) 小径。与外螺纹牙底或内螺纹牙顶相重合的假想圆柱面的直径。代号为 d_1（外螺纹）、D_1（内螺纹）。

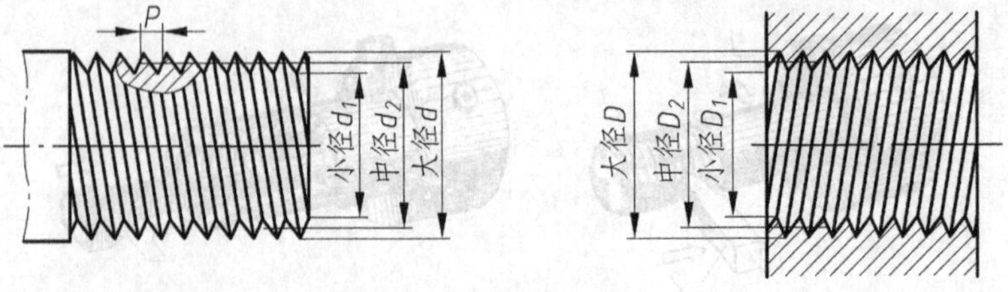

图 7-4　螺纹的直径

（3）中径。通过螺纹牙型上沟槽和凸起宽度相等处的一个假想圆柱面的直径。代号为 d_2（外螺纹）、D_2（内螺纹）。

3．线数

螺纹的线数用 n 表示，有单线和多线之分。沿一条螺旋线形成的螺纹称为单线螺纹，如图 7-5(a)所示；沿两条以上螺旋线形成的螺纹称为多线螺纹，如图 7-5(b)所示。

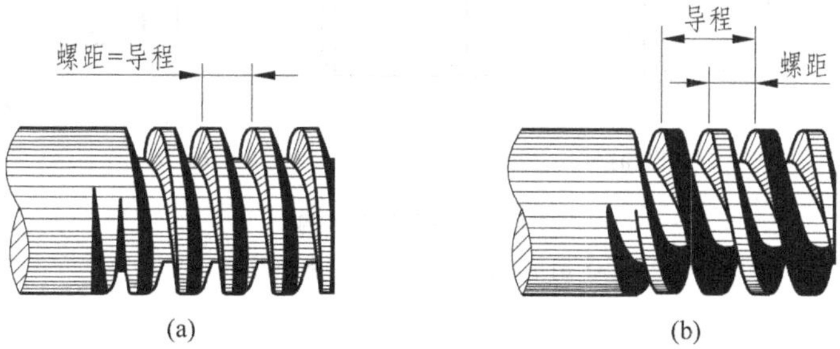

图 7-5　螺纹的线数、导程和螺距

4．螺距和导程

螺纹相邻两牙在中径线上对应两点间的轴向距离称为螺距，用 P 表示；同一条螺旋线上的相邻两牙在中径线上对应两点间的轴向距离称为导程，用 P_h 表示。单线螺纹的导程等于螺距（$P_h=P$），如图 7-5(a)所示；双线螺纹的导程等于两倍螺距（$P_h=2P$），如图 7-5(b)所示；多线螺纹的导程等于螺距乘线数（$P_h=nP$）。

5．旋向

螺纹有右旋和左旋之分，见图 7-6。顺时针旋转时旋入的螺纹为右旋螺纹；逆时针旋转时旋入的螺纹为左旋螺纹。工程上常用右旋螺纹。

外螺纹和内螺纹成对使用，只有当上述结构要素完全相同时，才能旋合在一起。为了便于设计和制造，国家标准对螺纹的牙型、直径和螺距作了规定，凡是这三项要素都符合标准的称为标准螺纹。牙型符合标准，直径或螺距不符合标准的称为特殊螺纹。牙型不符合标准的称为非标准螺纹。

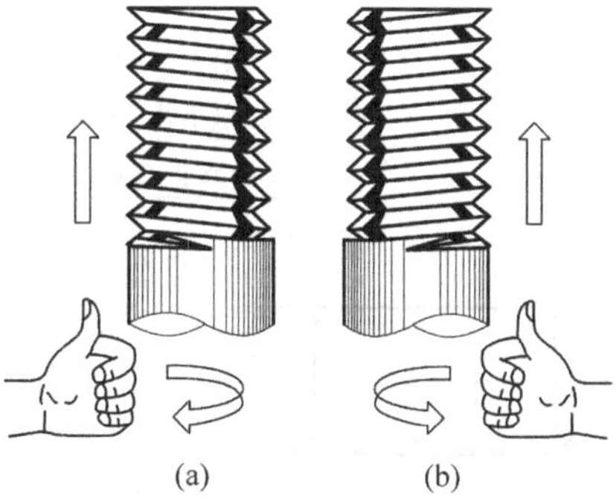

图 7-6　螺纹的旋向

(a) 左旋；(b) 右旋

7.2.3　螺纹的结构

螺纹的结构主要包括：螺纹末端、收尾和退刀槽。这些结构的参数，可以查阅附表 C1。

1．螺纹的末端

为了便于装配和防止螺纹起始圈损坏，常在螺纹的起始处加工成一定的结构，如倒角、倒圆等，如图 7-7(a)所示。

2．螺纹的收尾和退刀槽

车削螺纹时，刀具接近螺纹末尾处要逐渐离开工件，因此，螺纹收尾部分的牙型是不完整的，螺纹的这一段牙型不完整的收尾部分称为螺尾，如图 7-7(b)所示。为了避免产生螺尾，可以预先在螺纹末尾处加工出一个槽，以便于刀具退出，然后再车削螺纹，这个槽称为螺纹退刀槽，如图 7-7(b)所示。

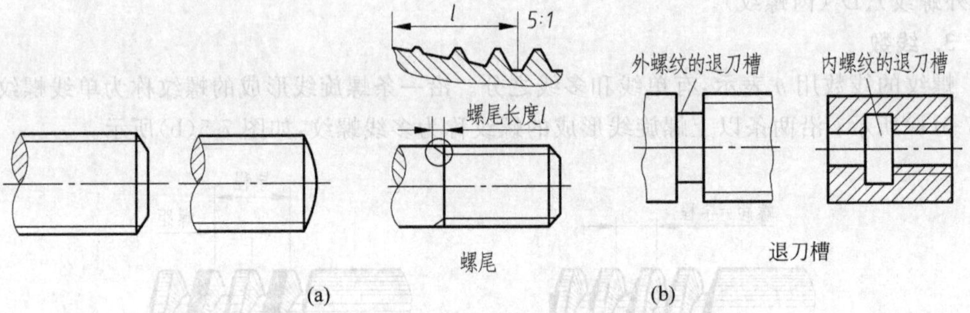

图 7-7 螺纹的结构

(a) 倒角和倒圆；(b) 螺尾和退刀槽

7.2.4 螺纹的规定画法

国家标准 GB/T 4459.1—1995《机械制图 螺纹及螺纹紧固件表示法》规定了螺纹的画法。

1. 外螺纹的画法

外螺纹的牙顶(大径)及螺纹终止线用粗实线绘制；牙底(小径)用细实线绘制，且细实线应画至螺杆的倒角或倒圆内，小径的大小约等于大径的 0.85；在垂直于螺纹轴线的视图中，表示牙底的细实线圆画成约 3/4 圈，此时螺纹的倒角圆规定省略不画，如图 7-8(a)所示。在剖视图中，剖面线应画到粗实线处，如图 7-8(b)所示。

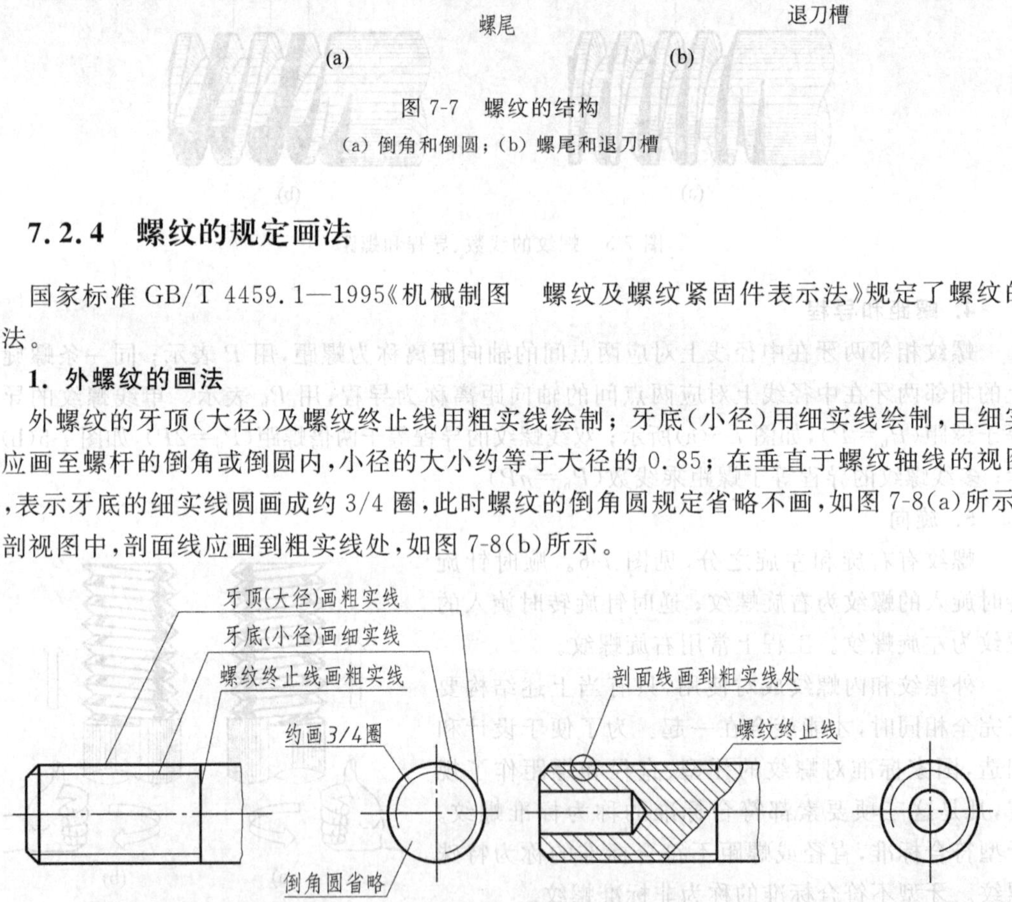

图 7-8 外螺纹的画法

2. 内螺纹的画法

内螺纹一般用剖视图表示，牙顶(小径)及螺纹终止线画粗实线；牙底(大径)画细实线。在垂直于轴线的视图中，表示牙底的细实线圆画成约 3/4 圈，并规定螺纹孔的倒角圆省略不画，如图 7-9(a)所示。绘制不穿通的螺孔，应分别画出钻孔深度和螺孔深度，钻孔深度比螺孔深度大(0.2～0.5)D，不通端应画成 120°圆锥角(为钻头锥角，不需标注)，如图 7-9(b)所示。

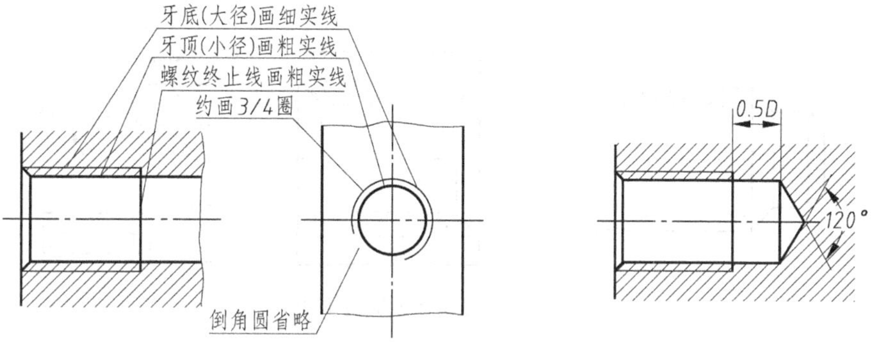

(a)　　(b)

图 7-9　内螺纹的画法

3. 内、外螺纹连接的画法

如图 7-10 所示，内、外螺纹旋合后，旋合部分按外螺纹画，未旋合的部分，内螺纹按内螺纹画，外螺纹按外螺纹画；表示内、外螺纹牙顶、牙底的粗、细实线应分别对齐；剖开后剖面线应画到粗实线处。

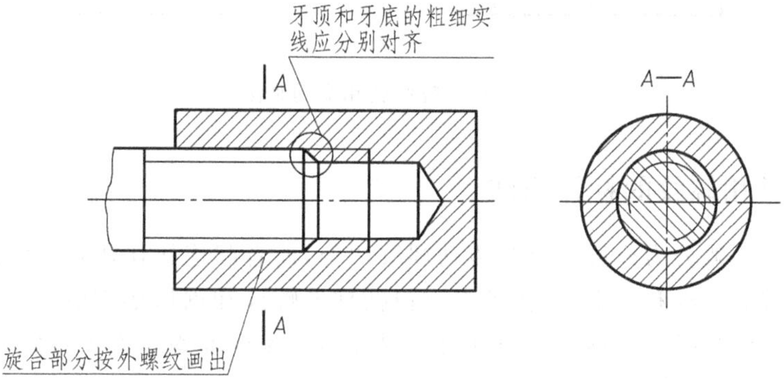

图 7-10　螺纹连接的画法

4. 螺尾的画法

螺尾部分一般不必画出，当需要表示螺纹收尾时，螺尾部分的牙底用与轴线成 30°的细实线绘制，如图 7-11 所示。

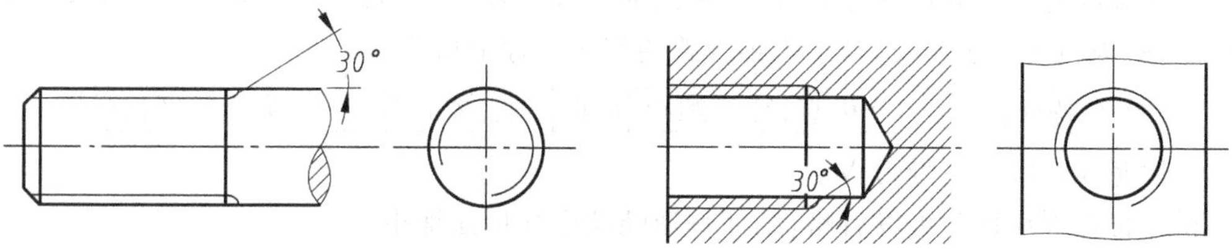

图 7-11　螺尾的表示

5. 螺纹牙型表示法

当需要表示螺纹牙型时，可按图 7-12 所示的局部剖视图或局部放大图的形式绘制。

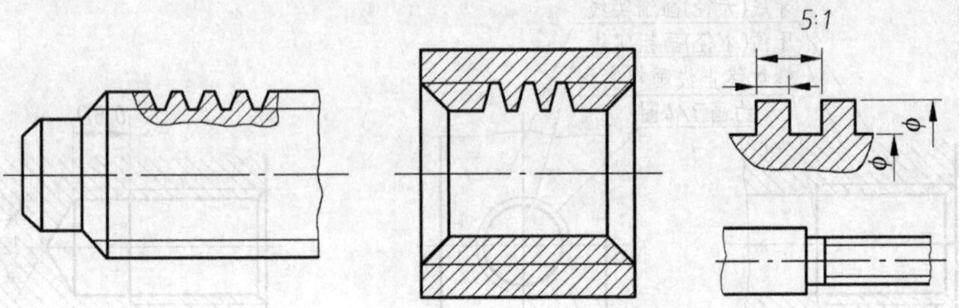

图 7-12　螺纹牙型的表示法

6. 螺孔相交的画法

螺纹孔相交时，只画出钻孔的交线（用粗实线表示），如图 7-13 所示。

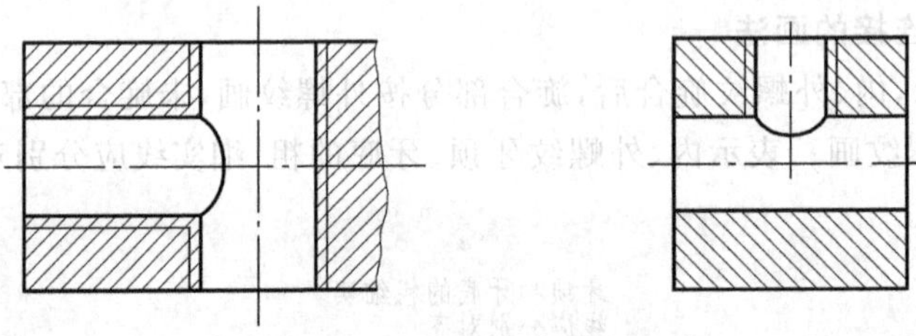

图 7-13　螺纹孔相交的画法

7.2.5　常用螺纹的标注方法

螺纹按用途一般分为连接螺纹和传动螺纹两类，前者起连接作用，后者用于传递动力。连接螺纹包括普通螺纹和管螺纹，传动螺纹包括梯形螺纹和锯齿形螺纹。每种螺纹都有相应的特征代号，这些螺纹的参数（如公称直径、螺距）国家标准均已作了规定，设计选用时可以查阅附表 A1～附表 A4。

按规定画法画出的螺纹一般不能表明其牙型、螺距、线数、旋向等要素以及其他有关螺纹精度的参数，为此，国家标准规定用螺纹标记表示螺纹的设计要求。

常用标准螺纹的种类、标记和标注示例见表 7-1。

1. 普通螺纹

普通螺纹有粗牙和细牙之分，即在相同的公称直径下，有几种不同规格的螺距，螺距最大的一种，为粗牙普通螺纹，其余为细牙普通螺纹。标记格式为：

[螺纹特征代号]　[公称直径]×[螺距][旋向]—[公差带代号]—[旋合长度代号]

普通螺纹的特征代号为 M。

粗牙普通螺纹螺距可以省略，细牙普通螺纹必须标注螺距。

螺纹旋向为右时省略，为左时注明代号 LH。

螺纹公差带代号包括中径公差带代号和顶径公差带代号，由公差等级数字和公差带位置字母（小写字母代表外螺纹，大写字母代表内螺纹）组成，中径公差带和顶径公差带代号相同时只标注一个代号。

表 7-1　常用标准螺纹的种类、标记和标注示例

螺纹种类			外形图	特征代号	标注示例	说　明
连接螺纹	普通螺纹	粗牙普通螺纹	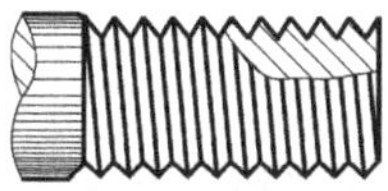	M	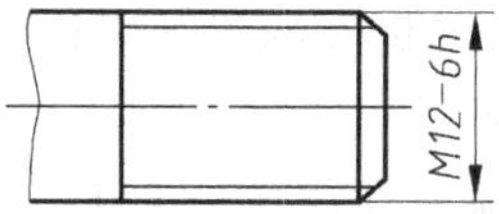	粗牙普通外螺纹，公称直径 12mm，右旋，螺纹公差带代号中径、顶径均为 6h，中等旋合长度
		细牙普通螺纹			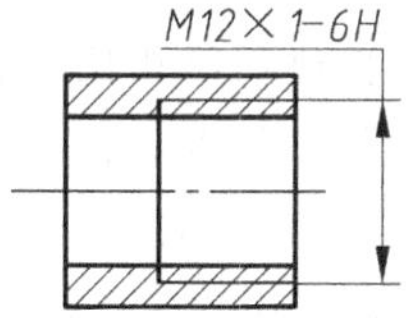	细牙普通内螺纹，公称直径 12mm，螺距为 1mm，右旋，螺纹公差带代号中径、顶径均为 6H，中等旋合长度
	管螺纹	55°非螺纹密封管螺纹	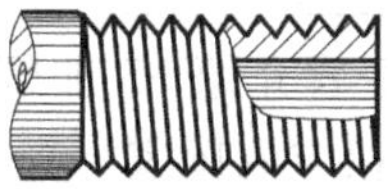	G	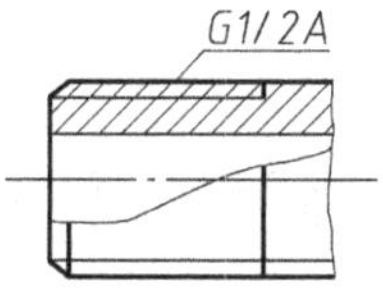	非螺纹密封的圆柱管螺纹，尺寸代号 1/2，公差等级为 A 级，右旋，引出标注
		55°螺纹密封管螺纹		R R_c R_p	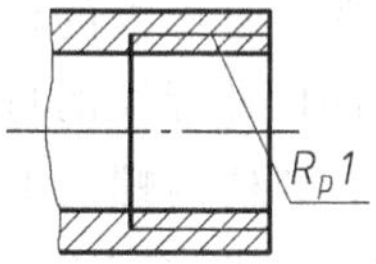	用螺纹密封的圆柱内管螺纹，尺寸代号为 1，右旋，引出标注
传动螺纹	梯形螺纹		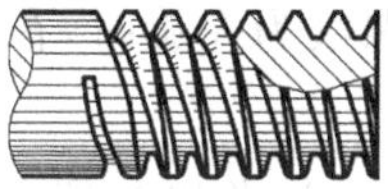	Tr	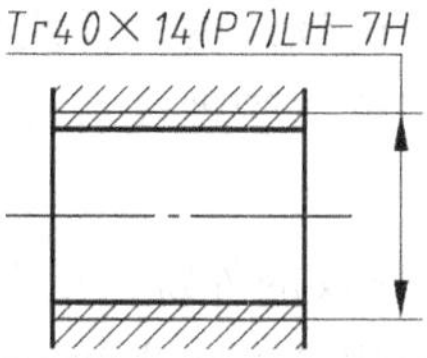	梯形双线内螺纹，公称直径 40mm，导程 14mm，螺距 7mm，左旋，螺纹公差带代号中径为 7H，旋合长度属中等的一组
	锯齿形螺纹		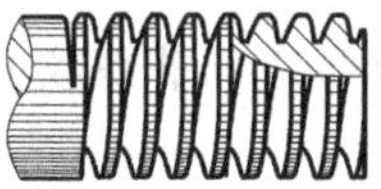	B	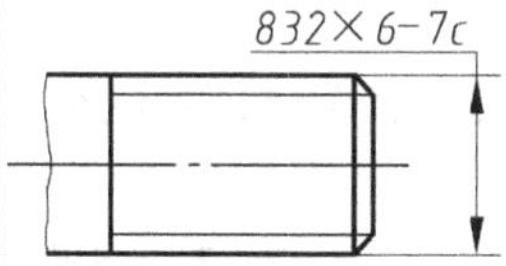	锯齿形螺纹，公称直径 32mm，螺距 6mm，螺纹公差带代号中径为 7c，右旋

螺纹分短(S)、中(N)、长(L)三种旋合长度，可按国家标准 GB/T 197—2003 选用。一般情况下不标注旋合长度，按中等旋合长度(N)确定，旋合长度为短和长时标注代号 S 或 L。

例如：M10—5g6g—S 表示公称直径为 10mm，右旋的粗牙普通螺纹(外螺纹)，中径公差带代号为 5g，顶径公差带代号为 6g，旋合长度属于短的一组。

2. 梯形螺纹和锯齿形螺纹

梯形螺纹用来传递双向动力，如机床的丝杠。锯齿形螺纹用来传递单向动力，如千斤顶中的螺杆。它们的标记格式为：

螺纹特征代号 公称直径 × 螺距(单线) / 导程(P 螺距)(多线) 旋向 — 公差带代号 — 旋合长度代号

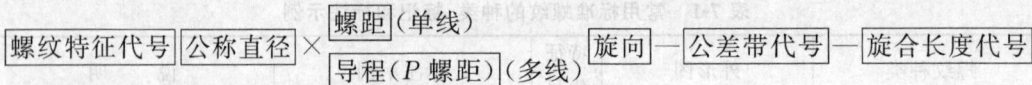

梯形螺纹的特征代号为 Tr，锯齿形螺纹的特征代号为 B。

单线梯形螺纹和锯齿形螺纹的尺寸规格用"公称直径×螺距"表示；多线螺纹用"公称直径×导程(*P* 螺距)"表示。

螺纹右旋时省略，左旋时注明代号 LH。

公差带代号只标注中径公差带代号。

旋合长度只有中等旋合长度(N)和长旋合长度(L)两组，当旋合长度为 N 组时，不标注旋合长度代号；当旋合长度为 L 组时，在公差带代号的后面标注长旋合长度代号 L。

例如：Tr40×14(P7)LH—8e—L 表示公称直径为 40mm，导程为 14mm，螺距为 7mm 的双线左旋梯形螺纹(外螺纹)，中径公差带代号为 8e，长旋合长度。

3. 管螺纹

管螺纹的标记格式为：

螺纹特征代号 尺寸代号 公差等级代号 旋向

管螺纹是位于管壁上用于管子连接的螺纹，本书主要介绍 55°非螺纹密封管螺纹和 55°螺纹密封管螺纹的标注，60°密封管螺纹的标注可查阅相应的国家标准。

55°非螺纹密封管螺纹的内、外螺纹的特征代号都是 G，55°螺纹密封管螺纹的特征代号分别是：与圆锥外螺纹旋合的圆柱内螺纹 R_p；与圆锥外螺纹旋合的圆锥内螺纹 R_c；与圆柱内螺纹旋合的圆锥外螺纹 R_1；与圆锥内螺纹旋合的圆锥外螺纹 R_2。

管螺纹的标注用指引线由螺纹的大径线引出。其尺寸代号不是指的螺纹大径，而是与带有外螺纹的管子的孔径相近。管螺纹右旋不标，当螺纹为左旋时，在尺寸代号后需注明代号 LH。

由于 55°非螺纹密封管螺纹的外螺纹的公差等级有 A 级和 B 级，所以标记时需在尺寸代号之后或尺寸代号与左旋代号 LH 之间，加注公差等级 A 或 B。管螺纹的尺寸代号可以查阅相关标准。

例如：G4BLH 表示尺寸代号 4、左旋、公差等级为 B 级的非螺纹密封管螺纹。

7.3 螺纹紧固件

常用的螺纹紧固件包括螺栓、螺柱、螺钉、螺母和垫圈等，见图 7-14。

7.3.1 常用螺纹紧固件的结构和规定标记

螺纹紧固件的结构、尺寸都已标准化，并由有关专业工厂大量生产。设计时无须画出螺纹紧固件的零件图，只要根据螺纹紧固件的规定标记，就能在相应的标准中查出它的有关尺寸。

螺纹紧固件有完整标记和简化标记两种标记方法，国家标准 GB/T 1237—2000 对此作了规定。完整标记包括类别(产品名称)、标准编号、螺纹规格或公称尺寸、产品型式、性能等级、硬度或材料、表面处理等项内容。在设计和生产中一般采用简化的标记方法，在简化标

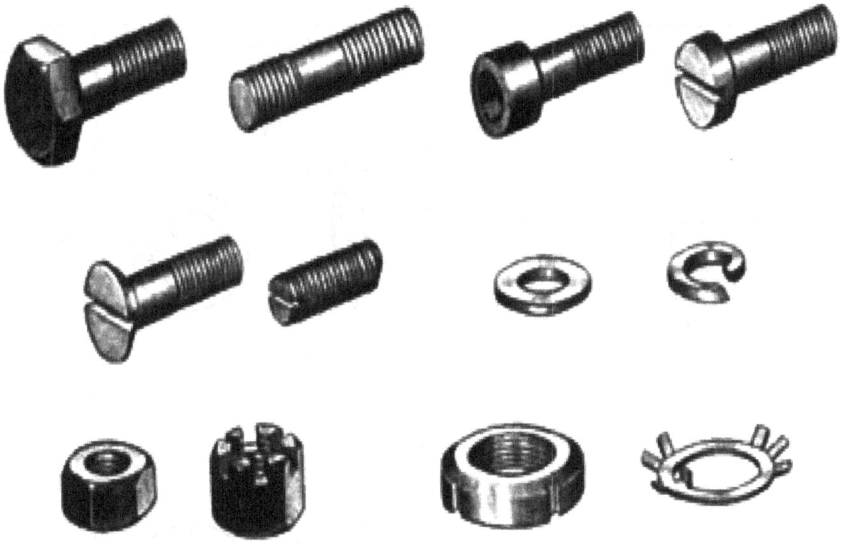

图 7-14　常用螺纹紧固件

记中，标准年代号允许全部或部分省略，省略年代号的标准应以现行标准为准。产品标准中只有一种型式、精度、性能等级或材料及热处理、表面处理时，允许省略。

螺纹紧固件的简化标记为：

名称　　国标号　　规格尺寸

常用螺纹紧固件的结构及标记示例见表 7-2。

表 7-2　常用螺纹紧固件的结构和标记示例

名称及视图	规定标记示例	名称及视图	规定标记示例
六角头螺栓 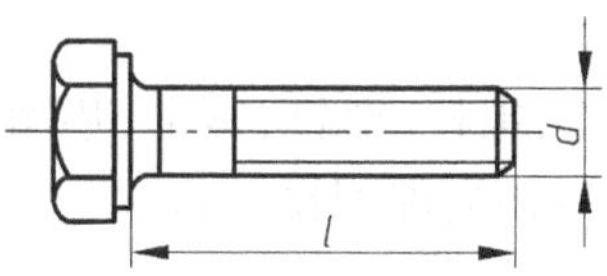	螺栓 GB/T 5782 M12×80	开槽锥端紧定螺钉 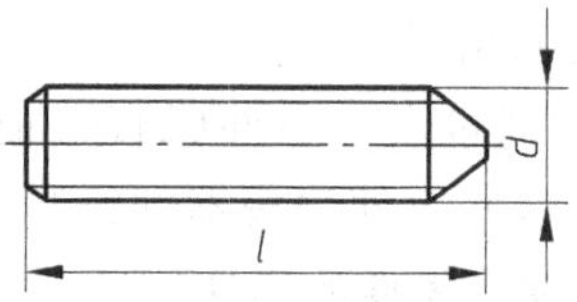	螺钉 GB/T 71 M6×12
A 型双头螺柱 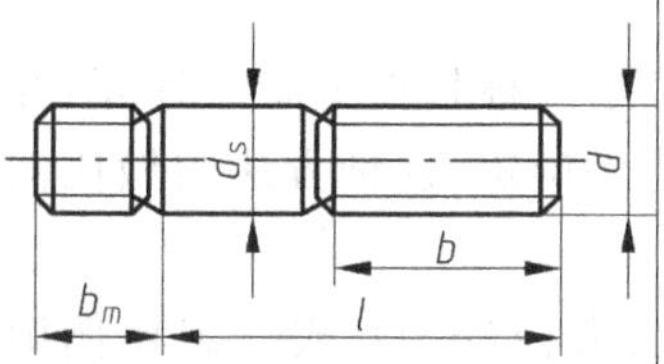	螺柱 GB/T 897 AM10×50	1 型六角螺母 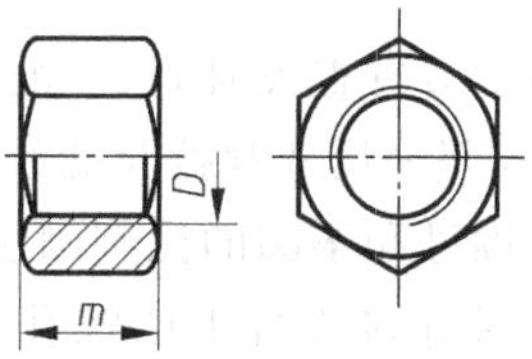	螺母 GB/T 6170 M12

续表

名称及视图	规定标记示例	名称及视图	规定标记示例
B 型双头螺柱 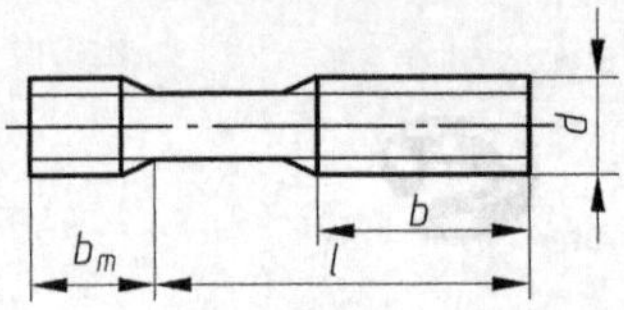	螺柱 GB/T 897 M10×50	弹簧垫圈 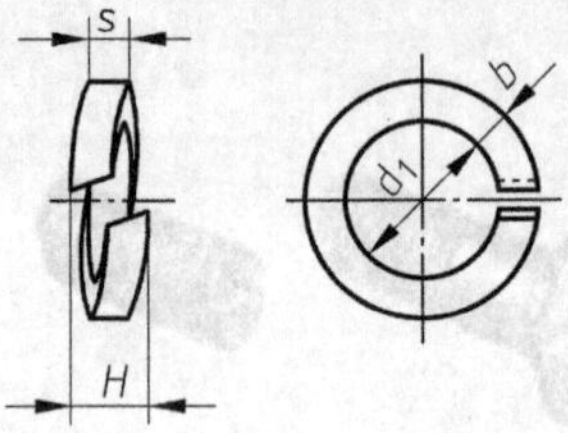	垫圈 GB/T 93　10
开槽盘头螺钉 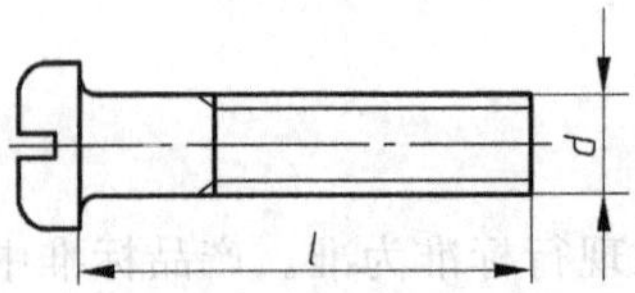	螺钉 GB/T 65 M5×20	平垫圈 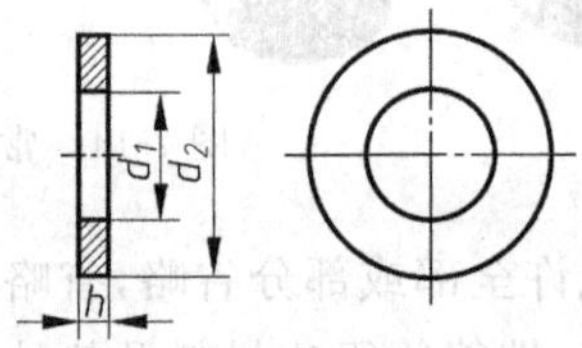	垫圈 GB/T 97.1 10-140HV

7.3.2　常用螺纹紧固件的装配画法

1. 螺纹连接件装配图画法一般规定

(1) 相邻两零件的表面接触时，画一条粗实线作为分界线，不接触表面画两条线，间隙过小时，应夸大画出。

(2) 在剖视图中，相邻两零件的剖面线方向应相反或间隔不同，而同一零件在各剖视图中，剖面线的方向间隔相同。

(3) 当剖切平面通过实心零件(如球、轴等)和紧固件(如螺栓、螺柱、螺钉、螺母、垫圈、键、销等)的轴线时，这些零件均按不剖绘制，仅画其外形，需要时可用局部剖视表达。

2. 装配图中螺纹紧固件的画法

(1) 查表法。螺纹紧固件都是标准件，在画图时，可以根据它们的标记，通过查阅附表 B1～附表 B10 中的相应国家标准查到它们的结构型式和各个部分的参数，这种方法称为查表法。

(2) 比例法。为了节省查表时间，一般不按实际尺寸作图，除公称长度 l 需经计算，并查国标选定外，其余各部分尺寸都按与螺纹大径(d、D)成一定比例确定，这种方法叫做比例法。图 7-15 是螺栓、螺母和垫圈的比例画法。

另外螺钉头部及被连接零件上的螺孔和通孔都可按与螺纹大径(d、D)成一定比例确定，如图 7-16 所示。

3. 螺栓连接

螺栓连接一般用于连接两个不太厚的零件的情况，图 7-17(a)是螺栓连接的示意图，连

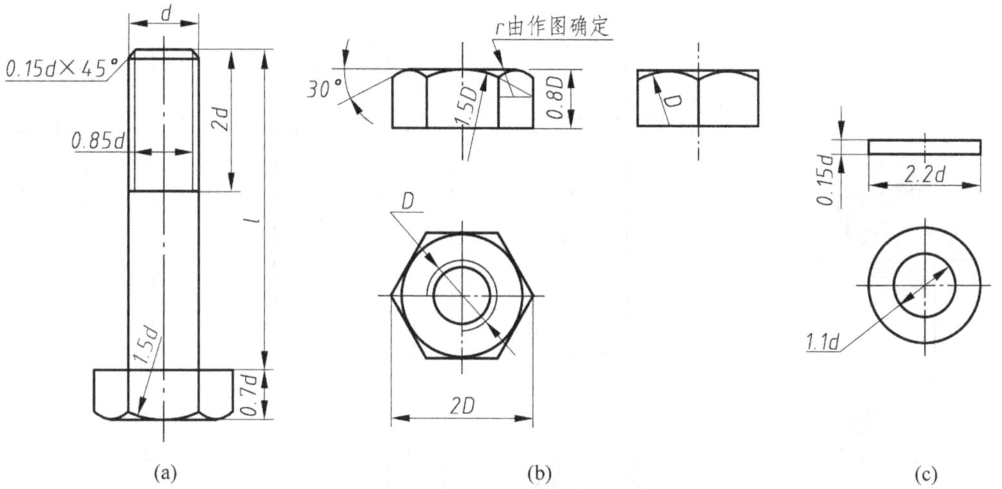

图 7-15　螺栓、螺母和垫圈的比例画法

(a) 螺栓；(b) 螺母；(c) 垫圈

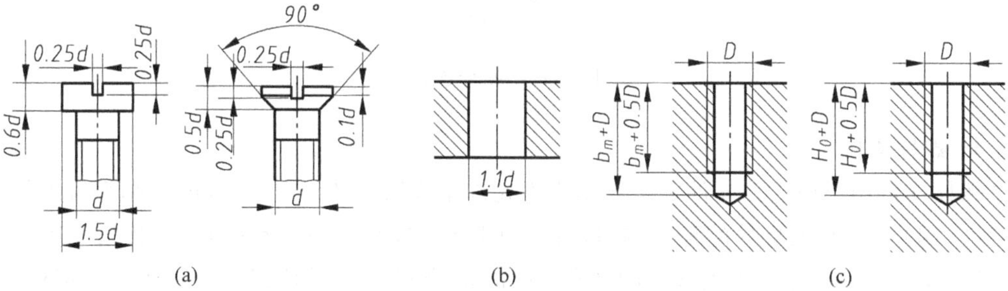

图 7-16　螺钉头部、螺孔和通孔的比例画法

(a) 螺钉头部；(b) 通孔；(c) 螺孔

接时螺栓穿过两零件上的孔，加上垫圈，最后用螺母紧固。垫圈用来增加支撑面和防止损伤被连接件表面。图 7-17(b)是螺栓连接的比例画法；也可以采用图 7-17(c)所示的简化画法，在简化画法中，螺栓头部和螺母的倒角都省略不画。

螺栓连接中的螺纹紧固件，可按螺纹规格或公称规格查阅附表 B1、附表 B8、附表 B9 所列的螺栓、螺母、垫圈各部分尺寸，来计算和选定螺栓的公称长度 l。

可按下面公式计算

$$l_{\text{计算}} = \delta_1 + \delta_2 + h + m + a$$

式中：δ_1、δ_2——被连接零件的厚度；

h——垫圈厚度(可查附表 B9)；

m——螺母高度(可查附表 B8)；

a——螺栓末端伸出螺母的长度，一般取 $0.3d$。

根据计算值从附表 B1 中螺栓标准的长度系列值里选取螺栓的公称长度值 l，$l \geqslant l_{\text{计算}}$。

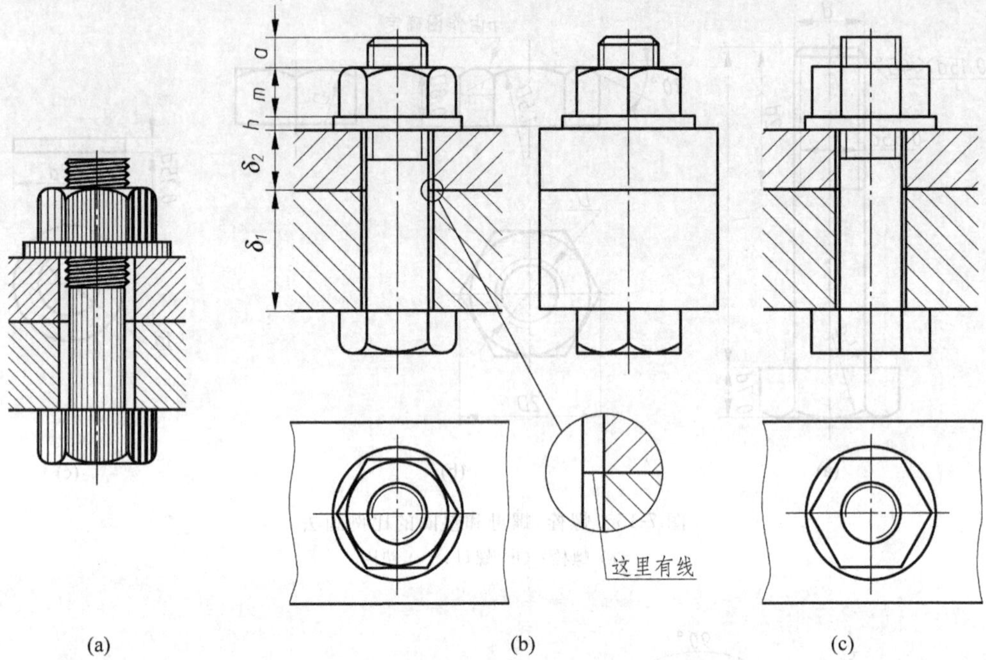

图 7-17　螺栓连接

4. 螺柱连接

螺柱连接用于被连接零件之一较厚或不允许钻成通孔的情况，螺柱的两端都有螺纹，一端（旋入端）全部旋入机件的螺孔内，以保证连接可靠，而且一般不再旋出，其长度用 b_m 表示，另一端（紧固端）穿过被连接件的光孔，用垫圈、螺母紧固，如图 7-18(a)所示。螺柱连接可以用图 7-18(b)所示的比例画法画出；也可采用图 7-18(c)的简化画法。画图时应注意旋入端的螺纹终止线应与被连接零件上的螺孔端面平齐。

螺柱旋入端的长度 b_m 与被连接零件的材料有关，有四种不同长度。

$b_m=1d$　　用于旋入铜或青铜(GB/T897—1988)。

$b_m=1.25d$　　用于旋入铸铁(GB/T898—1988)。

$b_m=1.5d$　　用于旋入铸铁或铝合金(GB/T899—1988)。

$b_m=2d$　　用于旋入铝合金(GB/T900—1988)。

螺柱的公称长度 l 可按下式计算：

$$l_{计算}=\delta+h+m+a$$

式中各符号的含义与螺栓连接相似，计算得出 $l_{计算}$ 值后，仍应从附表 B2 双头螺柱标准中所规定的长度系列里选取合适的 l 值。

5. 螺钉连接

螺钉连接用于不经常拆卸和受力较小的连接中，螺钉连接按用途可分为连接螺钉和紧定螺钉。

1）连接螺钉

连接螺钉用于被连接件之一带有通孔或沉孔，另一个制有螺孔的情况。图 7-19(a)是螺

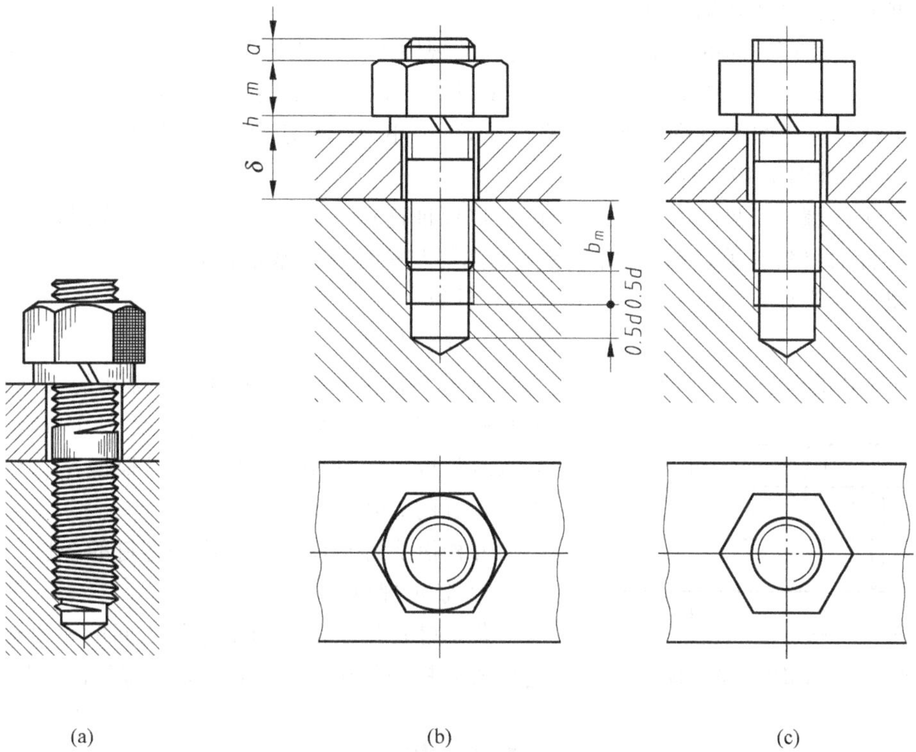

图 7-18　螺柱连接

钉连接的示意图。连接时螺钉穿过通孔，旋入螺孔，依靠螺钉头部压紧被连接件实现连接。图 7-19(b)为开槽盘头螺钉的连接画法。图 7-19(c)是开槽沉头螺钉连接的简化画法。

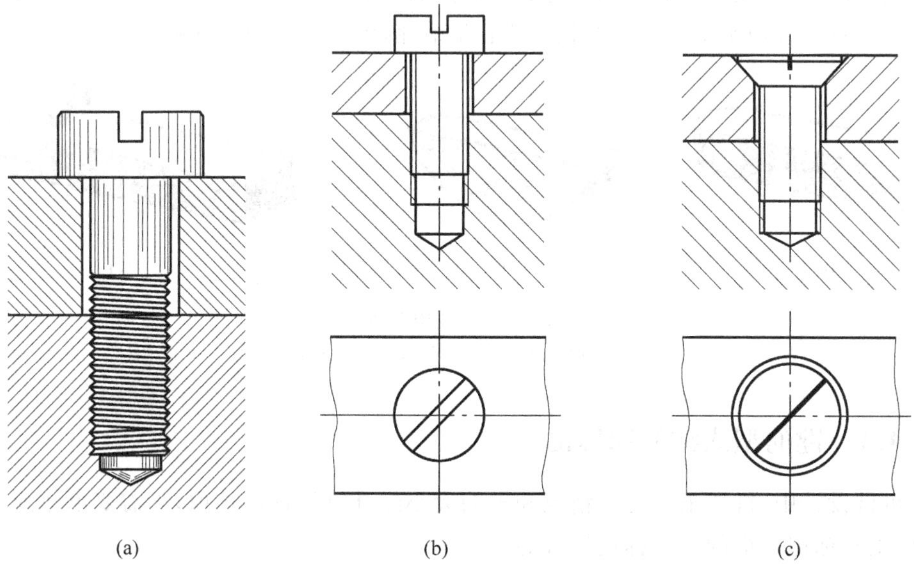

图 7-19　螺钉连接

画螺钉连接装配图时应注意：

(1) 开槽螺钉头部的一字槽在投影为圆的视图上不按投影关系绘制，按与水平线成 45°角倾斜画出。开槽盘头螺钉和开槽沉头螺钉头部槽的画法如图 7-19(b)、(c)所示。

(2) 螺钉连接图上允许不画出钻孔余量，可采用简化画法绘制，一字槽也可以用加粗的粗实线绘制，如图 7-19(c)所示。

螺钉上的螺纹长度 l 应大于螺孔深度，以保证连接可靠，螺钉的旋入长度同螺柱一样与被连接零件的材料有关，画图时所需参数的选择与螺柱连接基本相同。

开槽圆柱头螺钉的公称长度 l 可按下式计算：

$$l_{计算} = \delta + H_0$$

δ 是带有通孔的被连接件的厚度，根据选定的螺钉的公称直径 d 和带有螺孔的被连接件的材料确定螺钉旋入螺孔部分的深度 H_0(与确定螺柱旋入端长度 b_m 的标准相同)。然后根据 $l_{计算}$ 从附表中查出相近的 l 值。

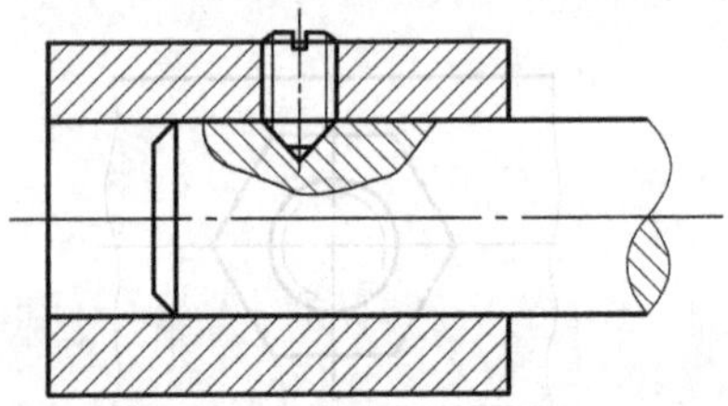

图 7-20　紧定螺钉的连接画法

开槽沉头螺钉的公称长度是螺钉的全长。

2) 紧定螺钉

紧定螺钉用于限定两个零件之间的相对运动，起定位或防松的作用，图 7-20 是紧定螺钉的连接画法。

7.4 键

键通常用来连接轴和装在轴上的转动零件(如齿轮、皮带轮等)，起传递扭矩的作用。键连接具有结构简单、紧凑、可靠、装拆方便和成本低廉等优点。

键是标准件，常用的键有普通平键、半圆键和钩头楔键，如图 7-21 所示。其中又以普通平键最为常见。普通平键有三种结构形式：A 型(圆头)、B 型(平头)和 C 型(单圆头)。

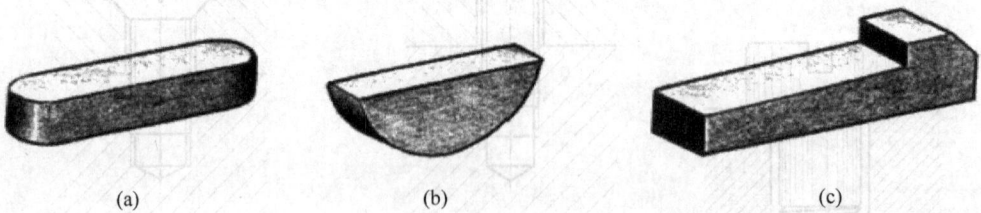

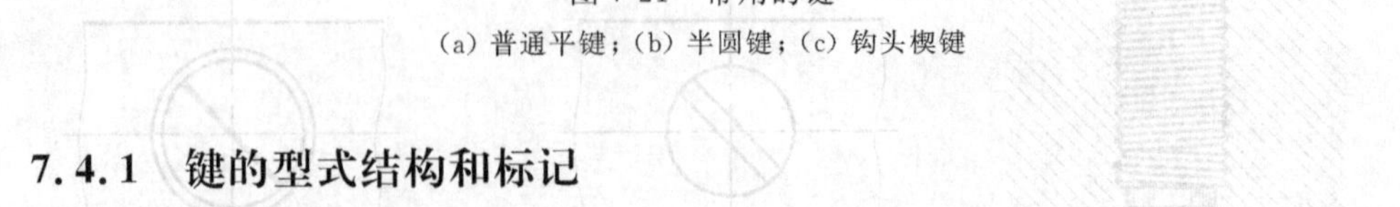

(a)　(b)　(c)

图 7-21　常用的键

(a) 普通平键；(b) 半圆键；(c) 钩头楔键

7.4.1 键的型式结构和标记

在机械设计中，键要根据受力情况和轴的大小经计算按标准选取，不需要单独画出其图样，但要正确标记。键的完整标记格式为：

国标号　名称　型式尺寸(宽×高×长)

常用键的型式结构和标记见表 7-3。

表 7-3　常用键的型式结构和标记

名称	图　例	标记示例
普通平键	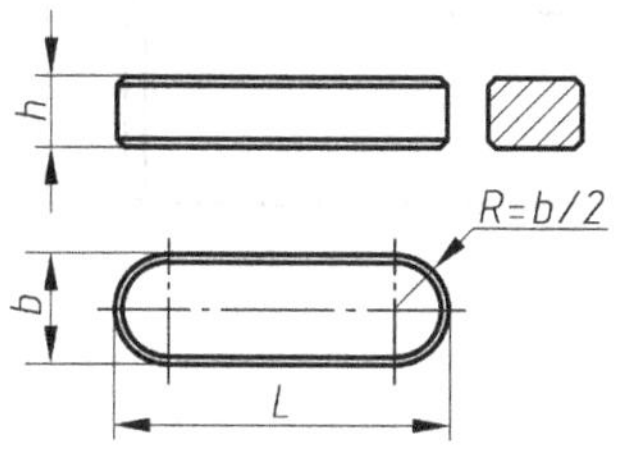	GB/T 1096 键 16×10×100 表示：键宽 b=16mm，键高 h=10mm，键长 L=100mm 的圆头普通平键(A 型) 注：A 型省略不注，B 型和 C 型必须在标记中写 B 或 C
半圆键	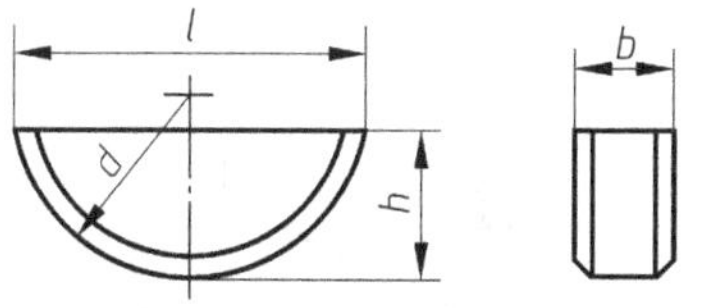	GB/T 1099.1 键 6×10×25 表示：键宽 b=6mm，键高 h=10mm，直径 d=25mm 的半圆键
钩头楔键	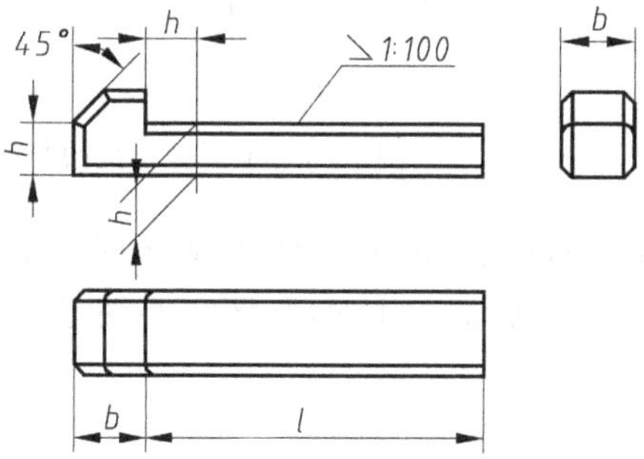	GB/T 1565 键 8×40 表示：键宽 b=8mm，键长 L=40mm 的钩头楔键

7.4.2　键的选取及键槽尺寸的确定

键可按轴径查阅附表 D1～附表 D3 中的相应国家标准选取。

用普通平键连接轴和轮毂，轴和轮毂上的键槽尺寸可以从附表 D1 国标 GB/T 1095—2003 中查到。键槽的画法及尺寸标注如图 7-22 所示。轮毂上的键槽采用全剖视或局部视图表示，尺寸应注 b 和 $d+t_1$(t_1 是轮毂的键槽深度)，见图 7-22(a)。图 7-22(b)中轴的键槽用轴的主视图(局部剖视)和键槽的移出断面表示。尺寸要注键槽长度 l、键槽宽度 b 和 $d-t$(t 是轴上的键槽深度)，见图 7-22(b)。b、t 和 t_1 都可按轴径 d 由附表 D1 查出，l 可以根据设计要求选定。

7.4.3　键连接的装配画法

普通平键用于轴孔连接时，键的顶面与轮毂中的键槽底面应有间隙，是非工作面，要画两条线；键的两侧面与轴上的键槽、轮毂上的键槽均接触，是工作面，应画一条线；键的底面与轴上键槽的底面也接触，也应画一条线，如图 7-23 所示。

半圆键连接时的连接情况，画图要求与普通平键相类似。键的两侧和键底应与轴和轮毂的键槽表面接触，顶面应有间隙，如图 7-24 所示。

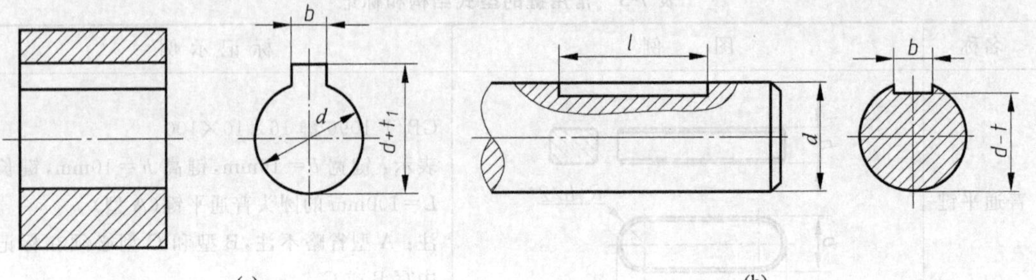

(a)　　　　　　　　　　　　　　　　(b)

图 7-22　键槽的画法及尺寸

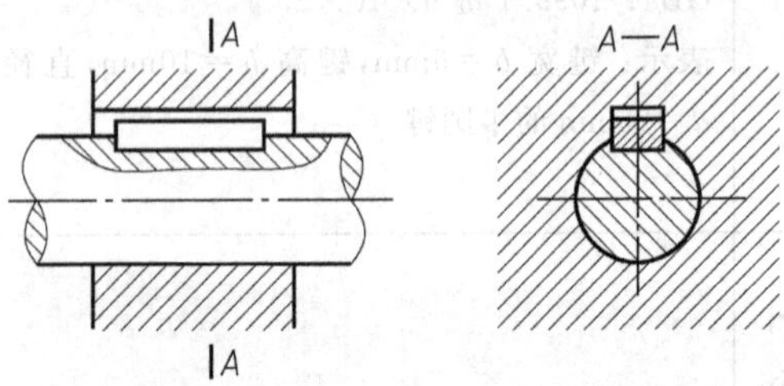

图 7-23　普通平键连接的装配画法

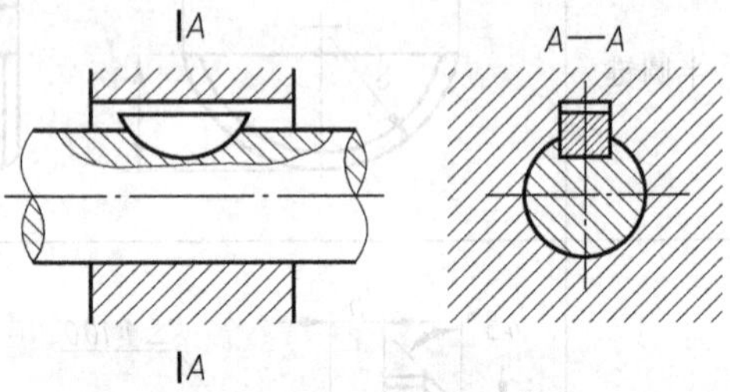

图 7-24　半圆键连接的装配画法

钩头楔键装配时打入键槽，键的顶面和底面接触，是工作面，故画图时上下两接触面应画一条线；键的两个侧面与轴及轮毂间有间隙，是非工作面，在图中画两条线。如图 7-25 所示。

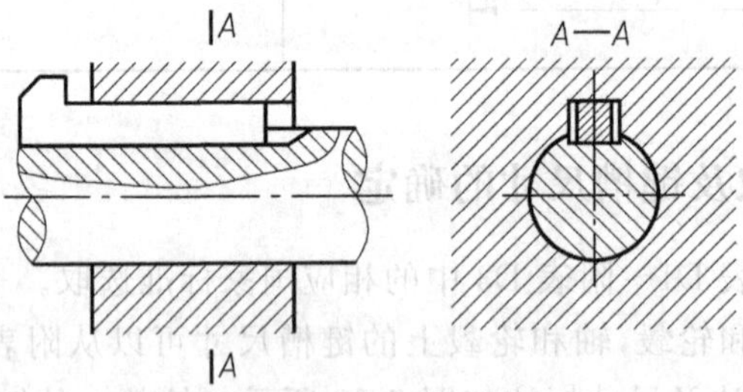

图 7-25　钩头楔键连接的装配画法

7.5　销

销也是标准件，常用的销有圆柱销、圆锥销和开口销，见图 7-26。圆柱销和圆锥销可起定位和连接作用，开口销常与带孔螺栓和槽形螺母配合使用，它穿过螺母上的槽和螺杆上的孔以防螺母与螺栓松脱。

7.5.1　销的型式结构和标记

销的结构和尺寸可以从 GB/T 119.2—2000、GB/T 117—2000、GB/T 91—2000 中查出，见附表 D4～附表 D6。

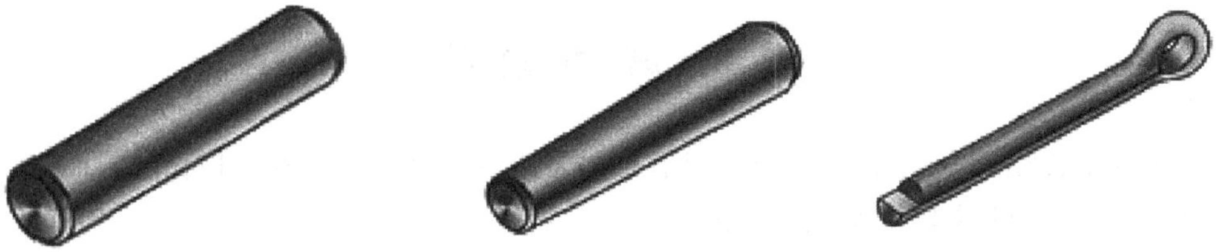

(a)　　(b)　　(c)

图 7-26　常用的销

(a) 圆柱销；(b) 圆锥销；(c) 开口销

常用销的型式结构和标记见表 7-4。

表 7-4　常用销的型式结构和标记

名称	图　例	标 记 示 例
圆柱销	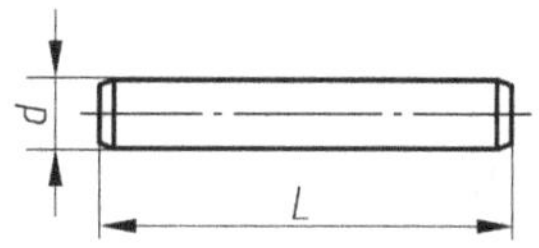	销 GB/T 119　8×30 圆柱销，淬硬钢和马氏体不锈钢，公称直径 8mm，公差 m6，公称长度 30mm
圆锥销	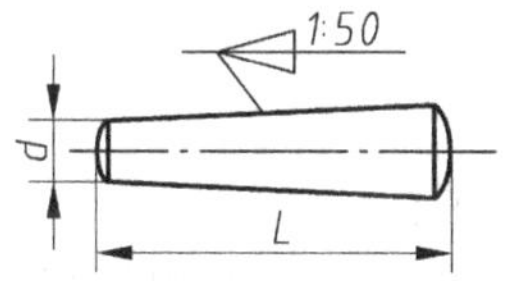	销 GB/T 117　10×60 圆锥销，小端直径 10mm，长度 60mm
开口销	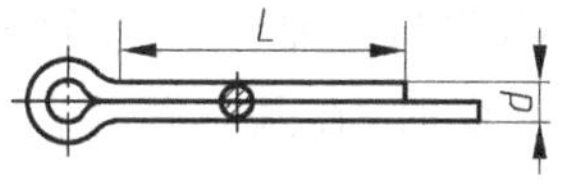	销 GB/T 91　5×50 开口销，公称直径 d=5mm，长度 50mm

7.5.2　销连接的装配画法

销连接画法如图 7-27 所示。当剖切平面通过销的轴线时，销作为不剖处理；销与销孔的连接属于配合表面，应画一条线。当采用销定位时，为方便拆装，销孔尽可能加工成通孔；当无法加工成通孔时，应选用带螺纹孔的销。

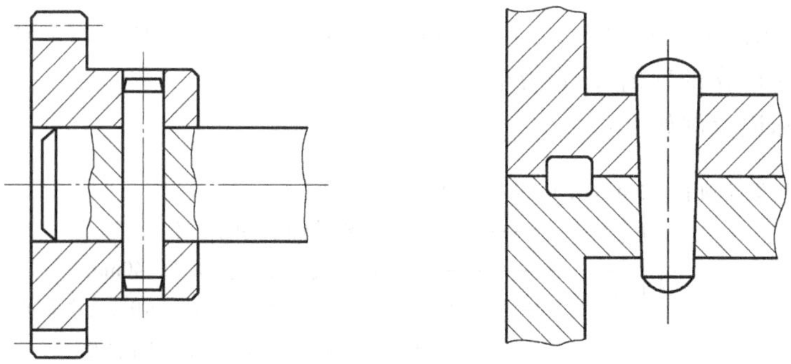

图 7-27　销连接的装配画法

7.6 滚动轴承

滚动轴承是用来支承轴的组合件，具有结构紧凑，摩擦阻力小，动能损耗少，可旋转精度高等优点，因此在机器中得到广泛使用。

7.6.1 滚动轴承的结构和分类

滚动轴承的类型很多，但它们的结构大致相似，一般由外圈、内圈、滚动体和保持架等零件组成，如图 7-28 所示。通常外圈装在机座的孔内，固定不动；内圈套在转动轴上，随轴转动；滚动体处在内外圈之间，由保持架将它们隔开，防止其相互之间的摩擦和碰撞。滚动体的形状有球形、圆柱形、圆锥形等。

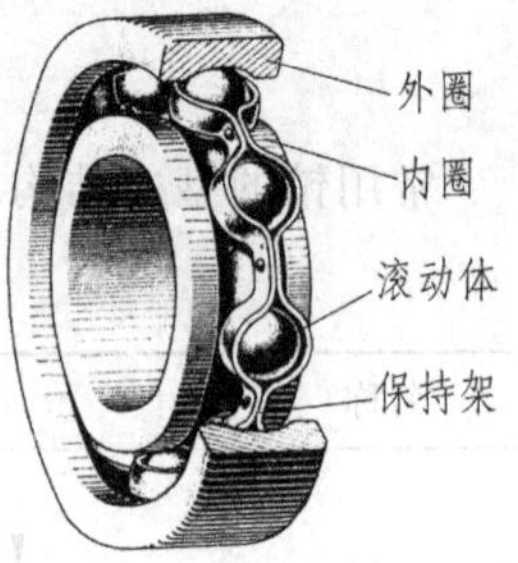

图 7-28 滚动轴承的结构

滚动轴承按其受力方向可分为三类：

(1) 向心轴承：主要承受径向力。

(2) 推力轴承：主要承受轴向力。

(3) 向心推力轴承：能同时承受径向和轴向力。

7.6.2 滚动轴承的标记

滚动轴承的标记格式为

名称　代号　国标号

轴承的代号表达了轴承的结构、尺寸、公差等级和技术性能等特征，由基本代号和补充代号组成，详见国家标准 GB/T272—1993。基本代号是轴承代号的基础；补充代号是在轴承的结构形状、尺寸、公差、技术要求等发生改变时，在基本代号前后添加的前置、后置代号。

基本代号由 5 位数字组成，包括轴承类型代号、尺寸系列代号、内径代号三部分内容。

轴承类型代号：用数字或字母表示，代表了不同滚动轴承的类型和结构。例如“6”表示深沟球轴承，“3”表示圆锥滚子轴承，“5”表示推力球轴承。

尺寸系列代号：由轴承的宽(高)度系列代号(一位数字)和直径系列代号(一位数字)左右排列组成。

内径代号：是表示轴承公称内径的代号。当 10mm≤内径 d≤495mm 时，代号数字 00，01，02，03 分别表示内径 d=10mm，12mm，15mm，17mm；代号数字≥04 时，则代号数字乘以 5 即为轴承内径 d 的数值(mm 为单位)。

滚动轴承标记示例如下：

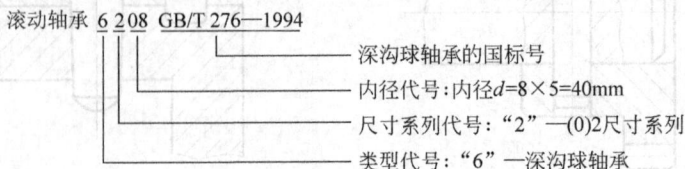

滚动轴承 6 2 08 GB/T 276—1994

- GB/T 276—1994：深沟球轴承的国标号
- 08：内径代号：内径d=8×5=40mm
- 2：尺寸系列代号：“2”—(0)2尺寸系列
- 6：类型代号：“6”—深沟球轴承

滚动轴承 5 12 07 GB/T 301—1995

- 51000型推力球轴承的国标号
- 内径代号：内径d=7×5=35mm
- 尺寸系列代号：“12”—51000型的12系列
- 类型代号：“5”—推力球轴承

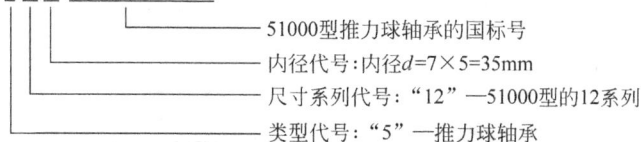

7.6.3　常用滚动轴承的画法

滚动轴承是标准件，其结构型式及外形尺寸均已规范化和系列化，所以在绘制时不必按真实投影画出。GB/T 4459.7—1998《机械制图　滚动轴承表示法》规定，滚动轴承可以用通用画法、特征画法和规定画法绘制。前两种属于简化画法，在同一图样中一般可采用这两种简化画法的一种。

1. 通用画法

当不需要确切表示轴承的外形轮廓、载荷特性、结构特征时，可用矩形线框及位于线框中央正立的不与矩形线框接触的十字符号表示，见图 7-29(a)。

当滚动轴承与轴装配在一起时，在轴的两侧以同样方式画出，见图 7-29(b)。

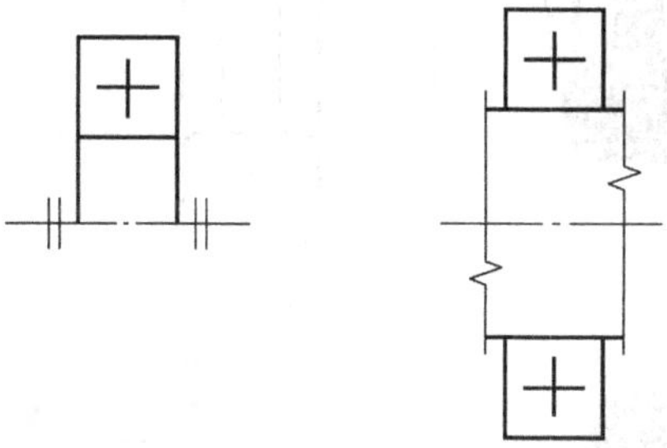

(a)　　(b)

图 7-29　滚动轴承的通用画法

2. 特征画法

在剖视图中，如需较形象地表示滚动轴承的结构特征时，可采用在矩形线框内画出其结构要素符号的方法表示，滚动轴承的结构特征要素符号可在国标中查到。特征画法应绘制在轴的两侧。

3. 规定画法

当需要较详细地表达滚动轴承的主要结构时，在产品图样、产品样本、产品标准、用户手册和使用说明书中可采用规定画法绘制滚动轴承。采用规定画法绘制滚动轴承的剖视图时，轴承的滚动体不画剖面线，其各套圈等可画成方向和间隔相同的剖面线。规定画法一般绘制在轴的一侧，另一侧按通用画法绘制。

表 7-5 列出了几种常见轴承的规定画法和特征画法。

表 7-5 常用滚动轴承的规定画法和特征画法

轴承类型、标准号及代号	结构型式	规定画法	特征画法
深沟球轴承 GB/T 276—1994 60000 型		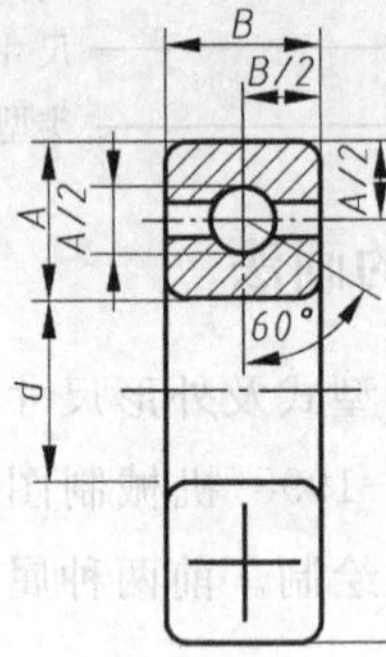	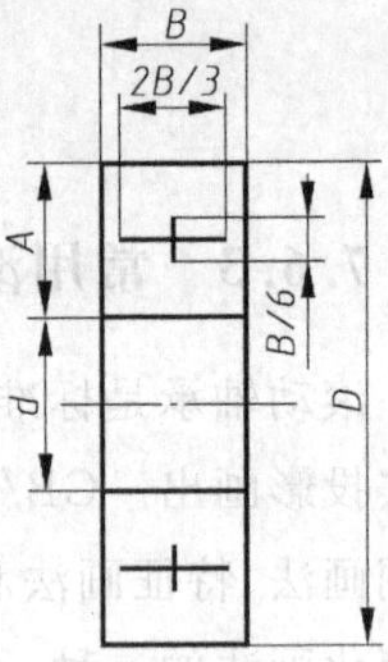
推力球轴承 GB/T 301—1995 50000 型		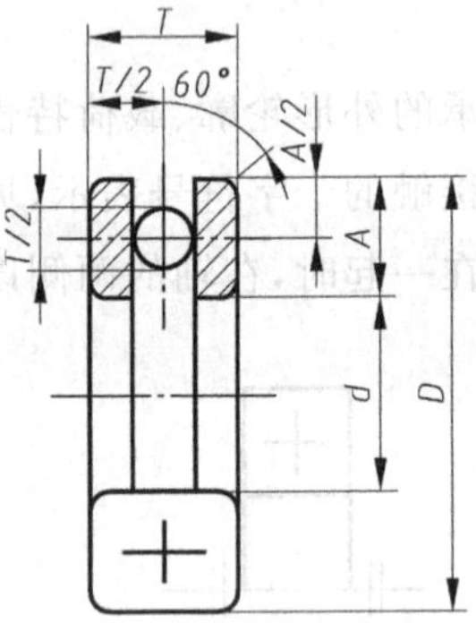	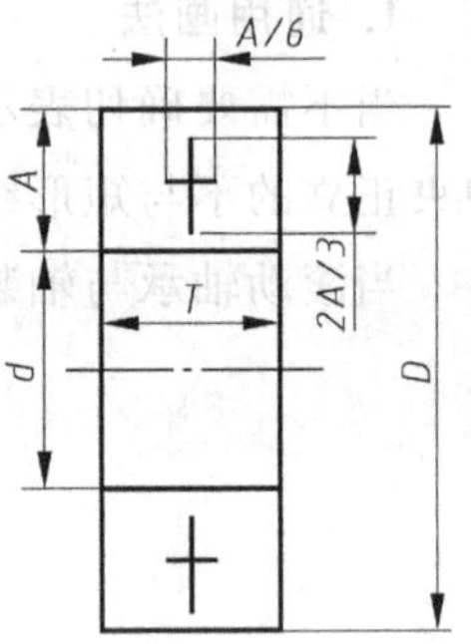
圆锥滚子轴承 GB/T 297—1994 30000 型		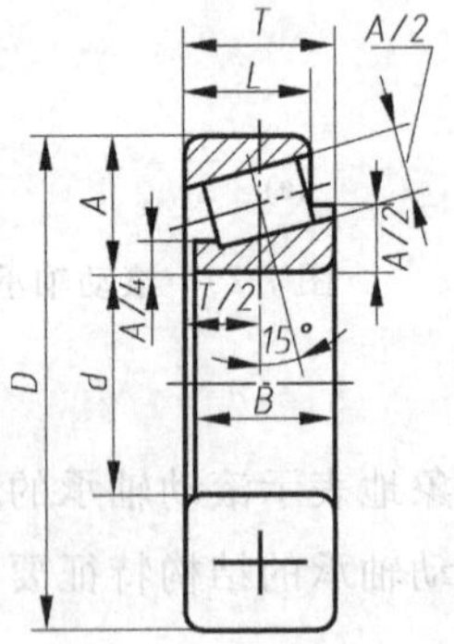	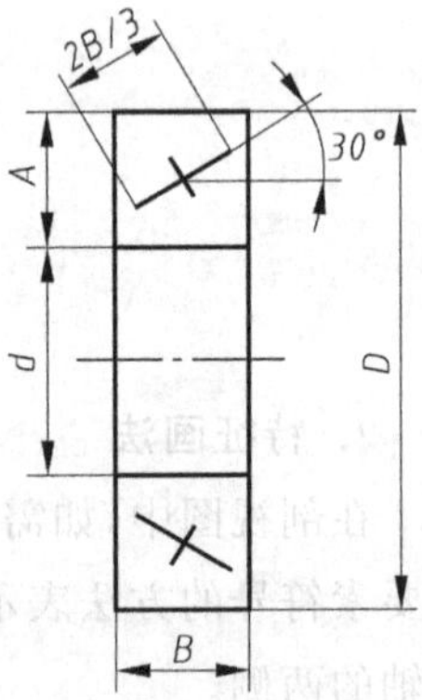

7.7 弹 簧

弹簧是机器中常用的零件，它的作用是减震、夹紧、储存能量和测力等。弹簧的种类很多，常见的有：螺旋压缩（或拉伸）弹簧、扭力弹簧和蜗卷弹簧等，如图 7-30 所示。本书仅介绍圆柱螺旋压缩弹簧的有关尺寸计算和画法。

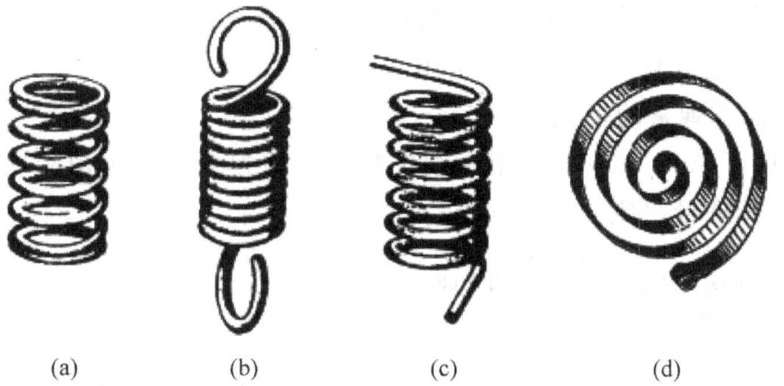

图 7-30　弹簧的种类

(a) 压缩弹簧；(b) 拉伸弹簧；(c) 扭力弹簧；(d) 蜗卷弹簧

7.7.1　圆柱螺旋压缩弹簧的参数和标记

1. 圆柱螺旋压缩弹簧的参数

圆柱螺旋压缩弹簧的各部分名称及尺寸关系，见图 7-31。

(1) 簧丝直径 d：制造弹簧的钢丝直径。

(2) 弹簧外径 D：弹簧的最大直径。

(3) 弹簧内径 D_1：弹簧的最小直径，$D_1=D-2d$。

(4) 弹簧中径 D_2：弹簧的平均直径，$D_2=D-d$。

(5) 有效圈数 n，支撑圈数 n_0 和总圈数 n_1：为了使压缩弹簧工作时受力均匀，增加稳定性，弹簧两端需要并紧、磨平，这些并紧、磨平的圈仅起支撑作用，称为支撑圈。支撑圈有 1.5、2、2.5 圈三种，其中 2.5 圈应用较多。除支撑圈外，保持弹簧等节距的圈数称为有效圈数。有效圈数与支承圈数之和为总圈数，即 $n_1=n+n_0$。

(6) 节距 t：除支撑圈外，相邻两圈的轴向距离。

(7) 自由高度 H_0：弹簧在不受外力时的高度，$H_0=nt+(n_0-0.5)d$。

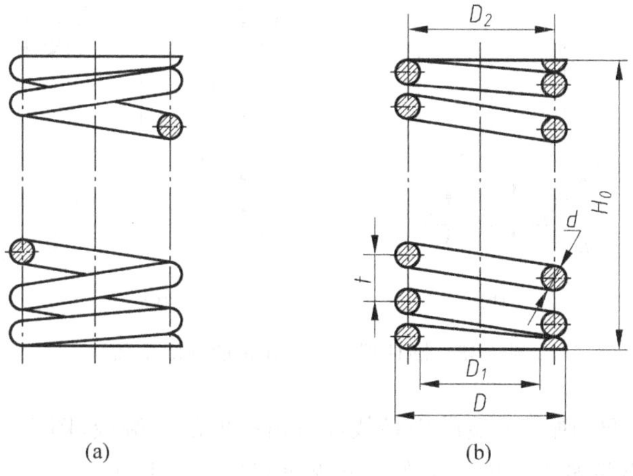

图 7-31　圆柱螺旋压缩弹簧各部分的代号及画法

(a) 视图；(b) 剖视图

(8) 展开长度 L：制造弹簧所用簧丝的长度，$L \approx n_1\sqrt{(\pi D_2)^2+t^2}$。

(9) 旋向：弹簧有左旋、右旋之分，常用右旋。

2. 圆柱螺旋压缩弹簧的标记

国家标准 GB/T 2089—2009 规定了圆柱螺旋压缩弹簧的标记由类型代号、规格、精度代号、旋向代号和标准号组成。规定如下：

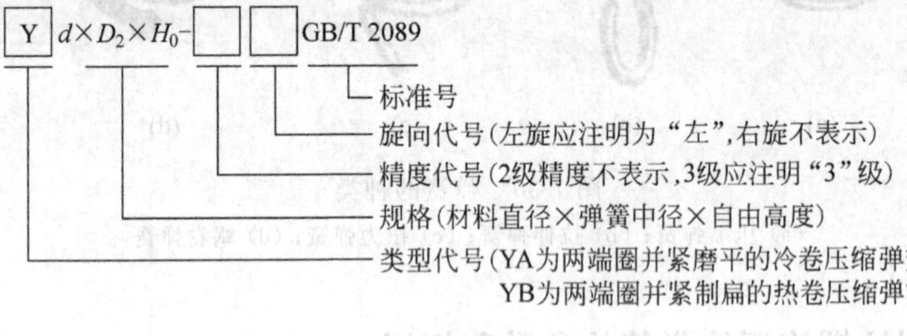

例如：YB 型弹簧，材料直径 30mm，弹簧中径 160mm，自由高度 310mm，精度等级为 3 级，右旋的并紧制扁的热卷压缩弹簧的标记为“ YB 30×160×310-3　GB/T 2089”。

7.7.2　圆柱螺旋压缩弹簧的画法

圆柱螺旋压缩弹簧的真实投影较复杂，为了画图方便，国家标准 GB/T 4459.4—2003 对弹簧的画法作了规定，以近似的简化画法来代替，如图 7-31 所示。

1. 单个弹簧的画法

国家标准规定：在平行于螺旋弹簧轴线的视图上，各圈轮廓画成直线；不论弹簧的支撑圈数是多少，均可按支撑圈为 2.5 圈时的画法绘制；有效圈数四圈以上的螺旋弹簧中间部分可以省略，当中间部分省略后，可适当缩短图形的长度；左旋弹簧和右旋弹簧均可画成右旋，但左旋要注明“LH”。

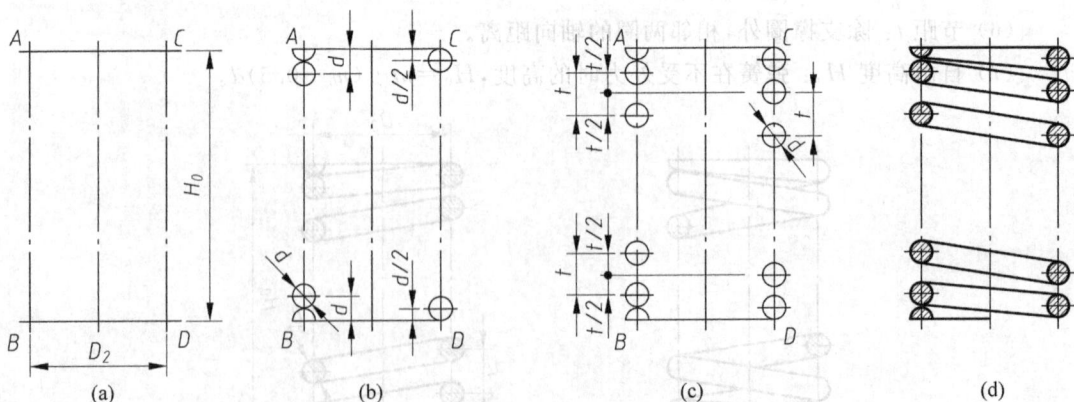

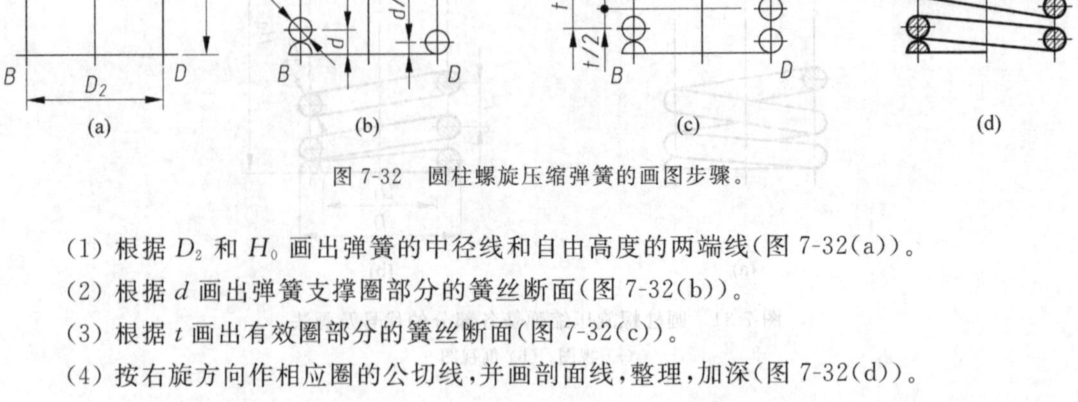

图 7-32　圆柱螺旋压缩弹簧的画图步骤

(1) 根据 D_2 和 H_0 画出弹簧的中径线和自由高度的两端线(图 7-32(a))。

(2) 根据 d 画出弹簧支撑圈部分的簧丝断面(图 7-32(b))。

(3) 根据 t 画出有效圈部分的簧丝断面(图 7-32(c))。

(4) 按右旋方向作相应圈的公切线，并画剖面线，整理，加深(图 7-32(d))。

2. 弹簧在装配图上的画法

在装配图中，被弹簧挡住的结构一般不画出，可见部分应从弹簧的外轮廓线或从弹簧钢丝剖面的中心线画起，按图 7-33(a)中的画法表示。

当线径在图上≤ϕ2mm 时，钢丝剖面区域可涂黑，见图 7-33(b)。也可用示意画法表示，如图 7-33(c)所示。

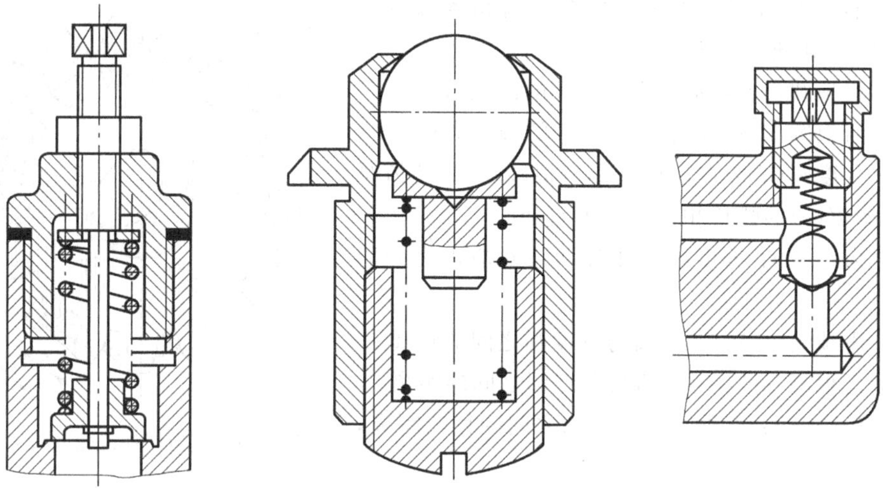

(a)　(b)　(c)

图 7-33　装配图中圆柱螺旋压缩弹簧的画法

7.8　齿　　轮

齿轮是机械传动中广泛应用的传动零件，可用来传递动力，改变转速和方向，但必须成对使用。齿轮有三种常见的传动形式，如图 7-34 所示。

圆柱齿轮——用于两平行轴之间的传动。

圆锥齿轮——用于相交两轴间的传动。

蜗轮蜗杆——用于交叉两轴间的传动。

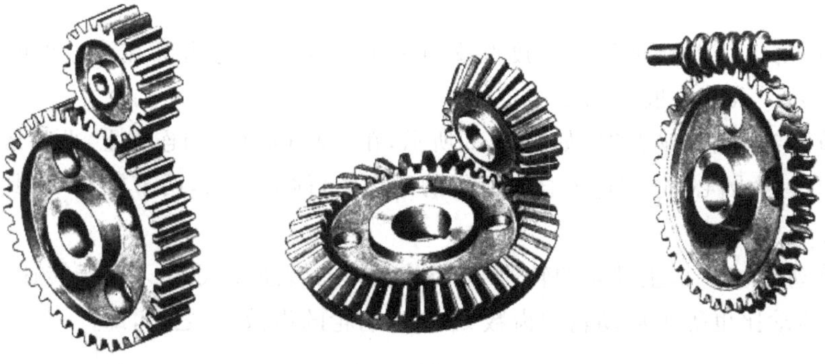

(a)　(b)　(c)

图 7-34　常见的齿轮传动形式

(a) 圆柱齿轮；(b) 圆锥齿轮；(c) 蜗轮蜗杆

7.8.1　圆柱齿轮

轮齿是齿轮的主要结构，凡轮齿符合标准规定的为标准齿轮。常见的圆柱齿轮有直齿、斜齿和人字齿三种。

1. 直齿圆柱齿轮各部分名称及几何要素代号

现以标准直齿圆柱齿轮为例介绍齿轮各部分的名称及代号，如图 7-35 所示。

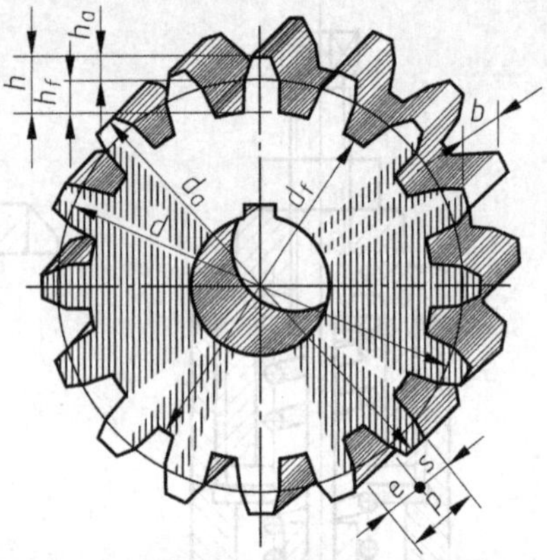

图 7-35　直齿圆柱齿轮的尺寸代号

(1) 齿顶圆(d_a)：通过轮齿顶部的圆周直径。

(2) 齿根圆(d_f)：通过轮齿根部的圆周直径。

(3) 分度圆(d)：在齿顶圆和齿根圆之间，使齿厚(s)与齿槽宽(e)的弧长相等的圆的直径。

(4) 齿距(p)：分度圆上相邻两齿对应点之间的弧长。

(5) 齿顶高(h_a)：齿顶圆与分度圆之间的距离。

(6) 齿根高(h_f)：齿根圆与分度圆之间的距离。

(7) 齿高(h)：齿顶圆与齿根圆之间的径向距离，$h=h_a+h_f$。

(8) 模数(m)：设齿轮的齿数为 z，由于分度圆的周长$=\pi d=zp$，所以 $d=\frac{p}{\pi}z$。令比值 $\frac{p}{\pi}=m$，则 $d=mz$，m 即为齿轮的模数。

模数是设计和制造齿轮的基本参数，制造齿轮时，根据模数来选择刀具。为了设计和制造方便，减少齿轮成形刀具的规格，模数已经标准化，我国规定的标准模数值见表 7-6。

表 7-6　齿轮模数系列(GB/T 1357—1987)

第一系列	0.1　0.12　0.15　0.2　0.25　0.3　0.4　0.5　0.6　0.8　1　1.25　1.5　2　2.5 3　4　5　6　8　10　12　16　20　25　32　40　50
第二系列	1.75　2.25　2.75　(3.25)　3.5　(3.75)　4.5　5.5　(6.5)　7　9　(11)　14 18　22　28　(30)　36　45

注：优先选用第一系列，其次选用第二系列，括号内的模数尽可能不选。

(9) 齿形角(α)：齿廓曲线与分度圆交点处的径向直线与齿廓在该点处的切线所夹的锐角，用 α 表示。我国一般采用 $\alpha=20°$。

(10) 节圆：两齿轮啮合时，如图 7-36 所示，在中心 O_1、O_2 的连线上，两齿廓啮合点所在的圆(以 O_1、O_2 为圆心，分别过啮合点所作的两个圆)称为节圆，两节圆相切，其直径分别用 d_1、d_2 表示。

(11) 传动比(i)：指主动轮的转速 n_1 与从动轮的转速 n_2 之比。由于转速与齿数(z)成反比，因此，传动比也等于从动轮的齿数 z_2 与主动轮的齿数 z_1 之比，即

$$i=\frac{n_1}{n_2}=\frac{z_2}{z_1}$$

设计齿轮时，先确定模数和齿数，其他各部分尺寸均可根据模数和齿数计算求出。标准

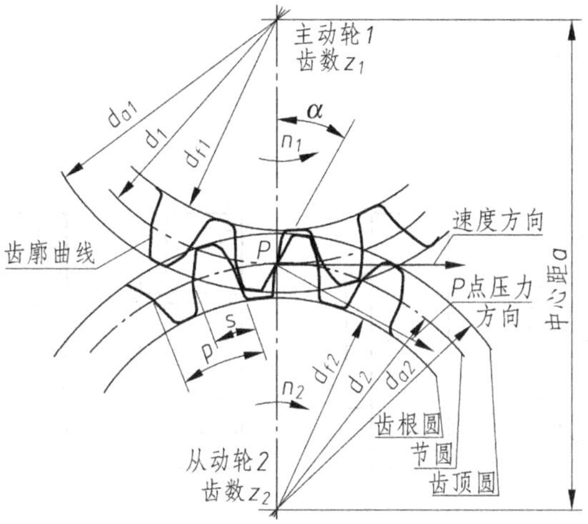

图 7-36 两啮合圆柱齿轮示意图

直齿圆柱齿轮的计算公式见表 7-7。

表 7-7 标准直齿圆柱齿轮的计算公式

名 称	代 号	计 算 公 式	备 注
齿顶高	h_a	$h_a=m$	m 取标准值 $\alpha=20°$ z 应根据设计需要确定
齿根高	h_f	$h_f=1.25m$	
齿高	h	$h=2.25m$	
分度圆直径	d	$d=mz$	
齿顶圆直径	d_a	$d_a=m(z+2)$	
齿根圆直径	d_f	$d_f=m(z-2.5)$	
齿距	p	$p=\pi m$	
中心距	a	$a=m(z_1+z_2)/2$	

2. 圆柱齿轮的规定画法

齿轮上的轮齿，如同螺纹一样，属于多次重复出现的结构要素。为了简化制图，国家标准 GB4459.2—2003 对轮齿部分的画法，也规定了简化的表示法。

1）单个圆柱齿轮的画法

齿轮的轮齿是在齿轮加工机床上用齿轮刀具加工出来的，一般不需画出它的真实投影，如图 7-37 所示。

圆柱齿轮的画法规定如下：

(1) 齿顶圆和齿顶线用粗实线表示；分度圆和分度线用点画线表示；齿根圆和齿根线用细实线表示，也可省略不画，如图 7-37(a)所示。

(2) 在剖视图中，当剖切面通过齿轮的轴线时，轮齿一律按不剖处理，齿根线用粗实线绘制。

(3) 对于斜齿或人字齿，还需在外形图上画出三条平行的细实线用以表示齿向和倾角，如图 7-37(b)所示。

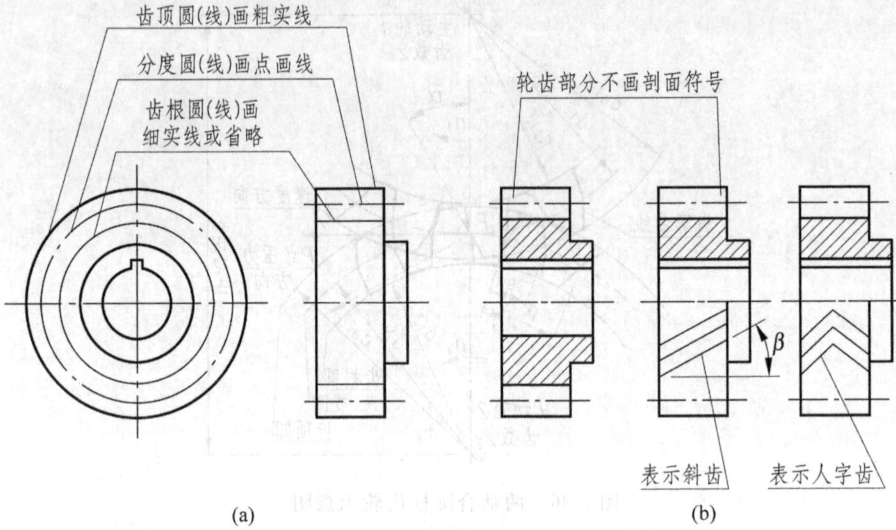

图 7-37　单个圆柱齿轮的规定画法

2）圆柱齿轮啮合的画法

两标准齿轮相互啮合时，它们的分度圆处于相切位置，此时分度圆又称为节圆，啮合部分的规定画法如图 7-38 所示。

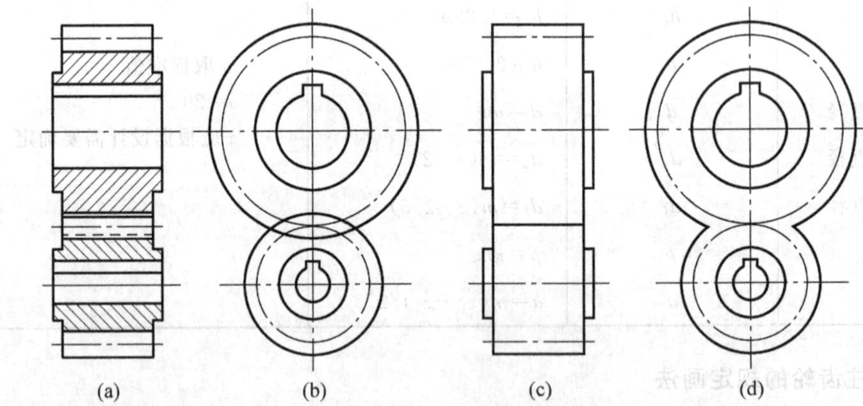

图 7-38　圆柱齿轮的啮合画法

齿轮啮合的画法规定如下：

(1) 在垂直于圆柱齿轮轴线的投影面的视图中，两齿轮的节圆相切，啮合区内的齿顶圆用粗实线绘制或省略不画，如图 7-38(b)、(d)所示。

(2) 在非圆的外形视图中，啮合区内的齿顶线不需要画出，节线用粗实线绘制，见图 7-38(c)。

(3) 在剖视图中当剖切平面通过两啮合齿轮的轴线时，在啮合区内，节线重合，用点画线绘制；齿根线画粗实线；将一个齿轮的齿顶线用粗实线绘制，另一个齿轮的轮齿被遮挡的部分用虚线绘制，也可省略不画，如图 7-38(a)所示。

(4) 在剖视图中，当剖切平面通过啮合齿轮的轴线时，轮齿一律按不剖绘制。

图 7-39 是圆柱齿轮的零件图，在零件图上不仅要表示出齿轮的形状、尺寸和技术要求，而且要列出制造齿轮所需要的基本参数。

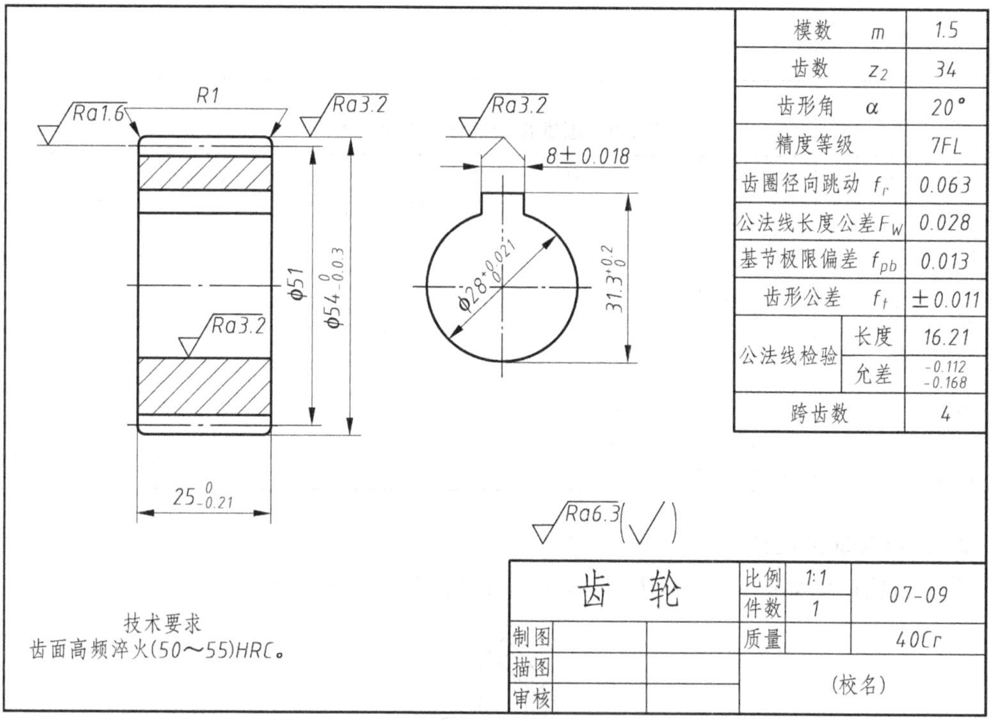

模数 m 1.5
齿数 z2 34
齿形角 α 20°
精度等级 7FL
齿圈径向跳动 fr 0.063
公法线长度公差 FW 0.028
基节极限偏差 fpb 0.013
齿形公差 ff ±0.011
公法线检验 长度 16.21
允差 -0.112 -0.168
跨齿数 4
Ra1.6
R1
Ra3.2
8±0.018
φ51
φ54 0 -0.03
φ28 +0.021 0
31.3 +0.2 0
25 0 -0.21
Ra6.3
齿 轮
比例 1:1
件数 1
07-09
质量 40Cr
制图
描图
审核
(校名)
技术要求
齿面高频淬火(50～55)HRC。

图 7-39 圆柱齿轮的零件图

7.8.2 圆锥齿轮

1. 圆锥齿轮的模数及参数计算

圆锥齿轮的轮齿位于圆锥面上，圆锥齿轮结构参数如图 7-40 所示。国标规定锥齿轮大端的端面模数为标准模数，标准模数如表 7-8 所示。设计计算锥齿轮几何尺寸时，以齿轮大端为基准，计算公式如表 7-9 所示。

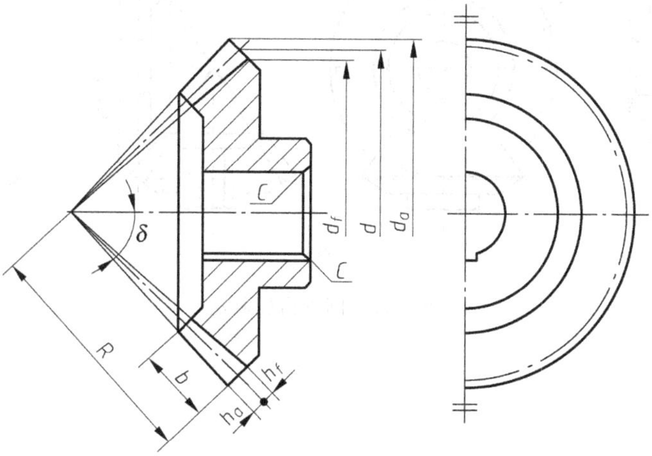

图 7-40 圆锥齿轮参数

表 7-8　圆锥齿轮的标准模数

0.1	0.12	0.15	0.2	0.25	0.3	0.35	0.4	0.5	0.6	0.7	0.8	0.9
1	1.125	1.25	1.375	1.5	1.75	2	2.25	2.5	2.75	3	3.25	3.5
3.75	4	4.5	5	5.5	6	6.5	7	8	9	10	11	12
14	16	18	20	22	25	28	30	32	36	40	45	50

表 7-9　圆锥齿轮的计算公式举例

名　称	代　号	计 算 公 式	举例(已知 $m=3, z=25, \delta=45$)
齿顶高	h_a	$h_a=m$	$h_a=3$
齿根高	h_f	$h_f=1.2m$	$h_f=3.6$
齿高	h	$h=2.2m$	$h=6.6$
分度圆直径	d	$d=mz$	$d=75$
齿顶圆直径	d_a	$d_a=m(z+2\cos\delta)$	$d_a=79.24$
齿根圆直径	d_f	$d_f=m(z-2.4\cos\delta)$	$d_f=69.31$
外锥距	R	$R=m(z/2\cos\delta)$	$R=53.03$
分锥角	δ	$\tan\delta_1=z_1/z_2, \tan\delta_2=z_2-z_1$	
齿宽	b	$B\leqslant R/3$	

2. 圆锥齿轮的画法

单个齿轮画法如图 7-41(a)所示,齿轮啮合画法如图 7-41(b)所示。

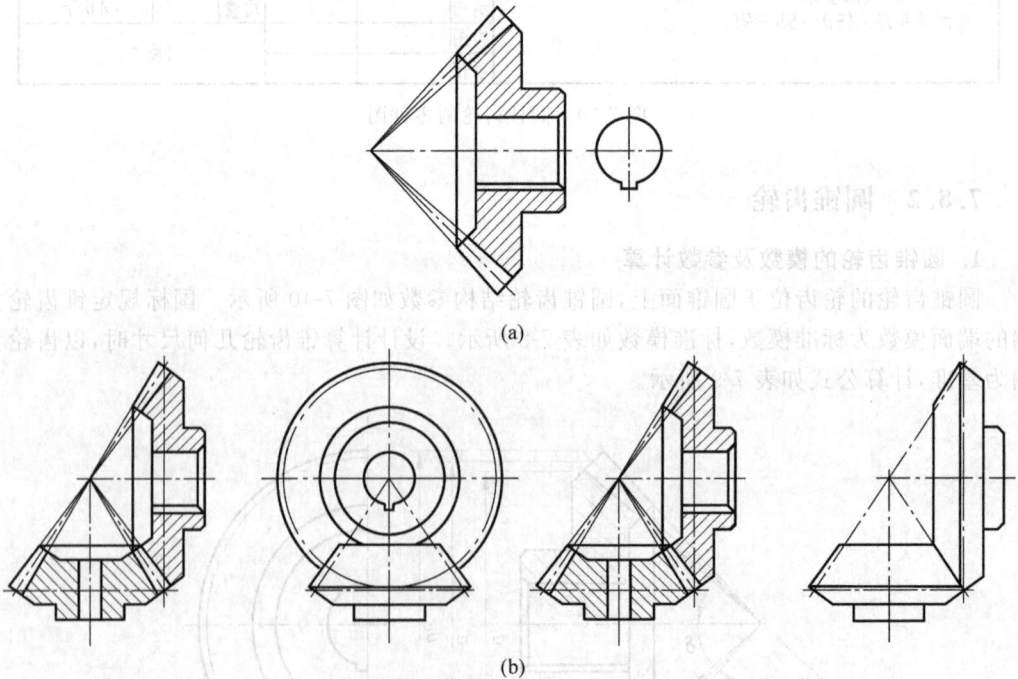

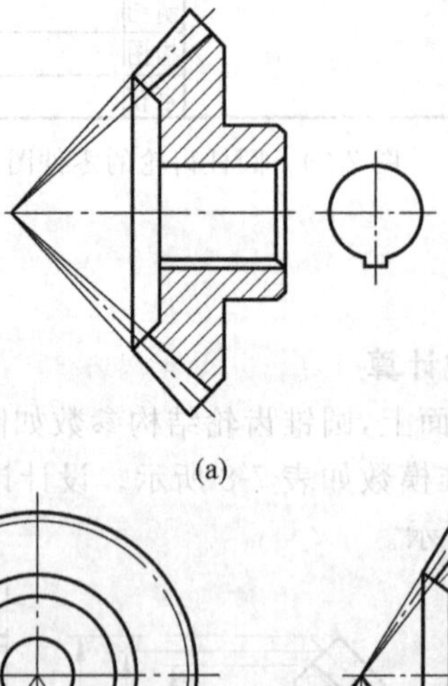

(a)

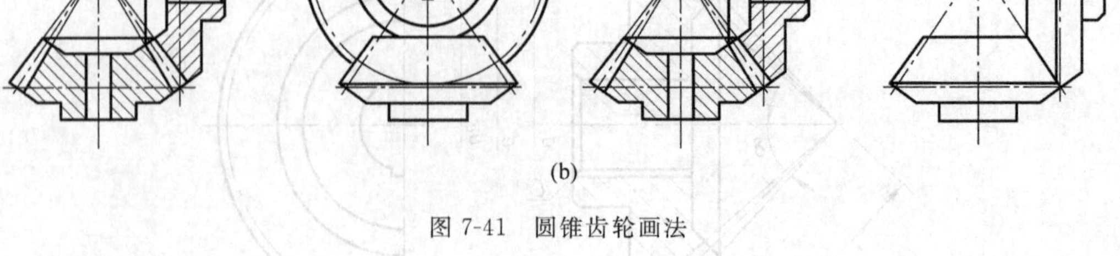

(b)

图 7-41　圆锥齿轮画法

第8章 零 件 图

机器从设计、制造到投入使用是一个复杂的过程，它包括可行性分析研究、方案设计、选型、总体设计、零部件设计、制造、检验、装配、使用与维护等诸多环节，在每个环节中，都可能用到各种不同的图样，这些图样都可以叫做机械图，其中最主要的图样是零件图和装配图。表达部件或机器的图样称为装配图，表达单个零件的图样称为零件图。机器、部件与零件之间，装配图与零件图之间，反映了整体与局部的关系。

8.1 零件图的作用与内容

8.1.1 零件图的作用

零件图是表示零件结构、大小及技术要求的图样。它是设计部门提交给生产部门的重要技术文件，反映设计者的意图，表达了机器或部件对零件的要求，同时考虑到零件结构和制造的可能性与合理性。它在生产中起指导作用，是制造和检验零件的依据，是技术交流的重要资料。

8.1.2 零件图的内容

零件图提供零件成品生产的全部技术资料，如零件的结构形状、尺寸大小、重量、材料、应达到的技术要求等，图 8-1(a)所示阀盖的零件图如图 8-1(b)所示。

一张完整的零件图应包括下列内容。

1. 一组视图

利用视图、剖视图、断面图、规定画法、简化画法、局部放大及常见零件结构画法等表达方法，正确、完整、清晰地表达零件各部分的内外结构形状。

2. 完整的尺寸

标注出制造和检测零件时需要的零件各部分结构大小和相对位置的全部尺寸。

3. 技术要求

使用规定的符号、数字标注，或文字说明，表明零件在加工、检验过程中应达到的技术指标，如表面粗糙度、尺寸公差、形状和位置公差、热处理、表面处理及零件制造、检验、试验的要求等。

4. 标题栏

填写零件的名称、比例、材料、数量、图号，以及零件的设计、绘图、审校人签名、日期等项内容的栏目。

(a)

图 8-1 阀盖零件图

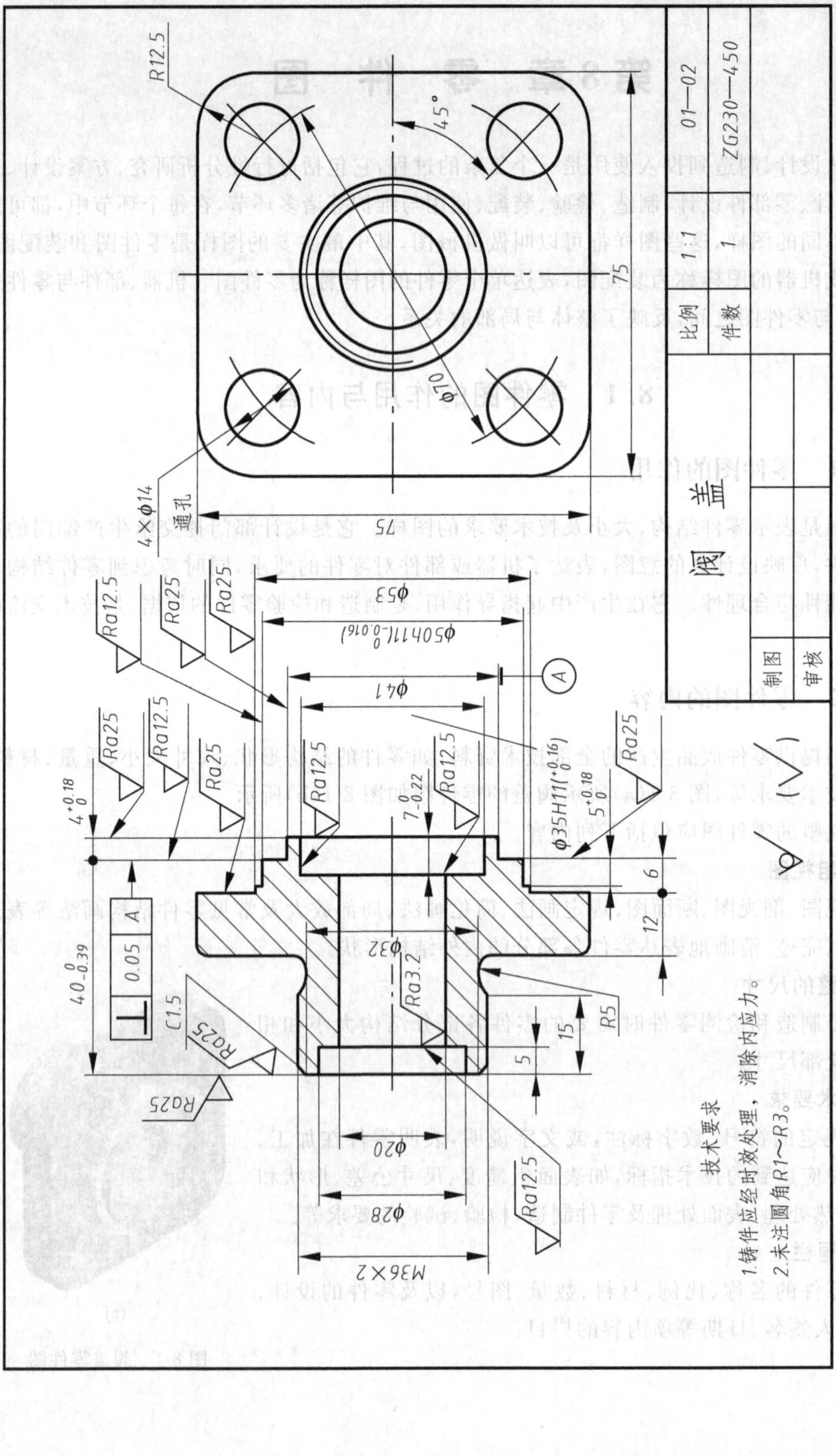
阀盖
比例 1:1
件数 1
01—02
ZG230—450
制图
审核
技术要求
1.铸件应经时效处理，消除内应力。
2.未注圆角R1~R3。
R12.5
45°
75
φ70
4×φ14
通孔
φ53
φ50h11(0 -0.016)
φ41
φ35H11(+0.16 0)
φ32
φ20
φ28
M36×2
Ra12.5
Ra25
Ra3.2
C1.5
R5
0.05 A
A

(b)

图 8-1(续)

8.2　零件图的视图选择

8.2.1　概述

采用一组图形将零件各部分结构形状清楚、完整地表示出来，在选择的一组图形中，主视图是重要的视图。

视图选择的步骤为：

(1) 了解零件的使用功能和要求、加工方法、安装位置等。该部分内容可以从零件的有关技术资料中获取。

(2) 对零件进行形体结构分析。

(3) 选择主视图的投射方向。在选择主视图投射方向时，首先将零件摆放一个位置，摆放位置应考虑以下几个问题：

① 加工工序较单一的零件，按主要加工工序放置零件，以便于加工时看图。

② 在部件中有着重要位置的零件，按工作位置摆放。

③ 加工工序复杂，且工作位置不固定的零件，可将其摆放成读图的习惯位置。

零件位置摆好后，分析比较零件前后左右各方向的轮廓特点，选择合适的方向作为主视图投射方向。

(4) 确定其他视图的个数，并确定表达方案。选择其他视图时，既要考虑将零件各部分结构形状及其相对位置表达清楚，又要使每个视图表达的内容重点突出，避免重复表达，还要兼顾尺寸标注的需要，做到完整、清晰地表达零件内、外结构。

零件的结构形状各不相同，工程上的习惯是按零件的结构特点，将其分为四大类，即轴、套类，如图 8-2 所示；轮、盘类，如图 8-1 所示；叉架类，如图 8-3 所示；箱体类，如图 8-4 所示。按各类零件的结构特征归纳出视图选择的一般规律如下所述。

8.2.2　轴、套类零件

这类零件包括轴、轴套、衬套等。其形状特征是由若干段不等径的同轴回转体构成，通常在零件上有键槽、销孔、退刀槽等结构。

这类零件的主要加工方向是轴线水平放置。为了便于加工时看图，零件的摆放按加工位置即轴线水平放置。对零件上的槽、孔等结构，采用局部剖、断面图、局部放大等方法表达。图 8-2(b)所示主轴中，主视图轴线水平放置，以断面图表示轴上的通孔和键槽的断面形状及尺寸；用局部放大图分别表示砂轮越程槽形状。

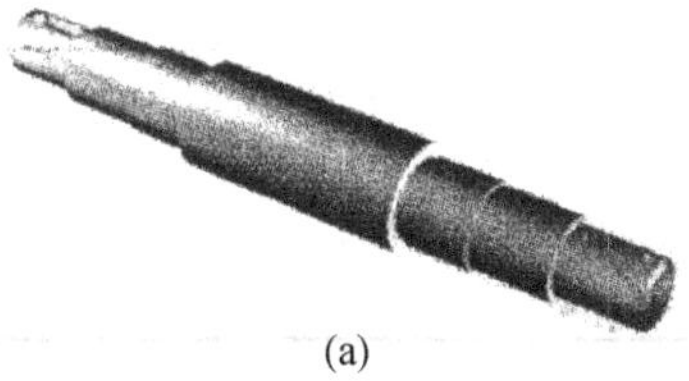

(a)

图 8-2　主轴零件图

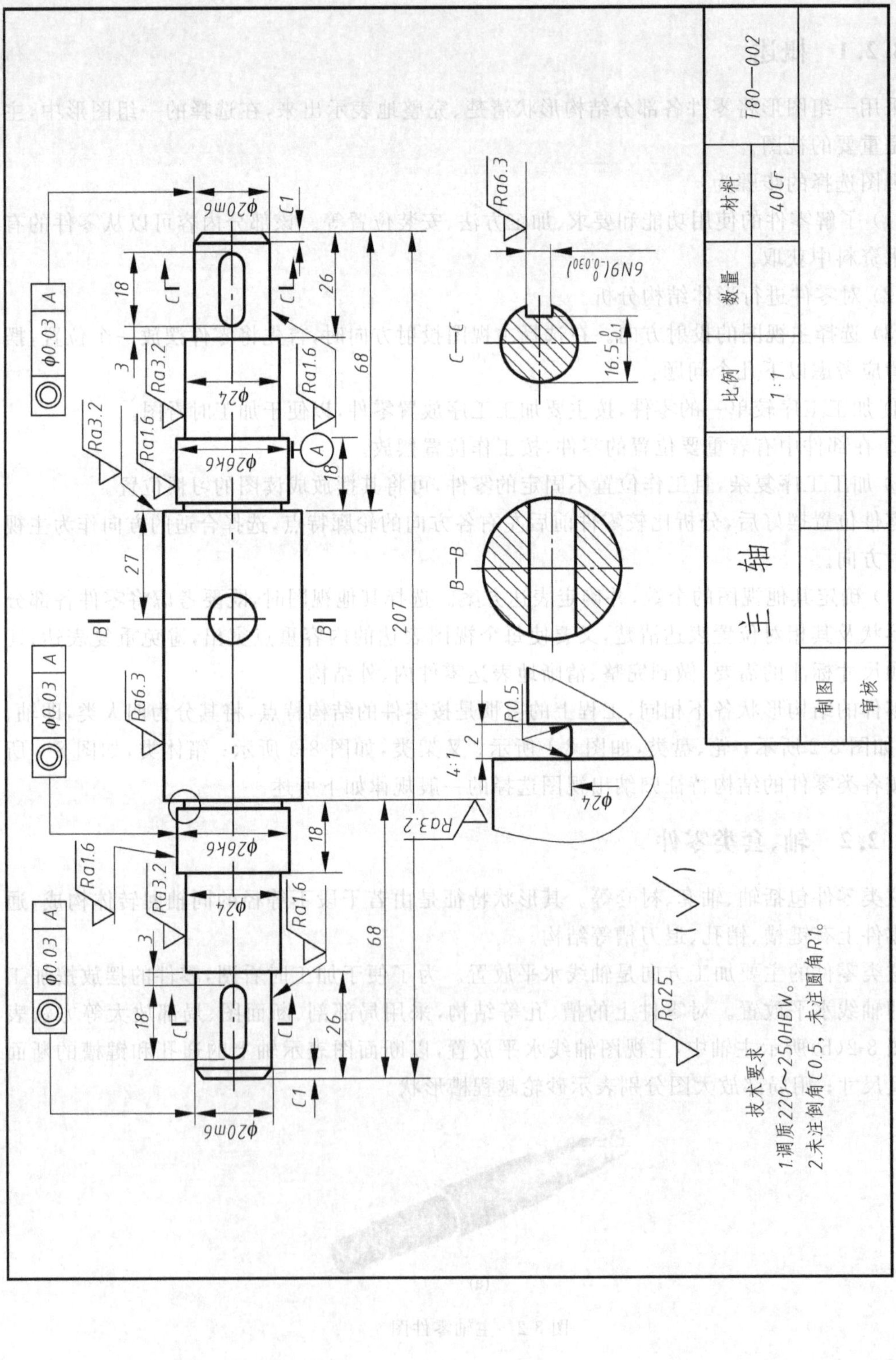

主轴
T80—002
材料
40Cr
数量
比例
1:1
制图
审核
技术要求
1.调质220~250HBW。
2.未注倒角C0.5，未注圆角R1。
B—B
C—C
Ra25
207
68
4:1
R0.5

(b)

图 8-2(续)

8.2.3　轮、盘类零件

这类零件包括端盖、轮盘、带轮、齿轮等。其形状特征是，主要部分一般由回转体构成，成扁平的盘状，且沿圆周均匀分布各种肋、孔、槽等结构。这类零件的加工一般也是轴线水平放置。通常是按加工位置即轴线水平放置零件。在选择视图时，一般将非圆视图作为主视图，并根据需要将非圆视图画成剖视图。此外，还需使用左视（或右视）图完整表达零件的外形和槽、孔等结构的分布情况。如图 8-1 所示阀盖零件图中，采用了两个视图。

8.2.4　叉、架类零件

这类零件包括托架、拨叉、连杆等。其特征是结构形状比较复杂，零件常带有倾斜或弯曲状结构，且加工位置多变，工作位置亦不固定。

对于该类零件，需参考工作位置并按习惯放置。选择此类零件的主视图时，主要考虑其形状特征。通常采用两个或两个以上的基本视图，并选择合适的剖视表达方法；也常采用斜视图、局部视图、断面图等表达局部结构。图 8-3 所示托脚零件图，是按工作位置摆放，采用两个主要视图。主视图按形体特征，较多的表达出零件的轮廓形状和各结构的相对位置，上部采用局部剖，表达托板的外形、通槽及两处长圆槽的通透情况，右下面的局部剖表达了 $\phi34H8(^{+0.039}_{0})$ 的通透及两个螺纹孔的通透；俯视图反映零件外形轮廓，同时也表达了右侧凸台和长圆孔的前后位置；用移出断面图表达连接板和肋板断面形状，并用局部视图表达右侧的形状。

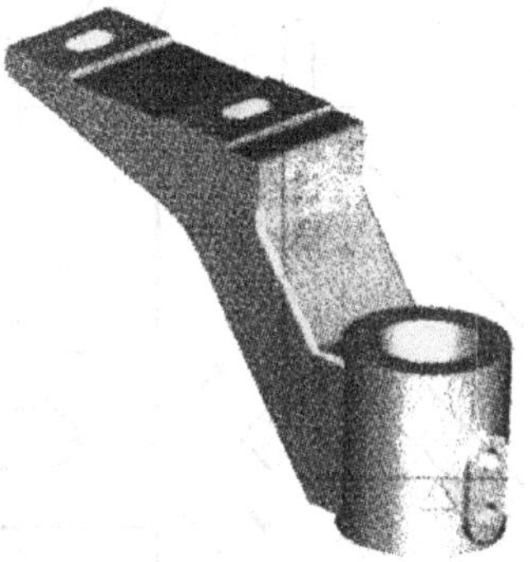

(a)

图　8-3

8.2.5　箱、体类零件

这类零件包括箱体、壳体、阀体、泵体等。其特征是能支撑和包容其他零件，结构形状较复杂，加工位置变化也多。

摆放该类零件时，主要考虑工作位置。在选择箱体类零件的主视图时，主要考虑其形状特征。其他视图的选择，应根据零件的结构选取，一般需要三个或三个以上的基本视图，结合剖视图、断面图、局部视图等多种表达方法，清楚地表达零件内外结构形状。图 8-4 所示泵体零件图中，按工作位置放置，主视图采用三处局部剖，外形部分反映了外形轮廓结构形

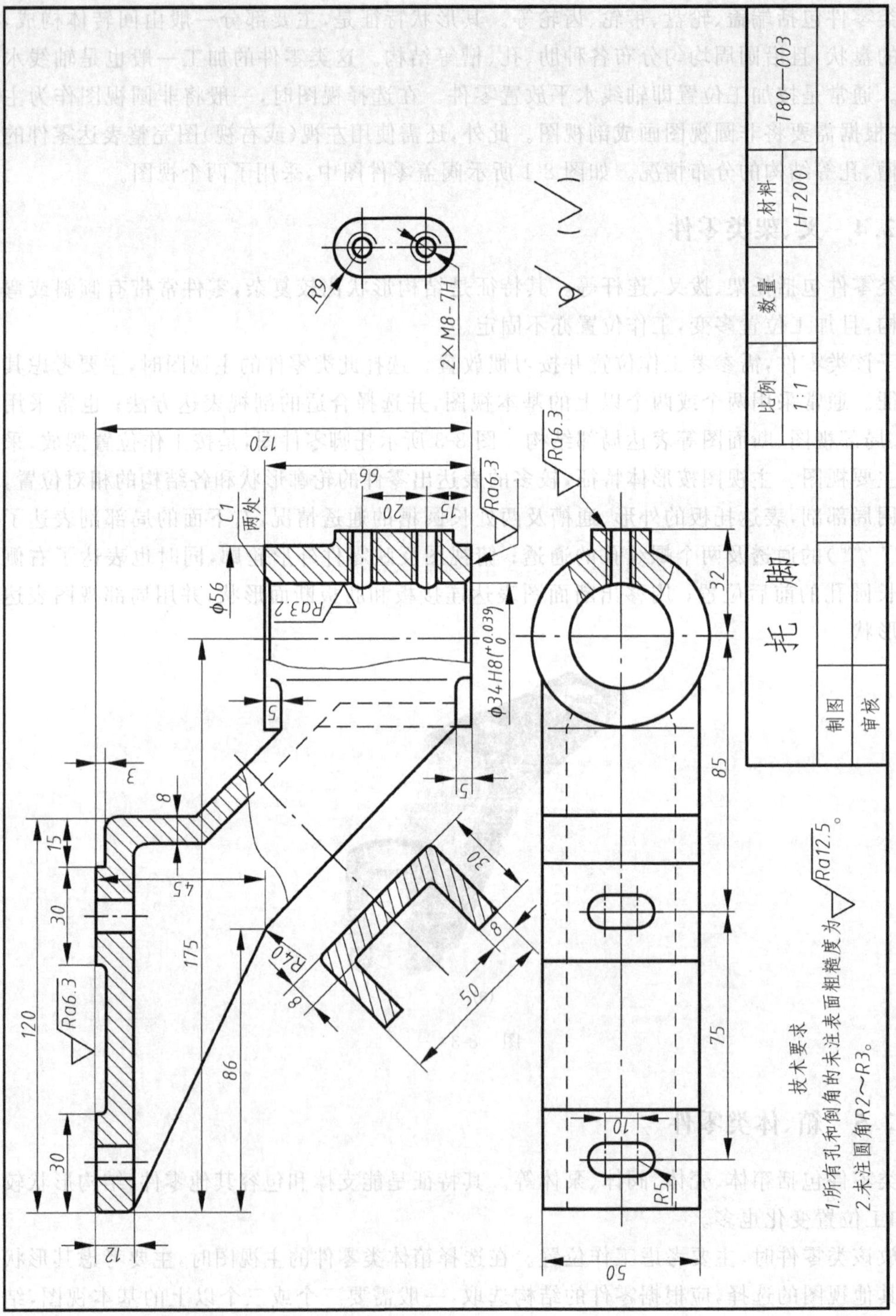
托　脚
比例 1:1
数量
材料 HT200
T80—003
制图
审核
技术要求
1.所有孔和倒角的未注表面粗糙度为 Ra12.5。
2.未注圆角R2~R3。
2×M8-7H
R9
C1
两处
Ra6.3
Ra3.2
ϕ56
ϕ34H8($^{+0.039}_{0}$)
120
66
20
15
32
5
85
75
10
R5
50
3
8
15
30
45
175
120
86
30
12
R40
8
30
50

(b)
图 8-3(续)

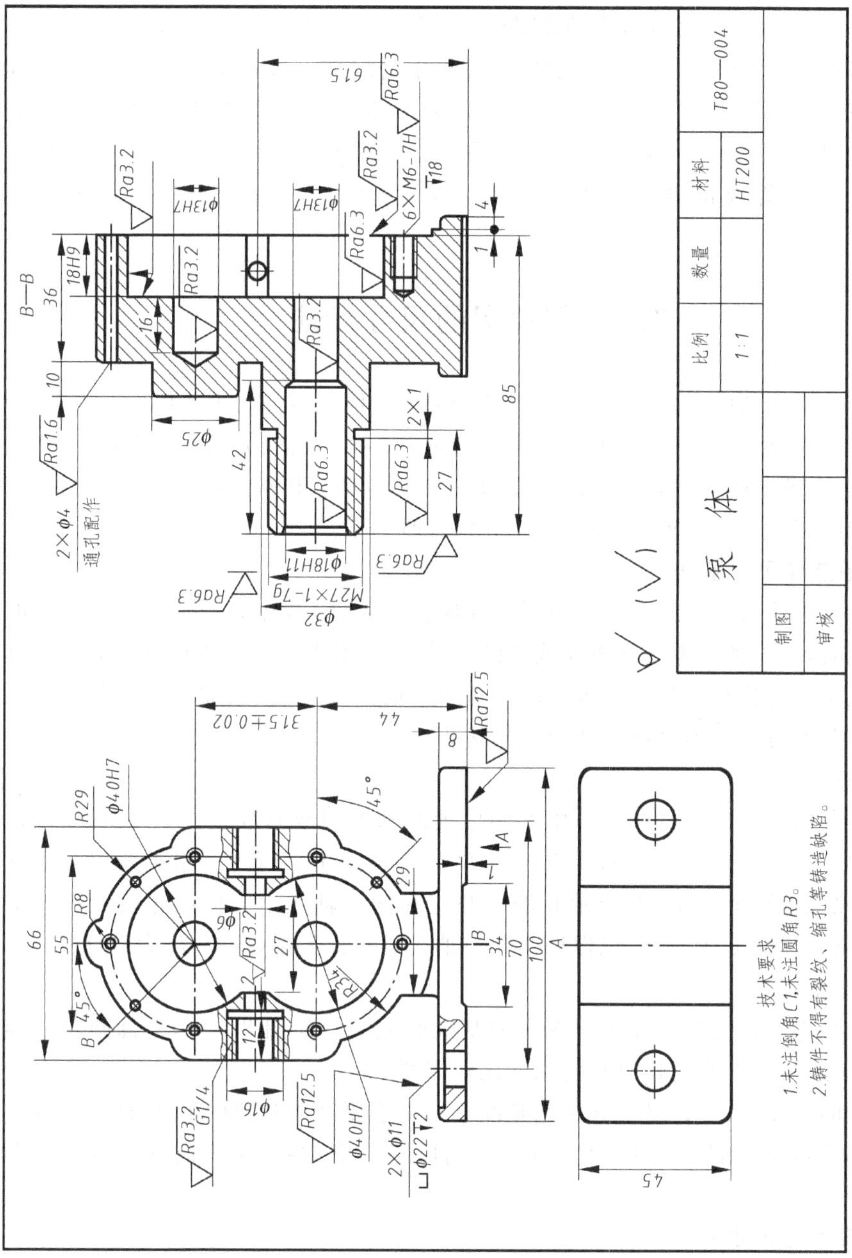
B—B
技术要求
1.未注倒角C1,未注圆角R3。
2.铸件不得有裂纹、缩孔等铸造缺陷。
泵　体
比例 1:1
数量
材料 HT200
T80—004
制图
审核

(b)

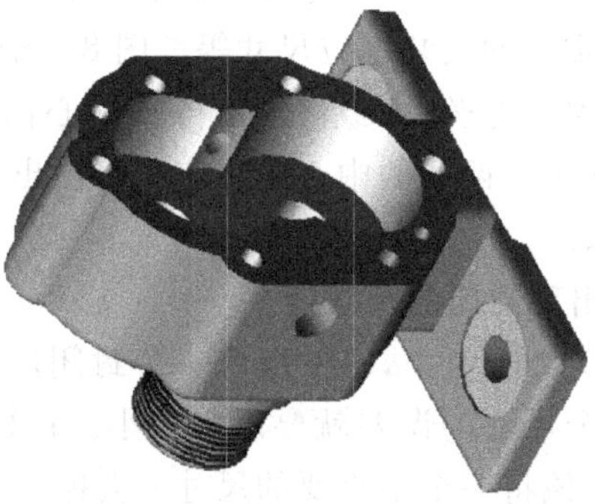

(a)

图 8-4　泵件零件图

状及 M6 的螺纹孔与 $\phi4$ 销孔的分布位置，同时反映了内腔和底板上通槽的形状，剖视部分表达了两个 G1/4 螺纹孔与内腔相通的情况，底板上的局部剖表达了 $2\times\phi11$ 孔的结构；左视图画成旋转绘制的全剖视图，不仅表示了零件的整体结构形状，还将两个 $\phi40$H7 的内腔深度，M6 螺纹孔、$\phi4$ 销孔、上部 $\phi13$H7 孔的深度、下部 $\phi13$H7 孔与 $\phi18$H11 孔的相通关系、M27×1.5—7g 螺纹部分的长度均表示清楚；*A* 向局部视图进一步表达了底板的形状。

8.3　零件图的尺寸标注

尺寸标准是零件图的主要内容之一，是制造加工和检验零件的重要依据。因此，必须正确、完整、清晰、合理标注零件图上的所有尺寸。对于正确、完整、清晰的要求，前面相关章节已经做了介绍，本节着重讨论合理标注尺寸的一些基本要求和常见结构的尺寸注法。使所标注的尺寸既能满足设计要求，又便于加工和检验时测量。

1. 正确地选择尺寸基准

尺寸基准是标注尺寸的起点。要做到合理地标注尺寸，首先必须选择好尺寸基准。在选择尺寸基准时，必须考虑零件在机器或部件中的位置、作用、零件之间的装配关系以及零件在加工过程中的定位和测量等要求。因此基准应根据设计要求、加工情况和测量方法确定。按照用途基准可以分为设计基准和工艺基准。

1）设计基准

设计基准是用来确定零件在部件中准确位置的基准面或基准线。如图 8-5 所示，标注支架轴孔的中心高（40±0.02）mm，应以底面 *D* 为基准注出。因为一根轴要用两个支架支撑，所以为了保证轴线的水平，两个轴孔的中心应在同一轴线上。标注底板两孔的定位尺寸，长度方向以对称面 B 为基准，以保证两孔与轴孔的对称关系，故 *B*、*D* 为设计基准。

2）工艺基准

工艺基准是零件在测量和加工时选定的基准面或线。如图 8-5 中，上部凸台的顶面 *E* 是工艺基准，以此为基准测量螺纹孔的深度比较方便。

根据基准的重要性，设计基准和工艺基准又分为主要基准和辅助基准，两个基准之间应有联系尺寸，如图 8-5 中的高度尺寸 58mm。零件在长、宽、高三个方向都应有一个主要基准，如图 8-5 中的 *B*、*C*、*D*。

2. 主要尺寸直接注出

主要尺寸是指直接影响零件在机器或部件中的工作性能和准确位置的尺寸，如零件间的配合尺寸、重要的安装定位尺寸等。图 8-6 轴孔的中心高是主要尺寸。若按图 8-6(b)标注，则尺寸 *b* 和 *c* 的累积误差，会使得孔中心高不能满足设计要求。另外，为了装配方便，图 8-6(a)中底板上两孔的中心距也应直接注出，图 8-6(b)中由尺寸 *e* 间接确定的 *l* 则不能满足装配要求。

3. 避免出现封闭的尺寸链

图 8-6(b)中的尺寸 *a*、*b*、*c* 构成一个封闭的尺寸链。由于 $a=b+c$，若尺寸 *a* 的误差一定，则 *b*、*c* 两个尺寸的误差就要定得很小。这样就会使加工困难。所以应当避免封闭的尺寸链。例如应该将一个不重要的尺寸 *c* 去掉。

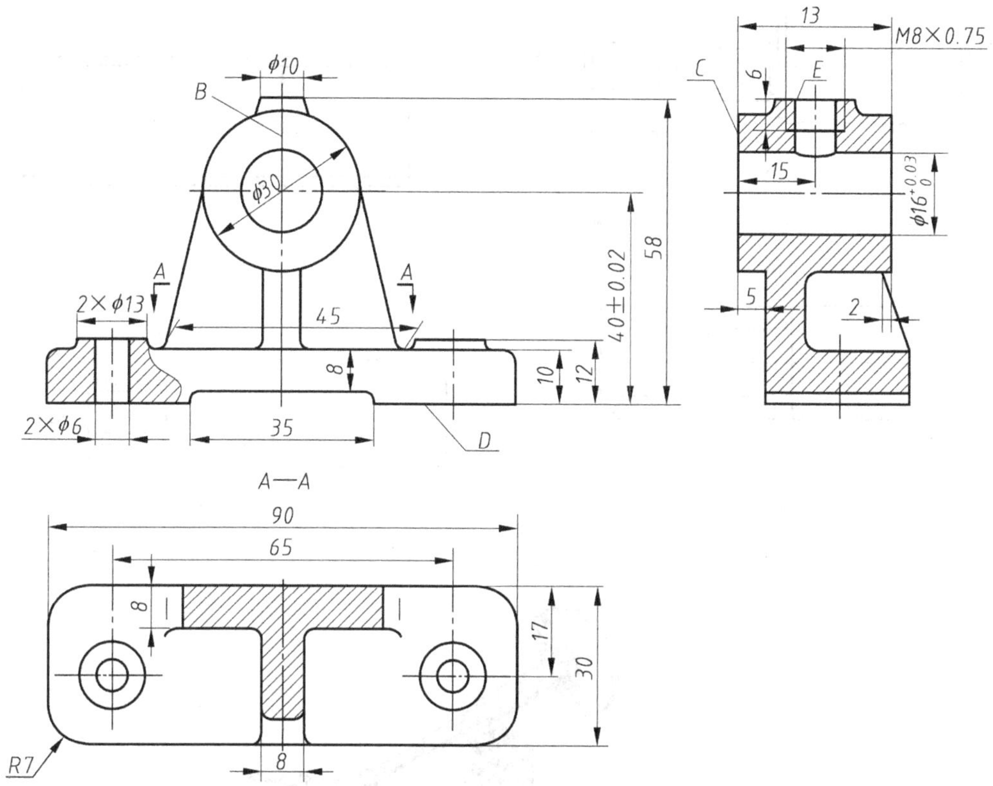

图 8-5　尺寸基准

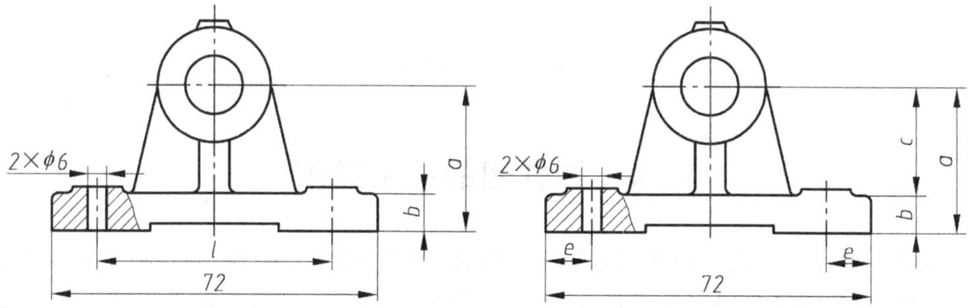

(a)　　(b)

图 8-6　主要尺寸直接注出

4. 应尽量符合加工顺序

标注的尺寸要符合加工过程和加工顺序的需要。图 8-7 所示轴的各表面都是在车床上加工，如图 8-7(e)所示，其加工顺序如图 8-7(b)、(c)、(d)所示，按 8-7(a)标注零件长度方向的尺寸，符合加工顺序。

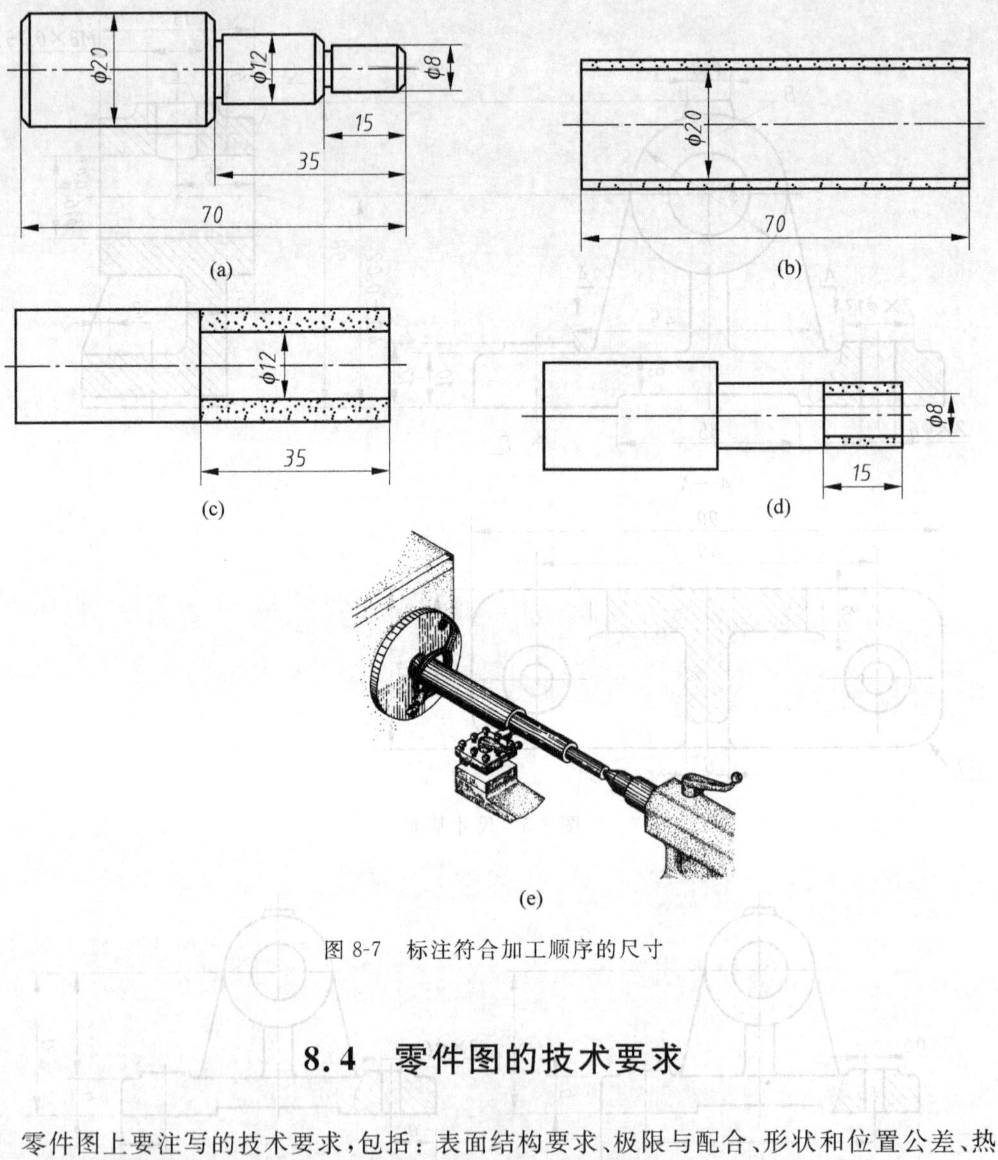

图 8-7　标注符合加工顺序的尺寸

8.4　零件图的技术要求

零件图上要注写的技术要求，包括：表面结构要求、极限与配合、形状和位置公差、热处理及表面镀涂层、零件材料以及零件加工、检验的要求等项目。其中有些项目如表面结构要求、极限与配合、形位公差、零件材料等，有技术标准规定的应按规定的代号或符号注写在图上，没有规定的可用文字简明地注写在图样的空白处，一般是写在图样的下方。下面介绍表面结构要求、极限与配合、形状和位置公差等的注法。

8.4.1　表面结构要求

在机械图样上，为保证零件装配后的使用要求，要根据功能需要对零件的表面质量——表面结构给出要求。表面结构是表面粗糙度、表面波纹度、表面缺陷、表面纹理和表面几何形状的总称。表面结构在图样上的表示法在 GB/T 131—2006 中均有具体规定，本节主要介绍常用的表面粗糙度表示法。

1. 基本概念及术语

1）表面粗糙度

零件的表面，即使是经过精细加工，用肉眼来看很平滑，但用放大镜或显微镜去观察，仍可看出表面具有一定的凸峰和凹谷，如图 8-8 所示。零件加工表面上具有较小间距与峰谷所组成的微观几何形状特性称为表面粗糙度。表面粗糙度与加工方法、刀刃形状和走刀量等各种因素都有密切关系。

表面粗糙度是评定零件表面质量的一项重要技术指标，对零件的耐磨性、抗腐蚀性和抗疲劳的能力有相当影响，也影响零件的配合质量，是零件图中必不可少的一项技术要求。一般情况下，凡是零件上有配合要求或有相对运动的表面，粗糙度参数值要小，参数值越小，表面质量越高，但加工成本也越高。因此，在满足零件使用要求的前提下，应尽量选用较大的参数值，以降低成本。

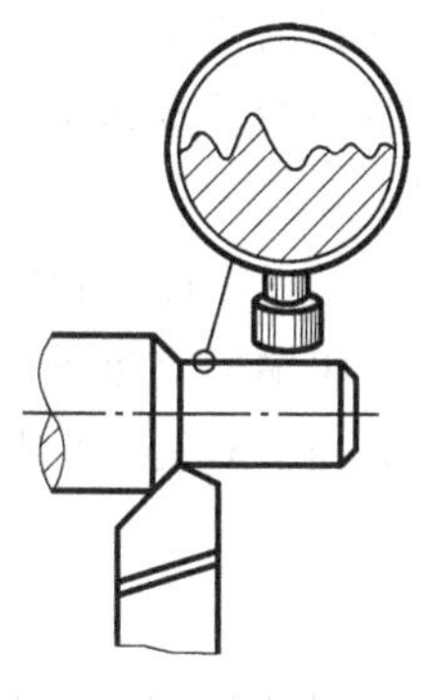

图 8-8　表面粗糙度示意图

2）表面波纹度

在机械加工过程中，由于机床、工件和刀具系统的振动，在工件表面所形成的间距比粗糙度大得多的表面不平度称为波纹度。零件表面的波纹度是影响零件使用寿命和引起振动的重要因素。

表面粗糙度、表面波纹度以及表面几何形状总是同时生成并存在于同一表面上。

3）评定表面结构常用的轮廓参数

对于零件表面结构的状况，可由三大类参数加以评定：轮廓参数（由 GB/T 3505—2000 定义）、图形参数（由 GB/T 18618—2002 定义）、支承率曲线参数（由 GB/T 18778. 2—2003 和 GB/T18778. 3—2006 定义）。其中轮廓参数是我国机械图样中目前最常用的评定参数。本节仅介绍评定粗糙度轮廓（R 轮廓）中的两个高度参数 Ra 和 Rz。

（1）轮廓算术平均偏差 Ra 是指在一个取样长度内纵坐标值 $Z(x)$ 绝对值的算术平均值，如图 8-9。

可近似表示为

$$Ra = \frac{1}{l}\int_0^l |Z(x)| \, dx$$

（2）轮廓的最大高度 Rz 是指在同一取样长度内，最大轮廓峰高和最大轮廓谷深之和的高度，如图 8-9。

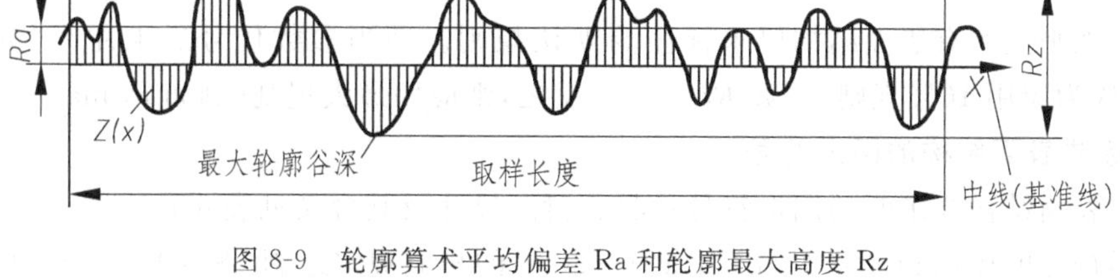

图 8-9　轮廓算术平均偏差 Ra 和轮廓最大高度 Rz

4）有关检验规范的基本术语

检验评定表面结构的参数值必须在特定条件下进行，国家标准规定，图样中注写参数代号及其数值要求的同时，还应明确其检验规范。

有关检验规范方面的基本术语有取样长度、评定长度、滤波器和传输带，以及极限值判断规则。

（1）取样长度和评定长度

以粗糙度高度参数的测量为例，由于表面轮廓的不规则性，测量结果与测量段的长度密切相关，在 X 轴（即基准线，见图 8-9）上选取一段适当长度进行测量，这段长度称为取样长度。

在每一取样长度内的测得值通常是不等的，为取得表面粗糙度最可靠的值，一般取几个连续的取样长度进行测量，并以各取样长度内测量值的平均值作为测得的参数值。这段在 X 轴方向上用于评定轮廓的、包含着一个或几个取样长度的测量段称为评定长度。

当参数代号后未注明时，评定长度默认为 5 个取样长度，否则应注明个数。例如：Rz0.4、Ra 3 0.8、Rz 1 3.2 分别表示评定长度为 5 个（默认）、3 个、1 个取样长度。

（2）轮廓滤波器和传输带

物体表面轮廓分为三类，分别是原始轮廓（P 轮廓）、粗糙度轮廓（R 轮廓）和波纹度轮廓（W 轮廓），三类轮廓各有不同的波长范围，它们又同时叠加在同一表面轮廓上，因此，在测量评定三类轮廓上的参数时，必须先将表面轮廓在特定仪器上进行滤波，以便分离获得所需波长范围的轮廓。这种可将轮廓分成长波和短波的仪器称为轮廓滤波器。由两个不同截止波长的滤波器分离获得的轮廓波长范围则称为传输带。

按滤波器的不同截止波长值，由小到大顺次分为 λ_s、λ_c 和 λ_f 三种，前面提到的三类轮廓就是分别应用这些滤波器修正表面轮廓后获得的：应用 λ_s 滤波器修正后的轮廓称为原始轮廓；在 P 轮廓上再应用 λ_c 滤波器修正后形成的轮廓即为粗糙度轮廓；对 P 轮廓连续应用 λ_f 和 λ_c 滤波器后形成的轮廓则称为波纹度轮廓。

（3）极限值判断规则

完工零件的表面按检验规范测得轮廓参数值后，需与图样上给定的极限值比较，以判定其是否合格。极限值判断规则有两种：

16％规则：运用本规则时，当被检表面测得的全部参数值中，超过极限值的个数不多于总个数的 16％时，该表面是合格的。所谓超过极限值是指：当给定上限值时，超过是指大于给定值；当给定下限值时，超过是指小于给定值。

最大规则：运用本规则时，被检的整个表面上测得的参数值一个也不应超过给定的极限值。

16％规则是所有表面结构要求标注的默认规则。即当参数代号后未注写“max”字样时，均默认为应用 16％规则（例如 Ra0.8）。反之，则应用最大规则（例如 Ramax 0.8）。

2. 标注表面结构的图形符号

标注表面结构要求时的图形符号种类、名称、尺寸及其含义见表 8-1。

图形符号的比例和尺寸按 GB/T 131—2006 的相应规定绘制（图 8-10、表 8-2）。

表 8-1　表面结构符号

符号名称	符　　号	含　　义
基本图形符号		由两条不等长的与标注成 60°夹角的直线构成。基本图形符号仅用于简化代号的标注，没有补充说明时不能单独使用
		在基本图形符号上加一短横，表示指定表面是用去除材料的方法获得，如通过机械加工获得的表面
		在基本图形符号上加一圆圈，表示指定表面是用不去除材料的方法获得的表面
完整图形符号	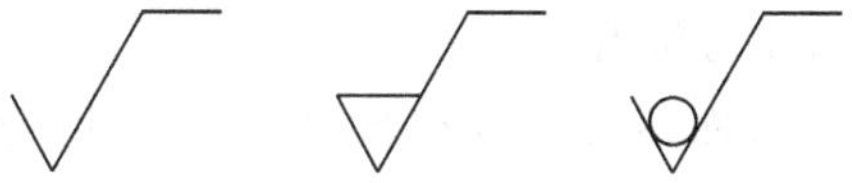 (a) 允许任何工艺　(b) 去除材料　(c) 不去除材料	在以上各种符号的长边上加一横线，以便注写对表面结构性的补充信息 在报告和合同的文本中用文字表达图形符号时，用 APA 表示图(a)，用 MRR 表示图(b)，用 NMR 表示图(c)

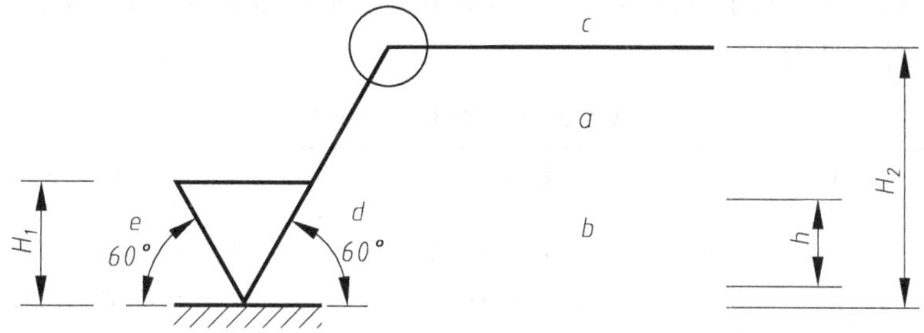

位置a　注写表面结构的单一要求
位置a和b　a注写第一表面结构要求
　　　　　b注写第二表面结构要求
位置c　注写加工方法、表面处理、涂层等工艺要求，如车、磨、镀等
位置d　注写要求的表面纹理和纹理方向
位置e　注写加工余量，加工余量以mm为单位

图 8-10　图形符号的画法及表面结构要求的注写位置

表 8-2　图形符号和附加标注的尺寸

数字和字母高度 h(见 GB/T 14691)	2.5	3.5	5	7	10	14	20
符号线宽 字母线宽	0.25	0.35	0.5	0.7	1	1.4	2
高度 H_1	3.5	5	7	10	14	20	28
高度 H_2	7.5	10.5	15	21	30	42	60

注：1. 表中 H_2 为最小值，实际高度取决于标注内容。
　　2. 单位为 mm。

当在图样某个视图上构成封闭轮廓的各表面有相同的表面结构要求时，应在完整图形符号上加一圆圈，标注在图样中工件的封闭轮廓线上，如图 8-11 所示。如果标注会引起歧义时，各表面应分别标注。

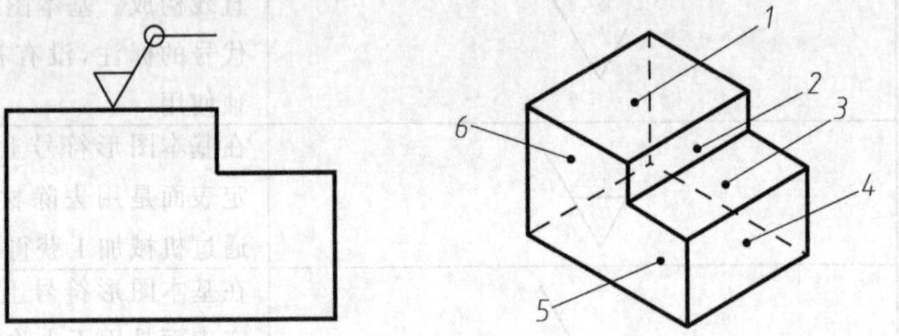

图 8-11　对周边各面有相同的表面结构要求的注写

3. 表面结构要求在图形符号中的注写位置

为了明确表面结构要求，除了标注表面结构参数和数值外，必要时应标注补充要求，包括传输带、取样长度、加工工艺、表面纹理及方向、加工余量等。这些要求在图形符号中的注写位置如图 8-10 所示。

4. 表面结构代号

表面结构符号中注写了具体参数代号及数值等要求后即称为表面结构代号。表面结构代号的示例及含义见表 8-3。

表 8-3　表面结构代号示例

序号	代号示例	含义/解释	补 充 说 明
1	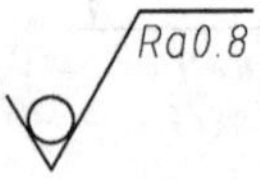	表示不允许去除材料，单向上限值，默认传输带，R 轮廓，算术平均偏差 0.8μm，评定长度为 5 个取样长度（默认），“16％规则”（默认）	参数代号与极限值之间应留空格，本例未标注传输带，此时取样长度可由 GB/T 10610 和 GB/T 6062 中查取 在文本中表示为： NMR　*Ra* 0.8
2	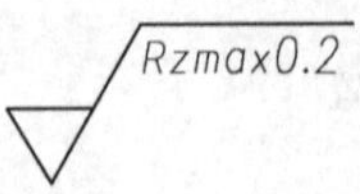	表示去除材料，单向上限值，默认传输带，R 轮廓，粗糙度最大高度的最大值 0.2μm，评定长度为 5 个取样长度（默认），“最大规则”	示例 1～4 均为单向极限要求，且均为单向上限值，则均可不加注“U”，若为单向下限值，则应加注“L” 在文本中表示为： MRR *Rz*max 0.2
3	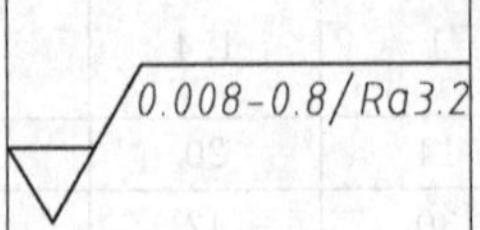	表示去除材料，单向上限值，传输带 0.008～0.8mm，R 轮廓，算术平均偏差 3.2μm，评定长度为 5 个取样长度（默认），“16％规则”（默认）	传输带“0.008－0.8”中的前后数值分别为短波和长波滤波器的截止波长（$\lambda_s-\lambda_c$），以示波长范围。此时取样长度等于 λ_c，即 $l_r=0.8$mm 在文本中表示为： MRR 0.008－0.8/*Ra* 3.2

续表

序号	代号示例	含义/解释	补充说明
4	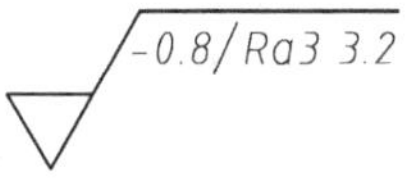	表示去除材料，单向上限值，传输带：根据 GB/T 6062，取样长度 0.8mm，*R* 轮廓，算术平均偏差 3.2μm，评定长度包含 3 个取样长度（默认），“16%规则”（默认）	传输带仅注出一个截止波长值（本例 0.8 表示 λ_c 值）时，另一截止波长值 λ_s 应理解为默认值，由 GB/T 6062 中查知 $\lambda_s=0.0025$mm 在文本中表示为： MRR−0.8/*Ra* 3 3.2
5	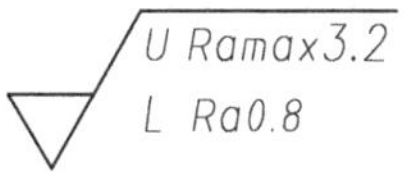	表示去除材料，双向极限值，两极限值均使用默认传输带，*R* 轮廓，算术平均偏差 3.2μm，评定长度为 5 个取样长度（默认），“最大规则”。下限值：算术平均偏差 0.8μm，评定长度为 5 个取样长度（默认）“16%规则”（默认）	本例为双向极限要求，用“U”和“L”分别表示上限值和下限值。在不致引起歧义时，可不加注“U”、“L” 在文本中表示为： NMR U *Ra*max 3.2；L *Ra* 0.8

5. 表面结构要求在图样中的注法

(1) 表面结构要求对每一表面一般只注一次，并尽可能注在相应的尺寸及其公差的同一视图上，除非另有说明，所标注的表面结构要求是对完工零件表面的要求。

(2) 表面结构的注写和读取方向与尺寸的注写和读取方向一致。表面结构要求可标注在轮廓线上，其符号应从材料外指向并接触表面，如图 8-12 所示。必要时，表面结构也可用带箭头或黑点的指引线引出标注，如图 8-13 所示。

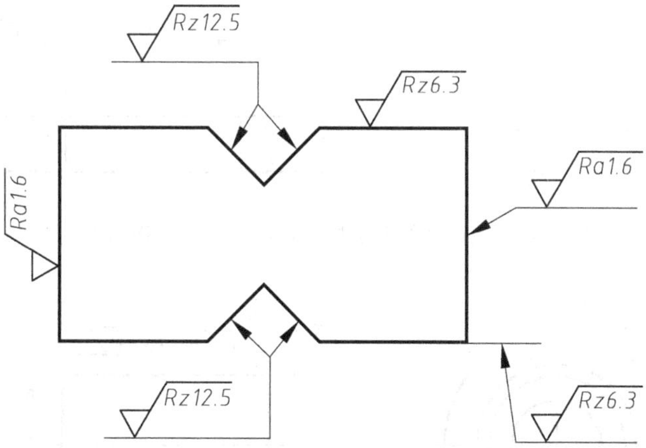

图 8-12　表面结构要求在轮廓线上的标注

(3) 在不致引起误解时，表面结构要求可以标注在给定的尺寸线上，如图 8-14 所示。

(4) 表面结构要求可标注在形位公差框格的上方，如图 8-15 所示。

(5) 圆柱和棱柱表面的表面结构要求只标注一次，如图 8-16 所示。如果每个棱柱表面有不同的表面要求，则应分别单独标注，如图 8-17 所示。

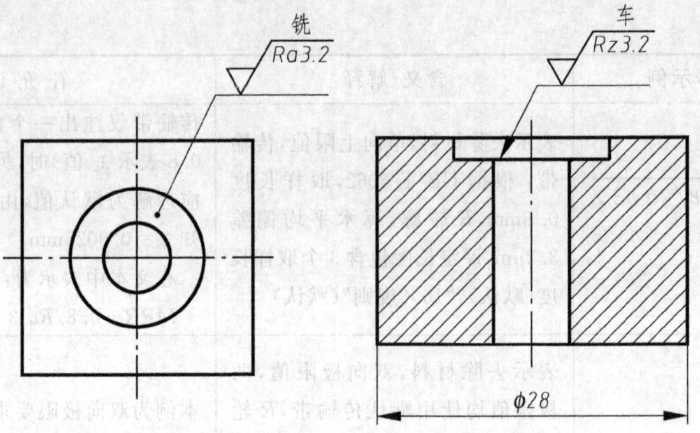

图 8-13　用指引线方式标注表面结构要求

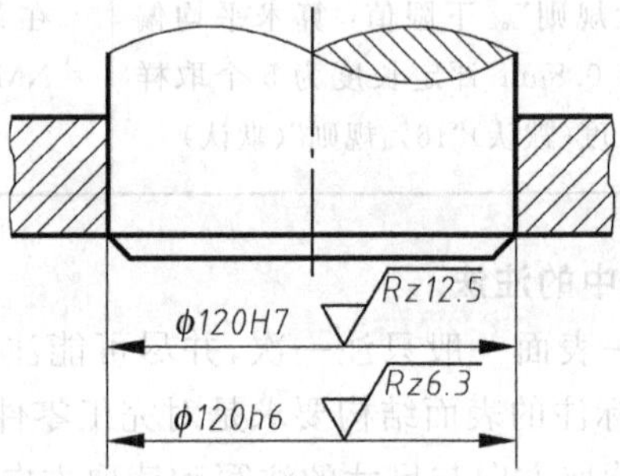

图 8-14　表面结构要求标注在尺寸线上

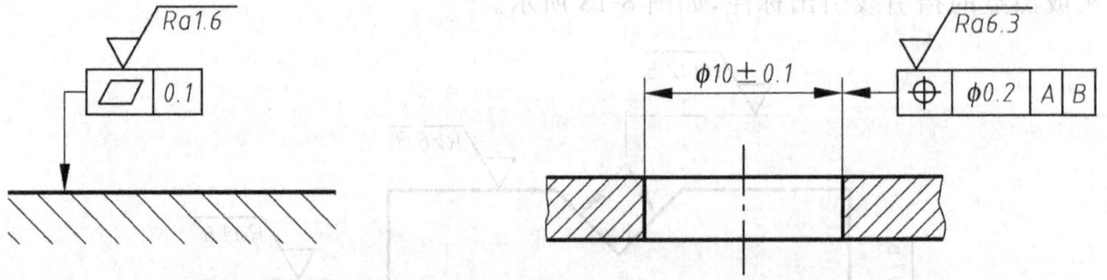

图 8-15　表面结构要求标注在形位公差框格的上方

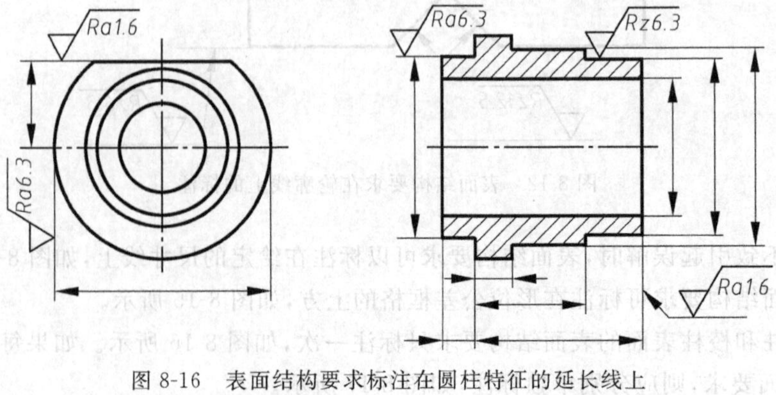

图 8-16　表面结构要求标注在圆柱特征的延长线上

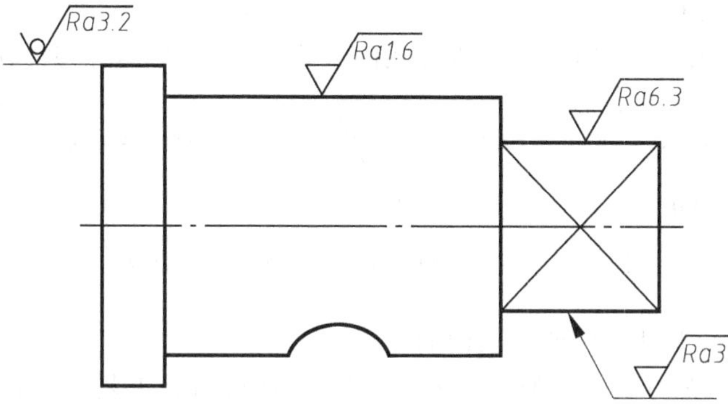

图 8-17　圆柱和棱柱表面结构要求的注法

6. 表面结构要求在图样中的简化注法

1）有相同表面结构要求的简化注法

如果在工件的多数(包括全部)表面有相同的表面结构要求时，则其表面结构要求可统一标注在图样的标题栏附近。此时，表面结构要求的符号后面应有：

(1) 在圆括号内给出无任何其他标注的基本符号(图 8-18(a))；

(2) 在圆括号内给出不同的表面结构要求(图 8-18(b))；

(3) 不同的表面结构要求应直接标注在图形中(图 8-18(a)、(b))。

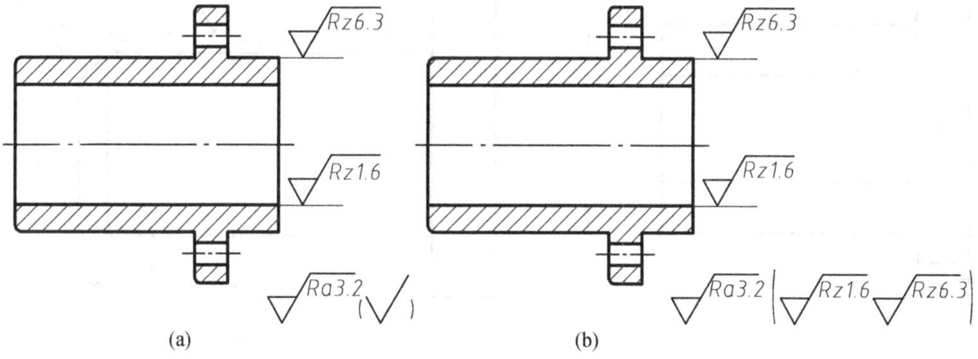

图 8-18　相同表面结构要求的简化注法

2）多个表面有共同要求的注法

用带字母的完整符号的简化注法，如图 8-19 表示，用带字母的完整符号，以等式的形式，在图形或标题栏附近，对有相同表面结构要求的表面进行简化标注。

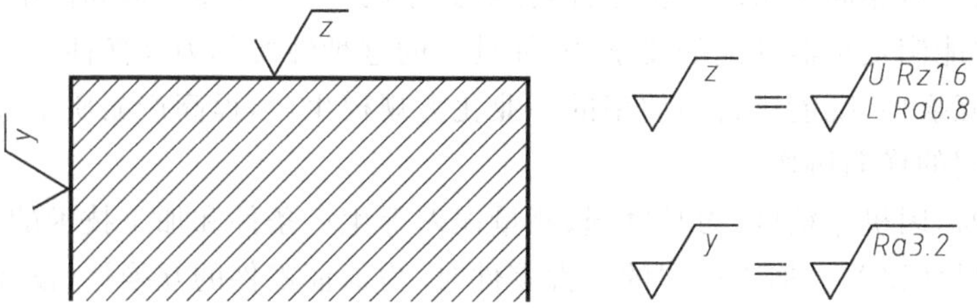

图 8-19　在图纸空间有限时的简化注法

3）只用表面结构符号的简化注法

如图 8-20 所示，用表面结构符号，以等式的形式给出对多个表面共同的表面结构要求。

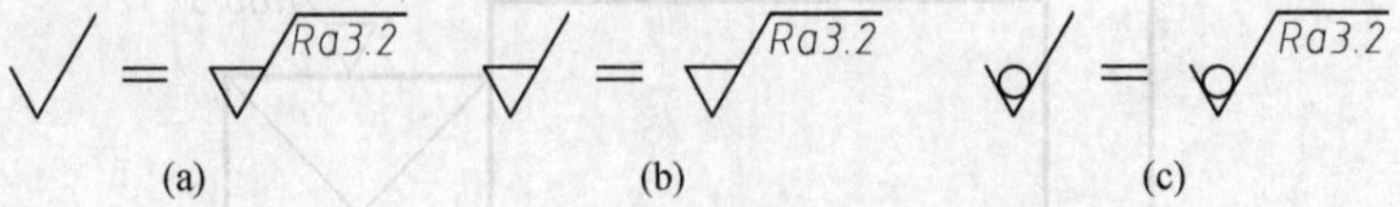

图 8-20 多个共同表面结构要求的简化注法

4）两种或多种工艺获得的同一表面的注法

由几种不同的工艺方法获得的同一表面，当需要明确每种工艺方法的表面结构要求时，可按图 8-21(a)所示进行标注（图中 Fe 表示基体材料为钢，Ep 表示加工工艺为电镀）。

图 8-21(b)所示为三个连续的加工工序的表面结构、尺寸和表面处理的标注。

第一道工序：单向上限值，$Rz=1.6$，“16%规则”（默认），默认评定长度，默认传输带，表面纹理没有要求，去除材料的工艺。

第二道工序：镀铬，无其他表面结构要求。

第三道工序：一个单向上限值，仅对长为 50mm 的圆柱表面有效，如：RZ＝6.3，“16%规则”（默认），默认评定长度，默认传输带，表面纹理没有要求，磨削加工工艺。

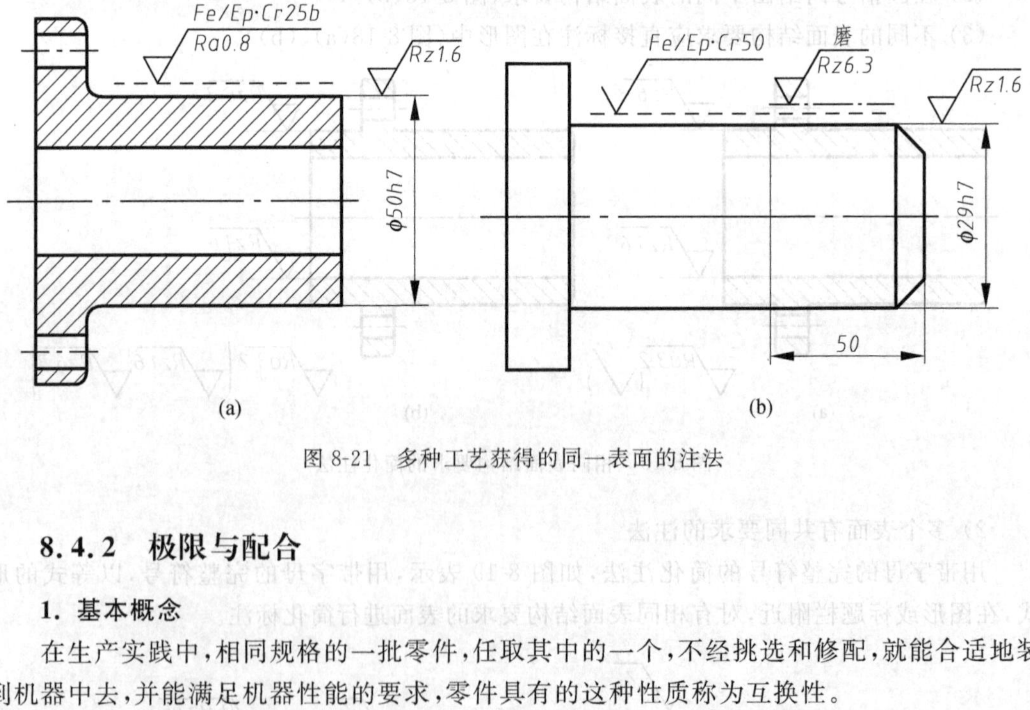

图 8-21 多种工艺获得的同一表面的注法

8.4.2 极限与配合

1. 基本概念

在生产实践中，相同规格的一批零件，任取其中的一个，不经挑选和修配，就能合适地装到机器中去，并能满足机器性能的要求，零件具有的这种性质称为互换性。

零件具有互换性，既能进行高效率的专业化大规模生产，提高产品质量，降低成本，又能实现各生产部门的横向协作。

加工零件时，因机床精度、刀具磨损、测量误差等生产条件和加工技术的原因，成品零件会出现一定的尺寸误差。加工相同的一批零件时，为保证零件的互换性，设计时应根据零件使用要求和加工条件，将零件的误差限制在一定的范围内，《极限与配合》GB/T 1800.1—

2009、GB/T 1800.2—2009、GB/T 1801—2009 等标准，对零件尺寸允许的变动量作出规定。

2. 极限与配合术语

与零件尺寸变动量有关的名词由 GB/T 1800.1—2009 给出，如图 8-22 所示。

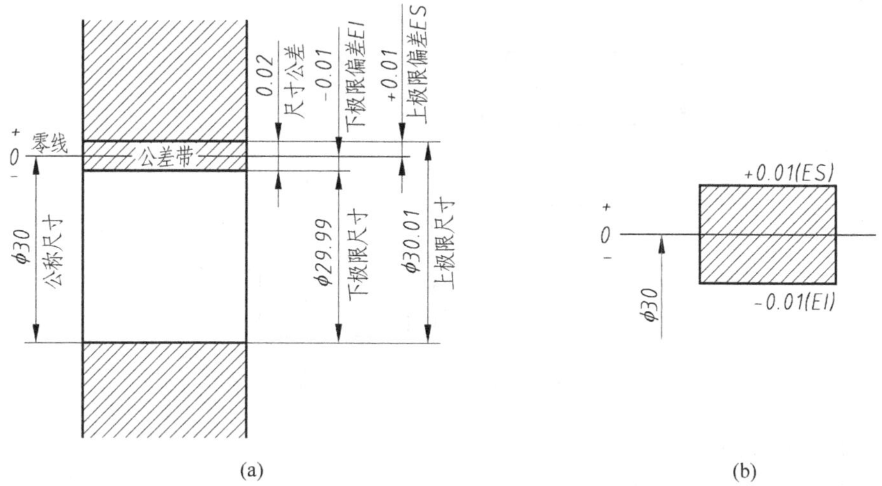

图 8-22　术语解释

(1) 公称尺寸。设计时确定的尺寸：$\phi30$。

(2) 实际尺寸。对成品零件中某一孔或轴，通过测量获得的尺寸。

(3) 极限尺寸。允许零件实际尺寸变化的两个极限值：

上极限尺寸　30＋0.01＝30.01mm，即允许的最大尺寸。

下极限尺寸　30－0.01＝29.99mm，即允许的最小尺寸。

成品的实际尺寸在两个极限尺寸之间的零件为合格。

(4) 极限偏差。极限尺寸减去公称尺寸所得代数差。极限偏差有上极限偏差和下极限偏差，偏差值可以是正值、负值或零。

上极限偏差(ES、es)＝最大极限尺寸－公称尺寸，ES＝30.01－30＝＝0.01mm

下极限偏差(EI、ei)＝最小极限尺寸－公称尺寸，EI＝29.99－30＝－0.01mm

ES 和 EI 表示孔的上极限偏差和下极限偏差，es 和 ei 表示轴的上极限偏差和下极限偏差。

(5) 尺寸公差(简称公差)。允许的尺寸变动量。

公差＝上极限尺寸－下极限尺寸＝上极限偏差－下极限偏差

尺寸公差是一个没有符号的绝对值。

公差：30.01－29.99＝0.02mm 或 $|0.01-(-0.01)|=0.02$mm。

(6) 公差带、公差带图和零线。公差带是表示公差大小和相对零线位置的一个区域。为简化起见，一般只画出上、下极限偏差围成的矩形框简图，称为公差带图，如图 8-22(b)所示。在公差带图中，零线是表示公称尺寸的一条直线，以其为基准确定偏差和公差，如图 8-22(a)所示。通常，零线沿水平方向绘制，正偏差位于其上，负偏差位于其下。

(7) 极限制。经标准化的公差与偏差制度，称为极限制。

3. 标准公差与基本偏差

为了便于生产，并满足不同使用需求，国家标准《极限与配合》规定，孔和轴的公差带由标准公差和基本偏差两个要素组成。标准公差确定公差带的大小，基本偏差确定公差带的位置，如图 8-23 所示。

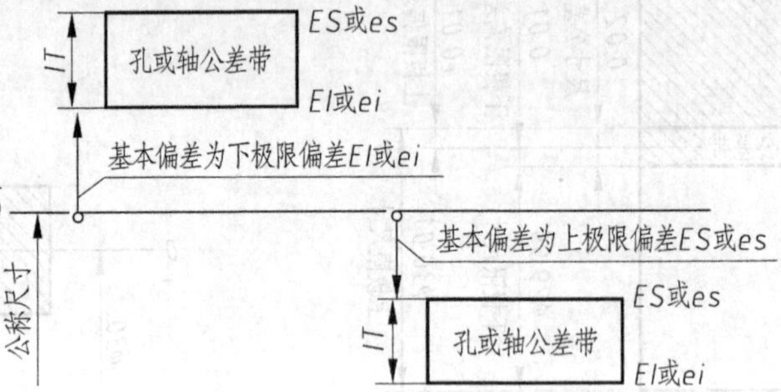

图 8-23 标准公差与基本偏差

1）标准公差(IT)

国家标准极限与配合制中所规定的任一公差称为标准公差。标准公差等级代号用符号“IT”和数字组成，如“IT7”。标准公差等级分 20 级，用 IT01，IT0，IT1，…，IT18 等表示。其公差数值取决于公称尺寸和公差等级，GB/T 1800.1—2009 给出了标准公差为 IT1 至 IT18 的标准公差数值，见附表 G1。

2）基本偏差

公差带中将靠近零线的那个极限偏差称为基本偏差，它确定公差带相对零线的位置。基本偏差可以是上极限偏差，也可以是下极限偏差，基本偏差系列由 GB/T 1800.1—2009 给出，基本偏差系列图如图 8-24 所示。公差带在零线上方时，基本偏差为下极限偏差；公差带在零线下方时，基本偏差为上极限偏差。

孔、轴各有 28 个基本偏差，其代号用拉丁字母表示。大写为孔，小写为轴。

从图 8-24 中看出：对于孔，基本偏差为“A”至“H”的下极限偏差、“J”至“ZC”的上极限偏差为基本偏差。对于轴，基本偏差为“a”至“h”的上极限偏差、“j”至“zc”的下极限偏差为基本偏差。“JS”和“js”的基本偏差在“IT/2”处，即上极限偏差为“+IT/2”，下极限偏差为“−IT/2”。

孔和轴的基本偏差数值见附表 G2、附表 G3。

根据标准公差和基本偏差可按下式计算轴、孔的另一偏差：

$$ES=EI+IT \qquad 或 \qquad EI=ES-IT$$

$$es=ei+IT \qquad\qquad ei=es-IT$$

轴和孔的尺寸公差表示方法：公称尺寸后边写出公差带代号，公差带代号由基本偏差代号字母和公差等级数字组成。

例如 ϕ28H8 中，“ϕ28”为公称尺寸；“H8”为孔的公差带代号；其中“H”为孔的基本偏差代号，“8”为孔的公差等级代号。

4. 配合

公称尺寸相同的、相互结合的孔与轴公差带之间的关系称为配合。

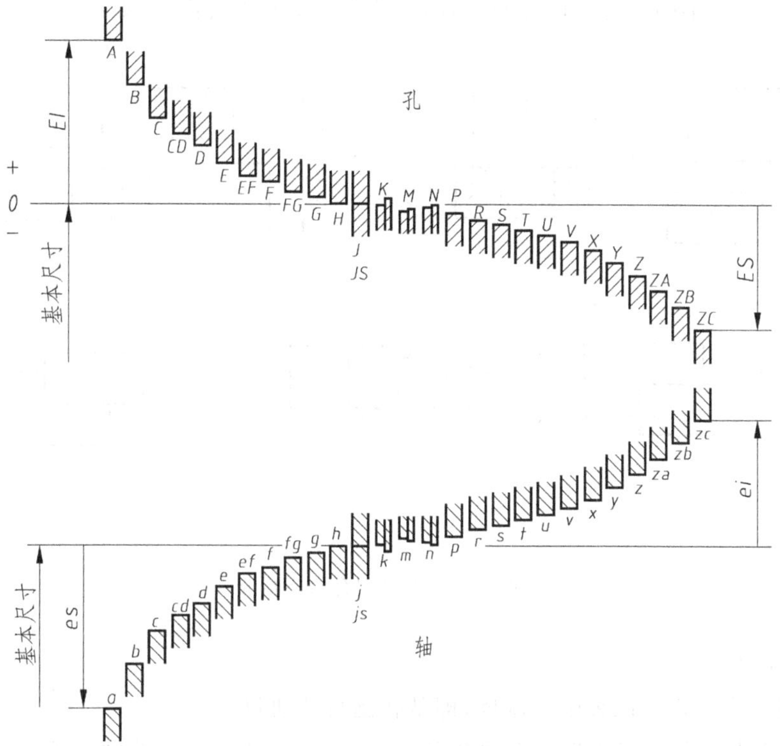

图 8-24　基本偏差系列图

1）配合种类

按照使用轴、孔间配合的松紧要求，国标规定，配合分三种：间隙配合、过渡配合和过盈配合，如图 8-25 所示。

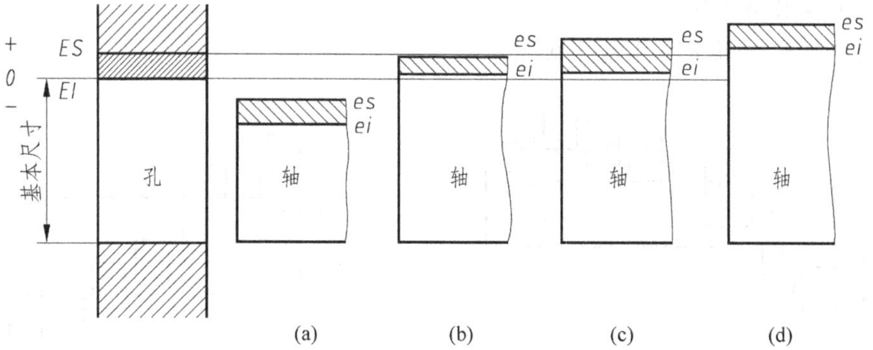

图 8-25　配合种类

(1) 间隙配合。孔与轴的装配结果产生间隙（包括间隙量为 0）的配合，如图 8-25 中的孔与(a)轴的配合。这种配合，孔的公差带在轴公差带的上方，如图 8-26(a)所示。

(2) 过盈配合。孔与轴装配结果产生过盈（包括过盈量为 0）的配合，如图 8-25 中的孔与(d)轴的配合。这种配合，孔公差带在轴公差带下方，如图 8-26(b)所示。

(3) 过渡配合。孔与轴的装配结果可能产生间隙，也可能产生过盈的配合，如图 8-25

中的孔与(b)、(c)轴的配合。这种配合，轴与孔公差带有重合部分，如图 8-26(c)所示。

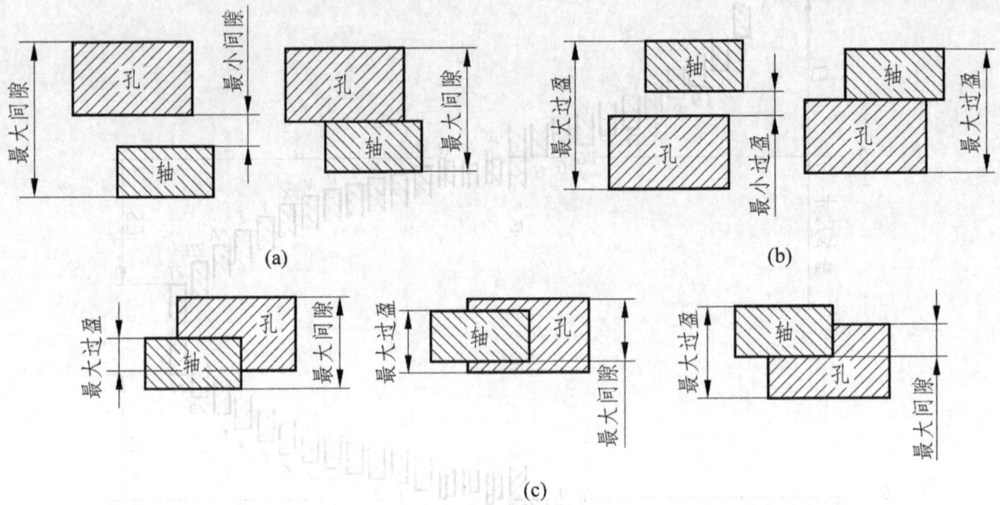

图 8-26　各种配合的公差带

2）配合制

国标对配合规定了两种配合制度，即基孔制与基轴制。

(1) 基孔制。基本偏差为一定的孔公差带，与不同基本偏差的轴公差带形成各种配合的制度，称为基孔制。基孔制公差带图如图 8-27 所示。基孔制的孔为基准孔，基本偏差代号为“H”，其下极限偏差为零。

(2) 基轴制。基本偏差为一定的轴的公差带，与不同基本偏差的孔公差带形成各种配合的制度，称为基轴制，其公差带图如图 8-28 所示。基轴制的轴称为基准轴，基本偏差代号为“h”，其上极限偏差为零。

一般情况下，应优先采用基孔制。

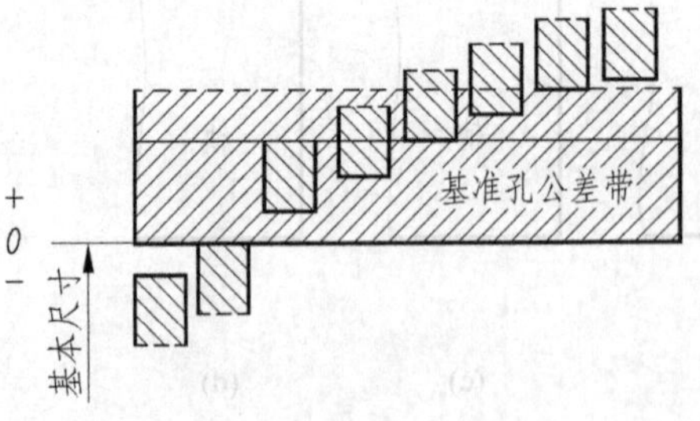

图 8-27　基孔制公差带图

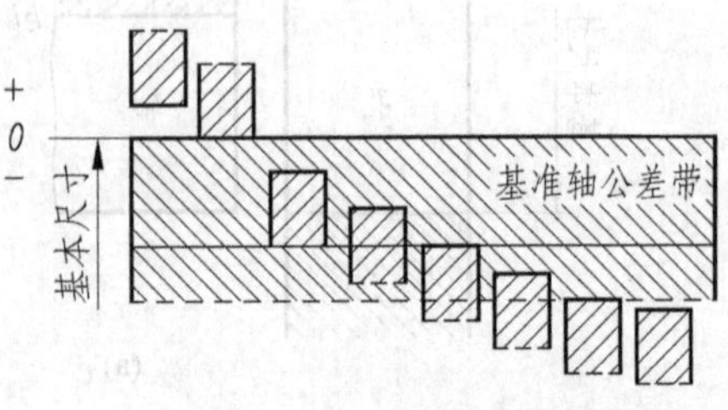

图 8-28　基轴制公差带图

(3) 配合代号。配合代号由孔和轴的公差带代号组合而成，写成分式形式，分子为孔的公差带代号，分母为轴的公差带代号。若分子中孔的基本偏差代号为“H”时，表示该配合为基孔制；若分母中轴的基本偏差代号为“h”时，表示该配合为基轴制。当轴与孔的基本偏差同为 h(H)时，根据基孔制优先的原则，一般应首先考虑为基孔制，如 $\phi 28\ \frac{H7}{h6}$。

例如，代号 $\phi 28\ \dfrac{H7}{f6}$ 的含意为相互配合的轴与孔公称尺寸为“$\phi 28$”，基孔制配合制度，孔为标准公差“IT7”级的基准孔，与其配合的轴基本偏差为“f”，标准公差为“IT6”级。

5．极限与配合在图样上的标注

1）在零件图上的公差注法

（1）标注公差带代号：在公称尺寸的右边写出公差带代号，如图 8-29(a)所示。

（2）标注极限偏差：在公称尺寸的右边标注出上极限偏差和下极限偏差的数值，上下极限偏差的数字字号比公称尺寸的数字字号小一号，公差数值与公称尺寸底部对齐，如图 8-29(b)所示。

（3）同时标注公差带代号和极限偏差数值：当同时标注公差带代号和极限偏差数值时，则后者应加圆括号，如图 8-29(c)所示。

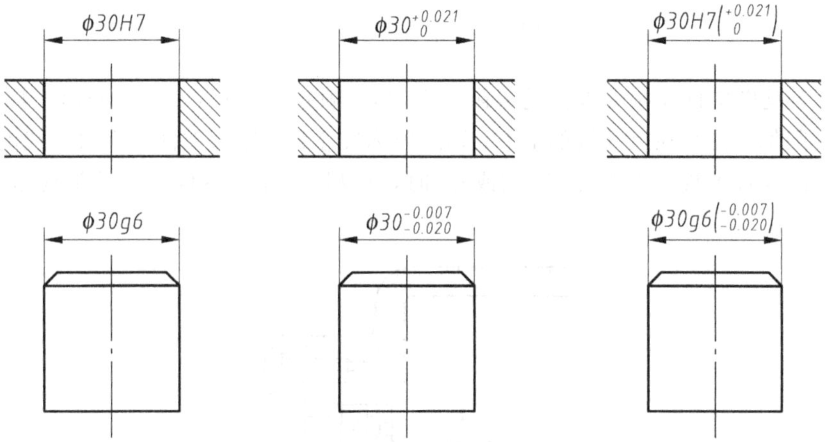

(a)　(b)　(c)

图 8-29　公差标注方法

注意以下几点：

（1）当上极限偏差或下极限偏差为“零”时，用数字“0”标出。

（2）当上下极限偏差绝对值相同时，偏差数字可以只注写一次，字号大小与公称尺寸字号相同。如图 8-30(a)所示。

（3）当同一公称尺寸的表面有不同的公差要求时，应用细实线分开，分别标注各段的公差，如图 8-30(b)所示。

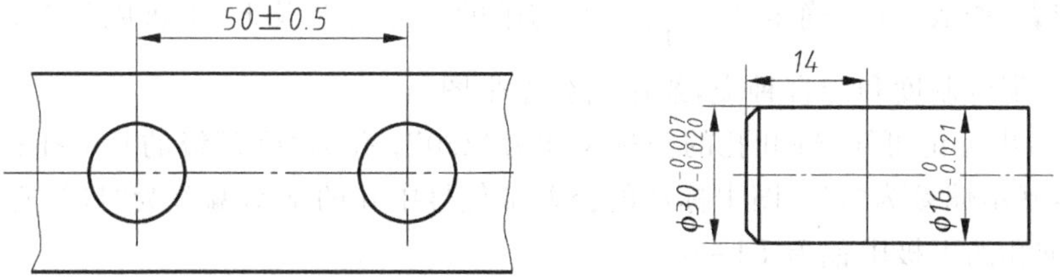

(a)　(b)

图 8-30　特殊公差的标注方法

2）在装配图上的配合注法

(1) 在装配图中标注配合代号时，必须在公称尺寸的右边用分式的形式注出，分子位置注孔的公差带代号，分母位置注轴的公差带代号如图 8-31(a)所示。必要时也允许按图 8-31(b)所示形式标注。

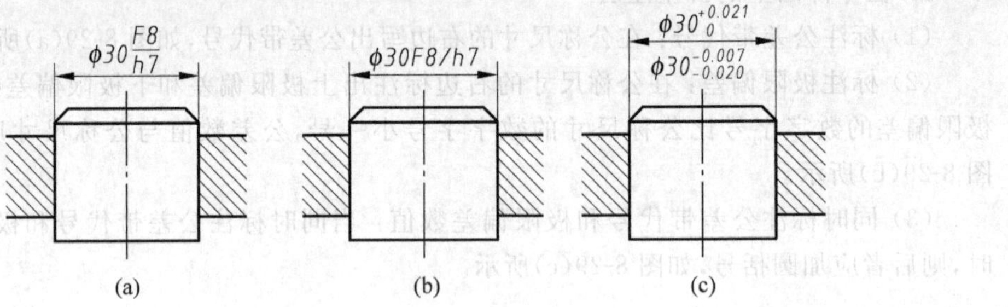

图 8-31　配合的标注方法

(2) 在装配图中标注相配零件的极限偏差时，一般按图 8-31(c)所示的形式标注，孔的公称尺寸和极限偏差注写在尺寸线的上方；轴的公称尺寸和极限偏差注写在尺寸线的下方。

(3) 标注与标准件配合的零件(轴或孔)时，可以仅标注该零件的公差带代号，如图 8-32 所示。

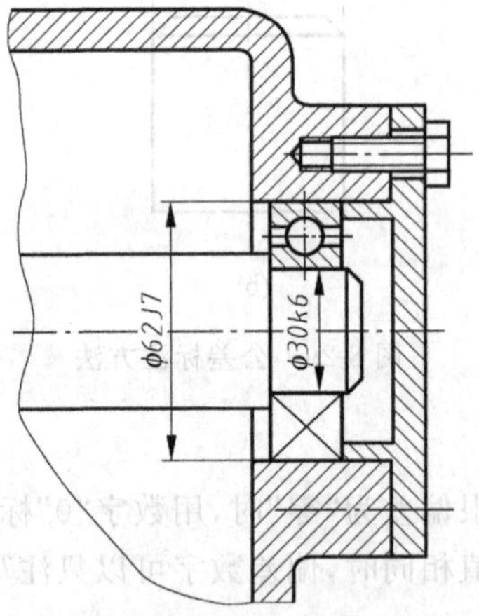

图 8-32　与标准件配合的标注方法

6. 极限与配合举例

【例 8-1】　查表、计算确定 $\phi 20\ \dfrac{H7}{f6}$ 中孔与轴的尺寸公差及上、下极限偏差值，在图中标注，并判断其配合制度和配合种类，绘制出公差带图。

(1) 由给出标记可知，轴和孔的公称尺寸为"$\phi 20$"；孔为"IT7"级的基准孔；轴的标准公差为"IT6"，基本偏差为"f"。图中标注的公差带代号中孔的基本偏差为"H"，所以该配合为基孔制，基准孔的下极限偏差 EI=0。

(2) 如表 8-4 所示，查附表 G1 确定：

$$孔的公差\ IT7 = 0.021$$
$$轴的公差\ IT6 = 0.013$$

表 8-4　标准公差的查表方法

公称尺寸/mm		公差等级								
		IT1	IT2	IT3	IT4	IT5	IT6	IT7	IT8	IT9
大于	至	μm								
—	3	0.8	1.2	2	3	4	6	10	14	25
3	6	1	1.5	2.5	4	5	8	12	18	30
6	10	1	1.5	2.5	4	6	9	15	22	36
10	18	1.2	2	3	5	8	11	18	27	43
18	30	1.5	2.5	4	6	9	13	21	33	52
30	50	1.5	2.5	4	7	11	16	25	39	62
50	80	2	3	5	8	13	19	30	46	74
80	120	2.5	4	6	10	15	22	35	54	87

如表 8-5 所示，查附表 G3 确定：

轴的上极限偏差 es =− 0.020

表 8-5　轴的基本偏差的查表方法　　μm

基本偏差		上极限偏差 es					下极限偏差 ei			
		e	F	G	H	js	j			k
公称尺寸/mm		公差等级								
大于	至	所有等级					5、6	7	8	4 至 7
—	3	−14	−6	−2	0		−2	−4	−6	0
3	6	−20	−10	−4	0		−2	−4	—	+1
6	10	−25	−13	−5	0		−2	−5	—	+1
10	14	−32	−16	−6	0		−3	−6	—	+1
14	18									
18	24	−40	−20	−7	0		−4	−8	—	+2
24	30									
30	40	−50	−25	−9	0		−5	−10	—	+2
40	50									

(3) 计算。

孔的上极限偏差 ES=EI+IT=0+0.021= +0.021

轴的下极限偏差 ei=es−IT=(−0.020)−0.013=−0.033

(4) 注写方式。

轴：$\phi 20^{-0.020}_{-0.033}$　孔：$\phi 20^{+0.021}_{0}$

(5) 孔与轴的偏差以及配合的标注方式如图 8-33 所示。

(6) 由于孔的最小极限尺寸大于轴的最大极限尺寸，所以该配合为间隙配合。

(7) 绘制公差带图如图 8-34 所示。

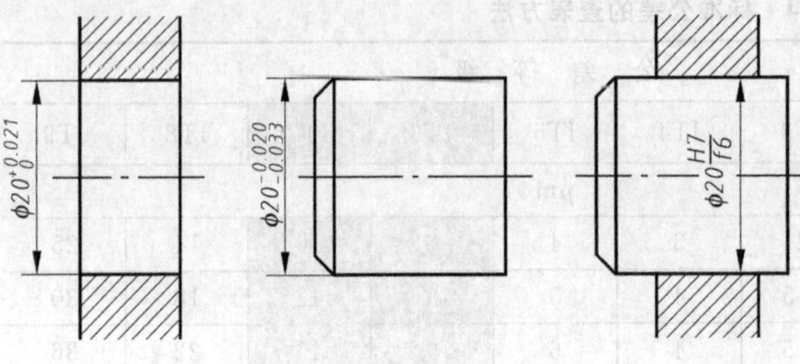

图 8-33　极限与配合在图样中的标注

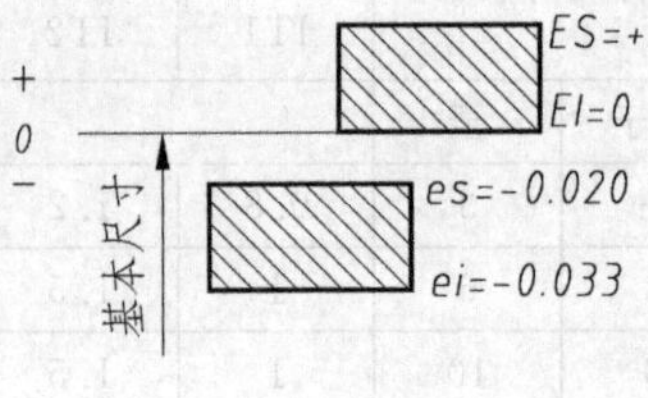

图 8-34　公差带图

8.4.3　几何公差简介

1. 基本概念

在机器中某些精确度程度较高的零件，不仅需要保证其尺寸公差，还要保证其几何公差。零件的几何特性是零件的实际要素对其几何理想要素的偏离情况，它是决定零件功能的因素之一，几何误差包括形状、方向、位置和跳动误差。为了保证机器的质量，要限制零件对几何误差的最大变动量，称为几何公差，允许变动量的值称为公差值。GB/T1182—2008《产品几何技术规范(GPS)几何公差形状、方向、位置和跳动公差标注》规定了工件几何公差标注的基本要求和方法。

对于一般零件来说，它的几何公差，可以由尺寸公差、加工机床的精度等来保证。对于要求较高的零件，则根据设计要求，需在零件图上注出有关的几何公差。如图 8-35(a)所示，为了保证滚柱的工作质量，除了注出直径的尺寸公差外，还注出了滚柱轴线的直线度，实际轴线相对于理想轴线的变动量必须控制在直径 0.006mm 的圆柱面内。又如图 8-35(b)所示，箱体上的两个孔是安装锥齿轮的轴孔。为了保证锥齿轮运转灵活，要求两轴孔的轴线保持一定的垂直位置，因而图中注出了其垂直度，表示水平孔的轴线必须位于距离为 0.05mm 且垂直于铅垂孔轴线的两个平行平面之间。其中 A 为基准符号。

2. 几何特征和符号

几何公差的类型、几何特征和符号见表 8-6。

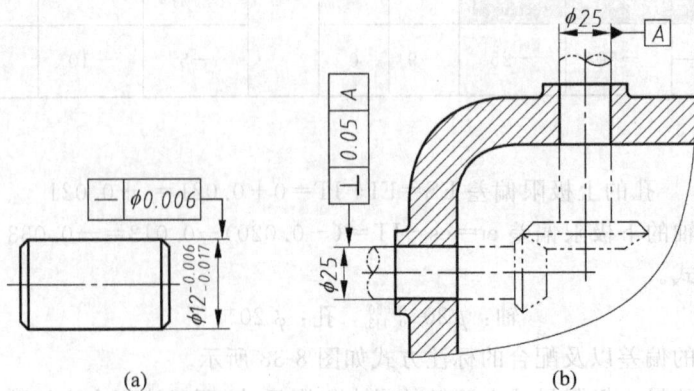

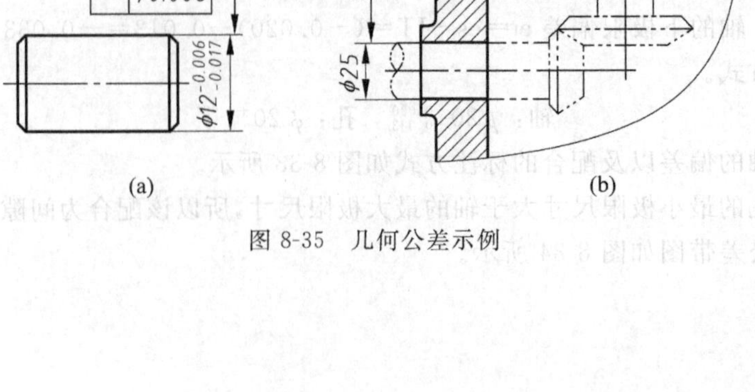

图 8-35　几何公差示例

表 8-6　形位公差各项目符号

公差类型	几何特征	符号	有无基准	公差类型	几何特征	符号	有无基准
形状公差	直线度	—	无	位置公差	位置度	⌖	有或无
	平面度	⏥					有
	圆度	○			同心度（用于中心线）	◎	
	圆柱度	⌭					
	线轮廓度	⌒			同轴度（用于轴线）		
	面轮廓度	⌓					
方向公差	平行度	//	有		对称度	⌯	
	垂直度	⊥			线轮廓度	⌒	
	倾斜度	∠			面轮廓度	⌓	
	线轮廓度	⌒		跳动公差	圆跳动	↗	
	面轮廓度	⌓			全跳动	⌰	

3. 附加符号及标注

1）几何公差标注的基本规定

在图样中用公差框格、带箭头的指引线、几何公差特征符号、公差数值标注几何公差，如图 8-36 所示。

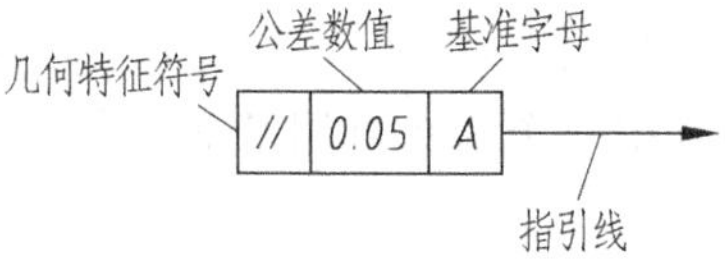

图 8-36　几何公差框格

2）被测要素的表示方法

被测要素是有形状或位置误差的要素，标注被测要素的方法是用带箭头的指引线将被测要素与公差框格连接起来。指引线用细实线绘制，一端指向公差框格的宽边中部位置，另一端绘制出箭头并按下列方法指向被测要素。

（1）被测要素是中心线、中心面或中心点时，指引线的箭头指在该要素的尺寸线处，并与尺寸线对齐，如图 8-37(a)所示。

（2）被测要素是线或表面等轮廓要素时，指引线的箭头指在该要素的轮廓线上，也可指在轮廓线的延长线上，但要与尺寸线明显的错开，如图 8-37(b)所示。

（3）表示视图中一个面的形位公差要求时，可在面上用小黑点引出参考线，指引线的箭头指在参考线上，如图 8-37(c)所示。

3）基准要素的表示方法

（1）基准要素是有方向或位置要求时作为测量基准的要素。

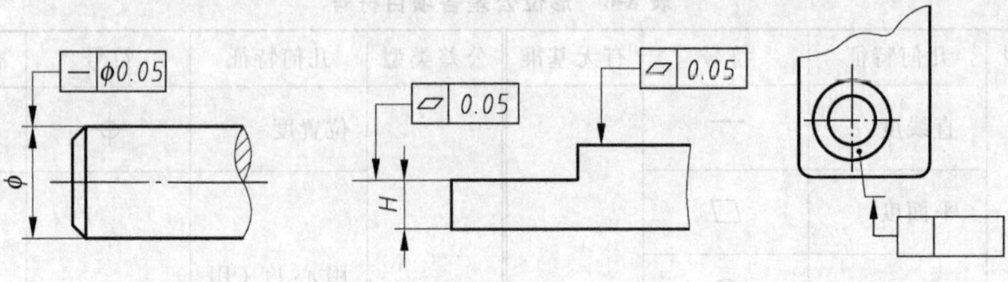

(a)　(b)　(c)

图 8-37　被测要素的表示方法

基准要素用基准代号表示，基准代号由基准方格及其内部的大写字母、细实线和涂黑或空白的三角形组成，如图 8-38 所示。

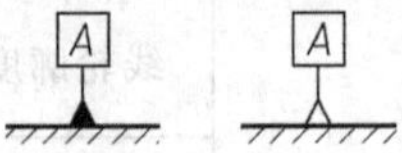

图 8-38　基准代号

(2) 带基准的基准三角形应按如下规定放置：

当基准要素是轮廓线或轮廓面时，基准三角形放置在要素的轮廓线或其延长线上，且与尺寸明显错开，如图 8-39(a)所示；基准三角形也可放置在该轮廓面引出线的水平线上，如图 8-39(b)所示。

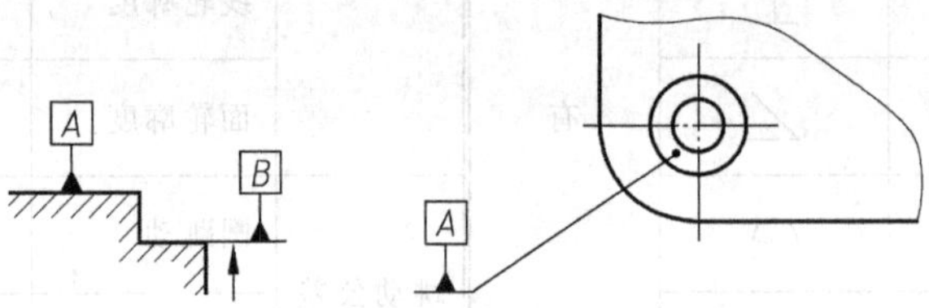

(a)　(b)

图 8-39　基准要素的常用标注方法(一)

当基准要素是尺寸要素确定的轴线、中心平面或中心点时，基准三角形应放置在该尺寸的延长线上，如图 8-40(a)所示。如果没有足够的位置标注基准要素尺寸的两个尺寸箭头，则其中一个箭头可用基准三角形代替，如图 8-40(b)所示。

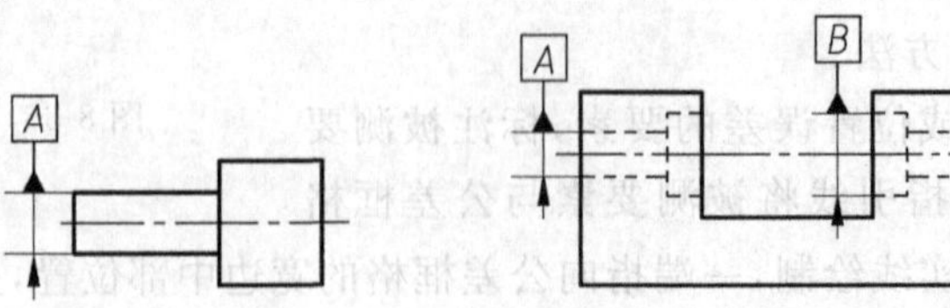

(a)　(b)

图 8-40　基准要素的常用标注方法(二)

(3) 以单个要素做基准时，在公差框格内用一个大写字母表示，如图 8-41(a)所示。以两个要素建立公共基准体系时，用中间加连字符的两个大写字母表示，如图 8-41(b)所示。以两个或三个基准建立基准体系(即采用多基准)时，表示基准的大写字母按基准的优先顺序自左至右填写在各个框格内，如图 8-41(c)所示。

4. 几何公差标注示例

图 8-42 所示的气门阀杆，是几何公差标注的典型示例。其中所注各几何公差的含义

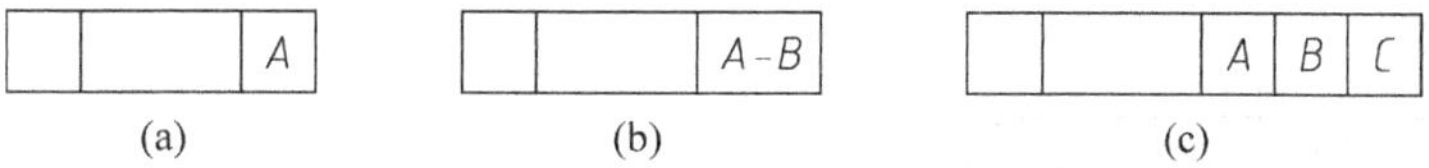

图 8-41 基准要素的常用标注方法(三)

为：杆身 ϕ16mm 的圆柱度公差不大于 0.005mm；M8×1 螺纹孔轴线对于 ϕ16mm 圆柱轴线的同轴度公差不大于 0.1mm；*SR*150 的球面对于 ϕ16mm 圆柱轴线的圆跳动公差不大于 0.003mm。

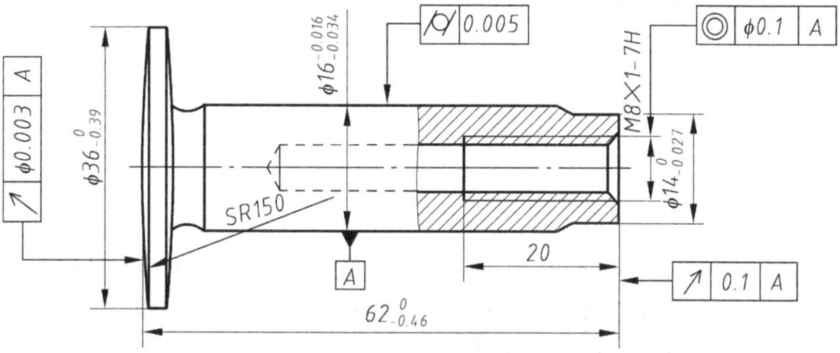

图 8-42 几何公差标注示例

8.5 零件的工艺结构

零件的结构形状主要是根据它在机器或部件中的功能而定。但在设计零件结构形状的实际过程中，除考虑其功能外，还应考虑加工制造过程中的工艺要求。因此，在绘制零件图时，应使零件的结构既能满足使用上的要求，又便于加工制造。下面介绍零件的一些常见工艺结构。

8.5.1 铸造结构

铸造件的铸造过程是，先用木材或容易加工成形的材料，按零件的结构形状和尺寸，制作成模型，将模型放置于填有型砂的砂箱中，如图 8-43(a)所示，将型砂压紧后，从砂箱中取出模型，再用熔化的铁水(或钢水)浇铸在砂箱中原模型占据的空腔里，待铁水冷却后，即可得到铸件的毛坯，如图 8-43(b)所示。

因铸造工艺的要求，铸件结构应考虑下列问题。

1. 拔模斜度

为便于从砂型中取出模型，在造型设计时，将模型沿出模方向做出 1∶20(≈3°)的拔模斜度。铸造后，在铸件的表面就形成了这种斜度，如图 8-43(b)所示。绘制零件图时，这种拔模斜度一般不画出，如图 8-43(c)所示，必要时，可在技术要求中说明。

2. 铸造圆角

为防止浇铸时转角处型砂脱落，同时还避免浇铸后铸件冷却时在转角处因应力集中而产生裂纹，在铸造零件表面的转角处做成圆角。绘制零件图时，一般需在图样中画出铸造圆

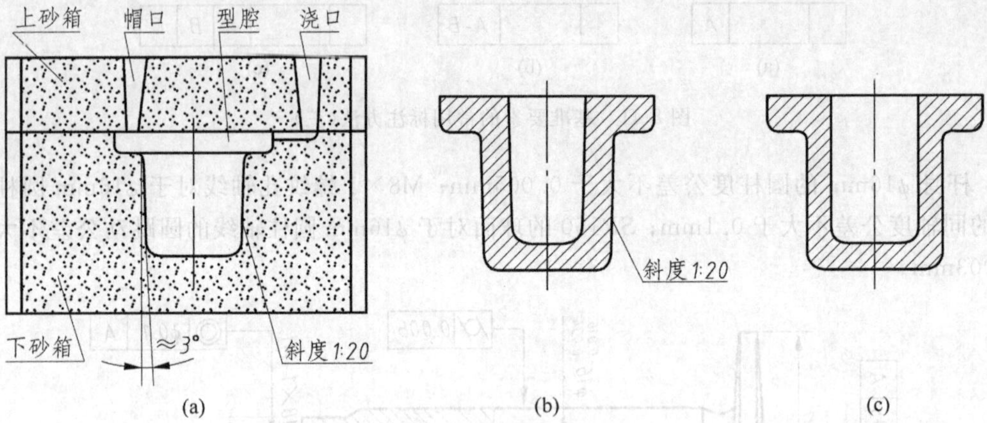

图 8-43　铸造零件

角，如图 8-44 所示。

带有铸造圆角的零件表面交线（相贯线和截交线）不明显，这种不明显的交线称过渡线。过渡线用细实线绘制。绘制过渡线时，按没有圆角的理论交线确定相贯线或截交线的起止位置，交线的两端不与零件轮廓线接触，如图 8-45 所示。常见结构的过渡线画法如图 8-46 所示。

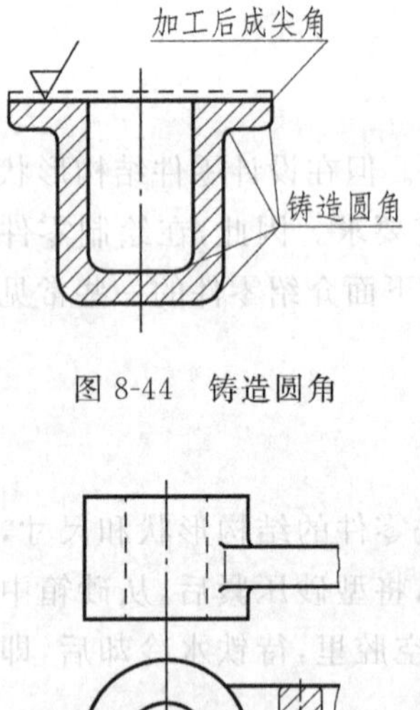

图 8-44　铸造圆角

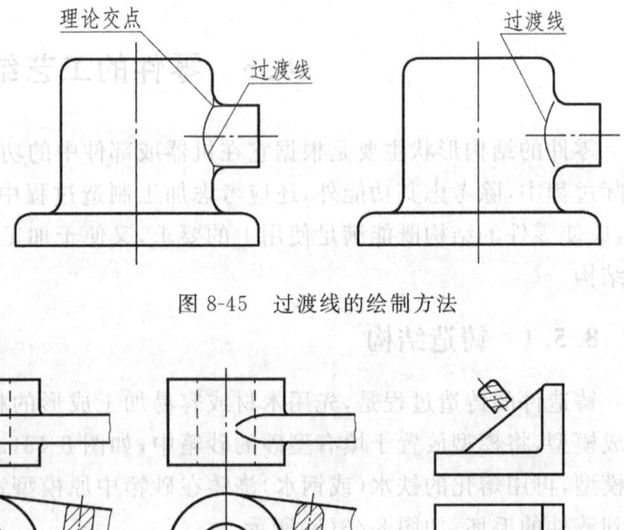

图 8-45　过渡线的绘制方法

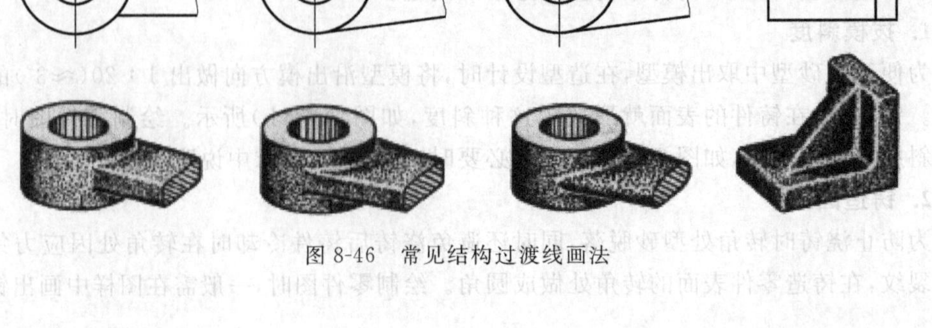

图 8-46　常见结构过渡线画法

铸造圆角半径为 2～5mm，视图中一般不标注，而是集中注写在技术要求中。

3. 壁厚均匀

在铸件冷却时，为防止因冷却速度不同而造成壁厚之处形成缩孔的现象，如图 8-47(a) 所示，在设计铸件时，应尽量使其壁厚均匀，如图 8-47(b) 所示，如壁厚不均匀时，应使其均匀地变化，如图 8-47(c) 所示。

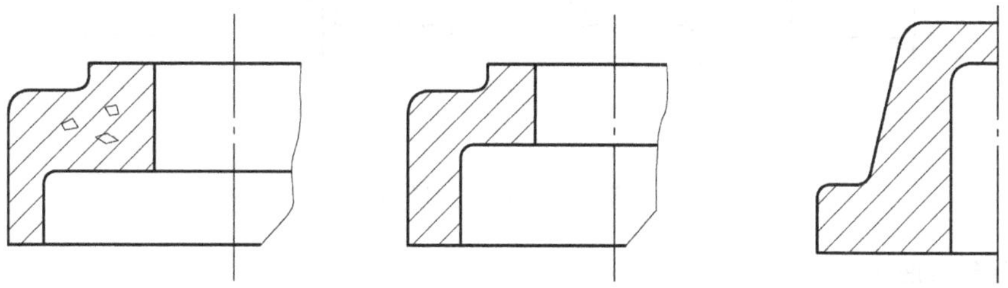

(a)　　(b)　　(c)

图 8-47　铸件壁厚

8.5.2　机加工常见工艺结构

零件的加工面指零件中需要使用机床和刀具切削加工的表面，即用去除工件表面材料的方法获得表面。由于受加工工艺的限制，加工表面有如下要求。

1. 退刀槽和砂轮越程槽

在加工螺纹时，为保证在末端加工出完整的螺纹，同时便于退出刀具，常在待加工面的端部，先加工出退刀槽。在标注退刀槽尺寸时，为便于选择刀具，应将槽宽直接标注出来。退刀槽的结构及其尺寸标注方法如图 8-48(a) 所示；对需要使用砂轮磨削加工的表面，常在被加工面的轴肩处，预先加工出砂轮越程槽，使砂轮可以稍稍越过加工面，以保证被磨削表面加工完整。砂轮越程槽的结构通常使用局部放大图来表示。砂轮越程槽的结构及其尺寸标注方法如图 8-48(b) 所示。

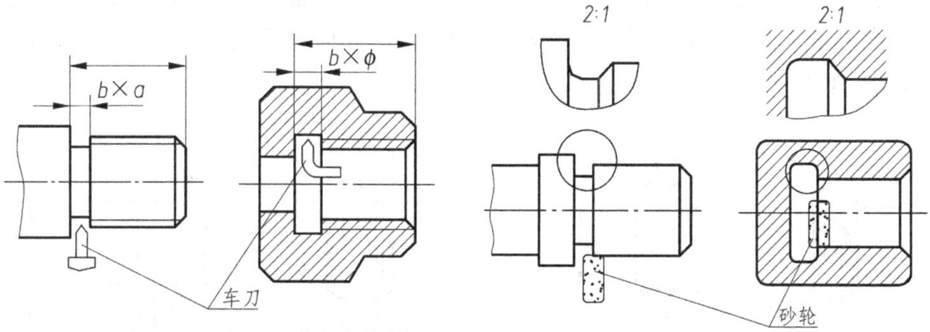

(a)　　(b)

图 8-48　退刀槽与砂轮越程槽

2. 倒角与倒圆

为装配方便和操作安全，在轴端和孔口处均应加工出倒角，如图 8-49 所示。为避免零件轴肩处因应力集中而断裂，也可将轴肩处加工成倒圆，如图 8-49(a)所示。倒角、倒圆的形状和尺寸见附表 F7。

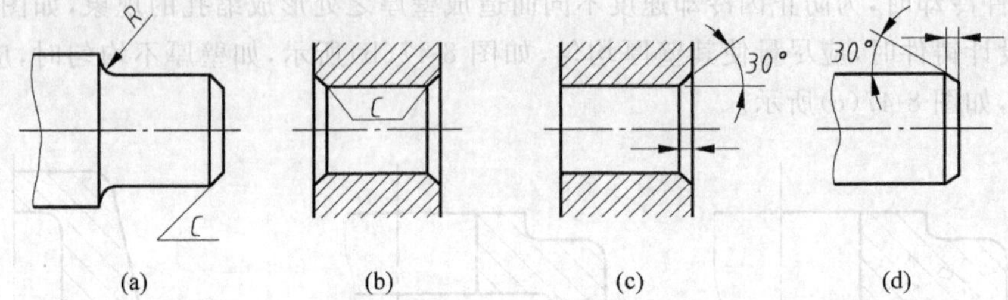

图 8-49　倒角与倒圆

3. 凸台与凹坑

在装配体中，一般零件之间的接触面都需要进行加工。为了减少零件上接触面的加工面积，常在接触面处设计成凹坑或凸台结构，如图 8-50 所示。

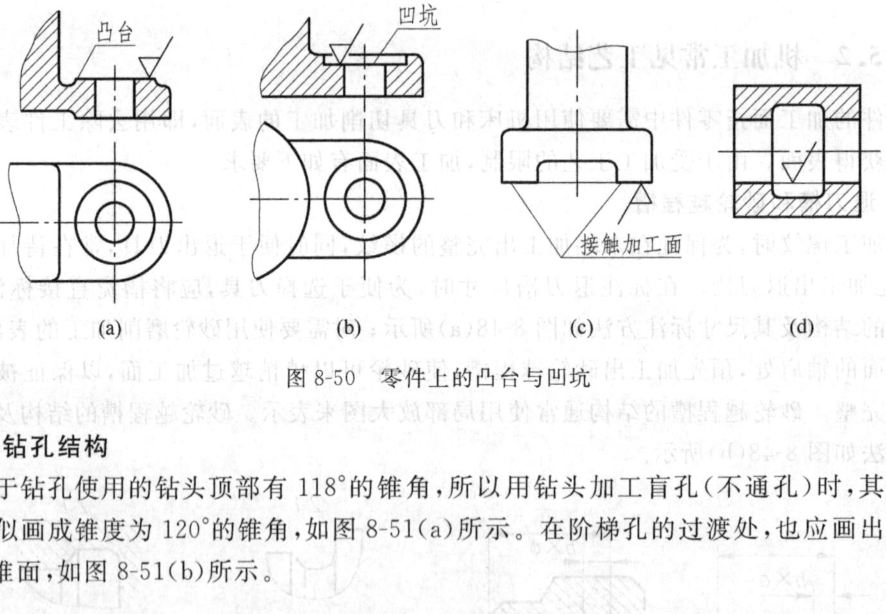

图 8-50　零件上的凸台与凹坑

4. 钻孔结构

由于钻孔使用的钻头顶部有 118°的锥角，所以用钻头加工盲孔(不通孔)时，其孔的末端应近似画成锥度为 120°的锥角，如图 8-51(a)所示。在阶梯孔的过渡处，也应画出锥度为 120°的锥面，如图 8-51(b)所示。

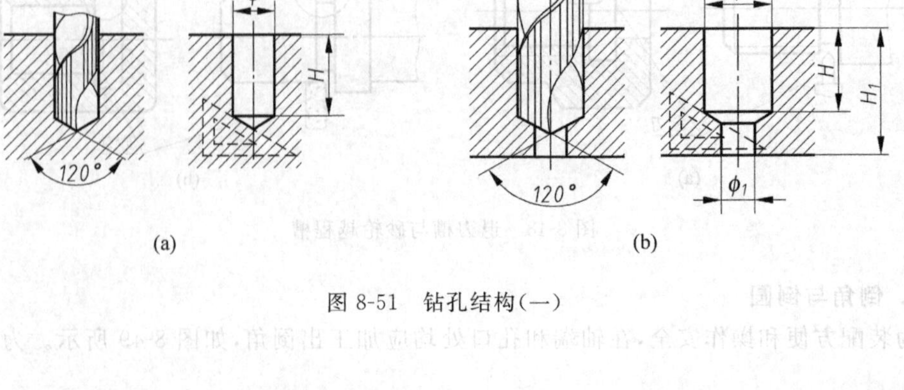

图 8-51　钻孔结构(一)

钻孔的轴线应与零件表面相垂直，如需在与钻孔轴线不垂直的表面钻孔时，要按图 8-52 所示将钻孔处设计出平台，以保证钻孔轴线与钻孔处表面垂直。

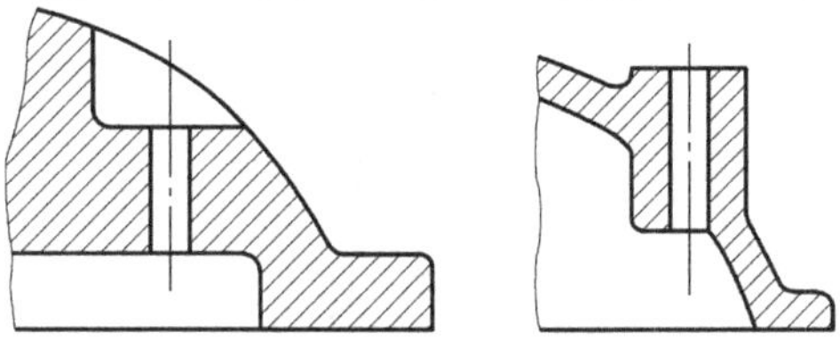

图 8-52　钻孔结构(二)

5. 中心孔

在车床上加工轴表面时，需在轴端预先加工出中心孔，用以在机床上固定，中心孔结构如图 8-53 所示。中心孔的有关规定由国标 GB/T 4459.5—1999 给出。

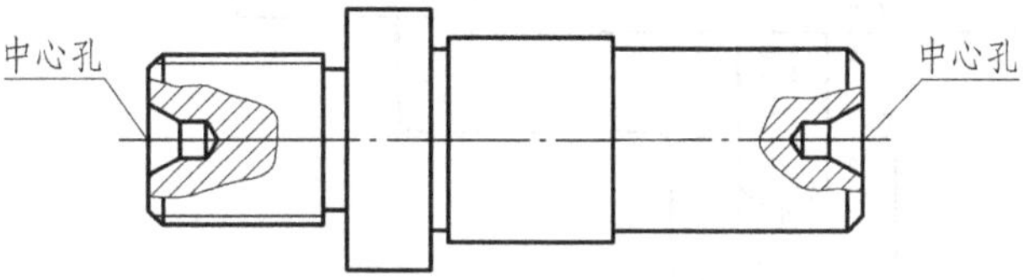

图 8-53　中心孔结构

完工零件上是否保留中心孔的要求有三种：保留中心孔；可以保留中心孔；不允许保留中心孔。

8.6 读零件图

在加工零件和进行技术交流等实践中，需要读零件图，通过图样想象出零件的结构、形状、大小，了解各项技术指标等。下面介绍读零件图的方法和步骤。

8.6.1 读零件图的方法和步骤

(1) 概括了解。从零件图的标题栏中了解零件的名称、材料、绘图比例等属性，初步分析出零件的特点和制造方法等。

(2) 分析视图。通过分析零件图中各视图所表达的内容，找出各部分的对应关系，采用形体分析、线面分析等方法，想象出零件各部分结构和形状。

(3) 分析尺寸和技术要求。分析确定各方向的主要尺寸基准，了解定形、定位和总体尺寸。了解加工表面的精度要求和零件的其他技术要求。

(4) 综合想象。在上述分析的基础上，综合起来想象出零件的整体情况。

8.6.2 读零件图举例

读图 8-54 所示泵体零件图的方法和步骤如下。

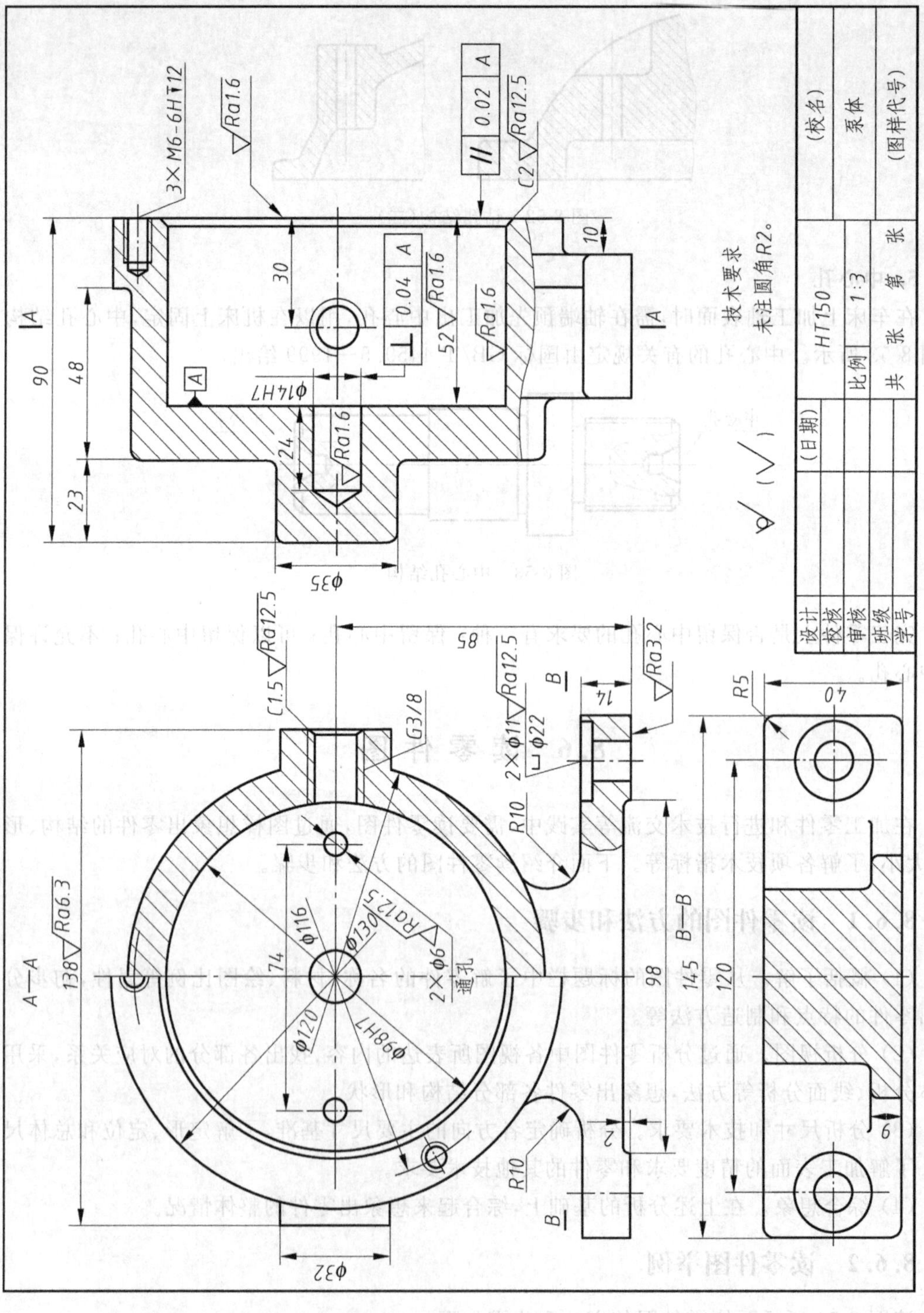
技术要求
未注圆角R2。
HT150
泵体
(校名)
(图样代号)
比例 1:3
共 张 第 张
设计
校核
审核
班级
学号
(日期)
A—A
B—B
3×M6-6H▼12
2×φ6 通孔
2×φ11
⌴φ22
G3/8
φ14H7
φ98H7
φ116
φ120
φ130
φ35
φ32
Ra1.6
Ra3.2
Ra6.3
Ra12.5
0.02 A
0.04 A
C1.5
C2
R5
R10

图 8-54 泵体零件图

1. 概括了解

从标题栏中了解到，该零件名为泵体，使用材料为灰铸铁“HT150”（零件的材料参阅附表 F3），作图比例“1∶3”。

2. 分析视图

零件图采用了主视图、左视图和俯视图三个基本视图。主视图采取了半剖视，表达了零件外形结构和三个 M6 螺纹孔的分布位置，并表达了右侧凸台上螺纹孔和底板上沉孔的结构形状，同时，还表达了两个 $\phi6$ 通孔的位置；左视图采用了局部剖，表达出零件的外形结构，并表达出 M6 螺纹孔的深度、内腔与 $\phi14H7$ 孔的深度和相通关系；俯视图采取了全剖视图，表达了底板与主体连接部分的断面形状，同时表达了底板的形状和其上两沉孔的位置。从分析结果可以看出零件是由壳体、底板、连接板等结构组成。

壳体为圆柱形，前面有一个均布三个螺孔的凸缘，左右各有圆形凸台，凸台上有螺纹孔与内腔相通；后部有一圆形凸台，凸台里边有一带锥角的盲孔；内腔后壁上有两个小通孔。底板为带圆角的长方形板，其上有两个 $\phi11$ 的沉孔，底部中间有凹槽，底面为安装基面。壳体与底板由断面为丁字形的柱体连接。

3. 分析尺寸，了解技术要求

零件中长、宽、高三个方向的主要尺寸基准分别是左右对称面、前端面和 $\phi14H7$ 孔的轴线。各主要尺寸都是从基准直接注出的。图中还注出了各配合尺寸的公差带和各表面粗糙度要求，以及形位公差等。

4. 综合想象

综合想象出该泵体的整体形状如图 8-55 所示。

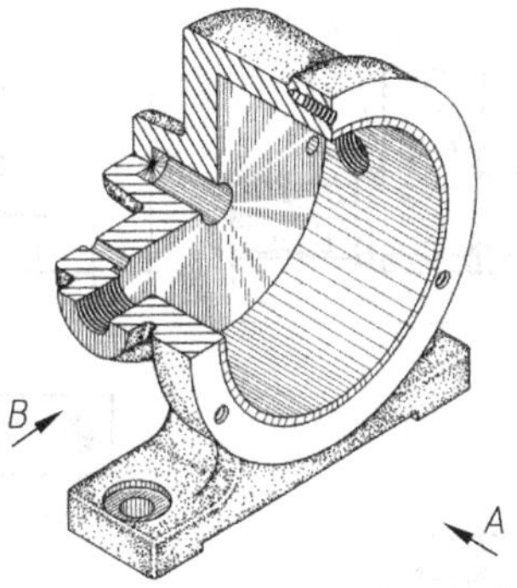

图 8-55　泵体立体图

第9章 装 配 图

一台机器或一个部件都是若干个零件按照一定的装配关系和技术要求组装而成的，那么表示机器或部件的工作原理、结构性能和各零件图的装配连接关系等内容的图样称为装配图。装配图是生产中的技术文件，它显示机器或部件的结构形状、装配关系、工作原理和技术要求。在进行产品设计时，一般先画出装配图，然后根据装配图绘制零件图；在产品制造中，则根据装配图把加工制成的零件装配成机器或部件；同时，装配图又是安装、调试、操作和检修机器或部件以及进行技术交流的重要技术资料。

9.1 装配图的内容

装配图表达的内容与零件图不同，装配图着重表达机器（或部件）的工作原理、传动路线、性能要求、各组成零件间的装配、连接关系，主要零件的主要结构形状以及有关装配、检验、安装、调试时所需要的数据和技术要求。

由图 9-1 所示的平口钳的装配图可以看出，一张完整的装配图应包括如下内容：

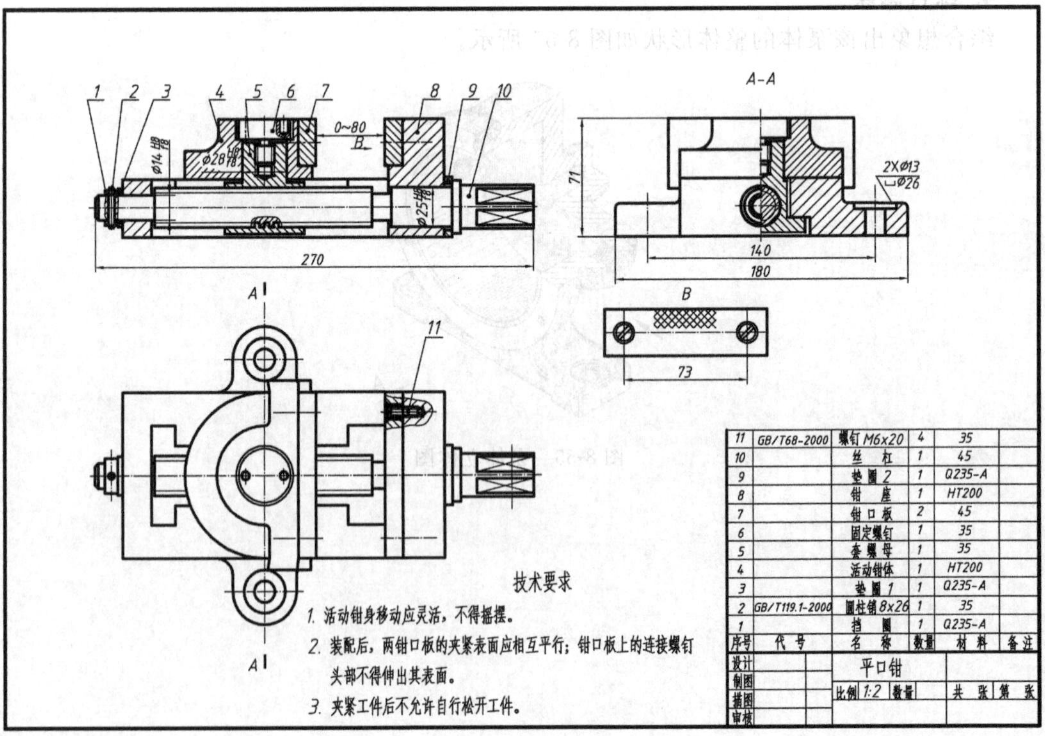

图 9-1 平口钳装配图

(1) 一组视图。用一般表示方法和特殊表示方法正确、完整、清晰和简便地表达机械(或部件)的工作原理、各零件间的装配关系以及主要零件的结构形状。

(2) 必要的尺寸。根据装配、检验、安装、使用机械的需要,在装配图中必须标注反映机器(或部件)的性能、规格、安装情况、部件或零件间的相对位置、配合要求和机器的总体尺寸。如图 9-1 中的 $\phi 25\,\frac{H8}{f8}$、140 等。

(3) 技术要求。用符号标注出机器(或部件)的质量、装配、检验、维修和使用等方面的要求,或用文字书写在图形下方。

(4) 标题栏、零件序号和明细栏。根据生产组织和管理工作的需要,按一定的格式,将零、部件逐一编注序号,并填写明细栏和标题栏。

9.2　装配图的表达方法

在零件图中所采用的各种表达方法,如视图、剖视图、断面图和局部放大图等,在表达装配图时也同样适用。两者的侧重点不同。零件图需要把零件的各部分结构形状全部表达清楚;而装配图侧重于把装配体的工作原理、装配关系、相对位置等表达清楚,同时适当地把一些主要零件的内部结构、外部形状表示出来。因此,它除了可采用零件图的各种表达方法外,还有其特殊的表达方法。

9.2.1　装配图的规定画法

两相邻金属零件的剖面线的倾斜方向应相反;或者方向一致,间隔不等。在各视图上,同一零件的剖面线倾斜方向和间隔应保持一致。如图 9-2 阀芯、阀体、锁紧螺母的剖面画法。剖面厚度在 2mm 以下的图形允许以涂黑来代替剖面符号。

两相邻零件的接触面和配合面规定只画一条线。但当相邻零件的基本尺寸不相同时,即使间隙很小,也必须画出两条线。如图 9-2 中主视图上阀体 1 和阀芯 2 为接触面,只画一条线,而阀芯 2 与锁紧螺母之间是非接触面,因此画两条线。

对于螺纹紧固件以及实心的轴、手柄、连杆、球、钩子、键、销等零件,若剖切平面通过其对称平面或轴线时,则这些零件均按不剖绘制,如需特别表明这些零件中的某些构造,如凹槽、键槽、销孔等,则可用局部剖视表示,如图 9-2 的阀芯、螺母、垫圈的画法。

9.2.2　特殊表达方法

1. 沿结合面剖切和拆卸画法

在装配图的某个视图上,为了使部件的某些部分表达得更清楚,可沿某些零件的结合面进行剖切或假想将某些零件拆卸后绘制,需要说明时可加注(拆去××等)。如图 9-3 俯视图上右半部分就是沿轴承盖和轴承座结合面剖切的,即相当于拆去轴承盖、上轴衬等零件后画出。结合面上不画剖面符号,被剖切到的螺栓则必须画出剖面线。

2. 假想画法

在装配图中当需要表示某些零件的运动范围和极限位置时,可用双点画线画出该运动零件在极限位置的外形图。如图 9-4 所示,图中手柄的Ⅱ、Ⅲ位置即用双点画线表示。

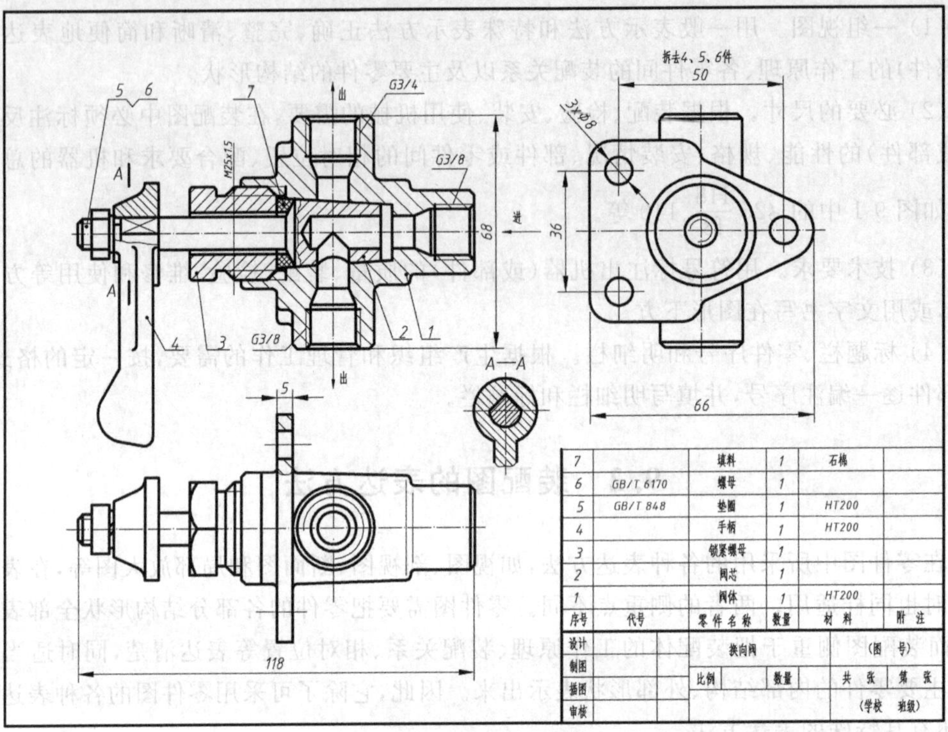

7		填料	1	石棉	
6	GB/T 6170	螺母	1		
5	GB/T 848	垫圈	1	HT200	
4		手柄	1	HT200	
3		锁紧螺母	1		
2		阀芯	1		
1		阀体	1	HT200	
序号	代号	零件名称	数量	材料	附注
设计		换向阀		（图号）	
制图		比例	数量	共 张	第 张
描图				（学校 班级）	
审核					

图 9-2　换向阀装配图

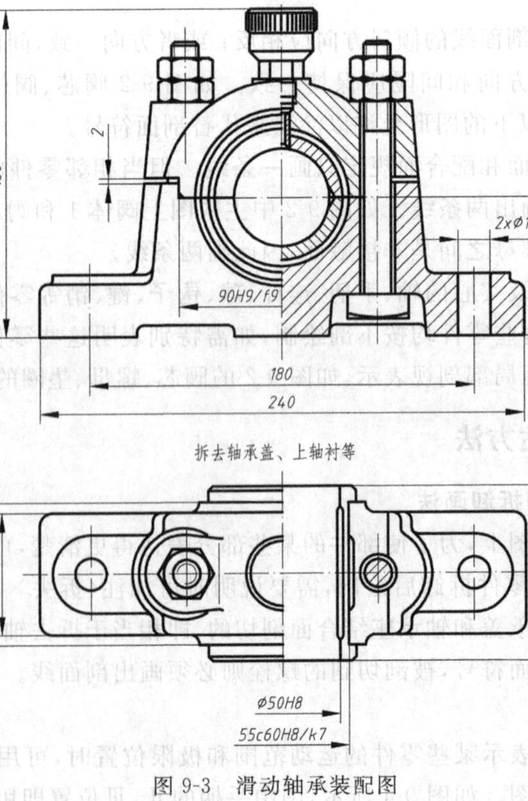

图 9-3　滑动轴承装配图

在装配图中，当需要表达本部件与相邻部件的装配关系时，可用双点画线画出相邻部分的轮廓线。如图 9-4 中床头箱的画法。

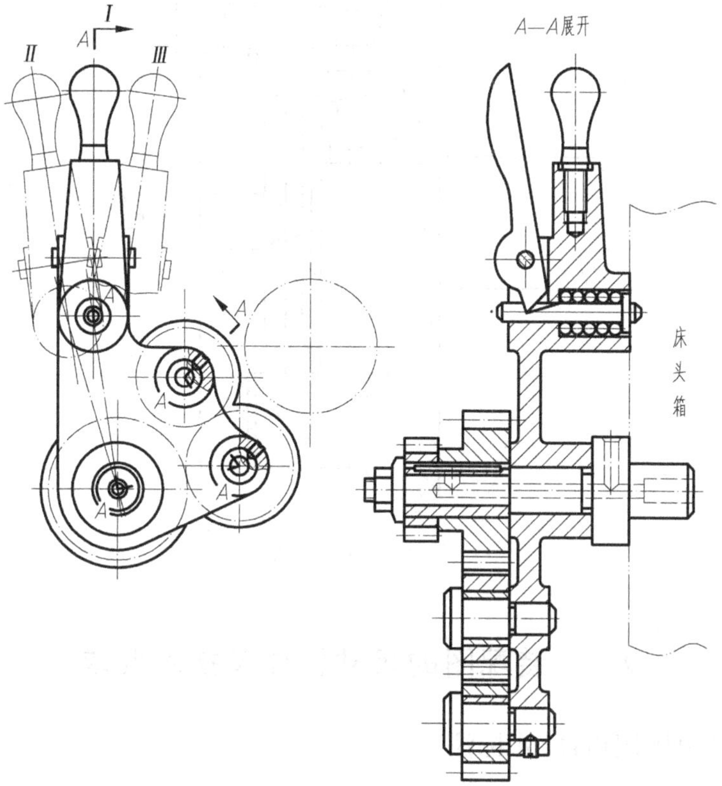

图 9-4　假想画法

3. 简化画法

对于装配图中若干相同的零件组，如轴承座、螺栓连接等，可仅详细地画出一组或几组，其余只需表示出装配位置(图 9-5)。

装配图的滚动轴承允许详细的画出 1/2，另外 1/2 采用图 9-5 的简化画法。

装配图中，零件的工艺结构如小圆角、倒角、退刀槽等可不画出。如螺栓头部、螺母的倒角及倒角产生的曲线允许省略(图 9-5)。

在装配图中，当剖切平面通过的某些组件为标准产品(如油杯、油标、管接头等)，或该组件已有其他图形表示清楚时，则可以只画出其外形，如图 9-3 中的油杯。

在装配剖视图中，当不致引起误解时，剖切平面后不需表达的部分可省略不画。

4. 夸大画法

在装配图中，如绘制直径或厚度小于 2mm 的孔或薄片以及较小的斜度和锥度，允许该部分不按比例而适当夸大画出。如图 9-5 中垫片的画法。

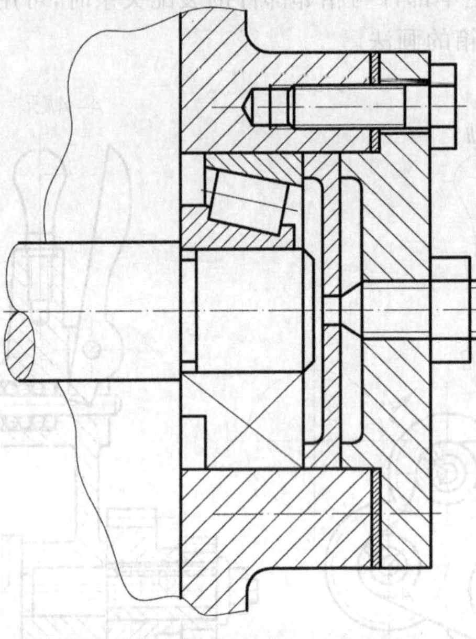

图 9-5 简化画法

9.3 装配图的尺寸标注及技术要求

9.3.1 装配图中的尺寸标注

在装配图中只需标注出几类必要尺寸，这些尺寸是依据装配图的作用确定的，它们包括下面五类尺寸。

1. 性能尺寸(规格尺寸)

它是表示机器或部件的性能和规格的尺寸，这些尺寸在设计时就已确定。它也是设计机器、了解和选用机器的依据。如图 9-6 齿轮油泵的进出油口尺寸 G1/4。

2. 装配尺寸

(1) 配合尺寸。它表示两个零件之间配合性质的尺寸，如图 9-6 齿轮油泵中的 ϕ18 H8/f7 等，是由基本尺寸和孔与轴的公差带代号所组成，是画零件图时确定零件尺寸偏差的依据。

(2) 相对位置尺寸。它表示装配机器和画零件图时，需要保证的零件间相对位置的尺寸，是装配、调整机器所需要的尺寸。如图 9-6 齿轮油泵装配图中表示两轴相对距离的 $42^{+0.045}_{0}$。

3. 外形尺寸

它是表示机器或部件外形轮廓的尺寸，即总长、总宽、总高。当机器或部件包装、运输时，以及厂房设计和安装机器时都需要考虑外形尺寸，如图 9-6 齿轮油泵装配图中的 173(总长)、130(总高)和 108(总宽)是外形尺寸。

4. 安装尺寸

机器或部件安装在地基上或与其他机器或部件相连接时所需要的尺寸，就是安装尺寸，如图 9-6 齿轮油泵装配图中的 80（安装孔位置）、ϕ11（安装孔直径）。

5. 其他重要尺寸

其他重要尺寸是在设计中经过计算确定或选定的尺寸，但又未包括在上述四种尺寸之中。这类尺寸在装配、检验和画零件图时都很重要。如图 9-6 齿轮油泵装配图中的 92。

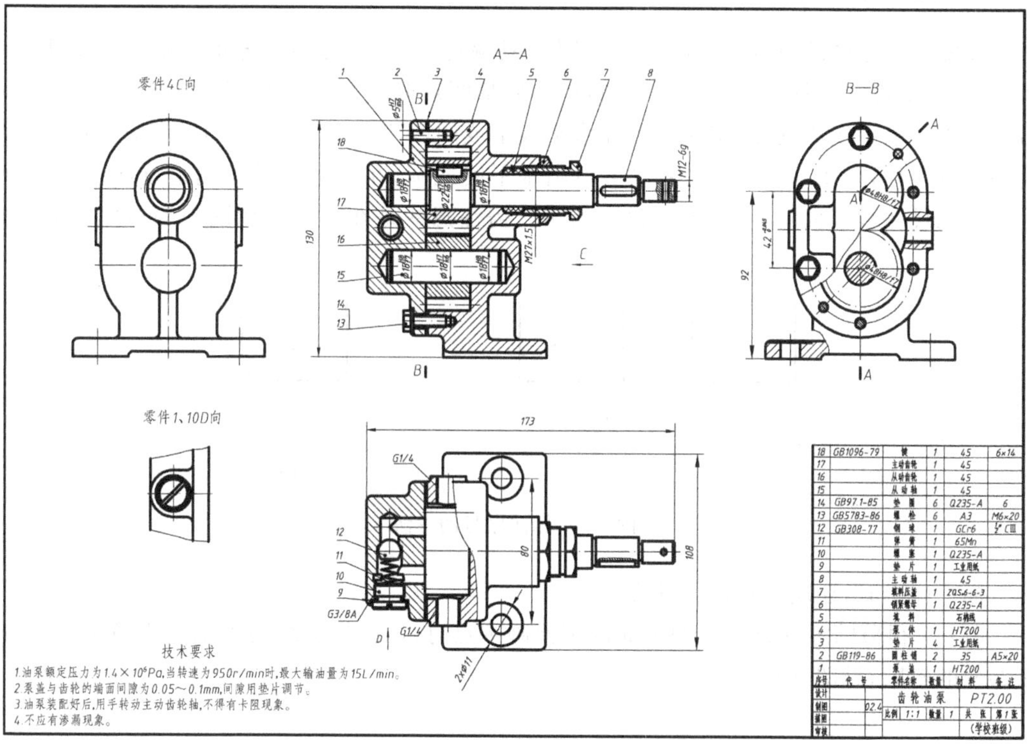

图 9-6　齿轮油泵装配图

9.3.2　装配图的技术要求

装配图中的技术要求有别于零件图的技术要求，主要侧重于说明部件或机器在装配、安装、检验、维修和工作运转时所必须达到的技术指标和某些质量、外观上的要求。这些技术要求可用文字书写在图纸下方的空白处。一般应从以下几个方面考虑。

（1）装配方面。装配体在装配过程中应保证的装配精度及装配后应满足的各种要求，如密封、耐压、间隙、性能等。

（2）检验要求。装配体基本性能的检验、试验以及操作要求。

（3）使用要求。对装配体的性能规格参数，以及包装、运输、使用、保养维修时的注意事项和涂装要求。

总之，装配图上的技术要求应根据装配体的具体情况而定。必要时，也可参照同类产品及相关规定来确定。具体可参见图 9-1 平口钳装配图和图 9-6 齿轮油泵装配图。

9.4 装配图中零件的序号和明细栏

机器或部件是由许多零件组成的，为区分零件，便于读图，必须对每种零件编写序号，并将其逐一填写入对应的明细表中。

9.4.1 零件序号

装配图中相同的组成部分（零件或部件）只编写一个号，编写序号的常见形式如下：在所指的零、部件的可见轮廓线内画一圆点，然后从圆点开始画指引线（细实线），在指引线的另一端画一水平线或圆（细实线），再在水平线上或圆内注写序号，序号的字高应比尺寸数字大一号或两号，如图 9-7(a)所示；也可不画水平线或圆，在指引线另一端附近注写序号，序号字高比尺寸数字大两号，如图 9-7(b)所示。需注意的是在同一装配图中编写序号的形式应一致。

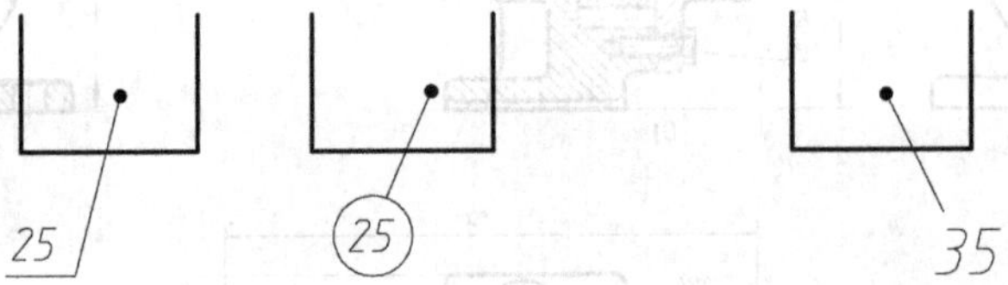

图 9-7　标注序号的方法

标写序号时，还应注意以下几点：

(1) 对很薄的零件或涂黑的剖面内不便画圆点时，可在指引线的末端画出箭头，并指向该部分的轮廓，见图 9-8。

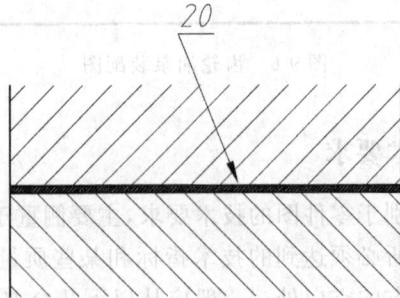

图 9-8　序号指引线末端画箭头

(2) 指引线相互不能相交，当通过有剖面线的区域时，指引线不应与剖面线平行。必要时指引线允许画成折线，但只允许转折一次，见图 9-9。

(3) 对于一组紧固件以及装配关系清楚的零件组，可以采用公共指引线，见图 9-10。

(4) 标准化的部件（如油杯、滚动轴承、电动机等）在装配图上只注写一个序号。

(5) 零件或部件的序号应标注在视图外面，并沿水平或垂直方向按顺时针或逆时针方向排列整齐，尽可能均匀分布。在整个图上无法连续时，也可只在每个视图周围顺序排列。

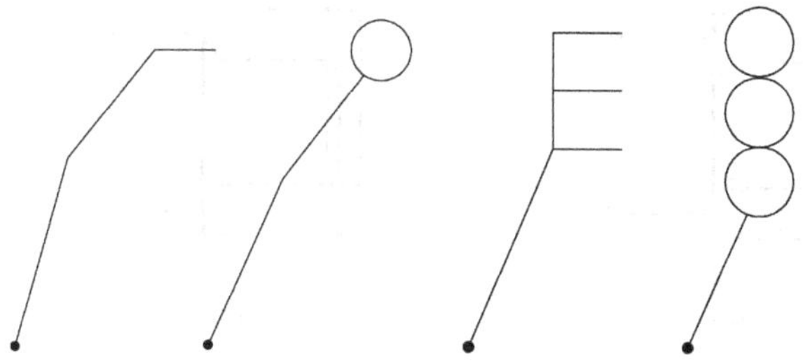

图 9-9　指引线只可转折一次

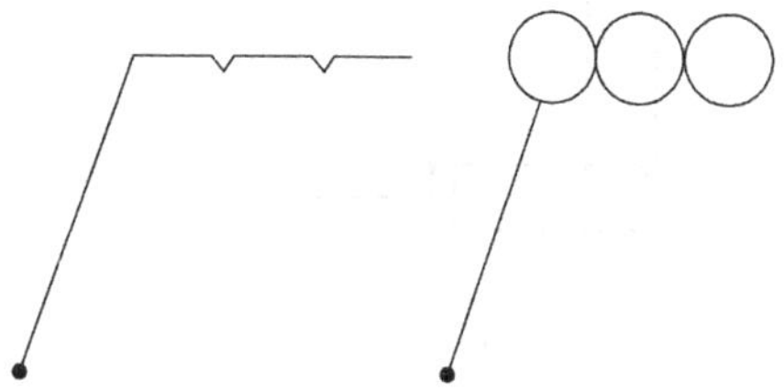

图 9-10　公共指引线

9.4.2　零件明细栏

装配图中的标题栏格式与零件图中的标题栏完全相同，只是在填写内容时稍有差异。例如零件图的标题栏中必须填写所选用的材料，而装配图的标题栏中无须填写所选材料。

在装配图中，还需设置明细栏。明细栏一般放置在标题栏上方，自下而上顺次填写。当地方不够时，可将明细栏的一部分移动到标题栏左边。当明细栏不能配置在标题栏的上方时，可作为装配图的续页，按 A4 幅面单独绘制，其填写顺序自上而下。明细栏格式可见图 9-1、9-6 所示。

9.5　装配结构的合理性简介

为满足机器或部件的性能要求，保证装配质量，便于安装和拆卸，就要特别注意，零件的装配结构的合理性。下面介绍几种常见的装配工艺结构。

9.5.1　接触面结构的合理性

当两个零件接触时，在同一方向上应避免一个以上的表面同时接触，即接触面应只有一个，这样既可满足装配要求，又方便制造，见图 9-11 常见装配结构(一)。

为了使具有不同方向接触面的两个零件接触良好，在接触面的交角处不应都做成尖角或大小相同的圆角，见图 9-12 常见装配结构(二)。

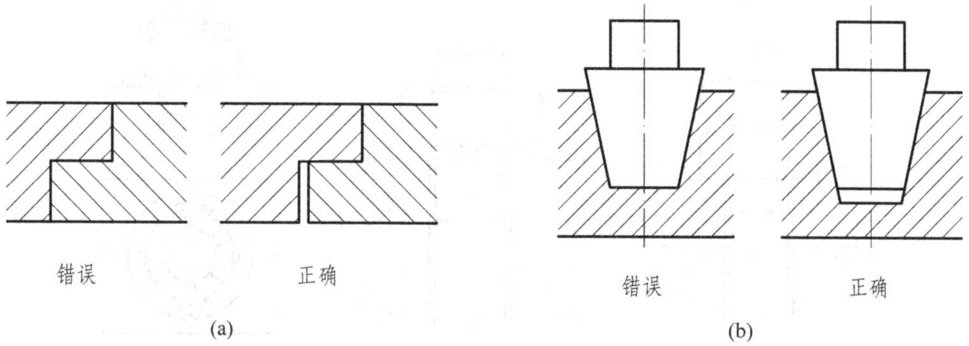

图 9-11　常见装配结构(一)

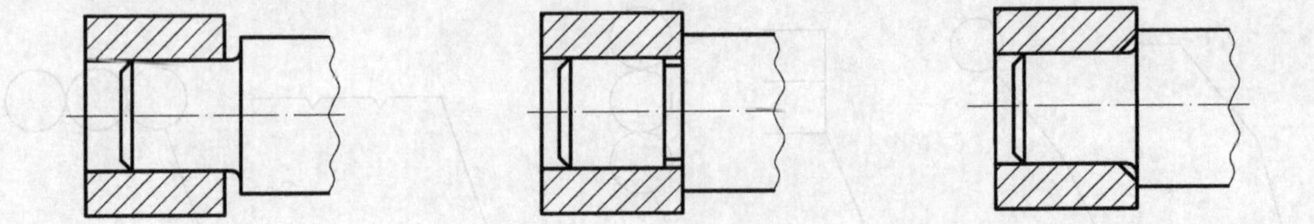

错误　　　　　　正确　　　　　　正确

(a)　　　　　　(b)　　　　　　(c)

图 9-12　常见装配结构(二)

为了保证接触良好,一般接触面均需经机械加工,因此设置凹坑或凸台能合理地减少加工面积,降低加工费用,改善接触效果(见图 9-13)。

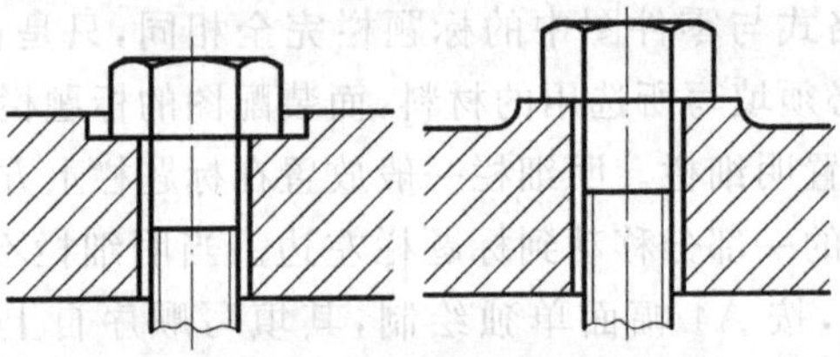

图 9-13　凹坑与凸台

9.5.2　常用的可拆连接结构

1. 便于拆装的合理结构

设计和绘制装配图时,需考虑机器或部件的安装、维修、拆卸的方便,要安排合理、有足够空间便于零部件的拆装。如图 9-14 所示。

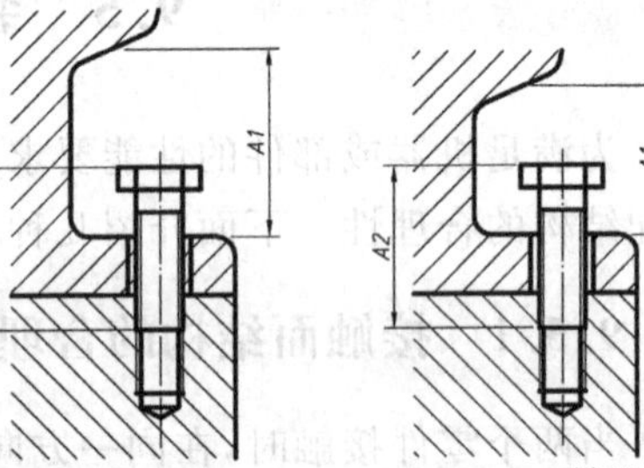

A1＞A2正确　　A1＜A2错误

图 9-14　便于拆装的合理结构

2. 螺纹防松装置的结构

由于机器的振动,其上的一些螺纹连接件常会逐渐松动。为了避免松动,常需要采用各种防松锁紧装置,其结构如图 9-15 所示。

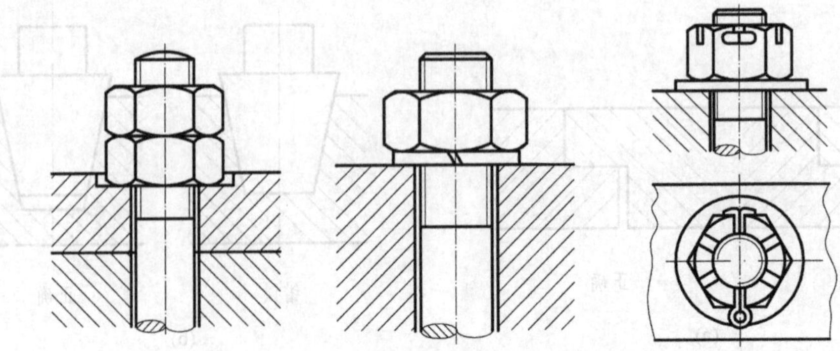

(a)　　　　　　(b)　　　　　　(c)

图 9-15　螺纹防松装置的结构

(a) 用双螺母锁紧;(b) 用弹簧垫圈锁紧;(c) 用开口销锁紧

9.6　装配图的画图方法与步骤

根据现有机器或部件进行测量画出零件草图，然后再绘制零件图和装配图的过程称为测绘。机器或部件测绘无论对推广先进技术，交流生产经验，改革现有设备等都有重要的作用，因此测绘是工程技术人员必须掌握的基本技能。

9.6.1　零部件测绘

零部件测绘可按下述步骤进行(以拆卸平口钳为例)。

1. 了解和分析部件

在测绘之前，首先要通过观察实物、查阅有关资料及询问有关人员等途径，了解部件的用途、性能、工作原理、结构特点、零件间的装配关系及拆卸方法等内容。

如图 9-16 所示，平口钳主要用于夹紧零件，以固定其位置，便于加工。其工作原理为：转动螺杆，带动螺母作轴向移动，通过螺母带动活动钳身作轴向运动，从而与固定钳身一起，实现对零件的夹紧与放松。

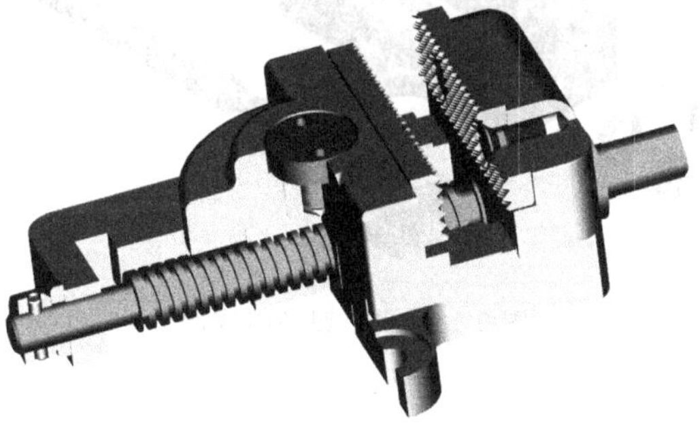

图 9-16　平口钳立体图

2. 拆卸零件并绘制装配示意图

拆卸零件可以进一步了解部件中各零件的装配关系、结构和相互间的作用。拆卸前应先测量一些重要的装配尺寸，如零件间的相对位置尺寸、极限尺寸、装配间隙等，以便校核图纸和装配部件。为了保证能顺利地将部件重新装配起来，避免遗忘，在拆卸过程中一般先画出装配示意图(还可拍照)，以表示零件间的装配关系、连接方式和零件的大致形式等内容。装配示意图的画法没有严格的规定，一般以简单的线条画出零件的大致轮廓，并在图上标出各零件的名称、数量和需要记录的数据，如图 9-17 所示。画装配示意图时，一般从主要零件着手然后按照装配顺序把其他零件逐个画上，画机构传动部分示意图时应使用国家标准《机械制图》规定的符号绘制。

拆卸时要注意以下几点：①首先要考虑拆卸顺序，对不可拆的连接和过盈配合的零件尽量不拆。②拆卸要用相应的工具，保证顺利拆下，以免损坏零件。③拆卸后要将各零件编号上标签妥善保管、避免碰坏、生锈或丢失，以便测绘后重新装配时仍能保证部件的性能和要求。图 9-18 为拆卸完成后平口钳的各组成部分。

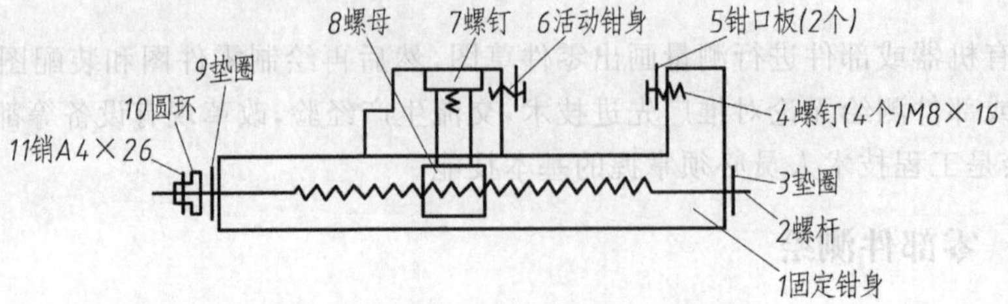

图 9-17　平口钳装配示意图

图 9-18　平口钳各组成部分

3. 画零件草图

测绘往往受时间及工作场地的限制，因此要先徒手画出各零件的草图，然后根据零件草图画出装配图。除了标准件、标准组合件和外购件外，其余零件都应该画出零件草图。零件草图是画装配图和零件图的依据，零件草图的内容和要求与零件图是一致的，它们的主要差别是作图方法不同。对于标准件和外购件只需记下其规格、尺寸和数量。

4. 画装配图

根据零件草图和装配示意图画出装配图。在画装配图时，要及时改正草图上的错误，零件的尺寸大小一定要画得准确，装配关系不能搞错，这是很重要的一次校对工作。根据画好的装配图和零件草图再画出正规零件图，对零件图中的尺寸注法和公差配合的选定，可根据具体情况作适当调整或重新配置，并编制出零件的明细栏。

9.6.2 画装配图步骤

1. 拟定表达方案

画装配图时，首先要对所画的装配体(机器或部件)进行详细的分析和考虑，根据它的工作原理及零件间的装配连接关系，运用前面学过的各种表达方法，选择一组图形，把它的工作原理、装配连接关系和主要零件的结构形状都表达清楚。主要包括选择主视图、确定视图数量和表达方法。

1）主视图的选择

装配图的主视图应清楚地反映出机器或部件的主要装配关系。一般情况下，其主要装配关系均表现为一条主要装配干线。在部件中，沿某一方向看到有一些密切相关的有先后装拆顺序的零件组，这种零件的装配形式叫装配干线。因此，选择主视图的原则是：

（1）能清楚地表达主要装配关系或主要装配干线；

（2）尽量符合机器或部件的工作位置。

2）其他视图的确定

一个主视图，往往还不能把所有的装配关系和结构表示出来，所以，还要选择适当数量的视图和恰当的表达方法，来补充主视图中未能表达清楚的部分。所选择的每一个视图或每种表达方法，都应有明确的目的，要使整个表达方案简练、清晰、正确。

3）选择表达方法

选择表达方法就是运用已学的装配图的特殊表达方法和一般表达方法清楚、清晰、明了地表达部件的工作原理、装配关系和主要零件的结构形状。

如图9-1所示，平口钳装配图的主视图采用了全剖视图，它表达了平口钳的主要装配干线的装配关系、工作原理、装配结构和零件形状。俯视图采用局部剖视，突出表达了零件8钳座与零件7钳口板之间的装配关系及平口钳的外部形状，左视图采用半剖视图补充表达了虎钳的工作原理及某些零件的结构形状，最后用一向视图反映钳口板的装配情况及外形。

2. 画装配图的步骤

（1）确定图幅和比例。根据拟定的表达方案，选择标准的图幅，确定图样比例，画好图框、明细栏及标题栏。

（2）图面布置，画出定位基准。根据拟定的表达方案，合理美观的布置各个视图，注意留出标注尺寸、零件序号的适当位置，画出各个视图的主要基准线，主视图和俯视图长度方向的基准线选用钳座的左端面；主视图和左视图高度方向的基准线选用钳座的底面（或螺杆轴线）；俯视图和左视图宽度方向的基准选用钳座对称面的对称线。

（3）画底稿。画底稿时，以装配干线为准，从外向内画，或从内向外画。从外向内画就是从机器（或部件）的机体出发，逐次向里面画出各个零件。它的优点是便于从整体的合理布局出发，决定主要零件的结构形状和尺寸，其余部分也很容易决定下来。从内向外画就是从里面的主要装配干线出发，逐次向外扩展。它的优点是从最内层的零件（或主要零件）画起，按照装配顺序逐步向四周扩展，层次分明，并可避免多面被挡住零件的不可见轮廓。在画每个零件时，根据各视图的对应关系，从主视图画起，几个视图同时画，以提高绘图速度。如图9-19所示为平口钳装配图的画图步骤，采用的是从外向内画的方法。

（4）底稿完成后，需经校核后加深图线。最后，标注尺寸及技术要求，编写序号，填写明细栏和标题栏等。完成后的装配图如图9-1所示。

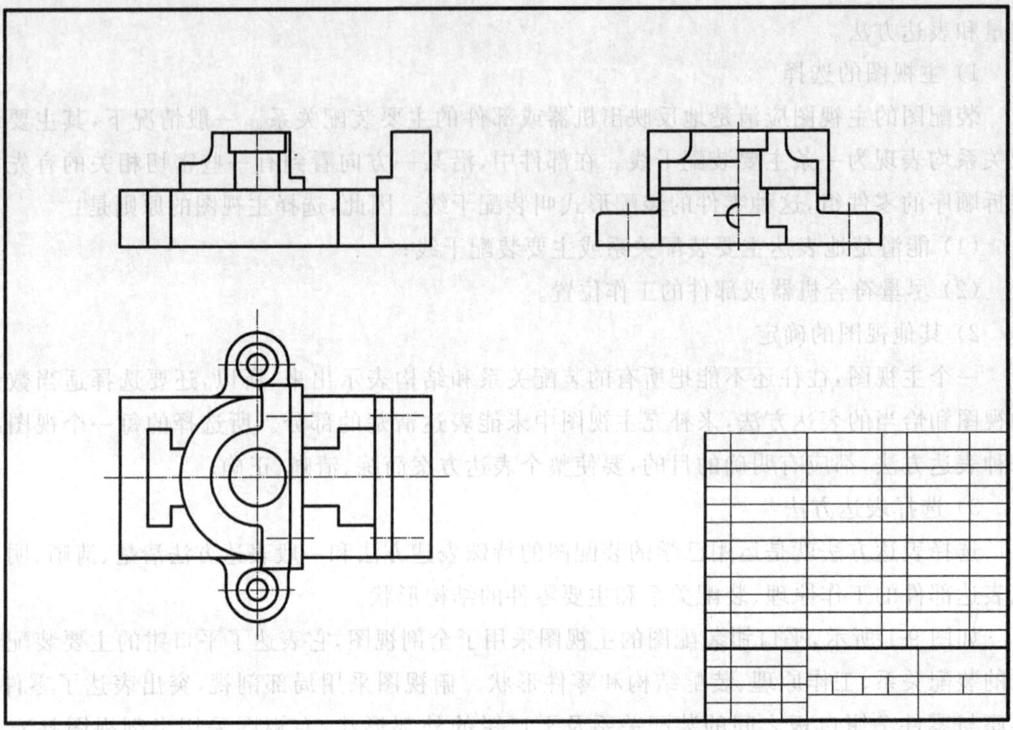

(a)

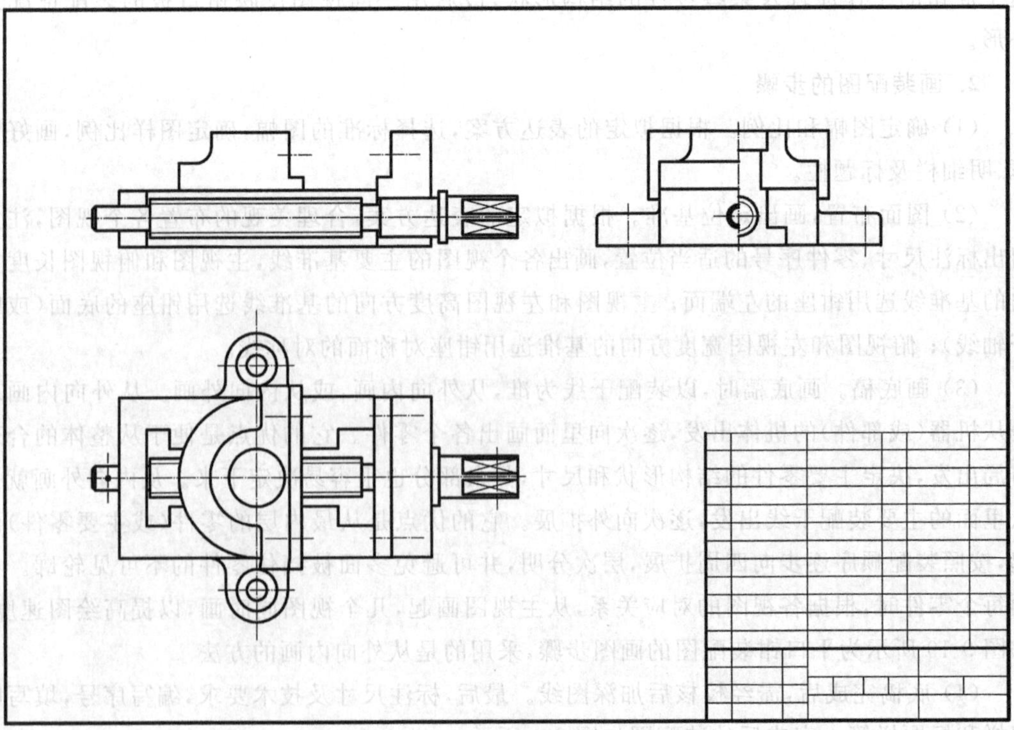

(b)

图 9-19　平口钳装配图的作图步骤

(a) 画图框、标题栏、明细栏、基准线及钳身主要轮廓线；(b) 画螺杆轮廓线；

(c) 画螺钉、钳口板及其他轮廓线；(d) 画剖面线

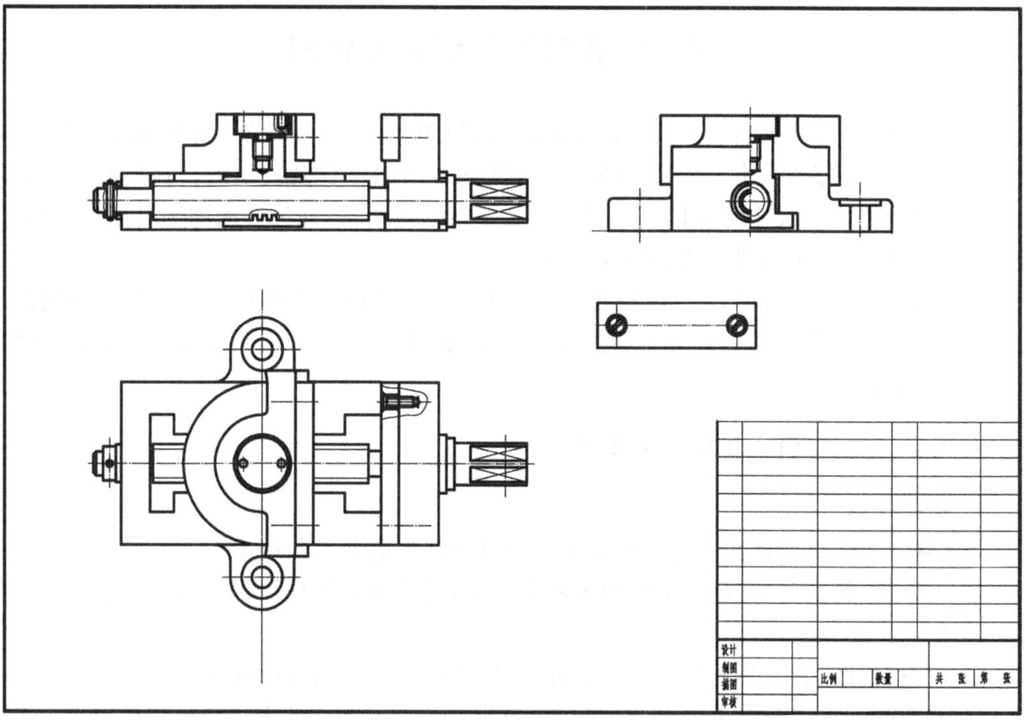

(c)

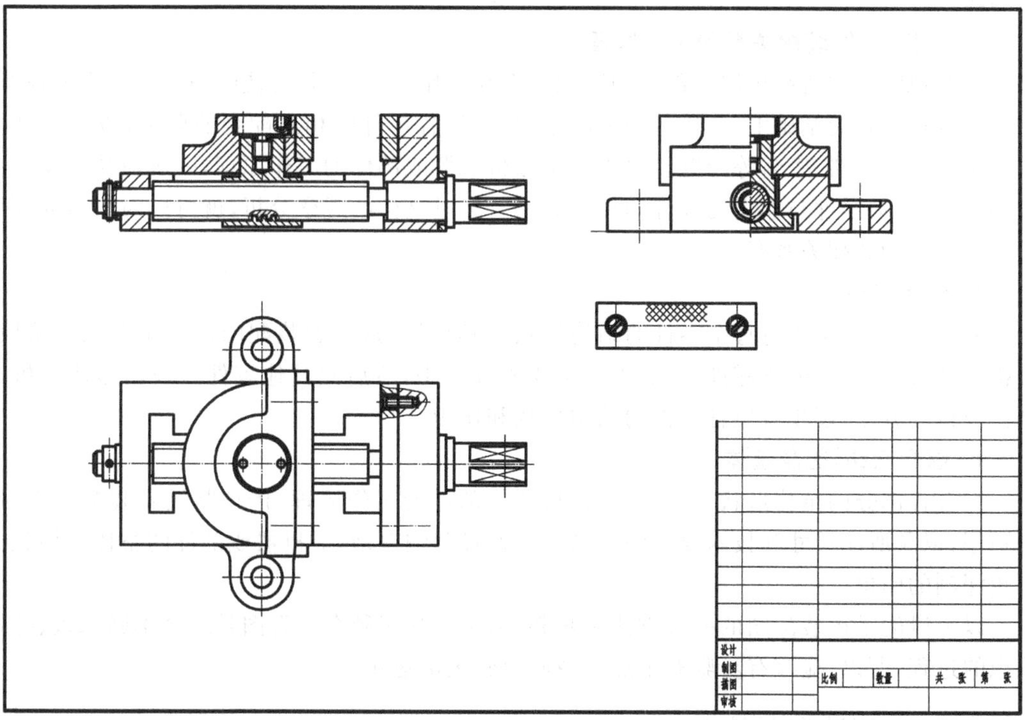

(d)

图　9-19(续)

9.7 读装配图及拆画零件图

在工业生产中，从机器或部件的设计到制造、使用、维修机器设备，或进行技术交流，都要用到装配图。因此，从事工程技术的工作人员都必须能够看懂装配图。画装配图是把设计人员的设计意图和要求，通过图形、符号和文字等表达出来，而读装配图则是通过对图形、符号和文字的分析，了解设计者的设计意图。

读装配图时要了解的内容：①机器或部件的性能、功用和工作原理；②各零件间的装配关系及各零件的拆装顺序；③各零件的主要结构形状和作用；④其他系统（如润滑系统，防漏系统）的原理和构造。

9.7.1 读装配图的方法和步骤

1. 概括了解

（1）从图上的标题栏和有关资料中了解机器或部件的名称和用途。

（2）从明细栏上了解各零、部件的名称和数量，及其在装配图中的位置；初步了解各零件的作用。

（3）分析视图，弄清楚各视图的表达方法，以及投影关系和表达重点。

通过以上的初步了解，并参阅有关尺寸，可以对机器或部件的大体轮廓与内容有一个概略的印象。

2. 分析、了解装配关系和工作原理

对照视图仔细研究机器或部件的装配关系和工作原理，这是看装配图的一个重要环节。

在概括了解的基础上，分析各条装配干线，弄清各零件间相互配合的要求，以及零件间的定位、连接、润滑、密封等问题。再进一步分析机器或部件的工作原理，一般应从运动关系入手，搞清运动零件与非运动零件的相对关系。经过这样的观察分析，就可以对机器或部件的工作原理和装配关系有所了解。

3. 分析零件

分析零件，就是弄清每个零件的结构形状及其作用，这是看装配图进一步深入的阶段。分析零件时，首先要分离零件，一般先从主要零件着手，然后到其他零件。采用形体分析和结构分析的方法，逐步看懂各零件的结构形状和作用。

4. 综合归纳，想象整体

综合各部分的结构形状，进一步分析机器或部件的工作原理、传动路线和装配关系、拆装顺序，以及所注尺寸和技术要求的意义等。通过归纳总结，对机器或部件的整体结构就会有较深刻的印象。

以上讲的是读装配图的一般方法和步骤，但不要死搬硬套。看图是一个不断深入、综合认识的过程，所以，应该有步骤有重点，不拘一格，灵活运用。

9.7.2 读装配图示例

下面以图 9-20 所示卧式柱塞泵为例，说明看装配图的方法与步骤。

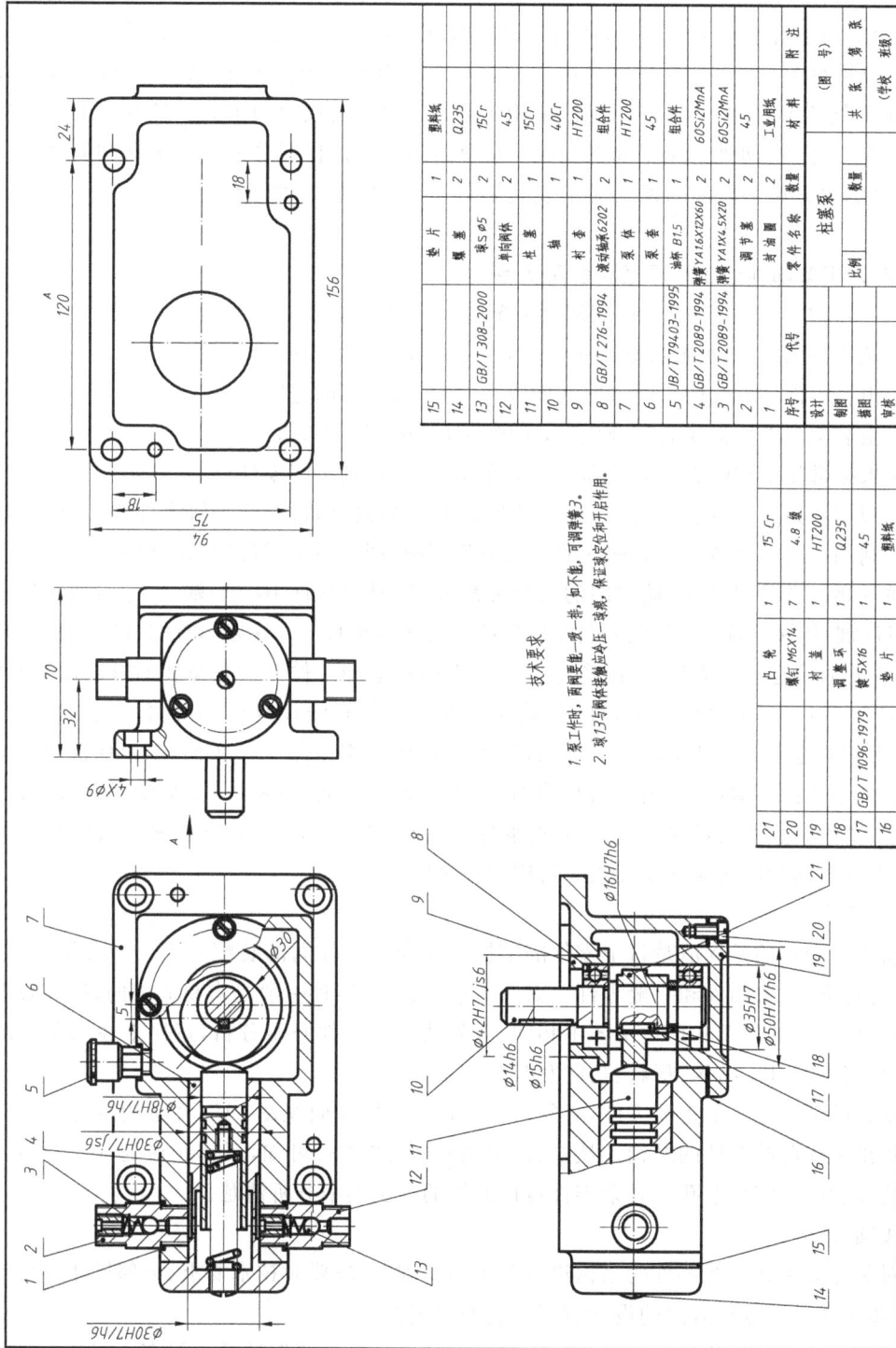

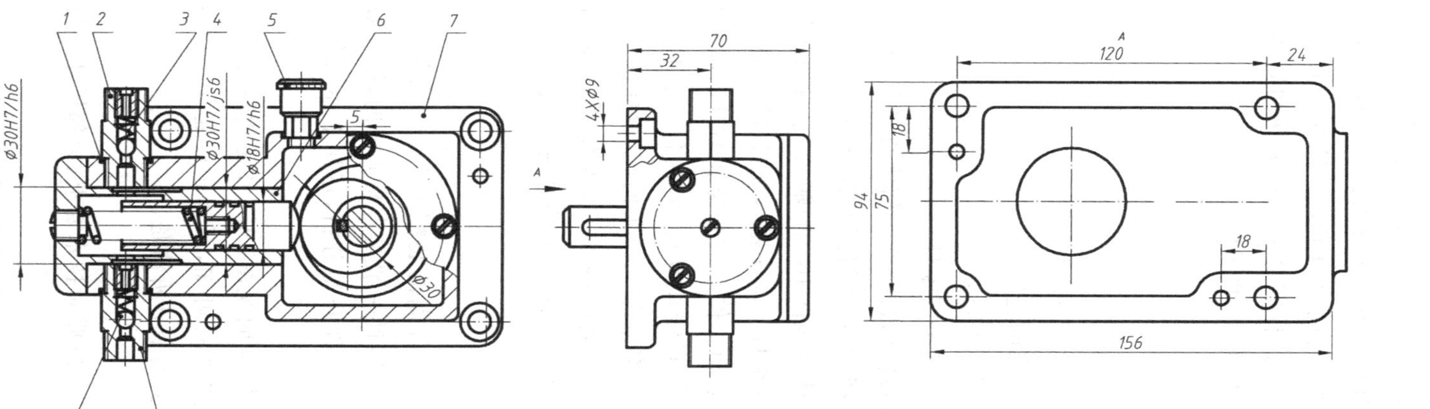

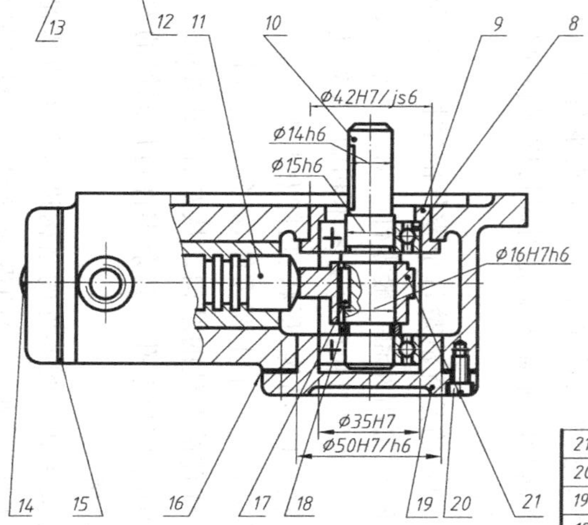

技术要求

1. 泵工作时，两阀要能一吸一排，如不能，可调弹簧3。
2. 球13与阀体接触应冷压一球痕，保证球定位和开启作用。

序号	代号	零件名称	数量	材料	附注
21		凸轮	1	15 Cr	
20		螺钉 M6X14	7	4.8 级	
19		衬盖	1	HT200	
18		调整环	1	Q235	
17	GB/T 1096-1979	键 5X16	1	45	
16		垫片	1	塑料纸	
15		垫片	1	塑料纸	
14		螺塞	2	Q235	
13	GB/T 308-2000	球S Φ5	2	15Cr	
12		单向阀体	2	45	
11		柱塞	1	15Cr	
10		轴	1	40Cr	
9		衬套	1	HT200	
8	GB/T 276-1994	滚动轴承6202	2	组合件	
7		泵体	1	HT200	
6		泵套	1	45	
5	JB/T 79403-1995	油杯 B1.5	1	组合件	
4	GB/T 2089-1994	弹簧 YA1.6X12X60	2	60Si2MnA	
3	GB/T 2089-1994	弹簧 YA1X4.5X20	2	60Si2MnA	
2		调节塞	2	45	
1		封油圈	2	工业用纸	

设计		柱塞泵		(图号)	
制图		比例	数量	共 张	第 张
描图				(学校 班级)	
审核					

图 9-20　卧式柱塞泵装配图

1. 概括了解并分析视图

(1) 阅读有关资料。首先要通过阅读有关说明书、装配图中的技术要求及标题栏等了解柱塞泵的功能、性能和工作原理,从而认识柱塞泵是润滑系统的重要组成部分。

(2) 分析视图。柱塞泵装配图采用了三个基本视图和一个向视图"A"。主视图为了表达柱塞泵的结构形状和三条装配干线,采用了局部剖视;俯视图为了表达柱塞泵的结构形状和主要装配干线,两处采用了局部剖视;左视图为了表达柱塞泵的结构形状和局部结构的内部形状,也采用了局部剖视。为了表达零件7(泵体)后面的形状,采用了零件7视图"A"。

2. 深入了解部件的工作原理和装配关系

概括了解之后,还要进一步仔细阅读装配图。一般方法为:

(1) 从主视图入手,根据各装配干线,对照零件在各视图中的投影关系;

(2) 由各零件剖面线的不同方向和间隔,分清零件轮廓的范围;

(3) 由装配图上所标注的配合代号,了解零件间的配合关系;

(4) 根据常见结构的表达方法和一些规定画法,来识别不同零件;

(5) 根据零件序号对照明细栏,找出零件数量、材料规格,进一步了解零件的作用;

(6) 利用一般零件结构有对称性的特点分析视图,帮助想象零件的结构形状。

柱塞泵的工作原理从主、俯视图的投影关系可知:动力从件10(轴)输入,它将回转运动通过件17(键)传递给件21(凸轮),件21将回转运动传给件11(柱塞),使件11在件6(泵套)内向左作直线运动。而件4(弹簧)则使件11向右运动。件4的松紧由件14(螺塞)调节。从配合尺寸$\phi18$和$\phi30$可知,件11确实是在6内作直线往复运动,而件6在件7(泵体)内是无相对运动的。从主视图上可知,泵体左端上、下各装了一个单向阀,以保证油液单向进、出,互不干扰。对照主、俯视图和明细栏,还可知件5(油杯)和件8(轴承)都是标准件,件5为了润滑凸轮,两滚动轴承是为了支承件10(轴)和改善轴的工作情况。从俯视图可知,泵体左端和前端的衬盖和泵套用螺钉固紧在泵体上。

3. 分析零件

分析零件的目的是弄清楚每个零件的结构形状和各零件间的装配关系。一台机器(或部件)上有标准件、常用件和一般零件。对于标准件、常用零件一般是容易弄懂的,但一般零件有简有繁,它们的作用和地位又各不相同,应先从主要零件开始分析,运用上述六条一般方法确定零件的范围、结构、形状、功能和装配关系。

柱塞泵的泵体是一个主要零件,必须认真分析三视图和向视图"A",并运用零件结构对称特点想出泵体前端盖处的结构。从左、俯视图和向视图"A"可知,泵体底板处有安装用的四个螺栓孔和两个定位销孔。其余零件也用同样的方法逐个分析清楚。

4. 归纳总结

在对装配关系和主要零件的结构进行分析的基础上,还要对技术要求、全部尺寸进行研究,进一步了解机器(或部件)的设计意图和装配工艺性。

如柱塞泵凸轮轴的装配顺序应为:凸轮轴+键+凸轮+两端轴承+衬套+衬盖;然后一起由前向后装入泵体;最后装上四个螺钉。这样对整台机器(或部件)才能得到一个完整的概念,为下一步拆画零件图打下基础。

9.7.3　由装配图拆画零件图

1. 拆画零件图的要求

在设计部件时,需要根据装配图拆画零件图,简称拆图。拆图时,应对所拆零件的作用进行分析,然后分离该零件(即把零件从与其组装的其他零件中分离出来)。具体做法是在各视图的投影轮廓中划出该零件的范围,结合分析,补齐所缺的轮廓线。有时还需要根据零件图的视图表达要求,重新安排视图。选定和画出视图后,应按零件图的要求,注写尺寸和技术要求。

2. 拆画零件图的方法与步骤

(1) 认真阅读装配图。

(2) 构思零件形状,拆除零件。

(3) 确定表达方案。

根据泵体零件的剖面符号,在装配图的各视图中找到泵体的投影,确定泵体的整个轮廓。泵体的主视图应按零件的特点重新选择,如图 9-21 的主视图。按表达完整清晰的要求,除主视图外,又选择了俯视图、左视图、向视图“*A*”。主视图、俯视图和左视图都采用了局部剖视。

(4) 合理标注零件的尺寸。

(5) 注写技术要求。

(6) 填写标题栏。

图 9-21 表示拆画出的柱塞泵泵体零件图。

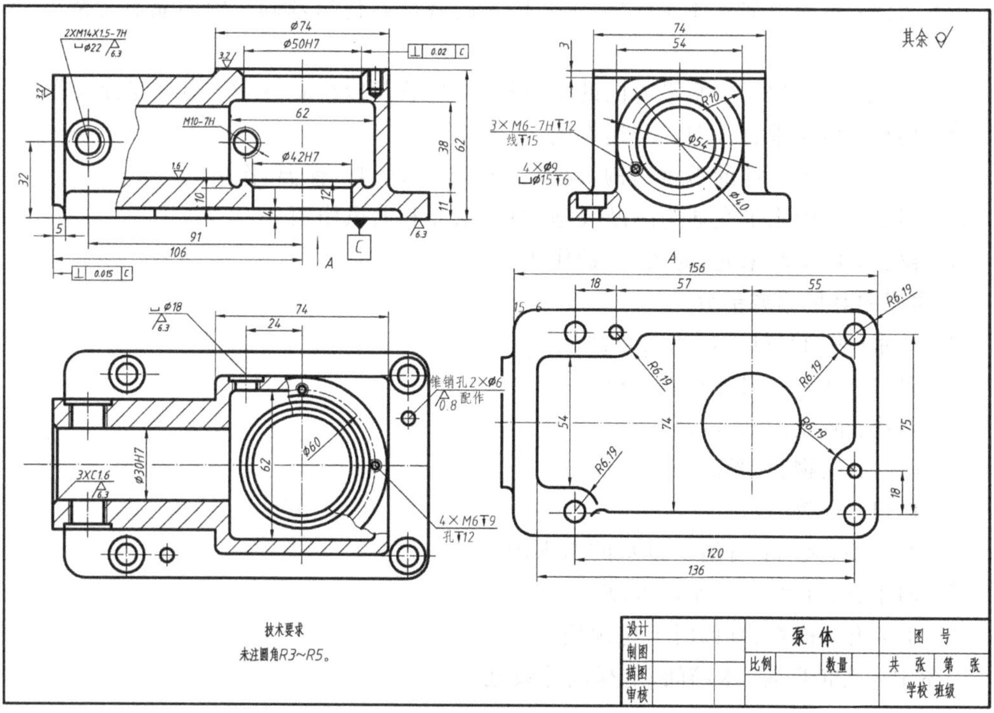

图 9-21　卧式柱塞泵泵体零件图

第 10 章　建筑工程图基础

10.1　建筑工程图概述

供人们生活、生产、工作、学习、娱乐的各类房屋一般称为建筑物，用来表达建筑物内外形状、大小尺寸、结构形式、构造做法、装饰材料、各类设备等的图样称为房屋建筑图。

建筑施工图是用来表达建筑物的总体布局、平面形状、内部各房间布置、细部构造、材料及做法、外部构造、各部尺寸、内外装修及有关技术要求的图样，是指导施工和概预算的主要依据。它包括总平面图、建筑平面图、建筑立面图、建筑剖面图、建筑详图等。

房屋建筑图是用来指导房屋建筑施工的依据，所以又称为施工图。

10.1.1　建筑物的组成部分及其作用

如图 10-1 所示为某民用建筑楼的剖视轴测图，建筑物一般由以下几部分组成。

1. 主要组成部分

(1) 基础：房屋墙、柱等室内地面以下的承重部分，承受上部传来的载荷并传给地基，起支撑房屋的作用。

(2) 墙体：承受上部墙体及楼板、梁等传来的载荷并传给基础。内墙兼有分隔作用，外墙兼有维护作用。

(3) 楼(地)面：房屋中水平方向的承重构件，将载荷传给墙、柱等，同时起分层作用。

(4) 楼梯：房屋垂直方向的交通设施。

(5) 屋顶：房屋顶部的承重结构，起着承重、维护、隔热(保温)作用。

(6) 门：房屋中水平交通与隔断设施，兼有采光和通风作用。

(7) 窗：房屋中起采光、通风、维护作用。

2. 房屋中其他组成部分

(1) 散水(明沟)：排走雨水防止浸泡地基。

(2) 台阶：联系室内外垂直交通。

(3) 雨篷：防止雨水淋湿门。

(4) 阳台：储物、观光。

(5) 檐口：排放雨水。

(6) 女儿墙、天沟：有组织排水的雨水沟。

(7) 雨水管：有组织排水的设施。

(8) 上人孔：检查、维修时上房顶用。

房屋中还有消防梯、水箱间、电梯间等设施。

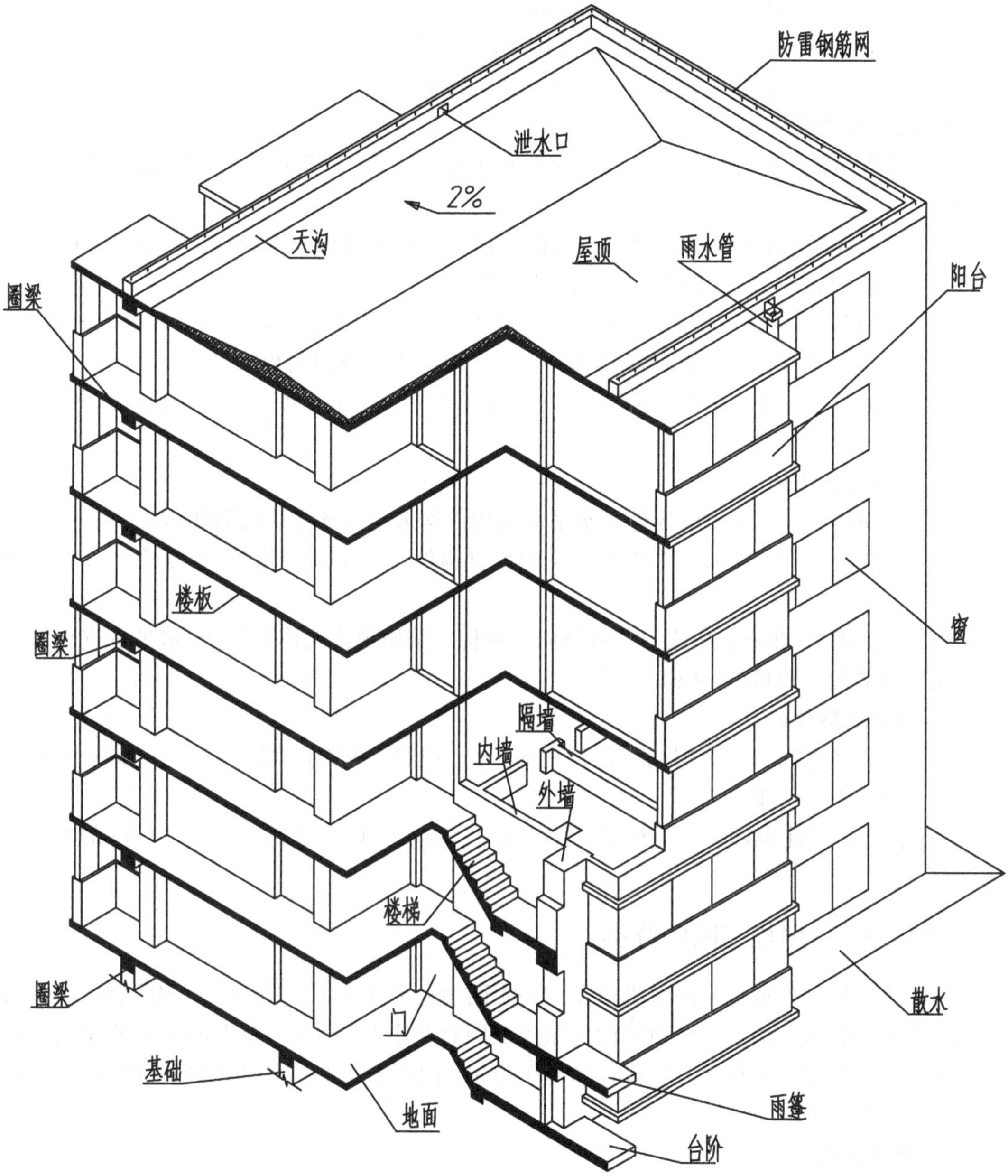

图 10-1　建筑物的组成

10.1.2　建筑物的分类

建筑物一般有下列分类方法。

1. 按建筑物的用途分

(1) 民用建筑。它包括居住建筑和公共建筑两大部分。居住建筑是供人们生活起居使用的建筑，包括住宅、公寓、宿舍、旅馆、招待所等。公共建筑是供人们进行文化活动、行政办公及商业、生活服务设施的建筑，包括生活服务、文教卫生、托幼、科研、医疗、商业、行政办公、交通运输、广播电视、文艺、体育、信息通信、书报出版等多种类型。

(2) 工业建筑。包括生产用房、辅助生产用房和仓库。

(3) 农业建筑。包括各类农业用房、农机站、仓库等。

2. 按结构类型分

(1) 砖混结构。这种结构的竖向承重构件为砖墙，水平承重构件为钢筋混凝土楼板和屋顶板。

(2) 钢筋混凝土板墙结构。这种结构的竖向承重构件为现浇筑和预制的钢筋混凝土板墙，水平的承重构件为钢筋混凝土楼板和屋顶板。

(3) 钢筋混凝土框架结构。这种结构的承重构件为钢筋混凝土梁、板、柱组成的骨架。围护结构为非承重构件，它们可以采用砖墙、加气混凝土块及预制板材等。

(4) 其他结构。除上述结构类型外，还经常采用砖木结构、钢结构、空间结构(网架、壳体)等。

3. 按施工方法分

(1) 全现浇式。竖直承重构件和水平承重构件均采用现场浇筑的制作方式。

(2) 全装配式。竖直和水平两个方向的承重构件均采用预制构件、现场浇筑节点的制作方法。

(3) 部分现浇、部分装配式。一般竖向承重构件采用现浇墙体或柱子，水平承重构件大多采用预制装配式的楼板、楼梯。

4. 按建筑层数分

(1) 非高层建筑。1～3 层属于低层建筑，4～6 层属于多层建筑，7～9 层属于中高层建筑。总高度在 24m 以下。

(2) 高层民用建筑，即 10 层和 10 层以上的住宅建筑，以及建筑高度超过 24m 的其他民用建筑。

10.1.3 房屋施工图的分类

房屋施工图是建造房屋的技术依据。施工图由于专业分工不同，可分为建筑施工图、结构施工图和设备施工图。一套简单的房屋施工图有几十张图纸，一套大型复杂的建筑物有几百张图纸。为了便于技术人员设计和施工应用，按图纸的内容、作用不同将完整的一套施工图进行如下分类。

1. 图纸目录

图纸目录是整套施工图的首页，表明整个工程图样的张数，每张图样的类别、内容及页码，供读图时查询。图纸目录有时合并在建筑施工图中。

2. 设计总说明

设计总说明是说明本工程的设计依据、工程概况、建筑面积、相对标高与总图中绝对标高的对应关系、建筑材料及装饰材料规格做法、特殊施工要求、门窗统计表、工程图样中采用的标准图集代号等。设计总说明有时合并在建筑施工图中。

3. 建筑施工图(简称建施)

建筑施工图主要表示建筑物的总体布局、外部构造、内部布置、细部构造和内外装饰，一般包括总平面图、建筑平面图、建筑立面图、建筑剖面图和构造详图等。

4. 结构施工图(简称结施)

结构施工图主要表示房屋的结构设计内容,如房屋承重构建的布置、形状、大小、材料以及连接情况,一般包括结构平面布置图和各构件详图等。

5. 设备施工图(简称设施)

设备施工图包括给水排水施工图、采暖通风施工图、电气施工图等。表示上、下水及暖气管道管线布置,卫生设备及通风设备等的布置,电气线路的走向和安装要求等。

6. 装饰施工图(简称装施)

装饰施工图包括楼地面装饰平面图、天花平面图、装饰立面图、装饰详图和家具图等。

10.2 建筑制图的国家标准及规定画法

建筑图与机械图在画法、要求和标准等方面有很多相同之处,如他们都是用正投影的方法绘制的多面视图。建筑制图要遵照国家颁布的《房屋建筑制图统一标准》(GB/T 50001—2001)、《总图制图标准》(GB/T 50103—2001)、《建筑制图标准》(GB/T 50104—2001)、《建筑结构制图标准》GB/T 50105—2001)、《给水排水制图标准》(GB/T 50106—2001)、《暖通空调制图标准》GB/T 50114—2001)等国家标准绘制,有时也采用一些镜像投影图、轴测投影图、透视投影图等作为辅助用图。下面介绍部分国家建筑制图标准。

1. 图纸幅面、图标及会签栏

图纸幅面的分类及其尺寸与机械制图的规定完全相同,有 A0、A1、A2、A3、A4 五种,在绘图时需要画出边框(图线框)、图标(即机械图中的标题栏,用于填写工程名称、图名、图号,以及设计人、制图人、审批人的签名和日期等,简称图标)和会签栏,图标长度为 240(200)mm,宽度采用 40(35、50)mm,如图 10-2 所示。其中边框与机械图的规定相同,会签栏是建筑图特有的,用于各工种负责人签字,会签栏画在图线框外侧,一般在图纸的左上角,格式如图 10-3 所示。不需会签的图纸可不设会签栏。

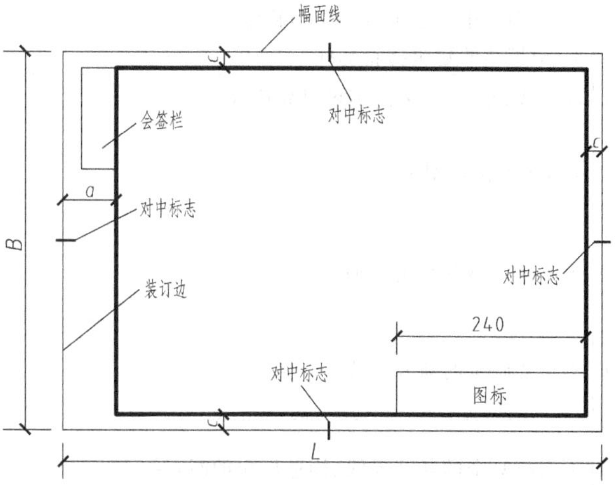

(a)

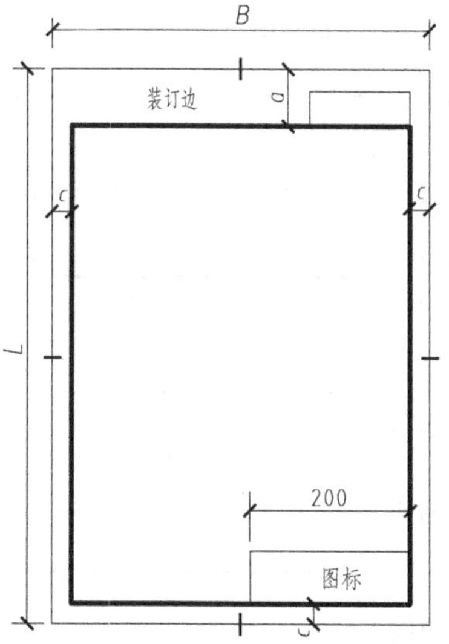

(b)

图 10-2 图纸幅面格式

(a) A0~A3 图纸横放;(b) A0~A3 图纸竖放

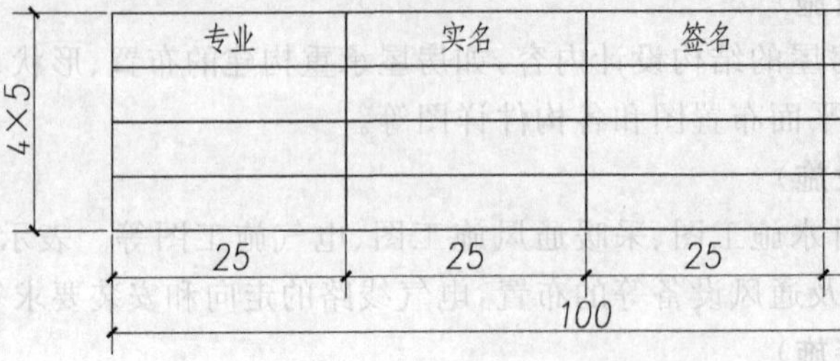

图 10-3 会签栏

2. 图线

房屋建筑施工图中为了使所表达的图样层次分明，重点突出，要采用不同形式的图线和图线宽度，具体详见 GB/T 50104—2001，现将常用线型列于表 10-1。

表 10-1 常用图线

名称	线型	线宽	用途
粗实线		b	1. 平、剖面图中被剖切的主要建筑构造（包括构配件）的轮廓线 2. 建筑立面图或室内立面图的外轮廓线 3. 建筑构造详图中被剖切的主要部分的轮廓线 4. 建筑构配件详图中的外轮廓线 5. 平、立、剖面图的剖切符号
中实线		$0.5b$	1. 平、剖面图中被剖切的次要建筑构造（包括构配件）的轮廓线 2. 建筑平、立、剖面图中建筑构配件的轮廓线 3. 建筑构造详图及建筑构配件详图中的一般轮廓线
细实线		$0.25b$	小于 $0.5b$ 的图形线、尺寸线、尺寸界线、图例线、索引符号线、标高符号、详图材料做法引出线等
中虚线		$0.5b$	1. 建筑构造详图及建筑构配件不可见的轮廓线 2. 平面图中的起重机（吊车）轮廓线 3. 拟扩建的建筑物轮廓线
细虚线		$0.25b$	图例线、小于 $0.5b$ 的不可见轮廓线
粗单点长画线		b	起重机（吊车）轨道线
细单点长画线		$0.25b$	中心线、对称线、定位轴线
折断线		$0.25b$	不需要画全的断开界线
波浪线		$0.25b$	不需要画全的断开界线、构造层次的断开线

注：地坪线的线宽可用 $1.4b$。

3. 工程字体

工程字体的规定与机械制图完全相同,相关内容见第 1 章。

4. 比例

根据图样的用途和被画物体的复杂程度从表 10-2 中选择适当的比例。比例宜注写在图名的右侧,字的基准线应取平;比例的字高宜比图名的字高小一号或二号,如平面图 1∶100。

表 10-2　建筑制图可选比例

图　　名	比　　例
建筑物或构筑物的平、立、剖面图	1∶50、1∶100、1∶150、1∶200、1∶300
建筑物或构筑物的局部放大图	1∶10、1∶20、1∶25、1∶30、1∶50
配件及构造详图	1∶1、1∶2、1∶5、1∶10、1∶15、1∶20、1∶25、1∶30、1∶50

5. 尺寸标注

图形只能表示物体的形状,各部分的大小和相互位置需要用尺寸表示。尺寸是图样重要的组成部分,必须按规定标注清楚,并应力求完整、清晰、合理,否则会直接影响施工,给生产造成损失。图样上所注的尺寸,表示物体的真实大小,与图形的比例以及绘图误差无关。

尺寸由尺寸界线、尺寸线、尺寸起止符号和尺寸数字四部分构成,如图 10-4 所示。尺寸界线用细实线,一般应与被标注的长度垂直,其一端应离开图样轮廓线不小于 2mm,另一端应超出尺寸线 2～3mm。必要时图样轮廓线可用作尺寸界线,如图 10-5 所示。

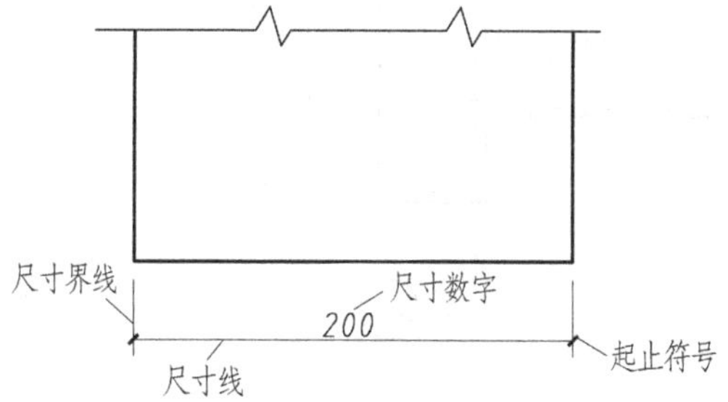

图 10-4　尺寸的组成

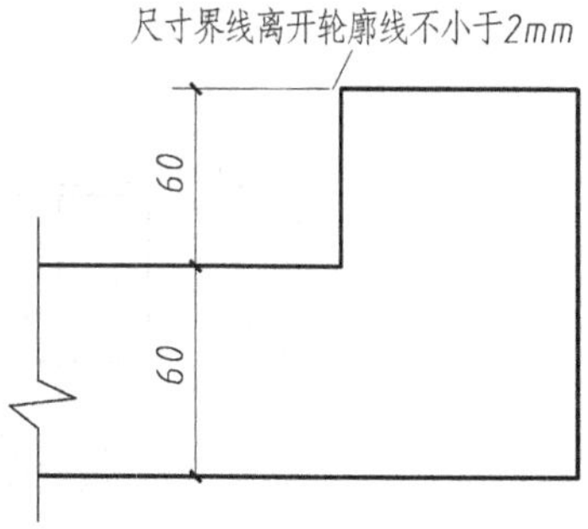

图 10-5　轮廓线作尺寸界线

尺寸线用细实线,应与被标注的长度方向平行,且不超出尺寸界线。尺寸线不能与图形上的轮廓线重合。尺寸起止符号一般应用中粗斜短线绘制,其倾斜方向应与尺寸界线成顺时针 45°角,长度为 2～3mm,半径、直径、角度与弧长的尺寸起止符号宜用箭头表示。尺寸数字应按设计规定书写,图样上的尺寸应以尺寸数字为准,不得从图上直接量取。

6. 定位轴线

定位轴线是用来确定房屋主要结构或构件的位置及其尺寸的,因此,在施工图中凡承重墙、柱、梁、屋架等主要承重构件的位置处均应画上定位轴线,并进行编号,作为设计与施工放线的依据。定位轴线应用细点画线绘制,编号应注写在轴线端部的圆内,圆用细实线绘制,直径为 8mm,详图上可增为 10mm。定位轴线圆的圆心应在定位轴线的延长线上或延长线的折线上,平面图上定位轴线的编号标注在图样的下方与左侧圆内(如标注有困难,也可以标注在上方和右侧)，横向编号应用阿拉伯数字，从左向右顺序编写，竖向编号应用大写汉语拼音字母，从下至上顺序编写，如图 10-6 所示。

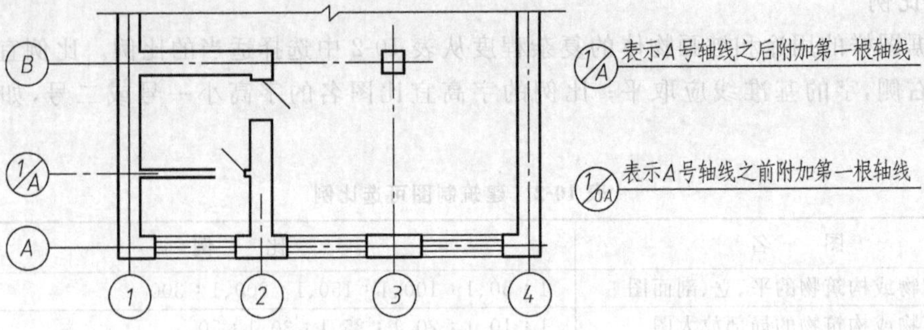

图 10-6　定位轴线的编号

汉语拼音字母 I、O、Z 不得用做轴线编号，如果字母数量不够使用，可增用双字母或单字母加数字注脚，如 AA、BB、…，或 A1、B2、…、Y3。定位轴线也可采用分区编号，编号的注写形式应为：分区号-该轴线号，如图 10-7 所示。

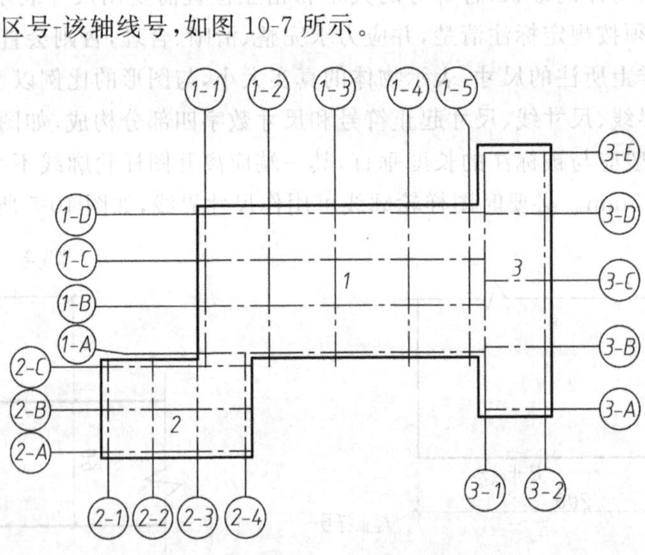

图 10-7　定位轴线的分区编号

对于次要构件(如非承重墙、隔墙等)可用附加轴线表示。附加轴线的编号应以分数表示，并按下列规定编写：

(1) 两根轴线之间的附加轴线，应以分母表示前一根轴线的编号，分子表示附加轴线的编号，编号宜用阿拉伯数字顺序编写。例如：图 10-8(a)表示 2 号轴线后附加的第 1 根轴线；图 10-8(b)表示 C 号轴线后附加的第 3 根轴线。

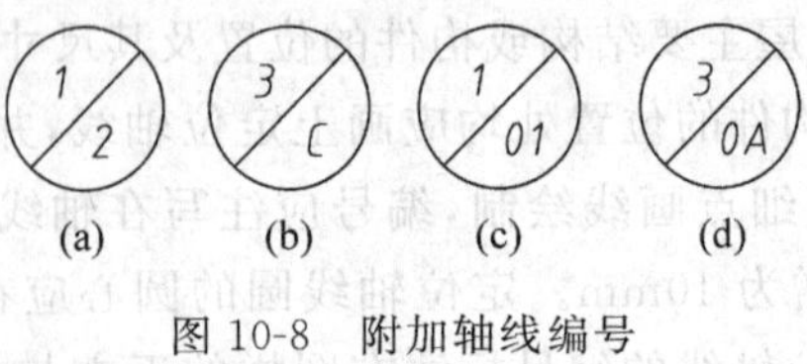

图 10-8　附加轴线编号

(2) 1 号轴线或 A 号轴线之前的附加轴线应以字母 01、0A 表示。如:图 10-8(c)表示 1 号轴线前附加的第 1 根轴线;(d)表示 A 号轴线前附加的第 3 根轴线。

一个详图适用于几根定位轴线时,应同时注明各有关轴线的编号,如图 10-9 所示。通用轴线的定位轴线应只画圆,不注写轴线编号,如图 10-10 所示。

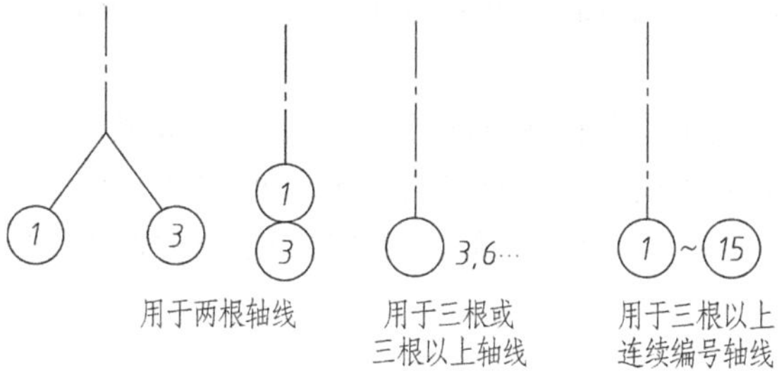

图 10-9　详图的轴线编号

图 10-10　通用轴线不注写编号

7. 标高

标高是表示建筑物高度的一种尺寸形式,用以标明房屋各部分如室内外地面、窗台、门窗洞口上沿、雨罩和檐口底面、各层楼板上皮以及女儿墙顶面等处的高度。

(1) 标高符号的画法。标高符号用细实线进行绘制,如图 10-11(a)所示,当标注符号位置不够时,可按 10-11(b)形式标注,标高符号的尺寸如图 10-11(c)、(d)所示,H、L 根据需要而定。数字标注在等腰三角形底边的延长线上,总平面图上的标高符号用涂黑的三角形表示,见图 10-12。

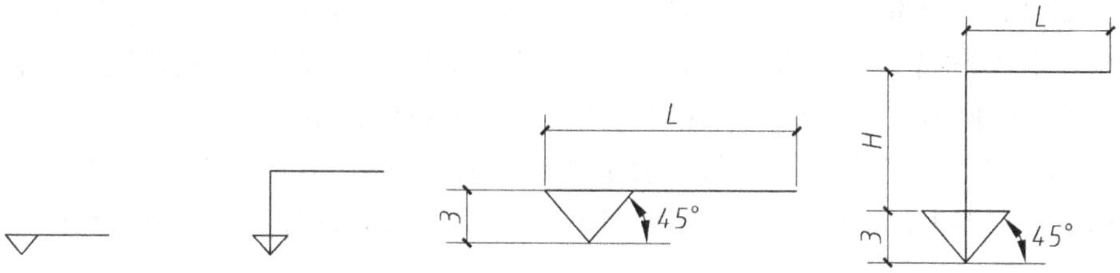

(a)　(b)　(c)　(d)

图 10-11　标高符号及画法

(2) 绝对标高与相对标高。①绝对标高是以我国青岛附近的黄海平均海平面为零点测出的高度尺寸。②相对标高。相对标高是以建筑物首层室内主要地面为零点确定的高度尺寸。

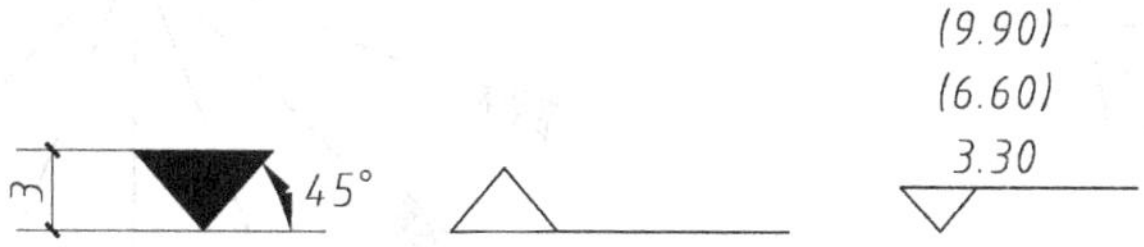

(a)　(b)　(c)

图 10-12　标高标注

(a) 总平面图上的室外标高符号;(b) 尖端向上的标高符号;(c) 同一位置注写

(3) 尺寸单位及标注形式。标高的尺寸单位为 m。标注到小数点后 3 位。(总平面图中标注到小数点后两位。)标高符号尖端指向被注处的高度,可向上或向下表示。相对标高零点处需标"±0.000"表示,比零点低的加"－"表示,高的不加"＋"号。

(4) 建筑标高与结构标高。①建筑标高是指包括抹灰粉刷层在内,装修完成的标高。②结构标高是指不包括抹灰粉刷层的构件安装标高(标准称毛面),如图 10-13 所示。

8. 指北针和风玫瑰

在总平面图和首层平面图上,一般都画出指北针或风向频率玫瑰图(简称风玫瑰)。

(1) 指北针是确定建筑物朝向的,用细实线绘制的直径为 24mm 的圆加一个涂黑指针表示。指针尖为北向,尾部宽宜为直径的 1/8,指针头部应注"北"或"N"字,如图 10-14 所示。

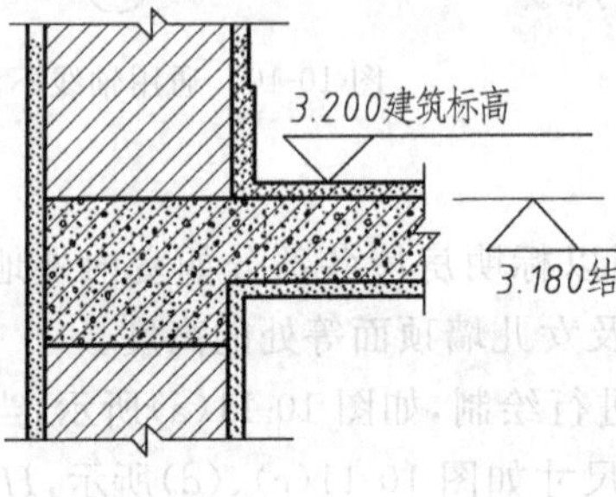

图 10-13 建筑标高与结构标高

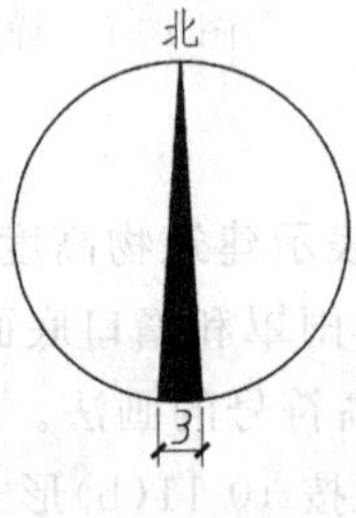

图 10-14 指北针

(2) 风玫瑰。风玫瑰是总平面图上用来表示该地区每年风向频率的标志。风向频率玫瑰图是根据某地区多年平均统计的多个方向风吹次数的百分数值,按一定比例绘制而成。一般多用 8 个或 16 个罗盘方位表示,图 10-15 所示为 16 个罗盘方位,玫瑰图上所表示的风向是指从外面吹向地区的中心。玫瑰图由两个封闭的折线组成,虚线折线表示夏季风向频率(夏季风指 6、7、8 三个月),实线折线表示全年的风向频率(多年风吹频率的平均值)。离中心坐标最远点即为该地区的主导风向。图 10-16 表示我国部分城市的风玫瑰图。

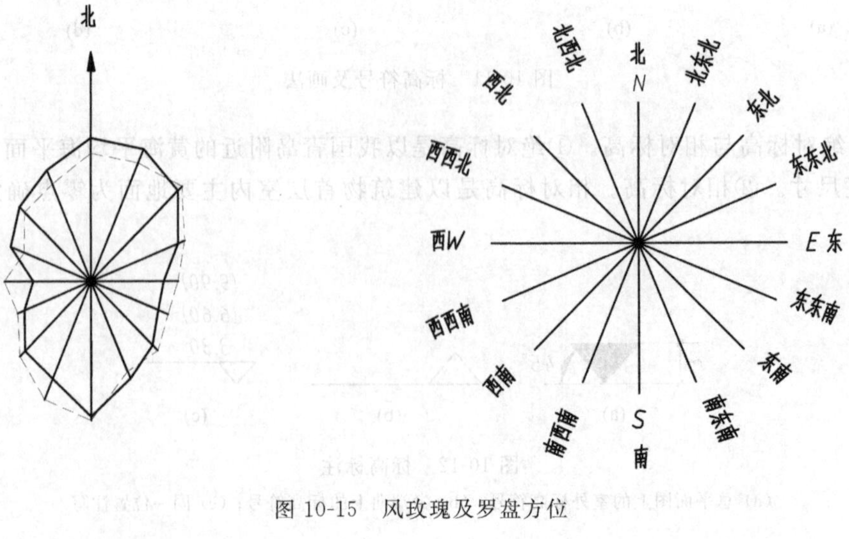

图 10-15 风玫瑰及罗盘方位

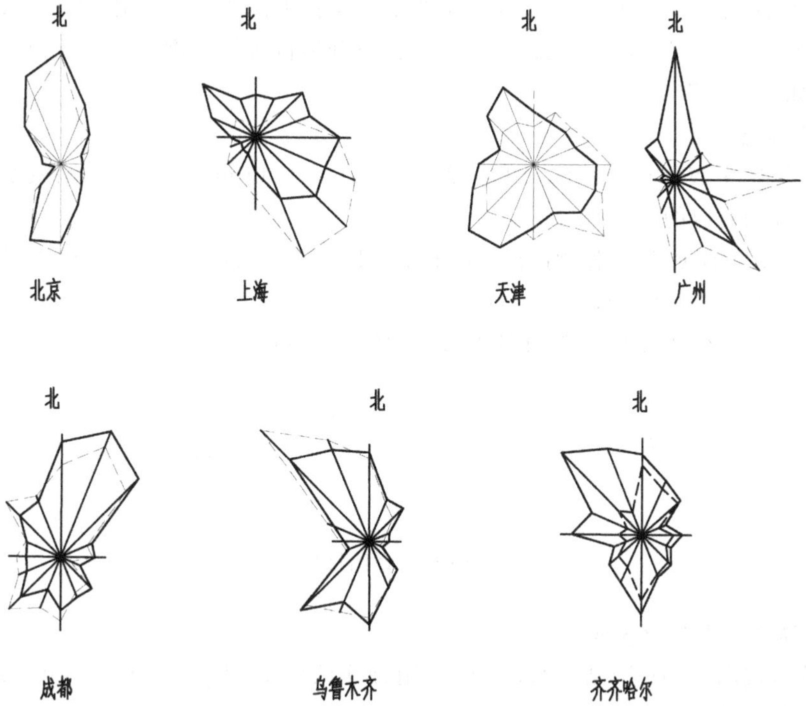

图 10-16　部分城市风玫瑰图

9. 详图索引符号及详图符号

在施工图中，有时会因所用比例较小而无法表达建筑物某一局部或某一构建的形状、尺寸及构造做法，而需要另画一些比例较大的详图表达。

1）详图索引符号

（1）对于图中需要另画出详图表达的局部或构建部位，画一条细实线作为引出线；端部接直径为 10mm 的圆，内部以水平直径线分隔，如图 10-17(a)所示，横线上部数字为详图编号，下部数字为详图所在图纸页码。

（2）如果详图在本页，则下部画一条横线，如图 10-17(b)所示。

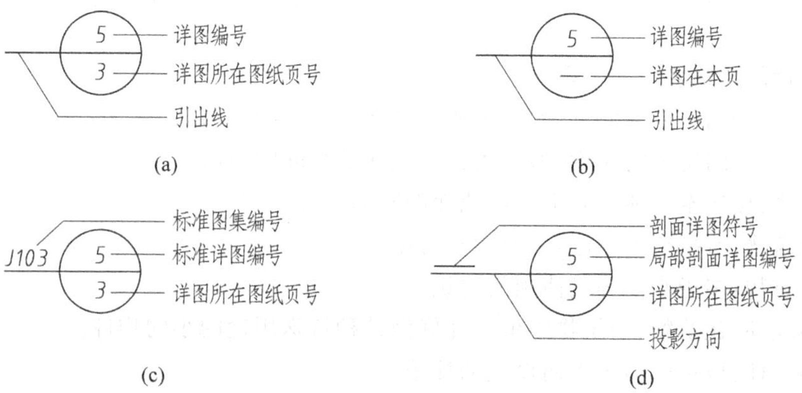

图 10-17　详图索引符号

(3) 如果详图采用标准图集时，在引出线上注明标准图集代号，如图 10-17(c)所示。

(4) 若索引符号用于索引剖面详图时，应在被剖切位置绘制剖切位置线，投射方向在引出线一侧，如图 10-17(d)所示。

2) 详图符号

详图符号用来表示详图的编号和位置，用一直径为 14mm 的粗实线圆表示，在圆内标注与索引符号相对应的详图符号。

(1) 若从其他图页上引来，则需在圆内画一水平直径线，上部标注详图编号，下部标注被索引详图所在图纸页码，如图 10-18(a)所示。

(2) 若详图从本页索引，可只注明编号，如图 10-18(b)。

图 10-18　详图符号

10. 对称符号及连接符号

对称符号按图 10-19 绘制，两段平行线用细实线绘制，长度为 6～10mm，其间距约为 2～3mm，平行线在对称线的两侧应相等。

连接符号应以折断线表示，连接的部位应以折断线两端靠图样一侧的汉语拼音字母表示连接编号。两个被连接的图样必须用相同的字母编号，如图 10-20 所示。

图 10-19　对称符号

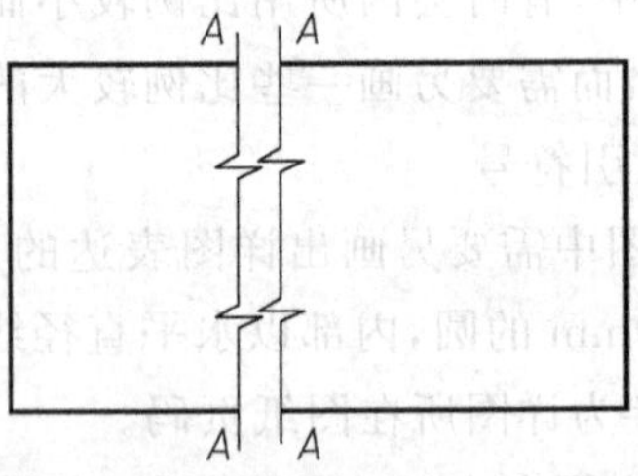

图 10-20　连接符号

11. 常用的建筑名词与术语

(1) 开间：一间房屋的面宽，即两条相邻横向轴线间的距离。

(2) 进深：一间房屋的深度，即两条相邻纵向轴线间的距离。

(3) 层高：楼房本层地面到上一层地面的竖向尺寸。

(4) 建筑物：所指范围广泛，一般多指房屋。

(5) 构筑物：多指水池等供使用的建筑。

(6) 预埋件：建筑物、构筑物中事先埋好做某种特殊用途的小的构件。

(7) 构造柱：楼房中为抗震而设置的柱子。

(8) 埋置深度：指室外地表面到基底地面下的埋深。

(9) 地物、地貌和地形：地物是指地面上的建筑物、构筑物、河流、森林、道路、桥梁等；

地貌是指地面上自然起伏的情况；地形指地球上地物和地貌的总称。

（10）地坪：一般指室外自然地面。

（11）竖向设计：指高度方向的设计。

（12）标号：材料 $1cm^2$ 上能承受的拉力或压力。以 28 天抗压强度来命名，单位 kgf/cm^2。

（13）建筑配件：除建筑物外其他的一些辅助房屋建成和施工的构件，如脚手架、钢筋接头、建筑用拉杆等。

（14）建筑面积、结构面积、使用面积和交通面积：建筑面积是建筑物面积大小的衡量指标。它是由结构面积、使用面积和交通面积组成的。粗略地讲，一座建筑物的建筑面积是建筑物的总长与总宽的乘积再乘以层数。结构面积是指建筑物中承重墙体与柱子所占的面积，它因结构类型和墙体多少而异，一般占建筑面积的 10% ～15%。使用面积指房间的净面积，它包括主要房间和辅助房间的使用面积，在居住建筑中居室的使用面积算主要房间的使用面积，厨房、厕所等的使用面积算辅助房间的使用面积。一般来说，使用面积约占建筑面积的 50%～75 %。交通面积是指各类建筑物中的走道和楼梯间的净面积。

（15）模数和模数制：为了减少构配件的规格，协调尺寸，从而实现设计标准化、生产工厂化、施工机械化，在建筑设计中采取了标准化措施，即在建筑设计中使用统一的标准尺寸单位——建筑模数。国家标准 GBJ2—1986《建筑统一模数制》规定了基本模数、扩大模数和分模数（缩小模数）。以 100mm 为单位，用“M。”表示的是基本模数。扩大模数是基本模数的整倍数，模数制中规定扩大模数有 3 M。、6M。、15M。、30 M。、60 M。，其相应尺寸为 300mm、600mm、1500mm、3000mm、6000mm。模数中凡为基本模数分数倍的称为分模数，我国模数制中有 1/10M。、1/ 5M。、1/2 M。，其相应尺寸为 10mm、20mm、50mm，基本模数、扩大模数和分模数构成一个完整的模数数列，使用时可查标准中的模数数列表。

（16）红线：规划部门批给建设单位的占地面积，一般用红笔圈在图纸上，产生法律效力。

12．常用图例和符号

为了简化作图，施工图采用了各种专业图例。在一些比较小的图形中，房屋的某些细部构造无法也没必要按真实形状画出，而只能用示意性的符号来表达，如平面图、立面图、剖面图中的门窗画法等，又如建筑材料的种类繁多，在图样上也只能以规定的符号来代表不同的材料，这些符号称为图例。在标准中有统一规定，表 10-3～表 10-5 介绍了常用的几类图例。

表 10-3　常用建筑材料图例

名称	图　例	说　明
自然土壤		包括各种自然土壤
夯实土壤		
砂、灰土	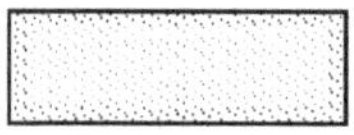	靠近轮廓线绘较密的点
粉刷		本图例采用较稀的点

续表

名称	图　　例	说　　明
普通砖	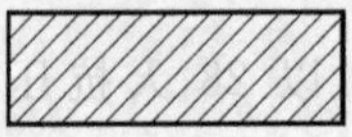	包括实心砖、多孔砖、砌块等砌体，断面较窄不易画图例线时，可涂红
饰面砖	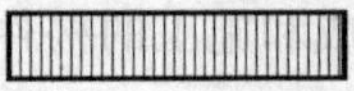	包括地砖、马赛克、陶瓷锦砖、人造大理石等
混凝土		1. 本图例指能承重的混凝土和钢筋混凝土 2. 包括各种强度等级、骨料、添加剂的混凝土 3. 在剖面图上画出钢筋时，不画图例线 4. 断面图形小，不易画出图例时可涂黑
钢筋混凝土	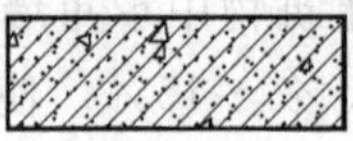	
毛石	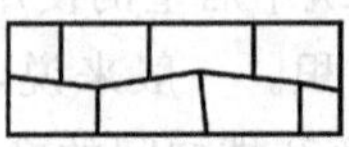	
木材		1. 上图为横断面，左上图为垫木、木砖、木龙骨 2. 下图为纵断面
金属	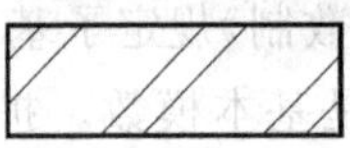	1. 包括各种金属 2. 图形小时，可涂黑
防水材料		构造层次多或比例较大时，采用上面图例

表 10-4　总平面图常用图例

序号	名　　称	图　　例	附　　注
1	新建建筑物	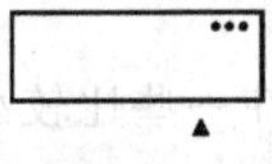	1. 需要时，可用▲表示出入口，在图形内右上角用点数或数字表示层数 2. 建筑物外形(一般以±0.000 高度处的外墙定位轴线或外墙面线为准)用粗实线表示。需要时，地面以上建筑物用粗实线表示，地面以下建筑用细虚线表示
2	原有建筑物	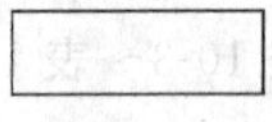	用细实线表示
3	计划扩建的预留地或建筑物		用中粗虚线表示
4	拆除的建筑物	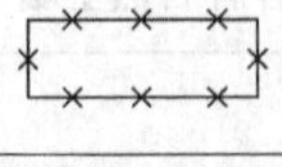	用细实线表示
5	铺砌场地	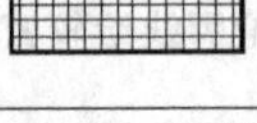	
6	敞棚或敞廊	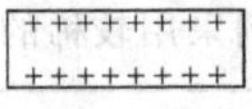	

续表

序号	名　称	图　例	附　注
7	围墙及大门	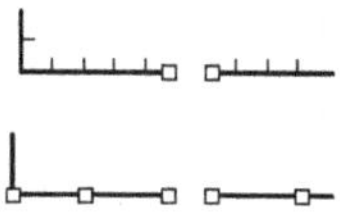	上图为实体性质的围墙，下图为通透性质的围墙，若仅表示围墙时不画大门
8	挡土墙		被挡土在“突出”的一侧
9	填挖边坡	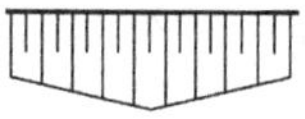	边坡较长时，可在一端或两端局部表示
10	护坡	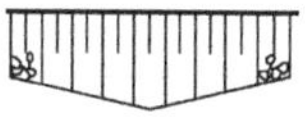	
11	室内标高	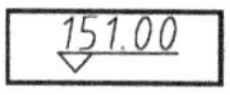	绝对标高
12	室外设计标高		室外标高也可以采用等高线表示
13	新建的道路	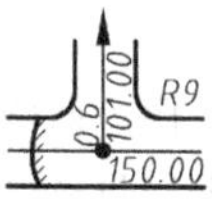	“*R*9”表示道路转弯半径为 9m，“150.00”为路面中心控制点标高，“0.6”表示 0.6%的纵向坡度，“101.00”表示变坡点间距
14	原有道路		
15	计划扩建的道路		
16	拆除的道路	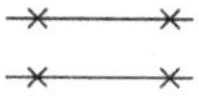	
17	桥梁	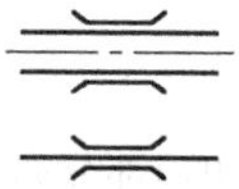	上图为公路桥 下图为铁路桥
18	坐标	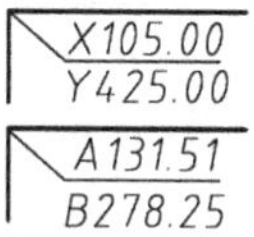	上图表示测量坐标 下图表示建筑坐标

表 10-5 常用建筑构造及配件图例

名称	图例	备注
楼梯	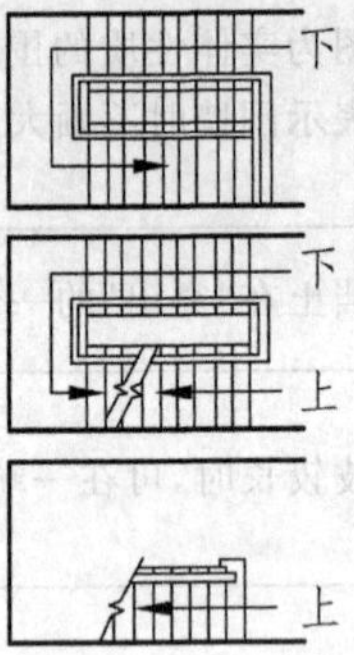	1. 上图为顶层楼梯平面，中图为中间层楼梯平面，下图为底层楼梯平面 2. 需设置靠墙扶手或中间扶手时，应在图中表示
坡道	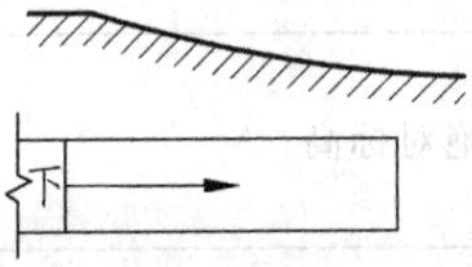	长坡道
	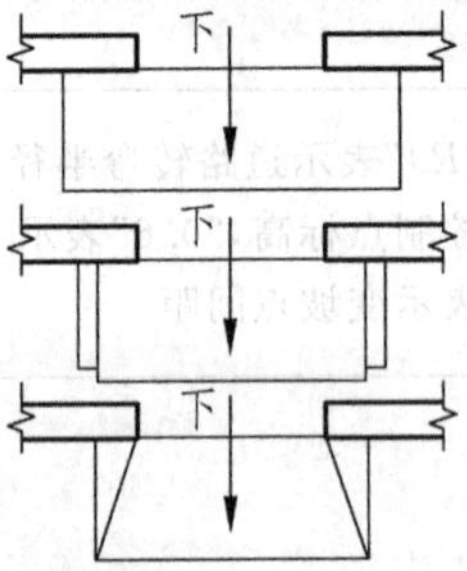	上图为两侧垂直的门口坡道，中图为有挡墙的门口坡道，下图为两侧找坡的门口坡道
台阶	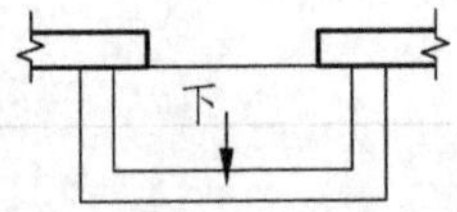	—
检查口	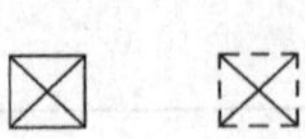	左图为可见检查口，右图为不可见检查口
孔洞		阴影部分亦可填充灰度或涂色代替
坑槽	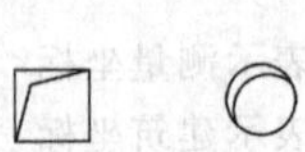	—

续表

名　　称	图　　例	备　　注
烟道	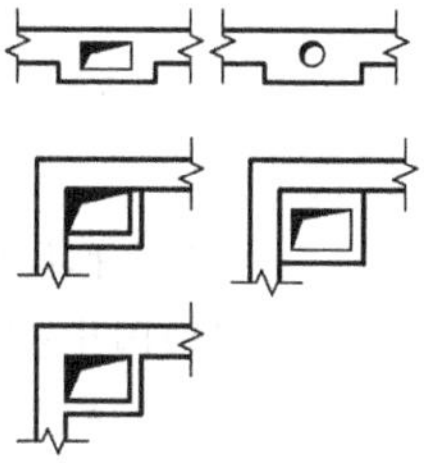	1. 阴影部分亦可填充灰度或涂色代替 2. 烟道、风道与墙体为相同材料时，其相接处墙身线应连通 3. 烟道、风道根据需要增加不同材料的内衬
风道	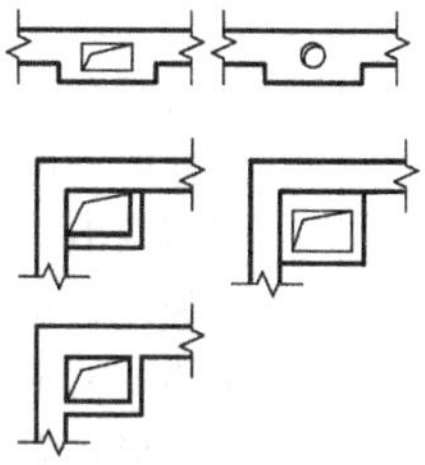	
空门洞	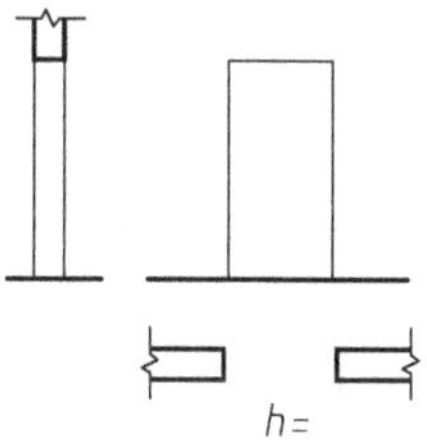	h 为门洞高度
单面开启单扇门（包括平开或单面弹簧）	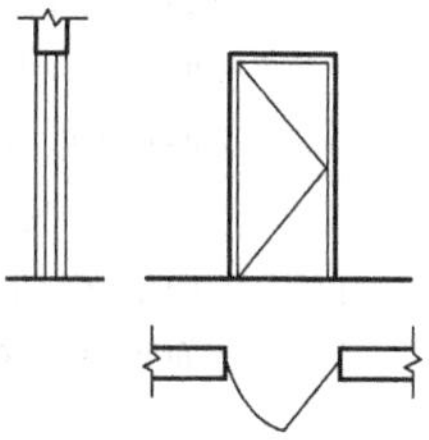	1. 门的名称代号用 M 表示 2. 平面图中，下为外，上为内。门开启线为 90°、60°或 45°，开启弧线宜绘出 3. 立面图中，开启线实线为外开，虚线为内开。开启线交角的一侧为安装合页一侧。开启线在建筑立面图中可不表示，在立面大样图中可根据需要绘出 4. 剖面图中，左为外，右为内 5. 附加纱扇应以文字说明，在平、立、剖面图中均不表示 6. 立面形式应按实际情况绘制
双面开启单扇门（包括双面平开或双面弹簧）	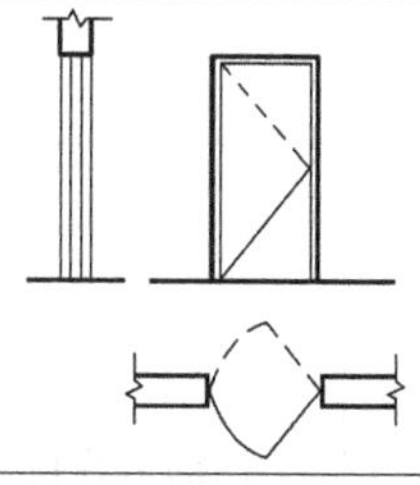	
双层单扇平开门	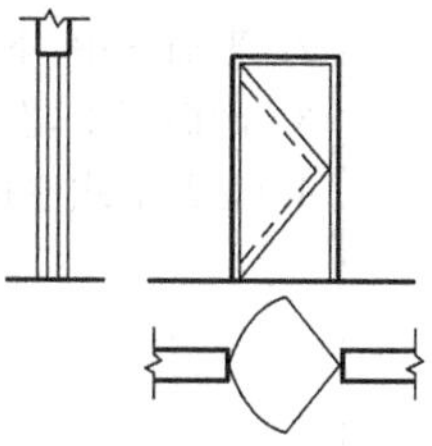	

续表

<table>
<tr><th>名称</th><th>图例</th><th>备注</th></tr>
<tr><td>单面开启双扇门(包括平开或单面弹簧)</td><td>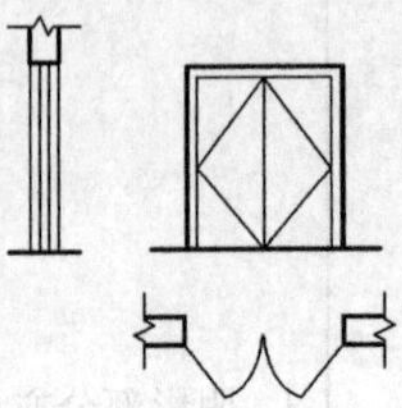</td><td rowspan="3">1. 门的名称代号用 M 表示
2. 平面图中,下为外,上为内。门开启线为 90°、60°或 45°,开启弧线宜绘出
3. 立面图中,开启线实线为外开,虚线为内开。开启线交角的一侧为安装合页一侧。开启线在建筑立面图中可不表示,在立面大样图中可根据需要绘出
4. 剖面图中,左为外,右为内
5. 附加纱扇应以文字说明,在平、立、剖面图中均不表示
6. 立面形式应按实际情况绘制</td></tr>
<tr><td>双面开启双扇门(包括双面平开或双面弹簧)</td><td>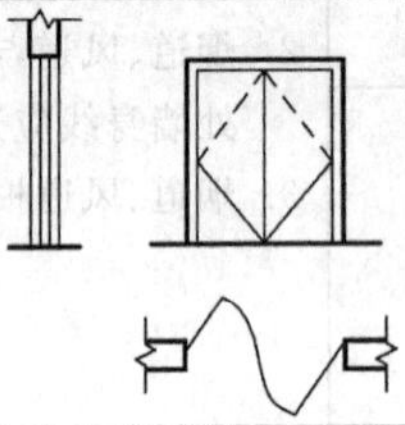</td></tr>
<tr><td>双层双扇平开门</td><td>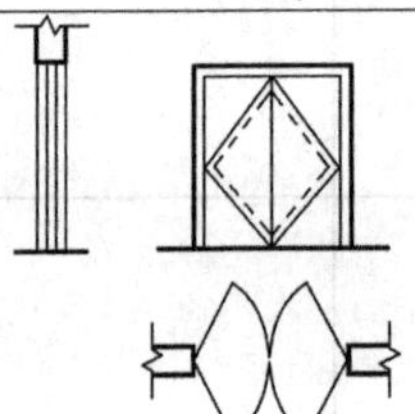</td></tr>
<tr><td>折叠门</td><td>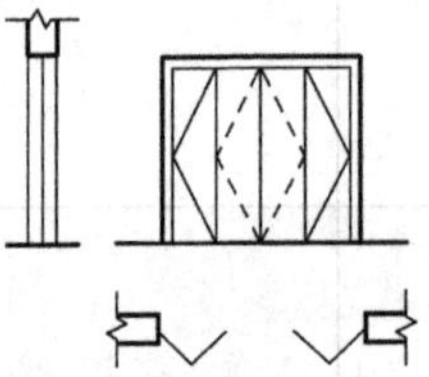</td><td rowspan="2">1. 门的名称代号用 M 表示
2. 平面图中,下为外,上为内
3. 立面图中,开启线实线为外开,虚线为内开。开启线交角的一侧为安装合页一侧
4. 剖面图中,左为外,右为内
5. 立面形式应按实际情况绘制</td></tr>
<tr><td>推拉折叠门</td><td>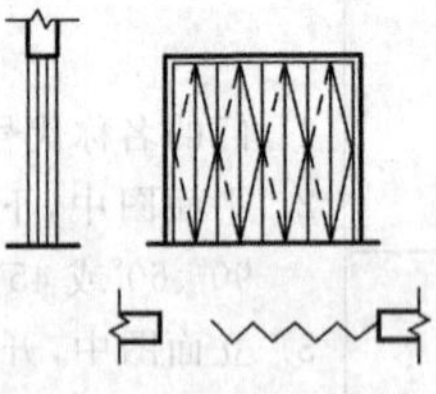</td></tr>
<tr><td>墙洞外单扇推拉门</td><td>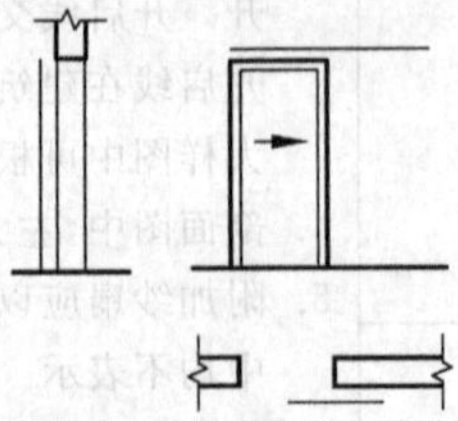</td><td rowspan="2">1. 门的名称代号用 M 表示
2. 平面图中,下为外,上为内
3. 剖面图中,左为外,右为内
4. 立面形式应按实际情况绘制</td></tr>
<tr><td>墙洞外双扇推拉门</td><td>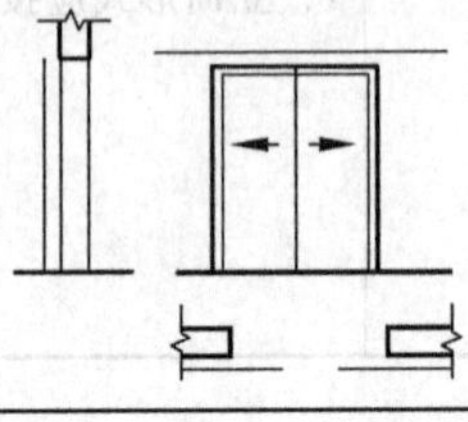</td></tr>
</table>

续表

名　　称	图　　例	备　　注
墙中单扇推拉门	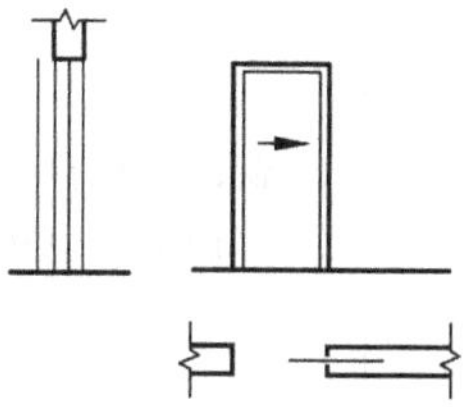	1. 门的名称代号用 M 表示 2. 立面形式应按实际情况绘制
墙中双扇推拉门	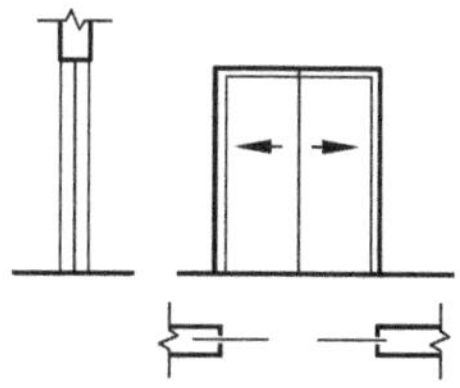	
固定窗	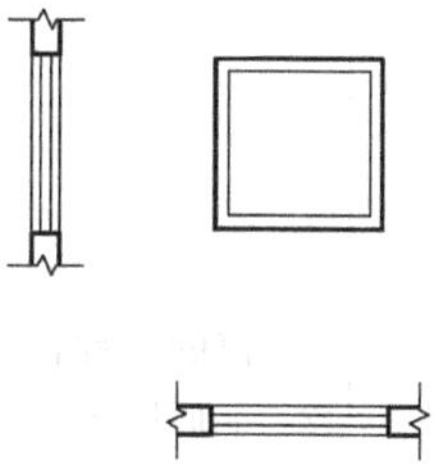	1. 窗的名称代号用 C 表示 2. 平面图中，下为外，上为内 3. 立面图中，开启线实线为外开，虚线为内开。开启线交角的一侧为安装合页一侧。开启线在建筑立面图中可不表示，在门窗立面大样图中需绘出 4. 剖面图中，左为外，右为内。虚线仅表示开启方向，项目设计不表示 5. 附加纱窗应以文字说明，在平、立、剖面图中均不表示 6. 立面形式应按实际情况绘制
上悬窗	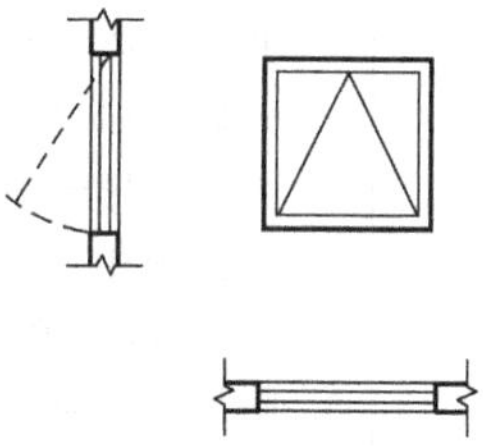	
中悬窗	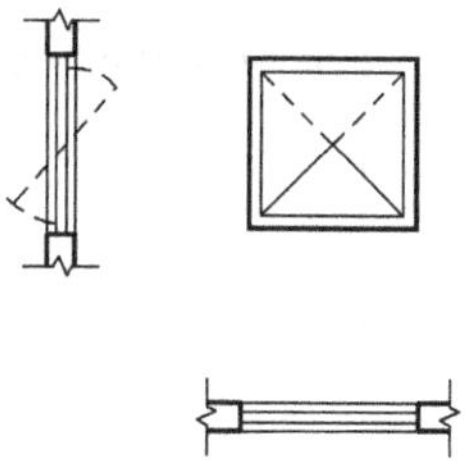	
下悬窗	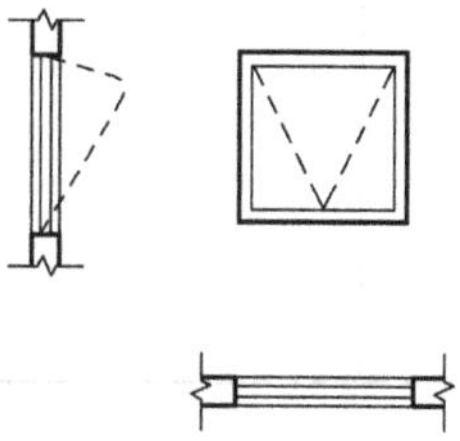	

续表

名　称	图　例	备　注
百叶窗	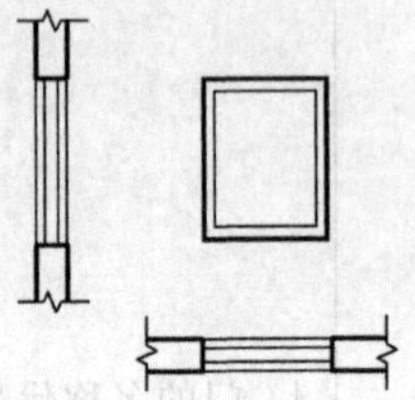	1. 窗的名称代号用C表示 2. 立面形式应按实际情况绘制
立转窗	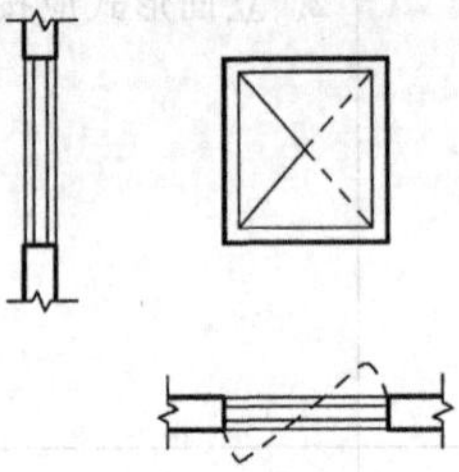	1. 窗的名称代号用C表示 2. 平面图中，下为外，上为内 3. 立面图中，开启线实线为外开，虚线为内开。开启线交角的一侧为安装合页一侧。开启线在建筑立面图中可不表示，在门窗立面大样图中需绘出 4. 剖面图中，左为外，右为内。虚线仅表示开启方向，项目设计不表示 5. 附加纱窗应以文字说明，在平、立、剖面图中均不表示 6. 立面形式应按实际情况绘制
内开平开内倾窗	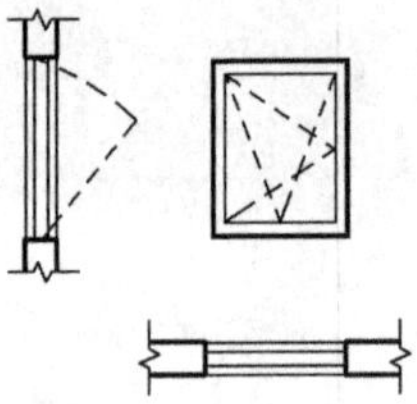	
单层外开平开窗	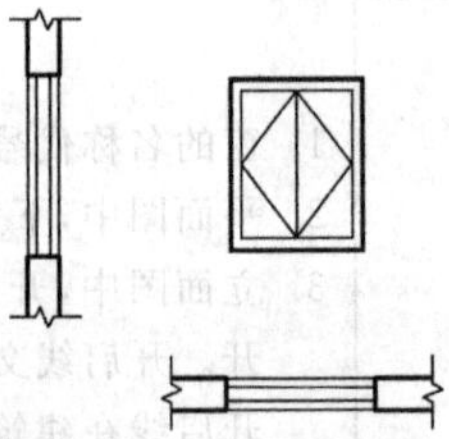	
单层内开平开窗	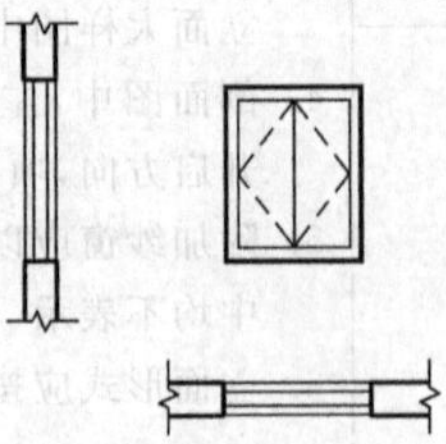	
双层内外开平开窗	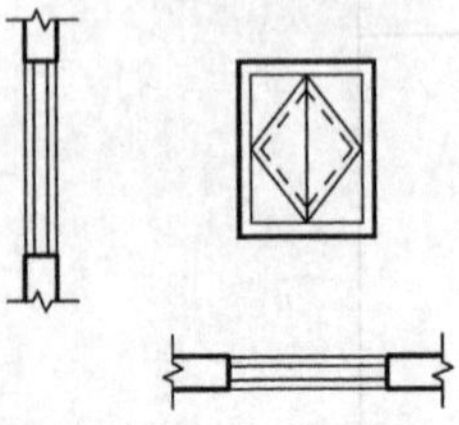	

续表

名　　称	图　　例	备　　注
单层推拉窗	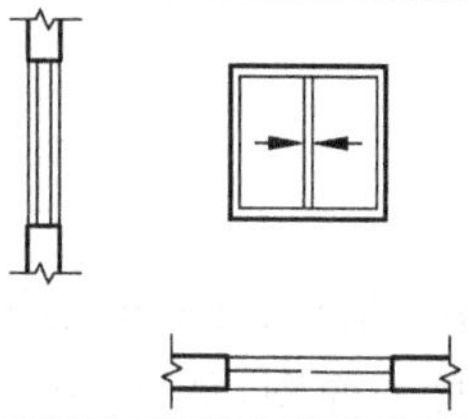	1. 窗的名称代号用 C 表示 2. 立面形式应按实际情况绘制
双层推拉窗	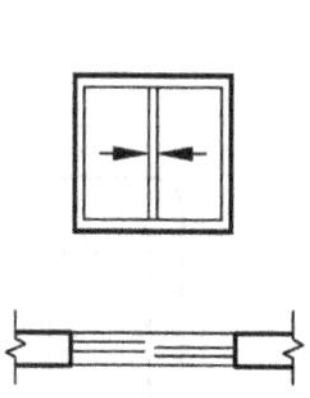	
上推窗	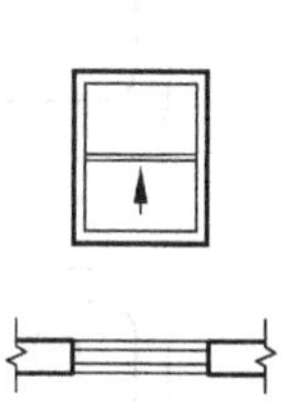	
电梯	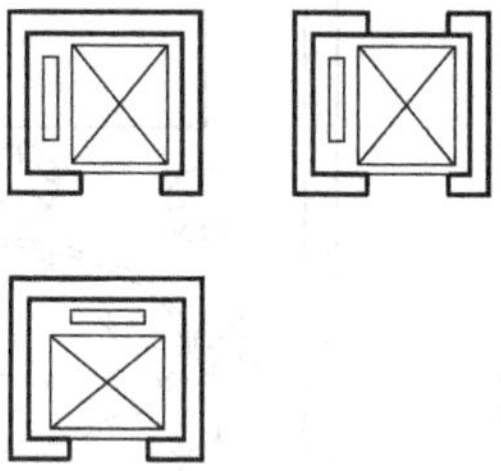	1. 电梯应注明类型，并按实际绘出门和平衡锤或导轨的位置 2. 其他类型电梯应参照本图例按实际情况绘制
杂物梯、食梯	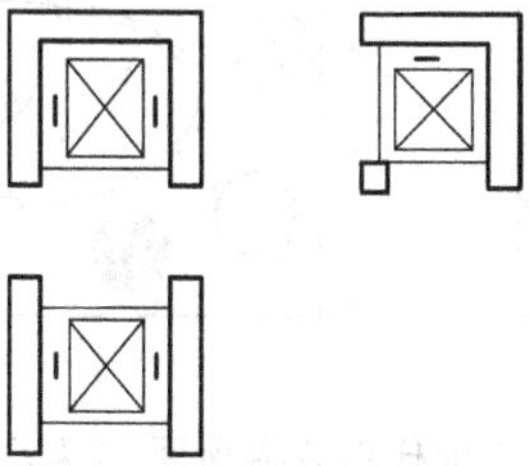	
自动扶梯	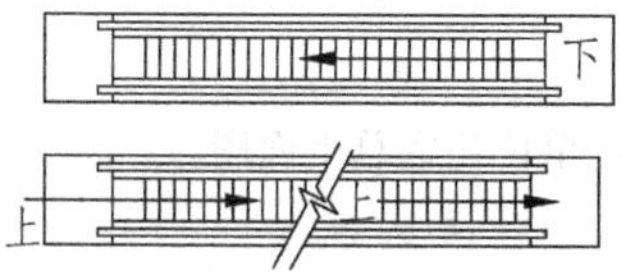	箭头方向为设计运行方向
自动人行道		
自动人行坡道		

10.3 总平面图和施工总说明

10.3.1 总平面图的形成和用途

1. 总平面图的形成

将新建建筑物周边一定范围内的新建、拟建、原有、拆除的建筑物及其地形、地物等用水平投影的方法和相应的图例画出图样,即称为总平面图,如图 10-21 所示。

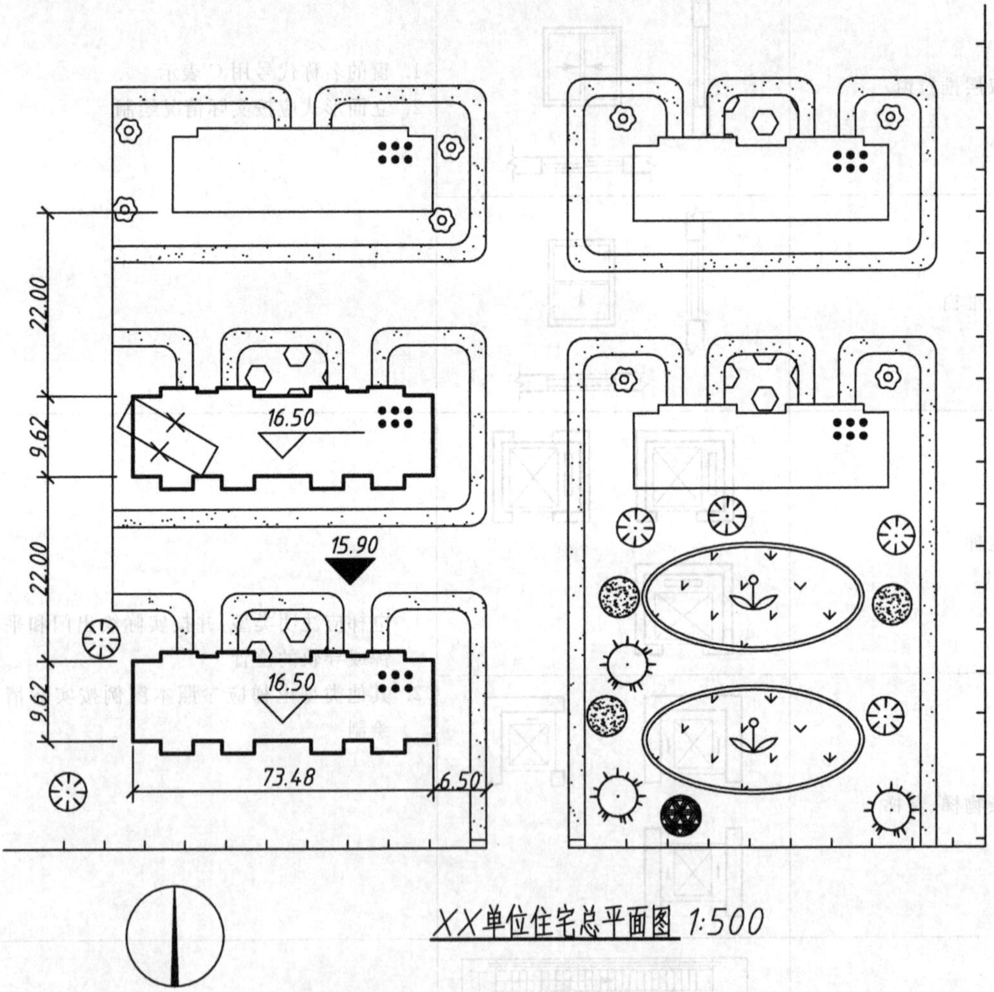

图 10-21 ××单位住宅总平面图

2. 总平面图的用途

总平面图表明了新建建筑物的平面形状、位置、朝向、外部尺寸、层数、标高和周围环境的关系、施工定位尺寸,也是土方计算和水、电、暖、燃气等管线设计的依据。

10.3.2　总平面图的图示内容

1. 图名

图名表明××工程总平面图。

2. 比例

因为总平面图需要显示的面积较大，只能用较小比例绘制。常用1∶500、1∶1000、1∶2000等绘制。比例写在图名的右侧。

3. 基地范围内的总体布局

总平面图表明新建建筑物形状、层数，原有建筑物，拟建建筑物，需拆除建筑物，附近地形、地物，如：红线范围、道路、绿化、水沟、池塘、土坡，地形复杂时需要画出等高线等。

4. 新建建筑物的标注

总平面图中所注尺寸以m为单位，注写至小数点后两位，不足时以“0”补齐。

(1) 建筑物朝向：总平面图中首先要确定建筑物的朝向。使用指北针或风玫瑰表示。

(2) 建筑物的平面尺寸：包括总长和总宽尺寸。

(3) 新建建筑物的定位尺寸：包括长度和宽度定位。确定新建筑物的定位尺寸通常有两种方法。

① 按原有建筑物定位。当新建建筑物周围有其他参照物时，可按新建建筑物与之相对位置关系而定位，如图10-21所示。长度方向定位以原有道路，定位尺寸6.50m，宽度方向定位以原有建筑物，定位尺寸22.00m。

② 按坐标定位：当新建建筑地域较大且没有参照物时，可用坐标定位，如图10-23所示。在大范围地域或新开辟的区域及复杂地形的总平面图中，为了准确地确定新建建筑位置，保证施工放线的正确，往往将新建建筑、道路和管线的投影画在坐标网格内，用坐标值表明它们的位置，坐标分为测量坐标与建筑坐标两种：测量坐标网成交叉十字线，坐标代号宜用X、Y表示，朝向为正南正北；建筑坐标网应画成网格通线，坐标代号宜用A、B表示，朝向与新建房屋相同，如图10-22所示。坐标网格应以细实线表示，一般应画成100m×100m或50m×50m的方格网，坐标值为负数时，应注“－”号，为正数时，“＋”号可省略。

总平面图上有测量坐标和建筑坐标两种坐标系统时，应在附注中注明两种坐标系统的换算公式。表示建筑物、构筑物位置的坐标，宜注其三个角的坐标；若建筑物、构筑物与坐标轴线平行，可注其对角坐标。新建筑的定位可以用坐标，也可采用相对尺寸，即通过表述新建建筑和原有建筑或道路的相对位置关系，标明新建建筑的定位。一般新区的主要建筑物、构筑物常用坐标定位，旧区的建筑物、构筑物常用相对尺寸定位。

(4) 定高：在总图中用绝对标高表示新建建筑物室内(首层地面±0.00)处的高度数值、室外地面的高度数值。室外标高用涂黑的三角表示。标注的标高应为绝对标高，如标注相对标高，则应注明相对标高与绝对标高的换算关系。总图中标高数字同样是以m为单位，注写至小数点后两位。这一点要特别注意，国标规定标高数字除总平面图外，一律注写到小数点后三位，也就是说，总平面图中所有的尺寸和标高数字均注写到小数点后两位。当地形起伏较大时，常用等高线来表示地面的自然状态和起伏情况。

5. 补充图例或说明

有时需要单用一些补充图例或文字说明以表达图样中的内容。

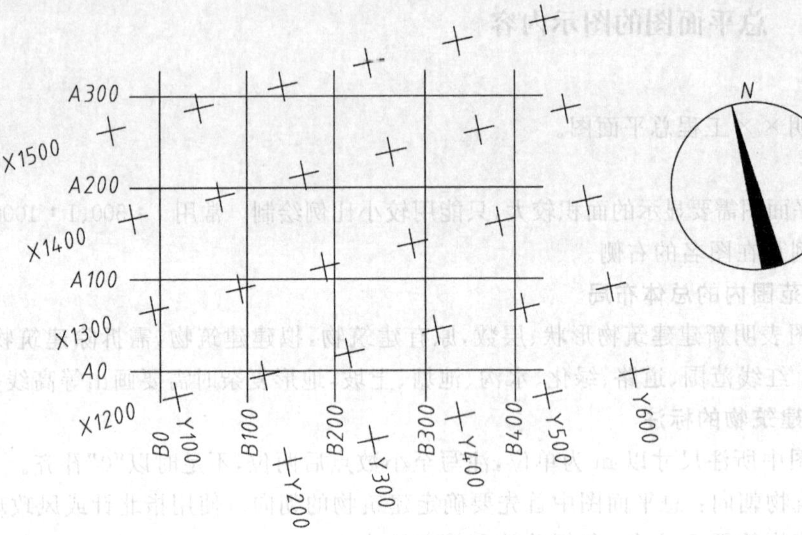

图 10-22 坐标网格

10.3.3 总平面图的识读

图 10-21 和图 10-23 是总平面图的示例。识读如下。

图 10-21 所示为某单位住宅楼总平面图，比例 1∶500。从图中可以看到，该地域地势平缓，道路已修好。新建建筑物一式两栋，朝向正北、正南，长 73.48m，宽 9.62m。按原有建筑物 22.00m 和 6.50m 定位。层高为六层。有一需拆除建筑物。室内±0.00 处地面绝对标高为 16.50m，室外绝对标高为 15.90m。东南侧有空地，种有针叶类、阔叶类树木及花坛。东侧、南侧图示可见范围内设有围墙。

图 10-23 所示为××厂新建厂区工程总平面图，比例 1∶500。从图中可见，该厂区为一新建区域，新建建筑物有生产车间、食堂、办公楼及宿舍。工程按坐标定位，图中只标出装配车间坐标。朝向正南方，图中用风玫瑰代替指北针。该区域在 $X600 \sim X700$；$Y1500 \sim Y1650$ 之间。其中装配车间为两层，坐标定位为西南角点 $X618.00$，$Y1521.00$；西北点 $X630.00$，$Y1521.00$m。由东北点 $X630.00$，$Y1563.00$m 可知厂房尺寸为 12m×42m。室内地面±0.00 处绝对标高为 16.50m。室外地面绝对标高为 15.90m。位于 15.90m 等高线以南，该地区常年主导风向为北风，夏季为东南风。厂区主干道在东侧及南侧。

10.3.4 施工总说明

施工总说明和总平面图都是反映新建建筑物的总体施工要求和布局的。一般中小型建筑物施工总说明合并在建筑施工图中。

施工总说明一般包括设计依据、工程概况、结构形式、材料做法表、标准图集代号等。下面是某住宅施工总说明的部分内容。

某单位住宅施工总说明

一、设计依据

本住宅根据××单位委托，根据××批件设计。

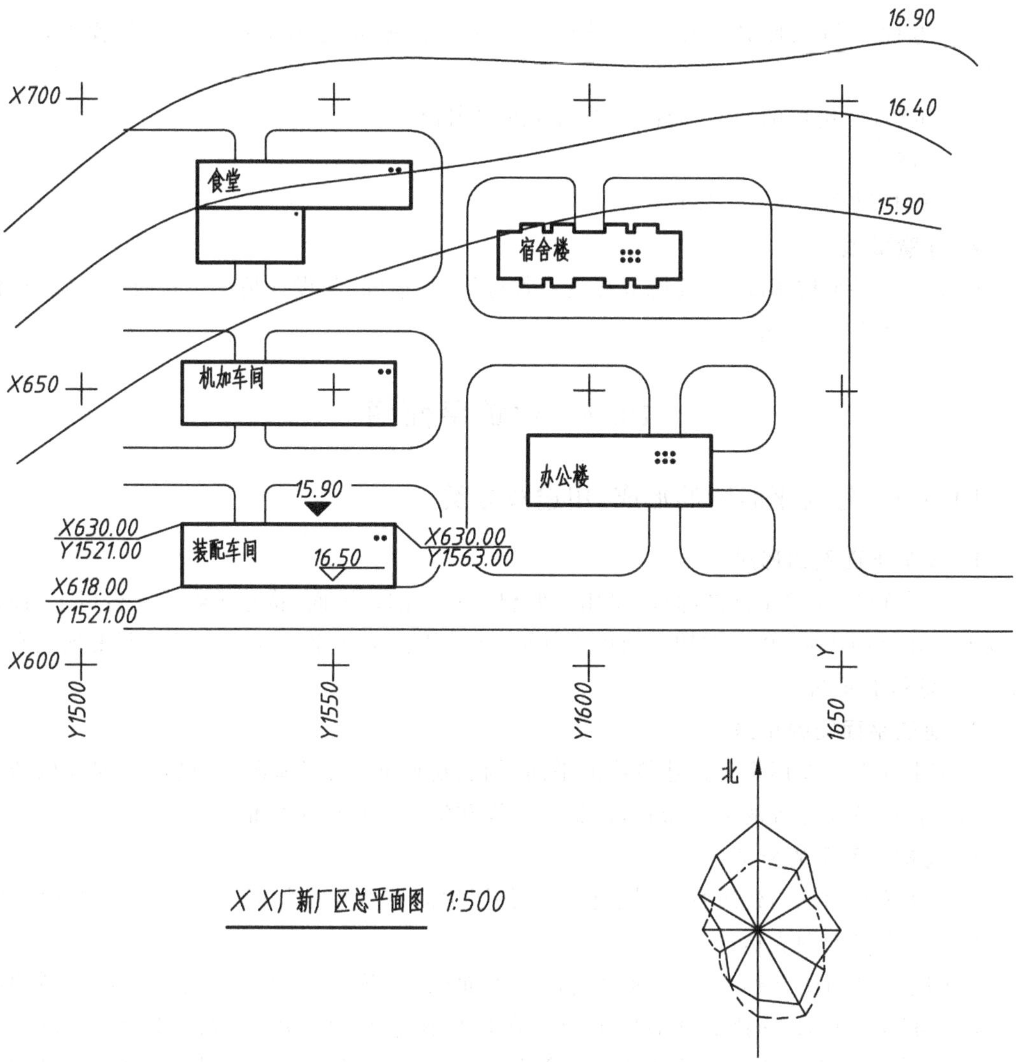

图 10-23　××新厂区总平面图

二、放样

本住宅以原有建筑和道路为放样依据，按总平面图所示尺寸放样。

三、设计标高

本住宅室内地面标高±0.000 为绝对标高 16.500m。室内外高差为 0.600m。

四、墙身

本工程外墙南侧为 370mm 厚，另三侧为 490mm 厚，内墙为 240mm 厚，隔墙 120mm 厚。采用强度等级 MU7.5 的机制砖和强度等级为 M5 的混合砂浆砌筑。

1. 外墙装饰

12mm 厚，1∶3 水泥砂浆打底，8mm 厚水泥浆粘贴面砖，水泥浆勾缝。

2. 内墙装饰粉刷

(1) 天棚，内墙面。10mm 厚，1∶0.3∶2.5 水泥石灰砂浆打底，刮大白二度。

(2) 踢脚线。120mm 高，25mm 厚，1∶3 水泥砂浆抹光。

(3) 地面、楼面、屋顶。按详图设计进行施工。地面有地漏的房间1%找坡，坡向地漏。

(4) 卫生间、厨房的地面、墙面装饰同详图中阳台。

3. 门窗

门窗按标准图集J××施工。

4. 注意事项

施工单位必须按图施工，按规范验收。若有不详、遗漏、与设计情况不符时，请施工单位与设计单位联系，妥善解决。

10.4 建筑平面图

10.4.1 建筑平面图的形成、用途及分类

1. 建筑平面图的形成

建筑平面图(屋顶平面图除外)是用一假想的水平剖切平面，将建筑物沿窗台以上、窗过梁以下剖开整幢房屋，移去剖切平面以上部分，将余下的向水平方向作正投影所得到的水平剖视图，简称平面图。

2. 建筑平面图的用途

建筑平面图主要用来表达建筑物的平面形状、房间布置、门窗洞口位置、各细部构造位置、设备、各部分尺寸等的平面布置，是施工放线和施工预算的主要依据。

3. 建筑平面图的分类

一般建筑平面图与建筑物的层数有关。各层房间布置完全相同的多层或高层建筑物，可用以下几个平面图表达。

(1) 底层平面图又称一层平面图或首层平面图，是施工图中应首先确定和绘制的第一张图。底层平面图一般是将剖切平面放在楼梯休息平台下皮处、窗台以上、窗过梁以下，将建筑物剖开形成的，且要尽量通过所有门窗洞口。对于不能通过的高窗、洞口用虚线表示。

(2) 中间标准层平面图

对于各层构造、做法完全相同，或主要房间布置、构造相同的建筑物，不需要每层都画平面图，只画出一个代表性楼层平面图，并标注适用范围。如：标准层平面图，二～五层平面图等表达即可满足施工要求。

(3) 顶层平面图

对于各层房间布置完全相同的多层建筑物，因楼梯不同，须画出顶层平面图。

(4) 屋顶平面图

屋顶平面图是将房屋的顶部单独做水平投影所得到的平面图，主要用来表达屋顶各突出屋面的建筑物、分水线、天沟等的平面布置。

(5) 局部平面图

对于用上述平面图不能表达清楚的局部平面(例如厨房、卫生间、楼梯间等)或局部做法有差异的平面，可用较大比例画出局部平面，称为局部平面图。

10.4.2　建筑平面图图线

平面图图线一般有七种：① 剖到的墙、柱等断面轮廓用粗实线；②剖到的门扇(门的开启线)用中实线；③剖到的窗用中实线；④未剖到的可见的构配件轮廓用中实线；⑤被挡住的构配件轮廓用细虚线；⑥定位轴线用细单点画线；⑦尺寸线、尺寸界线用细实线。

平面图中墙、柱的断面应根据平面图不同的比例,按《建筑制图标准》(GB/T 50104—2001)中的规定绘制,这些规定也适用于本章建筑剖面图。

(1) 比例大于 1∶50 的平面图、剖面图,应画出抹灰层与楼地面、屋面的面层线,并宜画出材料图例。

(2) 比例较小断面较窄时,可采用简化的材料图例,如比例小于等于 1∶50 时,习惯上在砌体墙断面内不画材料图例,而采用在断面内涂红(或空白)表示砌体材料；比例小于等于 1∶100 时,混凝土和钢筋混凝土墙或柱的断面内一般采用涂黑表示其材料。

10.4.3　平面图的图示内容

建筑平面图应明确表达下列内容,如图 10-24 所示。

1. 图名、比例

平面图上应该标明平面图的图名和所用的比例。

2. 定位轴线及编号

平面图上应标明纵向、横向定位轴线及编号。

3. 建筑物的平面布置

按实际绘制出内墙、外墙、隔墙、房间形状、大小用途,并用汉字标明各房间用途,如：客厅、餐厅、厨房等,阳台形状、大小等。

4. 门、窗

平面图上应绘制出门和窗的位置、类型、代号及编号。

5. 楼(电)梯间

平面图上需绘出楼(电)梯间的位置、形状、尺寸、楼梯段数、走向及步数。

6. 内部设备

平面图上需绘制室内设备的位置、形状及尺寸。例如卫生器具、水池、橱柜、配电箱等各种设备。

7. 外部设备

平面图上还需表明建筑物的一些外部设备情况。

(1) 底层平面图要绘制出台阶、散水、明沟、雨水管等设施。

(2) 二层平面图要绘制雨篷。

8. 指北针和剖切符号

(1) 底层平面图要绘制出表示建筑物朝向的指北针,且要与总平面图一致。

(2) 平面图要绘制详图索引符号。

(3) 剖切符号及编号：剖切符号由剖切位置线和投射方向线组成,均应以粗实线绘制。

剖切位置线的长度宜为 6～10mm；投射方向线垂直于剖切位置线，长度略短，宜为 4～6mm。编号采用阿拉伯数字，按顺序由左至右，由下至上编排，并写在投射方向线的端部。

9. 尺寸标注

平面图上按投影和国标规定绘制了各种图线，只表达了形状、位置等，各部尺寸需要明确标注出来。

(1) 标高尺寸。以 m 为单位标注室内各层地面、休息平台等地面相对标高。首层地面±0.000。标注室外台阶、地坪的相对标高。

(2) 细部、定位、总尺寸。以 mm 为单位标注各尺寸。细部、定位、总尺寸一般按以下形式标注。

① 内部一道半尺寸。

内部一道通长的尺寸标注出各房间的净尺寸(长度和宽度)、各墙厚度尺寸，见图 10-24 所示。内部半道尺寸标注出各门、窗、洞口的位置及宽度尺寸。

② 外部三道半尺寸。

第一道尺寸(最外一道)：总外包尺寸——标注出建筑物总长、总宽度尺寸。

第二道尺寸(中间一道)：定位尺寸——确定构配件位置的尺寸。即定位轴线之间的尺寸，标出开间、进深尺寸。

第三道尺寸(最里层)：细部尺寸——门、窗、洞口等建筑构配件尺寸及位置尺寸。

外部的半道尺寸标注室外台阶、花池、散水的宽度、长度等。

以上构造做法尺寸为结构尺寸，即毛面尺寸。

(3) 坡度尺寸。对于有坡度的配件还需标注出坡比、坡向等要求。

10. 屋顶平面图

屋顶平面图一般内容有：女儿墙、屋檐、天沟、屋面坡度与分水线、变形缝、楼(电)梯间、水箱间、上人孔、天窗、消防梯、避雷针等设施，见图 10-27 所示。

10.4.4 建筑平面图的识读

1. 识读底层平面图(图 10-24)

1) 看图名、比例

该平面图是某单位宿舍楼的底层平面图，按 1∶100 的比例绘制。

2) 轴线及编号

如图 10-24 所示，开间方向轴线编号①～⑩，进深方向定位轴线Ⓐ～Ⓔ。

3) 建筑物平面布置

该住宅单元为一梯两户式。入口在Ⓔ轴上，⑤、⑥轴之间。入室右侧为两室一厅型，独用卫生间及厨房，有南、北两阳台。入室左侧为三室一厅型，独用卫生间及厨房，有南、北两处阳台。

4) 门、窗位置

入室门为对开三七扇，代号 M-1。入户门为外开，代号 M-2。居室门为内开，代号 M-3，卫生间、厨房门为 M-4，厨房与阳台设推拉门 M-5，楼梯下门为 M-6。在Ⓐ轴上有阳台封闭窗 C-2、C-1，①轴上 C-3，Ⓓ轴线上 C-1、C-4，阳台上窗 C-5。

5) 楼梯间

楼梯间设在Ⓑ、Ⓔ和⑤、⑥轴之间。楼梯形式为双跑式，上 18 步。

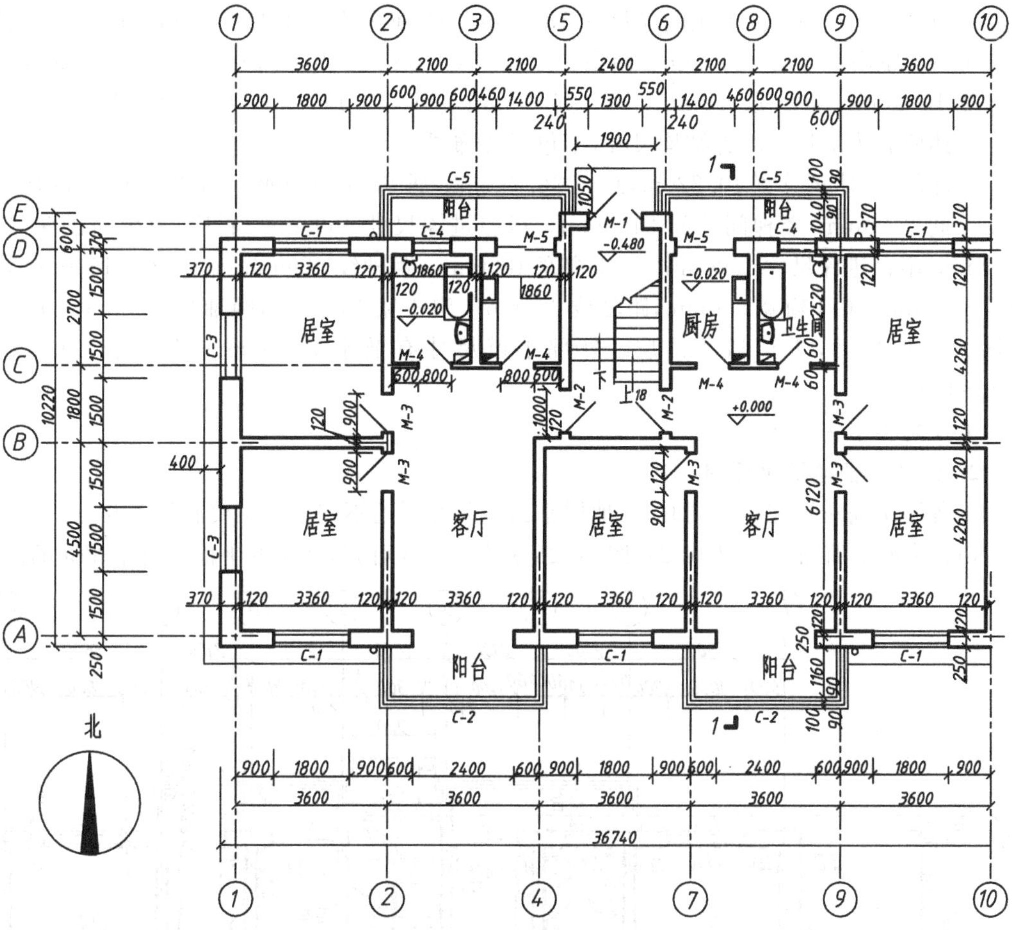

底层单元平面图 1:100

图 10-24　底层单元平面图

6）内部设备

卫生间有浴缸、坐便器、洗手盆、地漏等设备。厨房有水池、操作台、地漏等设备。在卫生间和厨房设有通风道和烟道。楼梯间有 3 步台阶到室内地面。

7）外部设施

入口处有一台阶连接到室内。四周设有散水，散水宽度 400mm。外墙靠②、⑨轴线处有雨水管 4 处。

8）指北针、剖切符号

在平面图的左下方有一指北针确定房屋朝向为坐北朝南。入口在北侧，客厅、主要居室在南侧。在⑦、⑧轴线之间有 1-1 剖面图的剖切位置符号，向左进行投射。

9）各部位尺寸

（1）标高尺寸。室内地面相对标高为±0.000。入口处标高为－0.480m。上述标高为建筑标高。

（2）细部、定位、总尺寸。

内部尺寸：①号轴线墙厚尺寸为 370mm＋120mm，墙厚 490mm。内墙厚 240mm，居室、客厅净宽 3360mm，厨房、卫生间净尺寸 1860mm。Ⓐ轴线墙尺寸为 250mm＋120mm，墙厚 370mm。居室净尺寸为 4260mm。南阳台净宽 1160mm。室内各门安装于墙垛 120mm 处。M-2 宽 1000mm，M-3 宽 900mm，M-4 宽 800mm，M-5 宽 1400mm，M-6 见详图。

上述所有内部尺寸均为结构尺寸，不包括装饰层。

外部尺寸：建筑总宽 10.220m，总长 36.740m。居室、客厅开间尺寸 3600mm，厨房、卫生间开间 2100mm，楼梯间开间 2400mm。房屋进深尺寸 4500mm，厨房、卫生间进深尺寸 2700mm，阳台进深尺寸 1500mm。C-1 窗宽 1800mm，距轴线 900mm；C-3 窗宽 1500mm，距轴线 1500mm；C-4 窗宽 900mm，距轴线 600mm；M-1 宽 1300mm，距轴线 550mm。所有尺寸均为结构尺寸，不包括装饰层。外部半道尺寸有散水宽 400mm，台阶长 1900mm，宽 1050mm。

上述均为结构尺寸。

2. 识读其他楼层平面图

当各层房间布置完全相同时，其他层平面图与底层的不同之处主要有如下几点。

(1) 楼梯平面图。由图 10-24、图 10-25 和图 10-26 可知，楼梯的平面图是不相同的。

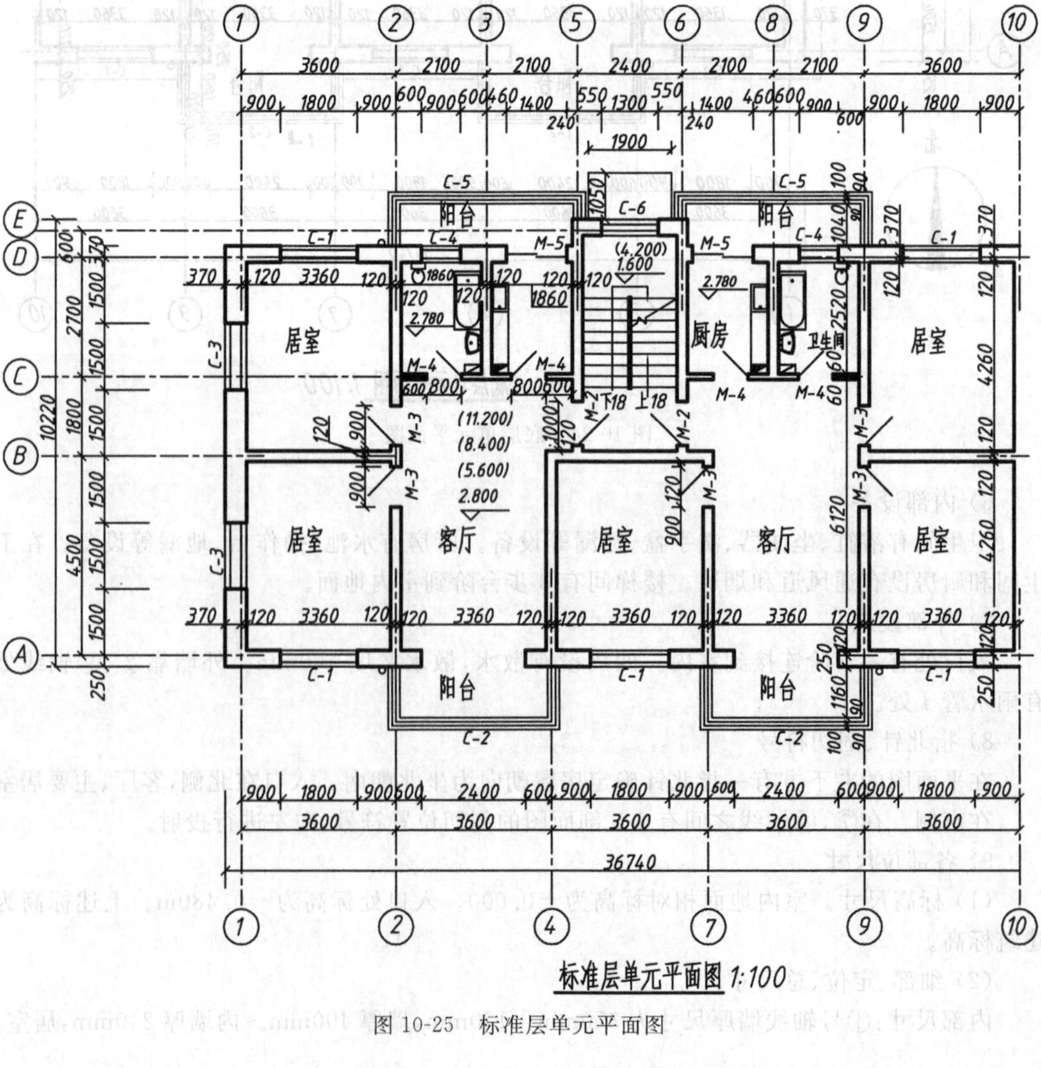

标准层单元平面图 1:100

图 10-25 标准层单元平面图

(2) 重复的构配件。已在底层平面图中表达清楚的构配件,例如散水、台阶、指北针、剖切位置符号等不再重复绘制。

(3) 本层投影的构配件。需绘出只有从本层投影直接得到的构配件。例如二层平面图要绘出雨篷,而三层以上则不需要绘制。如图 10-25、图 10-26 所示。

3. 识读屋顶平面图

图 10-27 所示是一屋顶平面图,该屋顶为女儿墙平屋顶,双坡内天沟排水,南北两面墙上共设置了四根落水管,屋面排水坡度为 2%,天沟内排水坡度为 0.5%;图中带箭头的线为流水线,表示水流方向;与Ⓓ轴线对齐的直线和各斜线均为分水线,表示各水流的分水岭。另外,图中还设置了一个上屋面的人孔,其规格为 800mm×800mm。屋顶平面图仅标注了两道尺寸,即轴线尺寸和总尺寸,因为在该房屋各层平面图中其内外尺寸已经标注完整,而房屋的建造过程是从底部开始的,当建造到屋顶时,不再需要各房间的细部尺寸,故对屋顶平面图的尺寸做了简化处理,只标注两道尺寸。

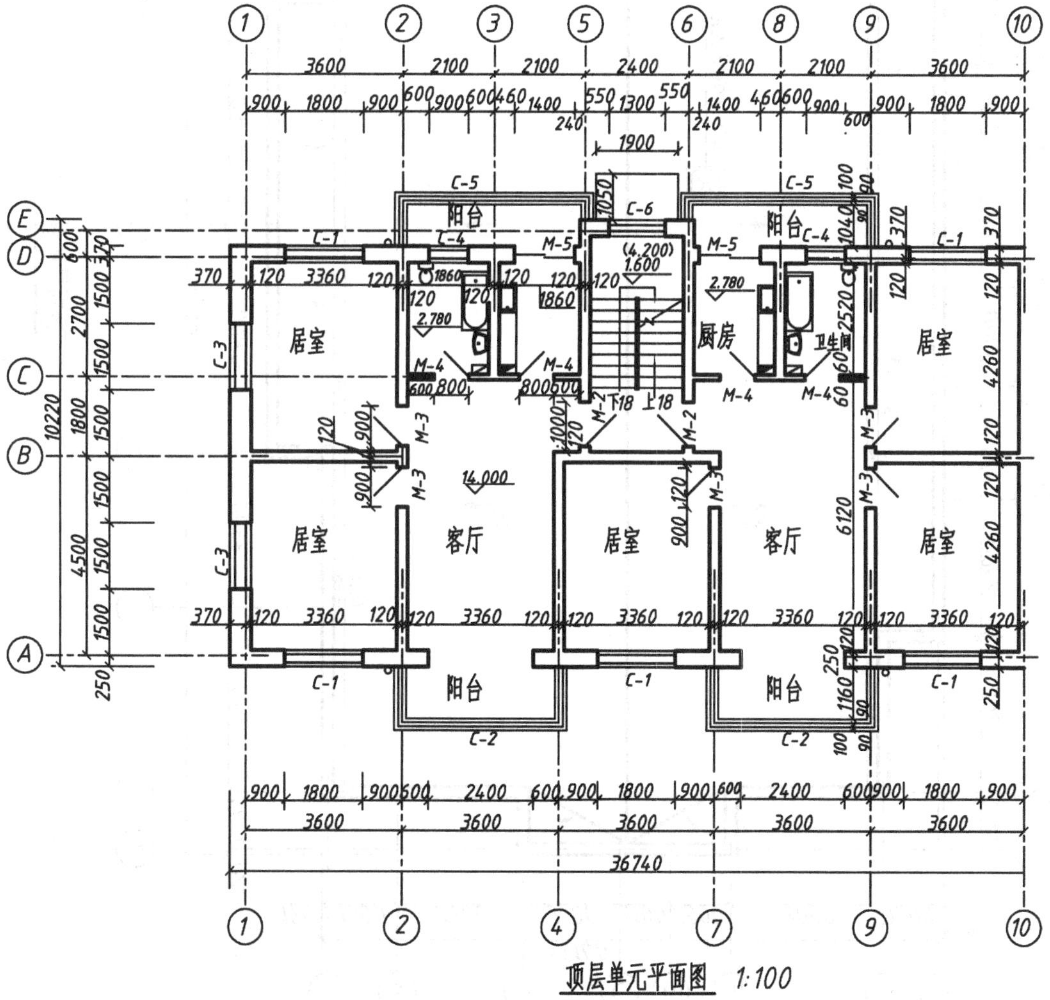

图 10-26 顶层单元平面图

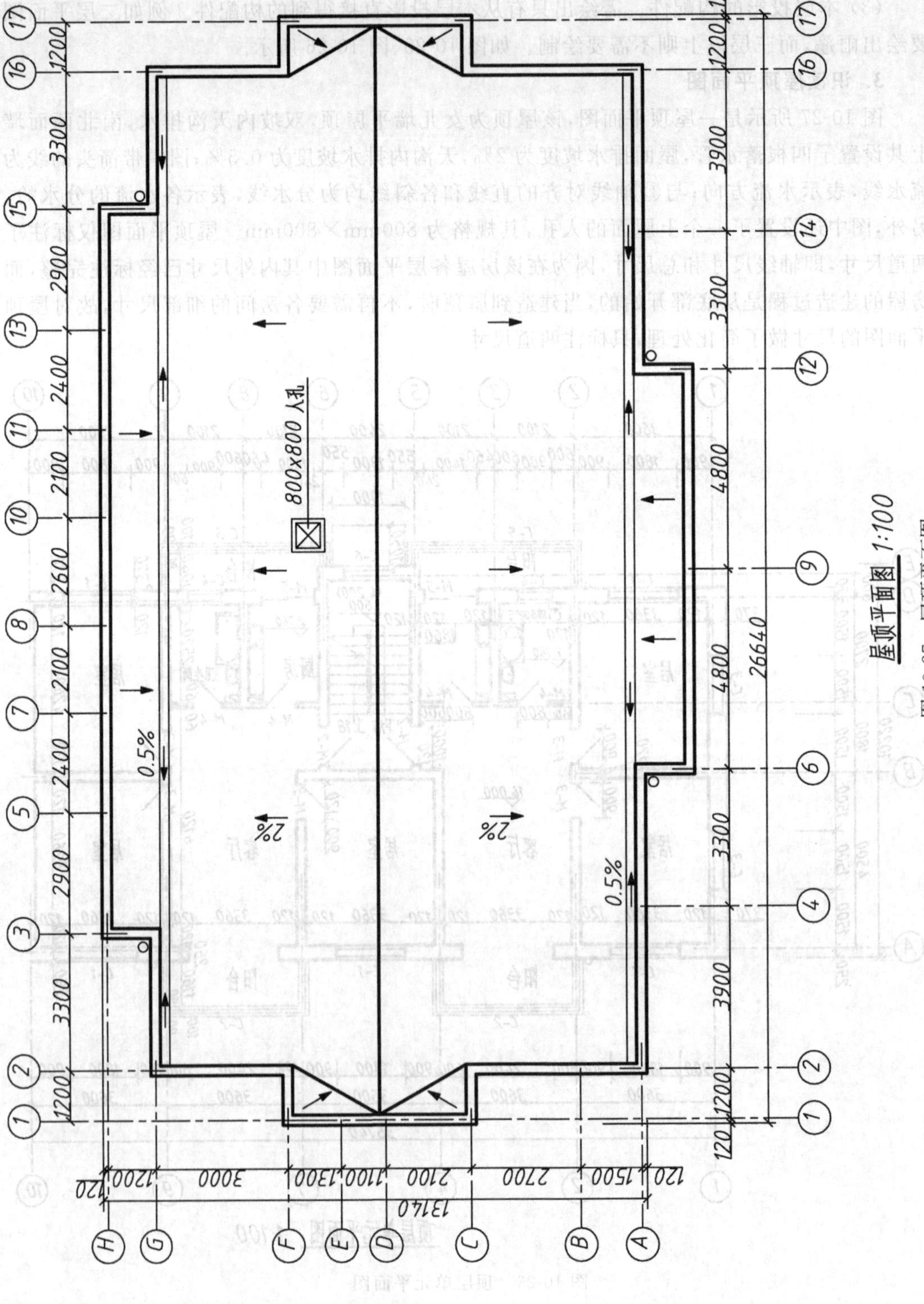

图 10-27 屋顶平面图

10.4.5　建筑平面图的画图步骤

(1) 确定绘图比例。按照所绘建筑物的大小，从表 10-2 中选择合适的比例，确定图幅大小。

(2) 确定画图位置。图幅确定后，根据所画图样大小、数量确定每幅图在图纸上所占大小和位置。

(3) 画定位轴线。按比例绘制定位轴线，如图 10-28 所示。

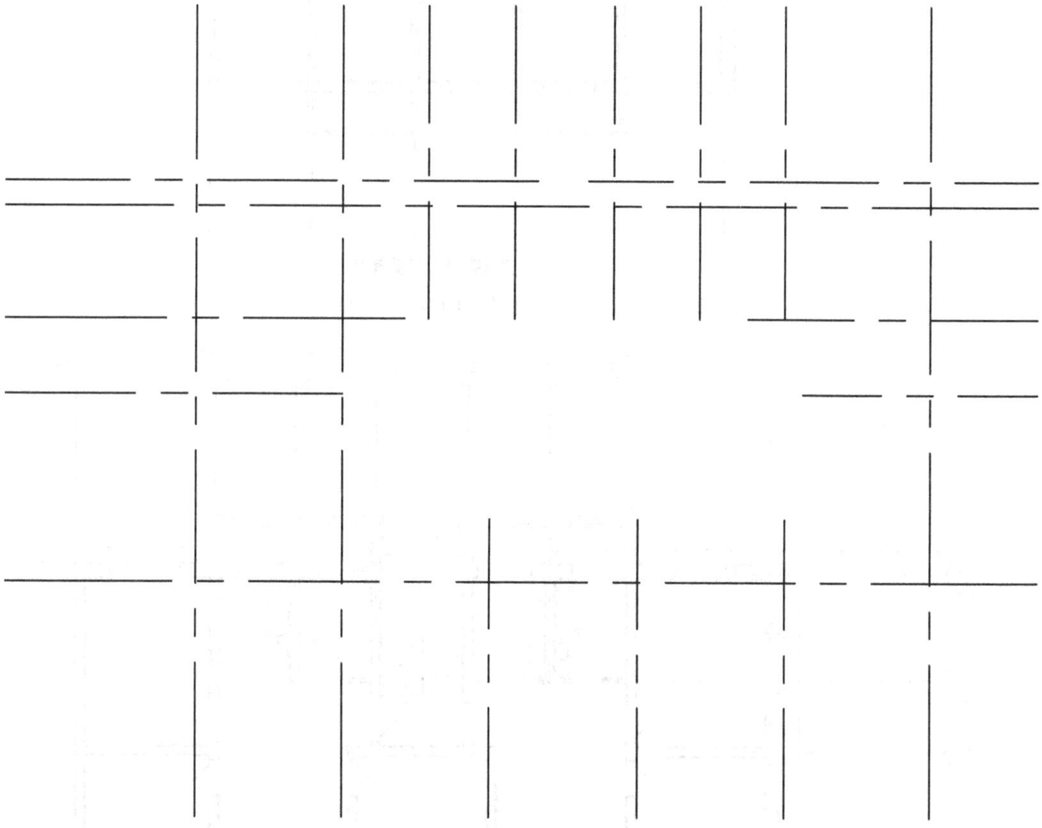

图 10-28　确定定位轴线

(4) 画墙厚线。以轴线为基准，将每条轴线所确定的墙(柱)厚度一次性画出，如图 10-29 所示。

(5) 画门窗洞口。在已经画出墙厚的底图上，按细部尺寸画出门窗洞口，如图 10-29 所示。

(6) 画出其他细部的构配件，如台阶、楼梯、散水、卫生设备等，如图 10-30 所示。

(7) 检查。将完成的底图进行一次检查，擦除多余的线和改正错误。

(8) 加深加粗图线。按照国标规定的图线形式和粗度加深、加粗图线，如图 10-30 所示。

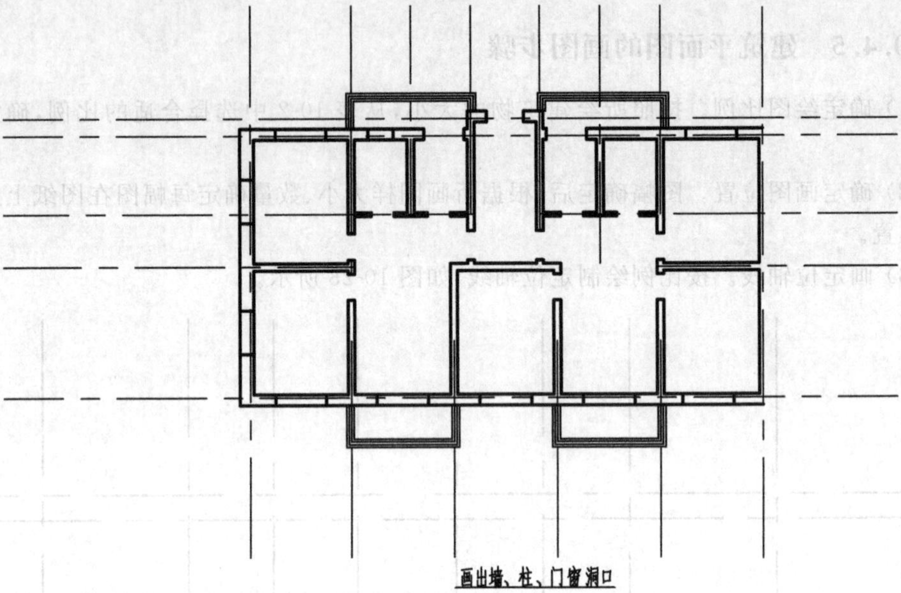

图 10-29　画出墙、柱厚度和门窗洞口

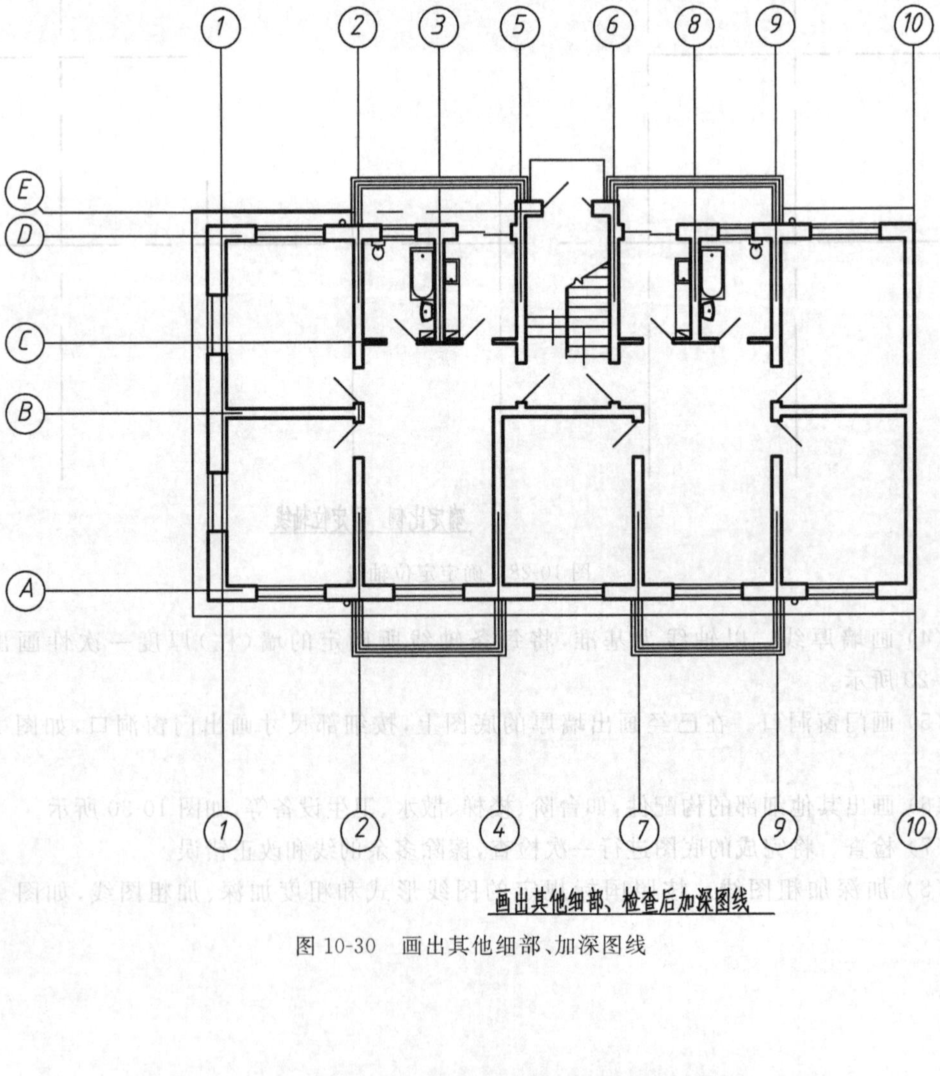

图 10-30　画出其他细部、加深图线

(9) 标注尺寸。在已加深好的图上画出尺寸线、尺寸界线、尺寸终端,按建筑物实际尺寸标出各部尺寸,如图 10-31 所示。

(10) 注写文字及其他图例。在标注完尺寸的图样上写文字表明房间名称、门窗代号、编号等。画出其他的图例及符号。例如指北针、剖面符号、详图索引符号等。完成全图,如图 10-24 所示。

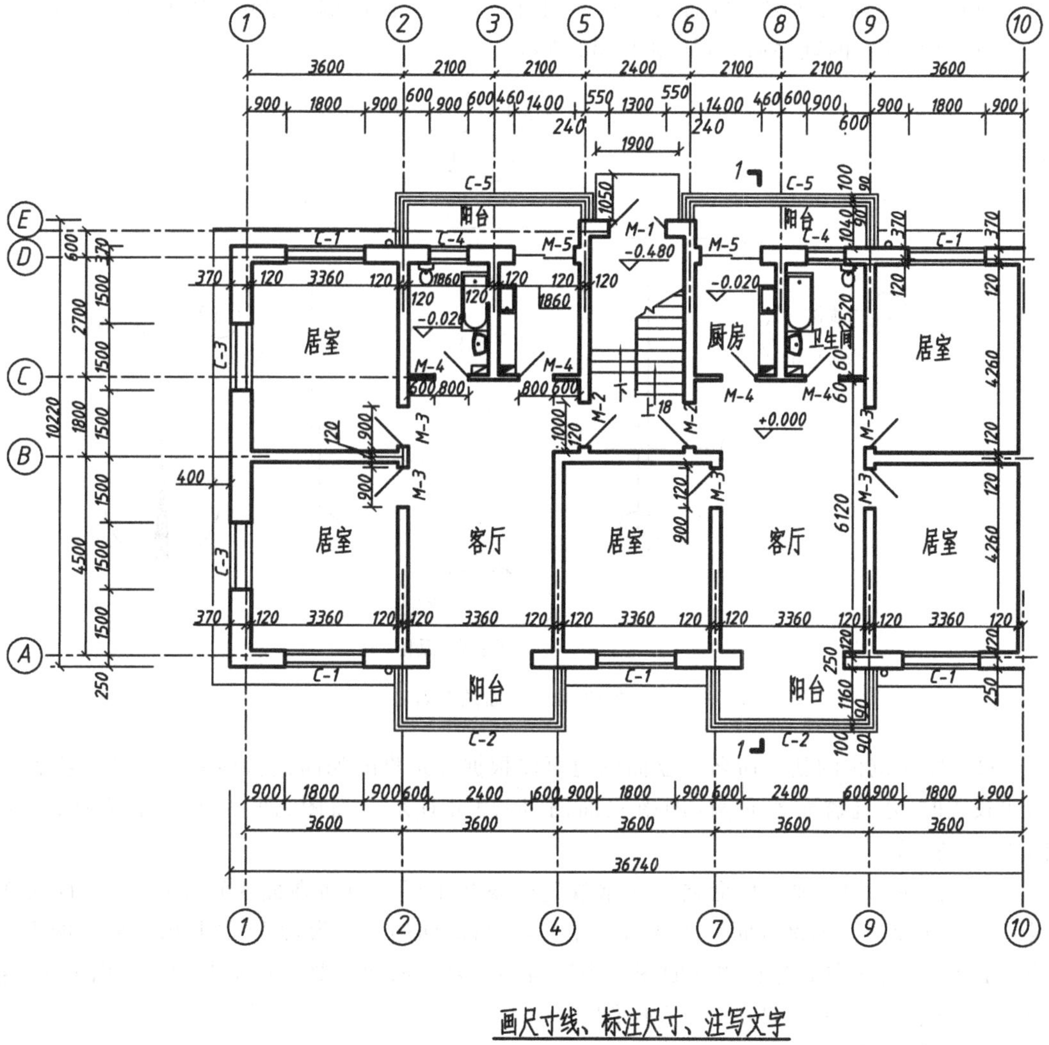

图 10-31　画尺寸线、标注尺寸、注写文字

10.5　建筑立面图

10.5.1　建筑立面图的形成、命名及作用

1. 建筑立面图的形成

将建筑物的各个立面向立面所平行的平面作正投影,所得的图称为立面图,它是房屋外

表面的正投影。立面图只画立面外轮廓及各构配件可见轮廓的投影。按投影原理，立面图上应将立面所看到的细部全部表达出来。但由于比例较小，可将门窗扇、阳台、檐口等构造细部做法用图例或详图表示。而在立面上只画轮廓线或画一两个作代表。对于折线或曲线型立面，可展开绘制，并注明“展开”。

2. 立面图的命名

(1) 按定位轴线两端编号命名。立面图可以根据立面两端的定位轴线的编号，面向建筑物，按由左到右的顺序命名，如图 10-32 所示。

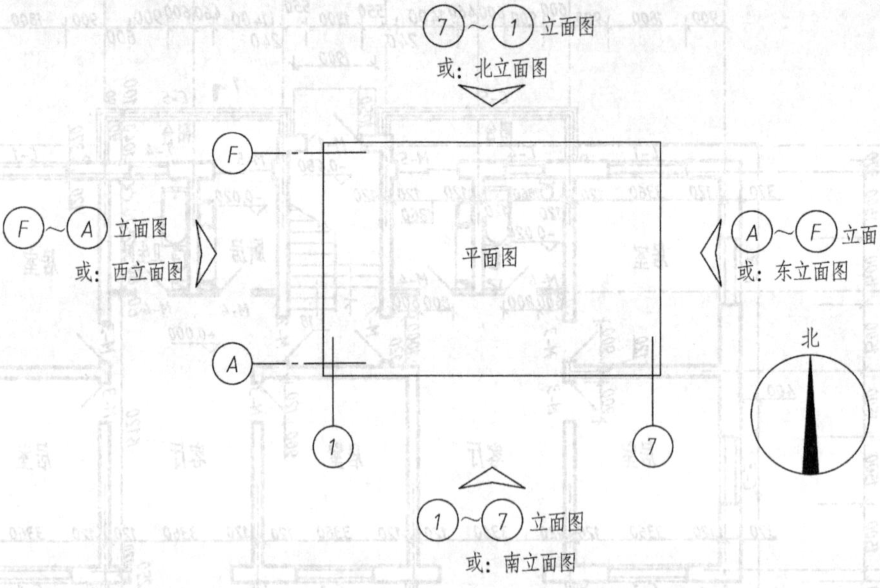

图 10-32　立面图命名

(2) 按建筑物的朝向命名。立面图也可以根据建筑物的朝向进行命名。当建筑物朝向都比较正时，建筑物面朝向南，即南立面图，同理可有东立面图、西立面图、北立面图，如图 10-32 所示。

(3) 按建筑物主要入口命名。通常规定建筑物主要入口所在面为正立面，将该面所作投影为正立面图。观察者面向主要入口站立，从后向前的立面为背立面图，由左向右的为左侧立面图，由右向左的为右侧立面图。当建筑物主要立面和主要入口不在同一立面上时，这种命名方式会产生矛盾，所以一般不采用。

3. 立面图的作用

立面图展现房屋立面的艺术处理，房屋的外部立面造型、外墙面装修，外墙面上门窗的排列情况、入口、阳台、外部台阶的位置及各表面的材料及装饰做法。

10.5.2　建筑立面图的图线

在绘制建筑立面图时，为了加强图面效果，使外形清晰、重点突出和层次分明，按要求立面图线型分为五种。

(1) 室外地坪线用线宽为 1.4b 的特粗实线绘制(b 的取值按国家标准，常取 0.7mm 或 1.0mm)。

（2）房屋立面的外墙轮廓线用线宽为 b 的粗实线绘制。

（3）在外轮廓线之内的凹进或凸出墙面的轮廓线，用线宽为 $0.5b$ 的中实线绘制，如窗台、门窗洞外轮廓、檐口、阳台、雨篷、柱子、台阶等构配件的轮廓线。

（4）门窗扇、栏杆、雨水管和墙面分格线等均用线宽为 $0.25b$ 的细实线绘制。

（5）房屋两端的轴线用细单点长画线绘制。

10.5.3　建筑立面图的图示内容

建筑立面图包括以下图示内容（图 10-33、图 10-34）。

（1）图名、比例。采用前述三种命名方式命名，一个单位工程只能用一种方式命名，名称右侧注明比例。

（2）建筑物两端或分段的定位轴线及编号，只画出建筑物两端外墙的定位轴线。

（3）地面线。平面图上需画一特粗实线表示室外地面线。

（4）门窗形式、开启方向。立面图上需表明门窗的形状及开启方向（也可在图集中采用标准做法）。

（5）女儿墙顶、檐口、柱、室外楼梯和消防梯、烟囱、雨篷、阳台、水斗、勒脚、雨水管、台阶、坡道、花池等的轮廓线，其他装饰构件和粉刷分格线示意等。外墙的留洞应注尺寸与标高（宽×高×深及关系尺寸）。

（6）详图索引。对于台阶、门窗、檐口等需画详图的，画出详图索引符号。

（7）其他构配件。对于一些特殊构配件，需要单独画出，如空调板架、晒衣架等。

（8）文字说明。立面图上需对装饰材料、做法等做出文字说明。

（9）标高与尺寸标注。建筑立面图宜标注室外地坪、入口地面、雨篷底、门窗上下坪、檐口、女儿墙顶及屋顶最高处部位的标高。标高一般注在图形外，并做到符号上下对齐，大小一致，必要时，可标注在图内，如图 10-33 中的±0.000 和－0.450。除了标高外，有时还需注出一些并无详图的局部尺寸，用以补充建筑构造、设施或构配件的定位尺寸和细部尺寸。

10.5.4　立面图的识读

图 10-33、图 10-34 和图 10-35 分别绘制了教师公寓南、北、西立面图。从这三个立面图中可以看出：外轮廓线所包围的范围显示出这幢房屋的总长、总宽、总高，图中按实际情况画出了女儿墙、门窗、雨篷、阳台等的细部形式和位置，屋顶采用的是女儿墙平屋顶。为了丰富立面效果，在女儿墙和各阳台上下部分均设置了一个凸出的挑檐，从图中可以看出该房屋为四层公寓。

图 10-33 是公寓的南立面图，从图中可以看出：由于起居室较主要房间地面下落 450mm，在南立面图上显示有错层，起居厅的阳台为挑阳台，阳台门为四扇推拉门，门的下半部分被阳台栏板遮挡，顶层阳台上部设有雨篷；南向次卧室的阳台为凹阳台，所有阳台上下部都设置了两条通长的凸檐，主卧室的窗户为飘窗。

图 10-34 是公寓的北立面图，从图中可以看出：为了突出入口，在单元入口门洞上方的雨篷设有带贴瓦的帽头，雨篷上方的楼梯间窗户的外墙面上设有一个整体连通的窗套，窗套顶部为半圆形；餐厅的阳台为挑阳台，北阳台上下部设置了两条通长的凸檐；北向次卧室的窗户为飘窗，另外还绘制了北向厨房和卫生间的外窗。

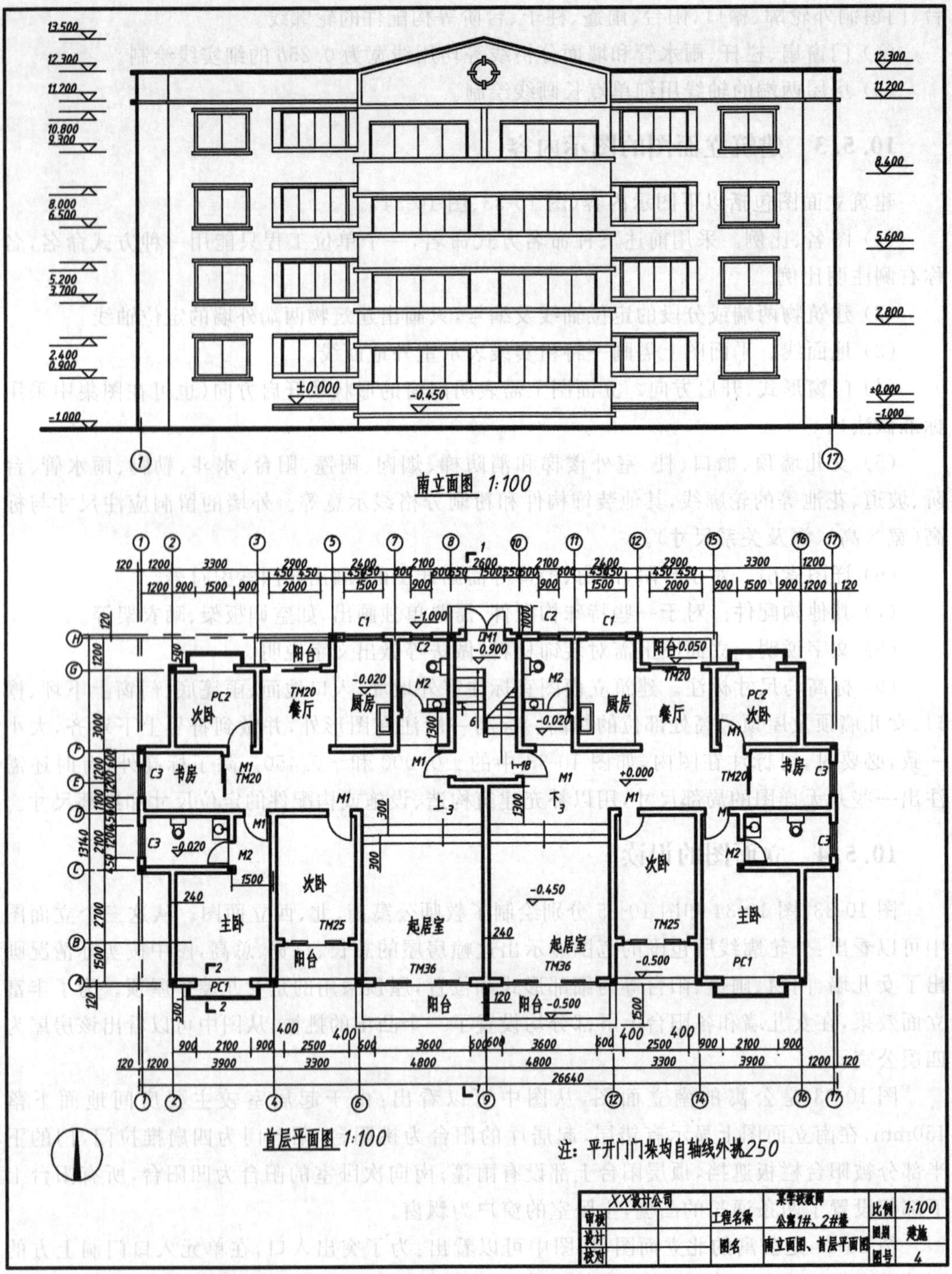

图 10-33 建筑平面图、立面图(一)

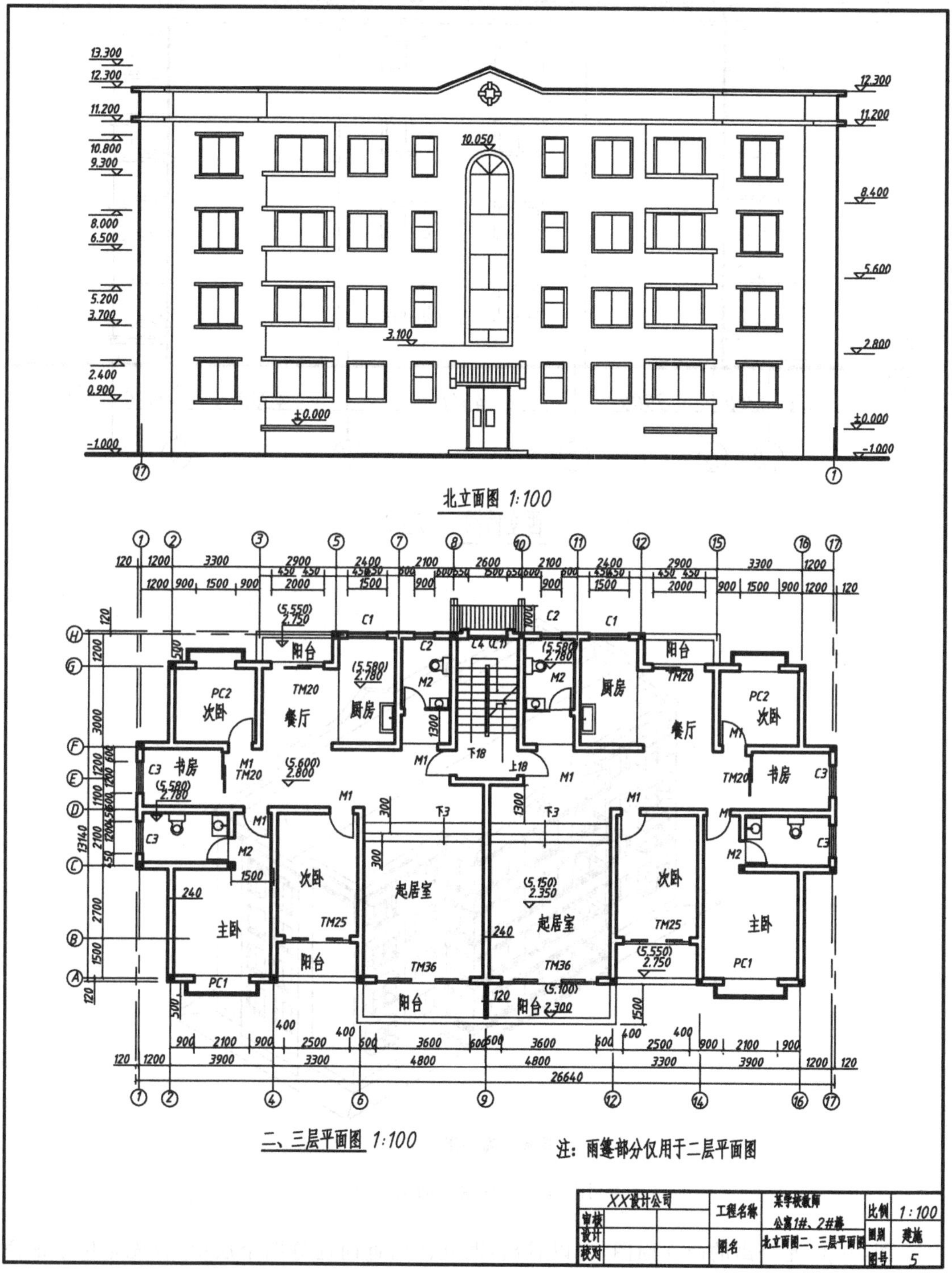

图 10-34 建筑平面图、立面图(二)

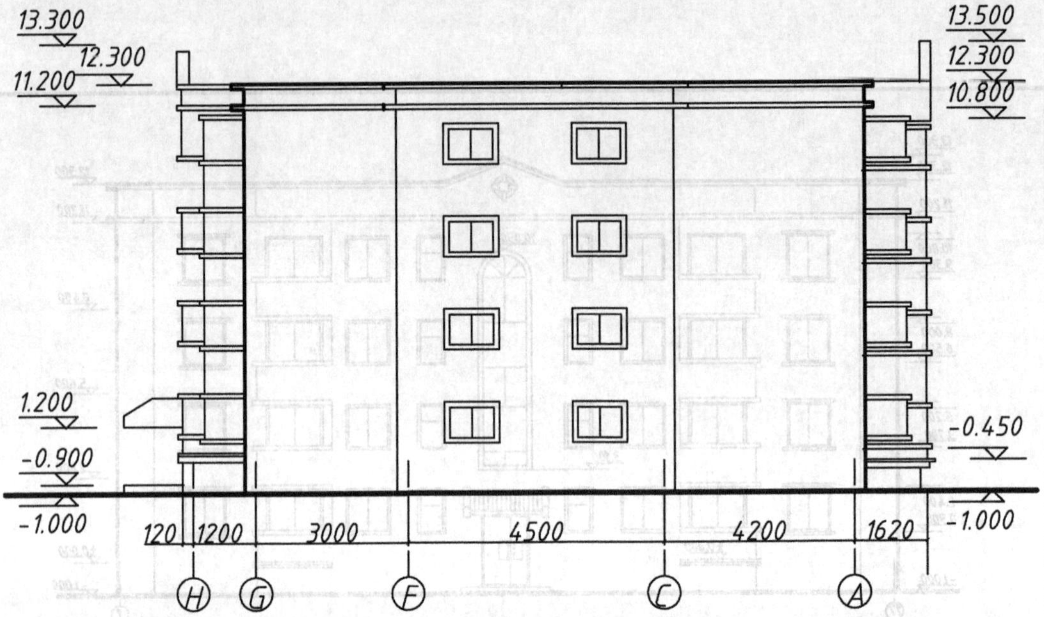

西立面图 1:100

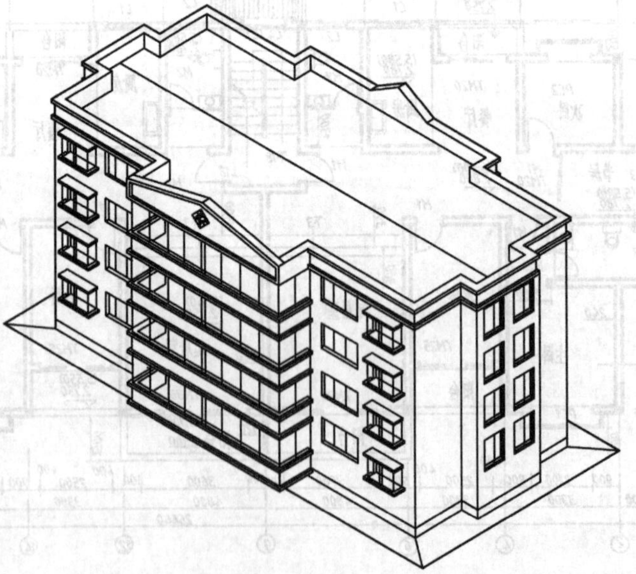

教师公寓外形

图 10-35　建筑立面图(三)

图 10-35 是公寓的西立面图，可以看出：西立面由近向远分四个层次，首先是位于最西面的书房和卫生间外窗及山墙，其次是卧室西山墙，再者是南、北向飘窗及挑阳台的轮廓线，最后是单元入口处的台阶和雨篷轮廓线。另外，还可以看出南北纵墙上部高出女儿墙部分的轮廓线。

在各立面图的两侧分别标注了室内外标高，南北立面图的左侧标注的是外部标高，从下至上分别是：室外地坪标高、外窗上下坪（含推拉门上坪）标高、女儿墙挑檐及女儿墙顶和屋顶最高处标高。南北立面图的右侧标注的是内部各层楼地面标高，可见该住宅的层高是 2.8m，窗高 1.5m。西立面的左侧是外部标高，从下至上分别是：室外地坪标高、入口地面标高、单元门洞上部雨篷侧板（也是门洞顶面）的底面标高以及女儿墙顶的标高和北向屋顶最高处标高。西立面的右侧从下至上分别是：室外地坪标高、底层阳台挑檐的顶面标高、起居厅阳台上面雨篷的底部标高以及女儿墙顶的标高和南向屋顶最高处标高。另外，为了方便阅读和施工，在西立面图下方还标注了部分尺寸。

10.5.5　建筑立面图的画法

（1）比例：一般选取与平面图相同比例。

（2）画轴线与室外地坪线：按平面图上的对应位置画出两端周线及室外地坪线，如图 10-33 所示。

（3）画高度线：画出门、窗、阳台、雨篷、檐口等部位的高度线。

（4）画宽度线：画出门、窗、阳台、雨篷、檐口等部位的宽度线。

（5）其他细部：画出台阶、窗台、勒角等其他细部构配件的轮廓线。

（6）检查加深图线：检查后按规定的线型加深图线。

（7）其他图例、符号：画出需要标的图例符号等。

（8）尺寸标注：按要求标注标高尺寸和局部构造尺寸。

（9）文字说明：用文字说明墙面装饰材料及做法等。

10.6　建筑剖面图

10.6.1　建筑剖面图的形成及作用

1. 建筑剖面图的形成

建筑剖面图是假想用一个垂直于横向或纵向轴线的垂直平面（平行于房屋的某一墙面），将建筑物沿某部位剖开，移开观察者与剖切平面之间的部分，余下的作正投影所得的视图。

剖切平面位置：剖切的位置常取楼梯间、门窗洞口及构造比较复杂的典型部位。平行于房屋的某一面墙，一般平行于侧面墙，选择在能反映建筑物全貌、构造特性以及有代表性构造做法等处，并在底层平面图中标注剖切符号及编号，相应的剖视图下方写上对应的名称。

2. 建筑剖面图的用途

建筑剖面图主要用于反映建筑物的分层情况、层高、门窗洞口高度及各部分垂直尺寸、简要的结构形式和构造做法、材料等情况。

建筑剖面图与平面图、立面图相互配合，构成建筑物的主题情况，所以是建筑施工图的主要图样。

剖面图的数量根据房屋的复杂程度和施工的实际需要而定，一般只用一个即可表达清楚。有时建筑物复杂时可用一个剖切房间处的剖面图(见图 10-36 所示)和一个剖切楼梯的剖面图(见图 10-37 所示)共同表达。

10.6.2 建筑剖面图的图线

(1) 定位轴线:用细点画线画出剖切到的和未剖切到的墙、柱的定位轴线,与平面图的轴线编号和尺寸一致。剖面图的比例应与平面图、立面图的比例相同。

(2) 地面以下部分,从基础墙处用折断线断开,另由结构施工图表示。

(3) 室外、室内地坪线:用特粗线(1.4 倍粗实线)绘制。

(4) 剖到的墙、板、梁等用粗实线绘制,钢筋混凝土构配件涂黑。

(5) 未剖切到的可见的其他构配件用中实线绘制。

10.6.3 剖视图的图示内容

1. 图名、比例

在剖面图上应注明图名和比例。图名要与对应平面图上剖切符号编号一致,如图 10-36 所示 1—1 平面图是从图 10-24 剖切得来的剖面图,图 10-37 是从图 10-33 剖切得来的。

2. 定位轴线

剖面图上注出剖切到的和未剖切到的墙、柱的定位轴线,应与平面图上的轴线编号和尺寸一致。

3. 剖切到的构配件

剖面图中要绘制出剖切到的构配件以表明其竖向的结构形式及内部构造,如室内外地面、楼地面及散水、屋顶及檐口,剖到的内墙、外墙、柱及其构造,门、窗、各种梁、板、阳台、雨篷、楼梯。

4. 未剖切到的构配件

剖面图中要绘制出未剖切到的构配件,看到的墙、柱、门、窗、梁、阳台、楼梯、装饰线等。

5. 尺寸标注

在剖面图中,应注出垂直方向上的分段尺寸和标高。

(1) 标高尺寸:室内外地坪、入口地面、各楼层地面、台阶、楼梯平台、檐口、女儿墙顶标注建筑标高;门窗上下坪标注结构标高。

(2) 竖向构造尺寸:一般分三道半。

① 最外一道是总高尺寸,它表示室外地坪到楼顶部女儿墙的压顶抹灰完成后的顶面的总高度。

② 中间一道是层高尺寸,主要表示各层的高度。

③ 最里一道是外墙上门窗洞及勒脚等的高度尺寸。

④ 半道尺寸。标注局部半道尺寸:内部标注门窗洞口及其他构配件高度尺寸。

(3) 平面尺寸(即水平方向尺寸):标注各定位轴线间的平面尺寸。

6. 其他图例、符号、文字说明

对于因比例较小不能表达的部分,可用图例表示。例如钢筋混凝土可涂黑,剖面图中可标注详图索引符号等,一些材料及做法可用文字加以说明。

10.6.4 剖面图的识读

1. 图 10-36 剖面图读图示例

图 10-36 剖面图中剖到的有Ⓐ轴，阳台构造做法，Ⓓ轴洞口做法，楼地面、屋顶、楼板、过梁、上部女儿墙做法。

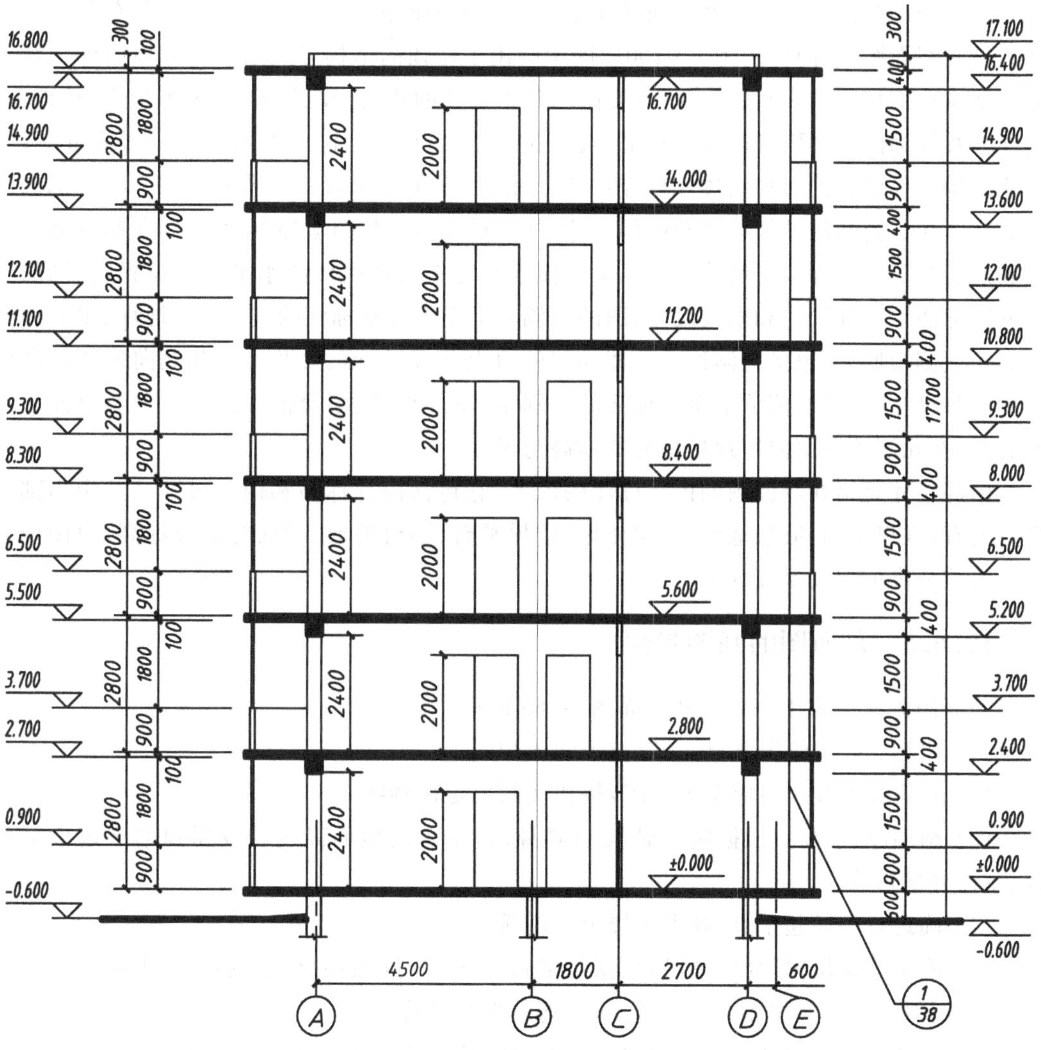

1-1剖面图 1:100

图 10-36 建筑剖面图

(1) 标高尺寸。图中标注了各层层高的构造标高，如±0.000，2.800m 等，女儿墙构造标高 17.100m 等；标注有各洞口的结构标高，如 0.900m，2.700m，2.400m 等。

(2) 竖向构造尺寸。①外部构造尺寸：总高度尺寸为 17700mm，门洞高 2400mm，C-3、C-5 窗高 1800mm，楼层高 2800mm，各楼板、阳台板厚尺寸 100mm 等。②内部构造尺寸：

洞口尺寸 2400mm，M-3、M-4 门高 2000mm 等。

（3）平面构造尺寸：平面轴线尺寸 1800mm，4500mm 等。

2. 图 10-37 剖面图读图示例

图 10-37 中的标高都表示与±0.000 的相对尺寸，可以看出，各层的层高为 2.8m；根据图名和轴线编号与平面图上的剖切符号和轴线编号相对照，可知 1—1 剖面图是通过南向的⑥～⑨轴线和北向的⑧～⑩轴线间横穿起居室和楼梯间的全剖面图，剖切后向右侧投影得到的横向剖面图，绘图比例为 1∶100。图中画出了屋顶的结构形式以及房屋室内外地坪以上各部位被剖切到和看到的构配件轮廓线，其中剖到的建筑构配件有：室内外地面、楼地面、内外墙及外部门窗、梁、梯段及休息平台、雨篷、室内台阶、屋面、女儿墙及屋面最高处等；看到建筑构配件的有：分户门、楼梯栏杆及扶手、阳台隔板、女儿墙等。在图 10-37 建筑剖面图中分别标注了公寓的外部尺寸和内部尺寸，外部尺寸指的是图形外侧的尺寸，包括墙体的定位和外墙各部位的标高与尺寸。为了更方便地确定梯段和墙体的水平方向位置，在图的下方分别标注了细部尺寸和轴线尺寸，图的左侧从下至上分别标注的是：室外地坪、单元门洞上部雨篷侧板底面（也是门洞顶面）、楼梯间外窗上下坪、屋面、女儿墙顶和北向屋顶最高处的标高与尺寸；图的右侧从下至上标注的分别是：室外地坪、阳台推拉门上下坪及上面雨篷的底部、女儿墙顶及南向屋顶最高处的标高与尺寸。

内部尺寸是指在剖面图的内部标注的尺寸，它包括内部标高和内部尺寸。其中内部标高主要有：入口地面、底层地面、各层楼面、楼梯平台、阳台地面、屋面等部位标高，由图中可以看出该公寓的层高是 2.8m。

10.6.5 剖面图的画图步骤

剖面图画法对应于平面图和立面图，步骤如下。

（1）比例。确定绘图比例，一般与平面图相同。

（2）画定位轴线。对应于平面图，按比例画出定位轴线。

（3）画墙厚、层高。根据定位轴线画墙身、各主要楼地面高度线及屋顶的上表面高度线、室内外地坪线。

（4）确定各梯段起止点，画出各楼板厚度线。

（5）确定门窗位置，画出梯段，根据细部尺寸确定门窗洞的高度位置，根据楼梯详图尺寸画出各梯段踏步，画出阳台及雨篷、天沟等构配件轮廓线。

（6）画细部。画出剖到的门窗扇、室内台阶、阳台上下凸沿和看到的户门、楼梯栏杆扶手等。

（7）画材料图例。将剖到的屋面板、楼板、踏步、雨篷、阳台板、压顶和梁等断面内涂黑，用以表示钢筋混凝土材料；另画出地面垫层素土夯实和自然土壤的材料图例，如图 10-37 所示。

（8）标注尺寸和标高、注写文字。按施工图要求加深图线，注写标高、尺寸、图名、比例及有关文字说明。

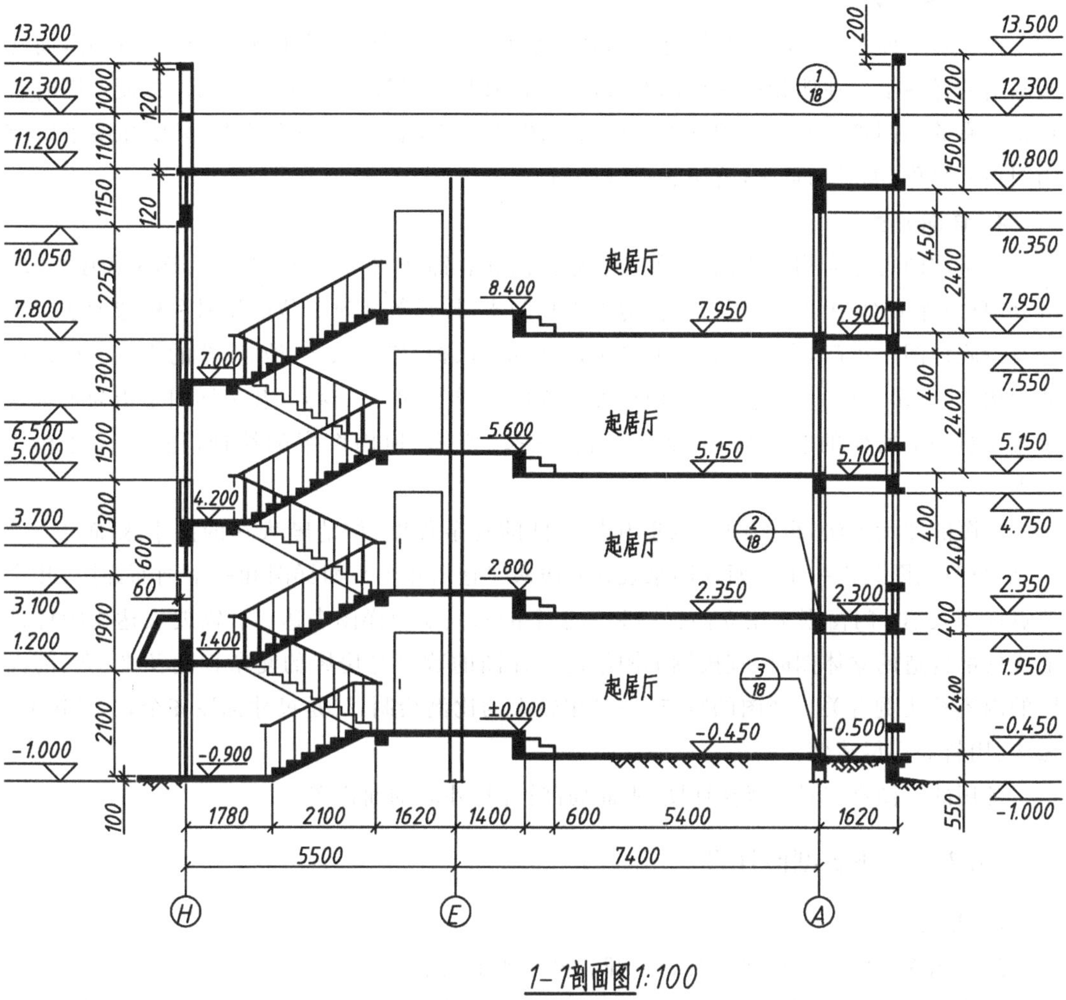

图 10-37　楼梯处剖面图

10.7　建　筑　详　图

10.7.1　概述

1. 详图的概念

由于建筑平面图、立面图、剖面图一般采用较小的比例(常用 1∶100)，在这些图样上难以表示清楚建筑物某些局部构造或建筑装饰，必须专门绘制比例较大的详图。类似这些将建筑的局部放大，尺寸标注齐全，注明材料和做法的图样称为建筑详图，简称详图，也可称为大样图。建筑详图是整套施工图中不可缺少的部分，是施工时准确地完成设计意图的重要依据之一。

2. 详图比例

详图常采用的比例为：1∶1、1∶2、1∶5、1∶10、1∶20、1∶50。

3. 详图名称。

在建筑平面图、立面图和剖面图中，凡需绘制详图的部位均应画上详图索引符号，而在所画出的详图上应注明相应的详图符号，详图符号与索引符号必须对应一致，以便看图时查找相互有关的图纸。对于选用标准图或通用图的建筑构配件和剖面节点，只要注明了所套用图集的名称、编号和页次，就不必另画详图。

4. 详图分类

建筑详图可分为构造详图、配件及设施详图和装饰详图三大类。构造详图是指屋面、墙身、墙身内外饰面、吊顶、地面、地沟、地下工程防水、楼梯等建筑部位的用料和构造做法。配件及设施详图是指门，窗，幕墙，浴厕设施，固定的台、柜、架、桌、椅、池、箱等的用料、形式、尺寸和构造，大多可以直接或参见选用标准图或厂家样本(如门、窗)。装饰详图是指为视觉效果在建筑物上所作的艺术处理，如花格窗、柱头、壁饰、地面图案的纹样、用材、尺寸和构造等。

详图的图示方法，根据细部构造和构配件的复杂程度，按清晰表达的要求来确定。例如，墙身节点图只需一个剖面详图来表达；楼梯间宜用几个平面详图和一个剖面详图、几个节点详图表达；门窗则常用立面详图和若干个剖面或断面详图表达。若需要表达构配件外形或局部构造的立体图时，宜按轴测图绘制。详图的数量与房屋的复杂程度及平、立、剖面图的内容及比例有关。详图的特点，一是用较大的比例绘制，二是尺寸标注齐全，三是构造、做法、用料等详尽清楚。

常用的详图有三种：楼梯详图、平面局部详图、外墙剖面详图。

10.7.2 外墙剖面详图

1. 形成

外墙剖面详图是将外墙沿某处剖开后投影所形成的。

一般外墙剖面详图用较大比例绘制。经常采用从剖面图上檐口、女儿墙节点、窗台、过梁、阳台节点、地面、散水、明沟节点处索引过来的详图。如图 10-38 是从图 10-36 索引后折断表达的。

2. 图示内容及规定画法

一般剖面图只是表明了建筑物上各层、洞口等大尺寸，对于详细构造做法需用详图表示。所以详图应全面表达建筑物的详细构造、大小、尺寸、材料及做法等。主要有以下内容：

(1) 图名、比例。

(2) 定位轴线。详图中所表示的轴线位置及编号应与其他图上一致。也可以同时标注几个轴线编号表示该墙节点详图的适用情况。如图 10-38 所示。

(3) 折断符号。由于外墙详图是由多个节点构成的，用折断符号折断后，相同的节点只画一个，用标高表明适用情况，如图 10-38 所示。

(4) 地面节点详图。表明室外地坪、散水(明沟)、防潮层、室内地面、踢脚板、窗台的构造做法、材料、尺寸。

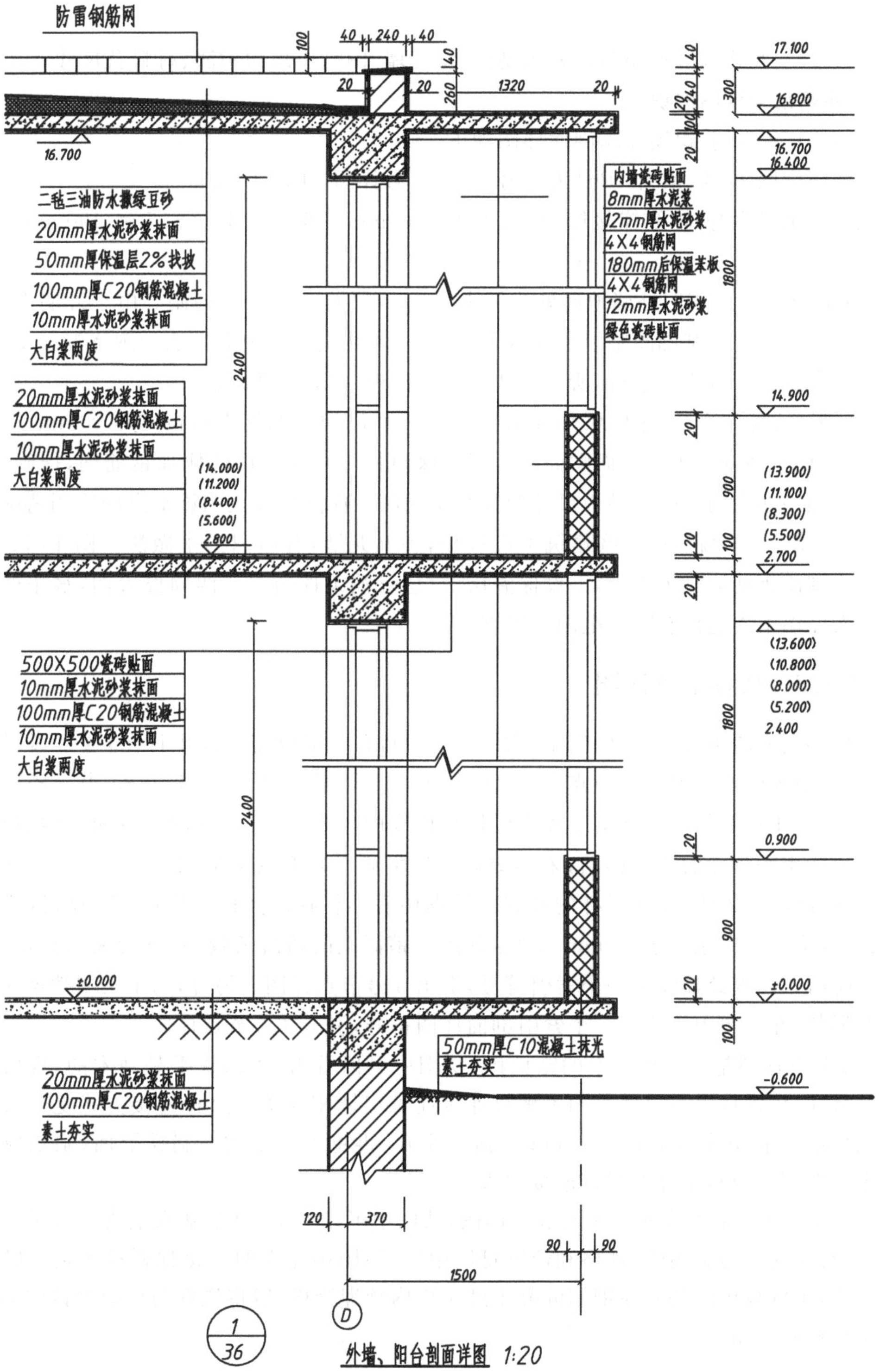
防雷钢筋网
二毡三油防水撒绿豆砂
20mm厚水泥砂浆抹面
50mm厚保温层2%找坡
100mm厚C20钢筋混凝土
10mm厚水泥砂浆抹面
大白浆两度
20mm厚水泥砂浆抹面
100mm厚C20钢筋混凝土
10mm厚水泥砂浆抹面
大白浆两度
500X500瓷砖贴面
10mm厚水泥砂浆抹面
100mm厚C20钢筋混凝土
10mm厚水泥砂浆抹面
大白浆两度
20mm厚水泥砂浆抹面
100mm厚C20钢筋混凝土
素土夯实
内墙瓷砖贴面
8mm厚水泥浆
12mm厚水泥砂浆
4X4钢筋网
180mm后保温苯板
4X4钢筋网
12mm厚水泥砂浆
绿色瓷砖贴面
50mm厚C10混凝土抹光
素土夯实
17.100
16.800
16.700
16.400
14.900
(13.900)
(11.100)
(8.300)
(5.500)
2.700
(13.600)
(10.800)
(8.000)
(5.200)
2.400
0.900
±0.000
-0.600
(14.000)
(11.200)
(8.400)
(5.600)
2.800
外墙、阳台剖面详图 1:20

图 10-38　外墙、阳台剖面详图

(5) 窗台、过梁、阳台节点详图。表明楼面、窗台、过梁、阳台等处的构造做法、材料、尺寸。

(6) 檐口、女儿墙节点详图。表明挑檐、女儿墙、圈梁屋顶的做法、材料及尺寸。

3. 外墙剖面详图的识读

以图 10-38 为例,识读外墙剖面详图如下。

该详图由图 10-36 索引,编号为 1 号,称为 1 号详图,比例 1∶20。

该详图轴线为Ⓓ,轴线连接阳台,尺寸为 1500mm。外墙厚 120+370=490mm。阳台保温板厚 180mm。

(1) 地面节点。表明外墙地面处为散水,50mm 厚 C10 混凝土捣制。由于外墙面贴面,所以不另做勒脚层。基础圈梁沿各墙设置,不再另设防潮层。地面做法为现浇混凝土抹面。考虑住户自行进行装修木地板,所以做法简单。同理,内墙不做踢脚。

(2) 阳台、窗台节点。图 10-38 中表明楼板为现浇钢筋混凝土楼板,厚 100mm,上下抹灰,天棚大白浆两度。阳台地面贴面砖。阳台保温板 180mm 厚,两侧加钢筋网,抹砂浆,外贴面砖。图中还表明了阳台挑板尺寸及抹灰层做法。标高尺寸表明该节点的适用情况。

(3) 挑檐、女儿墙节点。该建筑不设挑檐,为女儿墙,有组织排水做法。图 10-38 中表明屋顶为现浇钢筋混凝土楼板,上设保温层,二毡三油柔性防水。四周设天沟,水斗处有泄水口。女儿墙上周边设有防雷电的钢筋网。

10.7.3 楼梯节点详图

在楼梯剖面图中,由于比例较小(常用 1∶50),有些部位需要画出详图,通过索引符号引出,采用更大的比例说明各节点形式、大小、材料以及构造情况。图 10-39 为一楼梯节点详图,图中用 1∶20 的比例画出了楼梯栏杆和梯段的形式,同时在详图上有两个索引符号,用以引出扶手和踏面的节点详图,采用更大的比例画出它们的细部构造。图 10-39 详细画出了踏面、踢面的做法,楼梯栏杆的样式。从图中看出栏杆的竖杆采用圆钢 $\phi18$,折线杆采用扁钢 16×4,扶手高度为 900mm。由于该图中踏面上的防滑条较小,不能表示清楚,所以在详图防滑条位置处加注了一个索引符号,引出 3 号节点详图。另外,为了表明楼梯扶手的材料和形状,在详图中加注了一个索引剖面详图符号,引出 2 号节点详图。

2 号节点详图是该楼梯扶手的断面图,从图中可以看出:楼梯扶手是硬木的,规格形状见图中尺寸,楼梯扶手与栏杆是用木螺钉通过通长扁铁相连接。这种连接方式是先将竖杆与扁铁焊接起来,扁铁上每隔 500mm 预留一个孔,再将木扶手放在扁铁上面(扁铁应卡在木扶手下部凹槽内),通过木螺钉连接起来。

3 号节点详图是该楼梯踏面的节点详图,从图中可以看出:每个踏面上均设置了一个防滑条,防滑条材料为金刚砂,规格和位置见图中尺寸;图中还表明了楼梯栏杆下端与踏步的连接方式,本例采用的是先在钢筋混凝土踏步板内预埋钢板,后将栏杆与钢板焊接的形式来固定楼梯栏杆下端。

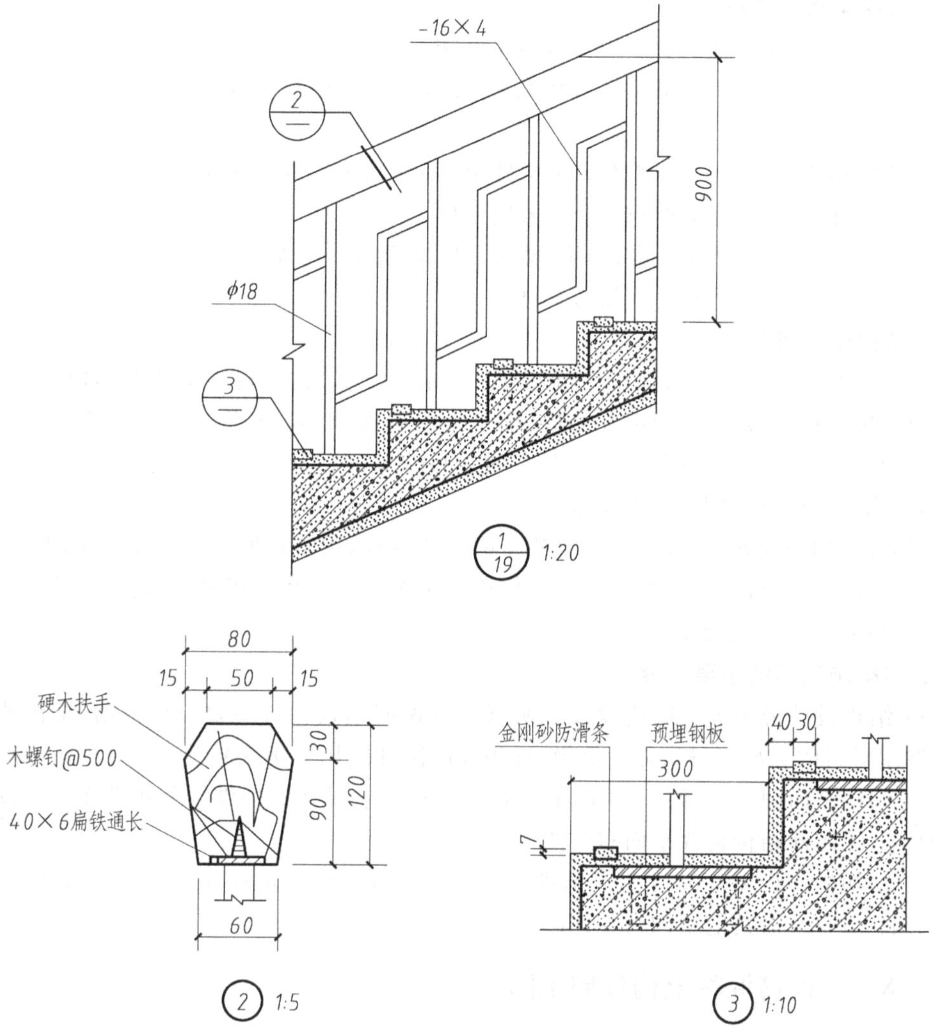

图 10-39　楼梯踏步、栏杆、扶手详图

10.8　结构施工图简介

10.8.1　结构施工图的作用和基本内容

建筑施工图主要表达了房屋的外形、内部布局、建筑细部构造和内外装修等内容，而房屋各承重构件的布置、形式、大小以及连接情况等内容都没有表达出来，这些内容由结构施工图表达。

1. 结构和构件

通常把房屋中除承受自重外还要承受其他载荷的结构称为结构部分或构件，例如基础、楼板、楼盖、楼梯、梁、柱等。承重墙体虽属结构设计，但用建筑施工图表达。

2. 房屋常用结构形式

房屋结构按承重构建的材料可分为以下几类：

(1) 砖混结构——承重墙用砖或砌块砌筑，梁、楼板和楼梯等承重构件用钢筋混凝土构件。

(2) 钢筋混凝土结构——所有承重构件全部采用钢筋混凝土材料。

(3) 钢结构——所有承重构件全部采用钢材。

(4) 砖木结构——墙用砖砌筑，梁、楼板和屋架都用木构件。

(5) 木结构——承重构件全部为木材。

3. 结构施工图的作用

在建筑物的设计过程中，根据建筑各方面要求，对建筑物进行结构选型和构件布置，再通过计算，决定房屋各承重构件(如基础、梁、板、柱等)的材料、形状、大小、尺寸和构造形式等，并将设计结果按国家《建筑结构制图标准》(GB/T 50105—2001)绘成图样以指导施工，这种图样称为结构施工图，简称“结施”。

结构施工图与建筑施工图一样，是施工的主要依据，用于指导施工放线、基础砌筑、支模板、配置钢筋、浇筑混凝土、结构安装等。结构施工图也是计算工程量、编制施工预算和施工进度表进行施工组织的依据。

4. 结构施工图的主要内容

(1) 结构设计说明书。结构设计说明书中应说明结构构件主要设计依据，结构的选定形式，选用材料的类型、规格、强度等级，选用标准图和通用图集代号及对施工的特殊要求。

(2) 结构平面图。包括：①基础平面布置图；②楼层结构构件平面布置图；③设备基础平面图；④屋面结构构件平面布置图。

(3) 结构构件详图。包括：① 基础详图；②梁、板、柱等构件详图；③楼梯结构详图；④屋架结构详图；⑤其他结构构件详图。

10.8.2 钢筋混凝土构件施工图

钢筋混凝土构件是指结构中经常采用的钢筋混凝土制成的梁、板、柱等构件。因施工方法不同分为预制构件(工厂预制、现场安装)和现浇构件(现场支模浇筑)。另外，预制构件承载前已对构件的受拉筋施加应力的称预应力构件。

1. 常用结构构件代号

在结构施工图中，为了简明地表明构件的名称种类，国家《建筑结构制图标准》(GB/T 50105—2001)规定，对于梁、板、柱等钢筋混凝土构件可用代号表示，见表10-6。

2. 混凝土

混凝土是由水泥、砂、石子、水及其他外加材料按适当比例配制、搅拌，再经装模、养护、硬化后而形成的人工石材。混凝土种类繁多，用途广泛，在建筑结构中被大量使用。混凝土抗压强度较高，以立体抗压强度表示，可分为12级，即C7.5、C10、C15、C20、C25、C30、C35、C40、C45、C50、C55、C60。其中C表示混凝土，C后面的数字表示立方体抗压强度标准值。例如C20表示立方体抗压强度≥20MPa，保证率为95%。不同的工程部位采用强度等级不同的混凝土。一般C7.5～C15用于垫层、基础工程或大体积混凝土；C15～C25多用于普通钢筋混凝土(梁、板、柱、屋架等)，C20～C30多用于大跨度结构及预制构件；C30以上用于预应力钢筋混凝土及特种结构。

表 10-6　常用构件代号

序号	名　称	代号	序号	名　称	代号	序号	名　称	代号
1	板	B	15	吊车梁	DL	29	基础	J
2	屋面板	WB	16	圈梁	QL	30	设备基础	SJ
3	空心板	KB	17	过梁	GL	31	桩	ZH
4	槽形板	CB	18	连系梁	LL	32	柱间支撑	ZC
5	折板	ZB	19	基础梁	JL	33	垂直支撑	CC
6	密肋板	MB	20	楼梯梁	TL	34	水平支撑	SC
7	楼梯板	TB	21	檩条	LT	35	梯	T
8	盖板或沟盖板	GB	22	屋梁	WJ	36	雨篷	YP
9	挡雨板或檐口板	YB	23	托架	TJ	37	阳台	YT
10	吊车安全走道板	DB	24	天窗架	CJ	38	梁垫	LD
11	墙板	QB	25	框架	KJ	39	预埋件	M
12	天沟板	TGB	26	刚架	GJ	40	天窗端壁	TD
13	梁	L	27	支架	ZJ	41	钢筋网	W
14	屋面梁	WL	28	柱	Z	42	钢筋骨架	G

3. 钢筋混凝土构件中的钢筋

1）钢筋种类和级别代号

建筑用钢材一般分为型钢和径钢。型钢常用类别及标注见表 10-7 所示。径钢即圆钢，通常直径 3～5mm 称为钢丝、6～40mm 称为钢筋。混凝土构件中常用钢筋及表示方法见表 10-8。

表 10-7　常用型钢的标注方法

名　称	截面代号	标注方法	备　注
等边角钢		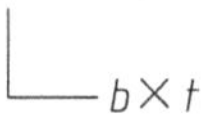	b：边宽 t：厚度
不等边角钢	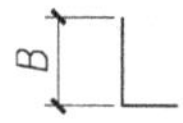		B：长肢宽；b：短肢宽 t：厚度
工字钢		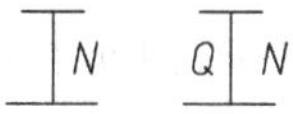	N：工字钢的型号 Q：轻型
槽钢			N：槽钢的型号 Q：轻型
方钢	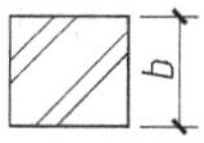	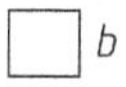	
扁钢	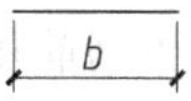	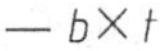	

表 10-8 钢筋种类和级别及代号

级别	符号	材料及表面形状	直径 d/mm	强度标准值/(N/mm^2)
HPB235 级	Φ	Q235,光圆钢筋	8～20	235
HRB335 级	$\underline{\Phi}$	20MnSi,带肋钢筋	6～50	335
HRB400 级	Φ (三级)	25MnSir 等,带肋钢筋	6～50	400
RRB400 级	Φ^R	K20MnSi,热处理钢筋	6～40	400

2）构件中钢筋的作用和分类

在钢筋混凝土构件中的钢筋,按其所起的作用可分为如下几类：

(1) 受力钢筋。承受拉、压应力的钢筋,如图 10-40 所示。受力筋一般直径较大,强度高。在梁、板等构件中有时将部分受力筋弯起称弯起筋。

(2) 箍筋。在梁、柱等构件中固定受力筋而形成骨架的钢筋。其直径较小,强度较低。箍筋也承受部分剪力和拉力。

(3) 架立筋。梁内固定箍筋的钢筋。其直径较小,强度较低,如图 10-40 所示。

(4) 分布筋。板类构件中固定受力筋的钢筋。直径较小,强度较低,并起将荷载分布给受力筋的作用。

(5) 负筋。现浇板边缘处或连续梁、板负弯矩处放置负钢筋。

(6) 其他钢筋。钢筋混凝土构件中有时因吊装设有吊筋,或与其他构件连接而设的拉接筋等。

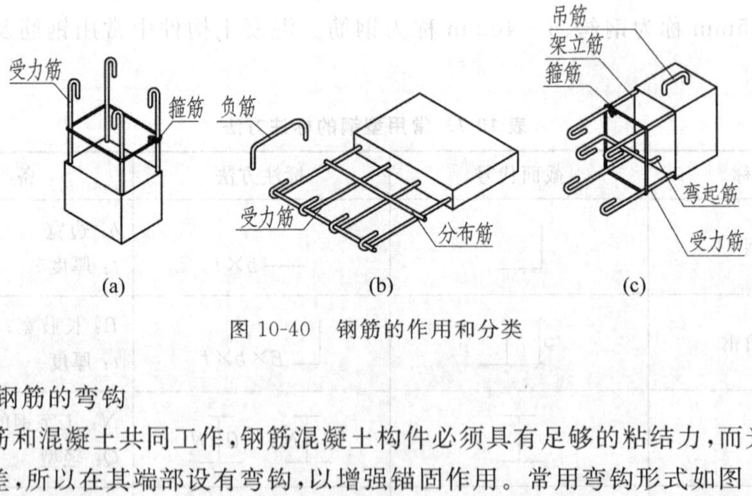

图 10-40 钢筋的作用和分类

3）光面钢筋的弯钩

为使钢筋和混凝土共同工作,钢筋混凝土构件必须具有足够的粘结力,而光面钢筋机械啮合作用较差,所以在其端部设有弯钩,以增强锚固作用。常用弯钩形式如图 10-41 所示。

4）钢筋的保护层

钢筋混凝土构件中的钢筋不能外露,以保证粘结力和防止锈蚀。规范规定要有一定厚度的混凝土作为保护层。一般梁中保护层厚度 25mm,板中钢筋保护层厚度 10mm。详见《钢筋混凝土设计规范》。

4. 钢筋混凝土构件的图示内容和图示方法

钢筋混凝土构件图由模板图、配筋图、预埋件详图和钢筋用量表等组成。它们除了要符合投影原理外,还要满足国家颁布的建筑、结构制图标准的有关规定,采用表 10-9 所列的线型标准。

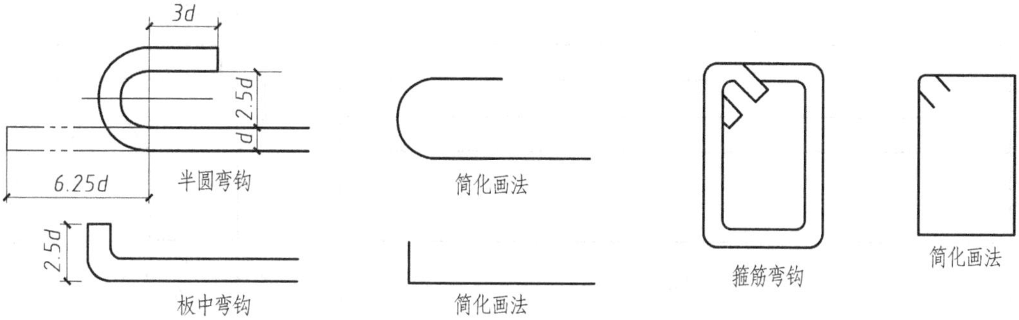

图 10-41　弯钩的形式

表 10-9　常用结构施工图图线

名称	线型	线宽	用　　途
粗实线	━━━━━━	b	螺栓，主钢筋线，结构平面图中的单线结构构件线，钢、木支撑线，图名下横线、剖切线
中实线	──────	$0.5b$	结构平面图中及详图中剖到或可见墙身轮廓线，基础轮廓线，钢、木结构轮廓线，箍筋线，板钢筋线
细实线	──────	$0.25b$	可见钢筋混凝土构件的轮廓线，尺寸线，标注引出线，标高符号，索引符号
粗虚线	━ ━ ━ ━ ━	b	不可见的钢筋，螺栓线，结构平面布置图中不可见的单线结构构件及钢、木支撑线
中虚线	- - - - - -	$0.5b$	结构平面图中不可见构件，墙身轮廓线及钢、木构件轮廓线
细虚线	- - - - - -	$0.25b$	基础平面图中的管沟轮廓线、不可见的钢筋混凝土构件轮廓线
粗点画线	━━ · ━━ · ━━	b	柱间支撑、垂直支撑、设备基础轴线图中的中心线
细点画线	── · ── · ──	$0.25b$	定位轴线、对称线、中心线
折断线	───∿───	$0.25b$	断开界线

1）模板图

由于混凝土是在模板中浇筑成型的，所以把确定构件形状所绘的图称为模板图。模板图主要表达构件的外部形状和尺寸，同时需要表明预埋件的形状、位置，预留孔洞的形状、尺寸和位置，这些是构件模板制作安装的依据。简单构件可不单独绘模板图，而应与配筋图合并绘制表示。模板图的图示方法就是按构件内外形状绘制的视图，外形轮廓线用中实线绘制，如图 10-42 所示。

2）配筋图

配筋图就是钢筋混凝土构件中的钢筋配置图。它应详尽地表达出所配置钢筋的级别、形状、尺寸、直径、数量及摆放位置。

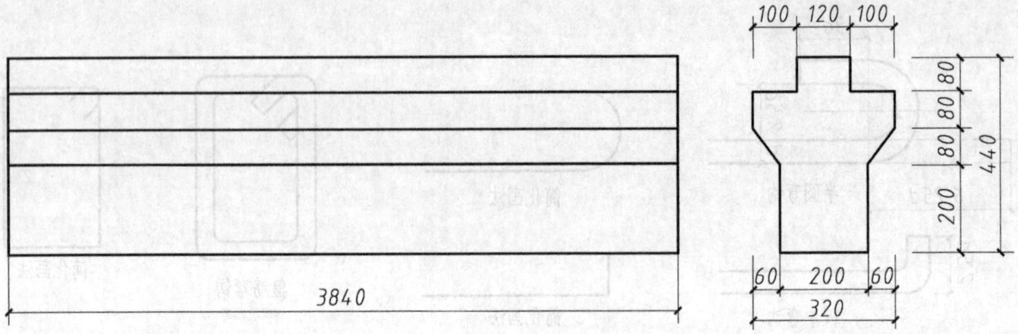

图 10-42　梁的模板图

(1) 配筋图的图示方法。规定：细实线画出构件的外形轮廓线；假想混凝土为透明体，可以看到钢筋，用粗实线绘出纵向钢筋；断面图中钢筋断面用黑圆点表示。一般梁、柱绘制立面图及断面图，板只需绘平面图。图 10-43 所示是梁的配筋图，立面图中用细实线绘出梁的外形轮廓和配筋，断面图中明确了钢筋的摆放位置。

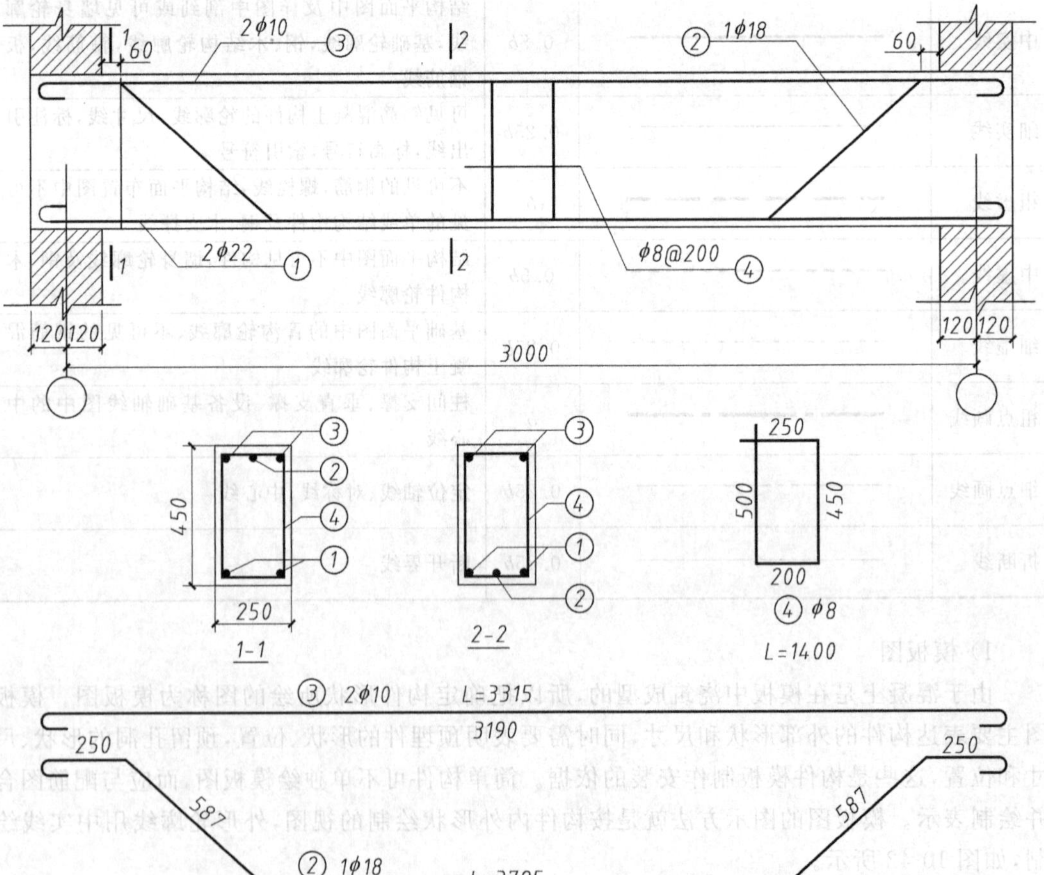

图 10-43　梁的配筋图

（2）钢筋的编号。从图10-43中看出，构件中所配的钢筋规格、形状、等级、直径等是不同的，为了有所区别，采用不同的钢筋用不同编号表示的方法来区别。钢筋编号是用阿拉伯数字注写在直径为6mm的细线圆圈内，并用引出线指到对应钢筋上。同时，在引出线的水平线段上，注出该种钢筋的根数、级别、直径等。箍筋一般不注明根数，而是用等间距代号@后面注明间距表示，具体形式如图10-43所示。

图10-43中的钢筋就是采用上述方式编号并标注的。例如①号钢筋是HPB235级钢，2根，直径为22mm。.

（3）钢筋的详图。配筋图中虽然标注了钢筋的编号及根数、等级、直径等，但对于钢筋的形状和尺寸还不清楚，不能满足施工要求，需另绘钢筋详图表示（也叫钢筋的成型图。简单的构件也可在钢筋用量表中绘制）。它是将钢筋按形状用粗实线单线绘出，并分别标出每段尺寸。所标注尺寸不包括弯钩长度，并且需注意一般钢筋所注尺寸为外皮尺寸，箍筋所注尺寸为内皮尺寸。例如图10-43中所示的①号钢筋长度为梁长减去两端保护层，即 $3240-2\times25=3190$mm；②号钢筋弯起长度587mm为该钢筋下部下皮尺寸到上部上皮尺寸；④号箍筋长度450mm为内皮尺寸。

钢筋图中还需标注出该钢筋的下料长度尺寸以便于施工下料。下料尺寸＝设计长度尺寸＋两端弯钩长度尺寸－弯曲伸长尺寸。例如①号钢筋下料长度：$3190+2\times6.25\times22=3465$mm。弯钩尺寸及弯曲伸长尺寸见建筑施工类书籍，本书不详细介绍。

（4）钢筋连接。当构件长于钢筋长度时，钢筋需要连接，连接形式有搭接、焊接等，画法见表10-10。

表10-10　常用钢筋的表示方法

序号	名　　称	图例	说　　明
1	钢筋断面	•	
2	无弯钩的钢筋端部		下图表示长、短钢筋投影重叠时，短钢筋的端部用45°斜画线表示
3	带半月形弯钩的钢筋端部		
4	带直钩的钢筋端部		
5	带丝扣的钢筋端部		
6	无弯钩的钢筋搭接		
7	带半月弯钩的钢筋搭接		
8	带直钩的钢筋搭接		
9	套管接头（花篮螺丝）	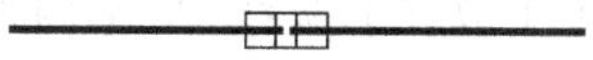	

3）钢筋用量表

在钢筋混凝土构件施工图中，除需绘制模板图和配筋图外，还需有一个钢筋用量表，以表格的形式，把每个构件的钢筋按类型列出，以供施工和工程预算。在表中需标明构件代号、构件数量、钢筋简图、编号、直径、数量、长度、总长、总重量等，见表 10-11。

表 10-11　钢筋用量表

编号	简图	直径	长度/mm	根数	总长/m	总量/kg
1		$\phi22$	3465	2	6.93	20.68
2		$\phi18$	3795	1	3.795	7.54
3		$\phi10$	3315	2	6.63	4.09
4		$\phi8$	1400	17	23.8	10.00

4）预埋件详图

在钢筋混凝土构件中，有时为了满足吊装、安装、连接等要求，需要有预埋件，如吊环、钢板、拉筋，需将预埋件图绘出，如图 10-44 所示轴测图、复杂的需画正投影图并标注尺寸。

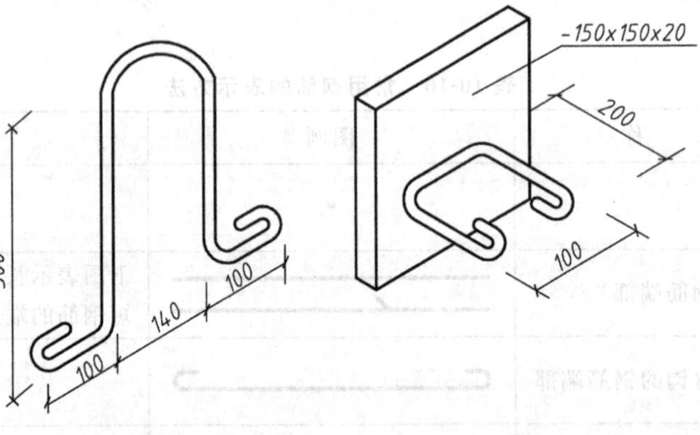

(a)　　(b)

图 10-44　预埋件详图

(a) 预埋吊钩；(b) 预埋钢板

10.8.3　基础施工图

基础是位于建筑物室内地面以下的承重部分。它承受上部墙、柱等传来的荷载，并传给基础下面的地基。建筑物上部结构形式相对应地决定了下部基础的形式。建筑物基础的形式很多，而且所用材料也不同，比较常用的是由毛石或砖砌筑的墙下条形基础和钢筋混凝土材料浇筑的柱下单独基础，如图 10-45 所示。基础下部的土壤称为地基；为基础施工而开挖的土坑称为基坑；基坑边线就是施工放线的灰线；从室内地面到基础顶面的墙称为基础墙；从室外设计地面到基础底面的垂直距离称为埋置深度；基础墙下部做成阶梯形的砌体称为大放脚；防潮层是防止地潮对墙体侵蚀保持墙身干燥的一种防潮做法，如图 10-46 所示。

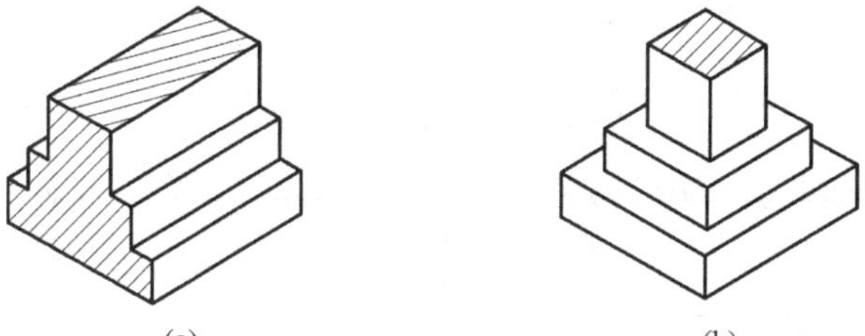

图 10-45　基础的形式
(a) 墙下条形基础；(b) 柱下单独基础

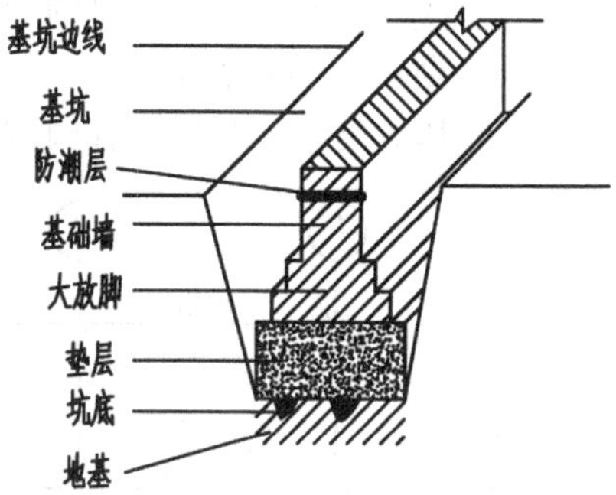

图 10-46　基础相关知识

1. 基础施工图的作用

基础施工图是进行施工放线、基槽开挖和基础砌筑的主要依据，也是做施工组织设计和施工预算的主要依据。主要图纸有基础平面图和基础详图。

2. 基础平面图

基础平面图是表示基坑在未回填土时基础平面布置的工程图样。

1）形成

假想用一个水平的剖切平面，沿建筑物室内地面以下剖开后，移去上部建筑物，向水平面作正投影所得到的投影图样称基础平面图，如图 10-47 所示。基础平面图通常只画出基础墙、柱的截面及基础底面的轮廓线，基础的大放脚等细部的可见轮廓线都省略不画，这些细部的形状和尺寸用基础详图表示。

2）图示内容及图示方法

(1) 定位轴线。与建筑施工图一样，基础平面图也要绘制轴线，并且轴线的编号、间距尺寸应与建筑施工图中的底层平面图一致。

(2) 墙身剖切线。墙身被切到的部分，可用粗实线绘制其轮廓线，可不画材料符号。

(3) 基础轮廓线。条形基础一般设计有大放脚，成台阶形，而基础平面图上只需用细实线画出最外两条轮廓线的投影即可，不画出台阶投影。

(4) 其他构造。对于设有圈梁的基础，可用一条粗实线（画在墙厚中间）表示可见的基础圈梁（不可见用粗虚线表示）。剖到的钢筋混凝土柱，可用涂黑的材料符号表示。穿过基础的管道洞口，可用细虚线表示。基础中的地沟同样用细虚线表示。

(5) 断面详图位置符号。房屋各部分墙的基础受力情况不同，所以构造、埋深等断面形状也不同，要分别绘制基础详图。所以在基础平面图上，应标注基础断面详图的位置符号和编号，形状、尺寸不同处的断面要分别编号，如相同，可用同一编号标注，且要注意投影方向，如图 10-47 所示。

3）尺寸标注

(1) 定位轴线尺寸。在基础平面图上需标注定位轴线间尺寸（开间和进深），必要时注出最外两条轴线之间总尺寸。

(2) 墙体尺寸。基础平面图上要以轴线为基准标注出同建筑平面图一致的上部砌体尺寸。

(3) 基础宽度尺寸。要以轴线为基准标注出各墙基础最外轮廓宽度尺寸，构造相同的可用同一断面图编号表示。

(4) 其他尺寸。若设有管沟洞口等，也要注明位置及尺寸。

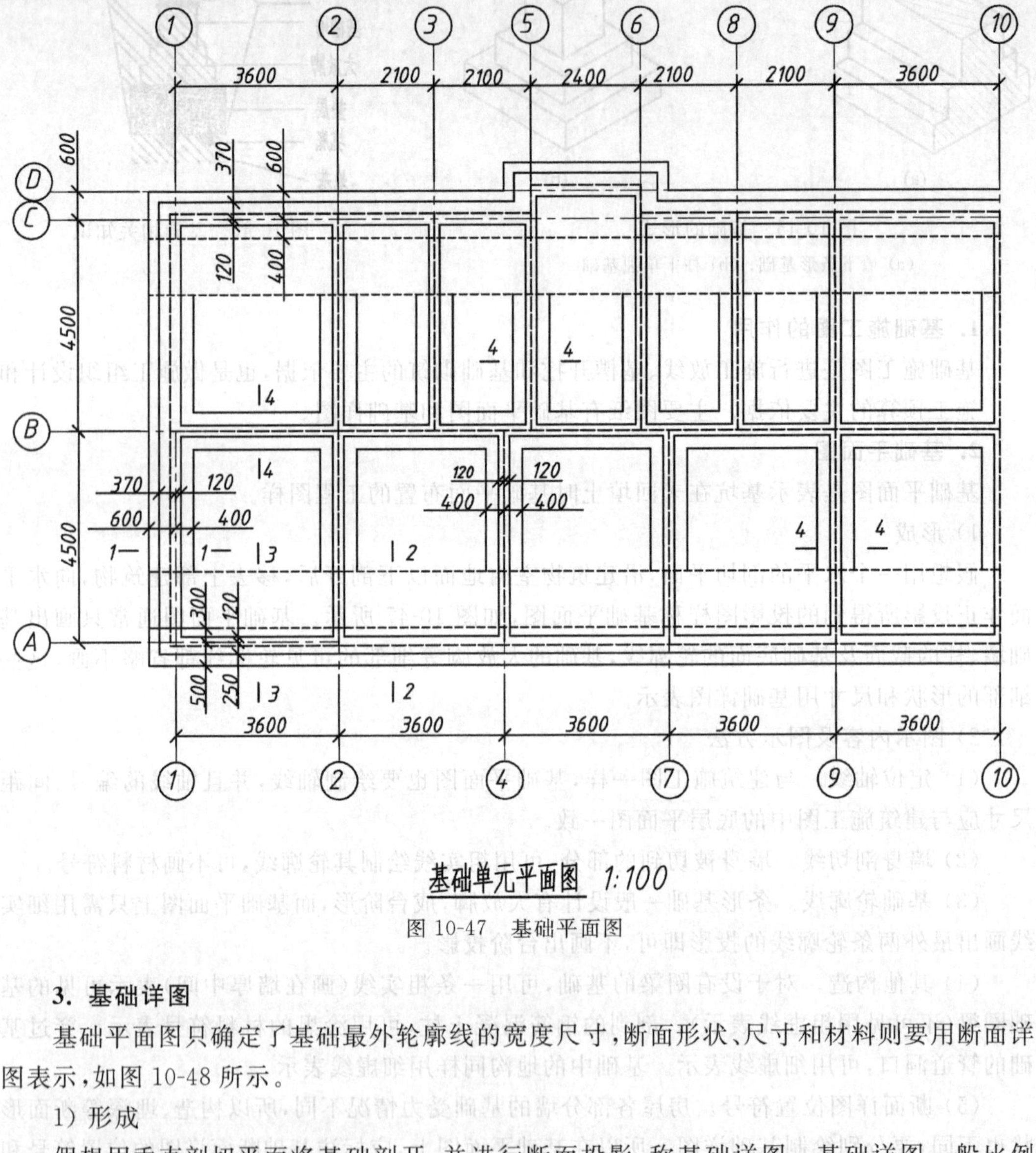

图 10-47 基础平面图

3. 基础详图

基础平面图只确定了基础最外轮廓线的宽度尺寸，断面形状、尺寸和材料则要用断面详图表示，如图 10-48 所示。

1）形成

假想用垂直剖切平面将基础剖开，并进行断面投影，称基础详图。基础详图一般比例较大。

2）图示内容和方法

按平面图中所确定的断面位置和投影方向绘制断面形状和标注尺寸及材料。

(1) 定位轴线。按断面竖直方向画出定位轴线，并根据该断面适用情况确定是否加轴线编号。

(2) 图线。剖到的外轮廓线、不同材料的分隔线用粗实线绘制，室内外地坪线用特粗线绘制，材料符号等用细实线绘制。

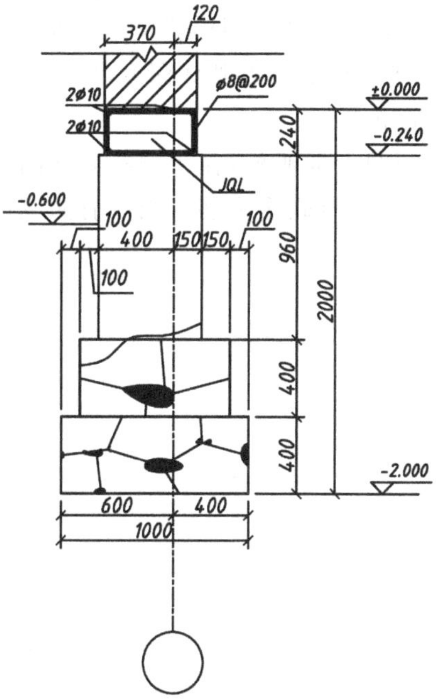

1-1基础详图 1:20

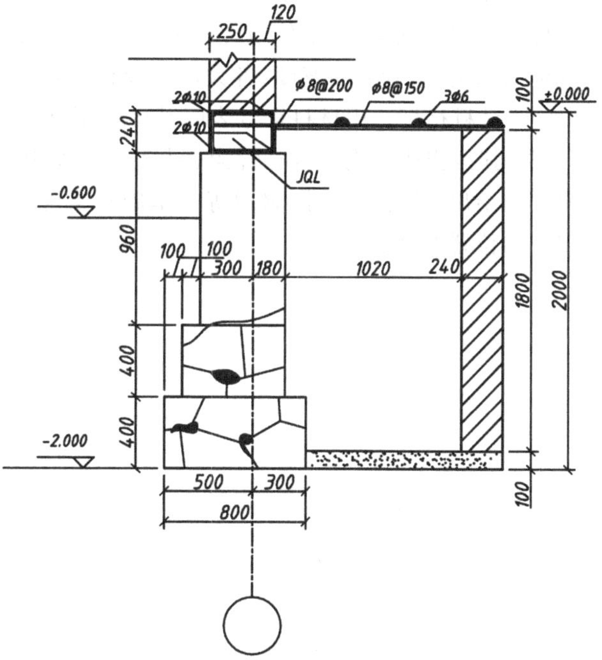

3-3基础详图 1:20

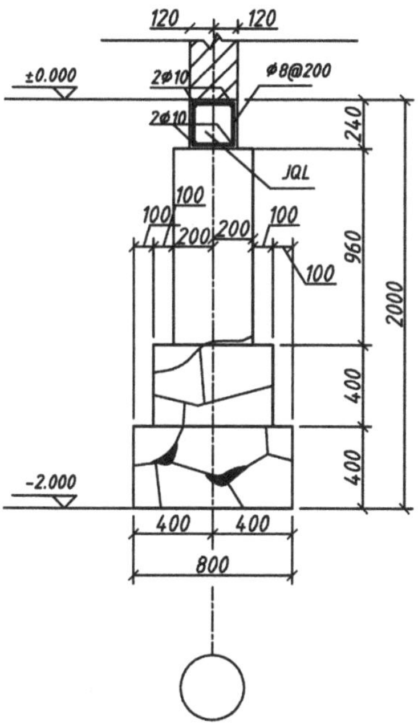

4-4基础详图 1:20

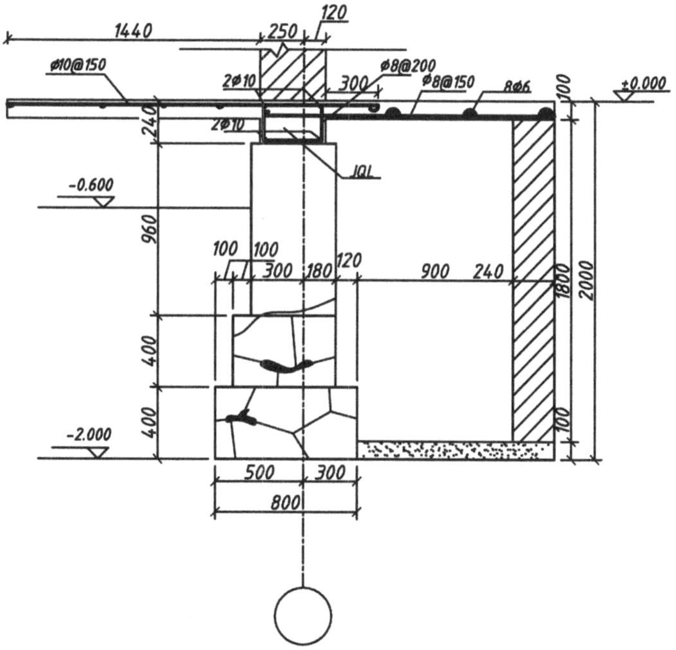

2-2基础详图 1:20

图 10-48　基础详图

（3）尺寸标注。详图上需标明详细尺寸，以满足施工、预算要求。①标高尺寸。用标高符号标注室内地面标高、室外地坪标高、基础底面标高。②构造尺寸。用构造尺寸以轴线为基准标明墙宽、基础底面宽度、各大放脚处台阶宽度、标明各台阶高度及整体深度尺寸。

（4）材料符号。用材料符号表明基础所用材料或文字说明。

（5）其他构造设施。若有管沟、洞口等构造，除在平面图上标明外，在所剖断面详图上也要详细绘出，并标明尺寸、材料等。基础圈梁可涂黑表示，也可画出配筋。当设有防潮层时需注明位置及做法。

附　　录

附录 A　螺　　纹

（1）普通螺纹的直径与螺距(GB/T 193—2003)(部分)

附表 A1　普通螺纹的直径与螺距(GB/T 193—2003)　　mm

公称直径 d、D			螺距									
第 1 系列	第 2 系列	第 3 系列	粗牙	细牙								
				4	3	2	1.5	1.25	1	0.75	0.5	0.35
3			0.5									0.35
	3.5		0.6									0.35
4			0.7								0.5	
	4.5		0.75								0.5	
5			0.8								0.5	
		5.5									0.5	
6			1							0.75		
	7		1							0.75		
8			1.25						1	0.75		
		9	1.25						1	0.75		
10			1.5					1.25	1	0.75		
		11	1.5				1.5		1	0.75		
12			1.75					1.25	1			
	14		2				1.5		1			
		15					1.5		1			
16			2				1.5		1			
		17					1.5		1			
	18		2.5			2	1.5		1			
20			2.5			2	1.5		1			
	22		2.5			2	1.5		1			
24			3			2	1.5		1			
		25				2	1.5		1			
		26					1.5					
	27		3			2	1.5		1			
		28				2	1.5		1			
30			3.5		(3)	2	1.5		1			
		32				2	1.5					
	33		3.5		(3)	2	1.5					
36			4		3	2	1.5					
		38					1.5					
	39		4		3	2	1.5					
		40			3	2	1.5					
42			4.5	4	3	2	1.5					
	45		4.5	4	3	2	1.5					
48			5	4	3	2	1.5					
		50			3	2	1.5					
	52		5	4	3	2	1.5					
		55		4	3	2	1.5					
56			5.5	4	3	2	1.5					
		58		4	3	2	1.5					
	60		5.5	4	3	2	1.5					
		62		4	3	2	1.5					
64			6	4	3	2	1.5					

(2) 普通螺纹的基本尺寸(GB/T 196—2003)

$$D_2 = D - 2\times\frac{3}{8}H;d_2 = d - 2\times\frac{3}{8}H;$$

$$D_1 = D - 2\times\frac{5}{8}H;d_1 = d - 2\times\frac{5}{8}H;$$

$$H = \frac{\sqrt{3}}{2}P = 0.866\,025\,404P$$

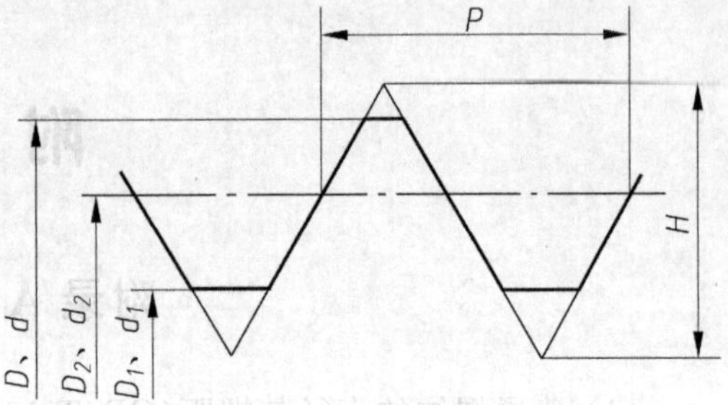

标记示例：

M16—6H(粗牙普通螺纹,大径 16mm,螺距 2mm,右旋的内螺纹,中径和顶径公差带均为 6H,中等旋合长度)

M16×1.5—5g6g(细牙普通螺纹,大径 16mm,螺距 1.5mm,右旋的外螺纹,中径公差带为 5g,顶径公差带为 6g,中等旋合长度)

附表 A2　普通螺纹的基本尺寸(GB/T 196—2003)　　mm

公称直径(大径) D、d	螺距 P	中径 D_2、d_2	小径 D_1、d_1	公称直径(大径) D、d	螺距 P	中径 D_2、d_2	小径 D_1、d_1	公称直径(大径) D、d	螺距 P	中径 D_2、d_2	小径 D_1、d_1
3	0.5	2.675	2.459	14	2	12.701	11.835	17	2	25.701	2.835
	0.35	2.773	2.621		1.5	13.026	12.376		1.5	26.026	25.376
3.5	0.6	3.110	2.85		1.25	13.188	12.647		1	26.35	25.917
	0.35	3.273	3.121		1	13.35	12.917	28	2	26.701	25.835
4	0.7	3.545	3.242	15	1.5	14.026	13.376		1.5	27.026	26.376
	0.5	3.675	3.459		1	14.35	13.917		1	27.35	26.917
4.5	0.75	4.013	3.688	16	2	14.701	13.835	30	3.5	27.727	26.211
	0.5	4.175	3.959		1.5	15.026	14.376		3	28.051	26.752
5	0.8	4.480	4.134		1	15.35	14.917		2	28.701	27.835
	0.5	4.675	4.459	17	1.5	16.026	15.376		1.5	29.026	28.376
5.5	0.5	5.175	4.959		1	16.35	15.917		1	29.35	28.917
6	1	5.350	4.917	18	2.5	16.376	15.294	32	2	30.701	29.735
	0.75	5.513	5.188		2	16.701	15.835		1.5	31.026	30.376
7	1	6.350	5.917		1.5	17.026	16.376	33	3.5	30.727	29.211
	0.75	6.513	6.188		1	17.35	16.917		3	31.051	29.752
8	1.25	7.188	6.647	20	2.5	18.376	17.294		2	31.701	30.835
	1	7.35	6.917		2	18.701	17.835		1.5	32.026	31.376
	0.75	7.513	7.188		1.5	19.026	18.376	35	1.5	34.026	33.376
9	1.25	8.188	7.647		1	19.35	18.917	36	4	33.402	31.67
	1	8.35	7.917	22	2.5	20.376	19.294		3	34.051	32.752
	0.75	8.513	8.188		2	20.701	19.835		2	34.701	33.835
10	1.5	9.026	8.376		1.5	21.026	20.376		1.5	35.026	34.376
	1.25	9.188	8.647		1	21.35	20.917	38	1.5	37.026	36.376
	1	9.35	8.917	24	3	22.051	20.752	39	4	36.402	34.67
	0.75	9.513	9.188		2	22.701	21.835		3	37.051	35.752
11	1.5	10.026	9.376		1.5	23.026	22.376		2	37.701	36.835
	1	10.35	9.917		1	23.35	22.917		1.5	38.026	37.376
	0.75	10.513	10.188	25	2	23.701	22.835	40	3	38.051	36.752
12	1.75	10.863	10.106		1.5	24.026	23.376		2	38.701	37.835
	1.5	11.026	10.376		1	24.35	23.917		1.5	39.026	38.376
	1.25	11.188	10.647	26	1.5	25.026	24.376				
	1	11.35	10.917	27	3	25.051	23.752				

(3) 梯形螺纹(GB/T 5796.2—2005,GB/T 5796.3—2005)

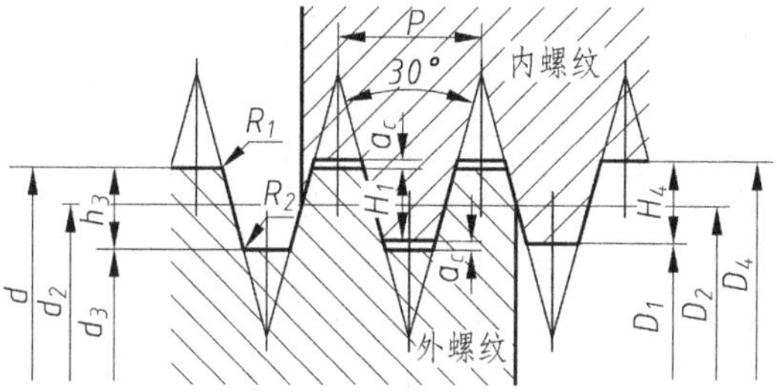

标记示例:

公称直径 40mm,导程 14mm,螺距为 7mm,双线左旋梯形螺纹:

Tr40×14(P7)LH

附表 A3　梯形螺纹(GB/T 5796.2—2005,GB/T 5796.3—2005)　　mm

公称直径 d 第一系列	公称直径 d 第二系列	螺距 P	中径 $d_2=D_2$	大径 D_4	小径 d_3	小径 D_1	公称直径 d 第一系列	公称直径 d 第二系列	螺距 P	中径 $d_2=D_2$	大径 D_4	小径 d_3	小径 D_1
8		1.5	7.250	8.300	6.200	6.500		11	2	10.000	11.500	8.500	9.000
	9	1.5	8.250	9.300	7.200	7.500			3	9.500	11.500	7.500	8.000
		2	8.000	9.500	6.500	7.000	12		2	11.000	12.500	9.500	10.000
10		1.5	9.250	10.300	8.200	8.500			3	10.500	12.500	8.500	9.000
		2	9.000	10.500	7.500	8.000							

(4) 55°非密封管螺纹(GB/T 7303—2001)

$P=25.4/n;H=0.960\,491P$

$h=0.640\,327P;r=0.137\,329P$

$D=d$

$D_2=d_2=d-h=d-0.640\,327P;D_1=d_1=d-2h=d-1.280\,654P$

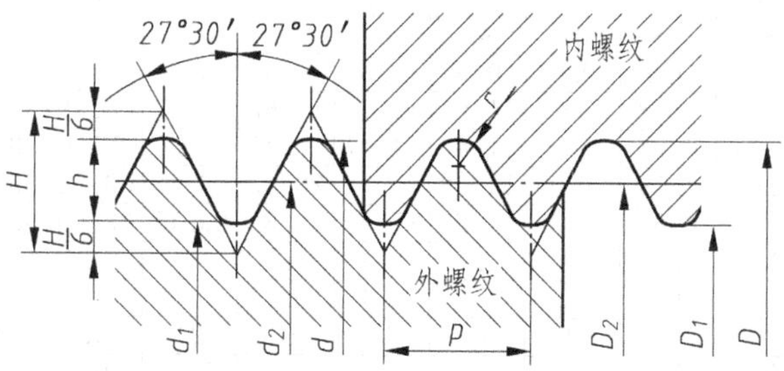

标记示例:

G3/4(尺寸代号为 3/4 的非密封管螺纹,右旋圆柱内螺纹)

G3/4 LH(尺寸代号为 3/4 的非密封管螺纹,左旋圆柱内螺纹)

G3/4A(尺寸代号为 3/4 的非密封管螺纹,公差等级为 A 级的右旋圆柱外螺纹)

G3/4B—LH(尺寸代号为 3/4 的非密封管螺纹,公差等级为 B 级的左旋圆柱外螺纹)

附表 A4　55°非密封管螺纹（GB/T 7303—2001）　　mm

尺寸代号	每 25.4mm 内的牙数 n	螺距 P	大径 d、D	中径 d_2、D_2	小径 d_1、D_1	牙高 h
1/4	19	1.337	13.157	12.301	11.445	0.856
3/8	19	1.337	16.662	15.806	14.950	0.856
1/2	14	1.814	20.955	19.793	18.631	1.162
3/4	14	1.814	26.441	25.279	24.117	1.162
1	11	2.309	33.249	31.770	30.291	1.479
$1\frac{1}{4}$	11	2.309	41.910	40.431	38.952	1.479
$1\frac{1}{2}$	11	2.309	47.803	46.324	44.845	1.479
2	11	2.309	59.614	58.135	56.656	1.479
$2\frac{1}{2}$	11	2.309	75.184	73.705	72.226	1.479
3	11	2.309	87.884	86.405	84.926	1.479

附录 B　螺纹紧固件

（1）六角头螺栓

六角头螺栓—C 级（GB/T 5780—2000）

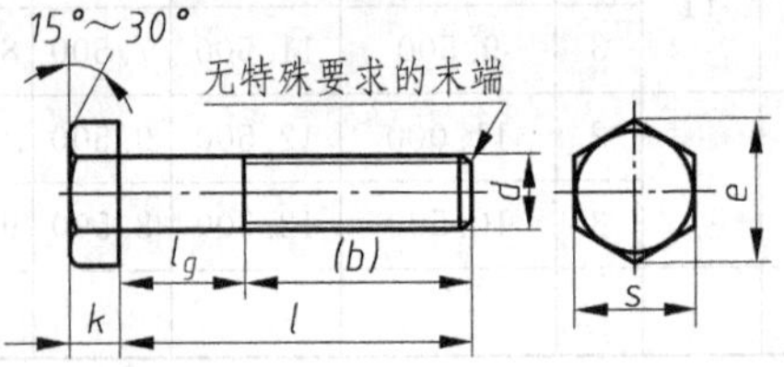

六角头螺栓—A 级和 B 级（GB/T 5782—2000）

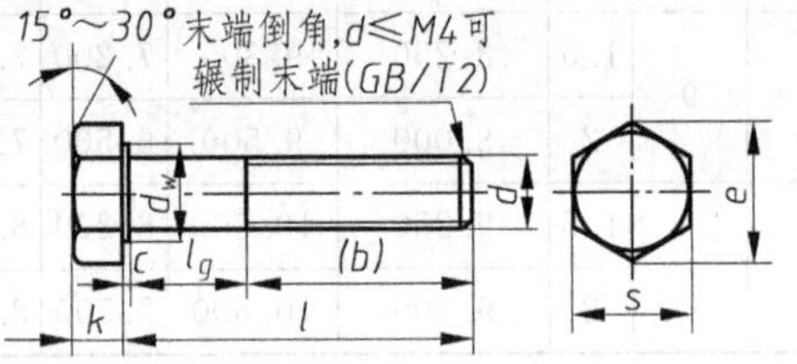

标记示例：

螺纹规格 d=M12、公称长度 l=80mm、性能等级为 8.8 级，表面氧化、A 级的六角头螺栓：

螺栓　GB/T 5782　M12×80

附表 B1　六角头螺栓 C 级（GB/T 5780—2000）、A 级和 B 级（GB/T 5782—2000）　　mm

螺纹规格 d			M3	M4	M5	M6	M8	M10	M12	M16	M20	M24	M30	M36	M42
b	$l≤125$		12	14	16	18	22	26	30	38	46	54	66	—	—
参	$125<l≤200$		18	20	22	24	28	32	36	44	52	60	72	84	96
考	$l>200$		31	33	35	37	41	45	49	57	65	73	85	97	109
c			0.4	0.4	0.5	0.5	0.6	0.6	0.6	0.8	0.8	0.8	0.8	0.8	1
d_w	产品等级	A	4.57	5.88	6.88	8.88	11.63	14.63	16.63	22.49	28.19	33.61	—	—	—
		B、C	4.45	5.74	6.74	8.74	11.47	14.47	16.47	22	27.7	33.25	42.75	51.11	59.95
e	产品等级	A	6.01	7.66	8.79	11.05	14.38	17.77	20.03	26.75	33.53	39.98	—	—	—
		B、C	5.88	7.50	8.63	10.89	14.20	17.59	19.85	26.17	32.95	39.55	50.85	60.79	72.02
k 公称			2	2.8	3.5	4	5.3	6.4	7.5	10	12.5	15	18.7	22.5	26
r			0.1	0.2	0.2	0.25	0.4	0.4	0.6	0.6	0.8	0.8	1	1	1.2
s 公称			5.5	7	8	10	13	16	18	24	30	36	46	55	65
l（商品规格范围）			20～30	25～40	25～50	30～60	40～80	45～100	50～120	65～160	80～200	90～240	110～300	140～360	160～400
l 系列			12,16,20,25,30,35,40,45,50,(55),60,(65),70,80,90,100,110,120,130,140,150,160,180,200,220,240,260,280,300,320,340,360,380,400,420,440,460,480,500												

注：1. A 级用于 $d≤24$mm 和 $l≤10d$ 或≤150mm 的螺栓；B 级用于 $d>24$mm 和 $l>10d$ 或>150mm 的螺栓。

2. 螺纹规格 d 范围：GB/T 5780 或 M5～M64；GB/T 5782 为 M1.6～M64。表中未列入 GB/T 5780 中尽可能不采用的非优先系列的螺纹规格。

3. 表中 d_w 和 e 的数据，属 GB/T 5780 的螺栓查阅产品等级为 C 的行；属 GB/T 5782 的螺栓则分别按产品等级 A、B 分别查阅相应的 A、B 行。

4. 公称长度 l 范围：GB/T 5780 为 25～500；GB/T 5782 为 12～500。尽可能不用 l 系列中带括号的长度。

5. 材料为钢的螺栓性能等级有 5.6、8.8、9.8、10.9 级，其中 8.8 级为常用。

（2）双头螺柱

$b_m=1d$（GB/T 897—1988）

$b_m=1.25d$（GB/T 898—1988）

$b_m=1.5d$（GB/T 899—1988）

$b_m=2d$（GB/T 900—1988）

双头螺柱－$b_m=1d$（GB/T 897—1988）

双头螺柱－$b_m=1.25d$（GB/T 898—1988）

双头螺柱—$b_m=1.5d$（GB/T 899—1988）

双头螺柱—$b_m=2d$（GB/T 900—1988）

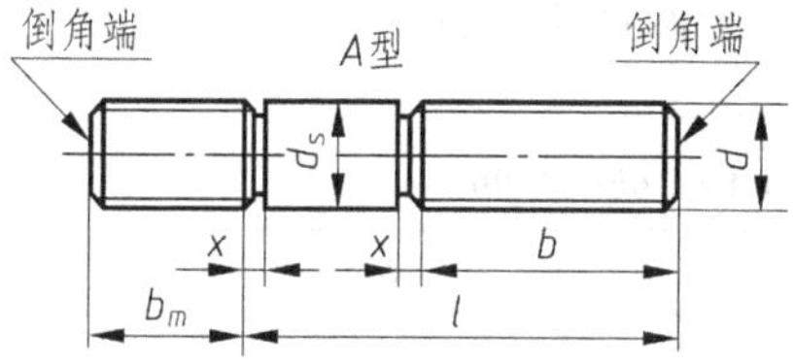

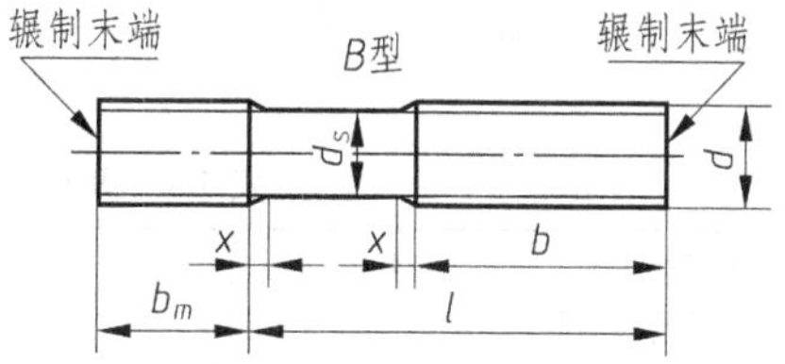

标记示例：

两端均为粗牙普通螺纹，$d=10$mm，$l=50$mm，性能等级为 4.8 级，不经表面处理，B 型，$b_m=1d$ 的双头螺柱：

螺柱　GB/T 897　M10×50

标记示例：

旋入端为粗牙普通螺纹，紧固端为螺距 $P=1$mm 的细牙普通螺纹，$d=10$mm，$l=50$mm，性能等级为 4.8 级，不经表面处理，A 型，$b_m=1.25d$ 的双头螺柱：

螺柱　GB/T 898　AM10—M10×1×50

$d_s\approx$ 螺纹中径（仅适用于 B 型）

附表 B2　双头螺柱（GB/T 897、898、899、900—1988）　mm

螺纹规格 d	b_m 公称 GB/T 897—1988	b_m 公称 GB/T 898—1988	d_s max	d_s min	x max	b	l 公称
M5	5	6	5	4.7	1.5P	10	16～(22)
						16	25～50
M6	6	8	6	5.7		10	20、(22)
						14	25、(28)、30
						18	(32)～(75)
M8	8	10	8	7.64		12	20、(22)
						16	25、(28)、30
						22	(32)～90
M10	10	12	10	9.64		14	25、(28)
						16	30、(38)
						26	40～120
						32	130
M12	12	15	12	11.57		16	25～30
						20	(32)～40
						30	45～120
						36	130～180
M16	16	20	16	15.57		20	30～(38)
						30	40～50
						38	60～120
						44	130～200
M20	20	25	20	19.48		25	35～40
						35	45～60
						46	(65)～120
						52	130～200

注：1. 本表未列入 GB/T 899—1988、GB/T 900—1988 两种规格。需用时可查阅这两个标准。GB/T 897、GB/T 898 规定的螺纹规格 $d=$M5～M48，如需用 M20 以上的双头螺柱，也可查阅这两个标准。

2. P 表示粗牙螺纹的螺距。

3. l 的长度系列：16，(18)，20，(22)，25，(28)，30，(32)，35，(38)，40，45，50，(55)，60，(65)，70，(75)，80，90，(95)，100～260（十进位），280，300。括号内的数值尽可能不采用。

4. 材料为钢的螺柱，性能等级有 4.8、5.8、6.8、8.8、10.9、12.9 级，其中 4.8 级为常用。

(3) 开槽圆柱头螺钉(GB/T 65—2000)

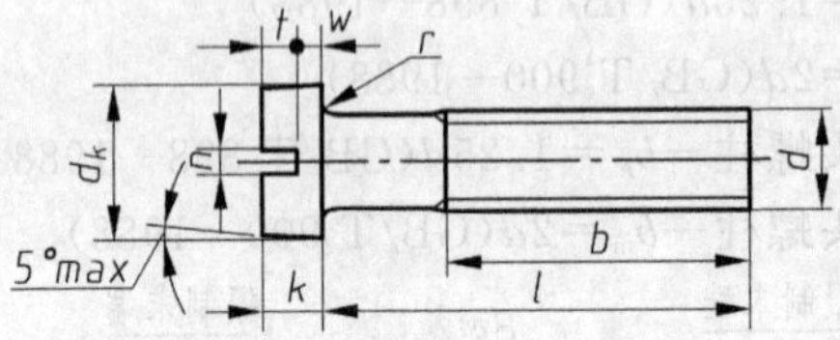

标记示例：

螺钉 GB/T 65　M5×20(螺纹规格 M5，公称长度 l=20mm，性能等级为 4.8 级，不经表面处理的 A 级开槽圆柱头螺钉)

附表 B3　开槽圆柱头螺钉(GB/T 65—2000)　　mm

螺纹规格 d	M4	M5	M6	M8	M10
P(螺距)	0.7	0.8	1	1.25	1.5
b	38	38	38	38	38
d_k	7	8.5	10	13	16
k	2.6	3.3	3.9	5	6
n	1.2	1.2	1.6	2	2.5
r	0.2	0.2	0.25	0.4	0.4
t	1.1	1.3	1.6	2	2.4
公称长度 l	5~40	6~50	8~60	10~80	12~80
l 系列	5,6,8,10,12,(14),16,20,25,30,35,40,45,50,(55),60,(65),70,(75),80				

注：1. 公称长度 $l \leqslant 40$mm 的螺钉，制出全螺纹。

2. 括号内的规格尽可能不采用。

3. 螺纹规格 d=M1.6~M10；公称长度 l=2~80mm。d<M4 的螺钉未列入。

4. 材料为钢的螺钉性能等级有 4.8、5.8 级，其中 4.8 级为常用。

(4) 开槽盘头螺钉(GB/T 67—2008)

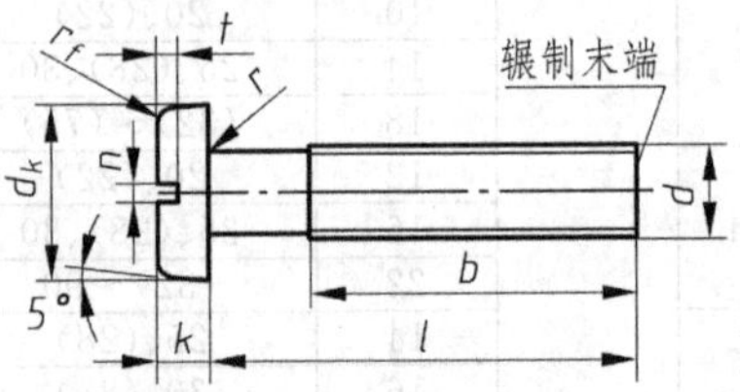

标记示例：

螺纹规格 d=M5、公称长度 l=20mm、性能等级为 4.8 级，不经表面处理的 A 级开槽盘头螺钉：

螺钉　GB/T 67　M5 × 20

附表 B4　开槽盘头螺钉(GB/T 67—2008)　　mm

螺纹规格 d	M3	M4	M5	M6	M8	M10
P(螺距)	0.5	0.7	0.8	1	1.25	1.5
b	25	38	38	38	38	38
d_k	5.6	8	9.5	12	16	20
k	1.8	2.4	3	3.6	4.8	6
n	0.8	1.2	1.2	1.6	2	2.5
r	0.1	0.2	0.2	0.25	0.4	0.4
t	0.7	1	1.2	1.4	1.9	2.4
r_f(参考)	0.9	1.2	1.5	1.8	2.4	3
公称长度 l	4~30	5~40	6~50	8~60	10~80	12~80
l 系列	4,5,6,8,10,12,(14),16,20,25,30,35,40,45,50,(55),60,(65),70,(75),80					

注：1. 括号内的规格尽可能不采用。

2. 螺纹规格 d=M1.6~M10；公称长度 2~80mm。d<M3 的螺钉未列入。

3. M1.6~M3 的螺钉，公称长度 $l \leqslant 30$mm 时，制出全螺纹。

4. M4~M10 的螺钉，公称长度 $l \leqslant 40$mm 时，制出全螺纹。

5. 材料为钢的螺钉，性能等级有 4.8、5.8 级，其中 4.8 级为常用。

(5) 开槽沉头螺钉(GB/T 68—2000)

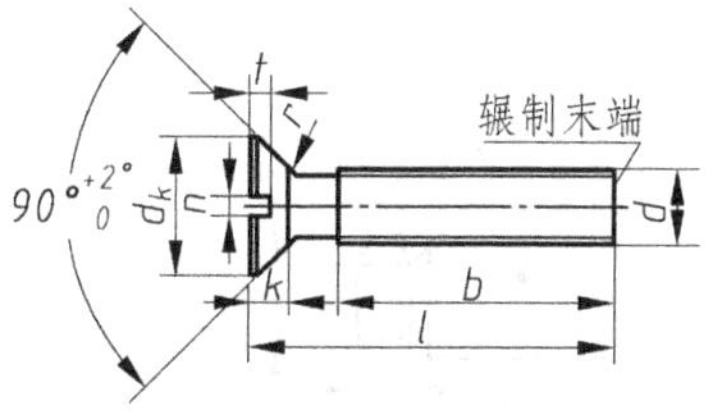

标记示例：

螺纹规格 d=M5、公称长度 l=20mm、性能等级为4.8级，不经表面处理的A级开槽沉头螺钉：

螺钉　GB/T 68　M5×20

附表 B5　开槽沉头螺钉(GB/T 68—2000)　　mm

螺纹规格 d	M1.6	M2	M2.5	M3	M4	M5	M6	M8	M10
P(螺距)	0.35	0.4	0.45	0.5	0.7	0.8	1	1.25	1.5
b	25	25	25	25	38	38	38	38	38
d_k	3.6	4.4	5.5	6.3	9.4	10.4	12.6	17.3	20
k	1	1.2	1.5	1.65	2.7	2.7	3.3	4.65	5
n	0.4	0.5	0.6	0.8	1.2	1.2	1.6	2	2.5
r	0.4	0.5	0.6	0.8	1	1.3	1.5	2	2.5
t	0.5	0.6	0.75	0.85	1.3	1.4	1.6	2.3	2.6
公称长度 l	2.5～16	3～20	4～25	5～30	6～40	8～50	8～60	10～80	12～80
l 系列	2.5,3,4,5,6,8,10,12,(14),16,20,25,30,35,40,45,50,(55),60,(65),70,(75),80								

注：1. 括号内的规格尽可能不采用。
2. M1.6～M3 的螺钉，公称长度 l≤30mm 时，制出全螺纹。
3. M4～M10 的螺钉，公称长度 l≤45mm 时，制出全螺纹。
4. 材料为钢的螺钉性能等级有 4.8、5.8 级，其中 4.8 级为常用。

(6) 内六角圆柱头螺钉(GB/T 70.1—2008)

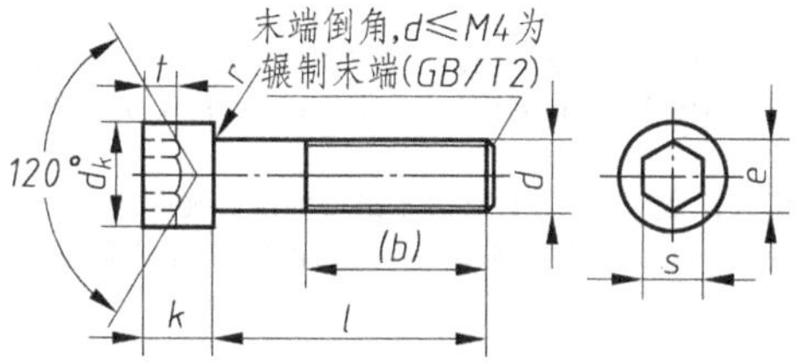

标记示例：

螺纹规格 d=M5、公称长度 l=20mm、性能等级为 8.8 级，表面氧化的内六角圆柱头螺钉：

螺钉　GB/T 70.1　M5×20

附表 B6　内六角圆柱头螺钉(GB/T 70.1—2008)　　mm

螺纹规格 d	M3	M4	M5	M6	M8	M10	M12	M16	M20
P(螺距)	0.5	0.7	0.8	1	1.25	1.5	1.75	2	2.5
b 参考	18	20	22	24	28	32	36	44	52
d_k	5.5	7	8.5	10	13	16	18	24	30
k	3	4	5	6	8	10	12	16	20
t	1.3	2	2.5	3	4	5	6	8	10
s	2.5	3	4	5	6	8	10	14	17
e	2.87	3.44	4.58	5.72	6.86	9.15	11.43	16.00	19.44
r	0.1	0.2	0.2	0.25	0.4	0.4	0.6	0.6	0.8
公称长度 l	5～30	6～40	8～50	10～60	12～80	16～100	20～120	25～160	30～200
l≤表中数值时，制出全螺纹	20	25	25	30	35	40	45	55	65
l 系列	2.5,3,4,5,6,8,10,12,16,20,25,30,35,40,45,50,55,60,65,70,80,90,100,110,120,130,140,150,160,180,200,220,240,260,280,300								

注：螺纹规格 d=M1.6～M64。六角槽端部允许倒圆或制出沉孔。材料为钢的螺钉的性能等级有 8.8、10.9、12.9 级，8.8 级为常用。

(7) 开槽锥端紧定螺钉(GB/T 71—1985)　开槽平端紧定螺钉(GB/T 73—1985)　开槽长圆柱端紧定螺钉(GB/T 75—1985)

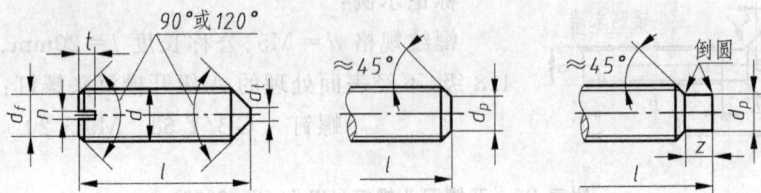

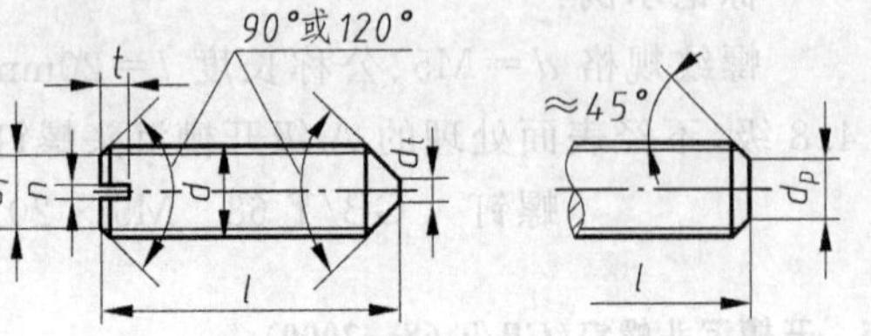

标记示例:

螺纹规格 d=M5,公称长度 l=12mm、性能等级为 14H 级,表面氧化的开槽平端紧定螺钉:

螺钉　GB/T 73　M5×12－14H

附表 B7　开槽锥端紧定螺钉(GB/T 71—1985)　开槽平端紧定螺钉(GB/T 73—1985)

开槽长圆柱端紧定螺钉(GB/T 75—1985)　mm

螺纹规格 d		M1.6	M2	M2.5	M3	M4	M5	M6	M8	M10	M12
P(螺距)		0.35	0.4	0.45	0.5	0.7	0.8	1	1.25	1.5	1.75
n(公称)		0.25	0.25	0.4	0.4	0.6	0.8	1	1.2	1.6	2
t		0.74	0.84	0.95	1.05	1.42	1.63	2	2.5	3	3.6
d_t		0.16	0.2	0.25	0.3	0.4	0.5	1.5	2	2.5	3
d_p		0.8	1	1.5	2	2.5	3.5	4	5.5	7	8.5
z		1.05	1.25	1.5	1.75	2.25	2.75	3.25	4.3	5.3	6.3
公称长度 l	GB/T 71—1985	2～8	3～10	3～12	4～16	6～20	8～25	8～30	10～40	12～50	14～60
	GB/T 73—1985	2～8	3～10	4～12	4～16	5～20	6～25	8～30	8～40	10～50	12～60
	GB/T 75—1985	2.5～8	4～10	5～12	6～16	8～20	10～25	12～30	16～40	20～50	25～60
l 系列		2,2.5,3,4,5,6,8,10,12,(14),16,20,25,30,35,40,45,50,(55),60									

注:1. 括号内的规格尽可能不采用。

2. d_f 不大于螺纹小径。本表中 n 摘录的是公称值,t、d_t、d_p、z 摘录的是最大值。l 在 GB/T 71 中,当 d=M2.5、l=3mm 时,螺钉两端倒角均为 120°,其余均为 90°。l 在 GB/T 73 和 GB/T 75 中,分别列出了头部倒角为 90°和 120°的尺寸,本表只摘录了头部倒角为 90°的尺寸。

3. 紧定螺钉性能等级有 14H、22H 级,其中 14H 级为常用。H 表示硬度,数字表示最低的维氏硬度的 1/10。

4. GB/T 71、GB/T 73 规定,d=M1.2～M12;GB/T 75 规定,d=M1.6～M12。如需用前两种紧定螺钉 M1.2 时,有关资料可查阅这两个标准。

(8) 1 型六角螺母(GB/T 6170—2000)

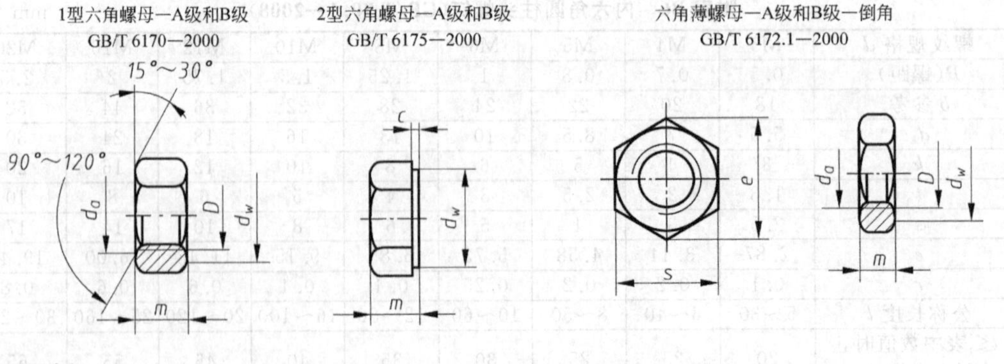

标记示例:

螺纹规格 D=M12,性能等级为 10 级,不经表面处理,A 级的六角螺母:

1 型	2 型	薄螺母,倒角
螺母　GB/T 6170 M12	螺母　GB/T 6175 M12	螺母　GB/T 6172.1 M12

附录 B8　1 型六角螺母(GB/T 6170—2000)　　mm

螺纹规格 D		M3	M4	M5	M6	M8	M10	M12	M16	M20	M24	M30	M36
e_{min}		6.01	7.66	8.79	11.05	14.38*	17.77	20.03	26.75	32.95	39.55	50.85	60.79
s	max	5.5	7	8	10	13	16	18	24	30	36	46	55
	min	5.32	6.78	7.78	9.78	12.73	15.73	17.73	23.67	29.16	35	45	53.8
c_{max}		0.4	0.4	0.5	0.5	0.6	0.6	0.6	0.8	0.8	0.8	0.8	0.8
d_{wmin}		4.6	5.9	6.9	8.9	11.6	14.6	16.6	22.5	27.7	33.2	42.7	51.1
d_{amax}		3.45	4.6	5.75	6.75	8.75	10.8	13	17.3	21.6	25.9	32.4	38.9
GB/T 6170 m	max	2.4	3.2	4.7	5.2	6.8	8.4	10.8	14.8	18	21.5	25.6	31
	min	2.15	2.9	4.4	4.9	6.44	8.04	10.37	14.1	16.9	20.2	24.3	29.4
GB/T 6172 m	max	1.8	2.2	2.7	3.2	4	5	6	8	10	12	15	18
	min	1.55	1.95	2.45	2.9	3.7	4.7	5.7	7.42	9.10	10.9	13.9	16.9
GB/T 6175 m	max	—	—	5.1	5.7	7.5	9.3	12	16.4	20.3	23.9	28.6	34.7
	min	—	—	4.8	5.4	7.14	8.94	11.57	15.7	19	23.6	27.3	33.1

注：GB/T 6170 和 GB/T 6172.1 的螺纹规格为 M1.6～M64；GB/T 6175 的螺纹规格为 M5～M36。

(9) 垫圈

平垫圈 A 级(GB/T 97.1—2002)

小垫圈 A 级(GB/T 848—2002)

标记示例：

垫圈 GB/T 97.1　8(公称规格 8mm，由钢制造的硬度等级为 200HV 级，不经表面处理，产品等级为 A 级的平垫圈)

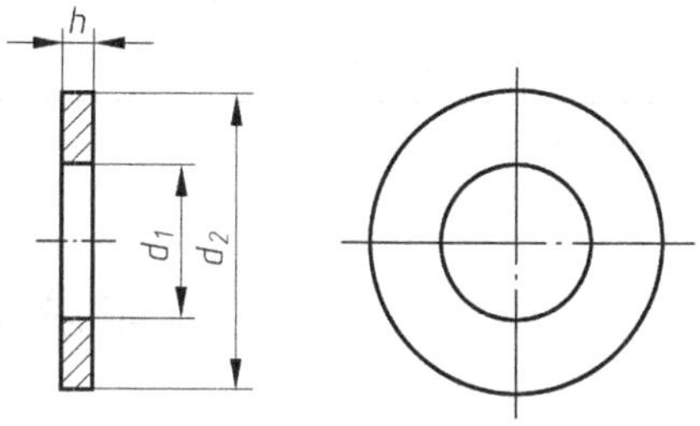

附表 B9　平垫圈(GB/T 97.1—2002)、小垫圈(GB/T 848—2002)　　mm

公称规格(螺纹大径 d)		优选尺寸													非优选尺寸			
		3	4	5	6	8	10	12	16	20	24	30	36	14	18	22	27	33
平垫圈	d_1	3.2	4.3	5.3	6.4	8.4	10.5	13	17	21	25	31	37	15	19	23	28	34
	d_2	7	9	10	12	16	20	24	30	37	44	56	66	28	34	39	50	60
	h	0.5	0.8	1	1.6	1.6	2	2.5	3	3	4	4	5	2.5	3	3	4	5
小垫圈	d_1	3.2	4.3	5.3	6.4	8.4	10.5	13	17	21	25	31	37	15	19	23	28	34
	d_2	6	8	9	11	15	18	20	28	34	39	50	60	24	30	37	44	56
	h	0.5	0.5	1	1.6	1.6	1.6	2	2.5	3	4	4	5	2.5	3	3	4	5

注：平垫圈适用于六角头螺栓、螺钉和六角螺母，小垫圈适用于圆柱头螺钉；硬度等级均为 200HV 和 300HV 级。

标准型弹簧垫圈(GB/T 93—1987)

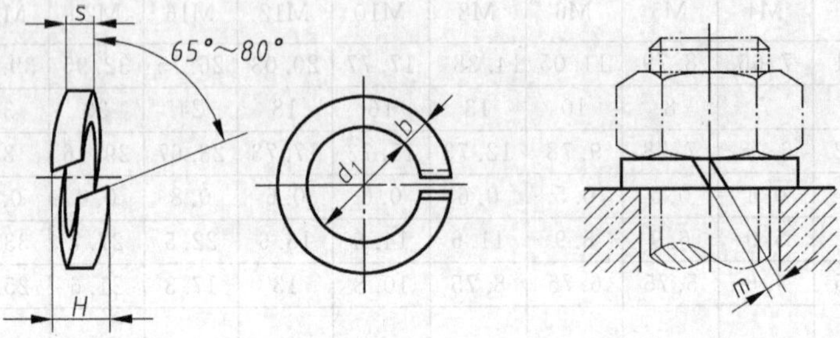

标记示例：

垫圈 GB/T 93—1987　16(公称直径为 16mm，材料为 65Mn，表面氧化的标准型弹簧垫圈)

附表 B10　标准型弹簧垫圈(GB/T 93—1987)　　mm

公称尺寸	4	5	6	8	10	12	(14)	16	(18)	20	(22)	24	(27)	30	36	42	48
$d_{1\min}$	4.1	5.1	6.1	8.1	10.2	12.2	14.2	16.2	18.2	20.2	22.5	24.5	27.5	30.5	36.5	42.5	48.5
$S(b)$	1.1	1.3	1.6	2.1	2.6	3.1	3.6	4.1	4.5	5	5.5	6	6.8	7.5	9	10.5	12
$m \leqslant$	0.6	0.8	1	1.2	1.5	1.7	2	2	2.2	2.5	2.5	3	3	3.2	3.5	4	4.5
$H_{\min}$	2.2	2.6	3.2	4.2	5.2	6.2	7.2	8.2	9	10	11	12	13.6	15	18	21	24

注：括号内尺寸尽量不用。

附录 C　螺纹连接结构

(1) 普通螺纹收尾、肩距、退刀槽和倒角(GB/T 3—1997)

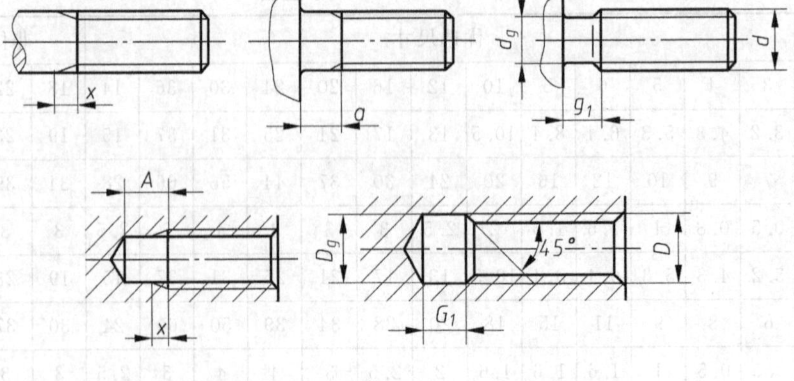

附表 C1　普通螺纹收尾、肩距、退刀槽和倒角(GB/T 3—1997)　　mm

螺距	收尾		肩距		退刀槽			
P	x_{min}	x_{max}	a_{max}	A	g_{1min}	d_g	G_1	G_g
0.5	1.25	2	1.5	3	0.8	$d-0.8$	2	$D+0.3$
0.6	1.5	2.4	1.8	3.2	0.9	$d-1$	2.4	
0.7	1.75	2.8	2.1	3.5	1.1	$d-1.1$	2.8	
0.75	1.9	3	2.25	3.8	1.2	$d-1.2$	3	
0.8	2	3.2	2.4	4	1.3	$d-1.3$	3.2	
1	2.5	4	3	5	1.6	$d-1.6$	4	
1.25	3.2	5	4	6	2	$d-2$	5	$D+0.5$
1.5	3.8	6	4.5	7	2.5	$d-2.3$	6	
1.75	4.3	7	5.3	9	3	$d-2.6$	7	
2	5	8	6	10	3.4	$d-3$	8	
2.5	6.3	10	7.5	12	4.4	$d-3.6$	10	
3	7.5	12	9	14	5.2	$d-4.4$	12	
3.5	9	14	10.5	16	6.2	$d-5$	14	
4	10	16	12	18	7	$d-5.7$	16	
4.5	11	18	13.5	21	8	$d-6.4$	18	
5	12.5	20	15	23	9	$d-7$	20	
5.5	14	22	16.5	25	11	$d-7.7$	22	
6	15	24	18	28	11	$d-8.3$	24	
参考值	$\approx 2.5P$	$=4P$	$\approx 3P$	$\approx 6\sim 5P$	—	—	$=4P$	—

注：1. D 和 d 分别为内、外螺纹的公称直径代号。

2. 收尾和肩距为优先选用值。

3. 外螺纹始端端面的倒角一般为 45°，也可取 60°或 30°；倒角深度应大于等于螺纹牙型高度。内螺纹入口端面的倒角一般为 120°，也可取 90°；端面倒角直径为(1.05～1)D。

(2) 螺栓和螺钉用通孔(GB/T 5277—1985)　沉头用沉孔(GB/T 152.2—1988)　圆柱头用沉孔(GB/T 152.3—1988)　六角头螺栓和六角螺母用沉孔(GB/T 152.4—1988)

附表 C2　螺栓和螺钉用通孔(GB/T 5277—1985)　沉头用沉孔(GB/T 152.2—1988)　圆柱头用沉孔(GB/T 152.3—1988)　六角头螺栓和六角螺母用沉孔(GB/T 152.4—1988)

mm

螺纹规格				M4	M5	M6	M8	M10	M12	M16	M20	M24	M30	M36
通孔	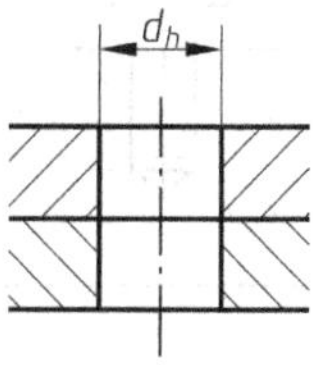	d_h	精装配	4.3	5.3	6.4	8.4	10.5	13	17	21	25	31	37
			中等装配	4.5	5.5	6.6	9	11	13.5	17.5	22	26	33	39
			粗装配	4.8	5.8	7	10	12	14.5	18.5	24	28	35	42

续表

螺纹规格				M4	M5	M6	M8	M10	M12	M16	M20	M24	M30	M36
沉头用沉孔	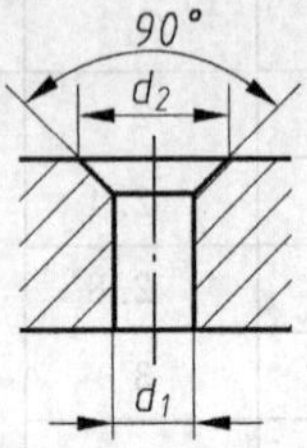	d_2		9.6	10.6	12.8	17.6	20.3	24.4	32.4	40.4	—	—	—
圆柱头用沉孔	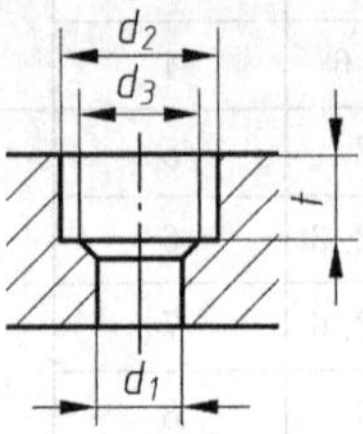	d_2		8	10	11	15	18	20	26	33	40	48	57
		d_3		—	—	—	—	—	16	20	24	28	36	42
		t	①	4.6	5.7	6.8	9	11	13	17.5	21.5	25.5	32	38
			②	3.2	4	4.7	6	7	8	10.5	—	—	—	—
六角头螺栓和六角螺母用沉孔	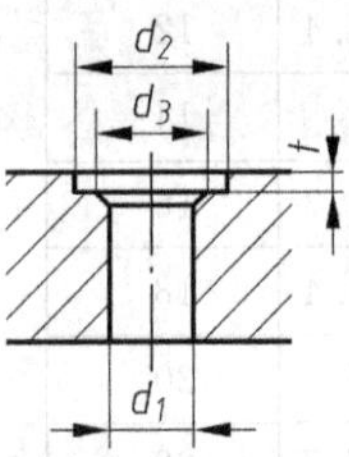	d_2		10	11	13	18	22	26	33	40	48	61	71
		d_3		—	—	—	—	—	16	20	24	28	36	42

注：1. t 值①用于内六角圆柱头螺钉；t 值②用于开槽圆柱头螺钉。

2. 图中 d_1 的尺寸均按中等装配的通孔确定。

3. 对于六角头螺栓和六角螺母用沉孔中尺寸 t，只要能制出与通孔轴线垂直的圆平面即可。

(3) 光孔、螺孔、沉孔的尺寸注法(GB/T 4458.4—1984)(GB/T 16675.2—1996)

附表 C3　光孔、螺孔、沉孔的尺寸注法(GB/T 4458.4—1984)(GB/T 16675.2—1996)

类型	简化注法		普通注法
光孔	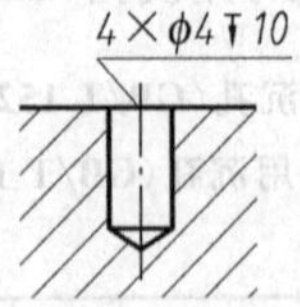	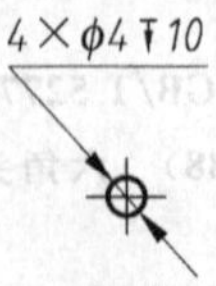	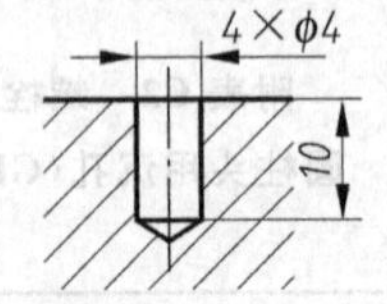
	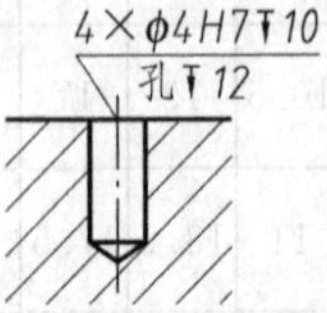	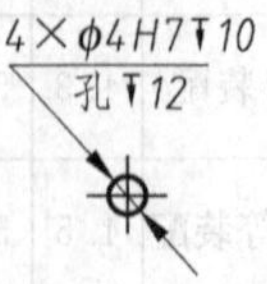	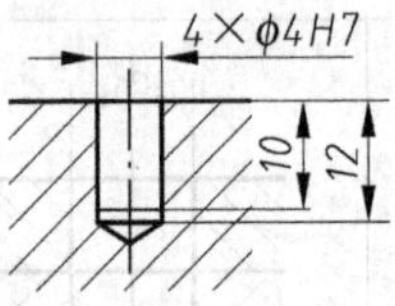

续表

类型	简 化 注 法		普 通 注 法
螺孔	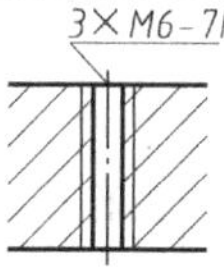 3×M6-7H	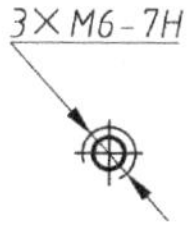 3×M6-7H	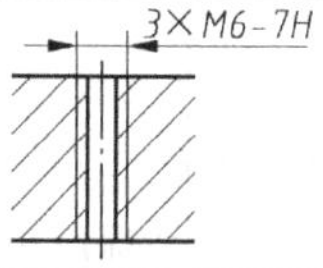 3×M6-7H
	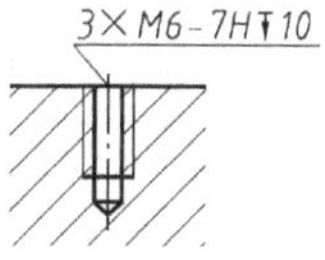 3×M6-7H↧10	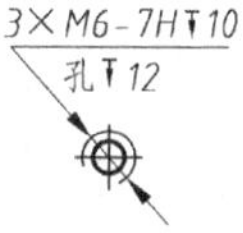 3×M6-7H↧10 孔↧12	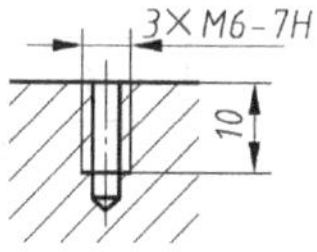 3×M6-7H 10
	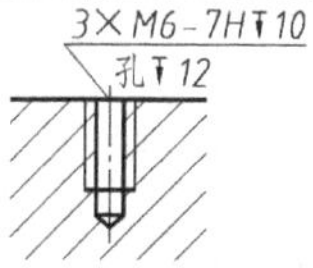 3×M6-7H↧10 孔↧12	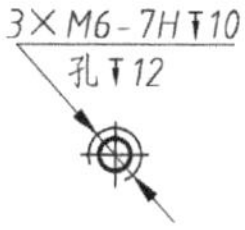 3×M6-7H↧10 孔↧12	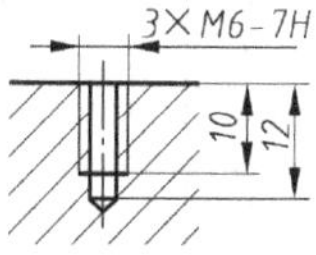 3×M6-7H 10 12
沉孔	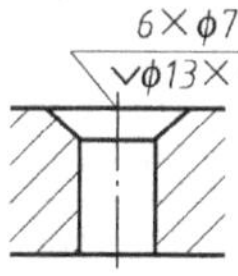 6×φ7 ⌵φ13×90°	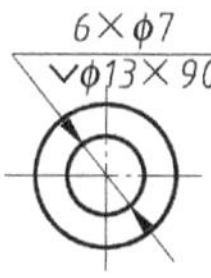 6×φ7 ⌵φ13×90°	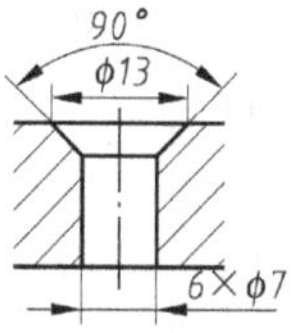 90° φ13 6×φ7
	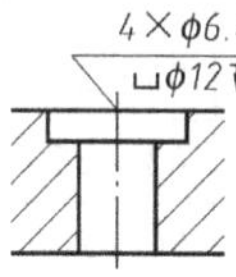 4×φ6.4 ⌴φ12↧4.5	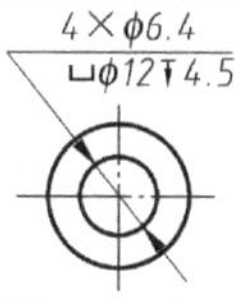 4×φ6.4 ⌴φ12↧4.5	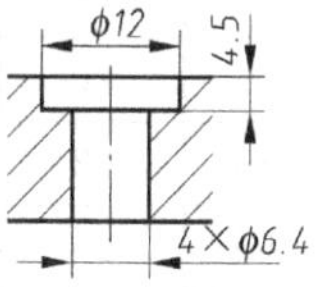 φ12 4.5 4×φ6.4
	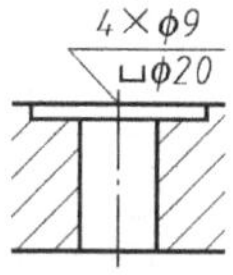 4×φ9 ⌴φ20	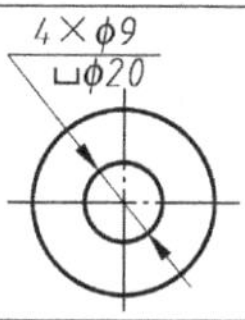 4×φ9 ⌴φ20	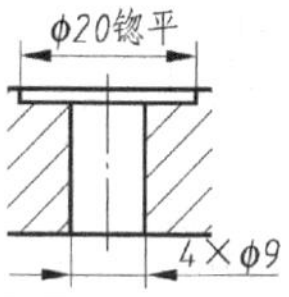 φ20锪平 4×φ9

附录D　键　与　销

(1) 普通平键的型式尺寸(GB/T 1096—2003)

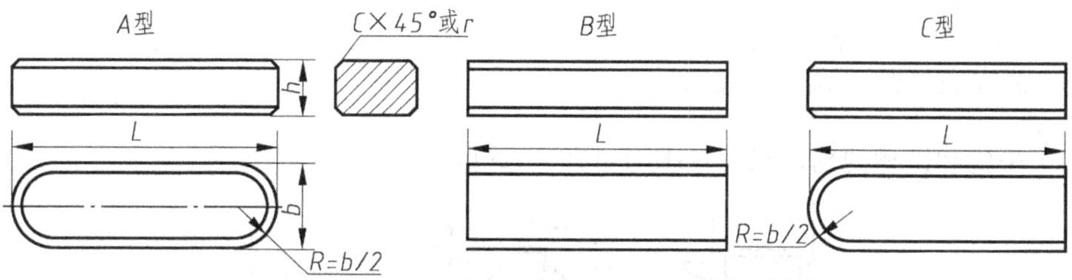

标记示例：

圆头普通平键(A 型)b=16mm、h=10mm、L=100mm：GB/T 1096 键 16×10×100

平头普通平键(B 型)b=16mm、h=10mm、L=100mm：GB/T 1096 键 B 16×10×100

单圆头普通平键(C 型)b=16mm、h=10mm、L=100mm：GB/T 1096 键 C 16×10×100

附表 D1　普通平键的型式尺寸(GB/T 1096—2003)

轴	键							
公称直径 d	公称尺寸 $b\times h$				C 或 r	L	键长 L 的极限偏差	
	b		h			公称尺寸	公称尺寸	极限偏差 h14
	公称尺寸	极限偏差 h9	公称尺寸	极限偏差 h11				
自 6～8	2	0 −0.025	2	0　(0) −0.06 (−0.025)	0.16～0.25	6～20	6～10	0 −0.36
>8～10	3		3			6～36		
>10～12	4	0 −0.030	4	0　(0) −0.075 (−0.030)		8～45	12～18	0 −0.43
>12～17	5		5		0.25～0.40	10～56		
>17～22	6		6	0 −0.090		14～70	20～28	0 −0.52
>22～30	8	0 −0.036	7			18～90		
>30～38	10		8		0.40～0.60	22～110	32～50	0 −0.62
>33～44	12	0 −0.043	8			28～140		
>44～50	14		9			36～160	56～80	0 −0.74
>50～58	16		10			45～180		
>58～65	18		11			50～200	90～110	0 −0.87
>65～75	20	0 −0.052	12	0 −0.110	0.60～0.80	56～220		
>75～85	22		14			63～250	125～180	0 −1.0
>85～95	25		14			70～280		
>95～110	28		16			80～320	200～250	0 −1.15
>110～130	32	0 −0.062	18			90～360		
>130～150	36		20	0 −0.130	1.0～1.2	100～400	280	0 −1.30
>150～170	40		22			100～400		
>170～200	45		25			110～450	320～400	0 −1.40

注:1. $(d-t)$和$(d+t_1)$两组组合尺寸的极限偏差按相应的 t 和 t_1 的极限偏差选取,但$(d-t)$极限偏差应取负号(−)。

2. L 系列:6、8、10、12、14、16、18、20、22、25、28、32、36、40、45、50、56、63、70、80、90、100、110、125、140、160、180、200、220、250、280、320、360、400、450。

3. 括号内的数值为 h9,适用于 B 型键。

(2) 平键和键槽的剖面尺寸(GB/T 1095—2003)

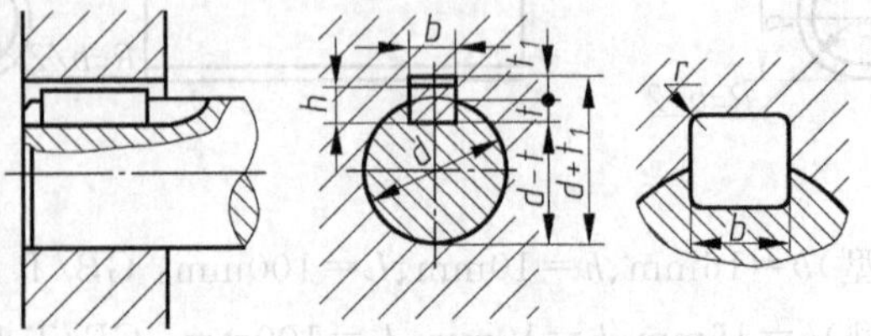

注:在零件图中,轴槽深用 t 或$(d-t)$标注,轮毂槽深用$(d+t_1)$标注。

附表 D2　平键和键槽的剖面尺寸(GB/T 1095—2003)　　mm

键槽											
公称尺寸 b	宽度 b 极限偏差 较松键联结		一般键联结		较紧键联结	深度 轴 t		毂 t_1		半径 r	
	轴 H9	毂 D10	轴 N9	毂 Js9	轴和毂 P9	公称尺寸	极限偏差	公称尺寸	极限偏差	最小	最大
2	+0.025 0	+0.060 +0.020	−0.004 −0.029	±0.0125	−0.006 −0.031	1.2	+0.1 0	1	+0.1 0	0.08	0.16
3						1.8		1.4			
4	+0.030 0	+0.078 +0.030	0 −0.030	±0.015	−0.012 −0.042	2.5		1.8			
5						3.0		2.3		0.16	0.25
6						3.5		2.8			
8	+0.036 0	+0.098 +0.040	0 −0.036	±0.018	−0.015 −0.051	4.0	+0.2 0	3.3	+0.2 0		
10						5.0		3.3		0.25	0.40
12	+0.043 0	+0.120 +0.050	0 −0.043	±0.0215	−0.018 −0.061	5.0		3.3			
14						5.5		3.8			
16						6.0		4.3			
18						7.0		4.4			
20	+0.052 0	+0.149 +0.065	0 −0.052	±0.026	−0.022 −0.074	7.5		4.9		0.40	0.60
22						9.0		5.4			
25						9.0		5.4			
28						10.0		6.4			
32	+0.062 0	+0.180 +0.080	0 −0.062	±0.031	−0.026 −0.088	11.0		7.4			
36						12.0	+0.3 0	8.4	+0.3 0	0.70	1.0
40						13.0		9.4			
45						15.0		10.4			

(3) 半圆键

半圆键和键槽的剖面尺寸(GB/T 1098—2003),半圆键的型式尺寸(GB/T 1099.1—2003)

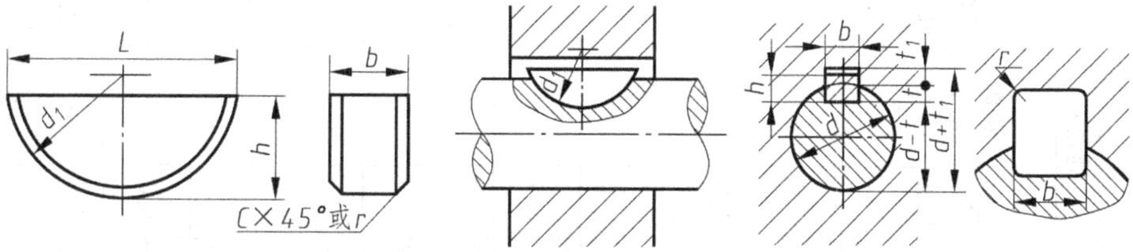

注：在零件图中，轴槽深用 t 或 $(d-t)$ 标注，轮毂槽深用 $(d+t_1)$ 标注。

标记示例：

半圆键 b=6mm、h=10mm、d_1=25mm：GB/T 1099.1 键 6×10×25

附表 D3　半圆键和键槽的剖面尺寸(GB/T 1098—2003),半圆键的型式尺寸(GB/T 1099.1—2003)

mm

轴径 d		键的公称尺寸									键槽尺寸									
		键宽 b		高度 h		直径 d_1		C		长度 $L\approx$	宽度 b				深度				半径 r	
												极限偏差			轴 t		毂 t_1			
												一般键联结		较紧键联结						
键传递扭矩	键定位用	公称尺寸	极限偏差 h9	公称尺寸	极限偏差 h12	公称尺寸	极限偏差	最小	最大		公称尺寸	轴 N9	毂 Js9	轴和毂 P9	公称尺寸	极限偏差	公称尺寸	极限偏差	最小	最大
自3～4	自3～4	1.0	0 −0.025	1.4	0 −0.10	4	0 −0.120	0.16	0.25	3.9	1.0	−0.004 −0.029	±0.012	−0.006 −0.031	1.0	+0.1 0	0.6	+0.1 0	0.08	0.16
>4～5	>4～6	1.5		2.6		7	0 −0.150			6.8	1.5				2.0		0.8			
>5～6	>6～8	2.0								6.8	2.0				1.8		1.0			
>6～7	>8～10			3.7	0 −0.12	10				9.7	2.0				2.9		1.0			
>7～8	>10～12	2.5								9.7	2.5				2.7		1.2			
>8～10	>12～15	3.0		5.0		13	0 −0.180			12.7	3.0				3.8	+0.2 0	1.4			
>10～12	>15～18			6.5		16				15.7	3.0				5.3		1.4		0.16	0.25
>12～14	>18～20	4.0	0 −0.030		0 −0.15			0.25	0.40	15.7	4.0	0 −0.030	±0.015	−0.012 −0.042	5.0		1.8			
>14～16	>20～22			7.5		19	0 −0.210			18.6	4.0				6.0		1.8			
>16～18	>22～25	5.0		6.5		16	0 −0.180			15.7	5.0				4.5		2.3			
>18～20	>25～28			7.5		19	0 −0.210			18.6	5.0				5.5		2.3			
>20～22	>28～32			9.0		22									7.0		2.3			
>22～25	>32～36	6.0								21.6	5.0				6.5		2.8			
>25～28	>36～40			10.0		25				21.6	6.0				7.5	+0.3 0	2.8	+0.2 0	0.25	0.40
>28～32	40	8.0	0 −0.036	11.0		28				24.5	6.0						3.3			
>32～38	—	10.0		13.0	0 −0.18	32	0 −0.250	0.40	0.60	27.4	8.0	0 −0.036	±0.018	−0.015 −0.051	8.0		3.3			
										31.4	10.0				10.0					

注：$(d-t)$和$(d+t_1)$两个组合尺寸的极限偏差按相应的 t 和 t_1 的极限偏差选取，但$(d-t)$极限偏差值应取负号(−)。

（4）销

圆柱销　不淬硬钢和奥氏体不锈钢(GB/T 119.1—2000)

圆柱销　淬硬钢和马氏体不锈钢(GB/T 119.2—2000)

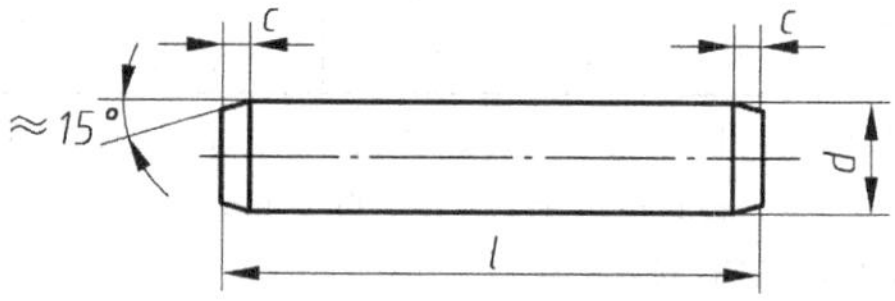

标记示例：

销 GB/T　119.1　6　m6×30(公称直径 d=6mm、公差为 m6，公称长度 l=30mm，材料为钢，不经淬火、不经表面处理的圆柱销)

销 GB/T　119.2　6×30(公称直径 d=6mm、公差为 m6，公称长度 l=30mm，材料为钢，普通淬火(A 型)、表面氧化处理的圆柱销)

附表 D4　圆柱销　不淬硬钢和奥氏体不锈钢(GB/T 119.1—2000)
淬硬钢和马氏体不锈钢(GB/T 119.2—2000)

mm

d		1	1.5	2	2.5	3	4	5	6	8	10	12	16	20
c≈		0.2	0.3	0.35	0.4	0.5	0.63	0.8	1.2	1.6	2	2.5	3	3.5
l	1)	4～10	4～16	6～20	6～24	8～30	8～40	10～50	12～60	14～80	18～95	22～140	26～180	35～200
	2)	3～10	4～16	5～20	6～24	8～30	10～40	12～50	14～60	18～80	22～100	26～100	40～100	50～100

注：1. 长度系列：3、4、5、6、8、10、12、14、16、18、20、22、24、26、28、30、32、35、40、45、50、55、60、65、70、75、80、85、90、95、100，公称长度大于 100mm，按 20mm 递增。

2. 1)由 GB/T 119.1 规定，2)由 GB/T 119.2 规定。

3. GB/T 119.1 规定的圆柱销，公差为 m6 和 h8，GB/T 119.2 规定的圆柱销，公差为 m6；其他公差由供需双方协议。

圆锥销(GB/T 117—2000)

A 型(磨削)：锥面表面粗糙度 Ra=0.8μm；

B 型(切削或冷镦)：锥面表面粗糙度 Ra=3.2μm。

$$r_2 \approx a/2 + d + (0.021)^2/(8a)$$

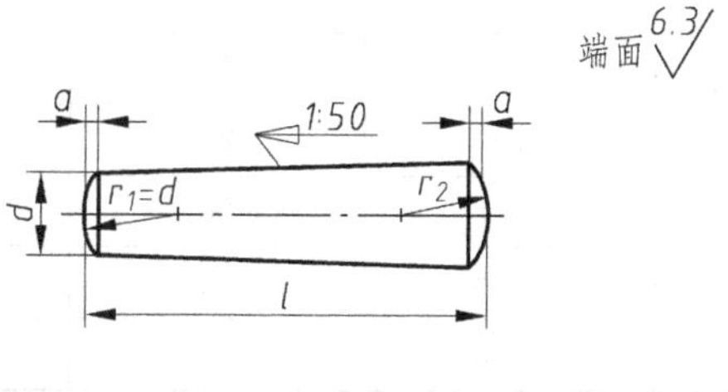

标记示例：

销 GB/T 117　6×30(公称直径 d=6mm，公称长度 l=30mm，材料为 35 钢，热处理硬度 28～38HRC，表面氧化处理的 A 型圆锥销)

附表 D5　圆锥销(GB/T 117—2000)　　mm

d(公称)	1	1.5	2	2.5	3	4	5	6	8	10	12	16	20
a≈	0.12	0.2	0.25	0.3	0.4	0.5	0.63	0.8	1	1.2	1.6	2	2.5
l	6～16	8～24	10～35	10～35	12～45	14～55	18～60	22～90	22～120	26～160	32～180	40～200	45～200

注：1. 长度系列：6、8、10、12、14、16、18、20、22、24、26、28、30、32、35、40、45、50、55、60、65、70、75、80、85、90、95、100、120、140、160、180、200，公称长度大于 200mm，按 20mm 递增。

2. 其他公差，如 all、cll 和 f8，由供需双方协议。

开口销(GB/T 91—2000)

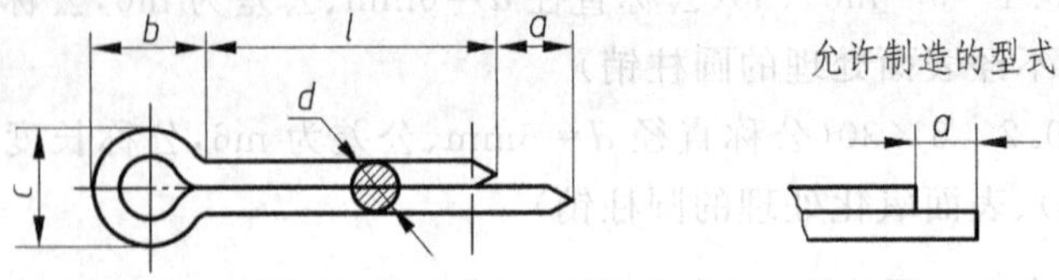

标记示例：

销 GB/T 91　5×50(公称规格为 5mm，公称长度 l=50mm，材料为 Q215 或 Q235，不经表面处理的开口销)

附表 D6　开口销(GB/T 91—2000)　　mm

公称规格(销孔直径)	d_{max}	c_{max}	b≈	a_{max}	l
0.6	0.5	1.0	2	1.6	4～12
0.8	0.7	1.4	2.4	1.6	5～16
1	0.9	1.8	3	1.6	6～20
1.2	1.0	2.0	3	2.5	8～25
1.6	1.4	2.8	3.2	2.5	8～32
2	1.8	3.6	4	2.5	10～40
2.5	2.3	4.6	5	2.5	12～50
3.2	2.9	5.8	6.4	3.2	14～63
4	3.7	7.4	8	4	18～80
5	4.6	9.2	10	4	22～100
6.3	5.9	11.8	12.6	4	32～125
8	7.5	15	16	4	40～160
10	9.5	19	20	6.3	45～200
13	12.4	24.8	26	6.3	71～250
16	15.4	30.8	32	6.3	112～280
20	19.3	38.5	40	6.3	160～280

注：1. 长度系列：4、5、6、8、10、12、14、16、18、20、22、25、28、32、36、40、45、50、56、63、71、80、90、100、112、125、140、160、180、200、224、250、280。

2. 根据供需双方协议，允许采用公称规格为 3、6 和 12mm 的开口销。

附录E　轴　　承

(1) 深沟球轴承(GB/T 276—1994)

附表 E1　深沟球轴承(GB/T 276—1994)

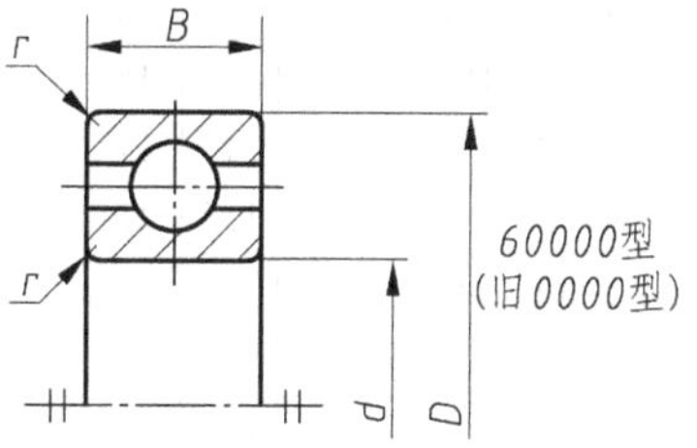

轴承代号	外形尺寸/mm			
	d	D	B	r
10(旧特轻(1))系列				
606	6	17	6	0.3
607	7	19	6	0.3
608	8	22	7	0.3
609	9	24	7	0.3
6000	10	26	8	0.3
6001	12	28	8	0.3
6002	15	32	9	0.3
6003	17	35	10	0.3
6004	20	42	12	0.6
6005	25	47	12	0.6
6006	30	55	13	1
6007	35	62	14	1
6008	40	68	15	1
6009	45	75	16	1
6010	50	80	16	1
6011	55	90	18	1.1
6012	60	95	18	1.1
02(旧轻(2)窄)系列				
623	3	10	4	0.15
624	4	13	5	0.2
625	5	16	5	0.3
626	6	19	6	0.3
627	7	22	7	0.3
628	8	24	8	0.3
629	9	26	8	0.3
6200	10	30	9	0.6
6201	12	32	10	0.6
6202	15	35	11	0.6
6203	17	40	12	0.6
6204	20	47	14	1
6205	25	52	15	1
6206	30	62	16	1
6207	35	72	17	1.1
6208	40	80	18	1.1
6209	45	85	19	1.1
6210	50	90	20	1.1
6211	55	100	21	1.5
6112	60	110	22	1.5
03(旧中(3)窄)系列				
634	4	16	5	0.3
635	5	19	6	0.3
6300	10	35	11	0.6
6301	12	37	12	1
6302	15	42	13	1
6303	17	47	14	1
6304	20	52	15	1.1
6305	25	62	17	1.1
6306	30	72	19	1.1
6307	35	80	21	1.5
6308	40	90	23	1.5
6309	45	100	25	1.5
6310	50	110	27	2
6311	55	120	29	2
6312	60	130	31	2.1
6313	65	140	33	2.1
6314	70	150	35	2.1
6315	75	160	37	2.1
6316	80	170	39	2.1
6317	85	180	41	3
6318	90	190	43	3
04(旧重(4)窄)系列				
6403	17	62	17	1.1
6404	20	72	19	1.1
6405	25	80	21	1.5
6406	30	90	23	1.5
6407	35	100	25	1.5
6408	40	110	27	2
6409	45	120	29	2
6410	50	130	31	2.1
6411	55	140	33	2.1
6412	60	150	35	2.1
6413	65	160	37	2.1
6414	70	180	42	3
6415	75	190	45	3
6416	80	200	48	3
6417	85	210	52	4
6418	90	225	54	4
6420	100	250	58	4
6422	110	280	65	4

(2) 圆锥滚子轴承(GB/T 297—1994)

附表 E2　圆锥滚子轴承(GB/T 297—1994)

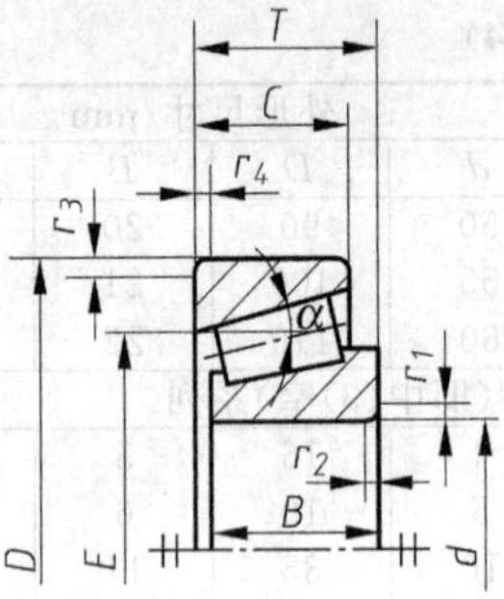

30000型
(旧7000型)

轴承代号	外形尺寸/mm							
	d	D	T	B	r_1 r_2	C	r_3 r_4	E
20(旧特轻(1)宽)系列,α=14°10′～17°								
32006	30	55	17	17	1	13	1	44.438
32007	35	62	18	18	1	14	1	50.510
32008	40	68	19	19	1	14.5	1	56.897
32009	45	75	20	20	1	15.5	1	63.248
32010	50	80	20	20	1	15.5	1	67.841
32011	55	90	23	23	1.5	17.5	1.5	76.505
32012	60	95	23	23	1.5	17.5	1.5	80.634
32013	65	100	23	23	1.5	17.5	1.5	85.567
32014	70	110	25	25	1.5	19	1.5	93.633
32015	75	115	25	25	1.5	19	1.5	98.358
02(旧轻(2)窄)系列,α=12°57′10″～16°10′20″								
30202	15	35	11.75	11	0.6	10	0.6	—
30203	17	40	13.25	12	1	11	1	31.408
30204	20	47	15.25	14	1	12	1	37.304
30205	25	52	16.25	15	1	13	1	41.135
30206	30	62	17.25	16	1	14	1	49.990
30207	35	72	18.25	17	1.5	15	1.5	58.844
30208	40	80	19.75	18	1.5	16	1.5	65.730
30209	45	85	20.75	19	1.5	16	1.5	70.440
30210	50	90	21.75	20	1.5	17	1.5	75.078
30211	55	100	22.75	21	2	18	1.5	84.197
30212	60	110	23.75	22	2	19	1.5	91.876
30213	65	120	24.75	23	2	20	1.5	101.934
30214	70	125	26.25	24	2	21	1.5	105.748
30215	75	130	27.25	25	2	22	1.5	110.408
22(旧特宽(5))系列,α=12°28′～16°10′20″								
32204	20	47	19.25	18	1	15	1	35.810
32205	25	52	19.25	18	1	16	1	41.331
32206	30	62	21.25	20	1	17	1	48.982
32207	35	72	24.25	23	1.5	19	1.5	57.087
32208	40	80	24.75	23	1.5	19	1.5	64.715
32209	45	85	24.75	23	1.5	19	1.5	69.610
32210	50	90	24.75	23	1.5	19	1.5	74.226
32211	55	100	26.75	25	2	21	1.5	82.837
32212	60	110	29.75	28	2	24	1.5	90.236
32213	65	120	32.75	31	2	27	1.5	99.484
32214	70	125	33.25	31	2	27	1.5	103.765
32215	75	130	33.25	31	2	27	1.5	108.932
03(旧中(3)窄)系列,α=10°45′29″～12°57′10″								
30302	15	42	14.25	13	1	11	1	33.272
30303	17	47	15.25	14	1	12	1	37.420
30304	20	52	16.25	15	1.5	13	1.5	41.318
30305	25	62	18.25	17	1.5	15	1.5	50.637
30306	30	72	20.75	19	1.5	16	1.5	58.287
30307	35	80	22.75	21	2	18	1.5	65.769
30308	40	90	25.25	23	2	20	1.5	72.703
30309	45	100	27.25	25	2	22	1.5	81.780
30310	50	110	29.25	27	2.5	23	2	90.633
30311	55	120	31.5	29	2.5	25	2	99.146
30312	60	130	33.5	31	3	26	2.5	107.769
30313	65	140	36	33	3	28	2.5	116.846
30314	70	150	38	35	3	30	2.5	125.244
30315	75	160	40	37	3	31	2.5	134.097
23(旧中宽(6))系列,α=10°45′29″～12°57′10″								
32303	17	47	20.25	19	1	16	1	36.090
32304	20	52	22.25	21	1.5	18	1.5	39.518
32305	25	62	25.25	24	1.5	20	1.5	48.637
32306	30	72	28.75	27	1.5	23	1.5	55.767
32307	35	80	32.75	31	2	25	1.5	62.829
32308	40	90	35.25	33	2	27	1.5	69.253
32309	45	100	38.25	36	2	30	1.5	78.330
32310	50	110	42.25	40	2.5	33	2	86.260
32311	55	120	45.5	43	2.5	35	2	94.316
32312	60	130	48.5	46	3	37	2.5	102.939

（3）推力球轴承（GB/T 301—1995）

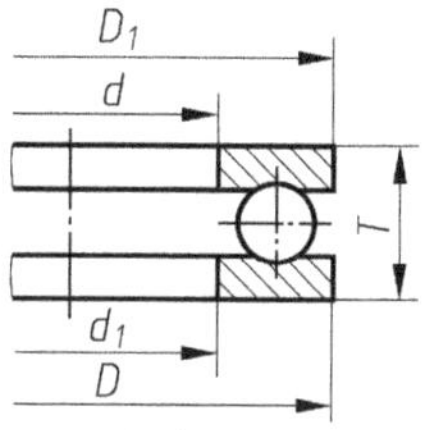

类型代号5

标记示例：

内圈孔径 d=30mm、尺寸系列代号为13的推力球轴承：

滚动轴承　51306　GB/T 301—1995

附表 E3　推力球轴承（GB/T 301—1995）　mm

轴承代号	尺寸 d	D	T	d_1	D_1	轴承代号	尺寸 d	D	T	d_1	D_1
尺寸系列代号11						尺寸系列代号13					
51104	20	35	10	21	35	51304	20	47	18	22	47
51105	25	42	11	26	42	51305	25	52	18	27	52
51106	30	47	11	32	47	51306	30	60	21	32	60
51107	35	52	12	37	52	51307	35	68	24	37	68
51108	40	60	13	42	60	51308	40	78	26	42	78
51109	45	65	14	47	65	51309	45	85	28	47	85
51110	50	70	14	52	70	51310	50	95	31	52	95
51111	55	78	16	57	78	51311	55	105	35	57	105
51112	60	85	17	62	85	51312	60	110	35	62	110
51113	65	90	18	67	90	51313	65	115	36	67	115
51114	70	95	18	72	95	51314	70	125	40	72	125
51115	75	100	19	77	100	51315	75	135	44	77	135
51116	80	105	19	82	105	51316	80	140	44	82	140
51117	85	110	19	87	110	51317	85	150	49	88	150
51118	90	120	22	92	120	51318	90	155	50	93	155
51120	100	135	25	102	135	51320	100	170	55	103	170
尺寸系列代号12						尺寸系列代号14					
51204	20	40	14	22	40	51405	25	60	24	27	60
51205	25	47	15	27	47	51406	30	70	28	32	70
51206	30	52	16	32	52	51407	35	80	32	37	80
51207	35	62	18	37	62	51408	40	90	36	42	90
51208	40	68	19	42	68	51409	45	100	39	47	100
51209	45	73	20	47	73	51410	50	110	43	52	110
51210	50	78	22	52	78	51411	55	120	48	57	120
51211	55	90	25	57	90	51412	60	130	51	62	130
51212	60	95	26	62	95	51413	65	140	56	68	140
51213	65	100	27	67	100	51414	70	150	60	73	150
51214	70	105	27	72	105	51415	75	160	65	78	160
51215	75	110	27	77	110	51416	80	170	68	83	170
51216	80	115	28	82	115	51417	85	180	72	88	177
51217	85	125	31	88	125	51418	90	190	77	93	187
51218	90	135	35	93	135	51420	100	210	85	103	205
51220	100	150	38	103	150	51422	110	230	95	113	225

注：推力球轴承有51000型和52000型，类型代号都是5，尺寸系列代号分别为11、12、13、14和21、22、23、24。52000型推力球轴承的型式、尺寸可查阅GB/T 301—1995。

附录F　一般标准

(1) 密封件

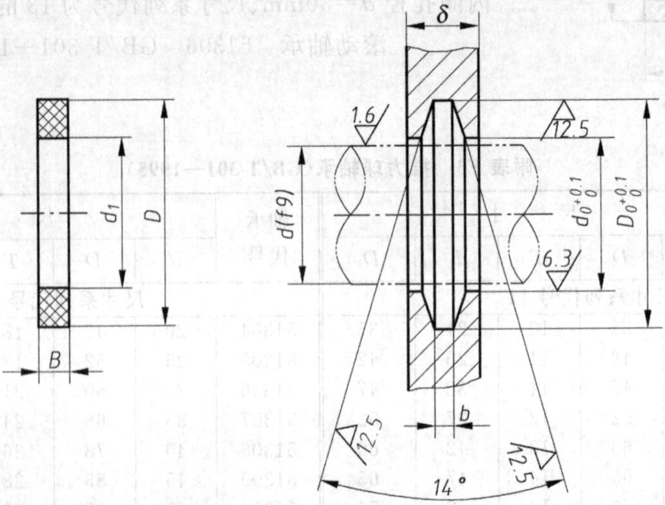

毡圈油封型式如尺寸(JB/ZQ 4604—85)如下表。

附表 F1　密封件(JB/ZQ 4604—85)　　mm

轴径	d		15	20	25	30	35	40	45	50	55	60	65	70	75	80	85	90	95	100
毡圈油封	D		29	33	39	45	49	53	61	69	74	80	84	90	94	102	107	112	117	122
	d_1		14	19	24	29	34	39	44	49	53	58	63	68	73	78	83	88	93	98
	B		6		7				8							9			10	
槽	D_0		28	32	38	44	48	52	60	68	72	78	82	88	92	100	105	110	115	120
	d_0		16	21	26	31	36	41	46	51	56	61	66	71	77	82	87	92	97	102
	b		5		6				7							8				
	δ_{min}	钢	10		12											15				
		铸铁	12		15											18				

注：本标准适用于线速度 $v>5$m/s。

（2）常用金属材料

附表 F2　钢

标准	名称	牌号	应用举例	说　　明
GB/T 700—1988	碳素结构钢	Q215　A 级 B 级	金属结构件、拉杆、套圈、铆钉、螺栓、短轴、心轴、凸轮（载荷不大的）、垫圈，渗碳零件及焊接件	“Q”为碳素结构钢屈服点“屈”字的汉语拼音首位字母，后面数字表示屈服点数值。如 Q235 表示碳素结构钢屈服点为 235（MPa）。 A 级、B 级、C 级、D 级质量渐高 新旧牌号对照： Q215…A2（A2F） Q235…A3 Q275…A5
		Q235　A 级 B 级 C 级 D 级	金属结构件，心部强度要求不高的渗碳或氰化零件，吊钩、拉杆、套圈、汽缸、齿轮、螺栓、螺母、连杆、轮轴、楔、盖及焊接件	
		Q275	轴、轴销、刹车杆、螺母、螺栓、垫圈、连杆、齿轮以及其他强度较高的零件	
GB/T 699—1999	优质碳素结构钢	08F	需好可塑性的零件：管子、垫圈、渗碳件、氰化件	牌号的两位数字表示平均碳的质量分数，45 钢即表示碳的质量分数为 0.45%，即平均含碳量为 0.45% 沸腾钢在牌号后加后符号“F” 碳的质量分数≤0.25%的碳钢属低碳钢（渗碳钢） 碳的质量分数在 0.25%～0.6%之间的碳钢属中碳钢（调质钢） 碳的质量分数≥0.6%的碳钢属高碳钢
		10	拉杆、卡头、垫圈、焊件	
		15	渗碳件、紧固件、冲模锻件、化工贮器	
		20	杠杆、轴套、钩、螺钉、渗碳件与氰化件	
		25	轴、辊子、连接器，紧固件中的螺栓、螺母	
		30	曲轴、转轴、轴销、连杆、横梁、星轮	
		35	曲轴、摇杆、拉杆、键、销、螺栓	
		40	齿轮、齿条、链轮、凸轮、轧辊、曲柄轴	
		45	齿轮、轴、联轴器、衬套、活塞销、链轮	
		50	活塞杆、轮轴、齿轮、不重要的弹簧	
		55	齿轮、连杆、扁弹簧、轧辊、偏心轮、轮圈、轮缘	
		60	叶片、弹簧	
		30 Mn	螺栓、杠杆、制动板	锰的质量分数较高的钢，须加注化学元素符号“Mn”
		40 Mn	用于承受疲劳载荷零件：轴、曲轴、万向联轴器	
		50 Mn	用于高负荷下耐磨的热处理零件：齿轮、凸轮、摩擦片	
		60 Mn	弹簧、发条	
GB/T 3077—1999	铬钢	15 Cr	渗碳齿轮、凸轮、活塞销、离合器	钢中加入一定量的合金元素，提高了钢的力学性能和耐磨性，也提高了钢的淬透性，保证金属在较大截面上获得高的力学性能
		20 Cr	较重要的渗碳件	
		30 Cr	重要的调质零件：轮轴、齿轮、摇杆、螺栓	
		40 Cr	较重要的调质零件：齿轮、进气阀、辊子、轴	
		45 Cr	强度及耐磨性高的轴、齿轮、螺栓	
	铬锰钛钢	18 CrMnTi	汽车上重要渗碳件：齿轮	
		30 CrMnTi	汽车、拖拉机上强度特高的渗碳齿轮	
		40 CrMnTi	强度高、耐磨性高的大齿轮，主轴	
GB/T 5613—1995	铸钢	ZG 25 ZG230－450	机座、箱体、支架 轧机机架、铁道车辆摇枕、侧梁、铁铮台、机座、箱体、捶轮、450℃以下的管路附件等	ZG25 为铸造碳钢，数字表示名义万分碳含量（质量分数） ZG230-450 为工程用铸钢，表示屈服点为 230MPa，抗拉强度 450MPa

附表 F3 铁

标准	名称	牌号	特性及应用举例	说明
GB/T 9439—1988	灰铸铁	HT 100 HT 150	低强度铸铁：盖、手轮、支架 中强度铸铁：底座、刀架、轴承座、胶带轮、端盖	"HT"表示灰铸铁，后面的数字表示抗拉强度值(MPa)
		HT 200 HT 250	高强度铸铁：床身、机座、齿轮、凸轮、汽缸泵体、联轴器	
		HT 300 HT 350	高强度耐磨铸铁：齿轮、凸轮、重载荷床身、高压泵、阀壳体、锻模、冷冲压模	
GB/T 1348—1988	球墨铸铁	QT 800-2 QT 700-2 QT 600-2	具有较高强度，但塑性低：曲轴、凸轮轴、齿轮、汽缸、缸套、轧辊、水泵轴、活塞环、摩擦片	"QT"表示球墨铸铁，其后第一组数字表示抗拉强度值(MPa)，第二组数字表示延伸率(%)
		QT 500-5 QT 420-10 QT 400-17	具有较高的塑性和适当的强度，用于承受冲击负荷的零件	
GB/T 9440—1988	可锻铸铁	KTH 300-06 KTH 330-08* KTH 350-10 KTH 370-12*	黑心可锻铸铁：用于承受冲击振动的零件，如汽车、拖拉机、农机	"KT"表示可锻铸铁："H"表示黑心；"B"表示白心，第一组数字表示抗拉强度值(MPa)，第二组数字表示延伸率(%)
		KTB 350-04 KTB 380-12 KTB 400-05 KTB 450-07	白心可锻铸铁：韧性较低，但强度高，耐磨性、加工性好。可代替低、中碳钢及低合金钢的重要零件，如曲轴、连杆、机床附件	

注：1. KTH 300-06 适用于气密性零件。
2. 有 * 号者为推荐牌号。

附表 F4 有色金属及其合金

名称		牌号	应用举例	说 明
普通黄铜 GB/T 5232—1985		H62	散热器、垫圈、弹簧、各种网、螺钉等	H 表示黄铜，后面数字表示平均含铜量的百分数(质量分数)
铸造黄铜 GB/T 1176—1987		ZHMn 58-2-2	轴瓦，轴套及其他耐磨零件	牌号的数字表示含铜、锰、铅的平均百分数(质量分数)
GB/T 1176—1987	铸造锡青铜	ZCuSn 5Pb5Zn5	用于承受摩擦的零件，如轴承	"Z"为铸造汉语拼音的首位字母，各化学元素后面的数字表示该元素含量的百分数(质量分数)
	铸造铝青铜	ZCuAl9Mn2 ZCuAl10Fe3	强度高，减磨性、耐蚀性、铸造性良好，可用于制造蜗轮、衬套和防锈零件	
GB/T 1173—1995	铸造铝合金	ZL 201 ZL 301 ZL 401	载荷不大的薄壁零件，受中等载荷零件，需保持固定尺寸的零件	ZL102 表示含硅 10%～13%、余量为铝的铝硅合金。ZL202 表示含铜 9%～11%、余量为铝的铝铜合金
GB/T 3190—1996 硬铝		LY13	适用于中等强度的零件，焊接性能好	

附表 F5　常用热处理和表面处理名词解释

名称	代号及标注举例	说　　明	目　　的
退火	Th	加热—保温—随炉冷却	用来消除铸、锻、焊零件的内应力，降低硬度，以利切削加工，细化晶粒，改善组织，增加韧性
正火	Z	加热—保温—空气冷却	用于处理低碳钢、中碳结构钢及渗碳零件，细化晶粒，增加强度与韧性，减少内应力，改善切削性能
淬火	C C48(淬火回火45～50HRC)	加热—保温—急冷	提高机件强度及耐磨性。但淬火后引起内应力，使钢变脆，所以淬火后必须回火
调质	T T235(调质至220～250HB)	淬火—高温回火	提高韧性及强度。重要的齿轮、轴及丝杆等零件需调质
高频淬火	G G52(高频淬火后回火至50～55HRC)	用高频电流将零件表面加热—急速冷却	提高机件表面的硬度及耐磨性，而心部保持一定的韧性，使零件既耐磨又能承受冲击，常用来处理齿轮
渗碳淬火	S—C S0.5—C59 (渗碳层深0.5，淬火硬度56～62HRC)	将零件在渗碳剂中加热，使渗入钢的表面后，再淬火回火 渗碳深度0.5～2mm	提高机件表面的硬度、耐磨性、抗拉强度等，适用于低碳、中碳(碳质量分数<0.40%)结构钢的中小型零件
氮化	D D0.3-900 (氮化深度0.3，硬度大于850HV)	将零件放入氨气内加热，使氮原子渗入钢表面。氮气层0.025～0.8mm，氮化时间40～50小时	提高机件的表面硬度、耐磨性、疲劳强度和抗蚀能力。适用于合金钢、碳钢、铸铁件，如机床主轴、丝杆、重要液压元件中的零件
氰化	Q Q59 (氰化淬火后，回火至56～62HRC)	钢件在碳、氮中加热，使碳、氮原子同时渗入钢表面。可得到0.2～0.5氰化层	提高表面硬度、耐磨性、疲劳强度和耐蚀性，用于要求高硬度、耐磨的中小型、薄片零件及刀具等
时效	时效处理	机件精加工前，加热到100～150℃，保温5～20小时—空气冷却，铸件可天然时效(露天放1年以上)	消除内应力，稳定机件形状和尺寸，常用于处理精密机件，如精密轴承、精密丝杆等
发蓝发黑	发蓝或发黑	将零件置于氧化剂内加热氧化，使表面形成一层氧化铁保护膜	防腐蚀、美化，如用于螺纹连接件
镀镍		用电解方法，在钢件表面镀一层镍	防腐蚀、美化
镀铬		用电解方法，在钢件表面镀一层铬	提高表面硬度、耐磨性和耐蚀能力，也用于修复零件上磨损了的表面
硬度	HB(布氏硬度) HRC(洛氏硬度) HV(维氏硬度)	材料抵抗硬物压入其表面的能力 依测定方法不同而有布氏、洛氏、维氏等几种	检验材料经热处理后的机械性能——硬度HB用于退火、正火、调质的零件及铸件 HRC用于经淬火、回火及表面渗碳、渗氮等处理的零件 HV用于薄层硬化零件

（3）砂轮越程槽（摘自 GB/T 6403.5—2008）

附表 F6　砂轮越程槽（GB/T 6403.5—2008）　　mm

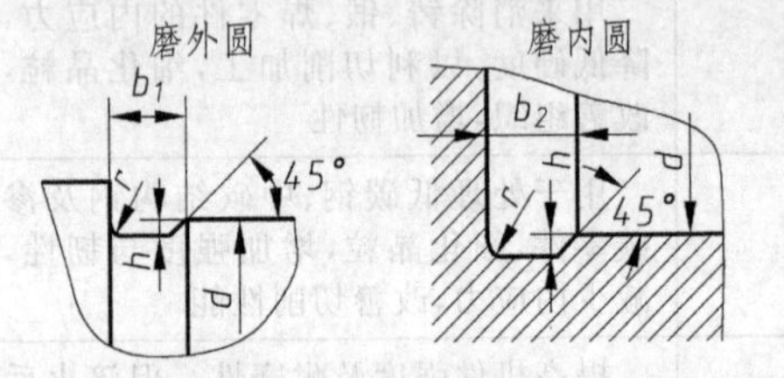

b_1	0.6	1.0	1.6	2.0	3.0	4.0	5.0	8.0	10
b_2	2.0	3.0		4.0		5.0		8.0	10
h	0.1	0.2		0.3	0.4		0.6	0.8	1.2
r	0.2	0.5		0.8	1.0		1.6	2.0	3.0
d	~10			>10~50		>50~100		>100	

注：1. 越程槽内二直线相交处，不允许产生尖角。

2. 越程槽深度 h 与圆弧半径 r，要满足 $r \leqslant 3h$。

3. 磨削具有数个直径的工件时，可使用同一规格的越程槽。

4. 直径 d 值大的零件，允许选择小规格的砂轮越程槽。

5. 砂轮越程槽的尺寸公差和表面粗糙度根据该零件的结构、性能确定。

（4）零件倒圆与倒角（摘自 GB/T 6403.4—2008）

倒圆与倒角的形式，倒圆、45°倒角的四种装配形式见下表。

附表 F7　零件倒圆与倒角（GB/T 6403.4—2008）　　mm

形式	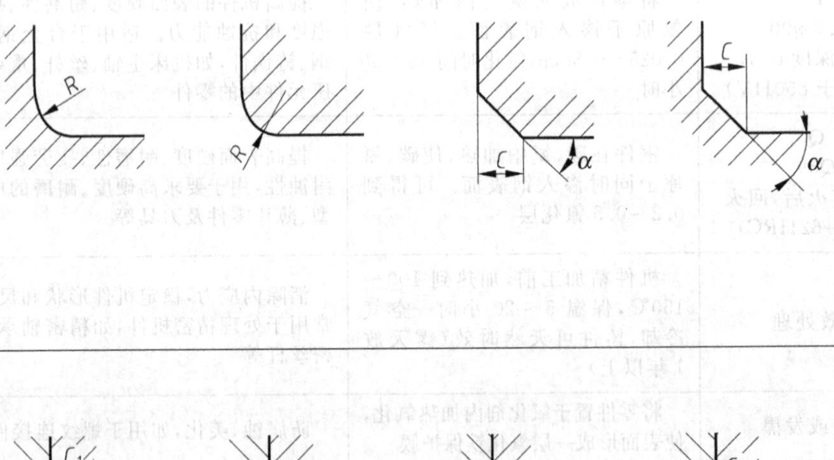	1. R、C 尺寸系列：0.1，0.2，0.3，0.4，0.5，0.6，0.8，1.0，1.2，1.6，2.0，2.5，3.0，4.0，5.0，6.0，8.0，10，12，16，20，25，32，40，50。 2. α 一般用 45°，也可用 30° 或 60°。
倒圆、45°倒角的四种装配形式	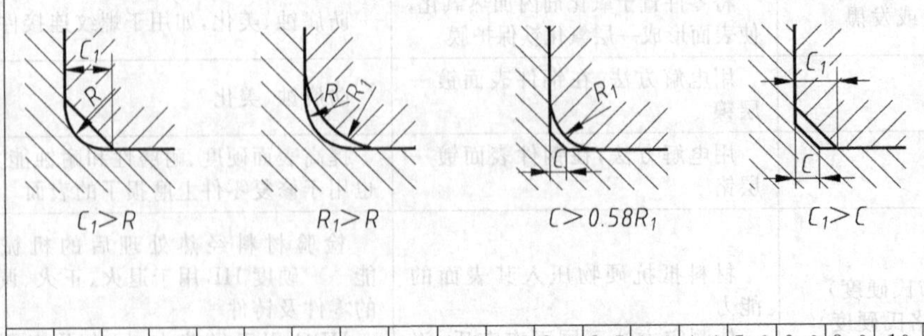	1. 倒角为 45°。 2. R_1、C_1 的偏差为正；R、C 的偏差为负。 3. 左起第三种装配方式，C 的最大值 C_{max} 与 R_1 的关系见下表：

R_1	0.1	0.2	0.3	0.4	0.5	0.6	0.8	1.0	1.2	1.6	2.0	2.5	3.0	4.0	5.0	6.0	8.0	10	12	16	20	25
C_{max}	—	0.1	0.1	0.2	0.2	0.3	0.4	0.5	0.6	0.8	1.0	1.2	1.6	2.0	2.5	3.0	4.0	5.0	6.0	8.0	10	12

注：按上述关系装配时，内角与外角取值要适当，外角的倒圆或倒角过大会影响零件工作面；内角的倒圆或倒角过小会产生应力集中。

附录 G　极限与配合

（1）标准公差数值(GB/T 1800.1—2009)

附表 G1　标准公差数值(GB/T 1800.1—2009)

公称尺寸/mm		标准公差等级																	
		IT1	IT2	IT3	IT4	IT5	IT6	IT7	IT8	IT9	IT10	IT11	IT12	IT13	IT14	IT15	IT16	IT17	IT18
大于	至	μm											mm						
—	3	0.8	1.2	2	3	4	6	10	14	25	40	60	0.1	0.14	0.25	0.4	0.6	1	1.4
3	6	1	1.5	2.5	4	5	8	12	18	30	48	75	0.12	0.18	0.3	0.48	0.75	1.2	1.8
6	10	1	1.5	2.5	4	6	9	15	22	36	58	90	0.15	0.22	0.36	0.58	0.9	1.5	2.2
10	18	1.2	2	3	5	8	11	18	27	43	70	110	0.18	0.27	0.43	0.7	1.1	1.8	2.7
18	30	1.5	2.5	4	6	9	13	21	33	52	84	130	0.21	0.33	0.52	0.84	1.3	2.1	3.3
30	50	1.5	2.5	4	7	11	16	25	39	62	100	160	0.25	0.39	0.62	1	1.5	2.5	3.9
50	80	2	3	5	8	13	19	30	46	74	120	190	0.3	0.46	0.74	1.2	1.9	3	4.6
80	120	2.5	4	6	10	15	22	35	54	87	140	220	0.35	0.54	0.87	1.4	2.2	3.5	5.4
120	180	3.5	5	8	12	18	25	40	63	100	160	250	0.4	0.63	1	1.6	2.5	4	6.3
180	250	4.5	7	10	14	20	29	46	72	115	185	290	0.46	0.72	1.15	1.85	2.9	4.6	7.2
250	315	6	8	12	16	23	32	52	81	130	210	320	0.52	0.81	1.3	2.1	3.2	5.2	8.1
315	400	7	9	13	18	25	36	57	89	140	230	360	0.57	0.89	1.4	2.3	3.6	5.7	8.9
400	500	8	10	15	20	27	40	63	97	155	250	400	0.63	0.97	1.55	2.5	4	6.3	9.7

注：公称尺寸≤1mm 时，无 IT14～IT18。公称尺寸在 500～3150mm 范围内的标准公差数值本表未列入，需用时可查阅该标准。

(2) 基本尺寸小于 500mm 孔的基本偏差(GB/T 1800.3—1998)

附表 G2　基本尺寸小于 500mm 孔的基本偏差(GB/T 1800.3—1998)

μm

基本尺寸/mm 大于	至	A	B	E	F	G	H	JS	J 6	J 7	J 8	K ≤8	K >8	M ≤8	M >8	N ≤8	N >8	P至ZC ≤7	P >7	R >7	S >7	Δ 3	Δ 4	Δ 5	Δ 6	Δ 7	Δ 8
基本偏差		下偏差(EI) 所有等级							上偏差(ES) 公差等级																		
—	3	+270	+140	+14	+6	+2	0		+2	+4	+6	0	0	−2	−2	−4	−4		−6	−10	−14	0					
3	6	+270	+140	+20	+10	+4	+0		+5	+6	+10	−1+Δ	—	−4+Δ	−4	−8+Δ	0		−12	−15	−19	1	1.5	1	3	4	6
6	10	+280	+150	+25	+13	+5	0		+5	+8	+12	−1+Δ	—	−6+Δ	−6	−10+Δ	0		−15	−19	−23	1	1.5	2	3	6	7
10	14	+290	+150	+32	+16	+6	0		+6	+10	+15	−1+Δ	—	−7+Δ	−7	−12+Δ	0		−18	−23	−28	1	2	3	3	7	9
14	18																										
18	24	+300	+160	+40	+20	+7	+0		+8	+12	+20	−2+Δ	—	−8+Δ	−8	−15+Δ	0	在≤7级的相应数值上增加一个Δ值	−22	−28	−35	1.5	2	3	4	8	12
24	30																										
30	40	+310	+170	+50	+25	+9	0		+10	+14	+24	−2+Δ	—	−9+Δ	−9	−17+Δ	0		−26	−34	−43	1.5	3	4	5	9	14
40	50	+320	+180																								
50	65	+340	+190	+60	+30	+10	0		+13	+18	+28	−2+Δ	—	−11+Δ	−11	−20+Δ	0		−32	−41	−53	2	3	5	6	11	16
65	80	+360	+200																	−43	−59						
80	100	+380	+220	+72	+36	+12	0		+16	+22	+34	−3+Δ	—	−13+Δ	−13	−23+Δ	0		−37	−51	−71	2	4	5	7	13	19
100	120	+410	+240																	−54	−79						
120	140	+460	+260	+85	+43	+14	0		+18	+26	+41	−3+Δ	—	−15+Δ	−15	−27+Δ	0		−43	−63	−92	3	4	6	7	15	23
140	160	+520	+280																	−65	−100						
160	180	+580	+310																	−68	−108						
180	200	+660	+340	+100	+50	+15	0		+22	+30	+47	−4+Δ	—	−17+Δ	−17	−31+Δ	0		−50	−77	−122	3	4	6	9	17	26
200	225	+740	+380																	−80	−130						
225	250	+820	+420																	−84	−140						
250	280	+920	+480	+110	+56	+17	0		+25	+36	+55	−4+Δ	—	−20+Δ	−20	−34+Δ	0		−56	−94	−158	4	4	7	9	20	29
280	315	+1050	+540																	−98	−170						
315	355	+1200	+600	+125	+62	+18	0		+29	+39	+60	−4+Δ	—	−21+Δ	−21	−37+Δ	0		−62	−108	−190	4	5	7	11	21	32
355	400	+1350	+680																	−114	−208						
400	450	+1500	+760	+135	+68	+20	0		+33	+43	+66	−5+Δ	—	−23+Δ	−23	−40+Δ	0		−68	−126	−232	5	5	7	13	23	34
450	500	+1600	+840																	−132	−252						

注：1. 基本尺寸小于 1mm，各级的 A 和 B 及大于 8 级的 N 均不采用。

2. JS 的数值：对 IT7 至 IT11，若 IT 的数值(μm)为奇数，则取 JS=$\pm\frac{IT-1}{2}$，为偶数时，偏差=$\pm\frac{IT}{2}$。

3. 特殊情况，对基本尺寸大于 250 至 315mm 时，M6 的 ES 等于−9(不等于−11)。

4. 对小于或等于 IT8 的 K、M、N 和小于或等于 IT7 的 P 至 ZC，所需 Δ 值从表内右侧栏选取。例如：大于 6 至 10mm 的 P6，Δ=3，所以 ES=−15+3=−12μm。

(3) 基本尺寸小于 500mm 轴的基本偏差(GB/T 1800.3—1998)

附表 G3 基本尺寸小于 500mm 轴的基本偏差(GB/T 1800.3—1998)

μm

基本偏差		上偏差(es)								下偏差(ei)											
		a	b	d	e	f	g	h	js	j			k		m	n	p	r	s	t	u
基本尺寸/mm		公差等级																			
大于	至	所有等级								5、6	7	8	4 至 7	≤3 或 >7	所有等级						
—	3	-270	-140	-20	-14	-6	-2	0		-2	-4	-6	0	0	+2	+4	+6	+10	+14	—	+18
3	6	-270	-140	-30	-20	-10	-4	0		-2	-4	—	+1	0	+4	+8	+12	+15	+19	—	+23
6	10	-280	-150	-40	-25	-13	-5	0		-2	-5	—	+1	0	+6	+10	+15	+19	+23	—	+28
10	14	-290	-150	-50	-32	-16	-6	0		-3	-6	—	+1	0	+7	+12	+18	+23	+28	—	+33
14	18																				
18	24	-300	-160	-65	-40	-20	-7	0		-4	-8	—	+2	0	+8	+15	+22	+28	+35	—	+41
24	30																			+41	+48
30	40	-310	-170	-80	-50	-25	-9	0		-5	-10	—	+2	0	+9	+17	+26	+34	+43	+48	+60
40	50	-320	-180																	+54	+70
50	65	-340	-190	-100	-60	-30	-10	0		-7	-12	—	+2	0	+11	+20	+32	+41	+53	+66	+87
65	80	-360	-200															+43	+59	+75	+102
80	100	-380	-220	-120	-72	-36	-12	0		-9	-15	—	+3	0	+13	+23	+37	+51	+71	+91	+124
100	120	-410	-240															+54	+79	+104	+144
120	140	-460	-260	-145	-85	-43	-14	0		-11	-18	—	+3	0	+15	+27	+43	+63	+92	+122	+170
140	160	-520	-280															+65	+100	+134	+190
160	180	-580	-310															+68	+108	+146	+210
180	200	-660	-340	-170	-100	-50	-15	0		-13	-21	—	+4	0	+17	+31	+50	+77	+122	+166	+236
200	225	-740	-380															+80	+130	+180	+258
225	250	-820	-420															+84	+140	+196	+284
250	280	-920	-480	-190	-110	-56	-17	0		-16	-26	—	+4	0	+20	+34	+56	+94	+158	+218	+315
280	315	-1050	-540															+98	+170	+240	+350
315	355	-1200	-600	-210	-125	-62	-18	0		-18	-28	—	+4	0	+21	+37	+62	+108	+190	+268	+390
355	400	-1350	-680															+114	+208	+294	+435
400	450	-1500	-760	-230	-135	-68	-20	0		-20	-32	—	+5	0	+23	+40	+68	+126	+232	+330	+490
450	500	-1650	-840															+132	+252	+360	+540

注：1. 基本尺寸小于 1mm，各级的 a 和 b 均不采用。

2. 对 IT7 至 IT11，若 IT 的数值(μm)为奇数，则取 $js=\pm\frac{IT-1}{2}$；为偶数时，偏差$=\pm\frac{IT}{2}$。

（4）优先配合中轴的上、下极限偏差数值（从 GB/T 1801—2009 和 GB/T 1800.2—2009 摘录后整理列表）

附表 G4　优先配合中轴的上、下极限偏差数值（GB/T 1801—2009）（GB/T 1800.2—2009）　μm

基本尺寸/mm		公差带												
		c	d	f	g	h				k	n	p	s	u
大于	至	11	9	7	6	6	7	9	11	6	6	6	6	6
—	3	−60 −120	−20 −45	−6 −16	−2 −8	0 −6	0 −10	0 −25	0 −60	+6 0	+10 +4	+12 +6	+20 +14	+24 +18
3	6	−70 −145	−30 −60	−10 −22	−4 −12	0 −8	0 −12	0 −30	0 −75	+9 +1	+16 +8	+20 +12	+27 +19	+31 +23
6	10	−80 −170	−40 −76	−13 −28	−5 −14	0 −9	0 −15	0 −36	0 −90	+10 +1	+19 +10	+24 +15	+32 +23	+37 +28
10	14	−95 −205	−50 −93	−16 −34	−6 −17	0 −11	0 −18	0 −43	0 −110	+12 +1	+23 +12	+29 +18	+39 +28	+44 +33
14	18													
18	24	−110 −240	−65 −117	−20 −41	−7 −20	0 −13	0 −21	0 −52	0 −130	+15 +2	+28 +15	+35 +22	+48 +35	+54 +41
24	30													+61 +48
30	40	−120 −280	−80 −142	−25 −50	−9 −25	0 −16	0 −25	0 −62	0 −160	+18 +2	+33 +17	+42 +26	+59 +43	+76 +60
40	50	−130 −290												+86 +70
50	65	140 −330	−100 −174	−30 −60	−10 −29	0 −19	0 −30	0 −74	0 −190	+21 +2	+39 +20	+51 +32	+72 +53	+106 +87
65	80	−150 −340											+78 +59	+121 +102
80	100	−170 −390	−120 −207	−36 −71	−12 −34	0 −22	0 −35	0 −87	0 −220	+25 +3	+45 +23	+59 +37	+93 +71	+146 +124
100	120	−180 −400											+101 +79	+166 +144
120	140	−200 −450	−145 −245	−43 −83	−14 −39	0 −25	0 −40	0 −100	0 −250	+28 +3	+52 +27	+68 +43	+117 +92	+195 +170
140	160	−210 −460											+125 +100	+215 +190
160	180	−230 −480											+133 +108	+235 +210

续表

基本尺寸/mm		公差带												
		c	d	f	g	h				k	n	p	s	u
大于	至	11	9	7	6	6	7	9	11	6	6	6	6	6
180	200	−240 −530											+151 +122	+265 +236
200	225	−260 −550	−170 −285	−50 −96	−15 −44	0 −29	0 −46	0 −115	0 −290	+33 +4	+60 +31	+79 +50	+159 +130	+287 +258
225	250	−280 −570											+169 +140	+313 +284
250	280	−300 −620	−190 −320	−56 −108	−17 −49	0 −32	0 −52	0 −130	0 −320	+36 +4	+66 +34	+88 +56	+190 +158	+347 +315
280	315	−330 −650											+202 +170	+382 +350
315	355	−360 −720	−210 −350	−62 −119	−18 −54	0 −36	0 −57	0 −140	0 −360	+40 +4	+73 +37	+98 +62	+226 +190	+426 +390
355	400	−400 −760											+244 +208	+471 +435
400	450	−440 −840	−230 −385	−68 −131	−20 −60	0 −40	0 −63	0 −155	0 −400	+45 +5	+80 +40	+108 +68	+272 +232	+530 +490
450	500	−480 −880											+292 +252	+580 +540

（5）优先配合中孔的上、下极限偏差数值（从 GB/T 1801—2009 和 GB/T 1800.2—2009 摘录后整理列表）

附表 G5　优先配合中孔的上、下极限偏差数值(GB/T 1801—2009)(GB/T 1800.2—2009)　μm

基本尺寸/mm		公差带												
		C	D	F	G	H				K	N	P	S	U
大于	至	11	9	8	7	7	8	9	11	7	7	7	7	7
—	3	+120 +60	+45 +20	+20 +6	+12 +2	+10 0	+14 0	+25 0	+60 0	0 −10	−4 −14	−6 −16	−14 −24	−18 −28
3	6	+145 +70	+60 +30	+28 +10	+16 +4	+12 0	+18 0	+30 0	+75 0	+3 −9	−4 −16	−8 −20	−15 −27	−19 −31
6	10	+170 +80	+76 +40	+35 +13	+20 +5	+15 0	+22 0	+36 0	+90 0	+5 −10	−4 −19	−9 −24	−17 −32	−22 −37
10	14	+205 +95	+93 +50	+43 +16	+24 +6	+18 0	+27 0	+43 0	+110 0	+6 −12	−5 −23	−11 −29	−21 −39	−26 −44
14	18													
18	24	+240 +110	+117 +65	+53 +20	+28 +7	+21 0	+33 0	+52 0	+130 0	+6 −15	−7 −28	−14 −35	−27 −48	−33 −54
24	30													−40 −61

续表

基本尺寸/mm		公差带												
		C	D	F	G	H				K	N	P	S	U
大于	至	11	9	8	7	7	8	9	11	7	7	7	7	7
30	40	+280 +120	+142 +80	+64 +25	+34 +9	+25 0	+39 0	+62 0	+160 0	+7 −18	−8 −33	−17 −42	−34 −59	−51 −76
40	50	+290 +130												−61 −86
50	65	+330 +140	+174 +100	+76 +30	+40 +10	+30 0	+46 0	+74 0	+190 0	+9 −21	−9 −39	−21 −51	−42 −72	−76 −106
65	80	+340 +150											−48 −78	−91 −121
80	100	+390 +170	+207 +120	+90 +36	+47 +12	+35 0	+54 0	+87 0	+220 0	+10 −25	−10 −45	−24 −59	−58 −93	−111 −146
100	120	+400 +180											−66 −101	−131 −166
120	140	+450 +200	+245 +145	+106 +43	+54 +14	+40 0	+63 0	+100 0	+250 0	+12 −28	−12 −52	−28 −68	−77 −117	−155 −195
140	160	+460 +210											−85 −125	−175 −215
160	180	+480 +230											−93 −133	−195 −235
180	200	+530 +240	+285 +170	+122 +50	+61 +15	+46 0	+72 0	+115 0	+290 0	+13 −33	−14 −60	−33 −79	−105 −151	−219 −265
200	225	+550 +260											−113 −159	−241 −287
225	250	+570 +280											−123 −169	−267 −313
250	280	+620 +300	+320 +190	+137 +56	+69 +17	+52 0	+81 0	+130 0	+320 0	+16 −36	−14 −66	−36 −88	−138 −190	−295 −347
280	315	+650 +330											−150 −202	−330 −382
315	355	+720 +360	+350 +210	+151 +62	+75 +18	+57 0	+89 0	+140 0	+360 0	+17 −40	−16 −73	−41 −98	−169 −226	−369 −426
355	400	+760 +400											−187 −244	−414 −471
400	450	+840 +440	+385 +230	+165 +68	+83 +20	+63 0	+97 0	+155 0	+400 0	+18 −45	−17 −80	−45 −108	−209 −272	−467 −530
450	500	+880 +480											−229 −292	−517 −580

（6）常用优先配合

基孔制优先常用配合（GB/T 1801—1999）。

附表 G6　基孔制优先常用配合（GB/T 1801—1999）

基准孔	轴																				
	a	b	c	d	e	f	g	h	js	k	m	n	p	r	s	t	u	v	x	y	z
	间隙配合								过渡配合			过盈配合									
H6						H6/f5	H6/g5	H6/h5	H6/js5	H6/k5	H6/m5	H6/n5	H6/p5	H6/r5	H6/s5	H6/t5					
H7						H7/f6	▶H7/g6	▶H7/h6	H7/js6	▶H7/k6	H7/m6	▶H7/n6	▶H7/p6	H7/r6	▶H7/s6	H7/t6	▶H7/u6	H7/v6	H7/x6	H7/y6	H7/z6
H8					H8/e7	▶H8/f7	H8/g7	▶H8/h7	H8/js7	H8/k7	H8/m7	H8/n7	H8/p7	H8/r7	H8/s7	H8/t7	H8/u7				
				H8/d8	H8/e8	H8/f8		H8/h8													
H9			H9/c9	▶H9/d9	H9/e9	H9/f9		▶H9/h9													
H10			H10/c10	H10/d10				H10/h10													
H11	H11/a11	H11/b11	▶H11/c11	H11/d11				▶H11/h11													
H12		H12/b12						H12/h12													

注：1. $\frac{H6}{n5}$、$\frac{H7}{p6}$在基本尺寸小于或等于 3mm 和$\frac{H8}{r7}$在小于或等于 100mm 时，为过渡配合。

2. 标注▶的配合为优先配合。

基轴制优先常用配合（GB/T 1801—1999）。

附表 G7　基轴制优先常用配合（GB/T 1801—1999）

基准孔	孔																				
	A	B	C	D	E	F	G	H	JS	K	M	N	P	R	S	T	U	V	X	Y	Z
	间隙配合								过渡配合			过盈配合									
h5						F6/h5	G6/h5	H6/h5	JS6/h5	K6/h5	M6/h5	N6/h5	P6/h5	R6/h5	S6/h5	T6/h5					
h6						F7/h6	▶G7/h6	▶H7/h6	JS7/h6	▶K7/h6	M7/h6	▶N7/h6	▶P7/h6	R7/h6	▶S7/h6	T7/h6	▶U7/h6				
h7					E8/h7	▶F8/h7		▶H8/h7	JS8/h7	K8/h7	M8/h7	N8/h7									
h8				D8/h8	E8/h8	F8/h8		H8/h8													
h9				▶D9/h9	E9/h9	F9/h9		▶H9/h9													
h10				D10/h10				H10/h10													
h11	A11/h11	B11/h11	▶C11/h11	D11/h11				▶H11/h11													
h12		B12/h12						H12/h12													

注：标注▶的配合为优先配合。

参 考 文 献

[1] 刘黎.画法几何基础及机械制图[M].北京：电子工业出版社，2006.

[2] 何铭心，钱克强，徐祖茂.机械制图[M].6版.北京：高等教育出版社，2010.

[3] 朱冬梅，胥北澜，何建英.画法几何及机械制图[M].6版.北京：高等教育出版社，2011.

[4] 钱克强.机械制图[M].北京：高等教育出版社，2007.

[5] 焦永和，张京英，徐昌贵.工程制图[M].北京：高等教育出版社，2008.

[6] 大连理工大学工程图学教研室.机械制图[M].6版.北京：高等教育出版社，2007.

[7] 谭建荣，张树有，陆国栋，等.图学基础教程[M].2版.北京：高等教育出版社，2006.

[8] 刘朝儒，吴志军，高政一，等.机械制图[M].5版.北京：高等教育出版社，2006.

[9] 徐祖茂，杨裕根.机械工程图学[M].上海：上海交通大学出版社，2005.

[10] 李理.设计图学[M].北京：化学工业出版社，2004.

[11] 于春燕，陶怡.工程制图[M].2版.北京：中国电力出版社，2008.

[12] 杜冬梅，崔永军.工程制图与CAD[M].北京：中国电力出版社，2013.

[13] 於辉，李祥城.建筑制图[M].北京：中国电力出版社，2010.